OSSIAN ASCHAN

NAPHTENVERBINDUNGEN TERPENE UND CAMPHERARTEN

OSSIAN ASCHAN

Naphtenverbindungen
Terpene und Campherarten

inkl. Pinusharzsäuren
sowie Körper der Kautschukgruppe

Eigene Beiträge zur

Chemie der alicyclischen Verbindungen

zum Teil auch in bezug auf die Technik und mit
Anregungen für weitere Arbeitsaufgaben

Berlin und Leipzig 1929
WALTER DE GRUYTER & CO.
vormals G. J. Göschen'sche Verlagshandlung – J. Guttentag, Verlagsbuchhandlung
Georg Reimer – Karl J. Trübner – Veit & Comp.

Druck von Metzger & Wittig in Leipzig.

OTTO WALLACH

dem Altmeister der Terpenchemie

in Verehrung gewidmet

Vorwort

Die Mehrzahl der Arbeiten des Verfassers beziehen sich auf die **Chemie der alicyclischen Verbindungen** sowie auf damit in theoretischer und technischer Hinsicht nahe verwandte Gebiete, wobei auch wichtige Industriezweige gelegentlich befruchtet worden sind. Das vorliegende Werk[1]) bezweckt also hauptsächlich, die Kenntnis über dieses große Gebiet der organischen Verbindungen zu erweitern.

Während der noch fortdauernden Entwicklungsstufen der experimentellen Arbeiten des Verf.s sind mehrere Resultate zu verzeichnen, die wegen mangelnder Zeit noch nicht veröffentlicht worden sind. Darauf beruht es, daß unsere Darstellung in theoretischer bzw. praktischer Hinsicht erheblich mehr enthält, als früher der Öffentlichkeit übergeben wurde. Obwohl die Quellen für neue Arbeitsaufgaben des Verf.s noch nicht versiegt sind, so ist es immerhin für die Forschung von einigem Nutzen, daß eine Zusammenstellung der wichtigsten Ergebnisse jener Aufgaben sowie über die nicht bearbeiteten Anregungen für weitere Arbeiten veröffentlicht wird. Daher sind derartige Angaben fast jedem Kapitel des Werkes unter der Bezeichnung „Anregungen und Ergänzungen" angegliedert worden.

Ein größeres Gebiet dieser Art bilden die Kapitel über die Koniferen-Harzsäuren, deren eingehendere Erforschung in moderner strukturchemischer Hinsicht erst im letzten Jahrzehnt vorgenommen worden ist. Unsere beigefügte Einteilung dieser wichtigen Körper und die damit verknüpften Anregungen dürften zu weiterem Ausbau des umfassenden Gebietes beitragen können. Im übrigen verweisen wir auf das Inhaltsverzeichnis für die verschiedenen sonstigen größeren Körpergruppen. Als ein wichtigeres Resultat dieser Art mag beispielsweise auf die Beweise für die Zusammengehörigkeit der Naphtensäuren mit den Naphtenen, eine der frühesten Arbeiten des Verf.s, hingewiesen werden.

Außer den rein wissenschaftlichen Aufgaben, denen das größte Interesse zugewandt wurde, ist die technische Anwendung und deren Resultate auch experimentell berücksichtigt worden. Als Verf. in den Jahren 1906—1919 (die Kriegsjahre ausgenommen) an einer großen chemischen Fabrik in Deutschland, nämlich ein Jahr als Leiter des wissenschaftlichen Laboratoriums, danach als beratender und zugleich als experimentell beteiligter Mitarbeiter, und ferner von 1916 ab in der gleichen Stellung an dem Zentrallaboratorium der finnländischen Industrie, sowie einige Jahre an einem großen industriellen Unternehmen für Terpentinöl- und Harz-

[1]) Eine schwedische Edition: „Naftenföreningar, terpener ach kamferarter" erschien 1926 (Helsingfors). Die vorliegende deutsche Ausgabe ist eine verkürzte Bearbeitung desselben, worin außerdem neue Resultate von den beiden letzten Jahren eingefügt wurden.

gewinnung in Nordamerika tätig war, so wirkten die vielen hieraus entspringenden Aufgaben auch in theoretischer Hinsicht kräftig befruchtend. Ein ungewöhnlich reichliches, für den wissenschaftlich arbeitenden Chemiker und Universitätslehrer nur selten zugängliches Arbeitsmaterial stand ihm und seinen Schülern dadurch zur Verfügung. Diese Arbeiten wurden wieder in technischer Hinsicht fruchtbringend, da sie auch ihrerseits mit Erzeugung bedeutender ökonomischer Werte verknüpft waren. Die wichtigsten Resultate dieser technischen Errungenschaften liegen, wenn auch nur in kurzer Fassung, in unserer Zusammenstellung vor.

Einige von diesen waren, wie leicht ersichtlich, seinerzeit entweder gar nicht oder nur als Patentbeschreibungen für den Unbeteiligten zugänglich. Nunmehr haben sie aber meistens in mancher Beziehung ihre damalige technische Aktualität verloren. Unter den Fragen dieser Art mögen hier einige genannt werden: Die synthetische Darstellung des Camphers, und in genügend billiger Weise, um mit der Gewinnung des Naturcamphers in Japan (dem Formosa-Monopol) konkurrieren zu können, was erst durch feinere Reinigungsmethoden der Zwischenprodukte sowie die Verwertung der Nebenprodukte möglich wurde. Auch wurde eine neue Methode, die metallkatalytische Verwandlung des Isoborneols in Campher, ausgearbeitet, die, wie angegeben, während des Krieges zur allgemeinen Verwendung gelangte. Ferner seien genannt die langjährigen Untersuchungen über das finnländische Kienöl, die Zerlegung der in gewaltigen Mengen abfallenden Residuen der russischen Rohnaphta, des Masuts, u. a. unter Bildung von Isopren sowie von Kautschuk daraus. Schließlich gelang mir die Veredlung des amerikanischen Holzterpentinöls zur Qualität des aus dem Balsam gewonnenen Produktes, bzw. die Reinigung der Harzbestandteile.

Wie schon bemerkt, fallen weitere Arbeiten des Verfassers, sowohl die von theoretischer wie die von praktischer Art, innerhalb gewisser Grenzgebiete der alicyclischen Chemie, obwohl meistens nur methodische Umstände die diesbezügliche Zugehörigkeit vermitteln. Ein derartiger Fall ist die Vakuumdestillation des Holzes, die ursprünglich durch die Untersuchung über den Vorlauf des Kienöls angeregt wurde. Im Zusammenhang damit liegen dann die Arbeiten über die Produkte der trocknen Destillation des Brenntorfes sowie über das sog. Torfstearin, ein aus jüngeren braunkohlenartigen Schichten in gewissen einheimischen Torfmooren erhaltenes Produkt. Schließlich mögen die Arbeiten über das beim Sulfitprozeß der Cellulosegewinnung in technischem Maßstab erhaltene Cymol, das aus den Terpenbestandteilen des angewandten Holzes, sowie über das bei der Sulfatcellulosedarstellung aus den Fetten und Harzen des Holzes resultierende „Tallöl" erwähnt werden. Die Harzsäuren aus dem letztgenannten wichtigen Produkt führten zu langjährigen Arbeiten über das schon erwähnte Gebiet, die noch fortgesetzt werden.

Herrn Hanns Brückner, welcher mir bei der sprachlichen Korrektur bewährte Hilfe geleistet hat, spreche ich besten Dank aus.

Helsingfors, den 25. Januar 1929.

Der Verfasser

Inhaltsverzeichnis

Erste Abteilung

Alicyclische Verbindungen mit einfachem Kohlenstoffring

a) Gesättigte monocyclische Verbindungen

Kapitel 1. Nachweis der strukturellen Zusammengehörigkeit zwischen den Naphtensäuren und Naphtenen

Kapitel 2. Die Untersuchung einzelner Naphtene

Kapitel 3. Die isolierten Naphtensäuren

Kapitel 4. Hexahydrobenzoesäure und Tetrahydrobenzoesäuren sowie ihre Derivate

Kapitel 5. Erörterung der Stereochemie der alicyclischen Verbindungen und die Anwendung ihrer Grundbegriffe auf dieselben

Kapitel 6. Untersuchungen in der Gruppe der Camphersäuren

Kapitel 7. Camphensäuren, Isofenchosäuren und Santensäuren, sowie die zugehörigen näher verwandten Verbindungen

Kapitel 8. Erfahrungen und theoretische Fragen

β) Ungesättigte monocyclische Verbindungen

Kapitel 9. Terpenverbindungen mit monocyclischem Kern

Zweite Abteilung

α) Gesättigte bicyclische Verbindungen

Kapitel 10. Santenon- und Camphenilongruppe

Kapitel 11. Die bicyclischen Verbindungen der Camphergruppe

Kapitel 17. Terpene der Pinengruppe

Kapitel 18. Über den Vorlauf des Kienöls und einige Gesichtspunkte bezüglich der Holzdestillation

Kapitel 19. Die Terpene der Fenchengruppe

Kapitel 20. Zwei Sesquiterpene in dem hochsiedenden Öl aus den Wurzeln und Stümpfen des nordischen Kiefernholzes

Dritte Abteilung

Alicyclische Verbindungen mit dreifachem Ringkern

Arbeiten über Pinusharzsäuren, $C_{20}H_{30}O_2$

Kapitel 21. Allgemeines über die Coniferenharzsäuregruppe

Kapitel 26. Über das Isopentan des Erdöls als Ausgangsmaterial für Isopren- bzw. Kautschukbereitung

Kapitel 27. Die kaukasischen Erdölresiduen (das „Masut“) als Unterlage für die Herstellung von Kautschuk

Kapitel 28. Neue Derivate des Isoprens und einige weitere Gesichtspunkte bezüglich desselben als biologischer Faktor

Erste Abteilung

α) Gesättigte monocyclische Verbindungen

Kapitel 1. Nachweis der strukturellen Zusammengehörigkeit zwischen den Naphtensäuren und Naphtenen

A. Historisches

Nachdem die Erforschung der **alicyclischen Verbindungen** im Anfang des Jahrzehnts 1880 durch die Entdeckung des Cyclopropans seitens FREUNDS[1]) und einiger anderer Kohlenwasserstoffe, sowie verschiedener Carbonsäuren von seiten W. H. PERKIN jun.[2]), und nachdem OTTO WALLACH[3]) im Jahre 1884 seine langjährigen und für die Theorie der alicyclischen Verbindungen so wichtigen Terpenarbeiten begonnen hatte, die zunächst auf die Unterscheidung und Trennung der damals bekannten Terpene gerichtet waren, so erkannte man in weiteren chemischen Kreisen, daß es eine zahlreiche Klasse von Substanzen mit ringförmigem Kern und wechselnder Anzahl von darin vorhandenen Kohlenstoffatomen gäbe.

Für die Körper dieser Klasse schuf BAMBERGER 1889[4]) die obige Bezeichnung: „Alicyclische Verbindungen", also etwas später, als unsere Arbeiten über die sogenannten „Naphtensäuren" 1887 in Gang gesetzt wurden, deren Resultate wir unten als die erste Abteilung des vorliegenden Werkes in engerer Begrenzung zusammenstellen werden.

Fast gleichzeitig mit der Entdeckung der wichtigsten Darstellungsmethoden für diese Körper durch die obengenannten Arbeiten von FREUND bzw. PERKIN wurde dieser Klasse ein in der Natur sehr reichlich vorhandenes Material zugeführt, nämlich diejenigen gesättigten Kohlenwasserstoffe der allgemeinen Formel C_nH_{2n}, die in den meisten Naphtavorkommnissen, aber hauptsächlich in den kaukasischen zu finden sind. Diese wurden von BEILSTEIN und KURBATOW[5]) 1880 entdeckt und mit den „Hexahydrobenzolen" WREDENS[6]) als identisch erklärt, welcher sie 3 Jahre früher durch Erhitzen von Benzol, Toluol, m-Xylol und Cymol mit starker Jodwasserstoffsäure und Phosphor auf höhere Temperatur erhalten hatte. Sie stellten eine gesättigte Reihe von der Formel C_nH_{2n} dar, und wurden vom Entdecker als „molekulare Verbindungen" der Benzolkohlenwasserstoffe mit 3 Molen Wasserstoff: $C_6H_6 \cdot 3\,H_2$, $C_7H_7 \cdot 3\,H_2$ usw. aufgefaßt, worin der 6-Ring unverändert war.

[1]) Monatsh. f. Chem. **3**, 625 (1882). — [2]) Ber. **16**, 208, 2136 (1883); **17**, 54 (1884); **18**, 1734, 3246 (1885); **19**, 1049 (1886); **21**, 739 (1888); Journ. chem. Soc. **53**, 194, 199 (1888). — [3]) WALLACHS diesbezügliche Arbeiten beginnen mit einer Abhandlung **225**, 314 (1884); vgl. Ber. **24**, 1525 (1891). — [4]) Ibid. **22**, 769 (1889); Ann. **257**, 1 (1890). — [5]) Ber. **13**, 1818, 2028 (1880). — [6]) Ann. **187**, 153 (1877).

Durch eine von MARKOWNIKOW und OGLOBIN 3 Jahre später veröffentlichte Arbeit über die obigen, von BEILSTEIN und KURBATOW entdeckten Kohlenwasserstoffe sowie andere Bestandteile der kaukasischen Naphta, wurde ihre Zusammensetzung und gesättigte Natur bestätigt. Die erstgenannten wurden jetzt als „Naphtene" bezeichnet und als eine mit den WREDENschen Kohlenwasserstoffen verschiedene Reihe betrachtet, weil sie ein anderes chemisches Verhalten als die letzteren zeigten.[1])

Der Name Naphtene ist seitdem mit dem Begriff gesättigter Kohlenwasserstoffe der alicyclischen Reihe verknüpft.

B. Die Isolierung der einzelnen Naphtensäuren und der leitende Gedanke bei der Untersuchung derselben

So stand die Frage über die Konstitution dieser Kohlenwasserstoffe im Jahre 1887, als ich aus Baku in Kaukasien mehrere hundert Kilogramm roher Naphtensäuren[2]) zur Untersuchung, hauptsächlich für technische Zwecke, erhielt; sie waren aus den Residuen von der Reinigung des Kerosins mit Natronlauge abgeschieden. Dieses reichliche Rohmaterial lenkte meine Arbeit für die nächsten Jahre auf das Gebiet der Naphtensäuren, indem mir dadurch die Gelegenheit geboten wurde, die Konstitutionsfrage derselben von neuen Gesichtspunkten aus aufzugreifen. Der leitende Gedanke war dabei: Weil die Naphtensäuren die Naphtene überall begleiteten, wo diese reichlich auftraten, so wären sie als die Monocarbonsäuren der Naphtene aufzufassen. Dies könnte in zweierlei Weise geprüft werden:

1. durch den Vergleich irgendeiner Naphtensäure mit der entsprechenden Hexahydrosäure der Benzolreihe;

2. durch Verwandlung der Naphtensäuren in die entsprechenden Naphtene.

Der Gedanke des ersten Moments könnte indirekt, aber ebenso sicher derart geprüft werden, daß eine gewisse Hexahydrobenzolcarbonsäure dargestellt würde, die leichter bei niedriger Temperatur mit unverändertem Kern zu erhalten wäre als die entsprechenden Naphten-Kohlenwasserstoffe, wenn man sie aus den Naphtensäuren oder aber mittels Jodwasserstoff und Phosphor aus Benzol bzw. dessen Homologen darstellen würde, wobei der Kohlenstoffkern wegen der hohen Temperatur eine Umlagerung erleiden könnte. Wenn z. B. die Synthese der Hexahydrobenzoesäure gelänge, so würde diese durch ihre Salze, die Ester, sowie das Amid usw. eine leichtere Identifizierung darbieten als die hydrierten Kohlenwasserstoffe. Ferner wäre schon aus dem Siedepunkt der Säure bzw. ihrer Ester die Möglichkeit zur Feststellung der Identität mit irgendeiner Fraktion aus dem Naphtensäuregemenge[3]) des Naturproduktes vorhanden.

[1]) Hierüber Näheres bei ASCHAN, Chemie der alicyclischen Verbindungen, S. 102ff., 603 (1905). — [2]) MARKOWNIKOW und OGLOBIN hatten schon 1883 die Aufmerksamkeit auf diese gelenkt [Journ. Russ. Phys.-chem. Ges. **15**, 237, 307 (1883)]; Ber. **16**, 1878 (1883). — [3]) MARKOWNIKOW und OGLOBIN hatten in der obengenannten Arbeit von 1883 schon versucht, einzelne Naphtensäuren zu isolieren, sowie auch Siedepunkte, Zusammensetzung usw. für eine ganze Reihe derselben angegeben. Die Einheitlichkeit dieser zum größten Teil höher molekularen Säuren ist indes desto mehr zweifelhaft, je höher sich die Anzahl der Kohlenstoffatome in denselben zeigte, indem selbstverständlich die Zahl der Isomerien dabei schnell vermehrt wird.

Durch vorläufige Versuche wurde gezeigt, daß die rohe Naphtensäure selbst, auf ihren beginnenden Siedepunkt bei etwa 200° erhitzt, schon eine langsame Zersetzung erlitt, unter Kohlensäureentwicklung und Bildung teils niedriger, teils höher siedender, indifferenter Öle, die wahrscheinlich aus Kohlenwasserstoffen, Ketonen usw. bestehen. Eine effektive Zerlegung des Gemenges in einheitliche, freie Säuren ist ebensowenig möglich wie in der Fettsäurereihe. Dagegen war die rohe Säure äußerst leicht mit Methylalkohol unter Einleiten von Chlorwasserstoff esterifizierbar. Die Methylester waren im trocknen Zustand bis auf 300° sehr beständig. Eine Fraktionierung fand ohne Zersetzung statt.

Die Isomerieverhältnisse sind indes schon bei einem Gehalt von 10 Kohlenstoffatomen in dem Molekül so kompliziert, daß eine vollständigere Zerlegung des Estergemenges von Anfang an ziemlich aussichtslos erschien. Dies ist einleuchtend, da die Säuren Gemische von Komponenten sind, die sowohl Homologie als auch Struktur- wie Stereoisomerie aufweisen können. Tatsächlich wurden auch bei effektiver Fraktionierung keine bestehenden Hauptfraktionen erhalten, während die Zwischenfraktionen, obwohl kleiner, nicht zum Verschwinden gebracht werden konnten. Nachdem dies nach längerer Arbeit festgestellt wurde — tatsächlich dauerte die Reinigung fast zwei Jahre, allerdings mit längerer oder kürzerer Unterbrechung —, so wurde die Untersuchung auf die niedrigsten Naphtensäuren und hauptsächlich Hexanaphtencarbonsäure, $C_6H_{11}\cdot CO_2H$, und Heptanaphtencarbonsäure, $C_7H_{13}\cdot CO_2H$, beschränkt.[1])

Von diesen war die erstgenannte früher nicht aus dem Naturprodukt isoliert worden. Dagegen hatte Markownikow eine Säure mit der Zusammensetzung der Heptanaphtencarbonsäure, die er „Octonaphtensäure" nannte, isoliert. Wenn nun ein gesättigter Sechsring in dem Molekül der Naphtensäuren zu finden wäre, so sollte die von mir gesuchte Hexanaphtencarbonsäure, als die in dem Falle mit dem niedrigsten Molekül dieser Art, am leichtesten in reinem Zustand erhältlich und müßte auch mit der vollständig hydrierten Benzoesäure identisch sein:

$$C_6H_5\cdot CO_2H + 6\,H = C_6H_{11}\cdot CO_2H\ .$$

Die schließlich mit großer Mühe isolierte und durch ihren anhaftenden unangenehmen Geruch wenig ansprechende Hexanaphtencarbonsäure betrug trotz der ursprünglich auf etwa 20 kg angewandten Rohsäuremenge nur etwa 40 bis 50 g. Immerhin konnte ich, wie unten gezeigt wird, Derivate derselben erhalten, womit sie eventuell nach Moment 1 oben identifiziert werden konnte, falls die entsprechende Hexahydrobenzoesäure darstellbar wäre. Der zweite Weg, nach Moment 2 (s. o.), wurde dagegen unter Anwendung der Heptanaphtencarbonsäure, wie unten gezeigt wird, betreten.

---

[1]) Comment. variae in memoriam act. CCL annorum, edidit Universitas Helsingforsiensis (1890).

C. Die Synthese der Hexahydrobenzoesäure

Als dieser Teil der Untersuchung in Gang gesetzt wurde, waren die Untersuchungen BAEYERS über die Hydrierung der Phtalsäuren seit zwei Jahren unter Arbeit gewesen. Als Ausgangsmaterial für meine Versuche hatte ich die HERRMANNsche „Benzoleinsäure", $C_7H_{10}O_2$, gewählt[1]), die er in kleiner Menge erhalten hatte, als der saure Anteil des früher von KOLBE beobachteten, öligen, an der Luft unbeständigen Reduktionsproduktes der Benzoesäure mit Natriumamalgam in saurer Lösung behandelt und ihr diese Formel erteilt wurde. Ich fand, daß die Ausbeute in alkalischer Lösung bei etwa 100° und unter gleichzeitiger Einleitung von Kohlendioxyd bedeutend erhöht wird. Das Quecksilber des Amalgams muß doch peinlich von anderen Metallen befreit und die Säure nach einiger Zeit isoliert sowie nach erneuter Auflösung derselben Behandlung unterzogen worden sein.[2])

Die erhaltene Δ^2-Tetrahydrobenzoesäure nimmt leicht Bromwasserstoff auf und das gesättigte Hydrobromid, $C_6H_{10}Br \cdot CO_2H$, wird leicht zur Hexahydrobenzoesäure reduziert, die bei 232—233° siedet und eine blätterige Krystallmasse vom Schmelzp. 28° bildet. Der Methylester siedet bei 179 bis 180°, das Amid schmilzt bei 184°.

Dadurch zeigte sich die Hexahydrobenzoesäure mit der von mir aus der rohen Naphtensäure isolierten, bei 215—217° siedenden Hexanaphtencarbonsäure verschieden. Ihr Methylester siedet nämlich bei 165,5—167,5° und das Amid schmilzt bei 123,5°, das Anilid bei 93—94°.

Um festzustellen, ob nicht der bei etwa 180° siedende Anteil des mehrmals fraktionierten Methylestergemisches, das nach der Isolierung der Hexa- und Heptanaphtencarbonsäure vorrätig war, jedoch den Ester der Hexahydrobenzoesäure enthielt, wurde der bei 178—181° übergehende, noch 15mal fraktionierte Ester verseift. Die entsprechende Säure siedete bei 228—231° und könnte also die gesuchte Säure enthalten; sie war auch gesättigter Natur und entfärbte Bromlösung bzw. sodaalkalische Permanganatlösung nicht. Auch bei längerem Abkühlen auf —15° bis —18° blieb sie aber flüssig und erstarrte auch beim Einimpfen mit Krystallen von Hexahydrobenzoesäure nicht. Das über dem Chlorid dargestellte Amid, welches nach Umkrystallisieren aus Äther-Ligroin den Schmelzp. 133° hatte, bestand folglich aus dem früher dargestellten Amid[3]) der Heptanaphtencarbonsäure. Die Mutterlauge hätte das im Wasser weit löslichere, bei 184° schmelzende Hexahydrobenzamid, wenn es vorhanden gewesen wäre, enthalten müssen. Die beim Eindampfen erhaltenen Fraktionen hatten jedoch eine schmierige Konsistenz und einen unter 100° liegenden Schmelzpunkt.

Das Silbersalz der ursprünglichen, bei 228—231° siedenden Säure wurde dann in 6 Fraktionen ausgefällt. Der Silbergehalt derselben lag zwischen 40,49 und 42,79%, wogegen $C_7H_{11}O_2Ag$ 45,96% und $C_8H_{13}O_2Ag$ 43,42% Silber erfordert. Die Untersuchung ergab also folgendes:

In den niederen Naphtensäuren sind die hexa-hydrierten aromatischen Monocarbonsäuren nicht vorhanden. Folglich stellen sie keine Cyclohexanderivate dar.

---

[1]) Im Frühjahr 1890; Mitteilung der Naturforscherversammlung in Petersburg (1890). — [2]) Ber. 24, 1864, 2617 (1891); Ann. 271, 231 (1892). — [3]) Vgl. S. 5.

D. Die Reduktion der Heptanaphtencarbonsäure

Gemäß dem S. 4 angegebenen Prinzip[1]), nach welchem die Konstitution der Naphtensäuren durch die Reduktion irgendeiner derselben zu dem entsprechenden Kohlenwasserstoff festzustellen ist, wurde dieser Versuch mit der verhältnismäßig niederen Heptanaphtencarbonsäure ausgeführt, die ich in ziemlich reichlicher Ausbeute erhalten hatte; von der Hexanaphtencarbonsäure war dagegen, nach ihrer Untersuchung, nur eine geringe Menge zurückgeblieben.

Bevor die totale Reduktion mittels Jodwasserstoffsäure vorgenommen wurde (Gleichung I), wurde versucht, zu dem entsprechenden niederen Naphtenkohlenwasserstoff durch Abspaltung des Carboxyls zu gelangen, nach Gleichung II:

$$\text{I.}\quad C_7H_{13}\cdot CO_2H + 6\,H = C_7H_{13}\cdot CH_3 + 2\,H_2O\;;$$
$$\text{II.}\quad C_7H_{13}\cdot CO_2H = C_7H_{14} + CO_2\;.$$

Bei den früheren Versuchen von KRAEMER und BÖTTCHER[2]), die die trockene Destillation der Kalksalze einiger höhermolekularen Naphtensäuren ausgeführt haben, blieb der Naphtenkern bei der dafür nötigen hohen Temperatur nicht intakt. Daher habe ich Versuche[1]) nach der HOFMANNschen Methode gemacht, um das Amid der Heptanaphtencarbonsäure mit Hypobromit (Brom und Alkali) in das entsprechende Amin, $C_7H_{13}\cdot NH_2$, zu verwandeln. Letzteres sollte ferner über den entsprechenden Alkohol, $C_7H_{13}\cdot OH$, und das Bromid, $C_7H_{13}Br$, zu dem Kohlenwasserstoff reduziert werden. Letzterer würde, wenn er einen 5-Ring enthielt, ein Dimethylcyclopentan oder, beim 6-Ring, das Methylcyclohexan darstellen. Das Produkt könnte dann mit den bekannten, nach J. WISLICENUS dargestellten Kohlenwasserstoffen verglichen und identifiziert werden.

a) Heptanaphtenamin aus Heptanaphtencarbonsäure. Das Amid (Schmelzp. 128°) dieser Säure reagierte sehr leicht in der oben angegebenen Weise mit Brom und Alkali. Das mit Dampf überdestillierte und mit festem Kali getrocknete Amin zeigte den Siedep. 151—153° und stellte eine nach Piperidin bzw. Koniin riechende, unter gutem Verschluß noch nach 30 Jahren beständige Flüssigkeit dar, die an der Luft unter Carbonatbildung erstarrte und mit Chloroform und Alkali Carbylamingeruch, sowie mit Schwefelkohlenstoff (und Nachbehandlung mit Ferrichlorid) Senfölreaktion ergab. Dadurch wurde der Körper als primäres Amin gekennzeichnet.

Indes war die Verwandlung des Amins in den Alkohol mit erheblichen Schwierigkeiten verbunden, weil sein Nitrit sehr beständig war und aus seiner kochenden Wasserlösung teilweise unverändert überdestillierte, was ich auch an anderen alicyclischen Aminen gefunden habe. BAMBERGER gibt in seiner bekannten Arbeit über die ac-Tetrahydronaphtylamine an, daß diese sehr beständig sind gegen salpetrige Säure. Bei längerer Einwirkung wurde allerdings aus dem Heptanaphtenamin ein wenig (etwa 5%) nach Fuselöl riechender Alkohol gebildet, dessen Acetat, $C_7H_{13}\cdot O\cdot CO\cdot CH_3$, fruchtartig roch. Dieser Weg mußte daher verlassen werden. — Als Nebenprodukt bei der Amindarstellung wurde Heptanaphtenonitril, $C_7H_{13}\cdot CN$, in geringer Menge gewonnen.

Bei dem Versuch, durch trockne Destillation eines Gemenges der Bariumsalze der Heptanaphtensäure und Ameisensäure zum entsprechenden Aldehyd zu gelangen, wurde ein Gemisch gebildet, woraus mittels Natriumbisulfits eine Verbindung erhalten wurde, die offenbar den gesuchten Aldehyd enthielt (Spiegelbildung mit ammoniakalischer Silberlösung). Jedoch war auch hier die Ausbeute sehr gering. Der alicyclische Ringkern war wahrscheinlich aufgespaltet worden.

---

[1]) Acta Soc. scient. Fenn. 19, Nr. 8, S. 9 (1891). — [2]) Ber. 20, 598 (1887).

Nach diesen Versuchen kehrte ich zu dem Gedanken zurück, die Heptanaphtencarbonsäure nach WREDEN mit Jodwasserstoffsäure und Phosphor zu reduzieren. Hierbei gelang es, nach längerer Fraktionierung des anfangs bei 115—120° siedenden Kohlenwasserstoffs ein reines, bei 117—118° siedendes Produkt von der den Naphtenen entsprechenden Zusammensetzung, C_nH_{2n}, zu erhalten, das gegen Brom vollständig gesättigt war. Die folgende Tabelle zeigt die Konstanten desselben, im Vergleich mit denen des von verschiedenen Forschern (wie MARKOWNIKOW, M. KONOWALOW) aus kaukasischem Naphta erhaltenen Octonaphtens:

Tabelle

	Siedepunkt	Spez. Gew.	Molrefraktion	dV/dt	Molvolumen	Formel
Kohlenwasserstoff durch Reduktion der Heptanaphtencarbonsäure erhalten	117—118° bei 742 mm	$d^{17}/_{17}=0{,}7580$ $d_0^0=0{,}7706$	37,28; berechnet 36,82 für den 6- oder 5-Ring	0,00078 ($^{17}/_0$)	145,4 (0°)	C_8H_{16}
Octonaphten aus kaukasischem Naphta (MARKOWNIKOW)	119° bei 755 mm	$d^{17}/_{17}=0{,}7582$ $d_0^0=0{,}7714$	— —	0,00077 ($^{17}/_0$)	145,9 (0°)	C_8H_{16}

Aus diesen Zahlen lassen sich folgende wichtige Schlüsse ziehen:

1. Der bei der Reduktion der Heptanaphtenkarbonsäure erhaltene Kohlenwasserstoff enthält einen ringförmigen, völlig hydrierten Kern.

2. Dieser Kohlenwasserstoff hat die Formel C_8H_{16} und stellt kein Homologe dar (was aus der Analyse, wegen desselben Prozentgehaltes für C und H alle Glieder einer Reihe C_nH_{2n}, nicht hervorgeht).

3. Der Kohlenwasserstoff ist folglich auf Grund der erhaltenen Zahlen mit dem Octonaphten MARKOWNIKOWS identisch, denn eine genauere Übereinstimmung als in den obigen Reihen ist bei der Darstellung ein und desselben Stoffes auf verschiedene Weise nicht zu erhalten.

Darum ist der Schluß berechtigt, daß Naphtene und Naphtensäuren desselben Typus alicyclischer Natur angehören. Die Naphtensäuren sind als die Carbonsäuren der Naphtene zu betrachten.

Daß die Naphtensäuren in der Tat Carbonsäuren sind, konnte ich, entgegen Annahmen von anderer Seite[1]), vermittelst der Resultate der oben angegebenen experimentellen Arbeiten nachweisen. Besondere Beweise sind die Amid- und Nitrilbildung sowie die Zurückbildung des Amids aus dem Nitril und ferner die Entstehung des primären Amins aus dem

[1]) Vgl. HELL und MEIDINGER, Ber. 7, 1216 (1874); 10, 455 (1877); ZALOZIECKI ibid. 24, 1808 (1891).

Amid. Schon die leichte Esterbildung ist ein zuverlässiges Zeichen derselben Tatsache.

Bezüglich des obengenannten Octonaphtens sei noch erwähnt, daß MARKOWNIKOW und SPADY[1]) den Kohlenwasserstoff als mit Hexahydro-m-Xylol identisch betrachtet haben. Sie führten jenen durch wiederholtes Erhitzen mit Schwefel in zugeschmolzenen Röhren teilweise in m-Xylol über und erhielten aus diesem bei der Behandlung mit rauchender Schwefelsäure ein Gemenge von Sulfonsäuren, die nach Abspaltung der Sulfonsäuregruppen einen Kohlenwasserstoff ergaben, woraus mit Salpeterschwefelsäure Trinitro-m-xylol entstand. Die genannten Forscher schlossen sich daher der Ansicht von BEILSTEIN und KURBATOW an, daß die Naphtene mit den Hexahydrobenzolen von WREDEN identisch seien. Da man damals noch der Ansicht war, daß diese Kohlenwasserstoffe ohne Umlagerung des 6-Ringes im Benzolkern (s. u.) entstanden, so folgt daraus, daß MARKOWNIKOW und OGLOBIN die Naphtene als Cyclohexanderivate auffaßten.

Diese Ansicht stand mit dem Resultat nicht in Übereinstimmung, zu dem ich nach der Synthese der Hexahydrobenzoesäure gelangte, daß sich diese mit der Hexanaphtencarbonsäure aus kaukasischem Naphta nicht identisch zeigte (s. o.).

Dies konnte nur durch die Auffassung erklärt werden, die ich 1892 ausgesprochen habe[2]), nämlich, daß „die Naphtensäuren einer anderen Polymethylenreihe angehörten als die Naphtene, wenn diese ausschließlich aus Hexamethylenderivaten (Hexahydrobenzolen) bestehen". Die Bedingtheit dieses Ausspruchs kam aus dem Gedanken, welcher später als Tatsache hervortrat, daß die Naphtene mehreren Polymethylenreihen zugehörig seien. Dies wurde nämlich durch die von mir ausgeführte Oxydation des bei etwa 71° siedenden „Hexahydrobenzols", C_6H_{12}, das MARKOWNIKOW früher aus kaukasischem Petroläther isoliert hatte, bewiesen.

KISHNER zeigte zunächst[3]) daß das von WREDEN 25 Jahre vorher durch Hydrierung des Benzols mit Jodwasserstoff und Phosphor erhaltene „Hexahydrobenzol" völlig übereinstimmend mit dem von PALGUNOW aus dem synthetischen Alkohol (I) erhaltenen Kohlenwasserstoff (II) war:

$$\text{I.}\quad \begin{array}{l} CH_2\cdot CH_2\diagdown \\ \;| \qquad\qquad\quad CH\cdot OH \\ CH_3\cdot CH{-}CH_2\diagup \end{array} \longrightarrow \text{II.}\quad \begin{array}{l} CH_2\cdot CH_2\diagdown \\ \;| \qquad\qquad\quad CH_3 \\ CH_3\cdot CH{-}CH_2\diagup \end{array} .$$

Außerdem wies er nach, daß dasselbe „Hexahydrobenzol" ein in Alkali unlösliches Nitroderivat, $C_6H_{11}\cdot NO_2$, lieferte, dessen Formel ein tertiäres Kohlenstoffatom enthalten müßte. Bei der Oxydation entstand daraus ein Gemisch von Glutarsäure, Bernsteinsäure und Essigsäure.

Andererseits konnte ich nachweisen[4]), daß die bei ungefähr 71° siedende Naphtenfraktion von Salpetersäure zu Bernsteinsäure und Essigsäure oxydiert wurde, nachdem es kurz vorher festgestellt worden war, daß auch dieser Kohlenwasserstoff ein tertiäres Nitroprodukt lieferte.[5]) Der Gang der von mir ausgeführten Oxydation mit Salpetersäure und besonders die für die Konstitutionsbestimmung entscheidende Essigsäurebildung zeigte, daß Methylcyclopentan hierin vorliegen muß.

$$\begin{array}{l} CH_2\cdot CH_2\diagdown \\ \;| \qquad\qquad\quad CH\cdot CH_3 \\ CH_2\cdot CH_2\diagup \end{array} \longrightarrow \begin{array}{l} CH_2\cdot CO_2H \\ \;| \\ CH_2\cdot CO_2H \end{array} + HO\cdot CO\cdot CH_3 .$$

[1]) Ibid. 20, 1850 (1887). — [2]) Ber. 25, 3666 (1892). — [3]) Journ. prakt. Chem. [2] 6, 364 5(1897). — [4]) Ber. 31, 1803 (1898). — [5]) MARKOWNIKOW, Ber. 30, 1222 (1897).

Und als ich ferner fand, daß das bei 80—81° siedende isomere Naphten des russischen Petroläthers bei seiner Oxydation mit Salpetersäure Adipinsäure ergab[1]):

$$\begin{array}{l} CH_2\cdot CH_2\cdot CH_2 \\ | \qquad\qquad | \\ CH_2\cdot CH_2\cdot CH_2 \end{array} \longrightarrow \begin{array}{l} CH_2\cdot CH_2\cdot CO_2H \\ | \\ CH_2\cdot CH_2\cdot CO_2H \end{array},$$

so war dadurch festgestellt worden, daß *die in der Natur gebildeten Naphtene teils Cyclopentane, teils Cyclohexane sind.* Daraus wurde auch die Ungleichheit der Hexanaphtencarbonsäure, $C_6H_{11}\cdot CO_2H$, mit der Hexahydrobenzoesäure erklärt. Und da die erhebliche Beständigkeit der Körper nur schwierig mit einem Ringkern von vier bzw. drei Kohlenstoffatomen vereinbar war, so erscheint die von mir in verschiedenen Publikationen geäußerte Vermutung[2]), daß *die Hexanaphtencarbonsäure und auch gewisse andere höhere Naphtensäuren den Fünfring enthalten,* wahrscheinlich.

Über die chemische Natur der Naphtensäuren wurde mehrmals berichtet[3]), worauf hingewiesen sei.

E. Zur Frage der Synthese der Naphtene und Naphtensäuren in der Natur

Nachdem der Nachweis geführt wurde, daß die Naphtene nach obigem sowohl aus Cyclopentan- als auch Cyclohexan-Kohlenwasserstoffen bestehen, so sei folgendes über dieses Problem hervorgehoben.

Bei mehrwöchentlicher Einwirkung von wasserfreiem Aluminiumchlorid auf Amylen aus Fuselöl bei gewöhnlicher Temperatur[4]) hatte ich festgestellt, daß sowohl niedere Naphtene, also gesättigte Kohlenwasserstoffe der Reihe C_nH_{2n}, wie auch Paraffine sowie, was von besonderem Interesse war, auch eine erhebliche Menge zähflüssiger, hoch siedender Öle entstanden, die in bezug auf Konsistenz und Aussehen an gewöhnliche Schmieröle erinnerten. Allerdings ist wasserfreies Aluminiumchlorid kaum in den tiefliegenden Schichten, wo die naphtenreichen Erdöle zu finden sind, vorhanden. Statt dessen muß man mit einem fast immer enormen Druck rechnen. Ferner hat man, worauf Ochsenius früher hinwies, ohne jedoch die Naphtene in Betracht zu ziehen, gefunden, daß die in den naphtaführenden Schichten stets vorhandenen konzentrierten Salzlösungen die Kondensation befördern und in derselben teilnehmen müssen. Auch die Naphtensäuren sind wahrscheinlich als Produkte einer sekundären Polymerisation bzw. Kondensation von fossilem animalischen Fett nach Engler aufzufassen[5]), wobei die nach seiner Theorie auch auftretenden ungesättigten carboxylhaltigen Reste, entweder intramolekular oder mit sauerstofffreien Bruchstücken ähnlicher Art, zusammengefügt würden. Hieraur gestützt, läßt sich vermuten, daß

---

[1]) Aschan, Ber. 32, 1769 (1899). — [2]) Ber. 25, 3665 (1892); Ann. 324, 1 (1902); Chemie der alicyclischen Verbindungen, S. 509 (1905). — [3]) Aschan, vgl. Chem.-Ztg. 21, Nr. 26; Ber. 57, 636 (1924). — [4]) Ann. 324, 1 (1902). — [5]) Aschan, ibid., S. 20.

die Naphtene sowie ihre alicyclischen sauerstoffhaltigen Begleiter, die Naphtensäuren, als sekundäre Produkte der in tieferen Schichten stattfindenden Erdöldestillation aufzufassen sind.

F. Anregungen und Ergänzungen zum Kapitel 1

Der Inhalt dieses Kapitels mit seiner historischen Einleitung gibt zwar wenig Anlaß zu neuen Anregungen, die dann eigentlich nur eine Wiederholung gewisser Details der langwierigen und mühsamen Untersuchung der Naphtensäuren darstellen würden, deren theoretische Resultate oben in möglichst kurzer Form dargelegt worden sind. Inwiefern die in der obengenannten Arbeit dargelegten Resultate zu der technischen Verwendung dieser Säuren als wichtiges Rohmaterial in der Seifensiederei beigetragen haben, ist mir nicht sicher bekannt. Das einzige, den eigenen Erfahrungen entstammende Auskunftsmittel, nämlich daß es nötig ist, den unbedeutenden Betrag dieser Säuren vom niedrigsten Siedepunkt, die einen höchst unbehaglichen und sogar an vegetabilischen Fasern anhaftenden Geruch besitzen, aus der sehr erheblichen Hauptmenge der nichtriechenden Säuren durch Destillation zu entfernen, dürfte jedoch die Desodorierung der rohen Naphtensäure veranlaßt haben, daraus zu schließen, daß man ungefähr gleichzeitig mit dem Erscheinen meiner Arbeiten das Abdestillieren der zunächst übergehenden Teile für die Desodorierung in die Technik einführte.

Einige weitere Zusätze in kurzer Fassung könnten beigelegt werden. Sie beziehen sich auf eine systematische Untersuchung, aus geeigneten Benzolcarbonsäuren verschiedener Konstitution, nach dem bei der Benzoesäure angewandten oder ähnlichen Verfahren, die entsprechenden Hexahydrobenzolcarbonsäuren darzustellen. Wir weisen besonders auf die Toluyl- und Xylylsäuren, sowie die Mesitylen- und Cuminsäure hin, um sie dann mit den bekannten Naphtensäuren zu vergleichen, um ihre Struktur sicher festzustellen. Als Vergleichsobjekte sind wohl die Amide geeignet, die auch durch fraktionierte Krystallisation der Amide der nicht einheitlichen Naphtensäuren wahrscheinlich in reiner Form zu erhalten sind.

Weiterhin kämen die Benzoltricarbonsäuren für denselben Zweck in Betracht und besonders die Trimesinsäure, deren symmetrischer Bau zur leichteren Orientierung bezüglich der Reaktionsprodukte einladet.

Wir werden in den Zusätzen zum nächsten Kapitel einige Anregungen zu weiteren Arbeiten hinsichtlich der Naphtenkohlenwasserstoffe anfügen.

Kapitel 2. Die Untersuchung einzelner Naphtene

A. Synthese zweier Cycloparaffinkohlenwasserstoffe C_5H_{10} und C_6H_{12}

a) Bei der obengenannten (S. 8) Einwirkung von wasserfreiem Aluminiumchlorid auf gewöhnliches Amylen, C_5H_{10}[1]), das ein Gemenge verschiedener Pentene, wie $CH_2{=}CH{\cdot}CH{<}^{CH_3}_{CH_3}$ bzw. $CH_3{\cdot}C{=}C{<}^{CH_3}_{CH_3}$, darstellt, wurde eine Flüssigkeit

[1]) Aschan, Ann. 324, 23 (1902), sowie in der Festschrift zur 50jährigen Stiftung der ersten technischen Lehranstalt in Finnland (1899).

gewonnen, woraus u. a. zwei Fraktionen gesättigter Natur vom Siedep. 32—35° bzw. 35—40° erhalten wurden. Die Analyse ergab Zahlen, welche mit der Formel C_5H_{10} mit der ersteren nur annähernd, mit der zweiten ziemlich gut übereinstimmten. Der Siedepunkt des letztgenannten läßt vermuten, daß man hier mit dem Methylcyclopropan von PERKIN jun. und COLMAN[1]) zu tun hätte:

$$\begin{array}{l} CH_2{-}CHBr{\cdot}CH_3 \\ | \\ CH_2{-}CH_2Br \end{array} + 2\,Na = \begin{array}{l} CH_2{-}CH{\cdot}CH_3 \\ |\qquad\quad | \\ CH_2{-}CH_2 \end{array} + 2\,NaBr\ .$$

Daß es etwa das isomere Cyclopentan (Siedep. 50—51°) wäre, ist wegen des Siedepunkts ausgeschlossen.

b) Synthese von Cyclohexan. Die bei 76—82° siedende Fraktion desselben Materials enthielt auch einen gesättigten Kohlenwasserstoff, C_6H_{12}, der von einer kleinen Menge eines Hexans verunreinigt war. Es wäre nicht unmöglich, daß das Cyclohexan hier vorliegt, weil kein anderer gesättigter Kohlenwasserstoff von der Formel C_6H_{12} und diesem Siedepunkt bekannt ist.

B. Die Strukturbestimmung der beiden Hexanaphtene, C_6H_{12}, im russischen Petroläther

1. Bei vorsichtiger Oxydation einer sorgfältig herausdestillierten Fraktion (1 Teil) vom Siedep. ca. 71° ($d^{20}/_4 = 0{,}7445$)[2]) aus einem bei der Firma GEBRÜDER NOBEL in Baku erhaltenen, mit den gewöhnlichen Reinigungsmitteln unbehandelten Petroläther mit rauchender Salpetersäure (6 Teile), löste sich die obere Schicht in dem mit effektivem Kühler versehenen Kolben allmählich auf. Nach Stehen in der Kälte schieden sich aus der sauren Lösung nadelförmige Krystalle ab, die nach zweimaligem Umkrystallisieren den Schmelzp. 185° der ganz reinen Bernsteinsäure und ihre Zusammensetzung zeigten. In dem Filtrate wurden erhebliche Mengen Essigsäure nachgewiesen. Dadurch wurde folgende Formel für das in der genannten Fraktion vorhandene Naphten, C_6H_{12}, sicher festgestellt:

$$\begin{array}{l} CH_2{\cdot}CH_2\diagdown \\ |\qquad\qquad\quad CH{\cdot}CH_3 \\ CH_2{\cdot}CH_2\diagup \end{array} \longrightarrow \begin{array}{l} CH_2{\cdot}CO_2H \\ | \\ CH_2{\cdot}CO_2H \end{array} + HO{\cdot}CO{\cdot}CH_3\ .$$

Zugleich wurde bewiesen, was damals noch nicht festgestellt war, daß der betreffende Kohlenwasserstoff in der kaukasischen Naphta einen Fünfring enthielt und also Methylcyclopentan darstellt.

2. Die aus demselben Petroläther erhaltene Fraktion vom Siedep. 78 bis 82° ($d^{15}/_{15} = 0{,}752$) wurde mit gewöhnlicher Salpetersäure (1,39) während 60 Stunden zum Kochen erwärmt.[3]) Nach dem Abdestillieren von $^1/_4$ bis $^1/_5$ des Retorteninhalts wurde zum Trocknen eingedampft, die weiße Krystallmasse umkrystallisiert und in Ammonsalz verwandelt, sowie dessen Lösung nach Umschütteln mit Äther heiß mit Salzsäure gefällt. Die in großen Krystallen abgeschiedene Adipinsäure führte zur Formel $C_6H_{10}O_4$ und schmolz bei 149,5°, das Amid bei 222°. Es lag folglich Cyclohexan in dem ursprünglichen Kohlenwasserstoff vor:

$$\begin{array}{l} CH_2{\cdot}CH_2{\cdot}CH_2 \\ |\qquad\qquad\quad | \\ CH_2{\cdot}CH_2{\cdot}CH_2 \end{array} \longrightarrow \begin{array}{l} CH_2{\cdot}CH_2{\cdot}CO_2H \\ | \\ CH_2{\cdot}CH_2{\cdot}CO_2H \end{array}\ .$$

---

[1]) Journ. chem. Soc. **53**, 201 (1888). — [2]) Ber. **31**, 1803 (1898). — [3]) Ber. **32**, 1769 (1899).

C. Versuche mit einigen höheren Naphtenfraktionen

In den um 160—170° siedenden Anteilen des russischen Brennpetroleums wären Kohlenwasserstoffe mit 10 Kohlenstoffatomen, also Dekane, $C_{10}H_{22}$, Dekanaphtene, $C_{10}H_{20}$, eventuell auch zweikernige von der Formel $C_{10}H_{18}$[1]), im letzten Falle aus dem Typus des Hexahydro-Naphtalins oder -Indens zu erwarten.

Diejenigen der beiden letztgenannten Art sieden indes höher (etwa 175—187°) und kämen also nicht in Betracht, wie auch das p-Menthan nicht, das bei 179—181° siedet. Nach MARKOWNIKOW und OGLOBIN[2]), SUBKOW[3]) und RUDEWITSCH[4]) gaben die Dekanaphtene beim Einverleiben von 1 bzw. 2 Chloratomen verschiedene Resultate, nämlich:

Autor	Naphten	Siedep.	Monochlorid	Dichlorid
1. M. und O.:	α-Dekanaphten	160 —162°	Sp. 202—206°	—
2. SUBKOW:	„	162 —164°	„ 206—209°	—
3. RUDEWITSCH:	{β-Dekanaphten Isomere (?)	168,5—170°	„ 213—219°	$Sp._{60}$ 164—167°

Der Letztgenannte, dessen Arbeiten die ausführlichsten waren, spaltete aus dem Dichlorid beim Kochen mit Chinolin 2 Mole Chlorwasserstoff ab und erhielt einen mit den Terpenen isomeren Kohlenwasserstoff vom Siedep. 173—177°.

Wegen dieser fehlenden Übereinstimmung bei den leicht zugänglichen Dekanaphtenen und ihrer mit den Terpenen verwandten Natur wurde die Chlorierung derselben von mir einer erneuten Untersuchung unterzogen, die ich nach unpublizierten Versuchen mitteile.

14,6 kg russisches Petroleum (d_{15} = 0,8237) wurden viermal mit einem etwa 60 cm langen Perlendephlegmator (System FAGERLIND) mit folgendem Resultat fraktioniert:

Fraktion	Gramm	%	d_{15}	Fraktion	Gramm	%	d_{15}
1. 55—100°	138	1,0	0,7473	7. 157—162°	424	2,4	0,7938
2. 100—115°	383	2,8	0,7552	8. 162—167°	504	2,9	0,8020
3. 115—125°	396	2,9	0,7632	9. 167—171°	226	1,3	0,8064
4. 125—135°	440	3,2	0,7735	10. 171—175°	285	1,6	0,8080
5. 135—152°	1,005	8,6	0,7837	Rückstand	10,073	68,9	—
6. 152—157°	488	2,8	0,7914	Verlust	238	1,6	—

a) Vorläufige Versuche zur Prüfung der folgenden Chlorierungsmethode wurden mit der die Octonaphtene, C_8H_{16}, enthaltenden Fraktion ausgeführt. Das Chlor wurde durch tropfenweise bewirkte Einwirkung von Salzsäure (38%) auf 1,1 Teile Kaliumpermanganat berechnet, gemäß der Formel

$$KMnO_4 + 8\,HCl = KCl + MnCl_2 + 4\,H_2O + 5\,Cl$$

entwickelt. Das Gas wurde durch zwei Waschflaschen mit Schwefelsäure in den mit einer Auerlampe (Abstand 10 cm) beleuchteten Kohlenwasserstoff in einen mit Rückfluß versehenen Kolben eingeleitet. Von dem mit Soda gewaschenen und getrockneten Produkt wurden 70 g unter 6 mm destilliert, und die Fraktionen, deren Dichte 0,9 überstieg, analysiert:

Kp.	27— 50°	10,5 g	d_{15} 0,7900	berechnet für $C_8H_{15}Cl$	24,2%
„	50— 60°	8,2 g	d_{15} 0,8460	„ „ $C_8H_{14}Cl_2$	39,2%
„	60— 70°	11,0 g	d_{15} 0,9130	erhalten	21,88% Cl
„	70— 80°	12,7 g	d_{15} 0,9495	„	24,79% Cl
„	80—100°	5,0 g	d_{15} 1,0000	„	30,76% Cl
„	100—110°	4,5 g	d_{15} 1,0900	„	38,27% Cl

[1]) ASCHAN, Chemie der alicyclischen Verbindungen, S. 1044 (1905). — [2]) Russ. chem.-phys. Journ. 15, 332 (1881). — [3]) Ibid. 25, 382 (1891). — [4]) Ibid. 25, 385 (1891); 33, 586 (1896).

Es ergibt sich, daß außer einer gewissen Menge ursprünglichen Materials, die Fraktionen 70—80° und 100—110° (Siedep.$_6$) einen dem Monohydrochlorid, $C_8H_{15}Cl$ bzw. Dihydrochlorid, $C_8H_{14}Cl_2$, entsprechenden Chlorgehalt zeigten. Die Methode war also anwendbar. Doch wäre, in Anbetracht der unchlorierten Menge des Rohmaterials, eine Vermehrung der Permanganatmenge auf 1,5 der theoretischen angemessen.

b) Die Chlorierung der Petroleumfraktion 152—157°, die bei der Analyse C 86,18% und H 14,06% (gegen C 85,71% und H 14,29% für $C_{10}H_{20}$) ergab, wurde ähnlich mit 100 g derselben und 75 g $KMnO_4$ und 375 g konz. Salzsäure (38%) ausgeführt. Das Produkt (135 g) verteilte sich (bei 6 mm) in folgender Weise:

1. 35—60°	21,1%	$d_{15} = 0,8326$		5. 90—100°	7,2%	$d_{15} = 1,0368$
2. 60—70°	9,2%	$d_{15} = 0,8948$		6. 100—110°	8,8%	$d_{15} = 1,0936$
3. 70—80°	18,8%	$d_{15} = 0,9540$		7. 110—120°	6,3%	$d_{15} = 1,1235$
4. 80—90°	14,6%	$d_{15} = 0,9834$		8. 120—150°	5,8%	$d_{15} = 1,1843$

Bei der Analyse erhielt man für 3. 21,90%, 4. 26,12%, 6. 33,33% Cl statt der berechneten 20,34% für $C_{10}H_{19}Cl$ und 33,97% für $C_{10}H_{18}Cl_2$. Die beiden größten Fraktionen 3 und 6 enthielten also größtenteils Mono- bzw. Dichlorid.

Die Abspaltung von Chlorwasserstoff. 1. Als die Fraktion 3 (Siedep. 70 bis 80°) mit der gleichen Anilinmenge in einem Fraktionierkolben stehen blieb, wurde das Gemenge nach 12 Stunden in eine ziemlich feste Masse von Anilinhydrochlorid verwandelt, die sich beim Erwärmen in zwei Schichten verteilte. Bei der Destillation wurde, bis die Temperatur auf den Siedepunkt des Anilins gestiegen war, ein ungesättigter Kohlenwasserstoff erhalten, der nach Entfernen des überschüssigen Anilins mit wenig Oxalsäure, Trocknen mit geglühter Pottasche und Destillieren über Natrium bei 149—157° siedete und die aus drei übereinstimmenden Analysen im Durchschnitt erhaltenen Zahlen C 86,88% und H 13,23%, statt C 86,96% und H 13,04% für $C_{10}H_{18}$ ergab.

Daraus geht hervor, daß in der ursprünglichen Petroleumfraktion ein Naphten, $C_{10}H_{20}$, vorhanden war.

Daß andererseits in dem Kohlenwasserstoff $C_{10}H_{18}$ ein ungesättigtes monocyclisches „Naphtylen", also mit einer Doppelbindung vorliegt, erhellt daraus, daß es mit $d^{20}/_{20} = 0,8168$ und $n_D^{18} = 1,44876$ eine Molrefraktion von MR = 45,34 zeigte (berechnet 45,7). Es muß jedoch wegen des Siedepunkts einen ganz andersartigen Kern als den der drei Menthene haben, die zwischen 167 und 171° sieden, Carvomenthen sogar bei 175—176°.

2. Die chlorierte Fraktion 6 wurde in einer Menge von 20 g mit 27 g Anilin vermischt. Auch hier trat keine Reaktion sofort ein, beim Erwärmen teilte sich aber die Masse wieder in zwei Schichten. Die bei der Destillation übergehende Flüssigkeit wurde zur Bindung des Anilins mit 13 g Eisessig und Wasser versetzt und der Kohlenwasserstoff mit Dampf überdestilliert, getrocknet und über Natrium rektifiziert. Die dabei auftretende, durch Kochsalzbildung angezeigte Umsetzung zeigte, daß das Anilin diesmal kein chlorfreies Produkt erzeugt hatte, vielleicht spaltete sich sogar nur ein Chlorwasserstoff ab. Der bei der Natriumbehandlung übergehende, schlecht riechende Kohlenwasserstoff (nur 2 g) siedete zwischen weiten Grenzen (134—155°) und hatte eine Dichte $d^{20}/_4 = 0,8172$ bzw. $d^{18}/_{18} = 0,8181$. Zwei übereinstimmende Analysen ergaben im Mittel C 87,47% und H 12,42%; $n_D^{18} = 1,4607$, woraus MR = 45,63; dies alles nach einer Terpenformel $C_{10}H_{16}$, die mit zwei Doppelbindungen einer Molrefraktion von 45,34 entspricht.

c) Die Petroleumfraktion 162—167° (vgl. die Tabelle a. S. 11 Mitte) zeigte die Analysenzahlen C 86,40% und H 13,80%, die zwischen den Zahlen für $C_{10}H_{20}$ (mit 85,71% und 14,29%) sowie $C_{10}H_{18}$ (mit 86,96% und 13,04%) liegen. Da der Kohlenwasserstoff gesättigt war, bestand er aus einem Gemenge von einem monocyclischen und dicyclischen Naphten. Indes waren die Zahlen $n_{18} = 1,44295$ und MR = 45,34 abnorm. Dieses Gemenge wurde nicht chloriert.

d) Chlorierung der Petroleumfraktion 171—175°. Diese hatte die Zusammensetzung C 86,46% und H 13,80%; Dichte $d^{15}/_{15}$ = 0,8080 und n_D^{18} = 1,44295, woraus MR = 46,21.

Als 200 g wie früher chloriert wurden, erhielt man 267 g eines Rohproduktes, das im 6-mm-Vakuum in folgender Weise destillierte:

1. 45— 60°	6,0%	d_{15} = 0,8307	
2. 60—70 °	6,7%	d_{15} = 0,8463	
3. 70— 80°	8,3%	d_{15} = 0,9107	
4. 80—95 °	27,9%	d_{15} = 0,9670	(Cl = 19,64%; ber. für $C_{10}H_{19}Cl$ = 20,34%)
5. 95—105°	7,7%	d_{15} = 1,0245	

Der bei 105—125° siedende Rückstand zeigte einen Chlorgehalt von 33,37%, gegen 33,65% des berechneten für die Formel $C_{10}H_{18}Cl_2$.

Bei der in obiger Weise ausgeführten Behandlung der Fraktion 80—95°$_6$ (37 g) mit Anilin wurden 17,3 g eines bei 166—176° siedenden Kohlenwasserstoffs erhalten; $d^{20}/_4$ = 0,8252, $d^{18}/_{18}$ = 0,6261. Die Analyse ergab C 86,70%, H 13,07%, was mit der Formel $C_{10}H_{18}$ (C 86,96%, H 13,04%) übereinstimmt. Erhalten wurde ferner n_{18} = 1,45608, woraus MR^D_{18} = 45,46; der Zusammensetzung $C_{10}H_{18}$ mit einer Doppelbindung entspricht MR = 45,71.

D. Neue Methode für Chlorwasserstoffabspaltung mit Natronkalk

Da diese Abspaltung zweier Mole Chlorwasserstoff mittels Anilins unbefriedigend verlief, wurden 20 g des bei 105—125° C siedenden Rückstandes mit überschüssigem Natronkalk in einem Fraktionierkolben im Metallbade erhitzt. Das wasserhaltige Destillat wurde absepariert und zweimal über Natrium fraktioniert. Der bei 162—182° siedende Kohlenwasserstoff (6,6 g) zeigte $d^{20}/_4$ = 0,8422 und $d^{18}/_{18}$ = 0,8431, sowie n_{18} = 1,47498, woraus MR = 45,24, während ein monocyclisches Terpen mit 2 Doppelbindungen der Zahl 45,24 entsprechen würde. Die Analyse bestätigte tatsächlich, daß ein mit den Terpenen isomerer Kohlenwasserstoff vorliegt: C = 88,08%, H = 11,82% (Theorie: C = 88,23%, H = 11,77%). Der Siedepunkt, der fast 20° C umfaßte, zeigte, daß mehrere Terpene vorliegen. Es stimmt dieses Siedeintervall zufällig mit dem für das Terpengemenge überein, welches nach dem Abdestillieren des Pinens aus dem nordischen Terpentinöl über 160° zurückbleibt.

Obige Untersuchung ergab also, daß man, von den in dem kaukasischen Brennpetroleum reichlich vorhandenen „Dekanaphtenen", $C_{10}H_{20}$, ausgehend, nach vorherigem Chlorieren Mono- und Dichloride erhält, aus denen Kohlenwasserstoffe, $C_{10}H_{18}$ und $C_{10}H_{16}$, in einfacher Weise erhalten werden können.

E. Neue Methode zur Darstellung von Cyclopentanon und Homologen

Zu der wichtigen Darstellungsmethode von J. Wislicenus für Cycloparaffine[1]) sind cyclische Ketone vom Typus des Cyclopentanons und Homologen nötig. Diese wurden früher durch trockne Destillation gewisser Salze der Adipinsäuren, Pimelinsäuren usw. dargestellt, aber gewöhnlich wegen der hohen Temperatur in ungenügender Ausbeute erhalten. Durch Versuche,

1) Ann. 275, 312 (1893); vgl. Aschan, Chemie der alicyclischen Verbindungen, S. 391 (1905).

diesen Nachteil zu vermindern[1]), gelang es mir tatsächlich in einfacher Weise, besonders in der Cyclopentan- und Cyclohexanreihe größere Mengen der Ketone zu gewinnen. Die Reaktion beruht auf trocknem Erhitzen der freien Säuren, sie wird aber von zwei Nebenreaktionen begleitet, die jedoch in kleinen Mengen verlaufen, z. B.:

$$\text{1.}\quad \begin{array}{l}\text{Adipinsäure}\\ CH_2\cdot CH_2\cdot CO\cdot OH\\ |\\ CH_2\cdot CH_2\cdot CO\cdot OH\end{array} = \begin{array}{l}\text{Cyclopentanon}\\ CH_2\cdot CH_2\diagdown\\ |\qquad\qquad\;\; CO\\ CH_2\cdot CH_2\diagup\end{array} + CO_2 + H_2O\;;$$

$$\text{2.}\quad \begin{array}{l}CH_2\cdot CH_2\cdot CO\cdot OH\\ |\\ CH_2\cdot CH_2\cdot CO\cdot OH\end{array} = \begin{array}{l}\text{n-Valeriansäure}\\ CH_2\cdot CH_3\\ |\\ CH_2\cdot CH_2\cdot CO\cdot OH\end{array} + CO_2\;;$$

$$\text{3.}\quad \begin{array}{l}CH_2\cdot CH_2\cdot CO\cdot OH\\ |\\ CH_2\cdot CH_2\cdot CO\cdot OH\end{array} = \begin{array}{l}\text{Pentensäure}\\ CH{=}CH_2\\ |\\ CH_2\cdot CH_2\cdot CO\cdot OH\end{array} + CO + H_2O\;.$$

Diese drei Reaktionen stellen durchsichtige Beispiele dar für die Neigung sauerstoff- und besonders carboxylhaltiger organischer Verbindungen, hier der Säuren der Oxalsäurereihe, *den Sauerstoff als Wasser, Kohlendioxyd bzw. Kohlenmonoxyd abzugeben.*

In der Adipinsäurereihe steigt die Ausbeute vom Keton (Reihe 1) bis auf 60%, während die Reaktionen 2 und 3 spärliche Ausbeute zeigen. Mit dem Molgewicht nimmt die Ausbeute an Ketonen successive ab (bei der Sebacinsäure ist sie fast verschwindend); die der entsprechenden Fettsäure und ungesättigten Säure nimmt dann zu.

Es ist anzunehmen, daß auch alkylierte Ketone aus den zugehörigen alkylierten Dicarbonsäuren in dieser Weise zu erhalten sind.

F. Anregungen und Ergänzungen zum Kapitel 2

1. Bezüglich des Momentes A könnte wahrscheinlich statt Amylen ein andersartiges Rohmaterial angewandt werden. Eigentlich dürfte wohl jeder ungesättigte Kohlenwasserstoff gleichartigen Kondensationsreaktionen mit Aluminiumchlorid unterzogen werden, wobei die einfachsten Vertreter, wie Äthylen, Propylen und die Butylene, in verdichteter flüssiger Form, das größte Interesse darbieten würden. Aber auch gesättigte, *alicyclische* Kohlenwasserstoffe, wie Cyclopropan, Cyclobutan und Cyclohexan bzw. Homologe, einzeln oder in Gegenwart aliphatischer Äthylene, könnten der Reaktion unterzogen werden. Obwohl diese Kondensation sehr kompliziert verläuft, wie das Beispiel mit den Amylen gezeigt hat, so hat sie jedoch erhebliches Interesse, da sie ein so bedeutendes Versuchsfeld umspannt. Dies berührt sogar die Frage über *die künstliche Darstellung der Schmieröle.*

Betreffs des in Moment A angegebenen, bei 35—40° siedenden Kohlenwasserstoffs erlaubte ihre sehr kleine Menge nicht die endgültige Feststellung, ob Methylcyclobutan vorliegt oder nicht. Die Synthese desselben wäre auch deswegen von

---

[1]) Ber. 45, 1603 (1912); ein Teil der Säure destilliert unzersetzt über, auch bei langsamer Destillation, kann aber selbstverständlich leicht aufgehoben werden.

erheblichem Interesse, daß sowohl MARKOWNIKOW wie Verfasser[1]) das etwas höhere spezifische Gewicht der russischen Petrolätherfraktion 35—40° auf die Gegenwart desselben zurückgeführt haben.

2. Bezüglich der in Moment A angeführten Vermutung über die Synthese des Cyclohexans (Fraktion 76—82), wäre auch die Kontrolle dieser Annahme nötig. Wenn Cyclohexan nicht vorliegt, so wäre ein Homologes der Cyclobutan- oder Cyclopropanreihe vorhanden. Ein Nachweis des Wanderns der Methyle aus Amylen in ein anderes Molekül wäre von erheblichem Interesse.

Auch andere, durch Fraktionieren isolierte Kohlenwasserstoffe könnten den Gegenstand einer erneuten Untersuchung darstellen.

3. Zum Moment B bezüglich der Oxydation des Methylcyclopentans bzw. Cyclohexans mit Salpetersäure wäre zu bemerken, daß auch geeignete höhere Homologe in diesen und anderen alicyclischen Reihen leicht oxydierbar sein müßten. Z. B. aus den Dimethylcyclopentan und Methylcyclohexan enthaltenden Naphtenfraktionen von etwa 91° (I.) und 101° (II.) könnten folgende Produkte bei dieser Oxydation auftreten, nämlich aus I:

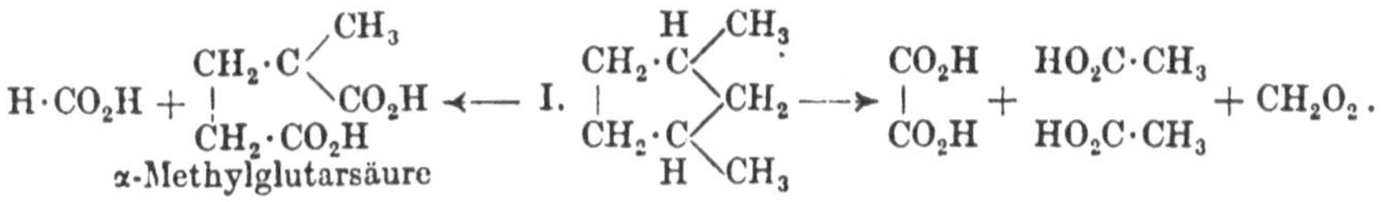

Gleichzeitig könnte auch Bernsteinsäure entstehen. Und aus II:

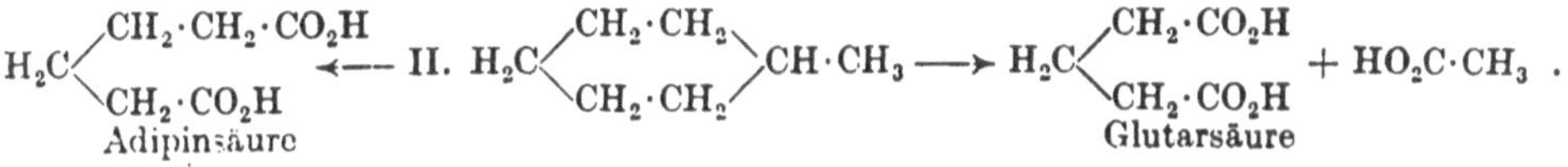

Es ist wahrscheinlich, daß die bei etwa 117—120° siedende Fraktion des russischen Ligroins Dimethyl-1,3-cyclohexan (III) enthält. Wenn dies der Fall ist, müßte es bei der Oxydation in nachstehender Weise zerfallen:

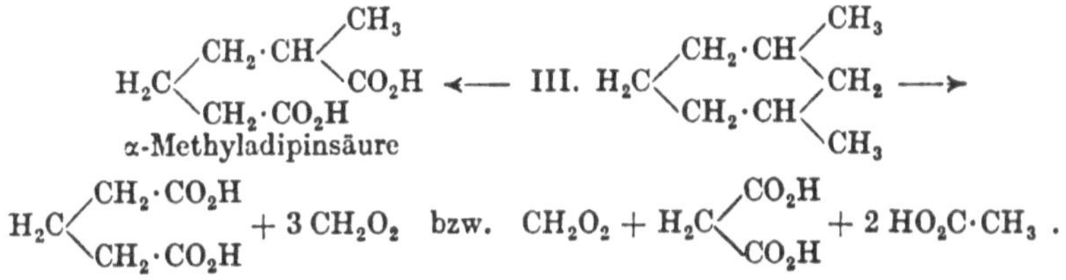

Die Oxydationsversuche in den genannten und etwa anderen diesbezüglichen Richtungen müßten sowohl mit rauchender, wie mit gewöhnlicher konzentrierter und verdünnter Salpetersäure ausgeführt werden; diese Variationen könnten zur Bildung verschiedener Körper führen.

4. Zum Moment C sei hinzugefügt, daß eine mehr systematische Untersuchung der terpenähnlichen Derivate der höheren Naphtene wünschenswert ist und eventuell auch zu praktischer Bedeutung für solche Zwecke gelangen könnte, zu denen die Terpene jetzt angewandt werden. Nach einer gewissen, bis auf weiteres unbestimmbaren Zeit könnte nämlich ein Mangel an diesen Naturerzeugnissen eintreten, da nämlich die Gegenden der Erde, worauf die Pinusarten gedeihen, immer stärker bevölkert werden. Die Terpene, die unentbehrlich sind, müßten dann durch chemisch dargestellte, billige ungesättigte alicyclische Kohlenwasserstoffe von mittlerem Mol-

[1]) ASCHAN, Chemie der alicyclischen Verbindungen, S. 109 (1905).

gewicht ersetzt werden. Solche Körper lassen sich auf dem in Moment C angedeuteten Wege aus geeigneten Naphtenen darstellen. In rein wissenschaftlicher Hinsicht scheinen zwar derartige Untersuchungen, besonders wenn es sich um strukturelle Bedingungen handelt, wegen der großen Zahl von Isomeren Schwierigkeiten darzubieten. Auch in dieser Hinsicht sind indes weitere Resultate wünschenswert.

5. Zum Moment E könnte beigefügt werden, daß die Konstitution der bei der Reaktion 3 (s. oben) entstehenden Säuren gegebenenfalls durch Oxydation mit alkalischer Permanganatlösung bestimmt werden sollte, da eine „Wanderung" der Doppelbindungen eingetreten sein könnte. Ferner sollte die Ausbeute bei der Ketonbildung aus den aliphatischen Dicarbonsäuren unter Anwendung gemäßigten Vakuums vermehrt werden können.

Kapitel 3. Die isolierten Naphtensäuren

Die theoretischen Resultate der vom Verfasser ausgeführten eingehenden Untersuchungen über diese Säuren[1]) wurden schon im Kap. 1 angegeben. Hier seien einige Angaben über die Eigenschaften und das Verhalten, sowie die Abscheidung und Reinigung der von ihm isolierten Säuren und der dabei dargestellten verschiedenen Derivate kurz mitgeteilt.

A. Das Rohmaterial für die Untersuchung

Dieses war in Baku von Herrn Ingenieur J. Estlander aus den Residuen von der Reinigung des Kerosins (Brennöls) mit Natronlauge dargestellt.

Das Verfahren war folgendes. Die dickflüssigen Residuen werden mit Wasser gemischt, bis unlösliche Kohlenwasserstoffe usw. abgeschieden sind und eine klare Seifenlösung entsteht. Diese wird mit verdünnter Schwefelsäure versetzt, das ausgeschiedene Öl wird abgeschöpft und geklärt. Doch wird die Lauge nicht vollständig ausgewaschen, weil kleine Mengen von Natronsalzen die Oxydation der Säure angeblich verhindern.

Die rohe Säure ist ein lichtgelbes, dickflüssiges Öl von der Dichte $d^{20}/_{20} =$ 0,9891. Sie beginnt bei etwa 200° zu sieden, nachdem der Wassergehalt (3—4%) und mechanisch aufgelöste Kohlenwasserstoffe überdestilliert sind. Bis 250° gehen nur 15% der Säure über, unter 300° siedet der größte Teil desselben unter partieller Zersetzung und Abgabe von Kohlendioxyd, Wasser und indifferenten Stoffen; auch im Vakuum tritt eine geringe Zerlegung ein. Deswegen wurde die Isolierung der einzelnen Säuren mittels der Methylester bewirkt.

Die Esterifikation geschieht durch 3stündiges Einleiten von Chlorwasserstoff in die Lösung einer größeren Menge von 1 Vol. Säure in 1,5 Vol. Methylester ungewöhnlich leicht. Unter erheblicher Erwärmung teilt sich die Flüssigkeit in zwei Schichten. Nach 24 Stunden wird der Ester aus dem erhaltenen Produkt mit 2—3 Vol. Wasser als gelbes Öl abgeschieden, das mit verdünntem Alkali und Wasser gewaschen und mit Calciumchlorid getrocknet wird. Die Ausbeute betrug immer fast dasselbe Gewicht wie die angewandte Rohsäure.

---

[1]) Aschan, Comm. variae in memoriam actorum CCL annorum, edidit Universitas Helsingforsiensis (1890); Acta Soc. scient. Fennicae 19, Nr. 8 (1891); Ber. 23, 867 (1890); 24, 2710 (1891); 25, 3661 (1892).

Die Fraktionierung wurde damals mit einem Aufsatz von LINNEMANN mit Platinkörben ausgeführt; eine Schicht Glasperlen war unten im Rohre angeordnet. Mit diesem Apparat fand die Destillation 24mal statt, wobei die Fraktionen auf 5° zwischen 180—240° aufgenommen wurden. Mit den neueren effektiven Apparaten, z. B. einem FAGERLINDschen Perlendephlegmator, würde man viel schneller ans Ziel gelangen.

Zur Feststellung der Zusammensetzung, die nicht, wie bei den Naphtenen, prozentuell dieselbe ist für die verschiedenen Säuren, eignet sich die Elementaranalyse wegen den vorhandenen indifferenten Verunreinigungen (Kohlenwasserstoffen usw.) nicht. Dagegen führt das fraktionierte Ausfällen der Silbersalze aus den Ammonsalzen der durch Verseifen erhaltenen Säuren zum Ziele, wenn man die Lösungen der nach dem Verseifen der Ester mit alkoholischem Kali erhaltenen Flüssigkeiten, zum Abscheiden von Kohlenwasserstoffen usw., die sonst leicht in der Lösung des Salzes bleiben, mit Äther entfernt. Die jeweils erhaltene Säure kann nunmehr bei gewöhnlichem Druck destilliert werden, was auch bei den höher molekularen Säuren gelingt, die gereinigt sogar über 300° unzersetzt übergehen. Unter Abtrennung vom Vorlauf und Nachlauf erhält man die für die verseifte Fraktion eigene Säure, deren Silbersalz aus einer Probe dargestellt wird, indem man sie in der ungefähr erforderlichen Ammoniakmenge löst und mit Silbernitrat versetzt, bis kein Salz mehr ausfällt. Das im Dunkeln getrocknete Silbersalz gibt bei der Analyse an, ob ein Gemenge oder eine einheitliche Säure vom Naphtentypus vorliegt. Man erfährt dadurch, wo die einheitlichen Esterfraktionen zu finden sind und sieden. Die Fraktionierung wird unter Beachtung des Resultates fortgesetzt. Nach einigen Malen findet man schließlich, ob die Voraussetzungen haltbar waren, dadurch nämlich, ob die betreffenden Fraktionen vermehrt, während die angrenzenden successive kleiner werden usw.

Um Zeit und Material zu sparen, wurde die Rohsäure später ohne weiteres vordestilliert und nur der schnell bis etwa 270° übergehende Teil von etwa 8% auf den Ester verarbeitet und dieser wie oben gereinigt. Mehrere solcher, von indifferenten Stoffen über dem Alkalisalze gereinigten Säureportionen, die einen unbehaglichen, anhaftenden und wie niederen Fettsäuren eigenen Geruch haben, wurden vereinigt, esterifiziert und fraktioniert, wie oben angegeben. Bei der Veresterung wurde nunmehr, statt Chlorwasserstoff, auf 1 Liter dieser Säuren und 1 Liter Methylalkohol 500 ccm englischer Schwefelsäure angewandt, die man allmählich zugibt. Dieses Gemisch erwärmt sich stark und scheidet nachher die Esterschicht wieder ab. Bei der Destillation wurden Hauptfraktionen bei 160—165°, 185—190°, 205—210° und 225—230° erhalten, die fernerhin oft umfraktioniert wurden und in allem nach 25 Gängen so rein wurden, wie dies möglich war.

Während der langwierigen Destillation an der Luft findet stets eine langsame Oxydation unter Bildung von Wasser statt, das wegen der hygroskopischen Natur der Ester niemals vollständig durch Trockenmittel entfernt werden kann. Ferner traten bei fortgesetztem Fraktionieren von 125° an kleine Anteile mit einem stark aromatischen Geruch auf. Bei dem wie oben dargestellten Silbersalz aus der bei etwa 150—160° siedenden Fraktion wurden Zahlen erhalten, die auf eine Säure, $C_7H_{12}O_2$ (Hexanaphtencarbonsäure), hinwiesen, deren gereinigte Methylesterfraktion bei 166,5° siedet; daneben ist eine noch niedrigere Säure in so kleiner Menge vorhanden, daß ihre Natur nicht festzustellen war. Folglich ließen sich in der rohen Naphtensäure auch Säuren mit kleinerem Kohlenstoffgehalt als 7 nachweisen. Es konnte nicht festgestellt werden, ob diese ebenfalls gesättigten Säuren, in Analogie damit, daß die niedriger siedenden Anteile der kaukasischen Naphta Paraffine enthalten, Fettsäuren oder aber eine Reihe von Naphtensäuren, $C_nH_{2n-2}O_2$, mit Fünfring darstellten.

Die beim Fraktionieren resultierenden Ester lassen sich mit alkoholischem Kali sehr leicht verseifen.

B. Die Eigenschaften der Naphtensäuren und ihrer Derivate

a) Diese Unterabteilung des vorliegenden Kapitels, die das Experimentelle zu der theoretischen Darstellung in Kap. 1 enthält, wird möglichst kurz, hier in tabellarischer Form, mitgeteilt.[1])

Tabelle

	Hexanaphten-carbonsäure	Heptanaphten-carbonsäure	Octonaphten-carbonsäure
Formel	$C_6H_{11}\cdot CO_2H$	$C_7H_{13}\cdot CO_2H$	$C_8H_{15}\cdot CO_2H$
Siedepunkt	215—217°	237—239°	251—253°
Spez.Gewicht	$d\ ^{18,5}/_{18,5}$ 0,9503	$d\ ^{18}/_{18}$ 0,9820; $d\ ^{20}/_{20}$ 0,9838; $d\ ^{15}/_{4}$ 0,9855; $d\ ^{0}_{0}$ 0,9982	$d\ ^{18,4}/_{18,4}$ 0,9768
Methylester	$C_6H_{11}\cdot CO_2CH_3$: Siedep. 165,5—167,5°	$C_7H_{13}\cdot CO_2CH_3$: Siedep. 190—192°	$C_8H_{15}\cdot CO_2CH_3$: Siedep. 211—213°
Chlorid	$C_6H_{11}\cdot COCl$: Siedep. 167 bis 169°	$C_7H_{13}\cdot COCl$: Siedep. 193 bis 196°	$C_8H_{15}\cdot CO\cdot Cl$: Siedep. 206 bis 208°
Amid	$C_6H_{11}\cdot CO\cdot NH_2$: Schmelzp. 123,5°	$C_7H_{13}\cdot CO\cdot NH_2$: Schmelzp. 133°	$C_8H_{15}\cdot CO\cdot NH_2$: Schmelzp. 128—129°
Nitril	—	$C_7H_{13}\cdot CN$: Siedep. 199 bis 201°	—
Anilid	$C_6H_{11}\cdot CO\cdot NH\cdot C_6H_5$: Schmelzp. 93—94°	—	—
Salze:			
Kaliumsalz	$C_6H_{11}\cdot CO_2K$: hygrosk. Nadeln	$C_7H_{13}CO_2K$: in d. Wärme weich	—
Ammoniumsalz	$C_6H_{11}\cdot CO_2(NH_4)$: nur in Lös. best.	$C_7H_{13}\cdot CO_2Na$: lanzettförmige Nadeln	—
Calciumsalz	$(C_6H_{11}CO_2)_2Ca + 4H_2O$: 2. Modifikat.: aus heiß. Lös. amorph	$(C_7H_{13}\cdot CO_2)_2Ca$: in der Wärme schwerer löslich, amorph	—
Bariumsalz	$(C_6H_{11}CO_2)_2Ba$: in heißer Lös. kryst., in kalter amorph	Wie das der Hexanaphtensäure	Zähe Tropfen, im Wasserbade krystallinisch
Silbersalz	$C_6H_{11}\cdot CO_2Ag$: käsiger Niederschl.	Wie das der Hexanaphtensäure	Wie das der Hexanaphtensäure
Cadmiumsalz	$(C_6H_{11}\cdot CO_2)_2Cd$: perlmutterglänzende, in koch. Wasser lösl. Blätter	—	—

[1]) Näheres in unserer schwedischen Edition: Naftenföreningar, terpener ach kamferarter, S. 29—37 (Helsingfors 1926).

b) Bemerkungen bezüglich der obigen drei Naphtensäuren

1. Hexanaphtencarbonsäure. Sie besitzt einen sehr unangenehmen, zugleich an Brenztraubensäure und Valeriansäure erinnernden, ekelhaften Geruch, der längere Zeit an der Haut, den Haaren und den Kleidern haftet. Ferner ist sie in Wasser fast unlöslich und entfärbt sodaalkalische Permanganatlösung erst ganz allmählich. Brom wirkt bei gewöhnlicher Wärme nicht ein, wohl aber beim Erhitzen. Salpetersäure bildet beim Kochen Oxalsäure.

Die Hexanaphtensäure tritt, im Gegensatz zu den von anderen Forschern untersuchten Naphtensäuren, als ein gut charakterisiertes chemisches Individuum auf. Sie ist eine wirkliche Carbonsäure mit ziemlich stark sauren Eigenschaften. Ihre Salze werden nicht, wie für viele aus den höheren Säuren dieser Art angegeben wird, von Kohlensäure zerlegt. Bei der Elementaranalyse ist sie schwer verbrennlich, weshalb man dabei längere Rohre anwenden muß.

2. Heptanaphtencarbonsäure gleicht ihrem Isomeren sehr; der Geruch ist zwar stark, aber weniger ausgeprägt.

Weil dieser typische Vertreter für die Naphtensäuren in genügender Menge vorhanden war, wurden mit ihr viele derartige Verwandlungen ausgeführt, die damals, im Anfang der neunziger Jahre, für die Aufklärung der Struktur der Naphtensäuren und ihrer Stellung in dem System der organischen Chemie nötig waren.[1])

Im Kap. 1 wurde schon die Verwandlung der Heptanaphtencarbonsäure in das entsprechende Naphten mittels Jodwasserstoffsäure und Phosphor (vgl. Moment e) unten bezüglich des Experimentellen), wobei das Produkt mit dem gewöhnlichen Octonaphten (Siedep. bei etwa 119°) identisch gefunden und die Zusammengehörigkeit einer Naphtensäure mit einem bestimmten Naphten sicher festgestellt werden konnte.

Hier sollen zunächst (unter a und b) einige andere, vom theoretischen Standpunkte aus nicht unwichtige Arbeiten in aller Kürze angeführt werden.

a) Die Refraktion und Oxydation mit verdünnter Salpetersäure. Vom Refraktionskoeffizienten $n_D^{16} = 1{,}4486$ und von der Dichte $d^{15}/_4 = 0{,}9855$ ausgehend, erhielt man MR = 38,7, während diese Konstante, nach CONRADY[2]) berechnet, auch 38,7 beträgt. Daraus geht hervor, erstens, daß die Heptanaphtencarbonsäure gesättigt ist, und zweitens, daß ihr Kohlenstoffkern keinen Drei- oder Vierring enthält.

Dasselbe ging auch bei ihrer Oxydation mit verdünnter Salpetersäure (d = 1,30) hervor.[3]) Beim Kochen damit entsteht Essigsäure und ein wasserlösliches Säuregemisch, woraus ein Silbersalz mit dem Metallgehalt der Bernsteinsäure erhalten wurde.

Unter Anwendung einer Chromsäuremischung[4]) entstand wieder Essigsäure; außerdem konnte diesmal Bernsteinsäure durch den Schmelzpunkt und die Analyse neben Oxalsäure sicher nachgewiesen werden. Hieraus geht hervor, daß eine Methylgruppe an dem ringförmigen Kern vorkommt, der außerdem eine Kette von vier zusammenhängenden Kohlenstoffatomen enthält. Das Fehlen eines Cyclobutankernes ist dadurch bestätigt.

---

[1]) ASCHAN, Comm. variae etc. (s. o.), S. 32 (1890); Ber. 24, 2710 (1891). — [2]) Ztschr. physikal. Chem., S. 210 (1889). — [3]) Comm. variae etc., S. 50. — [4]) Ber. 25, 3668 (1892).

b) Aus den zum Octonaphten führenden Versuchen. Um der bei den bekannten WREDENschen Versuchen zur Hydrierung der Benzolkohlenwasserstoffe (S. 1) festgestellten Umlagerung zu entgehen[1]), wurde, da man eine Reduktion von Carboxyl zum Methyl anstrebte, die Temperatur bei höchstens 220—230° gehalten, während WREDEN in den Fällen, in denen ein Übergang des 6-Ringes in den 5-Ring festgestellt worden ist, sie bis auf 280° erhöht hatte.

Die Operation fand in zugeschmolzenen Kaliglasröhren mit kleinen Mengen der Säure, rotem Phosphor und konzentrierter Jodwasserstoffsäure (1,7) statt, unter abwechselndem Öffnen und Zuschmelzen der Röhre für Zugabe neuer Phosphormengen und langsamere Steigerung der Wärme. Der resultierende gereinigte und leicht flüssige, fast ungefärbte Kohlenwasserstoff, der einen ausgeprägten Geruch nach russischem Petroleum hatte, wurde 10mal über Natrium fraktioniert. Schließlich wurden 9 g (29% der theoretischen Ausbeute) als einer bei 117—118° Hauptfraktion erhalten, während ungefähr 25% des rohen Kohlenwasserstoffs aus einem bei 240 bis 260° siedenden Dimeren, $C_8H_{15}\cdot C_8H_{15}$, bestanden. Nach 3maligem Fraktionieren erhielt man für dieses einen konstanten Siedepunkt von etwa 256°. Der Petroleumgeruch war fortwährend vorhanden.

Der reine, bei 117—118° siedende Kohlenwasserstoff hatte einen angenehmen, an die höheren Ligroinfraktionen erinnernden Geruch und eine mit der Formel C_nH_{2n} übereinstimmende Zusammensetzung. Seine physikalischen Konstanten sind schon oben in der Tabelle 1 (S. 6) angegeben. Er war gesättigt. Brom und englische Schwefelsäure wirken darauf nicht ein, rauchende löst es langsam auf. Rauchende Salpetersäure oxydiert ihn erst bei Gegenwart von konzentrierter Schwefelsäure.

Aus den obigen Tatsachen läßt sich folgendes schließen:

1. Der bei der Reduktion der Heptanaphtencarbonsäure gebildete Kohlenwasserstoff enthält einen ringförmigen, völlig hydrierten Kern.

2. Es muß in ihm der Kohlenwasserstoff C_8H_{16} und kein Homologes desselben, sondern das Octonaphten MARKOWNIKOWS vorliegen.

3. In dieser Identität liegt der bindende Beweis für die chemische Zusammengehörigkeit der Naphtene und Naphtensäuren.

Damit war der Zweck für diesen Teil der während mehreren Jahren fortgeführten Untersuchung erzielt.

C. Anregungen und Ergänzungen zum Kapitel 3

In dieser Hinsicht wäre manches mitzuteilen, besonders, weil in den Naphtensäuren eine wegen ihres reichlichen Vorkommens in der Natur leicht zugängliche Klasse organischer Verbindungen vorliegt. Ihre technische Anwendbarkeit wurde schon erwähnt; sie sind wichtige Ersatzstoffe für die kostspieligen Fette in der Natur, als schlichtes Rohmaterial, besonders in der

[1]) F. Vet.-Societ:ns Acta 19, Nr. 8, S. 17 (1891); Ber. 24, 2710, 2715 (1891).

Seifenindustrie. Unvorteilhaft ist allerdings ihr eigentümlicher Geruch, der an allem Animalischen, sogar an der Wäsche haftet. Besonders den niederen Homologen ist diese lästige Eigenschaft eigen, die bei der Hexanaphtencarbonsäure bis zu dem Grade gesteigert ist, daß tatsächlich ein gewisser Mut dazu gehört, mit ihr zu arbeiten.

1. Zur Strukturbestimmung der Naphtensäuren

a) Die Oxydation bietet wegen der ansteigenden Zahl der Isomeren nur bei den niederen Säuren Interesse und gewisse Möglichkeiten (s. auch oben, Moment B, 2, b). Zelinsky und Pokrowskaja[1]) haben allerdings vor einigen Jahren behauptet, daß es gelänge, das Ziel durch Reduktion der Naphtensäuren zu den entsprechenden primären Alkoholen zu erreichen. Dieses Bestreben ist von vornherein unmöglich, insoweit sie nach seiner wichtigsten theoretischen Konsequenz, der Strukturbestimmung, hinzielen, weil man auch hier zu Gemischen gelangen muß. Außer der Ringisomerie käme nämlich auch Stellungs- und geometrische Isomerie in Betracht; optische Isomerie ist bisher nicht beobachtet worden.

Als einfachstes Beispiel für die Säuren des Hexanaphtencarbonsäuretypus, $C_6H_{11} \cdot CO_2H$, kämen folgende isomere Formen außer der Cyclohexancarbonsäure (Hexahydrobenzoesäure) in Betracht, die sicher nicht in dem von mir untersuchten Naphtensäuregemisch vorkommt (S. 4, oben), nämlich drei strukturisomere Cyclopentancarbonsäuren, nämlich 1,1-, 1,2- und 1,3-, gedacht werden. Von den beiden letzteren können theoretisch vier stereomere Formen gedacht werden, nämlich cis- und trans-Säuren, die außerdem in je zwei optisch isomere Komponenten spaltbar seien, also gäbe es in allem neun Säuren an der Zahl. In der Rohsäure wäre, wegen ihrer Inaktivität, nur die Gegenwart von fünf inaktiven Säuren möglich. Dies, wenn die, allerdings nur bei der Heptanaphtencarbonsäure (S. 19) nachgewiesene Möglichkeit, daß Ringisomere mit drei bzw. vier Ringatomen im Molekül nicht vorhanden wären.

Dagegen könnte vielleicht eine Oxydation, am besten mit Kaliumpermanganat in alkalischer Lösung, leichter zum Ziele führen oder wenigstens dazu beitragen. Eine hierauf gerichtete Untersuchung der Hexanaphtencarbonsäure erscheint aussichtsvoll, besonders für den wahrscheinlichen Fall, daß hierin eine Cyclopentanverbindung vorläge, und vielleicht am leichtesten, wenn Methyl und Carboxyl in der Stellung 1,1 oder 1,2 vorkämen, wobei Glutarsäure auftreten würde.

Die Oxydation würde wohl im zweiten Fall unter Ersatz der bei den an den tertiären Ringkohlenstoffatomen vorfindlichen H-Atomen mit Hydroxyl stattfinden, so daß zunächst Methyldioxy-cyclopentancarbonsäure entstünde. Einen besonderen Fall würde aber die 1,1-Säure $\begin{array}{l} CH_2 \cdot CH \\ | \\ CH_2 \cdot CH_2 \end{array} \!\!> C <\!\! \begin{array}{l} CH_3 \\ \\ CO_2H \end{array}$ darbieten. Da es aber unmöglich ist, vorauszusehen, in welcher Richtung die Reaktion in den verschiedenen Fällen verläuft, so wäre Vorsicht, sowohl hierin wie bezüglich der Natur des geeignetsten Oxydationsmittels, geboten.

b) Es ist unter diesen Umständen nicht unmöglich, daß man die Strukturfrage in vielen Fällen eher auf synthetischem Wege lösen könnte. Wenn wir die Heptanaphtencarbonsäure, $C_7H_{13} \cdot CO_2H$, in Betracht ziehen, so könnte darin vielleicht ein Methylcyclohexanderivat, $CH_3 \cdot C_6H_{10} \cdot CO_2H$, entweder einheitlich oder mit

[1]) Ber. 57, 42, 51 (1924); vgl. dazu Aschan, Ber. 57, 636 (1924).

irgendeiner Dimethylcyclopentancarbonsäure, $(CH_3)_2C_5H_7 \cdot CO_2H$, gemischt, vorliegen. Zur eventuellen Prüfung der Richtigkeit der erstgenannten Annahme könnte eine Dehydrierung der Dämpfe des Materials mittels Platin- oder Palladiumschwarz gelingen, wobei die entsprechende Toluylsäure entstehen würde, wenn das Carboxyl und Methyl 1,2-, 1,3- oder 1,4- gestellt wären. Wenn aber der Fall der 1,1-Methylcarbonsäure vorliegt, so kann es beim negativen Ausfall jedoch nicht auf die Abwesenheit des 6-Ringes geschlossen werden, sondern es wäre nötig, zur Oxydation zu greifen. Eine Dehydrierung könnte vielleicht auch mit alkalischer Kaliumferricyanidlösung, eines besonders bei Cyclohexancarbonsäuren angewandten Mittels, gelingen.

c) Schließlich verfügt man über die Bromierung der Säurechloride, eine Reaktion, die früher mit Vorteil bei der Hexahydrobenzoesäure[1]), und zwar mit quantitativem Verlauf angewandt wurde und in einheitlicher Richtung verlief. Da sie auch später in vielen Fällen, zwar von einfacherer Natur, mit Vorteil angewandt wurde, so sei hier folgendes Beispiel angeführt.

Die Säure wird in einem Einschlußrohr mit Phosphorpentachlorid direkt in das Chlorid verwandelt und das Brom, in einer zugeschmolzenen, sehr dünnwandigen Glaskugel abgewogen, zu dem Gemisch von Säurechlorid und Phosphoroxychlorid eingeführt sowie nach dem Zuschmelzen desselben durch kräftiges Umschütteln zersprengt, worauf das Rohr im kochenden Wasserbade erhitzt wird, bis das Brom verschwunden ist. Das rohe, bromierte Chlorid verwandelt man auf dem Wasserbade mittels Ameisensäure in die entsprechende Säure. Wenn diese mit Anilin, Pyridin, Chinolin oder auch, weniger gut, mit alkoholischem Kali behandelt wird, so erhält man eine α, β-ungesättigte Säure, deren Ring bei der Oxydation sicher bei der Doppelbindung aufgespalten wird. Die somit gesicherte Reaktionsfolge ist zweifellos zur Kontrolle der Oxydation nützlich, denn man weiß dann, daß die Aufspaltung neben dem Carboxyl stattfindet. Dies wird durch folgende Beispiele erläutert:

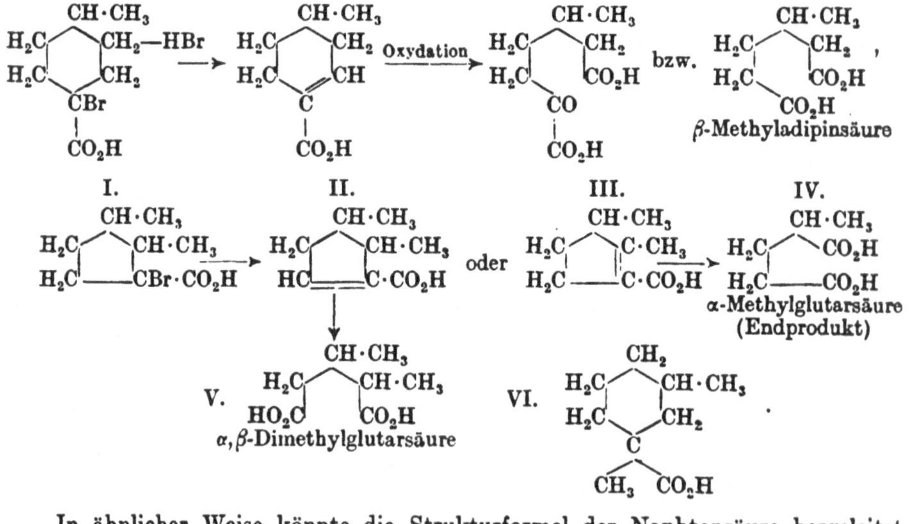

In ähnlicher Weise könnte die Strukturformel der Naphtensäure hergeleitet werden. Nur wenn Methyl und Carboxyl am selben C-Atom liegen, begegnet man wahrscheinlich größeren Schwierigkeiten. Andererseits wäre in diesem Falle, z. B. wie oben in der Formel VI, die Bromierung nach Hell-Volhard ausgeschlossen, was indes auf diese Strukturform direkt hinweisen würde.

---

[1]) Aschan, Ann. 271, 260 (1892).

2. Umwandlung der Naphtensäuren in andere Derivate

Die Naphtensäuren stellen, wie aus obigem hervorgeht, ein wichtiges und in unerschöpflichen Mengen vorkommendes Material dar, so daß es nicht undenkbar wäre, daß weitere wissenschaftliche Untersuchungen über dieselben in anderen Richtungen lohnend erscheinen. Einige mögen hier genannt werden.

a) Amine ließen sich nach zwei Methoden, nämlich 1. aus den Säureamiden und 2. durch Hydrierung der Nitrile, in guter Ausbeute gewinnen. Die erstere gibt Amine mit 1 Kohlenstoff weniger als die Säuren; sie wurde schon bei dem Heptanaphtenamin erwähnt, das aus dem Amid der Heptanaphtencarbonsäure (S. 5) erhalten wurde. Die nach der zweiten Methode erhältlichen Amine enthalten, wie ersichtlich, die gleiche Zahl Kohlenstoffatome wie die Ausgangssäure. Sie werden bekanntlich mittels Natrium und Alkohol (event. Amylalkohol) aus den Nitrilen gebildet. Es ist denkbar, daß sie auch in neutraler Lösung (Aluminiumamalgam und Wasser) oder etwa mittels Platin- oder Palladiumschwarz nach Willstätter bzw. Skita gebildet würden. Ein Vergleich dieser letzteren mit der Aminogruppe in der Seitenkette und den am Kernkohlenstoff gebundenen NH_2 wäre von erheblichem Interesse. Die Untersuchung ließe sich auch auf die daraus erhaltenen sekundären und tertiären Amine, wie $C_nH_{2n-1}NH(CH_3)$ und $C_nH_{2n-1}N(CH_3)_2$ bzw. die entsprechenden quaternären Ammoniumverbindungen, z. B. $C_nH_{2n-1} \cdot N(CH_3)_3J$ bzw. $C_nH_{2n-1}N(CH_3)_3 \cdot OH$ usw., ausdehnen, die in der Naphtengruppe unbekannt sind oder wenigstens wenig untersucht sein dürften.

Ein ungleiches Verhalten könnte bei den beiden Arten primärer Amine in ihrem Verhalten zur salpetrigen Säure auftreten. Die kernsubstituierten würden, wie das obenerwähnte Heptanaphtenamin, nur mit Schwierigkeit in die entsprechenden primären Alkohole übergehen, während die mit der Gruppierung $>CH \cdot CH_2 \cdot NH_2$ voraussichtlich die Aminogruppe gegen Hydroxyl leichter austauschen würden. Die betreffenden Alkohole und ihre Derivate und besonders ihre Aldehyde, sowie die Ketone ihrer Radikale könnten in mancher Hinsicht Interesse beanspruchen, ferner auch die aus den Alkoholen unter Wasserabspaltung zu gewinnenden ungesättigten Kohlenwasserstoffe mit der zu erwartenden semicyclischen Bindung.

b) Schließlich sei unter den zahlreichen Umwandlungsarten noch die Überführung der α-bromierten Säuren in die entsprechenden α-Amino- und α-Oxyderivate, $C_nH_{2n-2}<^{NH_2}_{CO_2H}$ und $C_nH_{2n-2}<^{OH}_{CO_2H}$, zu erwähnen, sowie die Ketonbildung der letzteren durch Einwirkung von Schwefelsäure und ferner der Übergang in die nächst niederen Naphtene, C_nH_{2n}, also mit einem Kohlenstoff weniger als die ursprünglichen Säuren. Auch wäre die direktere Umwandlung der Naphtensäureester in die entsprechenden primären Alkohole zu erwähnen, woraus man dann die obengenannten und andere Derivate erhalten könnte.

Im allgemeinen ist hervorzuheben, daß die Naphtenchemie in den letzten 30 Jahren leider vernachlässigt worden ist, in Anbetracht der immensen Mengen, worin sie in der Natur vorkommen. Die niederen Naphtene kommen in beliebigen und leicht zu reinigenden Mengen in dem russischen Petroläther bzw. Ligroin vor. Die Untersuchung der Naphtensäuren bietet ihrerseits deshalb ein besonderes Interesse, weil ihre Natur bezüglich der Ringweite noch nicht endgültig festgestellt wurde. Immerhin ist durch die vorangehende Darstellung klargestellt worden, daß die Naphtenverbindungen leicht die Umwandlungen nach den allgemeinen Erfahrungen der organischen Chemie ohne Schwierigkeit aufweisen.

Kapitel 4. Hexahydrobenzoesäure und Tetrahydrobenzoesäure sowie ihre Derivate

Zu der im Kap. 1, C (S. 4) erwähnten Synthese der Hexahydrobenzoesäure und ihre Bedeutung für die Theorie der Naphtensäuren werden hier die experimentellen Belege angefügt.

A. Die Hydrierung der Benzoesäure[1]. Δ^2-Tetrahydrobenzoesäure

50 g Benzoesäure werden in 250 ccm 10%iger reiner Sodalösung in Lösung gebracht, worauf man 2,5 kg 4%iges Na-Amalgam in Portionen von 300—400 g darauf auf dem Wasserbade unter gleichzeitiger Einleitung gut gewaschenen Kohlendioxyds einwirken läßt, um das Alkali zu binden. Bei Abwesenheit von anderen Metallen (speziell Eisen) im Quecksilber, und wenn die Lösung von Mineralsalzen frei ist, tritt fast kein Wasserstoff in Blasen aus der milchig getrübten Flüssigkeit auf. Nach dem Verbrauch der Hälfte des Amalgams werden die in der vom Quecksilber abdekantierten Lösung vorhandenen Säuren mit Schwefelsäure ausgeschieden, mit absolutem Äther isoliert und wieder in Sodalösung mit dem rückständigen Amalgam wie oben behandelt, bis Schwefelsäure eine auch bei niederer Temperatur flüssige Säure abscheidet; eventuell muß die Operation mit neuem Amalgam wiederholt werden, bis dies der Fall ist.

Die ausgefällte rohe Δ^2-Tetrahydrobenzoesäure, die nach Valeriansäure riecht, ist selten ganz rein. Sie ist ölig, erstarrt noch nicht bei —14° und oxydiert leicht an der Luft. In einem Kohlensäurestrom siedet sie bei 234—235°. Analysenrein erhält man sie aus ihrem gut charakterisierten, in dicken Prismen krystallisierten β,γ-Dibromid (Struktur s. unten), $C_6H_9Br_2 \cdot CO_2H$, durch Einwirkung von Na-Amalgam.

Das Dibromid zeigte sich mit dem in gleicher Weise aus HERRMANNS „Benzoleinsäure"[2] (S. 4, oben) erhaltenen Dibromid identisch. Folglich ist diese mit der Δ^2-Tetrahydrosäure identisch.

Beim Auflösen in Soda bleibt das letztgenannte Dibromid zunächst unverändert. Allmählich trübt sich jedoch die Lösung, schneller beim Erwärmen, und das bei 67° schmelzende, in großen Krystallen auftretende Bromlacton (Brom in α-Stellung), $C_7H_9BrO_2$, entsteht.

Trotz ihrer leichten Oxydierbarkeit bildet die Δ^2-Tetrahydrosäure gut charakterisierte Derivate. Das normale Calciumsalz bildet in Wasser leicht, im Alkohol schwer lösliche Nadeln. Der Methylester ist im CO_2-Strom unzersetzt bei 188 bis

[1] ASCHAN, Ann. 271, 231 (1892); Ber. 24, 1865, 2617 (1891); 25, 3658 (1892). — [2] Anm. 132, 75 (1864).

189° destillierbar ($d^{20}/_{20} = 1{,}0433$; sein Geruch ist durchdringend, zugleich benzoesäure- und fettsäureartig. Das **Chlorid** ist ölig und gibt mit konzentriertem Ammoniak bei —10° das **Amid** große, quadratische, bei 144° schmelzende Blätter.

Einen Übergang in die isomere Δ^1-Tetrahydrobenzoesäure (s. u.) bildet das aus der obigen Dibrom-Δ^2-tetrahydrosäure bei Einwirkung von alkoholischem Kali entstehende γ-**Äthoxyderivat**:

$$H_2C{<}\begin{matrix}CH_2-CH_2\\ CHBr\cdot CHBr\end{matrix}{>}CH\cdot CO_2H + 2\,KO\cdot C_2H_5 =$$

$$2\,KBr + C_2H_5\cdot OH + H_2C{<}\begin{matrix}CH_2\text{———}CH_2\\ CH(OC_2H_5)\cdot CH\end{matrix}{\gg}C\cdot CO_2H\ .$$

Diese Äthersäure schmilzt bei 73°. Als ungesättigt gibt sie ein **Dibromid**, $C_6H_9(OC_2H_5)Br_2\cdot CO_2H$, in Form großer, platter, bei 125—126° schmelzender Prismen. Beim Erhitzen mit Bromwasserstoff-Eisessig wird das ursprüngliche Dibromid der Δ^2-Tetrahydrobenzoesäure zurückgebildet.

B. Darstellung und Derivate der Hexahydrobenzoesäure (Cyclohexancarbonsäure)

Darstellung

Das beim Erhitzen der Δ^2-Tetrahydrobenzoesäure mit bei 0° gesättigtem Bromwasserstoff-Eisessig entstehende **Hydrobromid**, $C_6H_{10}Br\cdot CO_2H$, ist nicht einheitlich, da sowohl Struktur- wie Stereoisomerie auftreten kann. Es bildet eine butterähnliche Masse, die indes die **Hexahydrobenzoesäure** in guter Ausbeute liefert, nämlich bei der Behandlung seiner konzentrierten Lösung in Soda mit Natriumamalgam bei 0°. Aus der mit Kaliumpermanganat von zurückgebildeter Dihydrosäure befreiten Lösung fällt die rohe Hexahydrobenzoesäure aus. Sie wird über ihren **Methyl-** bzw. **Äthylester** gereinigt, die bei 179—180° bzw. 194,5—195,5° sieden (Dichte des ersteren $d^{20}/_{20} = 0{,}9946$, $d^0_0 = 1{,}0138$, und des zuletzt genannten $d^{20}/_{20} = 0{,}9597$, $d^0_0 = 0{,}9723$, $d^{20}/_4 = 0{,}9562$).

Die reine **Hexahydrobenzoesäure** entsteht auch beim Erhitzen der Δ^2-Tetrahydrobenzoesäure bzw. des Hydrobromids mit konstant bei 128° siedender Jodwasserstoffsäure auf 200°. — In reiner Form und nach Entwässern mit Phosphorpentoxyd liegt der Schmelzpunkt der Hexahydrosäure bei 28°. Der Geruch ist schwach valeriansäureartig.

Das nach meiner Methode[1]) durch direktes Eintropfen des aus der Säure mit Phosphorpentachlorid erhaltenen Gemisches von Säurechlorid und Phosphoroxychlorid in konzentrierter, auf —10° abgekühlter Ammoniakflüssigkeit dargestellte **Amid**, $C_6H_{11}\cdot CONH_2$, bildet im kochenden Wasser große, platte Prismen vom Schmelzpunkt 184°, dem höchsten aller Amide der alicyclischen Monocarbonsäuren mit 6-Ring.

Das mit Kalkmilch dargestellte **Calciumsalz**, $(C_7H_{11}O_2)_2Ca + 4\,H_2O$, läßt sich, in schwer löslichen, langen Nadeln gut krystallisierend, zur Reinigung der Säure verwenden. Das **Silbersalz**, $C_6H_{11}\cdot CO_2Ag$, stellt einen käsigen, in heißem Wasser etwas löslichen Niederschlag dar.

Mit der Darstellung der Hexahydrobenzoesäure war, außer ihrer Wichtigkeit für die Konstitutionsfrage der Naphtensäuren (vgl. Kap. 2), noch ein

---

[1]) Ber. 31, 2344 (1896).

anderer theoretischer Umstand von erheblichem Interesse verknüpft, nämlich die Ermittlung, ob der Cyclohexankern ihre Kohlenstoffatome in planer Form enthält oder nicht. Diese Frage wird im folgenden Kap. 5, Moment A 3 behandelt, worauf ich hinweise (S. 32).

α-Bromhexahydrobenzoesäure, $C_6H_{10}Br \cdot CO_2H$, (Schmelzp. 63°) wird durch Bromieren des Chlorids der Hexahydrobenzoesäure, $C_6H_{11} \cdot COCl$, (s. o.) und nachherige Verwandlung des Produktes beim Erhitzen mit Ameisensäure erhalten. Sie hat einen schwachen jodoformartigen Geruch.

C. Δ^1-Tetrahydrobenzoesäure, $H_2C\langle{}^{CH_2 \cdot CH_2}_{CH_2-CH}\rangle C \cdot CO_2H$

Sie wurde[1]) beim Kochen der obigen α-Bromhexahydrobenzoesäure mit alkoholischem Kali sowie durch Schmelzen der isomeren Δ^2-Säure (S. 24) mit konzentrierter Kalilösung auf 115—120° dargestellt und wird durch Destillation gereinigt. Bei gewöhnlicher Temperatur ist sie fest (Schmelzp. 29°). Geschmolzen beträgt die Dichte $d^{32}_{32} = 1{,}1089$. Der baldrianähnliche Geruch ist weniger unangenehm als bei den verwandten Säuren.

Das Leitungsvermögen beträgt $K = 0{,}00221$. Das dieselbe Konstante für die isomere Δ^2-Säure zu 0,00305 festgestellt wurde, so ist hier die früher von Baeyer[2]) nachgewiesene Tatsache vorhanden für unseren Fall, nämlich:

das Leitungsvermögen für die im Ring ungesättigten Tetrahydrobenzoesäuren nimmt, zum Unterschied zu dem, was Ostwald in der Fettsäurereihe gefunden hat, mit der Entfernung der Doppelbindung von der Δ^1- zu der Δ^2-Lage zu.

An der Luft ist Δ^1-Tetrahydrobenzoesäure beständig, sie wird aber in alkalischer Lösung, im Gegensatz zu ihrem Δ^2-Isomeren, oxydiert, ohne daß Benzoesäure entsteht. Auch die Salze sind beständiger und schwerer löslich und krystallisieren leichter. Wie bei anderen α,β-ungesättigten Säuren findet die Bromaddition nur schwierig statt.

Salze. Calciumsalz, $(C_7H_9O_2)_2Ca + H_2O$, und Silbersalz, $C_7H_9O_2Ag$, bilden platte Prismen. Auch ein in glänzenden Blättern krystallisiertes Ammonsalz tritt ungewöhnlicherweise beim Auflösen der Säure in konzentriertem Ammoniak auf.

Der Methylester, $C_6H_9 \cdot CO_2 \cdot CH_3$, aus Alkohol mit konzentrierter Schwefelsäure als Katalysator, siedet bei 193,5—194,5°; $d^{4}_{4} = 1{,}0561$, $d^{10}_{10} = 1{,}0436$, $d^{20}_{4} = 1{,}0418$. Das Amid, $C_6H_9 \cdot CO \cdot NH_2$, bildet aus 15—20%igem Alkohol mehrere Zentimeter lange Prismen, die bei 127—128° schmelzen.

Die Übereinstimmung gewisser physikalischer Konstanten der Δ^1-Säure und ihrer Derivate mit der Benzoesäure ist auffallend.

Die Addition von Bromwasserstoff an die Δ^1-Tetrahydrobenzoesäure findet, wie bei anderen α,β-ungesättigten Säuren, in der Weise statt, daß das Halogen an den β-Kohlenstoff geht, hier also unter Bildung der β-Bromhexahydrobenzoesäure:

$$H_2C\langle{}^{CH_2 \cdot CH_2}_{CH_2-CH}\rangle C \cdot CO_2H + HBr = H_2C\langle{}^{CH_2-CH_2}_{CH_2 \cdot CHBr}\rangle CH \cdot CO_2H\ .$$

---

[1]) Aschan, Ber. 24, 2617 (1891); Ann. 271, 231 (1892). — [2]) Ann. 266, 176 (1891).

Sie entsteht unter Anwendung sowohl von wäßrigem wie von in Eisessig aufgelöstem Bromwasserstoff und bildet aus Ameisensäure glänzende, platte Prismen.[1])

Beim Kochen ihrer Lösung in Soda tritt ein Neutralöl mit petrolartigem Geruch auf. Vielleicht wird hier, den Fällen in der Fettreihe ähnlich, Tetrahydrobenzol teilweise gebildet:

$$H_2C{<}{\begin{matrix}CH_2-CH_2\\CH_2\cdot CHBr\end{matrix}}{>}CH\cdot CO_2Na = H_2C{<}{\begin{matrix}CH_2\cdot CH_2\\CH_2-CH\end{matrix}}{\geqslant}CH + NaBr + CO_2\ .$$

Zum größten Teil wird jedoch Δ^1-Tetrahydrobenzoesäure zurückgebildet. Bei einem Versuch, Bromwasserstoff durch Kochen mit alkoholischem Kali abzuspalten, trat Benzoesäure statt der erwarteten Δ^2-Tetrahydrobenzoesäure auf.

α,β-Dibrom-hexa-hydrobenzoesäure, $H_2C{<}{\begin{matrix}CH_2\cdot CH_2\\CH_2\cdot CHBr\end{matrix}}{>}CBr\cdot CO_2H$, gibt bei direkter Bromaddition zu der Δ^1-Tetrahydrosäure anscheinend zwei auch zu erwartenden Stereomeren. Einheitlicher wird das Produkt, wenn man 1 Mol Brom an das Chlorid der Tetrahydrosäure hinzuaddiert und das Bromadditionsprodukt mit Ameisensäure in die entsprechende darzustellende Säure verwandelt. Sie krystallisiert quantitativ von der heißen Lösung der Ameisensäure vollständig aus und schmilzt nach Ausspritzen der Lösung in Eisessig bei 142°. Die Alkalisalze lösen sich in Wasser bzw. Alkohol nur schwer und sind beständig.

Beim längeren Kochen mit alkoholischem Kali wird das Brom vollständig abgespalten. Die dabei entstehende ölige Dihydrosäure wird wie in einigen anderen Fällen verharzt, worin ein Paar konjugierter Bindungen mit einem Carboxylcyclohexanring in derselben Lage wie hier (I) vorhanden sind,

$$\text{I.}\quad H_2C{<}{\begin{matrix}CH_2\cdot CH\\CH{=}CH\end{matrix}}{\geqslant}C\cdot CO_2H\ ,\qquad \text{II.}\quad {\begin{matrix}CH_2\\CH_2{=}CH\end{matrix}}{\geqslant}C-CH_3$$

nämlich in der $\Delta^{1,5}$-Dihydroterephtalsäure und dem Anhydrid der $\Delta^{2,6}$-Dihydrophtalsäure. Eine ähnliche Anordnung kommt übrigens auch beim Isopren (II) vor, das, wenn auch viel langsamer, polymerisiert wird (vgl. auch Kap. 25); hier ist das Carboxyl von einer Methylgruppe ersetzt.

α,β-Dioxy-hexahydrobenzoesäure, $H_2C{<}{\begin{matrix}CH_2-CH_2\\CH_2\cdot CH(OH)\end{matrix}}{>}C(OH)\cdot CO_2H$. Wenn die obige α,β-Dibromsäure mit genau 1 Äquivalent Sodalösung gekocht wird, so entsteht, neben wenig neutralem Öl, eine in Wasser leicht lösliche Säure, die in Form des in heißem Wasser schwer löslichen Calciumsalzes, $(C_6H_9(OH)_2\cdot CO_2)_2Ca + 2H_2O$ isolierbar ist. Die freie Säure ist sehr hygroskopisch. Sie gibt aber mit Acetylchlorid die Diacetylverbindung, $C_6H_9(O\cdot CO\cdot CH_3)_2\cdot CO_2H$, die wasserfrei einen zähen Sirup darstellt, aber auf Wasserzusatz krystallinisch wird. Es bildet aus heißem Wasser außerordentlich große monosymmetrische Prismen vom Schmelzp. 72—73°. Beim Kochen mit Wasser spalten sich die Acetylreste leicht ab.

---

[1]) Konzentrierte Ameisensäure hat sich, wie ich gefunden habe, als ein vorzügliches Krystallisationsmittel für bromierte Säuren gezeigt. Über die allgemeine Anwendung vgl. Chem.-Ztg. Nr. 112, 1117 (1913).

D. Anregungen und Ergänzungen zum Kapitel 4

Die Darstellung von Homologen der Hexahydrobenzoesäure wäre, wie schon hervorgehoben, im Interesse etwaiger Diagnostizierung einzelner Naphtensäuren mit dem Cyclohexanring, zu empfehlen. Obwohl einige Synthesen dieser Art schon ausgeführt worden sind, und zwar auch durch Hydrieren homologer Benzoesäuren im Sinne unserer Hexahydrobenzoesäure oder durch Behandlung dieser Säuren mit Natrium und Alkohol, so fehlen jedoch viele wichtige Homologe derselben. Andererseits erlaubt die letztgenannte Methode, wenn sie überhaupt in allen Fällen gelingt, eine Isolierung ungesättigter Zwischenprodukte, Tetra- und Dihydrosäuren, nicht.

Besonders erscheint es für die Strukturbestimmungen der Zwischenprodukte empfehlenswert, mit Natriumamalgam in soda-alkalischer Lösung unter Einleiten von Kohlendioxyd, besonders p-Homologe der Benzoesäurereihe, zunächst partiell und dann vollständig zu hydrieren. Auch die para-phenylierten Benzoesäuren (Diphenylmonocarbonsäuren) sollten dieser Reaktion unterzogen werden. Wegen der strukturellen Symmetrie in diesen Fällen wäre auch hier auf die Möglichkeit zu rechnen, daß vielleicht Δ^2-Tetrahydrosäuren zuerst entstehen würden, die nachher durch Erhitzen mit konz. Kalilauge in entsprechende Δ^1-Tetrahydrosäuren isomerisiert würden. Diese beiden Arten von Säuren dürften dann ähnliche Derivate und schließlich nach Addition von Bromwasserstoff mit nachfolgender Reduktion vollständig hydrierte Säuren geben. Außerdem könnten wohl aus den Hydrobromiden bzw. den Dibromiden der Tetrahydrosäuren Monooxy- und Dioxy- und andere Derivate usw. von nicht unerheblichem Interesse gewonnen werden. Auch das β-Oxyderivat der Hexahydrobenzoesäure selbst und viele andere hier ungenannte Abkömmlinge derselben sollten über ihre Bromverbindungen erhalten werden.

Auch die Darstellung und das Studium anderer $\Delta^{2,6}$-Dihydromonokarbonsäuren als der obengenannten $\Delta^{2,6}$-Dihydrobenzoesäure (Formel I, oben) sollten auf ihre Beständigkeit bzw. spontane Verharzung (Polymerisation) geprüft werden.

Die aus den Hexahydrosäureamiden nach A. W. Hofmann darstellbaren Aminohexane sowie die aus den Monobromderivaten der vollständig hydrierten Säuren erhältlichen alicyclischen Aminosäuren würden ferner zwei weitere synthetisierbare Klassen für sich darstellen, hinter denen sich auch die entsprechenden Oxykörper abspiegeln.

Kapitel 5. Erörterung der Stereochemie der alicyclischen Verbindungen und die Anwendung ihrer Grundbegriffe auf dieselben[1])

Von Kekulé, dem Schöpfer der Strukturformeln, rührt die Auffassung her, daß eine räumliche Anordnung der Atome vermittelst nebeneinander an-

[1]) Die leitenden Prinzipien hierzu wurden schon in meiner Arbeit: „Struktur- und stereochemische Studien in der Camphergruppe" (1895), in Acta Soc. Scient. Fenn. 21, Nr. 5, S. 65ff., entwickelt; vgl. ferner Ber. 35, 3389 (1902), sowie „Chemie der alicyclischen Verbindungen", S. 327—386 (1905).

gefügter Buchstaben im Plane nicht darstellbar sei; eine perspektivische Zeichnung oder ein Modell wären dafür nötig. Das Axiom, daß die Moleküle drei Dimensionen haben, mußte bei den nächsten Nachfolgern KEKULÉs vor der Vorstellung weichen, daß die Strukturformeln die wirklichen Lagerungsverhältnisse innerhalb des Moleküls darstellten. Die Entdeckung der Linksweinsäure und der Hemiedrie der Natriumammoniumsalze der aktiven Weinsäuren seitens PASTEURS schuf bei ihm die auf den Raumverhältnissen beruhende Auffassung über die Symmetrie und Asymmetrie der Moleküle. Allmählich häuften sich die Tatsachen an, die zu der weiteren Entwicklung der Strukturlehre aus der älteren Auffassung KEKULÉs und ferner zu der Stereochemie führten.

Die Bedeutung der Einführung der Raumformeln in die organische Chemie findet ihre weitere Beleuchtung durch die daraus gefolgerte Auffassung, daß alle Moleküle Raumteile sind, obwohl man sich in den allermeisten Fällen mit den leichter darstellbaren Strukturformeln begnügte, weil man die auf der räumlichen Anordnung beruhenden und unter Benutzung stereochemischer Vorstellungen begründeten Konfigurationsformeln nur bei der relativ sehr kleinen Anzahl asymmetrischer Moleküle nötig hat.

Unserer Ansicht nach läßt sich das Wesentliche in der von VAN'T HOFF und LE BEL im Jahre 1874 aufgestellten Theorie für die stereomeren Verbindungen durch die folgenden Sätze, die auseinanderzuhalten sind, angeben[1]):

1. Die Valenzrichtungen des Kohlenstoffatoms sind nicht in einer, sondern paarweise in zwei sich schneidenden Ebenen verteilt, wie es ihre tetraedrische Gruppierung verlangt; folglich ist bei jedem organischen Molekül, das vierwertigen Kohlenstoff enthält, eine räumliche Anordnung vorhanden.

2. Die bei gewissen organischen Verbindungen auftretende optische Aktivität ist mit dem Vorhandensein des „sogenannten asymmetrischen“ Kohlenstoffatoms verknüpft.

Der erste Satz ist von fundamentaler Bedeutung für den Ausbau der Strukturlehre zu einer Lehre über die Konfiguration der Moleküle, weil dadurch, der kräftigen Entwicklung der Stereochemie im engeren Sinne ungeachtet, viele Probleme der organischen Chemie sehr leicht aufgeklärt werden. Hierher gehören diejenigen über die Ringbindung der Kohlenstoffatome, die räumliche Einwirkung auf den Verlauf der Reaktionen sowie ihr Unterbleiben oder Abschwächung durch sterische Hinderung usw.

Der zweite Satz ist eigentlich ein diagnostisches Mittel mit ausgedehnter Anwendung zum Voraussagen der optischen Aktivität, besonders bei den aliphatischen Verbindungen. In mehr komplizierten aber, z. B. als eine Ringbindung im Moleküle vorhanden ist, und sogar in der aliphatischen Reihe in Fällen mit mehreren asymmetrischen Kohlenstoffatomen und dem Auftreten

---

1) ASCHAN, Ber. 35, 3389 (1902).

von Symmetrie, ist sie mit Schwierigkeiten verbunden. Als Beispiel sei hier das ringförmige Inosit vorgeführt:

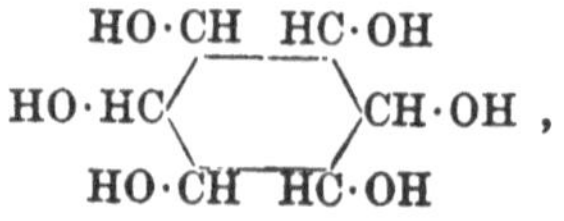

das, wie ich hervorgehoben habe, kein asymmetrisches C-Atom in gewöhnlichem Sinne enthält, da jedes Ringatom darin mit zwei strukturell gleichen Ringelementen verbunden ist. An Modellen läßt sich indes zeigen, daß der Körper in acht inaktiven und zwei aktiven Formen auftreten müßte.[1]) Diese sind neben gewissen inaktiven Modifikationen tatsächlich bekannt.

Schon 1902 wurde ferner hervorgehoben[2]), daß sich sogar kompliziertere stereochemische Fragen der alicyclischen Verbindungen ohne das Dogma über das asymmetrische Kohlenstoffatom behandeln lassen, einfach unter Beachtung der genialen Gedanken Pasteurs über die Symmetrie bzw. Asymmetrie des Moleküls. Diesem für die Stereochemie grundlegenden Prinzip sollte nicht nur historischer Wert beigelegt werden. Unter Beachtung der im folgenden geführten ausführlichen Darlegung kann man ohne Schwierigkeit die stereomeren Formen der alicyclischen Verbindungen ohne Anwendung der Vorstellung über das „asymmetrische Kohlenstoffatom" veranschaulichen. Wir wenden im folgenden diesen Begriff nur vereinzelt an, besonders, als seine manchmal ungenügende Anwendbarkeit dargelegt wird.

A. Die Konfiguration der alicyclischen Kohlenstoffringe

Jedem Nachforschen über die sterischen Verhältnisse organischer Verbindungen müßte nach obigem die Feststellung ihrer Symmetrieverhältnisse vorangehen. Bevor wir auf den deskriptiven Teil hierüber eingehen, ist es zunächst nötig, auf den unter der folgenden Rubrik stehenden Teil dieser Frage einzugehen.

1. Der gegenwärtige Stand der Spannungstheorie

Unter diesem Titel hat W. Hückel eine Broschüre veröffentlicht[3]), worin er seine Ansicht über die Konfiguration der cyclischen Verbindungen ausspricht, die hier nicht unerwähnt bleiben soll, da sie sich von den unsrigen beträchtlich unterscheidet.

---

[1]) E. Mohr, Journ. prakt. Chem. [2] 68, 369 (1903), hat dagegen die Auffassung geltend gemacht, die indes gewisse Hilfshypothesen voraussetzt, welche in der van't Hoff-Le Belschen Theorie [vgl. hierüber Aschan, Chemie der alicyclischen Verbindungen, S. 340—342, 350 (1905)] nicht enthalten sind. Er spricht zuletzt folgendes aus: „Was durch derartige Präzisierungen der ursprünglichen Formulierung des van't Hoff-Le Belschen Prinzips an Einfachheit verloren gegangen ist, ist an Präzision gewonnen." „Allerdings," sagt er, „entsteht nun erst recht die Frage, ob es nicht zweckmäßiger ist, an Stelle des van't Hoffschen das einfachere Pasteursche Prinzip zu stellen." Dieses Prinzip habe ich schon in einer brieflichen Diskussion mit Mohr als das einzig richtige aufgestellt. Wenn molekulare Asymmetrie an einem Molekül nachweisbar ist, so müßte auch eine Möglichkeit für optische Aktivität vorliegen. — [2]) Aschan, l. c. (1902). — [3]) Fortschritte der Chemie, Physik und physikalischen Chemie, 19, Heft 4 (Verlag von Gebrüder Bornträger, Berlin 1927).

HÜCKEL geht dabei, wenn ich seinen Standpunkt ganz kurz präzisieren möchte, u. a. von zwei wesentlicheren Anschauungen aus: 1. daß die Spannungstheorie noch zurzeit in der ursprünglichen, von BAEYER vor etwa 40 Jahren[1]) ausgesprochenen Fassung allgemein angenommen wäre; 2. daß „man sich doch endlich von der Überlieferung freimachen möchte, das Wesen der chemischen Bindung durch mehr oder weniger grob mechanische Bilder erfassen zu wollen."[2])

Bezüglich 1. sei hervorgehoben, daß sich BAEYER selbst etwas später[3]) dahin ausspricht, daß die als „federne Drähte" oder kurz Federn bezeichneten Affinitätsrichtungen zwischen den in den Modellen als Kugeln dargestellten Kohlenstoffatomen in den verschiedenen alicyclischen Stammkohlenwasserstoffen „nur ein Bild sind und nur erläutern sollen, daß eine einheitliche, vor der Ablenkung von der ursprünglichen Richtung nicht teilbare Kraft abgeschwächt wird. Es sind dies Bilder, welche die bei chemischen Vorgängen beobachteten Gesetzmäßigkeiten anschaulich machen sollen, aber nicht mit der Sache selber verwechselt werden dürfen, ebensowenig wie man aus dem KEKULÉschen Modell den Schluß zu ziehen befugt ist, daß der damit operierende Chemiker sich die Valenzen als Drähte denkt." Wir sind unsererseits auch der Ansicht, daß die Spannungstheorie nur symbolisch aufzufassen ist.

Nach der nunmehr erwiesenen Inhomogenität der Atome und der wahrscheinlichen Existenz von Valenzelektronen fällt es wohl keinem heutigen Forscher auf dem stereochemischen Gebiete ein, eine strikte aufgefaßte mechanische Auffassung sowie Vorstellungen über die Existenz lokalisierter Valenzkräfte an den Kohlenstoffatomen anzunehmen, obwohl man Kugelmodelle und Strukturformeln anwendet. Darin aber hat HÜCKEL recht, daß die von INGOLD und seinen Mitarbeitern vorgeschlagenen theoretischen Ergänzungen zu der alten Spannungstheorie, die schließlich in der Annahme sogenannter „gekrümmter" Valenzen resultieren, nicht annehmbar sind. Eine einheitliche Kraftrichtung kann selbstverständlich nicht gekrümmt sein.

Bezüglich der Anschauung 2 oben existiert dagegen offenbar ein Gegensatz zwischen dem Ausspruch am Schluß der Broschüre HÜCKELS gegen die „mehr oder weniger grobmechanische" Auffassung in valenzchemischer Hinsicht und den in seinem 6. Kap. vorhandenen Modellen (vgl. darin die Abb. 4—9), auf denen er dann bestimmte Schlüsse gründet und denen er keineswegs nur symbolisch gedachten Inhalt beilegt. — HÜCKEL wendet also selbst derartige komplizierte, starre Hilfsmittel mechanischer Art an und gibt dadurch indirekt zu, daß derartige Hilfsmittel zum rechten Verständnis sterischer Fragen berechtigt und sogar unumgänglich sind.

Ebensowenig es möglich ist, ohne die gewöhnlichen Strukturformeln zurechtzukommen, ist es auch unmöglich, stereochemische Fragen ohne Modelle zu erklären. Wir haben zu den weiter unten angewandten symbolischen Formeln gegriffen, um uns in einfacher Weise verständigen zu können. Dies aber nur unter Voraussetzung, daß diese Symbole mit den experimentellen Ergebnissen in Übereinstimmung stehen.

---

1) Ber. 18, 2277 (1885). — 2) HÜCKEL, ibid., S. 100. — 3) Ber. 23, 1275 (1890).

Außerdem legt HÜCKEL der elementar wichtigen intramolekularen Bewegung kein gebührendes Gewicht bei; diese führt jedoch zu einem leichteren und richtigen Verständnis vieler stereochemischer Grundanschauungen. Hierauf gründe ich z. B. meine experimentell gut befestigte Ansicht über die plane Anordnung des einfachen Cyclohexan- und Cycloheptanringes (s. u.).

2. Die monocyclischen Ringsysteme

Indem wir zur Frage über die Konfiguration der alicyclischen Kohlenstoffringe zurückkehren, so ist zunächst daran zu erinnern, daß das Studium der von regulären Tetraedern zusammengesetzten Modelle ergeben hat, daß eine bedeutende Spannung bei dem Drei- und Vierring vorhanden ist, während der Fünfring spannungslos erscheint. Weil die Werte für die molekulare Verbrennungswärme einen Schluß bezüglich der Spannung innerhalb der Stammkohlenwasserstoffe der Cycloparaffine zulassen, hat es sich nämlich gezeigt, daß beim Cyclopropan und Cyclobutan tatsächlich ein Energieüberschuß pro CH_2-Gruppe der gasförmigen Kohlenwasserstoffe, während von Cyclopentan ab bis auf Cycloheptan, bei denen die Verbrennungswärme für CH_2 gleich gezeigt hat, kein Überschuß daran vorhanden ist, wie folgende Zusammenstellung ergibt[1]):

Gliederzahl der Ringe	2	3	4	5	6	7
Verbrennungswärme pro CH_2 .	170	168,5	165,5	159	158	158

Hieraus folgt also auch, daß in Cyclopropan und Cyclobutan eine von der Bindungsweise bedingte, relativ erhebliche Spannung vorhanden ist, in Cyclopentan dagegen keine Spannung, was auch bzgl. Cyclohexan und Cycloheptan hervortritt.

Was den Drei- und Vierring betrifft, herrscht zurzeit keine Meinungsverschiedenheit bzgl. der hieraus herzuleitenden Folgerung, daß die Kohlenstoffatome in denselben in einer Ebene liegen, was mit allen Versuchsresultaten übereinstimmt. Dasselbe läßt sich auch für den Fünfring herleiten, dem man die Stellung des zentralen spannungsfreien Gebildes dieser Art ohne Bedenken beilegt. Dagegen gehen die Ansichten über das Cyclohexan sehr auseinander, was auch beim Cycloheptan und den anderen ringhomologen Stammkohlenwasserstoffen der Fall ist. Da die Körper der Cyclohexanreihe sehr zahlreich und meistens eingehend untersucht sind, so liegt die Erörterung der sterischen Verhältnisse in dieser Reihe am nächsten.

3. Zur Konfiguration des Cyclohexanringes

BAEYER hat auf Grund seiner Spannungstheorie angenommen, daß die alicyclischen Ringsysteme mit größerem gedachten Winkel zwischen den Valenzrichtungen als der normale $109^0\,28'$ ihre Ringatome in einer Ebene enthalten. Diese Auffassung nahm er auch für die Cyclohexanverbindungen an[2]), als er die Konfiguration der Hexahydrophtalsäuren veranschaulichte. In einer späteren Arbeit[3]) sprach er sich in folgender noch bestimmterer

---

[1]) Wir geben die betreffenden Zahlen nach W. HÜCKEL an, l. c., S. 11. — [2]) Ann. 245, 128 (1888). — [3]) Ann. 258, 156 (1890).

Form aus, daß die Atome im Hexamethylenring so kondensiert seien, wie die KEKULÉschen Modelle es verlangen, d. h., daß diejenige räumliche Lagerung der Atome vorhanden sei, welche einem Minimum der Ablenkung der Valenzrichtungen entspricht. Hiernach müßten die 6 C-Atome in einer Ebene und je 6 Wasserstoffatome in zwei gleich entfernten parallelen Ebenen liegen. Nach BAEYER genügte für die Entscheidung dieser Frage schon der Nachweis, ob eine einzige Hexahydrobenzoesäure, die damals noch unbekannt war, existierte. Durch die Synthese der Säure brachte ich[1]) kurz darauf das nötige experimentelle Material dafür.

Bei der Reduktion des obenerwähnten (S. 25) Hydrobromids der Tetrahydrobenzoesäure sowohl bei niedriger, wie mit Jodwasserstoffsäure bei erhöhter Temperatur, konnte nur eine Hexahydrobenzoesäure erhalten werden. Auch als ich diese mit konzentrierter Salzsäure, die ich für sterische Umwandlungen dieser Art sehr geeignet gefunden hatte, auf 240° erhitzte, fand keine Umlagerung statt.

Gegen diese Auffassung BAEYERS bezüglich der planen Anordnung des Cyklohexankerns hat bekanntlich SACHSE[2]) geltend gemacht, daß der genannte Schluß aus dem Grunde nicht haltbar sei, weil der Betrag der Ablenkungen bei der Anordnung des Kernes in einer Ebene einem Minimum nicht entspricht. Ordnet man die Ringatome in der Art an, daß die an der Ringbindung beteiligten Valenzrichtungen eines Kohlenstoffatoms mit der des folgenden Kohlenstoffatoms eine gerade Linie bilden, wobei natürlich keine Ablenkung der Richtungen erfolgt, so kommt man nach SACHSE zu folgenden zwei Normalkonfigurationen des Hexamethylens, nämlich eine „symmetrische" I und eine „unsymmetrische" II:

I. 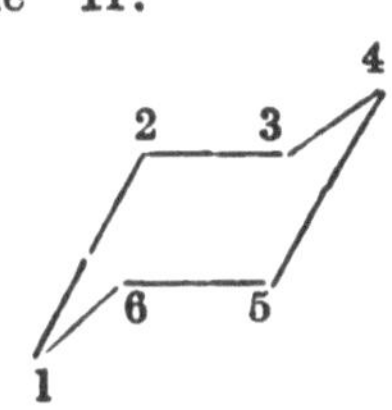

II. 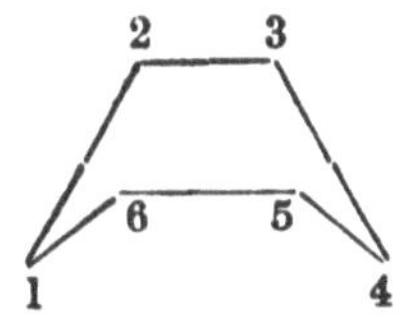

Bisher ist diese Auffassung, soweit es sich um die sehr zahlreichen Verbindungen mit dem einfachen Sechsring handelt, durch keine experimentellen Resultate verifiziert worden. SACHSE stellt selbst als möglich hin, „daß die richtende Kraft der Wasserstoffatome nur die symmetrische Konfiguration zuläßt". Ohne auf diese durchaus unklare Behauptung einzugehen, habe ich, außer der schon erwähnten Nichtexistenz zwei Formen der Hexahydrobenzoesäure, verschiedene auch gegen die Annahme der symmetrischen Konfiguration wichtige theoretische Bedenken geltend gemacht[3]), worauf ich hinweise. Der Fall der Hexahydroterephtalsäure führt danach, auch wenn man sich zunächst mit der „symmetrischen" Normalkonfiguration I begnügt, zu drei möglichen Formen, von denen zwei racemisch sind, während nur eine cis- und eine trans-Form, beide durch „innere Kompensation" inaktiv, auftritt; die dritte Form soll nach SACHSE nicht in Betracht kommen: sie wäre ent-

[1]) ASCHAN, Ann. 271, 262 (1890). — [2]) Ber. 23, 1363 (1890); Ztschr. physikal. Chem. 10, 228 (1890). — [3]) ASCHAN, Chemie der alicyclischen Verbindungen, S. 329 (1905).

weder noch nicht dargestellt oder könnte vielleicht ein Bestandteil der cis-Form sein, „da kein Glied dieser Reihe in meßbaren Krystallen enthalten sei".

Unter Benutzung der auf Grund der obigen Hilfshypothese seitens SACHSES über die „richtenden Kräfte der Wasserstoffatome" ohne weiteres weggelassenen „unsymmetrischen Normalkonfiguration" ergibt es sich, daß bei zweimaliger Substitution 1,4 weitere drei inaktive Formen auftreten, von denen zwei racemisch sind.[1]) Findet aber die Substitution paarweise in den Stellungen 2,5 oder 3,6 statt, welche mit den Stellungen 1,4 nicht gleichartig sind, so treten mehrere weitere Formen auf, die sogar als Spiegelbilder zueinander teilweise optisch aktiv sein müßten.

Ein ähnlicher Überschuß von stereomeren Körpern soll auch nach SACHSE bei anderen Cyclohexanderivaten zu erwarten sein. Tatsächlich sind, trotz ihrer sehr großen Menge von bekannten Verbindungen dieser Art, keine beobachtet worden.

Die Anschauung SACHSES gründet sich also auf eine theoretische Ansicht, die durch das Experiment nicht bestätigt wird. Folgender Fall, der auch einen wichtigen Punkt darin berührt, sei noch angeführt.

WERNER und CONRAD[2]) haben übrigens in einem wichtigen Punkte diese Anschauung einer experimentellen Prüfung unterzogen, welche auch im negativen Sinne ausgefallen ist. Sie haben experimentell festgestellt, daß nur die trans-Form der Hexahydropthalsäure, welche die einzige ist, die nach der planen Anordnung aktiv auftreten kann, in der Tat in die d- und l-Komponenten spaltbar ist. Dagegen gelang dies nicht mit der cis-Säure, obwohl sie als die symmetrische Konfiguration I nach SACHSE auch in aktiven Spiegelbildkomponenten auftreten müßte. Bei der planen Anordnung der Kernatome sollte die cis-Hexahydrophtalsäure, die der meso-Weinsäure entspricht, durch innere Kompensation inaktiv sein.

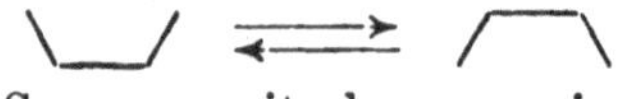

Daß die Annahme SACHSES mit den experimentellen Tatsachen nicht übereinstimmt, beruht wahrscheinlich, wie ich schon 1905 ausgesprochen habe[3]), darauf, daß seine sogenannten „Normalkonfigurationen" nur verschiedene Phasen der im Cyclohexamolekül sich abspielenden intramolekularen Bewegungen darstellen. Es läßt sich ohne Schwierigkeit an einem Modelle zeigen, daß der Übergang der einen Konfiguration SACHSES in der anderen erstaunlich leicht geschieht. Die Kohlenstoffatome gleiten nämlich ohne Widerstand aus der einen Lage in die andere ein.

In einigen Fällen ist der Widerstand nicht erheblicher als der, wenn man an einem Modell, das eine Verbindung mit offener Kette darstellt, zwei einfach gebundene Kohlenstoffatome in dem gedachten Systeme in eine andere Lage dreht. Die in letzterem Falle erhaltenen Formen treten als Isomere nicht auf. Ex analogia erzeugen die Formen SACHSES keine wahre

---

[1]) ASCHAN, Chemie der alicyclischen Verbindungen, S. 330 (1905). — [2]) Ber. 32, 3046 (1889). — [3]) Chemie der alicyclischen Verbindungen, S. 331.

Isomerie. Wenn aber diese Konfigurationsformen SACHSES nur Phasen einer inneren Molekularbewegung sind, die zusammen einem Gleichgewicht entsprechen, so stellen sie offenbar schließlich nichts anderes dar, als das zentrale Moment in der Auffassung BAEYERS, nämlich daß sich sämtliche Ringatome in einer Ebene befinden.

Bei dem Cycloheptansystem sind die Verhältnisse den obengeschilderten ähnlich. Es existieren theoretisch auch hier zwei Normalkonfigurationen; ihre Veranschaulichung läßt sich nicht gut im Plane darstellen. Ihre Überführung ineinander erfolgt durch Drehung viel schwieriger als beim Cyclohexan. Die Frage, ob auch bei dem Siebenring die aus einer intramolekularen Bewegung resultierende plane Anordnung der Atome als die normale anzunehmen ist, hat vorläufig kein Interesse. Bis das Experiment zu weiteren Spekulationen Anlaß gibt, empfiehlt sich, an der Annahme festzuhalten, daß auch dem einfachen Cycloheptanring eine plane Konfiguration eigen ist.

Während der letzten Zeit ist die Frage über die Konfiguration des Cyclohexanringes wieder erörtert worden, besonders seitens W. HÜCKELS. Seine eigenen, übrigens experimentell interessanten Arbeiten beziehen sich aber auf einzelne Verbindungen mit dem doppelten Ringkern, worin die beiden Ringe in der 1,2-Stellung aneinander verknüpft sind[1]) und Derivate des Dekahydronaphtalins und Hydrindans sind. Es ist selbstverständlich, daß ganz andere sterische Verhältnisse bei den bicyclischen Verbindungen herrschen, worin die substituierenden Gruppen ungefähr Stellungen einnehmen wie in den Seitenketten monocyclischer Gebilde. Immerhin ist es nicht zulässig, aus den sterischen Verhältnissen bei diesen wenigen komplizierten Substanzen Schlüsse auf die in den einfachen Ringsystemen zu ziehen. Daß etwa die bicyclischen trans-Dioxyderivate in einigen Fällen für eine Wasserabspaltung geeigneter zu liegen scheinen, vermindert keineswegs die unstreitigen, zahlreichen Versuchsresultate über das chemische Verhalten bei den monocyclischen Körpern.

Die Arbeiten von BOESEKEN[2]) und Mitarbeitern sind auch von HÜCKEL gegen die plane Anordnung der Ringatome angeführt worden. Sie beziehen sich auf Kondensationsverbindungen von cyclischen 1,2-Diolen mit Aceton und eigentümliche Borsäurederivate derselben. BOESEKEN fand, daß sowohl Cyclohexan-1,2-diol wie Cyclopentan-1,2-diol in Übereinstimmung mit der Theorie in zwei Formen, nämlich einer cis- und trans-Form, auftritt. Eigentümlicherweise resultiert das trans-Diol bei der Aufspaltung des entsprechenden Oxyds der untersuchten Verbindungen, obwohl das cis-Diol zu erwarten wäre. Auf dem von mir[3]) nachgewiesenen leichten Übergang der symmetrischen Form in den unsymmetrischen nach SACHSE (vgl. vorige Seite), konnte BOESEKEN jedoch befriedigend diese Anomalie erklären. Daß die trans-Hexahydrophtalsäure auch ein Anhydrid liefert, worin die Atome des Anhydridringes nicht mehr in einer Ebene sich befinden, ist seit seiner Darstellung seitens BAEYERS bekannt. Derselbe Fall sollte nun auch in den obengenannten trans-Oxyden vorhanden sein, obwohl ihre Existenz nicht vorauszusehen war.

Bezüglich der Konfiguration der einfachen alicyclischen Ringe, die, vom Cyclohexan ausgehend, mehr als fünf Ringatome enthalten, und besonders des Cyclohexanringes, ist es also fortwährend anzunehmen, daß ihre Kernatome in einer Ebene liegen, sowie daß diese Ebene eine resultierende Gleichgewichtslage eventueller intramole-

---

[1]) Vgl. besonders die Monographie: Der gegenwärtige Stand der Spannungstheorie, und Ann. 441, 1 (1925), sowie HÜCKEL und GOTH, Ber. 58, 447 (1925). — [2]) Ber. 56, 2409, 2411 (1923). — [3]) ASCHAN, Chemie der alicyclischen Verbindungen, S. 331 (1905).

kularer Bewegungen darstellt, was in Übereinstimmung mit den experimentellen stereochemischen Erfahrungen steht.

Wie verschieden die Ansichten auch voneinander gehen mögen, eins muß unter allen Umständen schließlich entscheidend sein, nämlich die experimentellen Resultate. Es gibt in dieser Hinsicht, trotz der sehr großen Zahl dahin gehöriger Cyclohexanderivaten, kein einziges Versuchsergebnis, das nicht für die plane Anordnung der Kohlenstoffatome des einfachen Cyclohexanringes sprechen würde.

Dasselbe ist auch bei den allerdings wenigen Körper der Cycloheptanreihe der Fall.

B. Die graphische Abbildung der alicyclischen Körper einschließlich der stereomeren Formen derselben in übersichtlicher Weise

Oben wurde schon angedeutet, daß, auf Grund der Inhomogenität der Atome, die Spannungstheorie in seinen Konsequenzen mehr symbolisch als reell aufzufassen ist. Trotzdem bietet sie, unter Annahme der mehrmals hervorgehobenen planen Anordnung der Kernkohlenstoffatome, eine Möglichkeit für die graphische Abbildung der nunmehr so sehr zahlreichen, hierher gehörigen Körper, und zwar in noch einfacherer Art als die Strukturformeln der aliphatischen Reihe. Unsere graphischen Formeln sind nämlich Gruppenformeln, indem Symbole für zahlreiche Verbindungen analoger Art anwendbar sind.

1. Historisches über die Begriffe der Asymmetrie

Entscheidend für die Anzahl und Konfiguration der Stereomeren läßt sich einzig das Prinzip der molekularen Asymmetrie betrachten. Diese ist für einfache Moleküle leicht feststellbar. Pasteur erläuterte dies, indem er betreffs der Weinsäuren angab, daß man in denselben mit einer asymmetrischen Anordnung zu tun hätte, deren Bilder sich miteinander nicht deckten. Um indes im voraus zu wissen, ob ein Molekül in dieser Hinsicht asymmetrisch ist oder nicht, muß die Pasteursche Auffassung näher präzisiert werden. Der daraus unmittelbar hergeleitete Schluß, daß jedes Molekül, sterisch gedacht, als aktiv auftreten muß, wenn durch seine Formel keine Symmetrieebene gelegt werden kann, ist ungenügend, weil es Verbindungen gibt, die inaktiv und in optisch aktiven Formen unspaltbar sind, obwohl keine Symmetrieebene durch ihr Molekül gelegt werden kann.

Hartwall[1]) hat diesem Fall ein eingehendes Studium gewidmet und ist zur folgenden Auffassung gelangt, die in einfachster Form in folgendem Satz enthalten ist:

---

[1]) „Studien über das optische Drehungsvermögen aliphatisch cis-trans-isomerer Verbindungen, nebst Betrachtungen über asymmetrischen Kohlenstoff und molekulare Asymmetrie.“ Dissertation, S. 6, 15 (Helsingfors 1904). Ein ausführliches Referat vgl. Aschan, Chemie der alicyclischen Verbindungen, S. 343—346 (1905).

Ein Molekül ist asymmetrisch und zeigt optische Aktivität, wenn es keine Ebene für einfache oder zusammengesetzte Asymmetrie besitzt.

Als „zusammengesetzte Symmetrieebene“ ist eine Ebene zu bezeichnen, durch welche das Molekül in zwei Hälften derart geteilt werden kann, daß die eine Hälfte nach einer 180grädigen Drehung um eine durch diese Ebene gehende Achse, ein Spiegelbild der anderen Hälfte darstellt.

Um die Anzahl und Konfiguration eventueller Stereomeren festzustellen, fanden wir es nötig, ein graphisches Verfahren zur Veranschaulichung der verschiedenen Formen einzuführen, weil, wie angegeben, die Kenntnis der Anzahl der asymmetrischen Kohlenstoffatome in komplizierteren Fällen dafür nicht genügt, und da außerdem die verschiedenen Strukturformeln bei alicyclischen Verbindungen in vielen Fällen optische und geometrische Isomerie gleichzeitig aufweisen.

Bei der Anwendung dieser graphischen Formeln wird zunächst untersucht, ob die Ringebene selbst eine Symmetrieebene darstellt. In diesem Falle, wobei die gleichen Atome oder Gruppen an demselben Ringatom gebunden sind, wie im 6-Ring in der Formel $C_5H_{10}>C<{CH_3 \atop CH_3}$, tritt keine Isomerie auf. Ist dies nicht der Fall, so stellt man die Ringebene vertikal gegen die des Papiers und projiziert sie darauf als eine horizontale Linie und zwar von der Zahl der Ringatome unabhängig. Die Substituenten erscheinen dann entweder oberhalb oder unterhalb dieser Linie. Werden die Kohlenstoff- und Wasserstoffatome weggelassen, so kommt z. B. Monochlor- bzw. Dichlorcyclopentan in folgender Weise zum Vorschein:

$$\underline{\mathrm{Cl}}\quad \text{bzw.}\quad \underline{\mathrm{Cl\ Cl}}\ .$$

Man rechnet ferner die Substituenten wie üblich in der Richtung des Uhrzeigers, bezeichnet sie einfach mit Buchstaben, und je nachdem sie nach der Konfiguration des Moleküles oberhalb oder unterhalb der Ringebene liegend bleiben, schreibt man sie ober- oder unterhalb der projizierten Linie auf. In fast allen Fällen kann die Bezeichnung der Methylengruppen, die zwischen dem substituierten C-Atome liegen, unterlassen werden. Wenn aber zwei oder mehrere Substituenten in symmetrischer und eine dritte in unsymmetrischer Lage liegen, so muß gewöhnlich eine unsubstituierte Methylengruppe, z. B. mittels einer vertikalen Linie, angegeben werden, um die Asymmetrie des Moleküls anzudeuten. Ein Fall dieser Art stellt das Menthon $C_3H_7\cdot HC<{CO\cdot CH_2 \atop CH_2\cdot CH_2}>CH\cdot CH_3$ dar. Bezeichnet man in seiner Formel Isopropyl mit *X*, Methyl mit *Y* und an einem dritten C-Atom ein Sauerstoffatom *ZZ*, so erhält man folgende Reihe von vier optisch aktiven Formeln:

$$\underbrace{1.\ \frac{XZ|Y}{Z|\quad}\ ;\quad 2.\ \frac{Y|ZX}{\quad|Z}}\ ;\quad \underbrace{3.\ \frac{XZ|\quad}{Z|Y}\ ;\quad 4.\ \frac{\quad|ZX}{Y|Z}}\ .$$

Die Klammern unter den beiden Paaren der miteinander spiegelbild-isomeren Formen 1, 2 und 3, 4 bedeuten, daß diese überhaupt hier in Menthon paarweise zu zwei racemischen d, l-Formen zusammentreten können.

Wir gehen aber zu den einfacheren Fällen zurück. Sind an einem Ringatom nur zwei gleiche (I) oder ungleiche (II) Substituenten gebunden, so entsteht in beiden Fällen nur eine Form:

$$\text{I. } \frac{X}{X}\,; \qquad \text{II. } \frac{X}{Y}\,.$$

Schon hieraus geht hervor, daß die Anwendung von Modellen bei unserer Bezeichnungsweise[1]) in den meisten Fällen wegfallen können, ein Vorteil, weil die üblichen Modelle für die komplizierteren alicyclischen Verbindungen sehr unbequem sind. Ferner lassen sich sterisch analog gebaute Verbindungen, auch wenn sie verschiedene Ringkerne enthalten, bei dieser Bezeichnungsweise durch gemeinsame typische Formeln veranschaulichen. Wir nehmen etwa die 1,2-Cyclopropandicarbonsäure als Beispiel an. Wenn die Carboxyle mit X bezeichnet werden, so sind folgende mit I. bezeichnete stereomere Formen möglich (die racemischen werden selbstverständlich nicht als individuelle Stereomeren betrachtet):

$$\text{I. 1. } \frac{XX}{}\,; \quad \text{2. } \frac{X}{X}\,; \quad \text{3. } \frac{X}{X}\,. \qquad \text{II. 1. } \frac{X\,\vdots\,X}{\vdots}\,.$$

Man ersieht sogleich, daß 1. eine unspaltbare inaktive Form ist, weil sein Molekül in bezug auf eine senkrecht gegen das Papier stehende Ebene symmetrisch ist (Schema II), die darauf als eine punktierte Linie erscheint. Sie entspricht somit dem „Typus der Mesoweinsäure". Die beiden anderen Formen 2. und 3. werden dagegen durch dieselbe Ebene nicht symmetrisch geteilt. Folglich können die entsprechenden Verbindungen aktiv auftreten, was außerdem daraus ersichtlich ist, daß sie Spiegelbilder zueinander sind, nämlich in bezug auf einer vermittelst der Linie $a\,b$ präzisierten Ebene (diese ist unten sowohl vertikal wie horizontal gestellt):

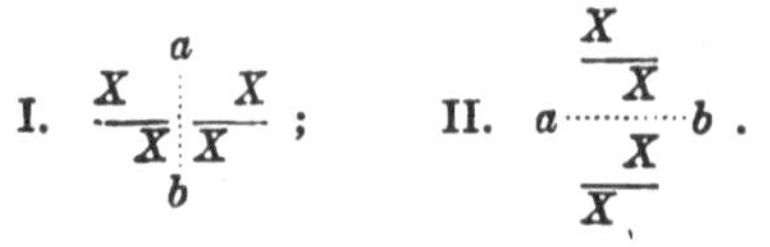

Von erheblichem Interesse ist ferner, daß die obigen Formen 1., 2. und 3. nicht nur Cyclopropan-1,2-dicarbonsäure abbilden, sondern außerdem die 1,2-Dicarbonsäuren vom Cyclobutan, Cyclopentan, Cyclohexan oder allgemein alle Disubstitutionsprodukte mit denselben Substituenten, von der Formel $C_nH_{2n-2}X_2$, sämtlicher gesättigter Cycloparaffintypen, in denen die Valenzrichtungen nicht in derselben Symmetriebene liegen.

Bei komplizierteren Molekülen ist es indes unbedingt nötig, bei der Aufstellung graphischer Formelbilder dieser Art die Asymmetrie in dem darzustellenden Moleküle zu beachten, so wie wir sie oben (S. 37) definiert haben, nämlich in

[1]) Der erste diesbezügliche Versuch, vgl. ASCHAN, Acta Soc. scient. Fenn. 21, 65—75 (1885); er trat 1905 [vgl. Chemie der alicyclischen Verbindungen, S. 346—368 (1905)] in vollständiger Form hervor; hier folgt nur ein kurzes Referat.

der Beziehung, ob es eine einfache oder zusammengesetzte Symmetrieebene besitzt. Wenn das Molekül zu seiner Struktur symmetrisch ist, so muß dies in dem Formelschema zum Vorschein kommen, d. h. dieses muß symmetrisch formuliert werden. Eine Dimethyl- oder Diphenyl-1,3-cyclobutandicarbonsäure sowie andere symmetrische Verbindungen vom Typus $C_nH_{2n-3}X_2Y$ sind daher mit der Gruppe Y (Methyl- bzw. Phenyl-) in der Mitte der Formelbilder zu schreiben:

$$1.\ \frac{XYX}{\quad};\quad 2.\ \frac{XX}{Y};\quad \underbrace{3.\ \frac{XY\quad}{\quad X};\quad 4.\ \frac{\quad YX}{X\quad}},$$

woraus hervorgeht, daß sie in zwei inaktiven Formen (1 und 2), sowie einem Paar von Spiegelbildisomeren (3 und 4) inklusive ihrer d,l-Form, die mit Klammern vermerkt ist, auftreten kann; dagegen würde die Schreibweise:

$$\underbrace{1.\ \frac{YXX}{\quad};\ 2.\ \frac{XXY}{\quad}};\ \underbrace{3.\ \frac{YX}{X};\ 4.\ \frac{XY}{X}};\ \underbrace{5.\ \frac{YX\quad}{\quad X};\ 6.\ \frac{\quad XY}{X\quad}};\ \underbrace{7.\ \frac{Y\quad}{\quad XX};\ 8.\ \frac{\quad Y}{XX\quad}}$$

in diesem Falle zu einer ganz falschen Vorstellung über die Zahl und Art der Isomeren führen, die acht aktive und paarweise enantiomorphe Spiegelbildisomere und vier racemische Formen darstellen würden.

Wenn eine Konfiguration eine oder mehrere Ebenen der zusammengesetzten Symmetrie (s. S. 37) besitzen, so kann sie nicht aktiv auftreten. Die Dimethyl-1,3-cyclobutandicarbonsäure-2,4 und überhaupt Cyclobutan- und Cyclohexanverbindungen der Formeln:

$$\text{I.}\ XHC{<}{}^{CHY}_{CHY}{>}CHX \quad \text{und auch} \quad \text{II.}\ XHC{<}{}^{CH_2\cdot CH_2}_{CH_2\cdot CH_2}{>}CHX,$$

stellen ein am schwierigsten darzustellendes Beispiel dar. I. sollte eigentlich in folgenden Modifikationen auftreten:

$$1.\ \frac{XY_2X}{\quad};\ 2.\ \frac{XX}{Y_2};\ 3.\ \frac{XYX}{Y};\ \underbrace{4.\ \frac{XY_2\quad}{\quad X};\ 5.\ \frac{\quad Y_2X}{X\quad}};\ \underbrace{6.\ \frac{XY\quad}{\quad YX};\ 7.\ \frac{\quad YX}{XY\quad}},$$

von denen also die Formen 4 und 5 einerseits, sowie 6 und 7 andererseits von 2 Paaren Spiegelbildisomeren auftreten sollten. Bei der Betrachtung der obigen Strukturformel I findet man jedoch, daß diese zwei Symmetrieebenen hat, von denen die eine durch die mit den X-Gruppen, und die andere durch die mit den Y-Gruppen verbundenen Kohlenstoffatome geht. Es ist aber gleichgültig, ob die X-Gruppen oder, wie oben, die Y-Gruppen die Mitte der Formelbilder einnehmen. Schreibt man also die X-Gruppen in den Konfigurationen in der Mitte, so ersieht man, daß beide dieselbe inaktive Form $\frac{YXY}{X}$ darstellen und folglich identisch sind. Betreffs der Formen 6 und 7 ist zu bemerken, daß sie den selten vorkommenden Fall wiedergeben, daß das Molekül eine Ebene der zusammengesetzten Symmetrie enthält. Die anscheinend beiden Formen stellen also eine identische dar. Folglich sind von der fraglichen Struktur nur die folgenden fünf Formen, die alle inaktiv sind, möglich:

$$1.\ \frac{XY_2X}{\quad};\quad 2.\ \frac{X\quad X}{Y_2};\quad 3.\ \frac{XYX}{Y};\quad 4.\ \frac{YXY}{X};\quad 5.\ \frac{XY\quad}{\quad YX}\ \text{(inaktiv)}.$$

Durch die während der Jahre 1919—1922 ausgeführten stereochemisch höchst interessanten Arbeiten über Truxill- und Truxinsäuren, die Diphenyl-2,4-cyclobutan-1,3-dicarbonsäuren, $(C_6H_5)_2C_4H_4(CO_2H)_2$, sind und folglich diesem Typus entsprechen, hat STOERMER[1]) die Richtigkeit der obigen, weit früher aufgestellten theoretischen Darstellung dieser stereomeren Formen festgestellt.

---

[1]) Vgl. besonders STOERMER und BACHÉR, Ber. 55, 1869 (1922).

Falls die Struktur eine mehrfache Symmetrie aufweist oder eine bzw. mehrere Ebenen der zusammengesetzten Symmetrie enthält, so sind unsere schematischen Formeln für die direkte Veranschaulichung der möglichen Formen nicht anwendbar. Man muß sich durch Umstellung der Gruppen überzeugen, ob Unsymmetrie tatsächlich auftritt. Hierher gehören die Moleküle, die nach BAEYER „relativ isomer" sind (vgl. die Formen I und II S. 39).[1]) Fälle dieser Art treten jedoch nur in der Cyclobutan- und Cyclohexanreihe auf und sind dadurch charakterisiert, daß mehrere Symmetrieebenen durch das Molekül gelegt werden können. In diesen Fällen muß man zu Modellen oder Projektionsformeln auf dem Papier greifen. Ein Beispiel dieser Art stellt das Inosit mit den sieben inaktiven und zwei spiegelbildisomeren Formen dar (S. 30); die letzteren bilden außerdem eine racemische Form.

In einfacheren Fällen der mehrfachen Symmetrie läßt sich unsere Bezeichnungsweise auch ohne weiteres anwenden, wie bei den beiden inaktiven Formen der Hexahydroterephtalsäure (Formel II S. 39):

$$\text{die trans-Form } \frac{X}{X}\,; \qquad \text{die cis-Form } \frac{X_2}{}\,.$$

In den Fällen, wo die Ringebene zugleich die Symmetrieebene des Moleküles darstellt, wie bei Dimethyl-dihydroresorcin,

$$\begin{matrix}CH_3\\CH_3\end{matrix}\!>\!C\!<\!\begin{matrix}CO\cdot CH_2\\CH_2\cdot CH_2\end{matrix}\!>\!CO\,,$$

sind keine Raumformeln nötig.

Bezüglich einer erheblichen Menge anderer alicyclischer Verbindungen mit ungleichartiger und zum Teil komplizierter Zusammensetzung wird zu vorliegenden Beispielen hingewiesen.[2])

2. Stereomere Formen bei den bi- und polycyclischen Molekülen

Bei diesen zahlreichen Körpern ist, wie im folgenden für den Campher, die Camphersäureanhydriden, Camphansäuren usw. gezeigt wird, das Eintreten weiterer Ringelemente unter bicyclischer Bindung meistens geeignet, die Zahl stereomerer Formen einzuschränken; es treten aber auch gewisse andere Eigentümlichkeiten sterischer Art auf. Während z. B. die monocyclischen Camphersäuren paarweise in je zwei optisch aktiven Formen auftreten, ist die Zahl derselben z. B. beim bicyclischen Campher bzw. den Camphersäureanhydriden auf zwei begrenzt, obwohl nach der Theorie von VAN'T HOFF-LE BEL dieselbe Zahl „asymmetrischer Kohlenstoffatome" in beiden Ringarten vorliegen. Und da es in keiner Weise gelingt, die aktiven d- und l-trans- oder Isocamphersäuren in ihre eigenen Anhydride zu verwandeln, weil dabei nur die Anhydride der eigentlichen l- und d-Camphersäuren entstehen, so deutet dies darauf hin, daß wenigstens in gewissen di- und polycyclischen Systemen eine möglichst plane Anordnung der Atome in den dabei vorhandenen Ringkernen vorkommt oder daß eine derartige Anordnung vorzugsweise vorhanden zu sein scheint.

Unter Annahme einer planen Anordnung, die jedoch wahrscheinlich dann als ein Grenzfall auftritt und oft eine größere oder kleinere Deformation hervorruft, und unter Beachtung, daß bei der schematischen Abbildung

---

[1]) Ann. 245, 128 (1888). — [2]) Vgl. auch ASCHAN, Chemie der alicyclischen Verbindungen, S. 350ff. (1905).

immer dasselbe Ringsystem entweder in horizontaler oder vertikaler Lage projiziert wird, sowie ferner, daß man sich dasselbe Ringelement bei verschiedenem Ringsystem bzw. Substituent als entweder vor oder hinter der betreffenden Ebene liegend denkt, so sind folgende Vorstellungen wahrscheinlich.

a) Bei bicyclischen Systemen mit nur einem Kohlenstoffatom gemeinsam (Spirosysteme) liegen die beiden Ringebenen senkrecht zueinander. Hier darf angenommen werden, daß die beiden Ringsysteme, für sich betrachtet, ihre C-Atome in planer Anordnung enthalten.

Systeme, wie

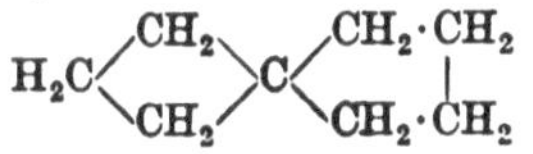 und 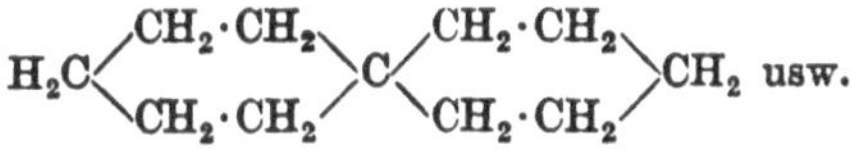 usw. ,

treten nur in einer Form auf. Ein Substituent in symmetrischer Lage innerhalb des ganzen Systems, wie in dem Schema $X\cdot HC{<}^{CH_2}_{CH_2}{>}C{<}^{CH_2}_{CH_2}{>}CH_2$, bedingt keine Isomerie. Eine Substitution in asymmetrischer Stellung zu dem ganzen Molekül, wie im Falle

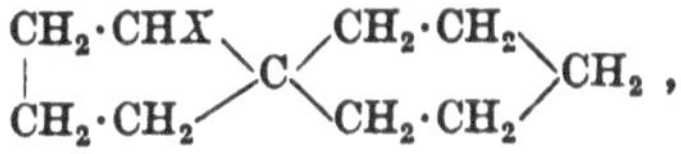 ,

erzeugt dagegen zwei optisch aktive Formen.

Für die graphische Darstellung der Isomerie dieser Art kann dasselbe Prinzip wie bei monocyklischen Systemen angewandt werden. Wir sprechen dies indes mit ausdrücklichem Vorbehalt aus, weil man die einfachen Verbindungen der Spirosysteme bisher nur mittels Modellen studieren konnte.

Das Molekül kann hier vermittelst zwei gekreuzter Linien veranschaulicht werden, die die Schnittlinien der vertikal stehenden Ringebenen mit dem Papier bezeichnen. Die Substituenten können oben oder unten, rechts oder links von den Schnittlinien geschrieben werden, also für die als optisch aktiv zu erwartenden Spiegelbildisomere sowie ihre d,l-Form wie folgt veranschaulicht:

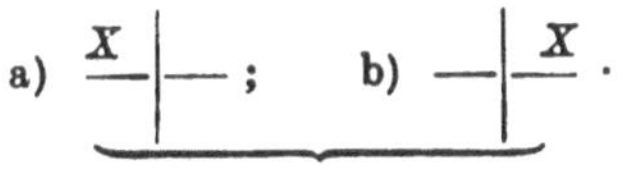

Beim Eintritt zwei gleicher Substituenten in symmetrischer Lage zum Totalmolekül eines Doppelsystems von zwei gleichen Ringen, z. B.

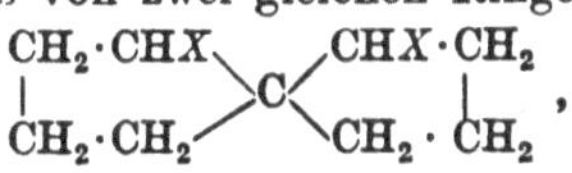 ,

könnte man annehmen, daß, wie in einem einfachen Ringsystem, eine inaktive und zwei aktive Formen auftreten würden. Dem ist aber nicht so. Eigentümlicherweise sind sogar sechs aktive Formen, die paarweise Spiegelbilder sind, vorauszusehen:

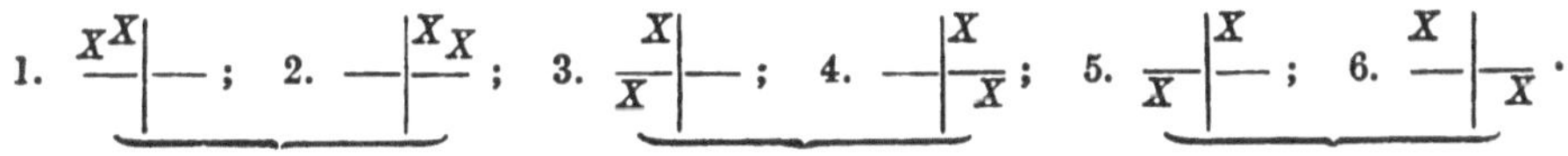

Hier gilt dasselbe bezüglich des Aufsuchens der betreffenden Isomeren, wie für die monocyclischen Systeme (S. 37). Für die Feststellung der Identität der versuchsweise aufgezeichneten Formelbilder geschieht die Drehung wie auch sonst mit 180° in der Ebene des Papiers. Darum sind die obigen Formen 1 und 2, die wohl nach einer Drehung von 90° zur Deckung gebracht werden können, nicht identisch, sondern stellen Spiegelbilder dar.

Für weitere Beispiele sei hier nur hervorgehoben, daß, wenn ungleiche Substituenten vorliegen, so treten, z. B. im Falle

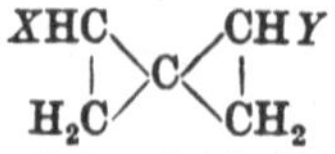

4 Paare aktiver Formen auf, gleichgültig, ob die Ringsysteme gleich oder ungleich sind.

Bei symmetrischer Lage von zwei gleichen oder ungleichen Substituenten, wie in den Fällen

I. 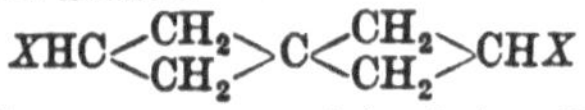 oder II. 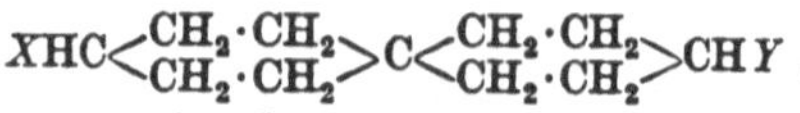 ,

bei denen man zwei inaktive Formen der entsprechenden cis- und trans-Isomerie erwarten könnte, treten indes zwei aktive Spiegelbildisomere auf:

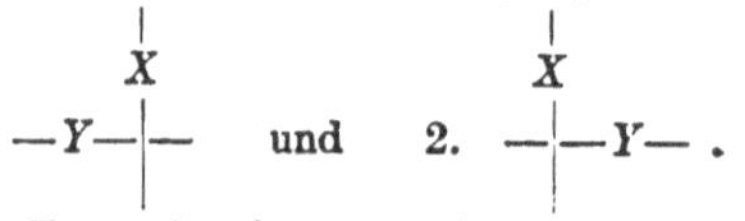

Eine Verbindung vom Typus I (oben), worin vier gleiche Substituenten in den spirocyclisch verbundenen Cyclobutanringen zum zentralen Kohlenstoffatom symmetrisch liegen:

III. 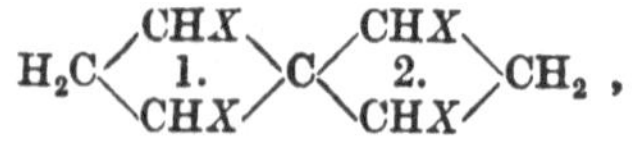 ,

zeigt die Eigentümlichkeit[1]), daß bei der cis-Lage für die beiden Ringsysteme 1 und 2 die Substituenten zwei aktive Formen, bei der trans-Lage nur eine inaktive Form erzeugt werden. Sonst treten beim Kombinieren zweier Ringsysteme mit einem gemeinsamen Spiro-C-Atom fast niemals inaktive Formen auf.

b) Wenn zwei Ringkohlenstoffatome für die beiden Kerne gemeinsam sind, hat man es wahrscheinlich mit zwei Fällen zu tun. Die beiden Ringkerne können entweder 1. ihre konstituierenden Atome in planer Anordnung enthalten, oder 2. es bilden die Ringatome eine Zickzacklinie. Eine dritte Möglichkeit, daß der eine Ring im Plane liegt, während der andere verzerrt wäre, ist aus mechanischen Gründen wenig wahrscheinlich, weil man dabei eine ziemlich große Spannung in der Gleichgewichtslage voraussetzen muß. Die Spannung könnte allerdings bei einer verschiedenartigen Substitution und Struktur des Kerns so ziemlich ungleich sein. Bezüglich der wahrscheinlichen Existenzmöglichkeit der obigen Formen 1 oder 2 bei einer Isomerie des Ringkerns, die also ausschließlich auf einer ungleichartigen geometrischen Lagerung der Kernatome beruht, läßt es sich erfahrungsgemäß schließen, daß eine derartige Isomerie kaum bei Ringsystemen mit einer kleinen Atomzahl, z. B. bei den Systemen I, II und III (unten), auftritt. Doch gilt dies anscheinend nicht, wenn Sauerstoff, aber besonders, wenn Stickstoff in dem einen Kern vorhanden ist.

Auch dürften wohl Kohlenstoffringe bei Kombinationen von Drei- und Vierringen mit Fünfringen, wegen der dabei wohl auftretenden Spannung, nur in einer einzigen isomeren Form des Ringkernes auftreten, wie z. B. bei Karon (IV), bei welchem eine abnorme Isomerie nicht beobachtet worden ist:

I. 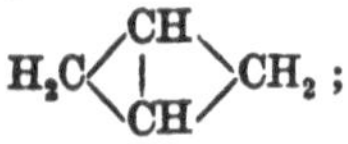 ; II. 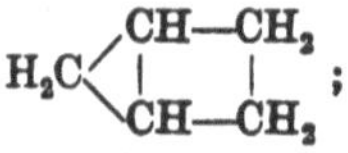 ; III. 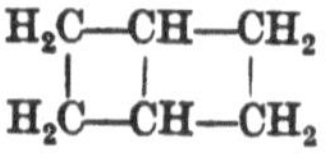 ;

IV. 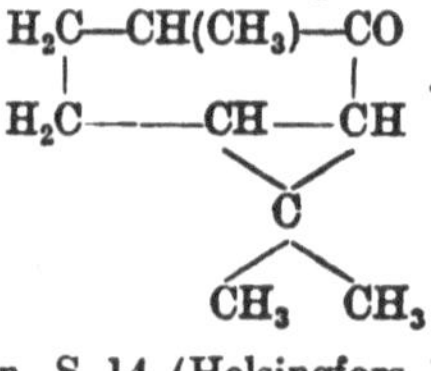 .

[1]) Vgl. Hartwall, Dissertation, S. 14 (Helsingfors 1904).

Im letzten Fall sollte die Spannung im Cyclopropanringe, wenigstens gewissermaßen, in der Art wirken, daß der Cyclohexankern zusammengedrängter würde und folglich zu einer planen Anordnung beitragen.

Wie diese Verhältnisse bei den Kombinationen zweier 5-Ringe oder eines 5-Ringes mit einem 6-Ring sind, muß unentschieden bleiben. Im vorigen Falle wird wohl die Spannung und die darauf beruhende bevorzugte Gleichgewichtslage für die plane Anordnung der Ringkohlenstoffatome in den beiden gegeneinander geneigten Ebenen orientierten Ringen bestimmend sein. Bei zwei Cyclohexan-, und noch wahrscheinlicher bei zwei Cycloheptankernen wird wohl in einfachen Fällen eine Anordnung mit zwei Kernisomeren und geometrischer Isomerie zu erwarten sein, was durch Beispiele belegt werden kann.

Die Kombination Sechsring-Fünfring zeigt schon diese Eigentümlichkeit, wenn der Fünfring ein Sauerstoffatom als Ringglied enthält, wie die Existenz der beiden Anhydride der cis- und trans-Hexahydrophtalsäure zeigt. Ein Ring von beiden wird dann in verzerrter Form auftreten, wenn dies nicht mit den beiden der Fall ist.

Überhaupt muß hier das Entstehen zweier Ringisomere mit der Vermehrung der Anzahl der Ringatome bevorzugt sein.

Bezüglich der nichtplanen Anordnung der Ringatome sei hier auf unsere ausführliche Auseinandersetzung S. 32ff. hingewiesen. Hierüber geben wir noch folgende Literaturstellen an.[1]) Unter Voraussetzung einer planen Anordnung treten dagegen gewisse Möglichkeiten für die schematische Abbildung derselben in der Ebene des Papiers hervor.

Die einfacheren stereomeren Formen bei bicyclischen Körpern dieser Art lassen sich durch unsere schematischen Formeln mittels einer gebrochenen Linie veranschaulichen, die die gedachte Schnittlinie für die beiden miteinander in einem Winkel befindlichen Ringebenen und das Papier darstellt. Durch Verlängerung des einen Schenkels wird eine eventuelle Ungleichheit in der Umfassung der beiden Ringsysteme veranschaulicht. Dadurch könnten die vier optisch aktiven Formen des Karons (vgl. Formel IV, oben) in folgender Art veranschaulicht werden, worin Y die Methylgruppen, X_2 die des Ketonsauerstoffs bezeichnen:

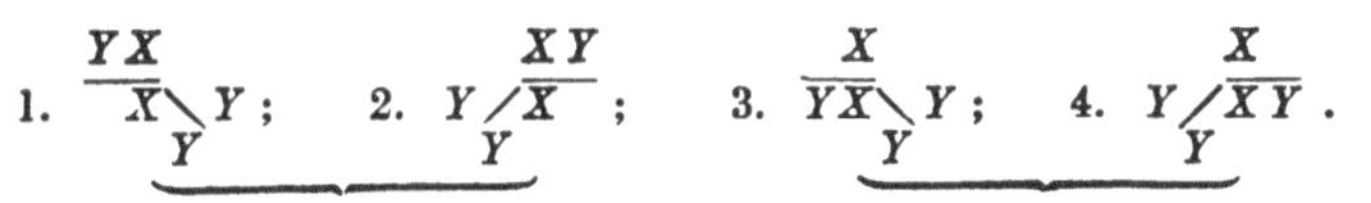

Mittels derselben Bezeichnungsweise können vielleicht, unter Anwendung der für die einfacheren Ringsysteme gebrauchten graphischen Mittel, die Anzahl stereomerer Formen in anderen Fällen[2]) angegeben werden. Als Beispiel lassen sich die drei Formen der symmetrisch disubstituierten Derivate des bis auf weiteres unbekannten bicyclischen Moleküls, X HC<(CH|CH)>CH X, veranschaulichen:

[1]) Während des letzten Jahrzehnts ist in Arbeiten, z. B. von Mohr, Journ. prakt. Chem. [2] 98, 315, 321 (1918); Ber. 55, 230 (1922); Windaus, Hückel und Reverey, Ber. 56, 91 (1923); Hückel, Ann. 441, 1 (1925) auf eine annehmbare größere Stabilität bei den nichtplanen Ringanordnungen hingewiesen worden (vgl. auch oben S. 35). — [2]) Mehrere weitere Konfigurationsformeln werden bei Aschan, Chemie der alicyclischen Verbindungen, S. 365 (1905), berücksichtigt.

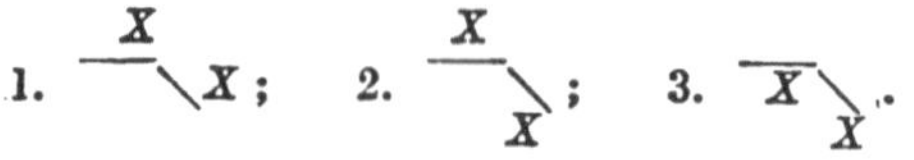

Daß die Form 2 inaktiv ist, beruht darauf, daß, außer der durch die beiden gemeinsamen C-Atome gehenden Symmetrieebene, noch eine andere, dagegen wagerechte, durch die beiden einfach gebundenen C-Atome geht. Dieses liegt in der Ebene des Papiers und tritt daher nicht hervor.

Die in diesem Kapitel angewandten Formeln können jedoch auch hier keine derartigen, geometrisch isomeren Formen wiedergeben, deren Moleküle eine Ebene für die „zusammengesetzte Symmetrie" haben (S. 37).

Sind die beiden Ringsysteme ungleich, so treten bei einer unsymmetrischen einfachen Substitution, z. B. im Falle $H_2C\left\langle\begin{matrix}CH_2\cdot CH\cdot CH_2\cdot CHX\\ \quad\;\; | \qquad\quad\; | \\ CH_2\cdot CH\cdot CH_2\cdot CH_2\end{matrix}\right.$, vier aktive Formen wie im Caron, hervor:

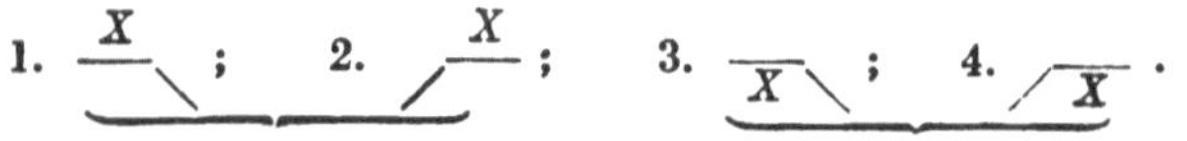

c) Bei zwei Ringsystemen mit drei gemeinsamen C-Atomen

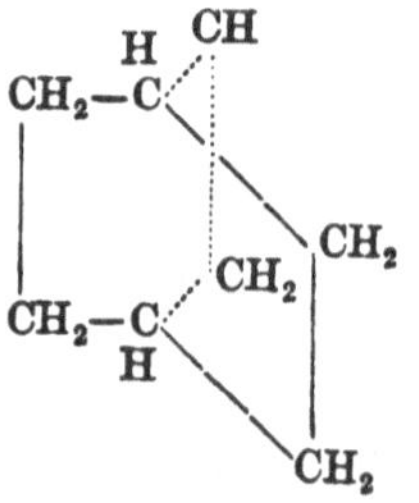

ist anzunehmen, daß die Ringatome in einfacheren Fällen auf drei Ebenen verteilt sind, weil dies der kleinsten Spannung entspricht, wie ich durch eine geometrische Konstruktion und Berechnung für Campher festgestellt habe[1]) (vgl. oben S. 40). Die Verteilung auf drei Ebenen folgt daraus, daß z. B. Campher nur in einer inaktiven Modifikation auftritt, die racemisch ist, weil der Ketonsauerstoff in dem einen der aus 4 C-Atomen bestehenden Ringelement Asymmetrie erzeugt: d- und l-Campher, die diese inaktive d,l-Form zusammensetzen, sind also Spiegelbildisomere, worauf ich weiter unten im folgenden Kapitel eingehe, wo diese Formen auch abgebildet sind.

Das Ringsystem der hierher gehörigen Verbindungen kann man mittels drei in einem Punkt zusammenlaufenden Linien veranschaulichen:

X würde Methyl darstellen, und YY bezeichnen zusammen den asymmetrisch gelegenen Ketonsauerstoff im Campher. Hierher gehören auch Nopinen (I) und Pinen (II):

---

[1]) Acta Soc. scient. Fenn. **21**, Nr. 5, S. 123 (1885).

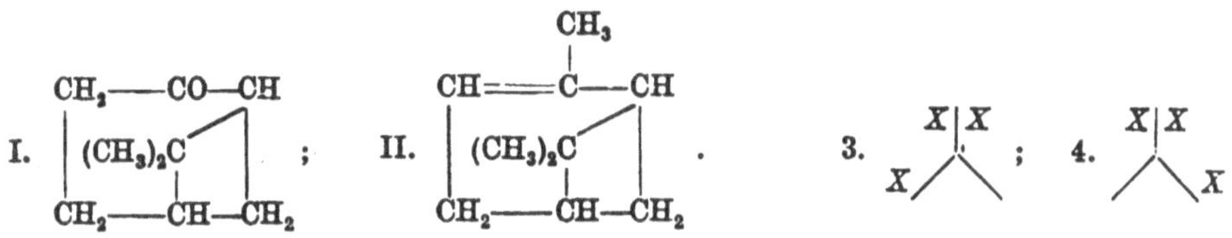

von denen die Spiegelbildisomerie der Stereomeren des Nopinons und des Camphers die obigen Formen durch (1) und (2) abgebildet werden können. Pinen bildet (mit X = Methyl) die aktiven Formen (3) und (4).

d) Bei vier gemeinsamen Kohlenstoffatomen sind die Kernatome auf vier Ringelemente verteilt, die, wie in dem folgenden System, wenn die Totalformel symmetrisch ist, paarweise auf nur zwei Ebenen verteilt werden könnten:

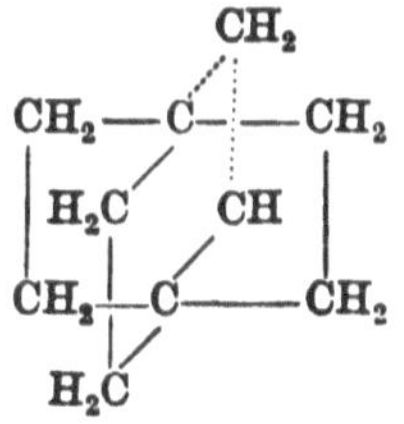

Die Existenz eines derartigen Stammkohlenwasserstoffs bzw. von Derivaten desselben kann in Frage gesetzt werden, wenn auch diese Möglichkeit vom Standpunkt der Spannungstheorie kaum zweifelhaft ist.

C. Untersuchungen über optische Doppelisomerie

In einer älteren Arbeit[1]) wurde u. a. die Frage erörtert, ob die Aktivität der Camphersäure auf einem einzigen, außerhalb des ringförmigen Kerns liegenden asymmetrischen System beruhen könnte. Wenn dieses mit einem Ringsystem verbunden wäre, worin die relative Asymmetrie vorhanden ist, wie sie Baeyer z. B. bezüglich der Hexahydroterephtalsäuren entwickelt hatte, so sollten vier ungleich optisch isomere aktive Formen und, vom theoretischen Standpunkt aus betrachtet, mit gleich großer Drehung auftreten, obwohl nur ein einziges asymmetrisches System vorhanden ist. Ein derartiger Fall würde, um ein ad libidum gewähltes Beispiel vorzuführen, im untenstehenden Molekül vorliegen (das asymmetrische Kohlenstoffatom ist mit * vermerkt und die relativ asymmetrischen C-Atome mit 1 und 4 bezeichnet.

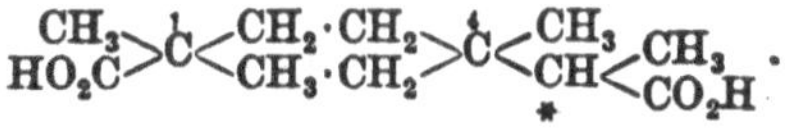

Bezüglich der am nächsten liegenden Verbindungen, nämlich den vier aktiven Camphersäuren konnte ich bei ihrer Untersuchung in verschiedenen Lösungsmitteln feststellen, daß in einigen Fällen (vgl. Kap. 6) die eigentlichen Camphersäuren, in anderen die Isocamphersäuren stärker drehten, obwohl die Unterschiede relativ klein waren.

[1]) „Struktur- und stereochemische Untersuchungen in der Camphergruppe." Acta Soc. scient. Fenn. 21, Nr. 5, S. 85 (1895); vgl. Aschan, Ann. 316, 201 (1901).

Der theoretisch vorhergesehene Fall wurde von mir als „optische Doppelisomerie" bezeichnet.

Da man zur Zeit dieser Arbeit die Erscheinung der Aktivität ausschließlich als eine Wirkung des nach der VAN'T HOFF-LE BELschen Theorie in jedem aktiven Körper vorhandenen asymmetrischen Kohlenstoffatoms betrachtete, das in dem zur Entscheidung liegenden Falle außerhalb des Ringsystems vorhanden sein sollte, so wurde es durch die genannte Vermutung wahrscheinlich, daß die vorausgesehenen vier aktiven Formen der optischen Doppelisomerie in der Tat die gleiche Drehung zeigen würden. Diese aktiven Formen könnte man derart veranschaulichen, daß man für die geometrisch isomeren Systeme (die also in sich kein Drehungsvermögen einschließen) die übliche Bezeichnung cis- und trans- je nach der Konfiguration, sowie für das die Aktivität erzeugende System in einem Falle rechts-, in anderem links-, z. B. $A+$ und $A-$, eingeführt wurde, in folgender Weise:

1. cis $A+$; 2. cis $A-$; 3. trans $A+$; trans $A-$.

Diese würden außerdem paarweise zu zwei racemischen d,l-Formen, wie die Klammern angeben, zusammentreten.

Schon kurz darauf fand ich, daß einige Fälle schon bekannt waren, die man zu dieser Kategorie rechnen könnte, nämlich die von WALDEN[1]) untersuchten aktiven Diisoamylester der Fumarsäure und Maleinsäure, die Chlor-, Brom- und Methylfumarsäure sowie die Chlor-, Brom- und Methylmaleinsäure. Sie enthielten allerdings keinen alicyclischen Ring, wohl aber eine Kombination von aliphatischer, durch die Doppelbindung bewirkte cis-trans-Isomerie mit der in der Isoamylgruppe vorhandenen molekularen Asymmetrie.

Folgende, von WALDEN erhaltenen Zahlen für die spezifischen Drehungsvermögen seien hier eingefügt:

1. Fumarsäurereihe:	$[\alpha]_D^{20}$	2. Maleinsäurereihe:	$[\alpha]_D^{20}$
Fumarsäurediamylester	+ 5,93	Maleinsäurediamylester	+ 4,62
Chlorfumarsäurediamylester	+ 5,78	Chlormaleinsäurediamylester	+ 4,03
Bromfumarsäurediamylester	+ 5,99	Brommaleinsäurediamylester	+ 4,58
Methylfumarsäurediamylester	+ 5,93	Methylmaleinsäurediamylester	+ 4,14

Diese Verbindungen sind jedoch komplizierter als die von mir in der „optischen" Doppelisomerie eigentlich vorausgesehenen Fälle. Sie unterscheiden sich von den letztgenannten in drei Beziehungen. In WALDENS Versuchsmaterial sind die aktiven Gruppen zweimal vorhanden und mittels Sauerstoffs mit den Komponenten mit geometrischer Isomerie verbunden. Außerdem wird diese, wie erwähnt, nicht durch ein alicyclisches Ringsystem, sondern durch eine Äthylenbindung bedingt.

Es war daher erfreulich, ein zusammengehöriges Paar optisch aktiver Verbindungen in der Literatur später aufzufinden, worin das die asymmetrische und die geometrische Isomerie erzeugende System durch Kohlenstoffbindung verbunden waren, nämlich bei dem d-Oxymethylcampher von CLAISEN, BISKOP und SINCLAIR.[2]) Diese Forscher fanden, daß der genannte Körper durch Benzoylierung bei -15^0 einen Benzoylester ergaben (die β-Verbindung, Schmelzp. 91—92^0), während bei gewöhnlicher oder erhöhter Temperatur die isomere α-Verbindung (Schmelzp. 119—120^0) entstand.

[1]) Ztschr. physikal. Chem. 20, 384 (1896). — [2]) Ann. 281, 314 (1894).

Da jene schon beim Kochen der alkoholischen Lösung mit einigen Tropfen Salzsäure oder bei Destillation in die α-Verbindung übergeht, so nahm CLAISEN eine geometrische Isomerie gemäß folgenden Formeln an:

Hier lag also eine Vereinigung von cis-trans-Isomerie mit einem aktiven System vor. Letzteres, das zweiwertige Radikal des Camphers:

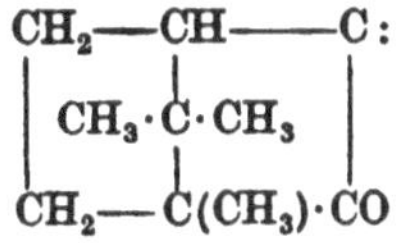

enthält wohl zwei „asymmetrische Kohlenstoffatome", sie verhalten sich jedoch in sterischer Hinsicht, als ob das Molekül des Camphers nur ein asymmetrisches C-Atom enthalten sollte[1]), da es nur in zwei spiegelbildisomeren Formen (vgl. S. 44) auftritt. Die Oxymethylencampherbenzoate sind daher für die Prüfung der „optischen Doppelisomerie" anwendbar, obwohl dieser Fall ein asymmetrisches System außerhalb eines mit den Bedingungen der geometrischen Isomerie verbundenen Systems darstellt.

Nach CLAISEN, BISHOP und SINCLAIR zeigen die betreffenden Benzoate eine verschiedene Drehung, obwohl die Richtung dieselbe ist. In Benzol wurde nämlich bei 20° erhalten:

	c	$[\alpha]_D$		c	$[\alpha]_D$
für α-Benzoat	4,467	+ 139,0;	für β-Benzoat	4,473	+ 159,3
„ „	13,506	+ 140,7;	„ „	13,614	+ 161,3
durchschnittlich		+ 139,8	durchschnittlich		+ 160,6

Zum vollständigen Vergleich und Nachweis, daß vier Formen von gleicher Struktur tatsächlich existieren, habe ich[2]) den bis dahin unbekannten l-Oxymethylencampher dargestellt, der wie der d-Oxymethylencampher in dieser und anderer Hinsicht untersucht wurde. Für die Benzoylester der α-Verbindung konnten die früheren Versuche bestätigt werden.

Die beiden stereomeren Oxymethylencampher ergaben im absoluten Alkohol die Werte:

für die d-Verbindung ($t = 22°$; $l = 1$; $p = 4,76$; $\alpha_D = + 6,65$): $[\alpha]_D = + 174,8$;
für die l-Verbindung ($t = 18°$; $l = 1$; $p = 7,57$; $\alpha_D = - 10,82$): $[\alpha]_D = - 176,3$.

Ferner wurden die α- und β-Benzoate des l-Oxymethylencamphers dargestellt:

l-α-Benzoat:	$[\alpha]_D^{20} = - 132,8$;	Schmelzpunkt	117 —118°;
d-α- „	„ $= + 136,9$;	„	119 —120°;
l-β- „	„ $= - 160,0$;	„	90,5—91°;
d-β- „	„ $= + 160,7$;	„	90 —92°.

Um sicher festzustellen, daß in diesen vier Formen die erwartete optische Doppelisomerie tatsächlich vorliegt, ließ ich Brom (2 Atome) unter Ab-

[1]) Vgl. z. B. ASCHAN, Ann. 316, 208 (1901). — [2]) Nach früher nicht publizierten Versuchen.

kühlung auf dieselben einwirken, worauf die Additionsprodukte mit Kali gespalten wurden, nach der Gleichung:

$$C_8H_{14}\left\langle\begin{matrix}CBr\cdot CHBr\cdot O\cdot CO\cdot C_6H_5\\ |\\ CO\end{matrix}\right. + KOH + H_2O = C_8H_{14}\left\langle\begin{matrix}CHBr\\ |\\ CO\end{matrix}\right. + KBr + CH_2O_2 + C_7H_6O_2\,.$$

Dabei wurde in sämtlichen vier Fällen der bekannte α-Bromcampher in seinen beiden früher bekannten spiegelbildisomeren Formen erhalten, und zwar aus den beiden d-Benzoaten ein und derselbe d-Bromcampher und aus den beiden l-Benzoaten derselbe l-Bromcampher.

Aus den ausgeführten Versuchen läßt sich folgendes schließen:

Wenn ein d- oder l-Komponent eines optisch aktiven Paares (hier d- und l-Campher) in eine symmetrisch gebaute Gruppierung eingeführt wird, die, wie das Paar Fumar- und Maleinsäure, in zwei geometrisch isomeren Molekülen (hier die Oxymethylengruppierung $\begin{matrix}R'\\ R\end{matrix}>C{=}C<\begin{matrix}H\\ OH\end{matrix}$ bzw. $\begin{matrix}R'\\ R\end{matrix}>C{=}C<\begin{matrix}OH\\ H\end{matrix}$) auftreten kann, so zeigen die hierbei entstehenden vier aktiven Formen paarweise — entgegen meiner früher in Aussicht gestellten Vermutung — eine ungleiche Drehungszahl für das polarisierte Licht.

Diese als „optische Doppelisomerie" bezeichnete Erscheinung ist also in der Beziehung eigentümlich, daß ein- und dasselbe asymmetrische System (bzw. „asymmetrische Kohlenstoffatom" nach VAN'T HOFF-LE BEL) vier optisch aktive Formen erzeugen kann, ohne daß irgendein neues asymmetrisches System hinzukommt.

Es ist ohne weiteres ersichtlich, daß statt einer Doppelbindung auch ein Ringsystem, das geometrische Isomerie erzeugen kann, dieselbe Wirkung haben wird. Ein dementsprechendes Ringsystem wäre z. B. als vorhanden in der folgenden Kombination zweier durch eine Äthylenbindung vereinigten Cyclohexanringe vorauszusehen, worin das eine Ringsystem durch eine substituierende Gruppe R asymmetrisch und schon für sich optisch aktiv wäre:

$$H_2C<\begin{matrix}CH_2\cdot CH<^{R}\\ CH_2\cdot CH_2>\end{matrix}C{=}C<\begin{matrix}CH_2\cdot CH_2\\ CH_2\cdot CH_2\end{matrix}>C<\begin{matrix}CO_2H\\ H\end{matrix}\,.$$

D. Anregungen und Ergänzungen zum Kapitel 5

Die weitere Entwicklung der Stereochemie der alicyclischen Verbindungen sollte sich experimentell in der Richtung bewegen, daß 1. die Frage bezüglich der Anordnung der Kohlenstoffatome in den einfachen Ringen untersucht würde, um festzustellen, ob tatsächlich auch solche mit sechs oder mehreren Kernatomen in derselben Ebene (BAEYER[1]) oder aber, ob diese Atome zickzackähnlich angeordnet sind (SACHSE[2]) und 2. wie die Lagerungsverhältnisse in den bicyclischen Kernen sind. Wenn nämlich die Kernatome nicht diejenige geometrische Lage einnehmen, die der kleinsten Spannung der Valenzrichtungen in ihrer planen Anordnung entspricht oder, wie wir oben (S. 32) geltend gemacht haben,

[1]) Ann. 245, 128 (1888); 258, 156 (1890). — [2]) Ber. 23, 1363 (1890).

wenn nicht die plane Anordnung wenigstens als eine Gleichgewichtslage während den Oscillationen der Ringkohlenstoffatome resultiert, so ist jede Diskussion über die Konfiguration bei den alicyclischen Verbindungen tatsächlich ausgeschlossen oder wenigstens sehr unsicher. Dies erhellt, wenn man die bisher gewonnenen experimentellen Ergebnisse in Betracht zieht und besonders auf die einzig völlig sichere Methode Bezug nimmt, nämlich auf die Anhydridbildung der Dicarbonsäuren sowie das Auftreten von Oxyd- oder Acetonderivaten bei den 1,2-Dioxyverbindungen nach Böeseken.[1])

Daß die Anordnung der Kernatome des Cyclohexanringes in mehreren Ebenen nach Sachse zu einer abnormen Anzahl bisher nicht beobachteten, optisch aktiven bzw. racemischen Isomeren leiten muß, wurde schon (S. 34) hervorgehoben. Während den 40 Jahren, seitdem diese Ansicht vorgeführt wurde, sind keine diesbezüglichen abnormen Formen hervorgetreten. Negative Resultate sind allerdings keine Beweise. Trotzdem sollten darauf gerichtete Versuche, obwohl wenig aussichtsvoll, in Anbetracht ihrer Wichtigkeit für die Stereochemie dieser und anderer gleichartiger Gebiete in der Chemie der gesättigten, monocyclischen Verbindungen, ausgeführt werden.

Die größte Aussicht für den Nachweis der diesbezüglichen abnormen Derivate scheint beim Arbeiten mit Körpern vorzuliegen, in denen der Wasserstoff an möglichst vielen Ringatomen substituiert ist, was in der Cyclohexangruppe mehrfach vorkommt. Speziell sollten die ziemlich wenig untersuchten Tri- und Tetracarbonsäuren bezüglich ihres Verhaltens bei der Umlagerung nach den für die Camphersäuren angewandten systematischen Methoden (vgl. folgendes Kapitel) eingehend studiert werden. Weiterhin verdienen die sogen. „Homosäuren" Beachtung, die sich von in sterischer Hinsicht wohlbekannten Dicarbonsäuren mit den Carboxylen am Ringe herleiten, wie die Homocamphersäure-1,3, die Hexahydrohomophtalsäure-1,2, sowie die entsprechenden Homosäuren aus den Isofenchosäuren usw.

Es wurde hervorgehoben, daß die Anhydride der zweibasischen Säuren sowie ihre α-Substitutionsprodukte bicyclische Ringe mit einem Sauerstoff im Anhydridring sind. Diese Körper wären wahrscheinlich geeignete Studiengegenstände für die Feststellung, ob die Anordnung der Ringatome in einer Ebene liegen, so daß eine „Ringisomerie" vielleicht nachweisbar wäre. Dies wären die halogensubstituierten Verbindungen dieser Art, von denen die Anhydride, z. B. der cis-Apocamphersäuren, cis-Camphersäuren, cis-Fenchocamphersäuren sowie cis-Hexahydroisophtalsäuren, den Systemen mit drei den beiden Ringen gemeinsamen C-Atomen, also dem Glutarsäuretypus, angehören. Dagegen gehören die Anhydride der 1,2-Hexahydrophtalsäuren, der Homocamphersäuren, sowie die vielen anderen cis-Cycloparaffin-1,2-dicarbonsäuren dem Typus der Bernsteinsäure an, deren Anhydridbildung bzw. α-Substitutionsprodukte nicht untersucht sind. Spezielles Interesse kommt den Anhydriden der leicht zugänglichen Homosäuren der aktiven Camphersäuren zu, weil sogar unbedeutende Variationen inner-

[1]) Ber. 56, 2411 (1923).

halb der Ringsysteme wahrscheinlich vermittelst des Drehungsvermögens nachweisbar wären. Hier liegt ein ziemlich weites Feld für neue Arbeiten vor.

Ferner liegen in den bicyclischen Campherarten, nämlich außer d- und l-Campher die Fenchone und Isofenchone, bicyclische Verbindungen anderer Art vor, welche Ketone zwei Fünfringe mit drei C-Atomen gemeinsam darstellen und sich also von dem Kohlenwasserstoff Bicyclo-1,2,2-heptan herleiten:

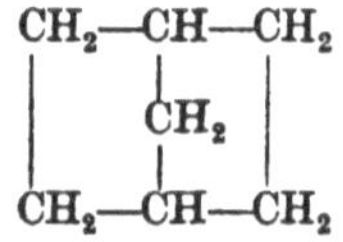

Wegen der unbedeutenden Spannung im Cyclopentanring sollte dieses Ringsystem auch in den Substitutionsprodukten wie Halogenverbindungen, z. B. Pinenhydrochlorid, Alkoholen (Borneolen, Fencholen usw.), Ketonen (Campher und den anderen obigen Ketonen), kaum in mehr als einem stereochemischen Ringtypus vorhanden sein (vgl. Kap. 6) und nicht die C-Atome in dem einen oder den beiden Kernen zickzackartig angeordnet enthalten.

In den Systemen mit vereinigtem Drei- bzw. Vierring mit dem Sechsring, wie in den Ketonen Karon (I) und Nopinen (II) bzw. Pinocamphon (III) mit den Formeln sind die Verhältnisse andersartig:

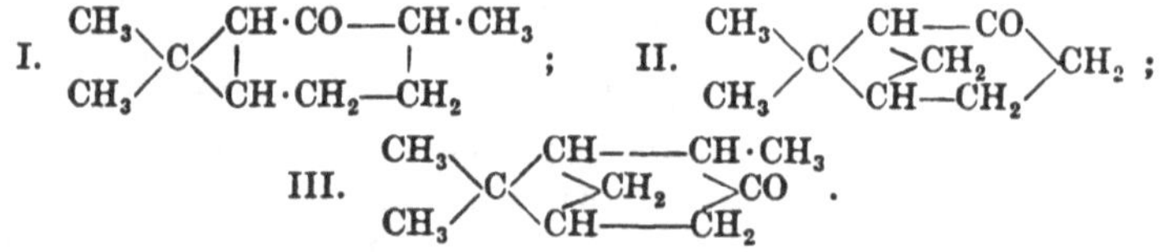

In diesen Fällen könnte eine abnormale räumliche Anordnung innerhalb des Sechsringes im Verhältnis zu den kleineren Ringen eher möglich sein, wie es zwei stereomere Dekaline gibt.[1]) Und da dies auch in gewissen Derivaten der letztgenannten, nämlich in den Dekalonen (zwei Formen) und Dekalolen (vier Formen) zum Vorschein kommt, so wäre es in diesen Fällen nötig festzustellen, ob auch hier ringisomere[2]) Substitutionsprodukte auftreten würden, obwohl sie bisher noch nicht beobachtet worden sein dürften.

Auch in diesen Fällen liegen einige für unsere Auffassung über gewisse grundlegende stereochemische Vorstellungen bezüglich der alicyclischen Systeme wichtige Aufgaben vor.

Kapitel 6. Untersuchungen in der Gruppe der Camphersäuren

Das Keton Campher und das gewöhnliche d-Borneol, die die für den Menschen am längsten bekannten einheitlichen organischen Körper darstellen, und die von Kosegarten 1785 entdeckte Camphersäure, die auch wegen ihren verschiedenen isomeren, auch stereomeren Modifikationen in wissenschaft-

[1]) Hückel, Ann. 441, 1 (1925). — [2]) Als „ringisomere Derivate" habe ich solche bezeichnet, in denen die Ringe nicht nur in der cis-, sondern auch in der trans-Lage zueinander auftreten.

licher Bedeutung gewonnen hat, stellen die Stammsubstanzen für die nunmehr so zahlreiche Campher- und Camphersäuregruppe dar, worin sie bekanntlich[1]) im folgenden genetischen Verhältnis zueinander stehen:

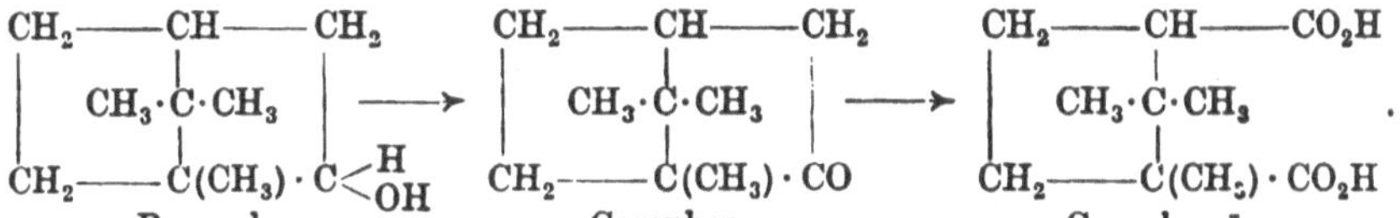

A. Aus Campher herleitbare Verbindungen mit monocyclischem Kern: Die Camphersäuren.

Als unsere längere Zeit dauernde Untersuchung hierüber im Jahre 1893[2]) in Gang gesetzt wurde, enthielt die Literatur Angaben über nicht weniger als 13 Camphersäuren, $C_8H_{14}(CO_2H)_2$, die aus dem Campher herleitbar waren und deren Konstitution daher von Interesse war, weil man dann die Richtigkeit der noch zahlreicheren Campherformeln prüfen könnte, von denen zu der Zeit nicht weniger als 26 an der Zahl aufgestellt worden waren. Wenn man auch mehrere dieser Formeln schon im voraus ausschließen konnte, blieben jedoch genügend viele zurück, um eine eingehende Untersuchung dieser zu der Zeit bekannten und als chemische Individuen angegebenen Camphersäuren zu veranlassen.

Hier werden die wichtigsten charakterisierenden Konstanten derjenigen sechs unter diesen Säuren angeführt, die durch unsere Arbeit als wirkliche Isomere festgestellt wurden, während die übrigen sich entweder als Gemische oder mit jenen identisch zeigten:

Tabelle I

Säure	Schmelzp.	$[\alpha]_j$	Löslichkeit in 100 Teilen Wasser	
			bei 20°	bei 30°
1. Gewöhnliche d-Camphersäure . . .	187°	+ 49,7	6,96 g	8,05 g
2. l-Camphersäure (Chautard) . . .	187°	— 49,5	6,95 g	7,98 g
3. d,l-(para)-Camphersäure (Chautard)	202—203°	0	0,28—0,20 g	—
4. l-Isocamphersäure (Friedel) . . .	171—172°	— 48,9	0,337 g	—
5. d-Isocamphersäure (Jungfleisch) .	171—172°	+ 48,6	0,356 g	—
6. d,l-Isocamphersäure (derselbe) . . .	191°	0	0,203 g	—

Eine Acetylchloridmethode, welche die Arbeit sehr erleichtert hat, sei hier, bevor ich zu diesen sechs Säuren übergehe, angeführt:

Wird ein Gemisch irgendeiner der Säuren 1, 2 oder 3 paarweise mit einer der Säuren 4, 5 oder 6 mit Acetylchlorid im Überschuß in lose verkorkter Flasche versetzt und bei gewöhnlicher Temperatur einwirken gelassen, bis die allmählich einsetzende Chlorwasserstoffentwicklung nach etwa 4 Stunden aufhört, so gehen die Säuren 1,

[1]) Unter Anwendnung der längst bekannten Formel von Bredt [Ber. 26, 3047 (1893)]. — [2]) Hierüber sei hingewiesen auf Aschan, „Struktur- und stereochemische Studien in der Camphergruppe," S. 1—114 (1895); Acta Soc. scient. Fenn. 21, Nr. 5; ferner: „Die Konstitution des Camphers und seiner wichtigsten Derivate" (Braunschweig, Vieweg & Sohn, 1905), sowie: „Chemie der alicyclischen Verbindungen" (Braunschweig, ibid., 1905).

2 und 3 in ihre Anhydride über, während die Säuren 4, 5 und 6, die nicht anhydrisiert werden, unverändert bleiben. Man läßt das Ganze nachher in einer flachen Schale im Abzuge stehen, bis der Überschuß von Acetylchlorid sowie eventuell gebildete Essigsäure verdunstet ist. Wenn der feste Rückstand mit abgekühlter verdünnter Sodalösung übergossen wird, so wird die unveränderte Säure aufgelöst, die Anhydride aber vollständig rückständig und abfiltrierbar. Beim Nachwaschen mit Wasser werden sie völlig rein und können — in diesem Falle aus Alkohol — umkrystallisiert werden. Aus dem Filtrat fällt man die Säuren 4, 5 oder 6 mit Salzsäure; auch sie werden weiterhin aus heißem Wasser umkrystallisiert.

Diese Methode, die ich auch in anderen Fällen derselben Art angewandt habe, erlaubt sogar eine quantitative Bestimmung der Komponenten in Gemengen der Säuren (s. u.) auszuführen, wodurch die Arbeit bei ihrer Umlagerung ineinander erleichtert wurde.

1. Die stereomeren Formen und die Konfiguration der Camphersäuren

Die Verteilung der 6 Modifikationen dieser Säuren in einer anhydridbildenden (1, 2 und 3) und nicht anhydridbildenden Reihe (4, 5 und 6) geht aus Obigem hervor. Ich bezeichnete die erste Gruppe als die Reihe der Camphersäuren, und für die andere Gruppe, unter Anwendung der schon von Friedel für eine von ihm gebrauchte Bezeichnung, die Bezeichnung Isocamphersäurereihe. Die beiden optisch aktiven Glieder der beiden Reihen treten zu der entsprechenden inaktiven d,l-Säure zusammen, deren also es zwei gibt. Die gemeinsame Strukturformel ist die unten als 1. bezeichnete.

Es könnte allerdings eine andere, obwohl weniger wahrscheinliche Strukturformel (2) für die eine Reihe von beiden gedacht werden:

$$1.\quad C_8H_{14}\Big\langle{CO\cdot OH \atop CO\cdot OH}\quad;\qquad 2.\quad C_8H_{14}\Big\langle{C(OH)_2 - \atop CO - O}\Big],$$

nämlich eine gleichartige, welche von Gräbe[1]) für die Phtalsäure in Betracht gezogen wurde. Darnach sollten die Säuren der Camphersäurereihe nach 2 und die Isocamphersäuren, die kein eigenes Anhydrid bilden, die Formel (1) haben. Wichtige Gründe sprechen indessen gegen diese Auffassung. Es käme den beiden Paaren, z. B. d-Camphersäure und l-Isocamphersäure, in dem Falle ein gemeinsames Anhydrid, $C_8H_{14}<{CO \atop CO}>O_1$ zu, das in der Tat beim trocknen Erhitzen entsteht. Aber daraus müßten wieder die beiden entsprechenden Säuren bei der Hydrolyse entstehen, was jedoch nicht geschieht. Die aktiven Camphersäureanhydride liefern nämlich beim Kochen mit Wasser oder Einwirkung vom Alkali nur je seine Camphersäure in quantitativer Menge, aber keine Spuren von Isocamphersäure. Auch die Einwirkung von Phosphorpentachlorid spricht dagegen. Dabei gehen d- und l-Camphersäure wieder quantitativ in ihre entsprechenden Anhydride über, bevor ihre Chloride gebildet werden. d- und l-Isocamphersäure geben aber direkte eigene Chloride. Am meisten überzeugend ist jedoch die von Brühl[2]), Friedel[3]) und Haller[4]) nachgewiesene Tatsache, daß d-Camphersäure zwei saure Ester gibt. Die Formel (2) läßt diese Möglichkeit nicht zu.

Folglich liegt Stereoisomerie (geometrische Isomerie) für die beiden Paare der Camphersäure- und Isocamphersäurereihe sowie ihre d,l-Formen vor. Dies kann mittels der folgenden Formelbilder veranschaulicht

---

[1]) Ber. 26, 860 (1883). — [2]) Ber. 25, 1797 (1892). — [3]) Compt. rend. 113, 825 (1891). — [4]) Ibid. 114, 116 (1892).

werden, in denen der alicyclische Kern als in der Ebene des Papiers liegend, während die punktierten Verbindungslinien der Carboxyle hinter, die anderen Linien vor dieser Ebene gedacht werden:

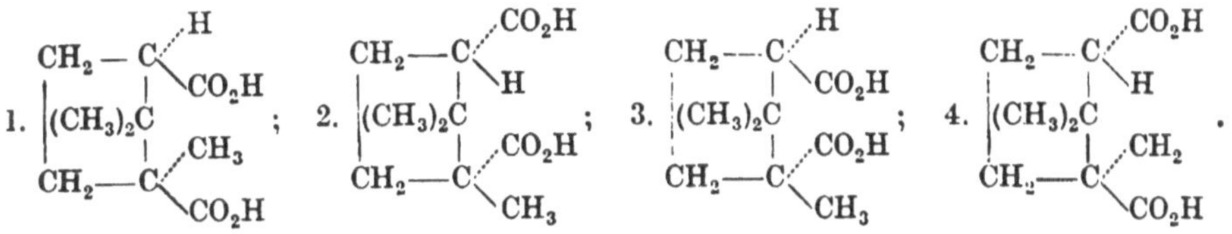

Als diese und damit zusammengehörige Tatsachen 1895 endgültig festgestellt wurden, stellten die Camphersäuren den einzig bekannten Fall dar, worin zwei asymmetrische Systeme vom Typus C abc — C def in vier aktiven Komponenten nach VAN'T HOFF und LE BEL vorkommen. Diese Theorie wurde also dadurch in einem bisher unbekannten komplizierten Fall mittels vier tatsächlich festgestellter optisch aktiver und zwei racemischer Formen verifiziert.

2. Die Lage der asymmetrischen Kohlenstoffatome im Camphermolekül

Die obige Anzahl von optisch aktiven Camphersäuren führt also zur Annahme zweier asymmetrischer Systeme. In den obigen Konfigurationsformeln wurde angenommen, daß diese C-Atome an der Ringbildung im Kern beteiligt sind. Bezüglich dieser Feststellung liegt in unserer genannten Arbeit: „Struktur- und stereochemische Studien in der Camphergruppe"[1]) eine längere Beweisführung vor, worin die Lehren der Stereochemie ohne jede im voraus gefaßte Ansicht über die Lage dieser Systeme angewandt wurden. Die verschiedenen Möglichkeiten wurden dabei sämtlich in Betracht gezogen. Daraus ging hervor, daß die Strukturformel der Camphersäure, $C_8H_{14}(CO_2H)_2$, kein asymmetrisches System dieser Art innerhalb einer Seitenkette besitzt.

Hieraus folgt ohne weiteres folgendes:

Im Molekül der Camphersäuren sind die Bedingungen, die die optische Aktivität und die Isomerie ihrer verschiedenen Formen erzeugen, mit den Kohlenstoffatomen des ringförmigen Kerns verknüpft.

Diese Untersuchung lehrte damals, daß stereochemische Gesichtspunkte, sogar in einem so komplizierten Fall wie dem vorliegenden, gegebenenfalls zur Strukturbestimmung organischer Verbindungen angewandt werden könnten.

Dadurch wurden die obigen Formeln der Camphersäuren festgelegt.

3. Anhang: Schlüsse bezüglich der Konfiguration des Camphers

Nachdem die Anzahl, Struktur[2]) und Konfiguration der Camphersäuren festgestellt sind, lassen sich völlig sichere Schlüsse auch bezüglich des Camphers in derselben Hinsicht aufstellen, welche Frage wir, um einer späteren Wieder-

---

[1]) Die Seiten 77—89 (1895). — [2]) Von BREDT 1893 (Ber. 26, 3047) festgestellt.

holung zu entgehen, schon hier behandeln wollen. Zunächst läßt sich schließen, daß der Campher auch zwei asymmetrische C-Atome im Sinne VAN'T HOFFS und LE BELS enthält, und da die beiden mit * bezeichneten Gruppen im Campher, $C_8H_{14}\left\langle\begin{array}{l}\overset{*}{C}H_2 \\ | \\ \underset{*}{C}O\end{array}\right.$, die bei der Oxydation in Carboxyle verwandelt werden, kein asymmetrisches System darstellen, und da es ferner feststeht (vgl. oben), daß die Carboxyle in Camphersäure an dem Fünfring vermittels der beiden Kohlenstoffatome in derselben Art gebunden sind, so folgt daraus, daß sie diejenigen sind, an denen die Brücke $>C(CH_3)_2$ verbunden ist. Was aber als eigentümlich erscheinen könnte, wäre der Umstand, daß obwohl das Camphermolekül somit zwei asymmetrische Systeme C abc—C def mit sechs verschiedenen Atomen bzw. Atomgruppen einschließt, so sind von demselben nur zwei optisch aktive Formen, nämlich der gewöhnliche d-Campher und der l- oder Matricariacampher bekannt, die als Spiegelbildisomere eine inaktive, nämlich eine d,l-Form, bilden. Dies ist nach der BAEYERschen Spannungstheorie folgendermaßen erklärlich.[1])

Die Folgerungen dieser Theorie sind auch in den bicyclischen Systemen annehmbar. Die Kohlenstoffatome in jenen nehmen also die gegenseitige Lage ein, die der kleinsten Spannung entspricht. Daraus folgt jedoch nicht, daß diese Atome in jedem Doppelring nur auf 2 Ebenen verteilt werden müssen. Ihre Verschiedenheit beruht darauf, wie wir gezeigt haben (S. 44), ob 1. zwei, oder 2. ob drei oder mehrere C-Atome für die beiden Ringsysteme gemeinsam sind. Campher gehört zum Fall 2, und in diesem sind die C-Atome, damit die Spannung am kleinsten sein soll, auf drei Ebenen verteilt, nach dem nebenan stehenden Schema, worin sich die Ebenen in der Linie *X Y* schneiden. Diese liegt neben den Kohlenstoffatomen 1, 2, 3 in der Ebene des Papiers, während die punktierten und die gewöhnlichen Linien sich hinter bzw. vor diesen befinden.

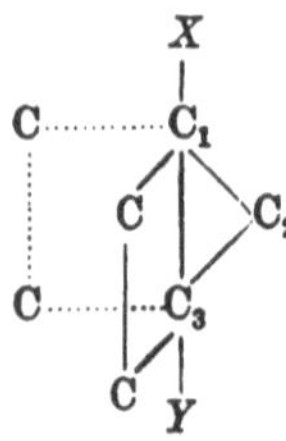

Die Verschiedenheit zwischen Verbindungen mit einfachem und doppeltem Kern tritt, was die Konfiguration betrifft, deutlich hervor. Die mit jenem könnten, wie ich eingehend entwickelt habe[2]), in gewisser Hinsicht mit Acetylenderivaten verglichen werden, die sterisch nur in einer Form auftreten. Sind die Kohlenstoffatome in Molekülen, bei denen nach Fall 2 oben drei dieser Atome für die beiden Ringe gemeinsam, während zwei tertiär und asymmetrisch sind, wie im Campher, so kann ein derartiges Molekül bei dieser Ringweite nur in zwei spiegelbildisomeren Formen existieren. Die Wirkung, welche diese asymmetrischen Atome, jedes an sich, in einem monocyclischen System ausüben sollte, läßt für eine Totalwirkung Platz, die auf eine Asymmetrie des Moleküls selbst, als Ganzes betrachtet, bedingt ist.

---

[1]) ASCHAN, Struktur- und stereochemische Studien in der Camphergruppe, S. 122ff. (1895). — [2]) Ibid., S. 125.

Zu diesem Fall der Stereoisomerie des Camphers läßt sich eine Menge vom Campher bzw. den Camphersäuren direkt herleitbarer Derivate mit zwei Ringkernen rechnen, unter denen die Halogen- und Nitrocampher, die α-Camphersulfonsäuren und Camphocarbonsäuren usw., und andererseits die Camphersäureanhydride und -imide, Chlor- und Bromcamphersäureanhydride sowie Camphansäuren die wichtigsten sind. Die letztgenannten treten nur in zwei spiegelbildisomeren Formen auf, was unsere Untersuchungen, wie aus dem Folgenden ersichtlich, festgestellt haben. Ferner zeigen auch viele andere ähnlich gebaute bicyclische Ketone der Terpenreihe, wie die Fenchone, Isofenchone, Santenon usw. das analoge stereochemische Verhalten.

4. Die sterische Umlagerung der Camphersäuren ineinander

Wie andere optisch aktive Körper, lagern sich die Camphersäuren in Stereomeren um. Die Versuche führten zu dem unerwarteten Resultat, daß hierbei immer nur das eine asymmetrische System in ihrem Molekül sich umlagert, während das andere intakt bleibt. Bei der eingehenden Untersuchung hierüber leistete die Acetylchloridmethode (S. 53) guten Dienst, so daß die Umlagerung quantitativ verfolgt werden konnte.

Die Arbeitsmethode war die folgende. Weil man gefunden hatte, daß verdünnte Mineralsäuren leicht molekulare Veränderungen dieser Art bewirken, wurden die vier aktiven Camphersäuren nacheinander mit einem Gemisch von Essigsäure und Salzsäure (d = 1,2) auf 180° (die Essigsäure, um die Auflösung zu erleichtern), erhitzt. Das Produkt wurde im Wasserbade eingetrocknet und der feste Rückstand mit Acetylchlorid, wie schon angegeben, behandelt. Hierbei gingen sämtliche Säuren der Camphersäurereihe in Anhydride über, die von Sodalösung nicht aufgelöst werden, während die Säuren der Isocamphersäurereihe davon leicht aufgenommen und nachher ausgefällt werden konnten.

Die Umlagerung ging immer in einer bestimmten Richtung:

Jede Säure, sei es der Camphersäure- oder Isocamphersäurereihe, wird zur Hälfte in die Modifikation der geometrisch isomeren Form verwandelt, die das polarisierte Licht in entgegengesetzter Richtung dreht. Folglich lieferte:

d-Camphersäure	etwa 50 % l-Isocamphersäure;
l-Camphersäure	etwa 50 % d-Isocamphersäure;
d-Isocamphersäure	etwa 50 % l-Camphersäure;
l-Isocamphersäure	etwa 50 % d-Camphersäure.

Und da sowohl die inaktive Camphersäure wie die inaktive Isocamphersäure racemisch sind und aus gleichen Teilen d- und l-Camphersäure bzw. d- und l-Isocamphersäure bestehen, so lagern sich auch diese analog in folgender Weise um:

d, l-Camphersäure	gibt etwa 50 % d, l-Isocamphersäure;
d, l-Isocamphersäure	gibt etwa 50 % d, l-Camphersäure.

Das Ganze stellt ein streng geregeltes und theoretisch erklärliches Beispiel auf sterischer Umlagerung dar. Ferner ist zu beachten, daß das Umlagerungsprodukt bei der ersten Stufe stehen bleibt und nicht etwa schließlich zur Bildung der spiegelbildisomeren Komponente derselben geometrisch isomeren Form wie das Ausgangsmaterial führt. Aus d-Camphersäure z. B. ist auch der kleinste Betrag der l-Camphersäure, auch bei viel längerem Erhitzen der Reaktionsflüssigkeit in zugeschmolzener Röhre, niemals zu beobachten. Es unterliegt also nur das eine asymmetrische System derselben der Umlagerung.

5. Die zahlenmäßige Größe der Drehung und ihre Lokalisierung in den Camphersäuren

Ein gewisses Interesse, weil dies zum erstenmal untersucht wurde und da ein so geeignetes Material vorlag, kommt unserem Versuch zu, den Zahlenwert für die Drehung des einen wie des anderen asymmetrischen mit Carboxyl vereinigten Carbonidsystems zu berechnen. Jedem dieser Systeme käme, wenn man es sich isoliert denken würde, eine bestimmte Drehung zu. Wenn man die Systeme mit A und B bezeichnet, so könnte die Größe der relativen Drehung, wenn auch weniger genau, durch $[\alpha]_j = \frac{100 \cdot \alpha_j}{l \cdot p \cdot d}$ angegeben werden, worin l die Länge der drehenden Schicht, p die Konzentration und d das spezifische Gewicht der angewandten Lösung bezeichnet. Daß die genannte Konstante überhaupt als Maß anwendbar ist, erhält eine größere Berechtigung dadurch, daß sämtliche Bestimmungen in 10%ig. absolut alkoholischer Lösung bei wenig variierender Temperatur ausgeführt wurden, wobei der Unterschied im spezifischen Gewicht, wenn ein solcher vorliegt, zu einem Zehntel reduziert wird. Daher zeigen sich die Werte α_j und $[\alpha]_j$, wenn l annähernd gleich ist, völlig proportional und betragen, wenn $l = 1$ dm ist, $[\alpha]_j = 4{,}74\,\alpha_j$.

Da die Säuren des Camphersäuretypus mit $[\alpha]_j = \pm 49{,}7$, der Mesoweinsäureform zugehören und folglich die drehenden Systeme mit entgegengesetzter Richtung haben, während die vom Isocamphersäuretypus, mit $[\alpha]_j = \pm 48{,}9$, den aktiven Weinsäuren entsprechen und folglich einander verstärken, so erhält man $A - B = 49{,}7$ und $A + B = 48{,}9$. Daher ist $2A = 98{,}6$, sowie $A = 49{,}3$ und $B - 0{,}4^0$.

Daraus folgt, daß die eine asymmetrische Gruppe ein viel stärkeres Drehungsvermögen besitzen muß als die andere, sowie daß die beiden Systeme wahrscheinlich zur Konstitution ziemlich ungleich sind. Ferner ist anzunehmen, daß die Umlagerung von der cis- in die trans-Lage, also vom Camphersäure- zum Isocamphersäuretypus und vice versa, bei jeder Gruppe (A) stattfindet, die stärker dreht.

Ferner ließ sich feststellen, welches von den beiden Systemen der Umlagerung unterliegt, indem ich zeigen konnte[1]), daß sich folgende Verbindungen voneinander in struktureller Hinsicht herleiteten:

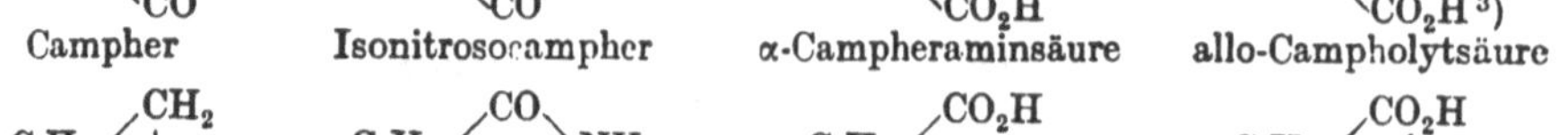

Campher — Isonitrosocampher — α-Campheraminsäure — allo-Campholytsäure

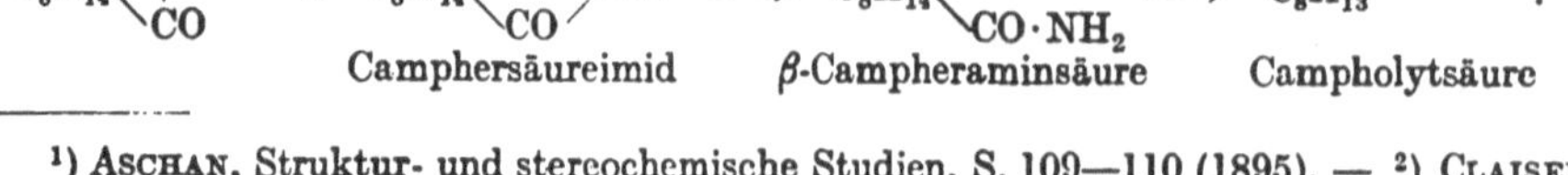

Camphersäureimid — β-Campheraminsäure — Campholytsäure

[1]) ASCHAN, Struktur- und stereochemische Studien, S. 109—110 (1895). — [2]) CLAISEN und MANNASSE, Ann. 274, 71 (1893). — [3]) NOYES, Ber. 28, 547 (1895).

Folglich entspricht das Carboxyl der allo-Campholytsäure, die Carbonylgruppe im Campher und das der Campholytsäure dessen Methylengruppe. Nach WALKER[1]) ist $[\alpha]_D$ für die Campholytsäure $= +57{,}4$ und für die Campholytsäure $-5{,}0$. Weil zwei asymmetrische Systeme inkl. der damit verbundenen Carboxyle in der Camphersäure vorhanden sind, und da bei der Abspaltung des einen Carboxyls die Asymmetrie bei dem zugehörigen Ringatom verloren geht, so ist es nicht unwahrscheinlich, daß die rückständige spezifische Drehung bei dem intakten Karbonidsystem ungefähr dieselbe wie in der ursprünglichen Camphersäure sein sollte.

Später wurden unstreitigere Gründe für diese Erwägungen geliefert.[2]) Als Grund dafür, warum nur das eine asymmetrische System der Camphersäure umgelagert wird, nahmen wir an, daß die sterische Umlagerung dieser Art auf einer Enolisierung des Carboxyls beruht. Dies kann nur in dem Falle geschehen, daß das C-Atom, an welchem die Umlagerung stattfindet, Wasserstoff enthält; der Beweis hierüber wird unten im Moment 8 dieses Kapitels angeführt. Der Mechanismus wird unserer Auffassung nach in folgender Weise veranschaulicht:

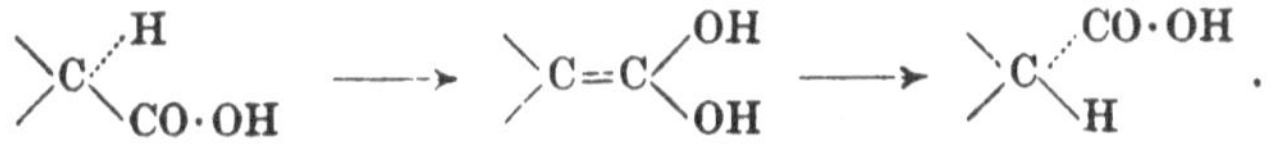

Denselben Umlagerungsgrund habe ich[3]) auch für die α-Bromsubstitution nach HELL-VOLHARD in der Fettreihe angenommen, nach dem Schema:

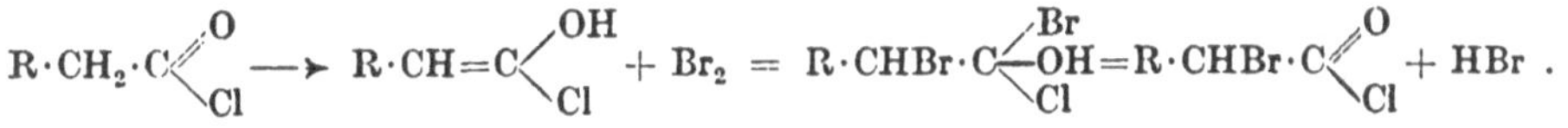

HÜCKEL und GOTH[4]) finden diese Auffassung über den Übergang der Camphersäuren in Isocamphersäuren, sowie den Grund dafür, daß die sterische Umlagerung bei der Umlagerung des einen Systems stehenbleibt, als richtig.

6. Weitere Umlagerungserscheinungen bei den Camphersäuren

Außer der obengenannten wurden drei weitere Reaktionen dieser Art von mir untersucht und bei der Untersuchung angewandt, nämlich: a) trocknes Erhitzen der Säuren für sich oder in Chinolin; b) Bromieren der Säuren und Reduktion der erhaltenen Derivate; c) Verwandlung der Säuren in Chloride und die Rückverwandlung dieser in die erstgenannten.

a) Hierbei tritt die Wasserabspaltung unter Anhydridbildung in den Vordergrund. Zunächst nähern sich die Carboxyle wegen der intramolekularen Bewegung, worauf Wasser abgespalten wird. Wie beim Erhitzen mit Wasser (Salzsäure + Essigsäure) wird diejenige stereomere Anhydridform der Camphersäuren aus der betreffenden Isocamphersäure nach unseren Beobachtungen gebildet, die die entgegengesetzte Drehungsrichtung wie die Ausgangssäure besitzt: also aus l-Isocamphersäure das Anhydrid der

---

[1]) Trans. chem. Soc. 63, 498 (1893). — [2]) ASCHAN, Ann. 387, 9 (1912). — [3]) Ber. 45, 1913 (1912); 46, 2162 (1913). — [4]) Ber. 58, 447 (1925).

d-Camphersäure, aus der d-Isocamphersäure das der l-Camphersäure. Sonst würde eine Umlagerung des Systems $>C<\genfrac{}{}{0pt}{}{CH_3}{CO_2H}$ eintreten, was nach obigem nicht zu erwarten ist. Ohne direkte Bestimmungen hierüber erhielt ich die Auffassung, daß die Umwandlung der Isosäuren in die Anhydride der Camphersäuren, wie der wahrscheinlich größere Energieverbrauch voraussetzt, weit langsamer als die eigene Anhydridbildung der letztgenannten stattfindet.

In einer bis zum Kochen erhitzten Chinolinlösung wurde die gleiche Erscheinung beobachtet, wenn auch der gleichzeitige, aber verzögerte Übergang in die geometrisch-isomere Form mit entgegengesetzter Drehung festgestellt wurde. Jedoch verlief die Anhydridbildung, trotz der höheren Temperatur bei etwa 240°, viel langsamer. d-Camphersäure lieferte ihrerseits, neben ihrem Anhydrid, kleine Mengen l-Isocamphersäure, die mittels der Acetylchloridmethode (S. 51) isoliert wurde.

b) Die Säuren der verschiedenen Gattungen gehen beim Bromieren wieder in die entsprechende geometrisch isomere Form über. Da aber auch diese Umwandlung über die Anhydride der cis-Säuren stattfindet, so war die Erscheinung zu ihrem Mechanismus nicht kontrollierbar. Die Reaktion wurde nur mit der d-Camphersäure ausgeführt. Die analoge Umwandlung ist auch in den übrigen Fällen vorauszusehen.

d-Camphersäure liefert, wie mehrere Forscher[1]) gezeigt haben, bis auf 70% das l-Bromcamphersäureanhydrid. Als ich es mit Zink und Essigsäure reduzierte, wurde l-Camphersäureanhydrid sowie unerwartet eine Mischung von d-Camphersäure und l-Isocamphersäure, in allem 59% der Camphersäure und 41% l-Isocamphersäure, erhalten. Auch hier nähert sich die Menge des Umwandlungsproduktes 50%. Daß die Ausbeute nicht diesen Betrag erreichte, könnte darauf beruhen, daß ein Teil des Bromcamphersäureanhydrids direkt in Camphersäureanhydrid überging.

Andererseits entsteht d-Bromcamphersäureanhydrid, zu einer den halben theoretischen Wert übersteigenden Menge, bei vorsichtigem Bromieren des l-Isocamphersäurechlorids. Da letzteres wie erwähnt Camphersäureanhydrid bzw. d-Camphersäure liefert, so läßt sich auch über dieses Umlagerungsverfahren behaupten, daß eine gewisse Camphersäure in die isomere Säure übergeht, die das entgegengesetzte optische Drehungsvermögen hat.

Das Chloranhydrid aus der l-Camphersäure verhält sich bei der Reduktion völlig ähnlich.

Ferner ist noch zu erwähnen, daß d-Camphersäure in alkalischer Lösung keine Umlagerung zeigt. Dagegen findet diese beim Kochen der Camphersäure mit Eisessig und Salzsäure, also bei etwa 110° statt, wobei eine kleine Menge l-Isocamphersäure gebildet wird.

c) Schließlich lagern sich die geometrisch isomeren Camphersäuren bei der Chloriddarstellung und Rückverwandlung in die Säuren um. Hierüber ist wieder eine eingehendere Untersuchung ausgeführt

---

[1]) Wreden, Ann. **163**, 323 (Suppl.-Bd. 8) (1879); Reyher, Diss., S. 27 (Leipzig 1891); Rupe und Maull, Ber. **26**, 1201 (1893); Auwers und Schnell, Ber. **26**, 1517 (1893); Aschan, Ber. **26**, 1640 (1893); **27**, 3504 (1894).

worden.[1]) Diese Arbeit wurde mit einer cis-Camphersäure (d-) und einer trans-Isocamphersäure (l-) ausgeführt; zugleich wurde aber das Problem von einem allgemeineren Gesichtspunkt aus betrachtet, indem auch zwei andere analoge Paare, nämlich eine cis- und trans-Isofenchosäure sowie eine cis- und trans-Camphensäure in gleicher Richtung untersucht wurden. Die Resultate werden hier, obwohl wir uns jetzt eigentlich in der Camphersäurereihe befinden, im Zusammenhang erläutert.

Bei der Bereitung dieser Säurechloride handelt es sich dann um drei Möglichkeiten, nämlich ob die Umlagerung 1. schon bei ihrer Bereitung, 2. bei dem Aufbewahren, Erhitzen bzw. Destillieren nach der Darstellung oder 3. bei der Rückverwandlung in die Säure stattfindet. Das Methodische bei der Untersuchung geht aus folgendem hervor.

Nachdem das aus 1 Mol trockner Säure und 2 Molen Phosphorpentachlorid bestehende Gemisch reagiert hatte, wurde es im Wasserbade vorsichtig erwärmt, bis vollständige Verflüssigung eingetreten war, worauf die Flüssigkeit, nach Abdestillieren des Phosphoroxychlorids bei gewöhnlichem Druck, zu einem Teil sofort mit Wasser behandelt, während die zweite Portion im Vakuum (10 mm), vor derselben späteren Hydrolyse, destilliert wurde. Es wurden somit zwei Versuchsreihen erhalten, d. h. die Säure wurde einerseits aus dem undestillierten, andererseits aus dem destillierten Chlorid regeneriert. Sie wurde dann in geeigneter Weise auf ihre Einheitlichkeit bzw. auf eventuell gebildete verschiedene geometrisch-isomere Formen und die relative Menge derselben untersucht. Bei der Deutung der Resultate wurde von der seitens SCHEIBERS und KNOTHES[2]) bzw. der von AUWERS[3]) festgestellten Tatsache ausgegangen, daß wirkliche Säurechloride (I) und nicht etwa unsymmetrische lactonartige Strukturen (II) vorlagen:

Zunächst wird die Struktur der untersuchten Säuren angegeben:

Camphersäure[4]) Camphensäure[5]) Isofenchosäure[6])

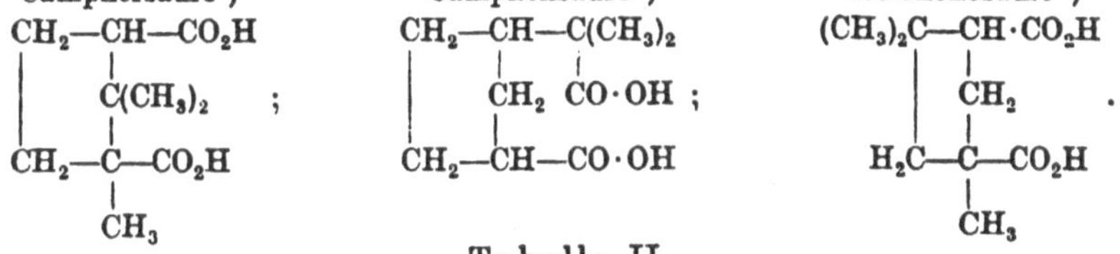

Tabelle II

Untersuchte Säuren	Verwandlung der Chloride in Säuren	
	Destill. Chlorid	Undestill. Chlorid
cis-Camphersäure	35,2%	10,9%
trans-Camphersäure	58,4 „	25,0 „
cis-Isofenchocamphersäure . . .	42,4 „	8,3 „
trans-Isofenchocamphersäure . .	12,8 „	15,0 „
cis-Camphensäure	16,5 „	0
trans-Camphensäure	13,6 „	0

[1]) ASCHAN und HAVULINNA, Finska Vet.-Soc. Förh. 59 A, Nr. 10 (1916). — [2]) Ber. 45, 1551, 2252 (1912); Ann. 392, 1245 (1912). — [3]) Ber. 46, 457, 469 (1913). — [4]) BREDT, Ber. 26, 3047 (1893); Ann. 392, 55 (1896). — [5]) ASCHAN, Ann. 375, 346 (1910). — [6]) ASCHAN, Ann. 387, 23 (1912).

Die in der obigen Tabelle angegebenen Zahlen rühren nicht immer aus einem einzigen Versuch her, sondern sind z. T. Durchschnittswerte mehrerer dergleichen, deren Resultate nur wenig abweichend sind, weil die Temperaturvariationen bei ihrer Ausführung nur unbedeutend waren. Die Zahlen lassen keinesfalls einen Zweifel darüber entstehen, ob die Resultate positiv oder negativ sind.

Der Unterschied in den Hydrolyseresultaten der destillierten und der undestillierten Chloride variiert in den beiden Reihen nicht unbedeutend, doch hat man den Eindruck, als ob die sterische Umlagerung schon bei der Bildung bzw. beim Aufbewahren stattfindet; dagegen ist die Umwandlung bei der zweiten Phase, nämlich bei der Rückverwandlung in die betreffenden Säuren unter der Wassereinwirkung, unwahrscheinlich. Jedoch spielt wohl auch die ungleiche Struktur der Objekte hierbei eine Rolle. Die Chloride der Camphersäuren und Isocamphersäuren werden wahrscheinlich teilweise schon beim Aufbewahren umgelagert, schneller bei der Erhöhung auf 40—50°, die nötig war, um die ursprüngliche Chloridbildung zu beschleunigen. Daß diese Erhöhung tatsächlich eine gewisse Rolle spielt, ergibt ein darauf gerichteter Versuch mit l-Isocamphersäure. Früher[1]) wurde nämlich gefunden, daß ihr bei gewöhnlicher Temperatur dargestelltes Chlorid bei der Einwirkung von Wasser ausschließlich die Ausgangssäure gebildet hatte. Jetzt wird aus demselben Chlorid nach Erwärmung desselben nur etwa 75% der ursprünglichen Säure und daneben etwa 25% d-Camphersäure gebildet. Ein Kontrollversuch ohne jede Erwärmung ergab wiederum lediglich l-Isocamphersäure.

Die verhältnismäßig ungleiche Beständigkeit der cis- und trans-Formen bei den Campher- und Isofenchosäuren beruht wohl auch auf strukturellen Verschiedenheiten. Dasselbe gilt für die Camphen- und Isofenchosäuren sowie den Santensäuren, die in Kap. 7 zusammen behandelt werden; jedoch haben ihre Chloride weit kleinere Neigung zu sterischer Umlagerung. Dies geht so weit, daß die ohne Destillation bereiteten Chloride keine Umlagerung aufweisen. Auch die destillierten reinen Chloride erleiden kaum eine Umwandlung. Inwieweit dies darauf beruht, daß die Camphensäuren ringsubstituierte Adipinsäuren, während die beiden erstgenannten Glutarsäuren dieser Art sind, ist nicht ersichtlich.

Die erhaltenen Resultate werfen etwas Licht auf den Mechanismus der Umlagerungserscheinung.[2]) Nach der oben (S. 57) genannten und im Kap. 8 weiterhin ausführlicher zu motivierenden Theorie für die Umlagerung solcher alicyclischer Carbonsäuren, worin nur das eine Carboxyl an einem Wasserstoff erhaltenden Ringkohlenstoff liegt, wie in der Gruppe $>CH \cdot CO_2H$, wäre die Chloridbildung möglich entweder nach dem Schema (1) oder (2). Entweder findet zunächst eine Enolisierung des als Ketoform gedachten Carboxyls statt, mit nachheriger Einwirkung des Phosphorchlorids, die zu zwei verschiedenen Formen (I und II) führt:

1. 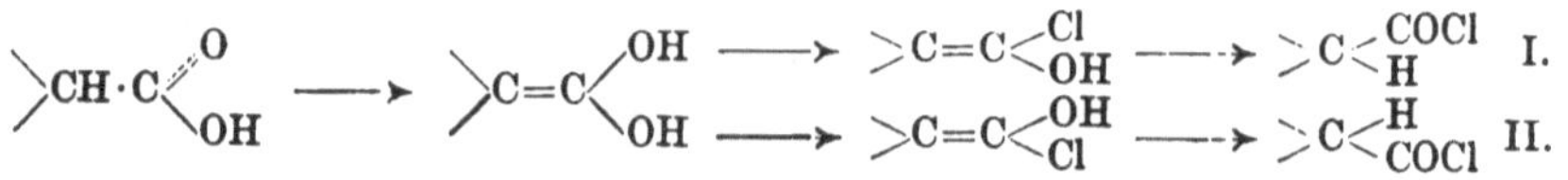 ;

oder das Phosphorchlorid würde ohne „Enolisierung" das Hydroxyl mit Chlor ersetzen. Erst nachher, wenn die Chloridbildung beendigt ist, würde durch Einwirkung der erhöhten Temperatur, eine hier zurückgehende Oszillation, eine abwechselnde „Enolisierung" und „Ketisierung", mit dem Gemisch der beiden stabilen Chloride (I und II) der geometrisch isomeren Säuren als Endprodukte, eintreten:

2. 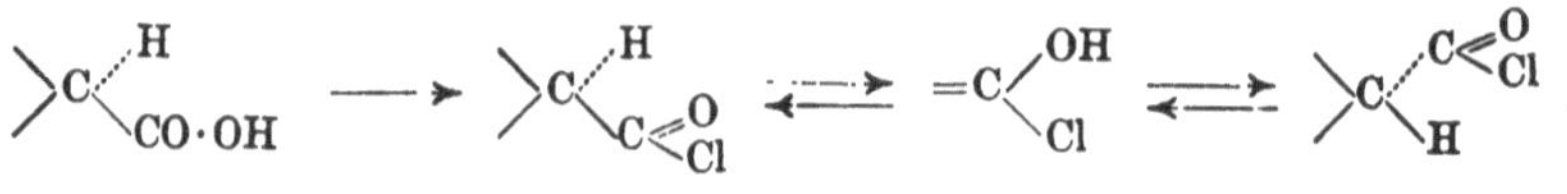 .

---

[1]) Aschan, Acta Soc. scient. Fenn. 21, Nr. 5, S. 164 (1895). — [2]) Vgl. weiter unten über den Mechanismus der Hell-Volhardschen Reaktion, Kap. 8 B.

Oben wurde auf die Wahrscheinlichkeit hingewiesen, daß die sterische Umlagerung bei der schließlich ausgeführten Wassereinwirkung auf die Chloride nicht stattfindet. Sie müßte dann entweder bei der Chloridbildung (Schema 1) oder bei der Einwirkung der Wärme auf das fertig gebildete Chlorid (Schema 2) stattfinden. Nun sollten bei (1), also schon bei der Chloridbildung, zwei geometrisch isomere Säurechloride entstehen, was mit den Versuchsresultaten unvereinbar ist, weil eine Umlagerung weder beim vorsichtigen Chlorieren der trans-Camphersäure (l-Isocamphersäure), noch bei den beiden Camphersäuren mit nachfolgender Wasserbehandlung geschieht. Von den beim Schema 1 möglichen Formen tritt folglich nur die eine, mit der angewandten Säure korrespondierende Form auf. Dagegen gelangen wir durch die experimentellen Resultate zu der Auffassung, daß die Umlagerung erst bei der Einwirkung der Wärme auf die fertigen Chloride zustande kommt. Das Schema 1 erklärt also nicht die Versuchsresultate.

Folglich würde das Schema 2 die wahrscheinlichste Erklärung des Reaktionsverlaufs bei der beiderseitigen Umlagerung der geometrisch isomeren Modifikation geben.

Man findet hierbei wieder, daß es auf stereochemischem Wege gelingt, gewisse Resultate zu erhalten, die sonst nur schwierig zu erzielen sind.

7. Die Lage des Bromatoms im Bromcamphersäureanhydrid

Dieser Nachweis ist für die Kenntnis der Strukturverhältnisse in der Camphergruppe von Bedeutung. Die Bromierung führt in das Molekül der Camphersäure ein wichtiges, durch andere Stoffe angreifbares Moment hinein, das den Übergang zu anderen Derivaten, wie Camphansäuren und daraus darstellbaren Verbindungen vermittelt. Über die Lage des Bromatoms und folglich auch des in dieser Richtung substituierten, ursprünglichen Wasserstoffsatoms, erhält man schon aus dem Nachweis von uns (S. 58) Bescheid, daß beim Bromieren des l-Isocamphersäurechlorids gleichzeitig Bromcamphersäurechlorid neben der Bromisocamphersäure, die sich aus dem Ausgangsmaterial herleitet, entsteht. Nach BAEYER[1]) und VAN'T HOFF[2]) findet eine Umlagerung beim Eintritt von Brom an ein asymmetrisches Ringkohlenstoffatom der Formel $>CH \cdot CO_2H$ sehr leicht statt. In den diesbezüglichen Arbeiten äußert sich BAEYER in der Richtung: „Die Beständigkeit der Gruppierung der vier mit dem Kohlenstoffatom verbundenen Atome, die die Existenz geometrisch isomerer Verbindungen vermittelt, hört bei jedem chemischen Eingriff an dem asymmetrischen Kohlenstoffatom selbst auf. Daher werden die daran gebundenen Atome verschiedenartig gruppiert, wenn Brom gegen Wasserstoff und Wasserstoff gegen Brom ersetzt wird."

Auf Grund der genannten Arbeiten BAEYERS kann die ursprüngliche VAN'T HOFFsche Auffassung in folgender Weise formuliert werden:

Bei der Bromierung der einen geometrisch isomeren Form an einem mit Carboxyl verbundenen Ringkohlenstoffatom findet im allgemeinen teilweise Umlagerung in die andere stereoisomere Form statt, und wenn ein Bromatom im Gegenteil mit Wasserstoff ersetzt wird, so geschieht auch dies unter sterischer Umlagerung.

Diese Sätze gelten auch für Camphersäuren, nachdem der Beweis von uns geliefert wurde, daß die asymmetrischen Systeme um ein Ringatom

---

[1]) Ann. 245, 134 (1888); 258, 218 (1890). — [2]) Vgl. seine „Lagerung der Atome im Raume", 2. Aufl., S. 32 (1894).

gruppiert sind. Ferner ist der Schluß selbstverständlich, daß, wenn dieses Atom keinen Wasserstoff enthält, so ist keine Umlagerung bei der Bromeinwirkung möglich. Wenn aber die Bromsubstitution innerhalb eines vorher symmetrischen Ringsystems stattfindet, so wird dieses asymmetrisch und die Anzahl der Isomere dadurch vermehrt, wie beim Übergang von d- oder l-Campher in je zwei Paare von Borneolen. Zwei Paare Bromcamphersäureanhydride wären daher in unserem zu erörternden Falle entstanden. Nun entsteht indes nur ein Paar von Substitutionsprodukten. Daher ist das bromierte System von vornherein asymmetrisch gewesen.

Mehrere wichtige Schlüsse wurden damals (1895), als die Formeln des Camphers und die der Camphersäuren noch unter Erörterung waren, gezogen[1]). Sie mögen mit Rücksicht auf das folgende Moment B hier aufgenommen werden:

1. Das Bromatom des Bromcamphersäureanhydrids befindet sich in einem in Camphersäure vorhandenen asymmetrischen System, was auch für die Bromisocamphersäuren und die Chlorcamphersäureanhydride (vgl. diese) der Fall ist.

2. Da der Lactonring der Camphansäuren (vgl. diese) an das vor ihrer Bildung vorhandene bromierte C-Atom des Ringes gebunden sein muß, so ist auch dieser Ring an einem asymmetrischen System beteiligt:

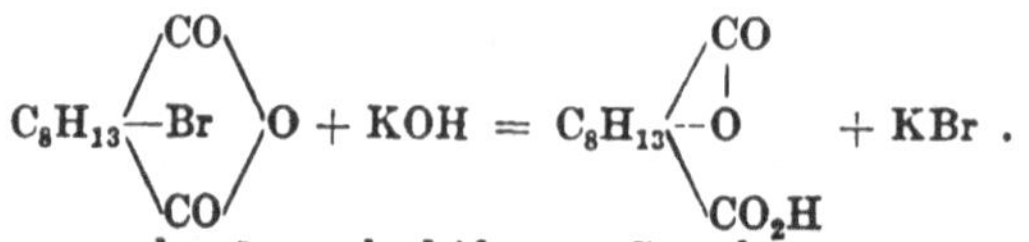

Bromcamphersäureanhydrid Camphansäure

3. Der folgende wichtige Schluß läßt sich ferner ziehen: Der Campher und die Camphersäuren enthalten ein Wasserstoffatom an einem der beiden asymmetrischen Kohlenstoffatome.

B. Die Derivate und wichtigeren Umwandlungsprodukte der Camphersäuren

Die folgende kurze Zusammenstellung enthält die seiner Zeit von mir gewonnenen Resultate über den struktur- und stereochemischen Bau dieser Produkte. Die Untersuchung wurde ohne Rücksicht auf die bis dahin aufgestellten vollständigen Strukturformeln, und zwar unter Anwendung stereochemischer Vorstellungen ausgeführt. Nachdem die zweite Campherformel von Bredt[2]) sich in aller Hinsicht richtig gezeigt hatte, so konnten auch unsere Versuchsresultate darauf bezogen werden.

Die von uns näher untersuchten Campherverbindungen mit doppeltem Ringkern enthalten teils zwei Fünfringe, nämlich den Stammkohlenwasser-

[1]) „Struktur- und stereochemische Studien in der Camphergruppe." Acta Soc. scient. Fenn. 21, Nr. 5, S. 1—227 (1895). — [2]) Ber. 26, 3047 (1893).

stoff Camphan, ferner den Campher selbst, die Oxymethylencampher, Borneole usw., teils auch derartige Verbindungen, in denen ein Cyclopentankern mit einem sauerstoffhaltigen Sechsring mittels zwei gemeinsamer Kohlenstoffatomen verbunden ist, nämlich die Camphersäureanhydride bzw. deren mit einem Brom- und Chloratom am carboxyltragenden Kohlenstoff substituierten Derivate, und ferner die Camphansäuren. In einem Anhang werden weiterhin zwei ungesättigte Körper mit einfachem Kohlenstoffring, nämlich die Lauronolsäure, $C_8H_{13} \cdot CO_2H$, und der Kohlenwasserstoff Laurolen, C_8H_{14}.

1. Die beiden Camphersäureanhydride:

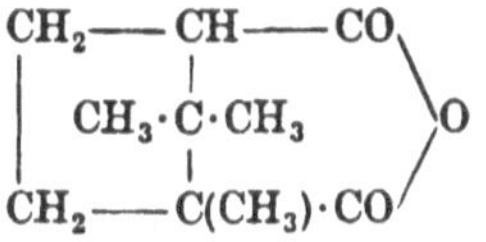

Diese schon früher bekannten Körper wurden von mir, bei der Anwendung der Acetylchloridmethode, öfters angetroffen. Für den Schmelzpunkt liegen verschiedene frühere Angaben vor, die mit Ausnahme von denen von Brühl[1]) (220,8 bis 220,6°) zu niedrig sind. Meine Bestimmungen ergaben für beide Stereomere 220—221°.

Bezüglich des Drehungsvermögens liegen auch variierende Angaben vor. Dies veranlaßte mich, einige Bestimmungen in verschiedenen Lösungsmitteln auszuführen. Das Anhydrid der d-Camphersäure zeigte sich in besonders reinem Zustand in Chloroform inaktiv, in Benzol wurde $[\alpha]_j = -3,68$ gefunden. Um festzustellen, ob es beim Erhitzen umwandelbar wäre, wurde das Anhydrid 20 Stunden auf 270° in zugeschmolzenem Rohr erhitzt. Nachher war der Schmelzpunkt nach dem Umkrystallisieren 220° und $[\alpha]_j = -3,45$, also unverändert.— Das Anhydrid der l-Camphersäure zeigte in Benzol $[\alpha]_j = +3,93$, in der Chloroformlösung war es, wie die d-Verbindung, inaktiv. Auf 260° 14 Stunden erhitzt, blieb es unverändert.

Als die in Benzollösung inaktiven Präparate mit Kaliumcarbonatlösung aufgespalten und die Säuren abgeschieden wurden, zeigten letztere dieselbe Drehung wie die betreffenden ursprünglichen Säuren. Es liegt also hier der interessante Fall vor, daß das Drehungsvermögen einer Säure (zufällig) in ihren inneren Anhydrid verschwindet, um bei der Rückverwandlung in die Säure wieder zum Vorschein zu gelangen.

Das Anhydrid der d,l-Camphersäure wurde sowohl durch Zusammenmischen der Komponenten, als auch mittels Acetylchlorid aus der d,l-Säure dargestellt, und zeigte sich inaktiv sowohl im Benzol wie im Chloroform. Die Krystallform war aber monosymmetrisch, die der Komponenten rhombisch (Kraatz). Der Schmelzpunkt lag eine Kleinigkeit höher (221°; Armstrong und Tilden[2]) geben 223° an). Die regenerierte d,l-Säure schmolz wie früher bei 202—203°.

Die Löslichkeit der Anhydride (auf 100 Teile Lösungsmittel berechnet) betrug:

	d-Anhydrid	l-Anhydrid	d,l-Anhydrid
in Benzol	6,3 g (19,5°)	6,2 g (19°)	—
in absolutem Alkohol . . .	1,18 g (20°)	1,18 g (20°)	1,88 (20°

[1]) Ber. 24, 3410 (1891). — [2]) Ber. 12, 1756 (1879).

2. Die Bromcamphersäureanhydride:

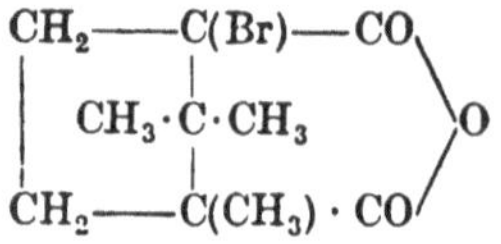

Von diesen war die von uns aus den Chloriden der d-Camphersäure und l-Isocamphersäure erhaltene l-Form ([α]$_j$ im Chloroform = — 21,1) früher dargestellt. Das neue Spiegelbildisomere, aus dem Chlorid der l-Camphersäure durch Bromeinwirkung erhalten, zeigte [α]$_j$ = + 21,6 in Chloroform. Beide schmelzen bei 216°. Aus Chloroform scheiden sie sich beim langsamen Verdunsten in prachtvollen, rhombischen (scheinbar holoedrischen) Krystallen (Wiik) ab. Die Löslichkeit in 100 Teilen Chloroform beträgt, für ersteres 8,89 g bei 19°, für letzteres 8,91 g bei 18,5°.

Bei der Einwirkung kleiner Mengen von Kaliumhydroxyd- bzw. Sodalösung entsteht auch beim Kochen mit Wasser[1]), die von Woringer[2]) früher dargestellte, ungesättigte Lauronolsäure (s. u.):

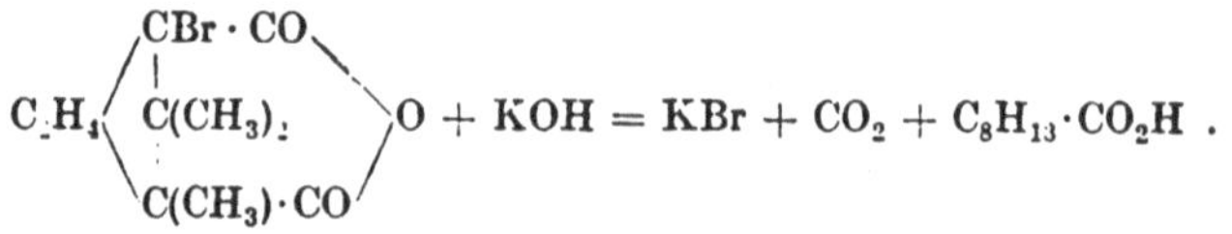

Gleichzeitig wird die Camphansäure (s. u.) gebildet.

d,l-Bromcamphersäureanhydrid, durch Zusammenmischen konzentrierter Lösungen der Komponenten in gleichen Mengen entstehend, schmilzt auch bei 216°. Da die bei 20° gesättigte Lösung 6,4 g auf 100 g Chloroform enthielt, war die Löslichkeit also viel kleiner als die der Komponenten. Die Krystallform ist augenscheinlich mit der der l- und d-Formen ungleich.

3. Die Chlorcamphersäureanhydride:

$$C_8H_{13}Cl\begin{matrix}<CO\\<CO\end{matrix}>O \ .$$

Diese früher nicht dargestellten Körper erhielt ich bei der Einwirkung von Chlor bei Wasserbadtemperatur auf das Gemenge der Camphersäurechloride und Phosphoroxychlorid, das mittels Phosphorpentachlorid (2 Mole) auf die Säuren (1 Mol) entsteht, bis kein Camphersäureanhydrid mehr ausgeschieden wird.[3])

Die Chlorbehandlung wurde 16 Stunden lang fortgesetzt, wobei eine langsame Entwicklung von Chlorwasserstoff stattfindet. Das Oxychlorid wird mit Eisstückchen zerlegt. Beim Stehen des Produktes mit dem Eiswasser entsteht ein harter Krystallkuchen, das, gepulvert, mit kaltem absoluten Alkohol mehrmals gewaschen wird. Das in Chloroform gelöste Produkt scheidet sich beim Verdunsten in großen Prismen ab, die aus kochendem absoluten Alkohol ungelöst sogleich rein sind und bei 234° schmelzen. Ausbeute etwa 70%. Bei längerer Chloreinwirkung findet Zersetzung statt.

Die Löslichkeit der Chloranhydride ist in allen Solvenzien größer als die der Bromanhydride. Die Drehung ist links gerichtet: [α]$_j$ = — 16,3 in Chloroform. 100 g absoluter Alkohol löst bei 18° 0,96 g der aktiven Chloranhydride.

Das d-Chloranhydrid wurde ähnlich aus l-Camphersäure dargestellt (Schmelzpunkt 234°); [α]$_j$ im absoluten Alkohol + 15,7°. Die Löslichkeit darin (100 g) beträgt 1,10 g bei 18°.

---

1) Aschan, Ber. 27, 2112, 3504 (1894); Struktur- und stereochemische Studien in der Camphergruppe, S. 198ff. (1895). — 2) Inaug.-Diss., S. 18 (Straßburg 1883). — 3) Struktur- und stereochemische Studien in der Camphergruppe, S. 214ff. (1895).

d,l-Chloranhydrid, aus gleicher Menge der Komponenten, schmilzt scharf bei 234° und bildet platte Nadeln; beim Verdampfen treten große octaederähnliche Prismen, von zwei Pyramiden abgegrenzt, auf. Die alkoholische Lösung war inaktiv (die Löslichkeit darin 1,26 %).

Zur Feststellung, ob das Chlor dieselbe Stellung wie das Brom in dem Bromcamphersäureanhydrid hatte, wurde das Verhalten 1. bei der Reduktion und 2. beim Kochen mit Sodalösung untersucht.

1. Die Reduktion wurde mit Zinkstaub und kochendem Eisessig ausgeführt. Bei Wasserzusatz fiel ein wenig d-Camphersäureanhydrid aus; die daraus erhaltene Säure (Schmelzp. 186—187°) war rechtsdrehend. Nach Ausfällen des Zinks mit Schwefelwasserstoff und Eindampfen wurde ein Säuregemenge von d-Camphersäure und l-Isocamphersäure, und zwar zu etwa gleichen Mengen, erhalten, die mittels Acetylchlorid getrennt wurden. Das Chloranhydrid verhält sich also wie das Bromderivat.

2. Das Chloranhydrid (1 Mol) löst sich in einer Lösung von Soda (1 Mol) leicht auf. Nach Ansäuern mit Salzsäure (zunächst mit etwas weniger als die Theorie) und Dampfdestillation ging Lauronolsäure (zu etwa 18 %) über. Aus der nachher mit überschüssiger Säure versetzten Lösung schied sich Camphansäure (s. u.) in ihren im Vakuum verwitternden Nadeln aus (Schmelzp. 200—201°; $[\alpha]_j = -7{,}21$).

Sowohl die Ergebnisse der Reduktion wie die Bildung der Camphansäure zeigen, daß das Halogen in den Chlorcamphersäureanhydriden dieselbe Stellung wie in den Bromanhydriden einnimmt.

4. Die Camphansäuren

l-Camphansäure. Diese von Wreden[1]) aus l-Bromcamphersäureanhydrid durch Alkalieinwirkung dargestellte Verbindung ist erst von uns in bezug auf optisches Verhalten und Umlagerungsvermögen untersucht worden, um sie zu charakterisieren. Es gelang wohl früher (Reyher[2]), die Säure durch ein umständliches Verfahren zu reinigen; nach meiner Erfahrung gelingt dies leicht, wenn man das Bromanhydrid mit Kaliumacetat und Eisessig kocht, bis eine Probe, nach Abdampfen der Essigsäure, in Wasser vollständig löslich ist. Es scheidet sich Kaliumbromid während der fast quantitativ verlaufenden Reaktion reichlich aus, wobei eigentümlicherweise Essigsäureanhydrid als Nebenprodukt entsteht:

$$C_{10}H_{13}BrO_3 + 2\,KO\cdot C_2H_3O = KBr + C_{10}H_{13}O_4K + (C_2H_3O)_2O\ .$$

Die Camphansäure, die folgende Strukturformel hat:

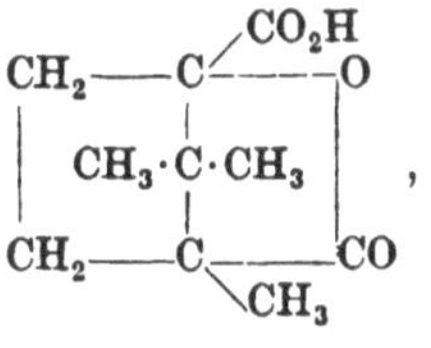

bildet lange Nadeln, deren Krystallwassergehalt erst im Vakuum vollständig entfernt wird, und die erst dann bei 200—201° schmelzen; $[\alpha]_j$ beträgt dann $-7{,}15$. Eine zweite, von mir aus l-Isocamphersäure erhaltenem l-Bromanhydrid dargestellte Kamphansäure zeigte die Drehung $[\alpha]_j = -7{,}13$.

Wie angegeben (S. 64), entsteht sie auch neben Lauronolsäure, durch Zerlegung von l-Bromcamphersäureanhydrid bzw. Bromisocamphersäure, mit Soda.

Ein Umlagerungsversuch mit Camphansäure, beim langsamen Einkochen derselben mit 50 %iger Natronlauge bis zur Abscheidung eines Salzes, ergab nachher eine Säure, die nach Umkrystallisieren aus Wasser und im Vakuum zum konstanten Gewicht getrocknet, den Schmelzp. 200—201° zeigte; auch $[\alpha]_j$ war fort-

[1]) Ann. **163**, 330 (1872). — [2]) Inaug.-Diss., S. 33 (Leipzig 1891).

während $-7{,}13$. Bei längerem Erhitzen mit überschüssiger konz. Natronlauge tritt eine durchgreifende Zersetzung unter Fettsäurebildung ein. Auch bei 8stündigem Erhitzen auf 145—150° fand keine Umlagerung statt; $[\alpha]_j$ war nämlich nachher $-7{,}09°$.

d-Camphansäure, die früher nicht dargestellt worden war, wurde wie das Spiegelbildisomere aus d-Bromcamphersäureanhydrid gewonnen. Die Krystallwasser enthaltenden Nadeln schmolzen nach Verweilen im Vakuum bei 200° ($[\alpha]_j = +7{,}0$).

d,l-Camphansäure stellte sich sowohl aus d,l-Bromcamphersäureanhydrid, wie beim Zusammenmischen gleicher Mengen der Komponenten, dar. Sie tritt in glasglänzenden, schief abgestumpften, nicht verwitternden Blättern vom Schmelzp. 201 bis 202° auf. Von Alkohol und Eisessig leicht aufgenommen, war sie in Äther etwas weniger löslich.

5. Schlüsse bezüglich der Campherverbindungen mit doppeltem Ringkern

1. Werden die oben im Moment B, sowie die für die Konfiguration des Camphers gefundenen Resultate in Betracht gezogen, so lassen sich unter weiterer Beachtung der Beweisführung im Moment A dieses Kapitels darüber, daß die Camphersäuren zwei asymmetrische Systeme enthalten, folgende Schlußsätze aussprechen:

1. Im Stammkohlenwasserstoff Camphan, worin die betreffenden Kohlenstoffatome zwei gleiche Ringelemente und außerdem ein drittes die Kohlenstoffbrücke, $>C<{CH_3 \atop CH_3}$, vorhanden sind, und worin die vierte Valenz mit Wasserstoff bzw. Methyl gesättigt ist, liegt Inaktivität wegen molekularer Symmetrie vor. Gemäß folgender sterisch gedachten Formel kann nämlich eine Symmetrieebene, welche hier mit der Ebene des Papiers zusammenfällt, durch das Molekül des Camphans gelegt werden:

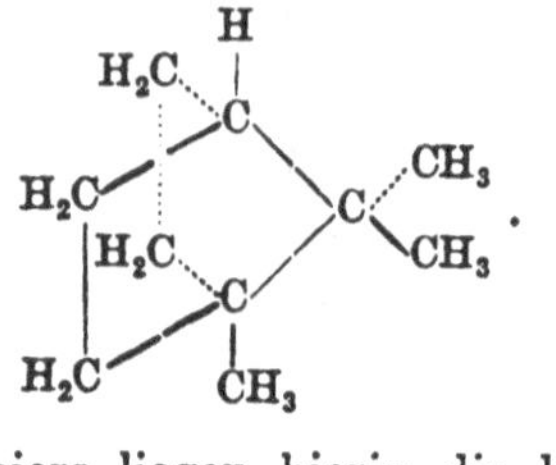

In der Ebene des Papiers liegen hierin die beiden genannten Kohlenstoffatome, die Wasserstoff und Methyl mit dem dritten, die beiden Methylgruppen tragenden Brückenkohlenstoff vereinigt sind. Das eine Methyl liegt (mit punktierter Verbindungslinie) jenseits, das andere (mit breiterer Linie) diesseits der Ebene des Papiers. Dasselbe gilt für die beiden Ringelemente mit je seinem Paar von CH_2-Gruppen, deren Lage vor und hinter der Ebene des Papiers ohne weiteres hervorgeht.

2. In den Fällen bei den Camphanderivaten aber, als die drei genannten Ringelemente ungleich sind, tritt dagegen optische Aktivität auf. Wie im Falle des Camphers (S. 54), würden indes dabei nur zwei Spiegelbildisomere auftreten können. Wird aber eine der drei Ringelemente aufgespalten, wie im Falle der Bildung der Camphersäuren aus Campher, so entsteht die Gruppierung C a b c—C d e f und vier Camphersäuren resultieren. Da dies in allen von uns außer dem Campher selbst

untersuchten bicyclischen Fällen, wie den Camphersäureanhydriden, den Brom- und Chlorcamphersäureanhydriden, den Camphansäuren usw. zutrifft, in denen der sauerstofftragende Sechsring sich aufspaltet, so stellt es eine allgemeine Regel dar, die nicht nur für den durch die Gruppe $—CH_2—CO—$ konstituierten Fünfring im Campher, sondern auch für den Sechsring mit Sauerstoff als konstituierendes Element vorkommt.

Kein Grund liegt also vor, eine Atomanordnung in diesem Sechsring anzunehmen, worin nach SACHSE die Kohlenstoffatome inkl. des Sauerstoffatoms nicht in einer Ebene angeordnet wären.

6. Anhang 1. Lauronolsäure, $C_8H_{13}\cdot CO_2H$, und Laurolen

Diese Verbindungen gehören nicht zu den bicyclischen Campherderivaten, werden aber hier erwähnt, weil sie in so einfacher Weise aus den Monohalogenanhydriden der Camphersäure gebildet werden.

Lauronolsäure entsteht, wie erwähnt, neben Camphansäure in relativ kleiner Menge bei der Einwirkung von Alkalien auf Bromcamphersäureanhydrid:[1])

$$C_8H_{13}Br\genfrac{<}{>}{0pt}{}{CO}{CO}O + KOH = KBr + CO_2 + C_8H_{13}\cdot CO_2H\ .$$

Beim Addieren von Brom zu der ungesättigten Säure, die ich in Chloroformlösung vornahm, entsteht unter untermediärer Bildung eines unbeständigen Dibromids ein bei 187° schmelzendes gesättigtes Bromlacton, das in Soda unlöslich ist:

$$C_8H_{13}\cdot CO_2H \xrightarrow{2\,Br} C_8H_{13}Br_2\cdot CO_2H \xrightarrow{-HBr} \underbrace{C_8H_{13}Br\cdot CO}_{O}\ .$$

Bei der Destillation der Lauronolsäure (Siedep. 227—229°) geht sie teilweise in das isomere Campholacton WORINGERS über, einen festen Körper, der sich beim Ausspritzen der alkoholischen Lösung mit Wasser, in sechseckigen glänzenden Blättern vom Schmelzp. 48—49° ausscheidet. Das bei 71—72° schmelzende Lauronolsäureamid habe ich aus dem rohen Chlorid der Säure erhalten.[2])

Lauronolsäure entsteht bekanntlich auch beim Destillieren der Camphansäure unter Abspaltung von Kohlendioxyd[3]); zugleich tritt der von WREDEN ebenfalls erhaltene, bei etwa 120° siedende und für Tetrahydroxylol gehaltene Kohlenwasserstoff auf, den ich Laurolen genannt habe.

Ich fand, daß die Ausbeute sowohl an Lauronolsäure wie an Laurolen erheblich zunimmt, wenn die Destillation der Camphansäure in einer CO_2-Atmosphäre geschieht.

Anhang 2. Neue Derivate der Camphoronsäure

Diese, nach der Formel von BREDT:

$$\begin{array}{ccc} & CH_3 & CH_3 \\ CH_3\cdot & C\text{———} & C^*\text{—}CH_2\cdot CO_2H\ , \\ & CO_2H & CO_2H \end{array}$$

konstituierte Säure, die bei der Oxydation des Camphers mit Salpetersäure neben der Camphersäure entsteht, war auch ein Gegenstand einer Untersuchung, dessen Resultate hier in aller Kürze mitgeteilt seien. Sie enthält, wie ersichtlich, ein asymmetrisches System und ist linksdrehend. Dies wurde nun[4]) durch die Darstellung

[1]) WORINGER, Diss., S. 18 (Straßburg 1883). — [2]) ASCHAN, Ber. **31**, 2344 (1898). — [3]) WREDEN, Ann. **163**, 330 (1872); vgl. REYHER, Inaug.-Diss., S. 51 (Leipzig 1891). — [4]) ASCHAN, Ber. **28**, 16 (1895); Ann. **302**, 51 (1898).

der d- und der d,l-Form endgültig festgestellt. Die beiden aktiven Formen gleichen einander völlig; statt der feinen seidenglänzenden Nadeln treten zuweilen größere körnige Krystalle auf. Der Schmelzpunkt ist etwas unsicher: nach Sintern bei etwa 154° folgt das Schmelzen gewöhnlich bei 158° unter Gasentwicklung. Die Konstante $[\alpha]_j$ für eine 10%ige Lösung bei 19,5° betrug − 26,9 bzw. + 27,05; die Säure löst sich zu 16,7 Teilen in 100 Teilen Wasser bei 20°.

Die aus den beiden aktiven Säuren dargestellte d,l-Form bildet große, stark glänzende Tafeln, die nach Sintern bei etwa 169° den Schmelzp. 172° zeigen. Die Löslichkeit beträgt auf 100 Teile Wasser nur 3,72.

Eine Racemisierung der aktiven Formen findet nicht einmal beim Erhitzen mit Salzsäure auf 240° statt. Die Stabilität in dem Kern der Camphoronsäure ist also sehr beträchtlich.

Obwohl drei verschiedene Anhydrosäuren theoretisch möglich sind, wurde mittels fünf verschiedenen Methoden nur eine einzige erhalten, nämlich (I) von der Struktur:

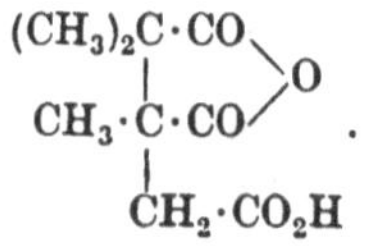

In derselben, die früher als gegen Wasser sehr empfindlich gehalten wurde[1]), ist der Anhydridring so beständig, daß der Körper ohne Schwierigkeit aus heißem Wasser umkrystallisierbar ist. Sie krystallisiert dabei in großen schönen Krystallen vom Schmelzp. 136—137°. Mit Natriummethylat wird ein etwa bei 141—142° schmelzender Monomethylester erhalten:

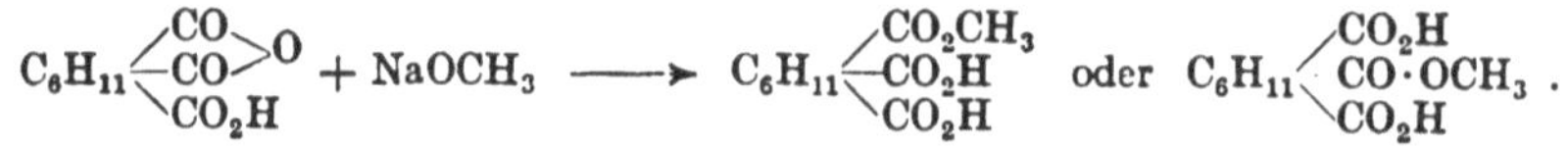

Bei der Einwirkung von Acetylchlorid tritt eine neue Anhydridverbindung auf, wobei ein β-Anhydro-monomethylester vom Schmelzp. 45° und $\alpha_D = -15,9$ erhalten wird, der bei Einwirkung von Wasser den bei 141—142° schmelzenden Monocamphoronsäureester zurückbildet:

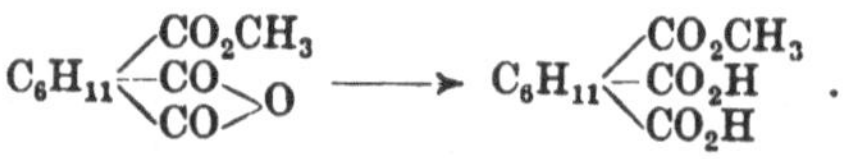

Ein isomerer α-Anhydrocamphoronsäureester (Schmelzp. 138°) entsteht neben dem obengenannten β-Anhydroester, wenn das Natriumsalz der gewöhnlichen Anhydrocamphoronsäure mit Methyljodid bei 135—140° esterifiziert wird. Eine eingehende Ermittelung hierüber ergab, daß die gewöhnliche Anhydrosäure dabei vor der Esterifikation in eine andere Anhydrosäure umgelagert wird:

woraus hervorgeht, daß die anhydrische Bindung in dieser Anhydrocamphoronsäure labil ist.

Bei der Einwirkung von Brom auf das Gemisch von Phosphoroxychlorid und Anhydrocamphoronsäurechlorid, das bei der Behandlung von Camphoronsäure mit Phosphorpentachlorid entsteht, wird Bromanhydrocamphoronsäurechlorid erhalten, das beim Erhitzen mit Ameisensäure in die entsprechende freie Säure (Schmelzp. 158°) übergeht. Dieser kommt wohl die Formel II zu und leitet sich von der oben abgebildeten Anhydrosäure I ab:

[1]) Kachler und Spitzer, Monatsh. f. Chem. 6, 186.

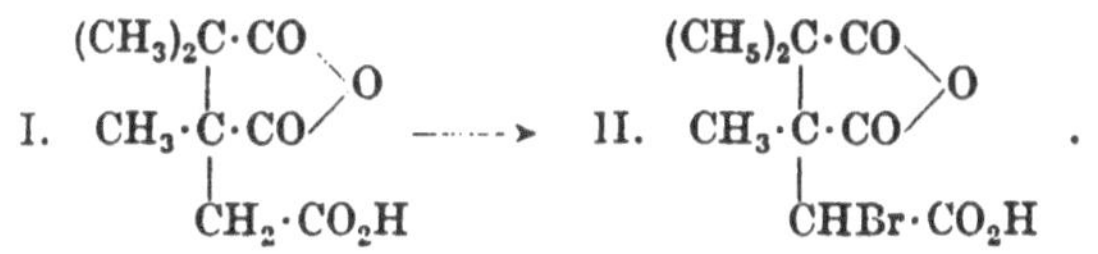

Beim Kochen mit Wasser wird die bromierte Anhydrosäure unter Bildung zweier Oxycamphoronsäuren zerlegt, die bei 208—209° bzw. 240° schmelzen.

C. Anregungen und Ergänzungen zum Kapitel 6

Innerhalb der großen Gruppe der Verbindungen, die sich vom Campher herleiten, liegen viele theoretische und experimentelle Fragen, die fortwährend auf ihre Lösung warten. Im Anschluß zu den Resultaten der vorangehenden Untersuchungen seien hier einige Anregungen dieser Art eingefügt, die teils das Interesse der Neuheit haben, teils jene Kenntnisse in anderer Hinsicht vervollständigen, was unter dem im voraus ausgesprochenen Vorbehalt mitgeteilt sei, daß dieses Gebiet damit keineswegs erschöpft ist.

1. Die Gruppe der Camphersäuren

Zunächst sei einiges, das mit der optischen Untersuchung sowie dem chemischen Verhalten der nächsten Verwandten dieser Säuren, nämlich den Apocamphersäuren (I) und Homocamphersäuren (II), verknüpft ist:

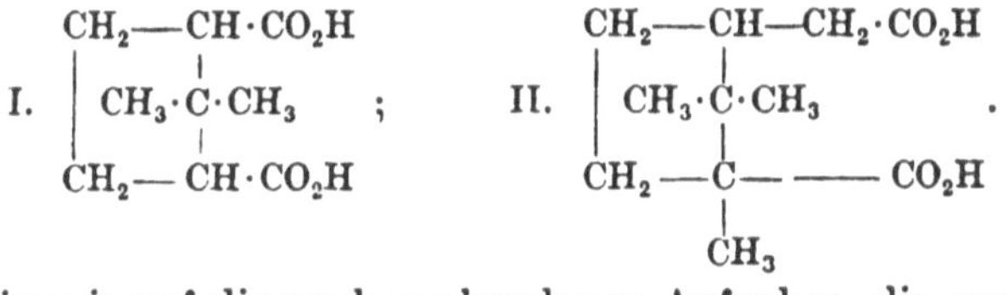

Unter Hinweis auf die noch vorhandenen Aufgaben, die uns beim Durchsehen der diesbezüglichen Arbeiten über die Camphersäuren aufgefallen sind, mögen folgende genannt werden.

Hierher gehört die sterische Umlagerung unter Anwendung der früheren und eventuell neuer Methoden. Von der Apocamphersäure sind die cis-Säure mit ihrem Anhydrid und die trans-Säure, die nicht anhydridbildend ist bekannt. In einigen früheren Arbeiten[1]) wird angegeben, daß optisch aktive Komponenten bei den Apocamphersäuren nicht auftreten können. Dies gilt nur für die cis-Säure, deren mesoweinartige Konfiguration dies nicht zuläßt. Es ist ohne weiteres einleuchtend, daß die synthetische trans-Säure racemisch und nach unserer Bezeichnungsweise (S. 37ff.) in folgenden beiden aktiven Formen auftritt[2]):

cis- trans-Apocamphersäure

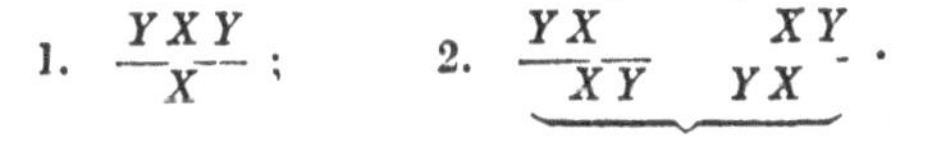

Da die beiden geometrisch isomeren Apocamphersäuren (nach Marsh und Gardner[3]) sowie Komppa) ineinander verwandelbar sind, sollte eine

[1]) Bredt, Chem.-Ztg. 20, 842 (1896); Komppa, Ber. 34, 2474 (1901). — [2]) Aschan, Chemie der alicyclischen Verbindungen, S. 514 (1905). — [3]) Journ. chem. Soc. 57, 64 (1891); 59, 648 (1892); 69, 74 (1896).

hierauf gerichtete Spaltung kaum auf Schwierigkeiten stoßen. Das Anhydrid der cis-Säure (I unten), das leicht darstellbar und gut charakterisiert ist, sollte der vielen Umsetzungen fähig sein, wie das der Camphersäure. Wir erwähnen hier die Bildung der Chlor- und Bromanhydride, des Lactons, Apocampholids (II), des entsprechenden Nitrils (III), der Homoapocamphersäure, eines interessanten Strukturisomeren zur Camphersäure, das meines Wissens nicht bekannt sein dürfte:

$$\text{I. } C_7H_{12}{<}{CO \atop CO}{>}O \longrightarrow \text{II. } C_7H_{12}{<}{CH_2 \atop CO}{>}O \longrightarrow \text{III. } C_7H_{12}{<}{CH_2\cdot CN \atop CO\cdot OH} \longrightarrow$$

IV. 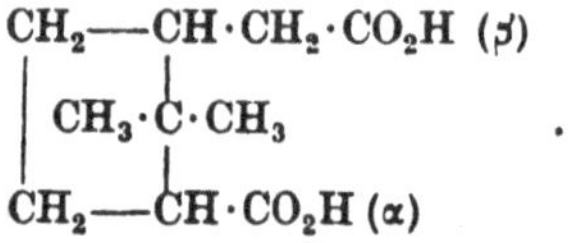

Die Säure (IV) sollte in vier aktive, den Campher- und Isocamphersäuren entsprechende Formen spaltbar sein.

Die Umlagerungsmöglichkeiten dürften denen der beiden geometrisch isomeren Camphersäuremodifikationen gleichartig sein, und vielleicht auch hier mit der interessanten Analogie, daß es das am Ringe gebundene α-Carboxyl wäre, das bei der Umlagerung auf die andere Seite der Ringebene übersiedelt, in Übereinstimmung[1]) mit unserer allgemein als richtig gefundenen Hypothese[2]) über die Enolisierung dieses Carboxyls (S. 57) hin und zurück:

$$-\overset{|}{C}\cdot C{<}{H \atop CO\cdot OH} \rightleftarrows -\overset{|}{C}{=}C{<}{OH \atop OH}\,.$$

Die beiden als frei gezeichneten Valenzen gehören hier dem Ring an.

Interessant wäre auch eine Untersuchung über die eventuelle Umlagerung der Chloride der Apo- und Homocamphersäuren, in der oben (S. 59) angegebenen Hinsicht und ferner darüber, ob diese Verwandlung bei der Bromierung bzw. Chlorierung dieser Chloride stattfindet.

2. Allgemeines bezüglich anderer ähnlicher Säuren

Dieses umfassende Problem sollte jedoch über die Umlagerung der alicyclischen Säuren in geometrisch isomeren Formen auf eine breitere Basis eingestellt werden. Dies wurde schon von mir gelegentlich berührt[3]) und sollte darauf hinausgehen, teils schon bekannte, zweibasische Säuren, teils neue dieser Art zu untersuchen, um ihre Anhydridbildung und die verschiedenen Umlagerungsmöglichkeiten bei ungleichartigen Strukturtypen festzustellen. Dies sowohl, wenn die Carboxyle entweder direkt oder indirekt am Ringkohlenstoff gebunden sind, wie wenn sie ringsubstituierte Bernsteinsäuren, Glutarsäuren, Adipinsäuren usw. sind, worauf z. B. die Hexahydrophtal-, -isophtal und -terephtalsäuren Baeyers klassische Beispiele darstellen. Die Erscheinungen der Umlagerung sollten wegen der Leichtigkeit des Experimentierens, vorzugsweise gemäß den in der Camphergruppe geprüften, aber

---

[1]) Aschan, Ann. 387, 16 (1911). — [2]) Vgl. Hückel und Goth, Ber. 58, 447 (1925). — [3]) Chemie der alicyclischen Verbindungen, S. 380, 382 (1905).

auch nach neuen Methoden studiert werden: Erhitzen mit Eisessig-Salzsäure, Anhydrisieren, wenn dies möglich wäre, Bromieren der Chloride, die spontane Umlagerung der Säurechloride, eventuell beim Erwärmen usw. Von Interesse wäre in den verschiedenen Fällen eine nähere Feststellung, ob die geometrische Isomerisierung bestimmten quantitativen Verhältnissen folgt, wie 50% bei den Camphersäuren, was jedoch in den verschiedenen Fällen kaum zu erwarten ist. In einem anderen Kapitel gehen wir auf diese Frage eingehender ein.

Es ist unmöglich, hier auch nur die einfachsten hierher gehörigen Fälle anzugeben. Nur einige Gesichtspunkte mögen angeführt werden.

Dabei könnten Säuren einfacherer Zusammensetzung in Betracht kommen, entweder vom symmetrischen oder unsymmetrischen Bau, wie die Cyclobutan-, Cyclopentan-, Cyclohexandicarbonsäuren, sowohl die mit den beiden Carboxylen am Ringe, wie auch solche Säuren, die gleich den Pinsäuren (vgl. Formel II unten), das eine Carboxyl am Ringe, das zweite in einer Seitenkette enthalten. Auch wäre es im ersten Fall von Interesse festzustellen, ob die beiden Systeme $>CH \cdot CO_2H$ umgelagert werden, weil die „Enolisierung" der beiden Carboxyle hier möglich ist, und ferner den Gleichgewichtsbetrag bei der Umlagerung zu bestimmen (vgl. oben S. 55).

Ferner sollte man die racemischen Formen in die optisch aktiven Komponenten mittels der PASTEURschen Methoden spalten, z. B. diejenigen der Apocamphersäure. Auch hätte es ein besonderes Interesse, festzustellen, ob die Norpinsäure (I) und Pinsäure (II) Anhydride geben, sowie, ob sie wie die Pinonsäure (III) in ihre aktiven Formen spaltbar sind:

I. 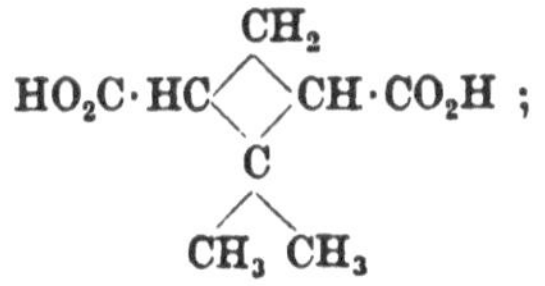 ; II. 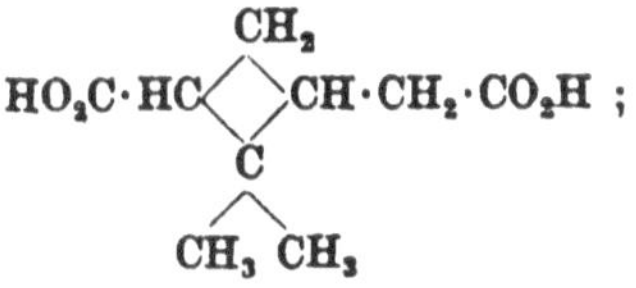 ;

III. 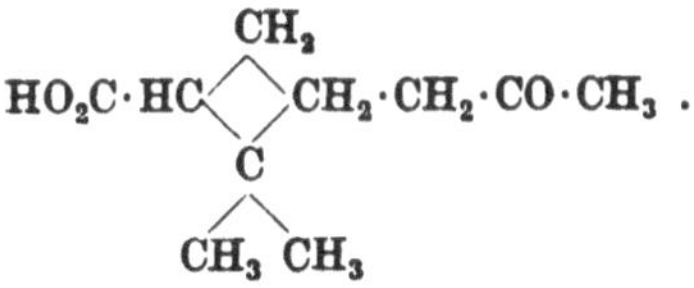 .

Ihrer Strukturformel nach erscheint die Norpinsäure (I) als symmetrisch und sollte daher optisch nicht spaltbar sein. Wenn man aber unsere graphische Bezeichnungsweise (vgl. Kap. 5, C) anwendet, so wird es ersichtlich, daß sie in einer wegen der Symmetrie der Formel unspaltbaren cis-Form) und zwei Spiegelbildisomeren der trans-Form (2 und 3) auftreten kann (X = Methyl, Y = Carboxyl, die Ringebene in der Ebene des Papiers liegend):

$$1.\ \frac{YXY}{X}\ ; \qquad \underbrace{2.\ \frac{YX}{XY}\ ; \qquad 3.\ \frac{XY}{YX}}\ .$$

Dagegen sollten Pinsäure und Pinonsäure in folgenden vier Formen auftreten können (X = Methyl, Y = Carboxyl, und Z = die verlängerte Carboxyl- bzw. Acetonylseitenkette; die Ringebene wie oben):

$$1.\ \frac{YXZ}{X};\quad 2.\ \frac{ZXY}{X};\qquad 3.\ \frac{YX}{XZ};\quad 4.\ \frac{XY}{ZX}.$$

cis-Formen trans-Formen

Eine Erweiterung dieser schon in präparativer Hinsicht sehr umfassenden Arbeiten wäre die Herstellung der entsprechenden homologen Säuren nach der Methode HALLERS[1]) aus dem durch Reduktion des Camphersäureanhydrids entstehenden Campholid:

Campholid Nitrilsäure

$$C_8H_{14}{<}{}^{CO}_{CO}{>}O \longrightarrow C_8H_{14}{<}{}^{CH_2}_{CO}{>}O + CNK \longrightarrow C_8H_{14}{<}{}^{CH_2\cdot CN}_{CO_2K} \longrightarrow$$

Homocamphersäure

$$C_8H_{14}{<}{}^{CH_2\cdot CO_2H}_{CO_2H}\ .$$

Bei diesen Säuren, die nicht die beiden Carboxyle am Ringkohlenstoff enthalten, wie auch bei der Pinsäure (vgl. o.) wäre es von Interesse festzustellen, ob diese ringsubstituierten Adipinsäuren innere Anhydride geben. Bei derartigen Versuchen sollten die Säuren zunächst durch Kochen mit überschüssigem Essigsäureanhydrid in gemischte Anhydride mit Essigsäure übergeführt werden, worauf das Produkt destilliert würde:

$$C_8H_{14}{<}{}^{CH_2\cdot CO\cdot OH}_{CO\cdot OH} + 4\,(C_2H_3O)_2O = 2\,C_2H_4O_2 + C_8H_{14}{<}{}^{CH_2\cdot CO\cdot O\cdot C_2H_3O}_{CO\cdot O\cdot C_2H_3O} \longrightarrow$$

$$C_8H_{14}{<}{}^{CH_2\cdot CO}_{CO-O}{\big|} + (C_2H_3O)_2O\ .$$

In geeigneten Fällen könnten dabei, statt normaler Anhydride, Ketomonocarbonsäuren vom Camphenontypus entstehen.[2])

Auch im übrigen würden die vielen Säuren dieser Art, sowohl vom Camphersäuretypus, soweit sie nicht früher in der betreffenden Hinsicht untersucht wurden, wie auch aus den Reihen der Isofencho-, Camphen- und Santensäuren (vgl. Kap. 7) zu einer Menge von Spezialuntersuchungen Anlaß geben.[3])

Die Halogenanhydride der betreffenden cis-Formen könnten ferner als Rohmaterial zur Einführung anderer Gruppen anstatt der Halogenatome, wie Hydroxyl-, Amino-, Sulfhydrylgruppen angewandt werden. Hierher gehören die schon behandelten wichtigen Camphansäuren, deren Analoge auch in anderen Fällen decarboxylierte Zersetzungsprodukte von den Typen der Lauronolsäure und des Laurolens geben könnten.

Die nunmehr leicht zugänglichen (s. o., S. 67) Lauronolsäuren sind bisher wenig untersucht worden, z. B. was die Chloride betrifft, die vielleicht in die Aldehyde verwandelt werden könnten. Auch die aus den Chloriden erhältlichen Umsetzungen mit Alkylaminen, Anilinen und Phenylhydrazinen bieten weiteres Material für neue Arbeiten dar. Bei katalytischer Hydrierung würden Hydrolauronolsäuren entstehen, deren optische Verhältnisse von Interesse wären. Dies wäre auch bei anderen Lauro-

[1]) Compt. rend. **122**, 446 (1896). — [2]) ASCHAN, Vet. Soc. Förh. **57** A, Nr. 8 (1914). — [3]) Vgl. ASCHAN, Struktur- und stereochemische Untersuchungen in der Campherreihe, Acta Soc. scient. Fenn. **21**, Nr. 5 (1895).

lenen als das einzig Bekannte aus der Camphansäure der Fall. Auch andere Arbeiten, wie das Schmelzen der Lauronolsäuren mit Kali sowie die Verwandlung ihrer Amide (I) (vgl. S. 5) in Amine nach A. W. Hofmann, sowie in Nitrilen (II), die dann in primäre Amine (III) und Alkohole (IV) übergehen könnten, kämen in Betracht:

$$\underset{\text{I.}}{C_8H_{13}\cdot CO\cdot NH_2} \longrightarrow \underset{\text{II.}}{C_8H_{13}\cdot C{\equiv}N} \longrightarrow \underset{\text{III.}}{C_8H_{13}\cdot CH_2\cdot NH_2} \longrightarrow \underset{\text{IV.}}{C_8H_{13}\cdot CH_2\cdot OH}\,.$$

Kapitel 7. Camphensäuren, Isofenchosäuren und Santensäuren sowie die zugehörigen näher verwandten Verbindungen

Die Camphensäure (Camphencamphersäure), $C_{10}H_{16}O_4$, und Isofenchosäure (Isofenchocamphersäure), $C_{10}H_{16}O_4$, leiten sich von den Terpenen Camphen und Fenchen ab, die ihrerseits Umwandlungsprodukte ein und desselben Rohmaterials, des Pinens, sind. Camphen entsteht bekanntlich als Hauptprodukt bei der Abspaltung von Chlorwasserstoff aus dem sogenannten Pinenhydrochlorid; Fenchen ist dagegen ein Sammelname für mehrere Terpene, die teils aus den Fenchylalkoholen, teils durch dieselbe Reaktion aus den Fenchylchloriden, zum Teil auch aus den flüssigen Hydrochloriden entstehen, die das genannte feste Pinenhydrochlorid begleiten. Wegen dieser genetischen Gemeinschaft wird hier Camphensäure (I) zusammen mit der Isofenchosäure (II) in demselben Kapitel behandelt, und zwar im Anschluß zu den vorangehenden Camphersäuren (III), mit denen sie eine gewisse auffallende Gleichheit aufweisen:

I. 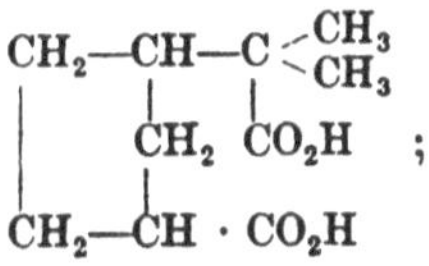 ; II. 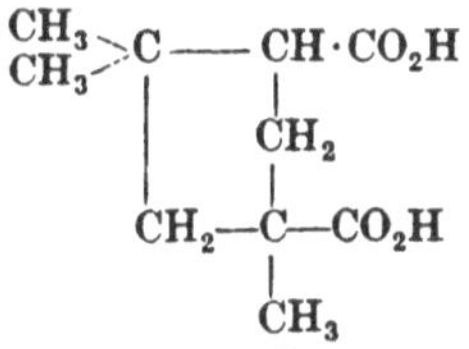 ; III. 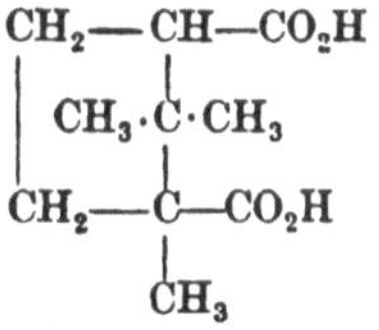

Camphensäure — Isofenchosäure — Camphersäure

Als Anhang werden aus systematischen Gründen auch die niederen Homologen zur Camphersäure, die Santensäuren, $C_9H_{14}O_4$, von der Strukturformel

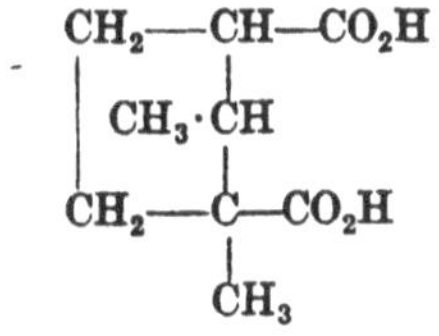

hier behandelt, deren Bildung und chemisches Verhalten ich auch eingehend untersucht habe; ferner aus praktischen Ursachen das damit nahe verwandte Santen, C_9H_{14}, ein niederes Homologe zu den Terpenen, die Santenalkohole (Santenole), $C_9H_{15}\cdot OH$, sowie Santenon, $C_9H_{14}O$, welche zu den Borneolen und dem Campher in enger Beziehung stehen.

Die Bestimmung der Konstitution aller dieser Säuren, die in der Kapitelrubrik genannt sind und worauf unsere langjährigen Arbeiten ebenfalls gerichtet waren, sind, wie die der Camphersäuren, von fundamentaler Bedeutung für die Ermittlung der inneren Zusammensetzung der zugehörigen Terpene und Terpenderivate gewesen.

A. Camphensäuren, $C_8H_{14}(CO_2H)_2$, und Derivate

1. Genese, Konstitution und allgemeines Verhalten

Die von G. WAGNER[1]) entdeckten und von ihm und MOYCHO und ZIENKOWSKI[2]) näher untersuchten Säuren entstehen als Hauptprodukte bei der Oxydation des Camphens, $C_{10}H_{16}$, mit Kaliumpermanganat in alkalischer Lösung. Als Nebenprodukt tritt Camphenylsäure, $C_{10}H_{16}O_3$, auf.[3]) Nach mehreren Bestimmungen unsererseits[4]) stellt die Camphensäure etwa 80% der bei der genannten Oxydation entstehenden Säuren und etwa 70% sämtlicher Oxydationsprodukte des Camphens dar, gleichgültig ob die stereomeren Formen dieses Terpens, aus Pinenhydrochlorid dargestellt oder aber in der Natur gebildet sind. Da die Camphenylsäure als α-Oxysäure die Gruppierung $>C(OH) \cdot CO_2H$, mit Hydroxyl und Carboxyl an demselben Ringkohlenstoff sicher enthält, so ist ihre Oxydation zu der zweibasischen Camphensäure, worin die beiden Karboxyle aus zwei ursprünglichen C-Atomen einer Gruppe $>C{=}CH_2$ im Camphen resultieren, mit einer Umlagerung verbunden.

Eine längere theoretische Diskussion und eingehende experimentelle Arbeit[5]) führte mich zur Aufstellung folgender Sätze, die unter Ausschließung älterer unwesentlicher oder sonst uneigentlich ausgelegter Tatsachen für die Struktur der Camphensäure entscheidend sind:

1. Die Camphensäure ist wegen ihrer Zusammensetzung eine gesättigte zweibasische Säure, $C_8H_{14}(CO_2H)_2$.

2. Da sie kein Anhydrid bildet, so stellt sie weder eine ringsubstituierte Bernsteinsäure noch Glutarsäure dar. Dies wurde sowohl für die zuerst erhaltene cis-Form, wie für die von uns jetzt dargestellte trans-Form, welche beide mittels der (S. 53) für die Kamphersäuren angewandten Formeln veranschaulicht werden können, festgestellt.

3. Bei der Destillation des Calciumsalzes in CO_2-Strom entstand, ebensowenig wie bei der Arbeit von MOYCHO und ZIENKOWSKI, ein Keton, das man zu erwarten hätte, wenn die Camphensäure eine ringsubstituierte Adipinsäure wäre. Später wurde jedoch nachgewiesen[6]), daß eine gut charakterisierte Cyclopentanonsäure (Schmelzp. 134°), die von uns entdeckte Camphenonsäure (vgl. u. diese), unter geeigneten Bedingungen in guter Ausbeute erhalten wird, weshalb das frühere negative Resultat nicht aufrechterhalten werden konnte, und die Adipinsäureformel jedoch nicht nur als möglich sondern als sehr wahrscheinlich erschien.

4. Wie Camphersäure, konnte die von uns dargestellten, aktiven Camphensäuren beim Erhitzen mit Säuren umgelagert werden.

[1]) Journ. Russ. phys.-chem. Ges. 28, 64 (1896); 29, 124 (1897); vgl. MAJEWSKI, Diss. (Leipzig 1898). — [2]) Ber. 37, 1032 (1904); Ann. 340, 17 (1905). — [3]) Später hat HINTIKKA [Ber. 47, 512 (1914)] die Camphenylsäure auf einem Umweg in Camphensäure übergeführt. — [4]) ASCHAN, Ann. 375, 336 (1910). — [5]) Loc. cit. — [6]) ASCHAN, Ann. 383, 58, 65 (1910).

Weil dies, soweit bekannt (vgl. S. 57), nur stattfindet, wenn Carboxyl an einem Ringatom liegt, so folgt daraus, daß wenigstens dem einen Carboxyl diese Stellung zukommt.[1])

5. Die gewöhnliche, bei 135,5—136,5° schmelzende Camphensäure ist racemisch inaktiv. Die eine, fast völlig reine l-Komponente fanden wir in einer von WALLACH und GUTTMANN[2]) früher aus einem stark drehenden, in der Natur vorkommenden l-Camphen bei der Permanganatoxydation erhaltenen, bei 142° schmelzenden Camphensäure vorhanden, die von ihnen als eine mit der gewöhnlichen isomeren Form bezeichnet wurde. Die d-Antipode erhielt ich auf demselben Wege, und bei derselben Temperatur schmelzend, aus stark aktiven d-Terecamphen. Als die beiden letztgenannten nach dem Mischen gleicher Teile die bei 135,5—136,5° schmelzende gewöhnliche Camphensäure lieferten, so wurde diese als die racemische cis-Form, und ihre Komponenten als die aktiven cis-Formen derselben festgestellt.

6. Unter geeigneten Vorsichtsmaßregeln gelang es, die Camphensäure in die bei 189—190° schmelzende Bromcamphensäure, $C_8H_{13}Br(CO_2H)_2$, zu verwandeln. Ein zweites Bromatom ließ sich nicht einführen, was gegen das Vorkommen eines weiteren α-Wasserstoffatoms neben dem zweiten Carboxyl spricht.

7. Bei kurzem Erwärmen der in Soda gelösten Bromcamphensäure entsteht unter Bromwasserstoffabspaltung teils eine ungesättigte, bei 155° schmelzende Dehydrocamphensäure, $C_8H_{12}(CO_2H)_2$, teils unter Hydroxylbildung eine α-Oxycamphensäure, $C_8H_{13}(OH)(CO_2H)_2$ vom Schmelzpunkt 152°. Weil keine Lactonbildung eintritt, so liegt das Hydroxyl nicht in der γ-Stellung zum zweiten Carboxyl.

8. Die Dehydrocamphensäure wird von Salpetersäure (1,25) zu einem Lacton einer Oxytricarbonsäure, $C_6H_{10}(CO_2H)_2 \cdot CO$ (Ring über O geschlossen: C_6H_{10}—O—CO), vom Schmelzpunkt 254° oxydiert. Daraus folgt, daß sowohl das α-Bromatom tatsächlich an ein C-Atom des Kerns, wie auch die Doppelbindung der Dehydrosäure in den Ring verlegt werden muß. Dadurch wird die frühere Annahme bestätigt, daß wenigstens das eine Carboxyl an einem Ringatom liegt. Diese Umwandlungen lassen sich folgendermaßen schematisch veranschaulichen:

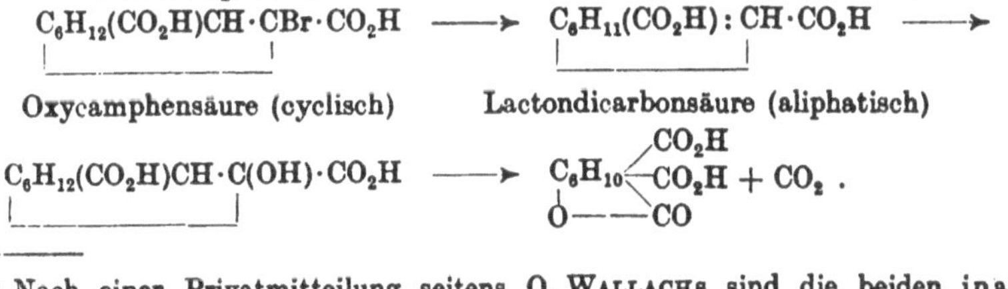

[1]) Nach einer Privatmitteilung seitens O. WALLACHS sind die beiden inaktiven Formen in seinem Laboratorium getrennt worden. — [2]) Ann. 357, 79 (1907).

9. Die Lactondicarbonsäure gibt beim Schmelzen mit Kali ein Gemisch von Isobuttersäure und Bernsteinsäure. Außerdem treten Oxalsäure und Ameisensäure auf. Die Mengen der Bernsteinsäure und Oxalsäure kommen ungefähr in äquivalenten Mengen vor.

Auf Grund dieser Tatsachen stellte ich für die Camphensäure folgende zwei Formeln auf:

I. 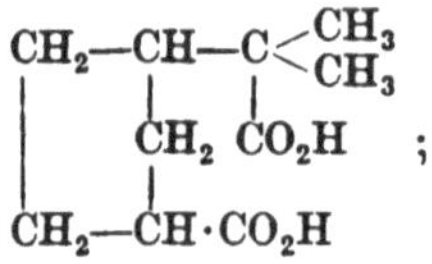 ; II. 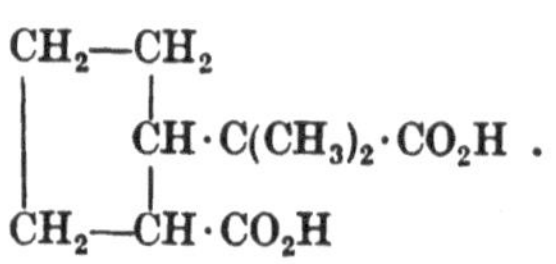 .

Gegen II., die eine ringsubstituierte Glutarsäure darstellt, spricht indes, wie angegeben, daß Camphensäure kein Anhydrid bildet. Die Existenz der Camphenonsäure (vgl. oben S. 74 sowie S. 79 unten) hat jedes Bedenken entfernt, daß kein Keton mit Fünfring bei der trockenen Destillation des Calciumsalzes der Camphensäure entsteht. Dadurch wird die Formel I gesichert. Etwas später traten wieder neue Zweifel darüber auf.[1]) Die Richtigkeit der Formel I wurde aber nachher durch die Camphensäuresynthese von P. Lipp[2]) bewiesen.

2. Die stereomeren Formen der Camphensäure

Nach ihrer obigen Formel I müßte diese Säure, wie die Camphersäure, in vier optisch aktiven Formen vorkommen, von denen schon die beiden cis-Säuren, die durch die oxydative Aufspaltung der aktiven Camphene entstehen, erwähnt wurden. Die aktiven trans-Formen sind, trotz langwieriger Arbeit[3]), noch nicht in genügend reinem Zustand dargestellt worden. Dies wurde durch die fehlende Anhydrisierbarkeit der cis-Säuren erschwert, wodurch das in der Camphersäurereihe (s. diese) so glatt verlaufende Verfahren nicht anwendbar ist. Das Umkrystallisieren des beim Erhitzen mit Eisessig-Salzsäure entstehenden Gemenges von cis- und trans-Säure ist wegen der ziemlich gleichen Löslichkeit derselben äußerst mühselig[4]) und scheint sogar für völlige Reinigung unausführbar. Dagegen verspricht eine Methode, die auf die Schwerlöslichkeit des in absolutem Alkohol mit Natriumalkoholatlösung von 10% ausgefällten Natriumsalzes der cis-d,l-Säure, solange eine Fällung noch entsteht[5]), ein besseres Resultat, indem dann die alkoholische Mutterlauge auf die d,l-trans-Säure verarbeitet und aus etwa 18%ig. Essigsäure umkrystallisiert werden kann.

Die bisher rein erhaltenen Säuren sind daher:

	Schmelzpunkt	in 100 g Wasserlösung bei 21°	α_D	$[\alpha]_D^{20}$
cis-d,l-Camphensäure	135,5—136,5°	0,2168	—	—
cis-d- „	143,5—144,5°	0,2411	+ 0,33°	+ 1,87°
cis-l- „	143,5—144,5°	0,2411	− 0,32°	− 1,88°
trans-d,l- „	122 —123°	0,3122 (19,5°)	—	—

[1]) Ann. 398, 303 (1913). — [2]) Ber. 47, 871 (1914). — [3]) Diese wurde vom Mag. Phil. Johannes af Hällström ausgeführt, aber leider bei seinem Tode unterbrochen. — [4]) Aschan, Ann. 383, 61 (1911). — [5]) Vgl. Grosse, Diss., S. 28ff. (Göttingen 1910).

Für die cis-d,l-Säure aus gleichen Teilen d- und l-Säure war die Löslichkeit 0,2234. Die Löslichkeit ist, wie ersichtlich, für die Säuren sehr gleich und das Drehungsvermögen für die aktiven Komponenten auffallend klein. Von Interesse wird die künftige Bestimmung der optischen Aktivität und deren Zeichen für die beiden trans-Säuren, besonders für die Frage, ob diese Zahlen, wie bei den Camphersäuren, gleich niedrig und mit entgegengesetzten Zeichen gefunden werden (vgl. S. 51).

Zur weiteren Charakteristik wurden die Diamide $C_8H_{14}(CO\cdot NH_2)_2$, und Dianilide, $C_8H_{14}(CO\cdot NH\cdot C_6H_5)_2$, dargestellt, deren Schmelzpunkte hier angegeben werden:

die cis-d,l-Säureamide	225°;	bzw. Anilide	212°;
die trans-d,l- „	231—232°;	„ „	165°;
das cis-l- „	199—201°;	„ „	— .

Die obigen Angaben stimmen nicht mit denen von GROSSE[1]) überein, nach welchen drei Camphensäuren vom Schmelzp. 67—68°, 116° bzw. 128 bis 131° erhalten werden sollten (vgl. auch unten).

3. Umlagerung der Camphensäuren

a) Bei 10stündigem Erhitzen mit der 4fachen Menge gleicher Gewichtsteile Eisessig und reiner konz. Salzsäure auf 180°[2]) resultierte ein bei 106 bis 119° schmelzendes Gemisch von etwa 4 Teilen cis- und 1 Teil trans-d,l-Säure, woraus die letztere durch die Löslichkeit ihres Natriumsalzes in absolutem Alkohol isoliert und durch wiederholtes Umkrystallisieren aus 18%ig. Essigsäure gereinigt werden konnte (s. o.).

b) GROSSE hat angegeben, daß Camphensäure bei der Destillation unter vermindertem und gewöhnlichem Druck eine sterische Umlagerung erleiden soll, sowie daß sogar ein Anhydrid entstehen würde. Bei Wiederholung seiner Versuche mit cis-d,l-Säure unter vermindertem Druck[3]) wurde eine kleine Menge der trans-d,l-Säure erhalten, bei gewöhnlichem Druck fand aber eine tiefergehende Zersetzung statt. Ein Produkt derselben, eine mit Wasserdampf flüchtige ölige Carbonsäure, $C_9H_{14}O_2$, deren Siedepunkt unter 6 mm Druck bei 132,5 bis 133,5° liegt, wurde Camphenlauronolsäure genannt; ihre Bildung zeigt die Formel:

$$C_8H_{14}(CO_2H)_2 = H_2O + CO + C_8H_{13}\cdot CO_2H\ .$$

Eine zweite Portion ergab, neben brenzligen Ölen usw., bei 340—350° (Thermomenter in der Schmelze), die obengenannte und später zu beschreibende Camphenonsäure in spärlicher Ausbeute. Vielleicht hatte dies zu dem Irrtum GROSSES beigetragen.

c) Außer nach den genannten Reaktionen ließ sich cis-d,l-Camphensäure zum Teil in die d,l-trans-Form über das unten beschriebene α-Bromderivat, nämlich wie in der Camphersäurereihe bei der Entbromung, umlagern.[4]) Diese Säure, $C_{10}H_{13}Br(CO_2H)_2$, wurde in Eisessig aufgelöst, Zinkwolle sowie mit Chlorwasserstoff gesättigter Eisessig zugegeben, bis sich eine kleine Probe als bromfrei erwies, das Filtrat dann eingeengt und die Säure mit Salzsäure abgeschieden, worauf die d,l-trans-Säure wieder mittels Natriumalkoholats von der cis-Säure getrennt wurde. Aus dem in absolutem Alkohol leicht löslichen Natriumsalz wurde tatsächlich die letztgenannte Säure isoliert. In dieser Weise läßt sich die cis-Säure zur Hälfte in die trans-Form, also wie in der Camphersäurereihe, umlagern. Zugleich

[1]) Vgl. GROSSE, Diss. S. 28ff. (Göttingen 1910). — [2]) ASCHAN, Ann. 375, 358 (1910); 383, 61 (1911). — [3]) ASCHAN, Ann. 375, 336 (1910). — [4]) ASCHAN, Ann. 383, 63 (1911).

wurde dadurch bewiesen, daß die cis-Bromcamphensäure sein Brom, und die Camphensäure überhaupt einen Wasserstoff in der α-Stellung zu einem Carboxyl enthält.

4. Die wichtigeren Derivate der Camphensäuren[1])

Die Darstellung obengenannter bei 190° schmelzender cis-α-Bromcamphensäure, die sich früher als schwer erhältlich gezeigt hatte[2]), findet bei der Bromierung des Säurechlorids und Regenerierung der Säure aus dem bromierten Produkt mit Ameisensäure leicht statt.[3]) Doch beträgt die erhaltene Menge nur etwa die Hälfte der theoretischen Ausbeute. In der Ameisensäuremutterlauge bleibt nämlich eine leichter lösliche Substanz mit etwa demselben Bromgehalt und vom Schmelzp. 172—180° zurück. Ob hier ein Isomeres der bei 190° schmelzenden obigen Säure vorliegt, bleibt noch festzustellen. Es ist anzunehmen, daß die Bildung jener Säure in folgender leicht verständlicher Weise stattfindet:

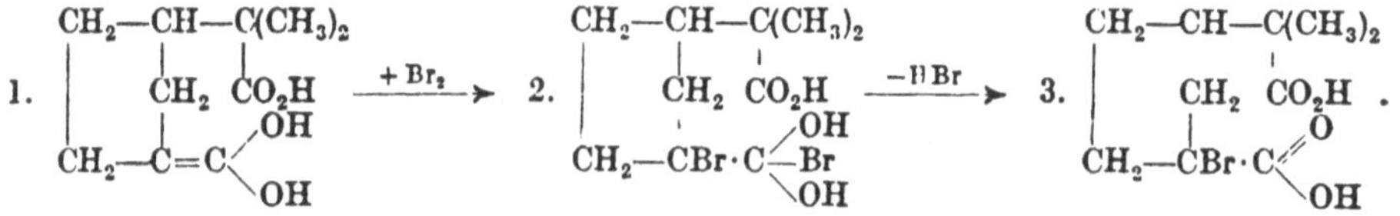

Die Addition von Brom kann sich offenbar in zweierlei Art an das Kohlenstoffpaar des „Pseudocarboxyls" (Formel 1), d. h. sowohl von der vorderen wie der hinteren Seite anlagern.[4]) Folglich wird sich das Carboxyl nach der Addition in dem einen Fall hinter, das Bromatom vor die Ebene des Fünfringes, im anderen Fall in der gegenseitigen Art anlagern. Hierauf beruht es, daß zwei stereomere (geometrisch isomere) Formen bei der Bromierung einer am Ringe gebundenen Gruppe $>C<^{H}_{CO_2H}$ immer auftreten können.

Bei der Einwirkung von 4 Atomen Brom auf das Chlorid der Säure konnte gezeigt werden, daß die Gruppe $>CH \cdot C(CH_3)_2 \cdot CO_2H$ in der Camphensäure nicht einer Bromeinwirkung, nicht einmal beim β-Kohlenstoffatome im Ringe, unterliegt, eine Bestätigung für die Richtigkeit unserer allgemeinen Auffassung über die Bromierung (Chlorierung) von Säuren in α-Stellung nach Hell und Volhard.

Dehydrocamphensäure und α-Oxycamphensäure. Die Lösung der α-Bromcamphensäure in Soda spaltet beim Stehen Bromwasserstoff ab, wobei die bei 155° schmelzende Dehydrocamphensäure, eine in kaltem Wasser sehr schwer lösliche Verbindung, die Permanganatlösung momentan abfärbt und Brom addiert, entsteht. Einer bindenden Beweisführung nach[5]) hat sie die untenstehende Formel I, weil sie bei der Oxydation mit verdünnter Salpetersäure, wahrscheinlich über eine aliphatische Oxytricarbonsäure (II), eine sehr beständige Lactondicarbonsäure (III) gibt, die in der Kalischmelze in Ameisensäure, Isobuttersäure und Bernsteinsäure zerfällt (IV):

---

[1]) Bezüglich Salze und dem Äthylester der cis-d,l-Camphensäure, Siedep. 141—142° (5 mm) vgl. Aschan, Ann. 375, 353 (1910). — [2]) Moycho und Zienkowski, Ann. 340, 51 (1905); Milobendski, Centralblatt 1908, I, 1108. — [3]) Aschan, Ann. 375, 362 (1910). — [4]) Aschan, Ber. 45, 1913 (1912). — [5]) Ann. 375, 347 (1910).

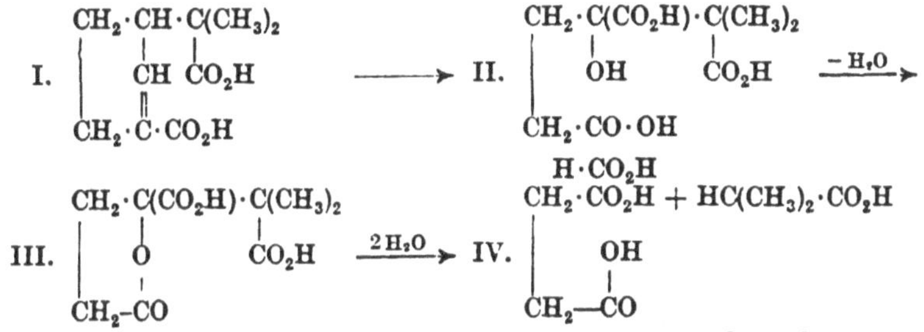

Auch dadurch wurde die Richtigkeit unserer Camphensäureformel (S. 73) nachgewiesen.

Oxycamphensäure entsteht als Hauptprodukt bei der oben angeführten längeren Behandlung der α-Bromcamphensäure mit Sodalösung. Sie wurde durch Eindampfen der neutralisierten Mutterlauge nach der Abscheidung der Dehydrocamphensäure und Bearbeitung des Rückstandes mit konz. Salzsäure abgeschieden. Äther entnimmt dieser Masse die rohe Oxysäure, die aus einer genügenden Wassermenge umkrystallisiert, im Eisschrank sich in eine bei 145—148° schmelzende, sauer schmeckende Kruste absetzt, die von neuem krystallisiert, die reine, bei 152° schmelzende Säure liefert. Auch nach längerem Erhitzen mit 40%ige Schwefelsäure erhält man die Säure unverändert zurück, woraus hervorgeht, daß hier keine γ- bzw. andere lactongebende Oxysäure vorliegt. Dieser kommt also folgende Formel V zu. Mit einer stärkeren (vielleicht 70—80%ig.) Schwefelsäure sollte sie neben Ameisensäure eine Ketonsäure VI liefern:

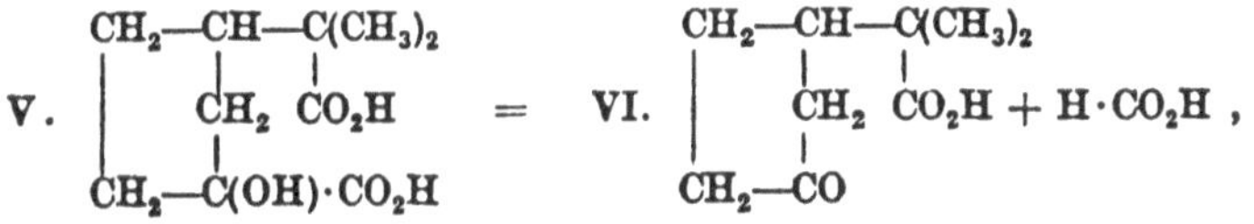

die ihrerseits zu einer δ-Oxysäure VII reduziert werden müßte, welche in die Lactonsäure VIII übergehen könnte:

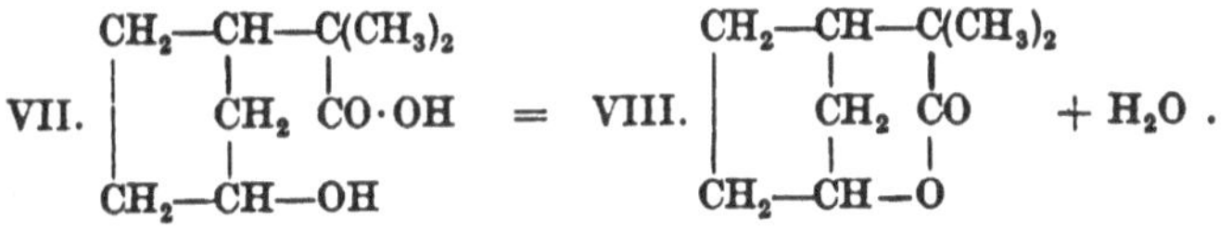

5. Camphenonsäure, $C_{10}H_{14}O_3$, und Camphenolsäure, $C_{10}H_{16}O_3$[1])

a) Theoretisches: Die oben (S. 74) angegebene, unter Wasserabspaltung verlaufende Bildung einer gesättigten Ketomonocarbonsäure, der d,l-Kamphenonsäure, bei der trockenen Destillation der Camphensäure unter gewöhnlichem Druck bei etwa 340—350°, kann in zweierlei Weise stattfinden:

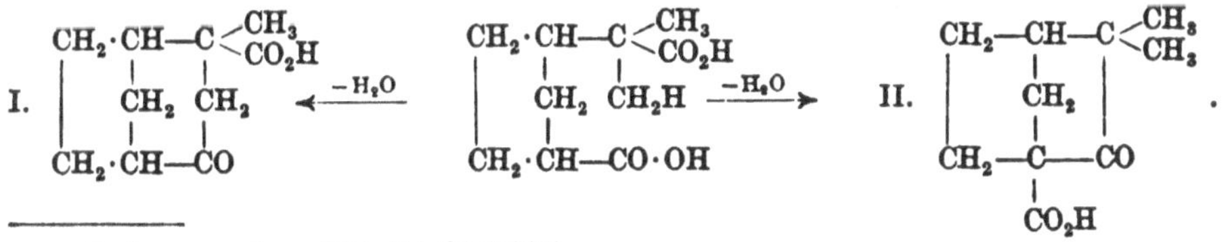

1) Aschan, Ann. 383, 58, 65 (1911). —

Obwohl Analogien auch für die Formel I vorliegen, führt die große Beständigkeit der Säure zur Konstitution II, obwohl dann eine β-Ketonsäure, die eigentlich Kohlendioxyd abgeben, und zwar eine β-Ketonsäure des Camphenilons, bilden sollte, vorliegt. Sie siedet bei 310—312° unter Luftdruck ohne Zersetzung. Beim Erhitzen mit Basen entstehen jedoch ketonartig riechende, zum Teil feste Körper. Dieselbe Beständigkeit zeigt auch Ketopinsäure[1]), von dem ähnlichen alicyclischen Bau, mit Carboxyl und β-Ketogruppe an demselben quaternären C-Atom. Vielleicht stabilisiert diese Struktur das sonst bewegliche Carboxyl, weshalb andere derartige, auch aliphatische β-Ketosäuren in dieser Hinsicht untersucht werden sollten. Andererseits wird wohl durch diese Bindungsweise auch die Affinität zwischen Carbonyl und diesem Atom gelockert, worauf die leichte Zurückbildung der Camphensäure, am vollständigsten schon unter Anwendung einer Lösung von 2 Äquivalenten Natrium in 96%ig. Alkohol, aber auch beim Kochen mit Alkali, zeigt. Die erhaltene zweibasische Säure ist nämlich Camphensäure (Schmelzp. 134—135°).

b) Darstellung der d,l-Camphenonsäure.[2]) Eine weit bessere Ausbeute als bei der trocknen Destillation erhält man durch Erhitzen (6 Stunden) von Camphensäure (50 g) mit 72 g (etwas mehr als 2 Molen) Acetanhydrid unter Steigrohr, und Destillieren des Produktes bei gewöhnlichem Druck; im Vakuum tritt eine unreinere Säure auf. Bis 150° gehen im vorigen Falle Essigsäure inkl. Anhydrid, bei etwa 200° als ein grünliches Öl, über. Die Camphenonsäure destilliert bei Luftdruck über 300°, und zwar in fast reiner Form bei 310—312°. Nach Auflösung in Soda und Entfernen von ein wenig öligem Neutralkörper mit Äther, fällt beim Ansäuern fast reine Camphenonsäure aus, die beim Auflösen in Benzol und Ausfällen mit Petroläther in bei 134° schmelzenden Blättern auftritt. Sie ist in Wasser ziemlich, in den meisten organischen Solvenzien leicht löslich.

c) Derivate: Das Oxim, $C_9H_{13}(N\cdot OH)\cdot CO_2H$, entsteht durch Einwirkung von Hydroxylaminchlorhydrat auf die in Soda aufgelöste Säure bei 50—60° im Wasserbade (4 Stunden). Nach Auflösen in einer großen Menge kochenden Benzols treten verwitternde Krystalle auf, die Krystallbenzol enthalten (Schmelp. 173° des reinen Oxims). Beim Kochen mit 20% Salzsäure wird Camphenonsäure zurückerhalten.

Der Äthylester[3]) wird beim Kochen der Säure (6 Stunden) mit 3%iger, alkoholischer Salzsäure als ein bei 142—143,5° siedendes Öl erhalten. Um die Konstitution der Camphenonsäure fernerhin festzustellen, wurde versucht, durch Einwirkung von Benzaldehyd in Gegenwart von Piperidin ihre α-Benzylidenverbindung, $C_9H_{13}(:CH\cdot C_6H_5)\cdot CO_2H$, darzustellen, die nur nach obiger Formel I, nicht aber nach der Formel II entstehen kann. Das Resultat war negativ, was die Formel II, die keine Gruppierung $-CH_2\cdot CO-$ enthält, bestätigt.

Das Amid, $C_9H_{13}O\cdot CO\cdot NH_2$, wurde nach meiner Methode (vgl. S. 25 unter dem Amid der Hexahydrobenzoesäure) beim Eintropfen des bei der Einwirkung von PCl_5 auf die Säure erhaltenen Gemenges von Säurechlorid und $POCl_3$ in stark gekühlte Ammoniakflüssigkeit dargestellt. Aus heißem Alkohol treten 4seitige Platten vom Schmelzp. 184—185° auf.

d) Die aktiven Kamphenonsäuren.[4]) Bei der Bereitung der d,l-Camphenonsäure aus d,l-Camphensäure (s. o.) blieb neben kleinen Mengen

[1]) Komppa, Ber. 44, 1536 (1911). — [2]) Aschan, Ann. 410, 240 (1914); F. Vet.-Soc. Förh. 57, A, Nr. 8, S. 9 (1914). — [3]) Aschan, Ann. 410, 249 (1914). — [4]) Aschan, Ann. 410, 244 (1914).

von Camphenlauronolsäure in den Mutterlaugen eine weitere, mit der Camphenonsäure isomere Säure zurück, die größere Löslichkeit in Wasser und anderen Solvenzien sowie andere physikalische Eigenschaften, wie eine starke Drehung, als die racemische Säure zeigte, und in glänzenden, bei 70° schmelzenden Prismen mit 1-mol. Krystallwasser, während die inaktive Säure ohne Wasser krystallisierte. Wasserfrei schmolz diese aktive Säure bei 105—106°.

Die Natur der neuen Säure wurde bei einem Versuch mit schmelzendem Kali klargelegt. Dabei entstand nämlich eine bei 144—145° schmelzende zweibasische Säure, die sich als d-Camphensäure erwies. Jene stellte daher d-Camphenonsäure dar. Ihr Vorkommen als Begleiter der d,l-Camphenonsäure beruht darauf, daß die als Rohmaterial angewandte Camphensäure aus einem stark drehenden Camphen ($[\alpha_D] = + 40{,}9^0$) stammte. Als ein ursprünglich aus spanischen Pinen ($[\alpha_D] = - 37{,}7^0$) über dem Hydrochlorid desselben bereitetes l-Camphen ($[\alpha]_D$ = etwa $- 60^0$) zur l-Camphensäure oxydiert wurde, die dann der trocknen Destillation unterzogen wurde, erhielt man l-Camphenonsäure, die außer der Richtung des Drehens dieselben Eigenschaften wie die d-Camphenonsäure zeigte. Beim Zusammenmischen gleicher Teile von diesen wurde obige d,l-Camphenonsäure erhalten, die also tatsächlich die racemische Form der beiden aktiven Säuren darstellt. In gleicher Weise wurde aus den beiden aktiven Amiden das obige d,l-Amid gewonnen. Folgende Tabelle erleichtert den Vergleich der drei Säuren:

	Krystall-wasser-gehalt	Schmelz-punkt	Krystall-form	Löslichkeit in in 100 g Wasser bei 19°	$[\alpha]_D$
d,l-Camphenonsäure:	—	134°	Glänzende Blätter	0,921 g	0
d- „	1 Mol	mit Wasser 70°;	Nadelförmige Prismen	1,117 „	+ 79,1
l- „	1 Mol	wasserfrei 105—106°	Nadelförmige Prismen	1,112 „	— 79,2

	Schmelzpunkt	$[\alpha]_D$
Amid der d,l-Camphenonsäure:	184—185°	0°
„ „ d- „	152,5—154°	+ 56,6
„ „ l- „	152—154°	— 58,3

Das erhaltene Drehungsvermögen der aktiven Camphenonsäuren mit dem der entsprechenden aktiven Camphensäuren verglichen (mit $[\alpha]_D = + 1{,}87$ bzw. $- 1{,}88$) stellen einen weiteren Beweis dar, daß der Betrag der Drehung kräftig, hier auf + 79,1 bzw. 79,2) wächst, wenn eine neue Ringbindung in ihrem Molekül hinzukommt.

Die d- und l-Camphenonsäuren entstehen ferner beim Kochen der d- und l-Camphensäuren mit Acetanhydrid und Destillation des Produktes, wie oben für die d,l-Säure angegeben wurde. Die aktiven Amide wurden gleichfalls nach der oben angegebenen Methode für das Amid der d,l-Säure erhalten.

6. d,l-Camphenolsäure, $C_9H_{14}(OH)\cdot CO_2H$

ist die der Camphenonsäure entsprechende sekundäre Alkoholsäure. Sie konnte nicht vermittelst Natriumamlagams aus der Wasserlösung dieses Ausgangsmaterials, auch nicht beim Einleiten von Kohlensäure in die heiße Lösung gewonnen werden.

Dagegen führten Natrium (die 3fache Menge) und Alkohol (etwa die 23malige Menge des Na-Gewichtes) zum Ziel. Während der Reaktion war ein schwer lösliches Natriumsalz, aus regenerierter Camphensäure bestehend, abgeschieden worden. Das Filtrat davon wurde vom Alkohol vorsichtig befreit und die Säure nach dem Auflösen des in Wasser schwer löslichen Natriumsalzes mit Schwefelsäure ausgefällt sowie in Äther aufgenommen. Nach Verdunsten des Äthers und Lösen der öligen Säure in wenig heißem Wasser wird die beim Abkühlen ölige Lösung mit Methylalkohol tropfenweise zum Aufklären versetzt, worauf letzterer an der Luft oder besser über Schwefelsäure wieder entfernt wird.[1]) Die sonst ölig abgeschiedene Camphenolsäure scheidet sich dann in großen, monoklinen Krystallen vom Schmelzp. 100—101° aus.

Versuche zur Wasserabspaltung[2]) aus der Camphenolsäure (I) gemäß der folgenden Reaktionsformel, wobei die dem Cyclofenchen (III) entsprechende Monocarbonsäure (II) erwartet wurde, führten zu keinem Resultat:

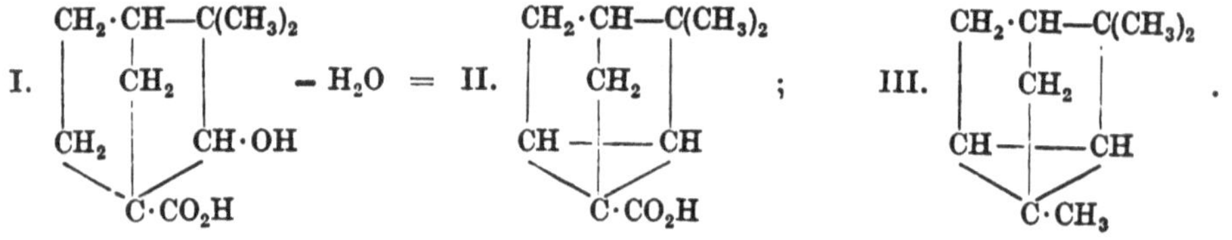

Weder die Anwendung von Oxalsäure (bei 150°), Ameisensäure, noch konzentrierte Schwefelsäure bzw. Kaliumbisulfat führte zu diesem Resultat. Nur die Ameisensäure wirkte im Wasserbade ein, aber unter Bildung des aus verdünnter Ameisensäure gut krystallisierten, bei 111° schmelzenden Formiates, $C_9H_{14}(O \cdot CHO) \cdot CO_2H$. Diese Estersäure gibt mit Kalilösung bei 100° die d,l-Camphenolsäure zurück.

Letztere gibt mit Phosphorpentachlorid ein dickflüssiges Chlorid, das mit konz. Ammoniak ein bei 186—187° schmelzendes Amid liefert. Salze der Säure wurden auch dargestellt.

Der Typus der Camphenolsäure müßte der VAN'T HOFF-LE BELschen Theorie nach in 8 aktiven und 4 racemischen Formen auftreten können, weil sie 3 asymmetrische Kohlenstoffatome enthält. Aus denselben Gründen wie beim Campher, der zwei derartige bicyclische Systeme enthält, aber trotzdem nur in zwei aktiven und einer d,l-Form auftritt, wird auch die Camphenolsäure nur 4 aktive und 2 racemische Modifikationen bilden können. Irgendeine andere Form als die obige d,l-Säure, ist nicht dargestellt worden. Es entstehen wohl bei der Hydrierung der Camphenolsäure zwei Isomere, von denen das eine dem Borneol, das andere dem Isoborneol entsprechen würde. Beide sind offenbar d,l-Formen; es scheint jedoch die eine von beiden in so kleiner Menge entstanden zu sein, daß sie unbeachtet geblieben ist. Ferner müßte sowohl die l- wie die d-Form der Camphenonsäure je zwei Paare aktiver Modifikationen geben. Die Untersuchung dieses Gebietes bietet in stereochemischer Hinsicht viel Interessantes.

Bei der Grignardierung der d,l-Camphenonsäureäthylester (Siedep. 259 bis 261° bei gewöhnlichem Luftdruck) mit Methylmagnesiumjodid entsteht, anscheinend als Hauptprodukt, ein bei 118—120° siedender Ester, der gegen Permanganatlösung

[1]) Diese Art des Krystallisierens kann auch bei anderen Substanzen angewandt werden, welche aus der Wasser- oder der verdünnten Alkohollösung als Öle ausgeschieden werden. — [2]) Wird nach nicht veröffentlichten Versuchen angegeben.

als gesättigt reagiert und der Zusammensetzung (I) unten entsprechen würde. Eine nähere Untersuchung desselben wäre geboten, weil man wohl daraus zu einem Carbonsäureester des Camphens (II) gelangen würde, wenn nicht etwa der Ester einer methylierten Cyclofenchencarbonsäure (III) entstehen würde:

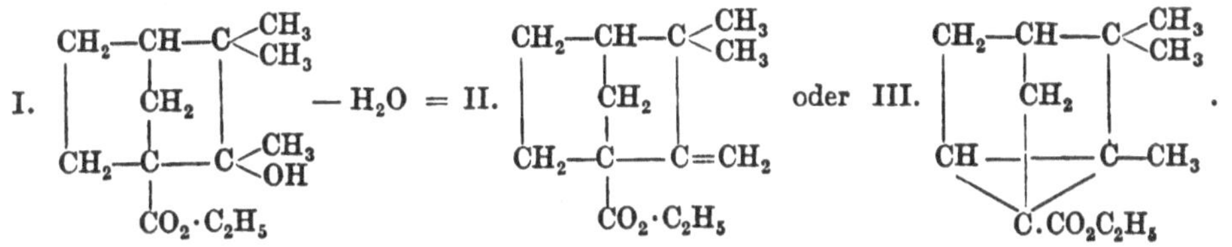

Versuche, aus der d,l-Camphenonsäure Kohlendioxyd abzuspalten, wobei Camphenilon, $C_9H_{14}O$, entstehen könnte, blieben auf Grund der ungewöhnlichen Beständigkeit dieser β-Ketonsäure ohne Erfolg. Die Versuche wurden beim Kochen teils im offenen Gefäß, teils mit 22,- 30-, 50- und 60%iger Schwefelsäure, teils auch durch Erhitzen mit 10%iger Schwefelsäure im geschlossenen Gefäß ausgeführt.

7. Anregungen und Zusätze zum Moment A: Camphensäure

Außer den in die nächst vorangehenden Unterabteilungen eingestreuten Angaben über Versuche, deren Ausführung erwünscht wäre, seien noch folgende Anregungen erwähnt.

Der am meisten auffallende Mangel in den zu diesem Moment gehörigen Arbeitsresultaten dürfte derjenige sein, daß die beiden aktiven trans-Camphensäuren nicht dargestellt worden sind, worüber schon (S. 76) die dazu beitragenden Gründe angeführt wurden. Zwar gelang es mühsam, die d,l-trans-Camphensäure in kleiner Menge durch Umlagerung der d,l-cis-Säure mit Eisessig-Salzsäure bei 180° und Aufarbeitung des entstandenen Gemisches zu gewinnen. Dies könnte nun mit den beiden aktiven cis-Camphensäuren wiederholt werden. Außerdem könnte man mit diesen Säuren eine andere Umlagerungsmethode bei den Camphersäurearbeiten wiederholen, nämlich die auf der Entbromung der aus denselben dargestellten Monobromcamphersäure beruht. Die Darstellung der Bromderivate auch aus den aktiven trans-Camphensäuren hätte deswegen Interesse, weil dadurch entschieden werden könnte, ob die Drehungsrichtung, wie wir in der Camphersäurereihe gefunden haben, bei zwei zusammengehörigen cis- und trans-Säuren unter Veränderung des Zeichens oder umgekehrt geht. Und ferner, ob der Zahlenwert der Drehung annähernd gleich groß wie bei der cis-Form ausfällt, sowie ob sich die neuen trans-Säuren selbst wieder in derselben Weise bei der Umlagerung verhalten bzw. dieselben Variationen des Drehungseffektes aufweisen.

Obwohl keine Anhydridbildung in gewöhnlichem Sinne bei den Camphensäuren eintritt, so findet jedoch, auch bei den trans-Säuren, beim Erhitzen eine intramolekulare Wasserabspaltung unter Bildung der Camphenonsäuren statt. Diese gehen wieder beim Kochen mit Natriumalkoholat oder bei vorsichtigem Schmelzen mit Kali in die cis-Camphensäuren über.

Hier liegt offenbar eine neue Methode vor, um aus den trans-Camphensäuren durch Umlagerung die entsprechenden cis-Säuren zu erhalten. Dies beruht nun auf der speziellen Natur der Camphensäuren als ringsubstituierte Adipinsäuren; vielleicht spielen sterische Umstände ein, indem der α-Wasserstoff der Gruppierung $>CH\cdot CO_2H$ leicht dem Hydroxyl der Seitenkette räumlich angenähert wird.

Eine weitere Möglichkeit, zu den aktiven Säuren zu gelangen, liegt in der Spaltung der d,l-trans-Säuren mit aktiven (in diesem Fall stark aktiven) Basen nach Pasteur. An den d- und l-trans-Säuren sollte ihre Überführbarkeit in die entsprechenden Camphenonsäuren experimentell geprüft werden, um festzustellen, ob die Drehungsrichtung der Camphenonsäuren bzw. der daraus regenerierten Camphensäuren affiziert worden ist.

Die gleichzeitig mit der Camphenonsäure erhaltene ungesättigte Camphenlauronolsäure sollte weiter auf ihre Konstitution untersucht und diese festgestellt werden. Bei fortgesetzter langsamer Destillation oder andersartiger Erhitzung wird sie wohl Kohlendioxyd abgeben und in einen Kohlenwasserstoff, ein „Camphenolaurolen", ein Gegenstück zu dem Laurolen der Camphergruppe, übergehen.

Die Feststellung der Zusammensetzung und Struktur der bei der Bromierung des d,l-cis-Camphensäurechlorids als Nebenprodukt entstehenden isomeren Bromcamphensäure(?) vom Schmelzp. 172—180° (S. 75)[1]) wäre auch erwünscht. Vielleicht liegt darin die d,l-trans-Bromcamphensäure vor. Wenn dies der Fall ist, so hätte man daraus eine neue ergiebige Reihe von Camphensäurederivaten zu erwarten.

Die von uns dargestellte Dehydrocamphensäure[2]) (S. 78) ist inaktiv. Da sie ein asymmetrisches System enthält, so müßte sie in den Komponenten spaltbar sein. Sie ist auch deshalb von Interesse, weil bei der Anlagerung von Bromwasserstoff (mit Bromwasserstoff-Eisessig im Rohr bei 100°) das Bromatom in die β-Stellung gehen würde. Dabei kämen zwei neue asymmetrische Systeme hinzu, so daß das Produkt irgendeine racemische Modifikation der möglichen 8 Formen darstellen wird (X = das α-Carboxyl, Y = die längere carboxylhaltige Seitenkette, Z = das Bromatom):

$$\underbrace{1.\ \frac{XYZ}{\quad};\ 2.\ \frac{ZYX}{\quad}};\ \underbrace{3.\ \frac{X\ \ Z}{Y};\ 4.\ \frac{Z\ \ X}{Y}};\ \underbrace{5.\ \frac{X\quad}{\quad YZ};\ 6.\ \frac{\quad X}{ZY\quad}};\ \underbrace{7.\ \frac{XY\quad}{\quad Z};\ 8.\ \frac{\quad YX}{Z\quad}}.$$

Geht man von der d,l-cis- und d,l-trans-Camphensäure aus, so wäre die Zahl stereomerer Formen auf 4 beschränkt.

Schon früher wurde angegeben[3]), daß d,l-cis-Dehydrocamphensäure bei mehrstündiger Behandlung mit 50%iger Schwefelsäure in der Wärme in der Weise verändert wird, daß man beim Erkalten zwei statt einer ursprünglichen Säure erhält. Entweder findet dabei eine sterische Umlagerung oder eine Wasseranlagerung statt. Eine weitere Untersuchung wäre zur Aufklärung dieser Beobachtung zu empfehlen.

Wie auf S. 82 hervorgehoben wurde, läßt sich bei der Einwirkung von nicht allzu verdünnter Schwefelsäure auf d,l-Oxycamphensäure eine Ketonsäure erwarten. Aus den von den entsprechenden aktiven Bromcamphensäuren erhaltenen Oxysäuren, die auch dargestellt werden sollten, wäre ferner Ketonbildung in den Fällen zu erwarten, in denen die Schwefelsäure nicht wasserabspaltend wirkt und die von den α-Bromcamphensäuren herzuleitenden und schon erwähnten Dehydrosäuren geben würde.

---

[1]) Ann. 375, 364 (1910). — [2]) Ann. 375, 365 (1910). — [3]) Ibid., S. 367.

Die obigen Möglichkeiten für weitere Untersuchungen sind am wichtigsten. Aber auch eine Menge von anderen Arbeiten mehr präparativer Art über die Derivate der Camphensäuren in engerem Sinne, wie Chloride, Ester, Amide usw. könnten ausgeführt werden.

B. Isofenchosäuren (Isofenchocamphersäuren)

1. Die Genese der Säuren und ihr allgemeines Verhalten

Die Isofenchosäuren, deren erster Repräsentant von WALLACH[1]) aus dem von BERTRAM und HELLE[2]) entdeckten Isofenchon (s. o.), wie die Camphersäuren aus Campher dargestellt wurden, sind also durch Aufspaltung des Ringelementes —CH_2·CO— unter Bildung zweier Carboxyle gebildet. Das Isofenchon[2]) entsteht durch Oxydation des sekundären Isofenchylalkohols, dessen Acetat wieder bei der Behandlung eines D,l-Fenchen genannten Terpens nach BERTRAM und VALBAUM mit Eisessig und Schwefelsäure wie Isoborneol aus Camphen entsteht.

Es gelang uns[3]), die Struktur der Isofenchosäure festzustellen, wodurch sie zugleich für Isofenchon bzw. Isofenchylalkohol endgültig klargestellt wurde. Folgende Reihe von Formeln zeigt die Beziehungen der genannten Körper zueinander an:

Fenchen Isofenchylalkohol Isofenchon Isofenchosäure

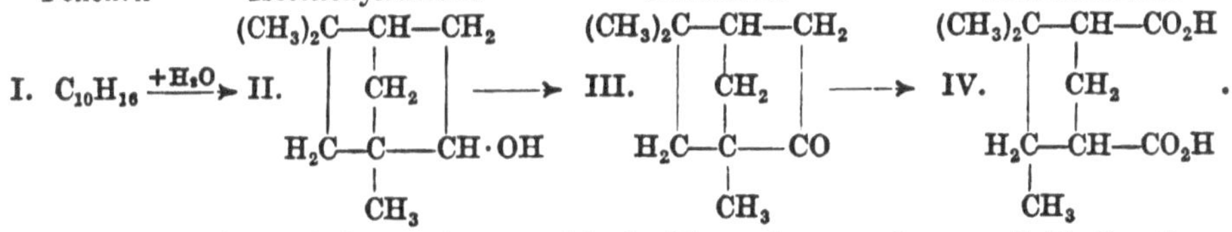

Für Fenchen wird nur eine empirische Formel angegeben, weil die Synthese des Isofenchylalkohols daraus unter einer komplizierten Umlagerung des Kerns stattfindet.

2. Die Strukturbestimmung der Isofenchosäuren und der daraus hergeleiteten Verbindungen[4])

Die folgenden experimentellen Resultate von uns waren in dieser Hinsicht leitend:

a) Die Isofenchosäuren zeigten sich bei BAEYERS Permanganatreaktion und gegen Brom gesättigt; die Molrefraktion des Esters war normal.

b) Die leichte Anhydridbildung der gewöhnlichen Isofenchosäure zeigt ihre cis-Natur an. Da keine einfache Ketonbildung bei der trocknen Destillation derselben stattfindet, so liegt eine ringsubstituierte Glutarsäure oder Bernsteinsäure vor.

c) Die bei 175° schmelzende Säure wird beim Erhitzen mit Eisessig-Salzsäure (vgl. S. 55) teilweise in eine geometrisch isomere Form der bei 169—170,5°[5]) schmelzenden trans-Isofenchosäure umlagert.

---

[1]) Ann. 362, 191, 198 (1900). — [2]) Journ. prakt. Chem. [2] 61, 293 (1900). — [3]) Ann. 387, 1 (1911). — [4]) Ibid., S. 19. — [5]) A. E. SANDELIN, Diss. (Helsingfors 1912), erhielt später den Schmelzp. 173—174°.

Daher ist das eine bei dieser Umwandlung beteiligte Carboxyl an dem Ring direkt gebunden (vgl. Moment d unten).

d) Die cis-Säure bzw. ihr Chlorid, $C_8H_{14}(COCl)_2$, wird unter Bildung zweier geometrisch isomerer α-Bromisofenchosäuren, $C_8H_{13}Br(CO_2H)_2$, leicht bromiert. Dagegen wirkt nur 1 Mol Brom in glatter Weise ein. Nur die eine carboxyltragende Gruppierung enthält daher Wasserstoff in α-Stellung, während das zweite Carboxyl quaternär gebunden ist. Das erstgenannte Carboxyl ist auch aus diesem Grund mit einem alicyclischen Ringatom verbunden.

e) Diese Schlüsse werden durch den davon unabhängigen Beweis bestätigt, daß die aus den obigen α-bromierten Säuren mit Alkalien erhaltenen α-Oxysäuren bei der Einwirkung von Bleidioxyd und Eisessig eine Ketonsäure liefern, die von uns Isofenchocamphononsäure genannt wurde und die der Camphononsäure von Lapworth[1]) entspricht.

Man hat also folgende Umwandlungen:

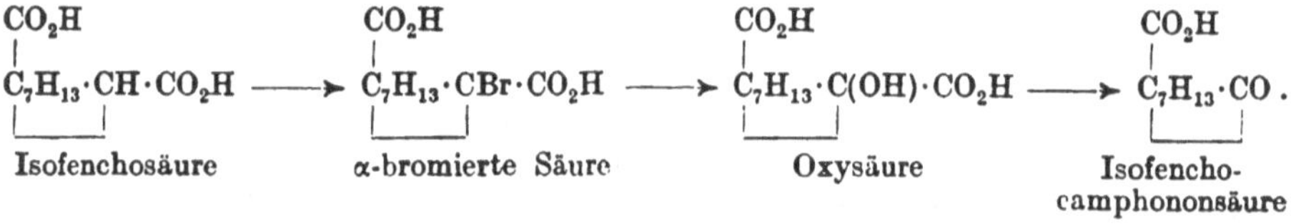

f) Bei der Einwirkung von Basen auf die höher schmelzende α-bromierte Säure oder von Chinolin auf ihrem Äthylester wird die ungesättigte d,l-cis-Dehydroisofenchosäure $C_8H_{12}(CO_2H)_2$ gebildet. Dies deutet darauf hin, daß die Isofenchosäure und die Dehydrosäure die Gruppierungen I und II enthalten (s. u.):

g) Daß eine beständige Lactonsäure nach dem Schema III entsteht:

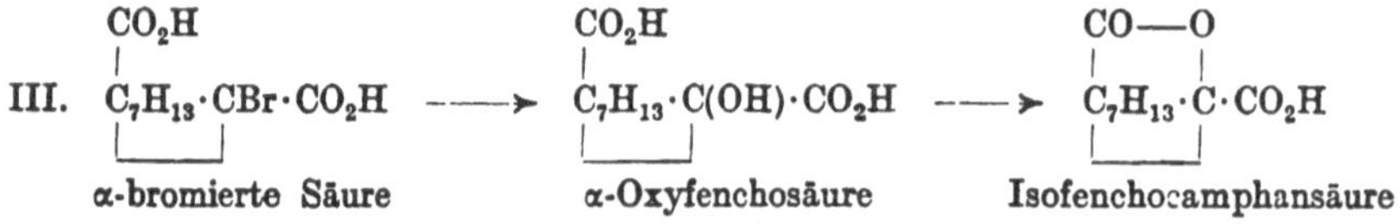

zeigt, daß das zweite Carboxyl in γ-Stellung zum Hydroxyl der Oxysäure steht. Da diese, wie das erste Carboxyl, an demselben Ringkohlenstoff liegt, so ist die Isofenchosäure eine ringsubstituierte Glutarsäure.

h) Beim vorsichtigen Schmelzen der α-Oxyisofenchosäure mit Kali entsteht, wie wir gezeigt haben, neben Ameisensäure eine Dicarbonsäure, $C_9H_{16}O_4$, der Oxalsäurereihe (Schmelzp. 192—193°), die sich in keiner Weise bromieren ließ, weshalb die beiden α-Stellungen mit vier Alkylgruppen besetzt waren. Da sie ein einfaches Anhydrid liefert, so stellt sie entweder die unbekannte Trimethylbernsteinsäure oder die $\alpha\alpha\alpha_1\alpha_1$-Tetra-

[1]) Journ. chem. Soc. 75, 986 (1899); 77, 1070 (1900).

methylglutarsäure, die bekannt ist[1]), dar. Es ließ sich in verschiedener Weise feststellen, daß die erhaltene obige Säure mit der letztgenannten identisch ist und also die Formel

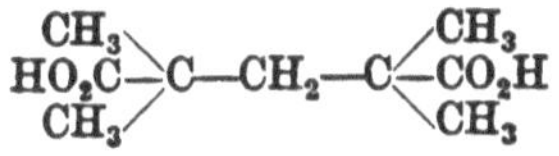

besitzt.

i) In der Kalischmelze wird eine Ketonsäure gebildet, die nicht rein erhalten werden konnte. Ihr Übergang in die Tetramethylglutarsäure II berechtigt indes die Annahme der folgenden Struktur I für dieselbe, die auch die Gegenwart von Ameisensäure in der Schmelze erklären würde:

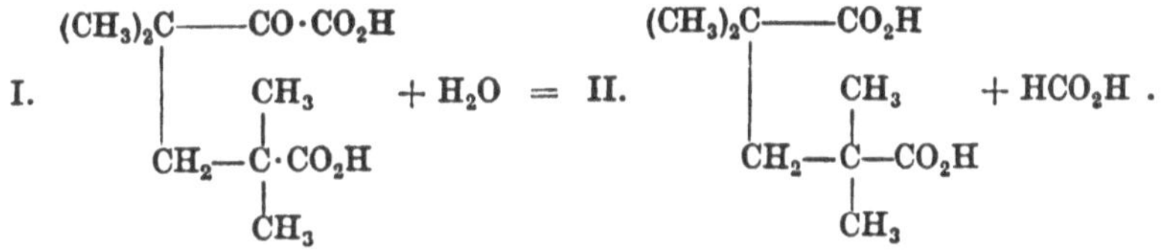

Folglich findet die Aufspaltung der α-Oxyisofenchosäure nach folgender Reaktion statt:

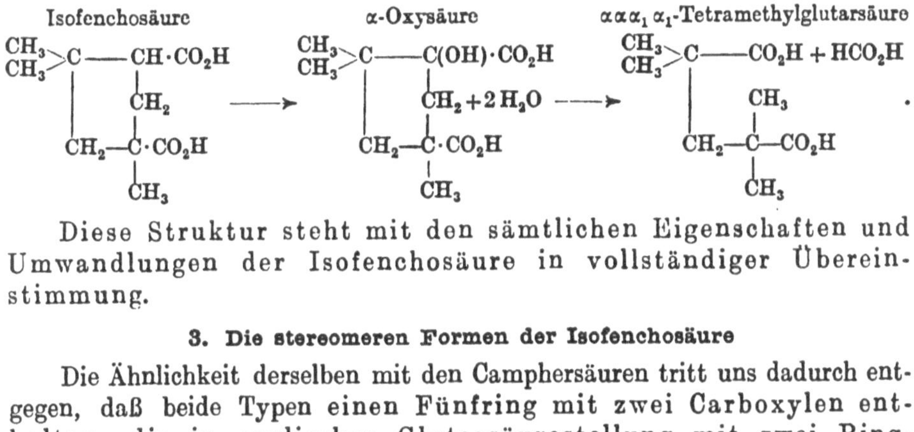

Diese Struktur steht mit den sämtlichen Eigenschaften und Umwandlungen der Isofenchosäure in vollständiger Übereinstimmung.

3. Die stereomeren Formen der Isofenchosäure

Die Ähnlichkeit derselben mit den Camphersäuren tritt uns dadurch entgegen, daß beide Typen einen Fünfring mit zwei Carboxylen enthalten, die in cyclischer Glutarsäurestellung mit zwei Ringatomen direkt vereinigt sind und drei Methylgruppen in unsymmetrischer Stellung enthalten. Die stereomeren Formen lassen sich wieder mit denselben Raumsymbolen[2]) wie die Camphersäuren veranschaulichen (X = Methyl, Y = Carboxyl):

$$\underbrace{1.\ \frac{XYY}{X\quad X};\quad 2.\ \frac{YYX}{X\quad X}};\quad \underbrace{3.\ \frac{X\quad Y}{XYX};\quad 4.\ \frac{Y\quad X}{XYX}}.$$

Es sind vier aktive, paarweise spiegelbildisomere Isofenchosäuren sowie zwei racemische Formen zu erwarten. Das eine Paar (1, 2.) bzw. dessen d,l-Form, enthält die Carboxyle an derselben Seite der Ringebene: cis-

[1]) Michailenko und Jaworski, Journ. Russ. phys.-chem. Ges. 32, 328 (1900); Centralblatt 1900. II. 529. — [2]) Aschan, Chemie der alicyclischen Verbindungen, S. 355 (1905).

Formen, und bildet eigene Anhydride. Bei dem zweiten Paar (3. und 4.) mit ihrer d,l-Form sind die Carboxyle in trans-Stellung und bilden erst durch Umlagerung die Anhydride, mit denen die der cis-Formen identisch sind. Unsere Arbeiten haben in der Tat die obigen Voraussetzungen in jeder Hinsicht festgestellt, wie folgende Tabelle zeigt[1]):

Die Säuren	Schmelzpunkt	Wasserlöslichkeit (25°) auf 100 g	$[\alpha]_D$	K	Krystallform
cis-l-Säure	158—159°	1,412 g	— 14,54°	0,00492	Prismen
cis-d-Säure	158—159°	1,409 „	+ 14,58°	0,00492	„
cis-d,l-Säure . . .	174—175°	0,224 „	± 0°	0,00491	Schmale Blätter
trans-l-Säure . . .	149—150,5°	0,458 g	— 4,16°	0,00421	Prismen
trans-d-Säure . . .	149—150,5°	0,460 „	+ 4,19°	0,00419	„
trans-d,l-Säure . .	173—174°	0,180 „	± 0°	0,00420	Schmale Blätter

Die absoluten Zahlen für die Drehung bei den aktiven Säuren der beiden Reihen sind hier, im Gegensatz zu denen der Camphersäuren, mehr gleichartig (14,56 bzw. 4,18). Beim Berechnen[2]) (wie bei den Camphersäuren S. 56), mit welchem Betrag die aktiv wirksamen Systeme an der Drehung beteiligt sind, erhält man für die Drehungszahl der cis-Isofenchosäuren, die der Mesoweinsäure entsprechen, worin die Systeme A und B in entgegengesetzter Richtung drehen:

$$A + B = \pm\, 14{,}56$$
$$A - B = \pm\, 4{,}18$$
$$2A = \pm\, 18{,}74 \text{ und } A = \pm\, 9{,}37,\ B = \pm\, 5{,}19$$

Weil es unbekannt ist, welches System in positiver bzw. negativer Richtung dreht, so sind sämtliche Zahlen mit + und — bezeichnet.

4. Die sterische Umlagerung der Isofenchosäuren

a) In dieser Beziehung liegen die Verhältnisse wie bei den Camphersäuren (S. 51), indem die cis-Säuren beim Erhitzen oder durch Einwirkung von Acetylchlorid vollständig in ihre Anhydride mit folgenden Eigenschaften übergehen, und woraus sie wieder durch Wasser- oder Alkalieinwirkung zurückgebildet werden:

	Schmelzp.	$[\alpha]_D$	Krystallform
l-cis-Isofenchosäureanhydrid:	98°	— 13,45	Große Prismen oder Nadeln
d- „	98°	+ 13,45	„ „ „ „
d,l- „	95—96°	—	Schief abgestumpfte Prismen oder briefkuvertähnliche Platten

Die Anhydride sind eigentümlicherweise mit Wasserdämpfen flüchtig, wobei sie, wie auch beim Erhitzen für sich, einen scharfen, an Senföl erinnernden Geruch entwickeln.[3])

b) Wenn die trans-Säuren erhitzt werden, so gehen sie direkt in die obigen Anhydride der cis-Säuren über und dabei, im Gegensatz zu dem Verhältnis in der Camphersäurereihe, gibt die

[1]) E. Sandelin, Diss., S. 94 (Helsingfors 1912). — [2]) Aschan, Struktur- und stereochemische Studien in der Camphergruppe. Acta Soc. scient. Fenn. 21, Nr. 5, S. 108 (1895). — [3]) Ann. 387, 1 (1911).

trans-l-Säure das Anhydrid der cis-l-Säure und die trans-d-Säure das Anhydrid der cis-d-Säure. Dasselbe Verhältnis tritt auch bei den anderen Umlagerungsarten der diesbezüglichen cis- und trans-Säuren ein. Diese sind

1. Erhitzen der Säuren 10 h mit gleichen Volumen Eisessig- und konzentrierter Salzsäure im Rohr bis auf 180°. Jede cis-Säure geht wie in der Camphersäurereihe zu 50% in die entsprechende trans-Säure über, die einfachste Methode zur Darstellung der letzteren. Die Trennung der beiden Formen geschieht auch mit Acetylchlorid.

2. Darstellung der Chloride der Säuren und die Zurückverwandlung derselben mit Alkalien. Auch hier werden nach SANDELIN[1]) 50% der cis-Form und im Gegenteil 50% der trans-Form in die geometrisch isomere Form umgelagert. Eine eingehendere spätere Untersuchung[2]) ergab jedoch, daß sich die Gleichgewichtslage erheblich verschieben kann, wenn das Chlorid destilliert wird oder längere Zeit bei gewöhnlicher Temperatur liegen bleibt.

c) Eine sterische Umlagerung findet auch bei der Bromsubstitution in α-Stellung oder der Resubstitution des erhaltenen Produktes statt, wenn auch nicht gleich leicht wie in der Camphersäurereihe, worauf wir hinweisen.[3])

5. Derivate der Isofenchosäuren

a) Die Bildung der Dehydroisofenchosäuren wurde schon oben berührt, nämlich bei der Bromwasserabspaltung aus den α-bromierten d,l-Säuren oder Erhitzen des Esters derselben mit Chinolin und nachheriger Verseifung.[4]) Bei einer späteren eingehenden Untersuchung[5]) wurden auch die aktiven cis-Dehydrosäuren dargestellt:

	Schmelzp.	Löslichkeit bei 25° in 100 ccm Wasser	$[\alpha]_D$
d,l-Säure	189—190°	0,1061 g	—
l-Säure (aus d-cis-Isofenchosäure) . . .	170—171°	0,3735 „	—30,43
d-Säure (aus l-cis-Isofenchosäure) . . .	170—171°	0,3761 „	+ 30,28

Eine Menge von Derivaten dieser Säuren sowie ihr allgemeines Verhalten sind in der angegebenen Literatur beschrieben. Hier sei nur folgendes mitgeteilt.

Die Anhydriddarstellung gelang nicht, ebensowenig die sterische Umlagerung derselben, sowie die Bromaddition. Dagegen wurde beim Erhitzen der Säure mit Bromwasserstoff-Eisessig auf 120° ein Additionsprodukt, $C_8H_{13}Br(CO_2H)_2$ (Schmelzpunkt 267° unter Zersetzung), das bei der Reduktion mit Zinkstaub und Eisessig-Chlorwasserstoff die ursprüngliche Isofenchosäure ergab.

b) α-Oxyisofenchosäure, $C_8H_{13}(OH)\cdot(CO_2H)_2$, entsteht bei der Einwirkung von Alkalien auf die d-Bromisofenchosäure neben der Isofencholauronolsäure[6]), die nach Dampfdestillation in seidenglänzenden Nadeln vom Schmelzp. 44—45° erhalten wird:

$$C_8H_{13}Br(CO_2H)_2 + NaOH = NaBr + H_2O + CO_2 + (CH_3)_2C\left\langle\begin{matrix} CH : CH \\ | \\ CH_2\cdot C\left\langle\begin{matrix} CH_3 \\ CO_2H \end{matrix}\right. \end{matrix}\right.$$

---

[1]) l. c., S. 66, 95 (1912); ASCHAN, Ann. 387, 56 (1911). — [2]) ASCHAN und HAVULINNA (vgl. S. 59). — [3]) ASCHAN, Ann. 384, 58, 60 (1911). — [4]) Ibid., S. 60, 63, 66, 67, 73. — [5]) TOIVONEN, Diss. (Helsingfors 1915). — [6]) ASCHAN, Ann. 387, 63 (1911).

(Dibromid unbeständig; beim Kochen mit verdünnten Säuren ein neutrales Produkt, wahrscheinlich Isofenchocampholacton.)

Die obige Oxyisodicarbonsäure wird mittels ihrer schwer löslichen Ba-Salz von der Dehydrosäure getrennt. Sie ist im kochenden Wasser leicht löslich und schmilzt bei 185—186°. Beim Schmelzen spaltet sie Wasser ab, unter Bildung der Isofenchocamphansäure, $\overset{CO}{\underset{O}{|}}\!>C_8H_{13}\cdot CO_2H$, vom Schmelzp. 177°. Sie geht beim Kochen mit Kalilauge in die ursprüngliche Oxysäure über.[1]) Es scheint aber, als ob dabei auch eine leichter lösliche Säure mit etwas höherem Schmelzp. (189—190°) zunächst oder gleichzeitig gebildet würde, was noch eingehender festzustellen wäre.[2]) Bei der Oxydation der Oxyisofenchosäure (Schmelzp. 185—186°) mit Bleiperoxyd und Essigsäure entsteht eine bei 68—70° schmelzende Ketosäure, $C_9H_{14}O_3$, die von uns Isofenchocamphononsäure genannt wurde[3]):

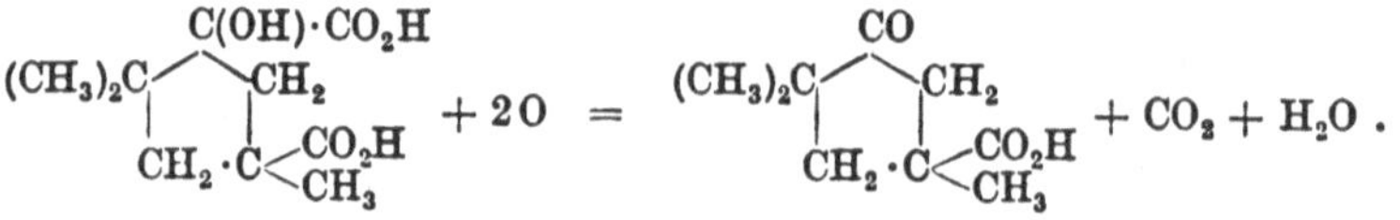

Sie bildet ein bei 221° schmelzendes Semicarbazon, $C_{10}H_{17}N_3O_3$. Bei der Permanganatoxydation gibt die Säure $C_9H_{14}O_3$ eine bei 180—181° schmelzende einbasiche Säure, $C_8H_{10}O_3$ (Ketonsäure?).

6. Anhang: Über die Konstitution der zur Fenchon- bzw. Isofenchonreihe gehörigen Verbindungen

Die von mir bewiesene Formel (S. 87ff.) für Isofenchosäure läßt bestimmte Schlüsse auch bezüglich anderer, zur Fenchon- und Isofenchonreihe gehöriger Verbindungen zu, u. a. über die zugehörigen Terpene, die Fenchenkohlenwasserstoffe:

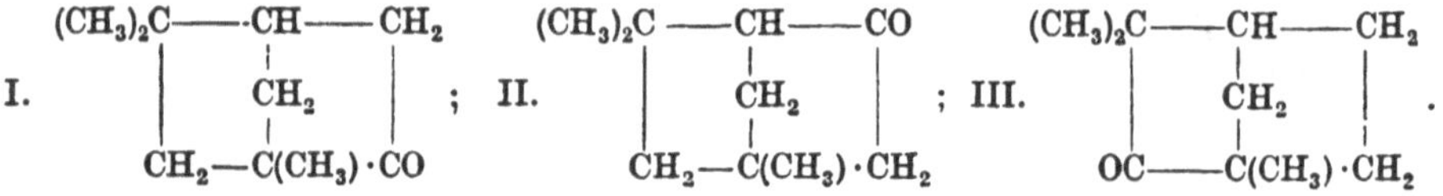

Wird dem Fenchon die mit fast allen Tatsachen übereinstimmende SEMMLERsche Formel III gegeben, so wird die Formel I für das Isofenchon erhalten, besonders, wenn man Bezug auf das von mir aus dem Vorlauf des Camphens isolierte tricyklische Terpen Cyclofenchen[4]) (β-Pinolen) nimmt. Aus unserer Untersuchung ging nämlich hervor, daß Cyclofenchen mittels der BERTRAMschen Reaktion in Isofenchylalkohol verwandelt werden konnte und daher mit Isofenchon nahe verwandt ist. Der rohe Isofenchylalkohol enthält auch Fenchylalkohol, weil dieses Gemenge bei der Oxydation mit Kaliumpermanganat, neben Isofenchosäure, ein Keton, $C_{10}H_{16}O$, liefert, das außer Isofenchon auch Fenchon enthält. Cyclofenchen steht also auch zu dem Keton und den daraus über Fenchylalkohol bzw. Fenchylchloriden dargestellten Fenchenen in naher Beziehung. Daher habe ich dem Cyclofenchen die umstehende Formel gegeben, die sich in allen Beziehungen als richtig gezeigt hat. Die bei der BERTRAMschen Reaktion

[1]) ASCHAN, ibid., S. 72. — [2]) Vgl. ibid., S. 72. — [3]) Ibid., S. 81. — [4]) Ibid., S. 24, 25 (vgl. auch die Fußnote).

stattfindende Wasser- bzw. Chlorwasserstoffanlagerung findet dann unter Aufspaltung der horizontal geschriebenen Bindung des Cyclopropanringes des Cyclofenchens statt:

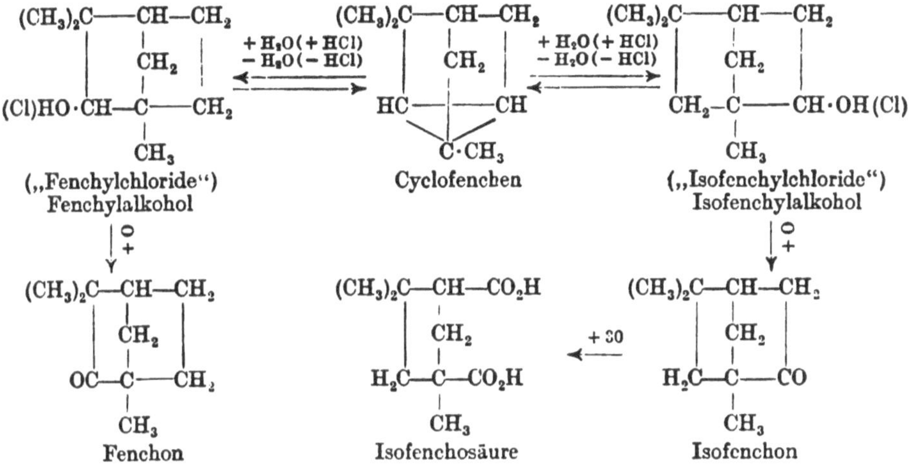

Cyclofenchen ist bei der alkalischen Kaliumpermanganatoxydation sehr beständig, wird aber sehr leicht von sauren Agenzien aufgespalten. Dasselbe gilt auch für die Addition von Chlorwasserstoff, der sich auch in den obigen Formeln abspiegelt. Das feste Monohydrochlorid, $C_{10}H_{17}Cl$, des Cyclofenchens (Schmelzp. 27,5—29°) wird schon binnen 12 Stunden dunkel gefärbt und riecht dann nach Chlorwasserstoff. Dieser kann wieder unter Bildung von Hydrochloriden einwirken, was das Auftreten der vielen anderen Fenchene sowohl aus Fenchyl- und Isofenchylalokohol erklärt, die teils nach den eingehenden Untersuchungen WALLACHs, teils auch aus späteren Arbeiten von KOMPPA, ROSCHIER, HINTIKKA und QVIST bekannt geworden sind. Wenn man annimmt, daß bei der Einwirkung des Phosphorpentachlorids auf Fenchyl- bzw. Isofenchylalkohol, wobei auch Fenchene entstehen, zunächst eine Wasserabspaltung unter Bildung von Cyclofenchen stattfindet, und daß der dabei auftretende Chlorwasserstoff sekundär unter Aufspaltung des Cyclopropanringes im Cyclofenchen bewirkt, so liegt hierin die natürliche Erklärung über die immer beobachtete, anscheinend stattfindende Bildung mehrerer Fenchylchloride oder Fenchene. Der Cyclopropanring ist nämlich in Cyclofenchen unsymmetrisch eingefügt und kann, wie leicht ersichtlich, durch additionelle Agenzien (hier Wasser und Chlorwasserstoff), in dreierlei Weise (I, II und III), wie aus der folgenden Formel erhellt, geöffnet werden:

Cyclofenchen

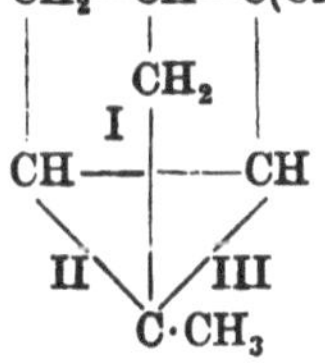

Durch „horizontale“ Aufspaltung nach I mittels Chlorwasserstoff kommt man, wie oben angegeben, zu den gegen Fenchyl- und Isofenchylalkohol entsprechenden, wahrscheinlich im rohen Fenchylchlorid vorhandenen Chloriden. Eine Chlorwasserstoffabspaltung kann zurück zum Cyclofenchen leiten.

Eine Aufspaltung nach II könnte zum Chlorid 1 und daraus durch Abspaltung von HCl zu zwei Fenchenen 2 und 3 führen:

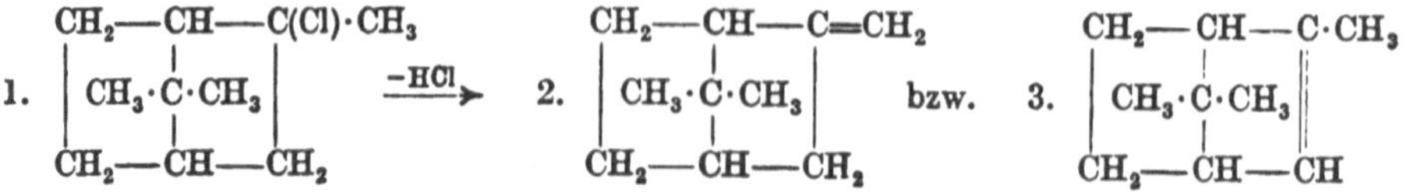

Im Gegenteil könnten die Terpene 2 und 3 vermittelst der BERTRAMschen Reaktion zum Cyclofenchen, bzw. vom Wasser zum Isofenchylalkohol zurückverwandelt werden.

Die dritte Art der Aufspaltung (III) entspricht der Bildung des Hydrochlorids, (4) eines anderen methylenartigen Fenchens (5):

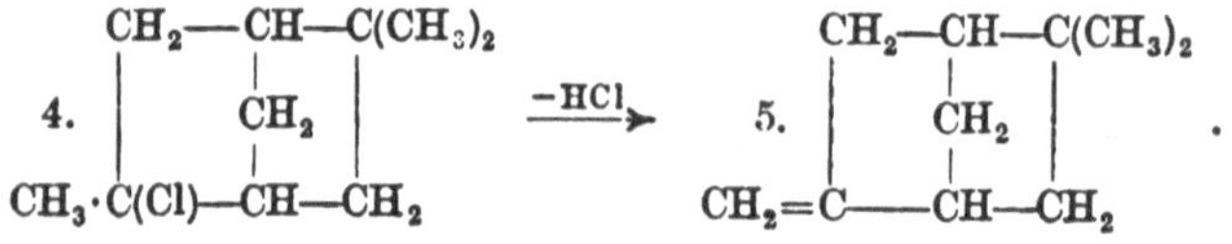

Noch andere Fälle zur Anlagerung und Abspaltung von Chlorwasserstoff nach II und III sind möglich. Man erhält tatsächlich aus obigem eine Erklärung über die ungewöhnliche Anzahl der Fenchene.

7. Anregungen und Zusätze zum Moment B

Eine auffallende Eigentümlichkeit der cis-Isofenchosäureanhydride ist ihre Flüchtigkeit mit Wasserdampf und der scharfe senfölähnliche Geruch. Den flüchtigen bicyclischen Verbindungen der Fenchen- und Isofenchengruppen ist ein unbehaglicher Geruchsaffekt mehr oder weniger eigen, ohne daß man sicher weiß, wo derselbe lokalisiert ist; vielleicht hängt er mit der Anordnung der Methylgruppen zusammen.

Eine weitere Untersuchung der Isofenchosäuren bezüglich der bekannten und noch nicht dargestellten Derivaten derselben wäre noch geboten. Als Beispiele geben wir hier in erster Linie z. B. die isomeren sauren ortho- und allo-Ester, die Amide, Imide, Nitrilsäuren, die aktiven Homosäuren, die Isofencholauronolsäuren usw., ferner die vielen möglichen mehr direkten Derivate des Isofenchons mit ihren α-Halogenverbindungen und Sulfonsäuren, den Oxymethylenverbindungen usw. Ein Blick auf die Körper der Campherchemie ergibt ohne weiteres in dieser Hinsicht eine beträchtliche Menge von Arbeitsaufgaben. Außerdem ist die Chemie der Fenchene keineswegs erschöpft.[1])

Ferner sei an dieser Stelle an ein paar wichtige Gruppen erinnert, nämlich die stereomeren α-Bromverbindungen, von denen nur Vertreter einer einzigen Isofenchosäure (S. 86) studiert worden sind. In diesem Falle wurden auch isomere Oxysäuren erhalten[2]), deren Verhältnis zueinander nicht untersucht wurde. Dasselbe gilt für die noch zu erwartenden anderen Dehydroisofenchosäuren, auch die der trans-Säuren.

Auch eine weitere Untersuchung des zusammen mit Cyclofenchen in dem Vorlauf des technischen Camphens, von uns aufgefundenen, bei etwa 144° siedenden α-Pinolens[3]) ist von Interesse. Es gehört zu den leicht kondensierbaren Terpenen.

[1]) Hierüber liegt eine ausführliche Arbeit aus unserem Laboratorium von WALTER QVIST (Diss., Helsingfors 1917) vor. — [2]) Ann. 387, 72 (1914). — [3]) Vgl. unsere oft zitierte Isofenchenabhandlung [Ann. 387, 1 (1914)].

Ein Präparat in einer verschlossenen Flasche hatte sich während einiger Jahre zu einer kaum beweglichen Schicht verwandelt[1]), worin eine kleine Menge von Krystallen vorhanden waren, die als d,l-Camphersäure (Schmelzp. 202°) erkannt wurde; wahrscheinlich entstammt diese aus einer Verunreinigung von einem etwas höher, bei etwa 148—150° siedenden Terpen (Schmelzp. 60—70°), die bei der Oxydation mit Permanganat oder Salpetersäure d,l-Camphersäure gibt (vielleicht racemisches Bornylen).

C. Santensäuren, $C_7H_{12}(CO_2H)_2$

Dem von MÜLLER[2]) aus dem Vorlauf des ostindischen Sandelholzöl isolierte Santen kommt ein erhebliches Interesse zu. Es stellt das nächstniedrige Homologen zu den Terpenen und tritt, wie später gezeigt wurde[3]), in der Natur ziemlich allgemein auf. Besonders kommt es, wie wir auch gefunden haben, in sibirischem Fichtennadelöl als Vorlauf zu dem darin vorhandenen Gemenge von Pinen und Camphen vor. Ferner ist es in sehr kleiner Menge in fast allen Pinusexsudaten vorhanden. Schließlich unterliegt es fast allen den Umwandlungen, die Camphen zeigt, obwohl seine Konstitution mehr derjenigen des Bornylens ähnelt. So erhielt ich[4]) mit der Reaktion von BERTRAM das Acetat eines Alkohols, $C_9H_{15} \cdot OH$, dem das Isoborneol aus Camphen ähnelt und von uns als α-Santenol bezeichnet wurde.

In einer mit der unsrigen gleichzeitigen Untersuchung legten SEMMLER und BARTELT[5]) dem Santen die Formel I zu. Danach kommt für mein Santenol, das dem Isoborneol aus Camphen entspricht, die Formel II sowie für das daraus durch Oxydation erhaltene Santenon, $C_9H_{14}O$, einem Homologen zum Campher, die Struktur III zu. Folglich hätte die daraus von uns durch Oxydation gebildete Santensäure die Formel IV:

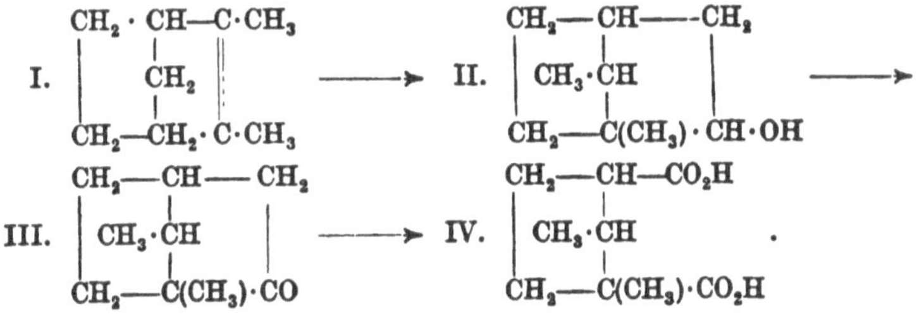

Diese würde also mit der Camphersäure homolog sein (vgl. aber auch unten bei dem Anhydrid). In der Santenreihe würde also, beim Vergleich mit der Camphergruppe, ein Methyl an der beiden Fünfringen gemeinsamen Brücke fehlen.

1. Näheres über die Santensäuren

Nur diese werden an dieser Stelle behandelt, während die bicyclischen Körper dieser Reihe, nämlich das Santen selbst, Santenhydrochlorid, die Santenole (α- und β-) und Santenon, im Kap. 10 behandelt werden sollen.

Der sichere Beweis, daß Santenon die nach III oben angegebene Gruppierung $—CH_2 \cdot CO—$ enthält, liegt in seiner Überführung in die Santensäure unter Aufspaltung dieser Gruppe:

[1]) Nach nicht publizierten Beobachtungen. — [2]) Arch. Pharm. 238, 366 (1900). — [3]) ASCHAN, Ber. 40, 4918 (1907). — [4]) F. Vet.-Soc. Förh. 53, A, Nr. 8, S. 2 (1910). — [5]) Ber. 40, 4467 (1907); 41, 127 (1908).

$$C_7H_{12}\left\langle\begin{matrix}CH_2\\ |\\ CO\end{matrix}\right. + 3\,O = C_7H_{12}\left\langle\begin{matrix}CO_2H\\ \\ CO_2H\end{matrix}\right. .$$

Diese ist wahrscheinlich mit der später dargestellten „π-Norcampheräure" von SEMMLER und BARTELT identisch, obwohl der Schmelzpunkt des Anhydrids unserer Säure (115—116°) viel höher als der der entsprechenden Verbindung (107°) der genannten Forscher liegt, während die beiden Säurepräparate bei gleicher Temperatur (170 bis 171°) schmelzen.

Daß das Santensäureanhydrid, $C_7H_{12}(CO)_2O$, viel niedriger als die freie Säure schmilzt, ist auffallend, da die Anhydride der analog konstituierten Camphersäuren einen viel höheren Schmelzpunkt zeigen. Eine zweite Eigentümlichkeit ist die Flüchtigkeit jenes Anhydrids mit Wasserdampf und der scharfe, dabei auftretende Senfölgeruch desselben, dem entsprechenden Anhydrid der Isofenchosäure (S. 88) ähnlich. Es scheint unter diesen Umständen, als ob die Struktur der Santensäure noch nicht sichergestellt sei. Der Abbau derselben soll noch ausgeführt werden.

Außer aus dem Santenon entsteht die Santensäure auch bei der Oxydation des α-Santenols[1]), dessen strukturelle Zusammengehörigkeit mit dem Santenon gesichert ist. Die Säure wird indes zunächst unreiner erhalten (Schmelzp. etwa 160°); durch Umkrystallisieren aus kochendem Wasser wird sie beim schnellen Abfiltrieren der Krystalle sofort rein. Die Rohsäure enthält eine isomere Säure[2]), die ich Isosantensäure genannt habe, die bei 121—123° schmilzt, sauer schmeckt und in Wasser sowie in einigen anderen Solvenzien leichter löslich ist. Ob sie die trans-geometrische Form der Santensäure darstellt, soll noch durch weitere Versuche festgestellt werden.

2. Die Regel über die relative Höhe der Schmelzpunkte bei den 1,3-Cyclopentandicarbonsäuren

Die Ansichten BAEYERS und einiger anderer Forscher, daß die niedriger schmelzenden Formen der alicyclischen Dicarbonsäuren die cis-Säuren, während die der höher schmelzenden die trans-Säuren darstellen sollten, sind unhaltbar, weil sämtliche 1,3-Cyclopentandicarbonsäuren, auch die einfachsten[3]), $C_5H_8(CO_2H)_2$, durchgehend das Gegenteil aufweisen.

3. α-Bromsantensäure, $C_7H_{11}Br(CO_2H)_2$, und ihr Verhalten gegen Soda

Die α-Bromsantensäure (Schmelzp. 191,5—193°) entsteht in gewöhnlicher Art durch Bromieren des flüssigen Gemenges von Phosphoroxychlorid und Säurechlorid, das bei der Einwirkung von Phosphorpentachlorid resultiert, und Behandlung dieses Säurechlorids mit Ameisensäure.[4]) Als Nebenprodukte treten ein in Äther schwer lösliches Anhydrid der bromierten Säure oder eines Isomeren sowie eine bei 122—125° schmelzende Substanz auf.

Beim Erwärmen der α-Bromsantensäure mit Soda findet eine in vier Richtungen gehende Umwandlung gleichzeitig statt, die dem Verhalten der Bromverbindungen der Camphersäure, Camphensäure und Isofenchosäure (s. diese) ähnelt. Es bilden sich nämlich 1. Dehydrosantensäure oder Santenensäure, $C_7H_{10}(CO_2H)_2$, 2. Oxysantensäure, $C_7H_{11}(OH)(CO_2H)_2$, Santenlactonsäure, $\begin{matrix}C_7H_{11}\left\langle\begin{matrix}CO_2H\\ \\ CO\end{matrix}\right.\\ |\quad\quad /\\ O\end{matrix}$, und Santolensäure, $C_7H_{11}\cdot CO_2H$. Die Hauptreaktion führt zu 1; die Verbindungen 2, 3 und 4 treten untergeordneter auf.

---

[1]) ASCHAN, Ber. 40, S. 22, 24 (1910). — [2]) Ibid., S. 25. — [3]) ASCHAN, Chemie der alicyclischen Verbindungen, S. 512 (1905). — [4]) F. Vet.-Soc. Förh. 53A, Nr. 8, S. 27 (1910).

Santenensäure bildet aus kochendem Wasser große, 6seitige Blätter, die bei 168,5—169,5° schmelzen. Die Santolensäure wird mit Wasserdampf aus dem Gemenge entfernt. Sie riecht wie die Lauronolsäure in der Camphergruppe und ist flüssig.

4. Anregungen und Ergänzungen zum Kapitel 7, Moment C

Die Untersuchung über die Santensäure konnte wegen Mangel an Rohmaterial zur gewünschten Vollständigkeit nicht gelangen. Sie könnte in folgenden Richtungen in geeigneter Weise ergänzt werden.

a) Aus der Santensäure ließe sich ohne Zweifel eine umfassende Reihe von Derivaten, die in den Reihen der Camphersäuren und Isofenchosäuren genannt sind, und dazu noch mehrere erhalten. Besondere Aufmerksamkeit käme auch hier der sterischen Umlagerung zu, die eingehend studiert werden sollte, um die trans-Santensäure vollständiger kennenzulernen und deren Identität mit unserer Isosantensäure etwa festzustellen.

b) Die bei der Sodabehandlung (S. 94) der α-Bromsantensäure erhaltenen Produkte sollten ferner näher, z. B. bei der Oxydation, untersucht werden. In dieser Hinsicht bieten besonders die Santenensäure und Santolensäure, sowie die Brom- und Bromwasserstoffadditionsprodukte Interesse. Auch das als Nebenprodukt auftretende Gemisch von Oxy- und Lactonsäure wäre aus Analogiegründen zu untersuchen.

Kapitel 8. Erfahrungen und theoretische Fragen

Durch die in den letzten Kapiteln erläuterten Arbeiten über die Camphersäuren[1]), Camphensäuren[2]), Isofenchosäuren[3]) und Santensäuren[4]) ist ein gut charakterisiertes Gebiet der Chemie der alicyclischen Verbindungen, mit der sicheren Basis der definitiven Strukturbestimmung zugeführt worden. Im vorliegenden Kapitel sollen dazu noch zwei theoretische Gebiete allgemeiner Natur beigelegt werden, nämlich:

A. Eine Strukturbestimmungsmethode, worin eine Zusammenfassung über die Bestimmung der Konstitution bei den genannten Glutarsäure- bzw. Adipinsäuretypen angehörigen Säuren (bezüglich einigem über die Säuren des Bernsteinsäuretypus vgl. die Anregungen und Ergänzungen des vorliegenden Kapitels).

B. Eine Theorie für die Bildung geometrisch stereomerer Formen: I. bei der Halogeneinwirkung auf zweibasische alicyclische Säuren mit Carboxyl zum α-gestellten Wasserstoff; II. bei der Resubstitution des Halogens in den entstandenen Halogenderivaten sowie III. bei der Umlagerung ohne Substitution beim Erhitzen. Ein kurzer Hinweis hierüber, der jedoch ungenügend ist, liegt schon oben (S. 70ff.) vor. In den einfachsten Fällen wird der Mechanismus für die wichtige Hell-Volhardsche Bromierungsmethode für aliphalische Säuren hierin eingeschlossen. Die genannte Theorie hat daher eine sehr allgemeine Anwendung.

---

[1]) Ber. 27, 2116, 3305, 3504; Ann. 290, 185 (1896); Acta Soc. scient. Fenn. 21. — [2]) Ann. 375, 336 (1910). — [3]) Ann. 387, 1—85 (1911). — [4]) F. Vet. Soc. Förh. 53A, Nr. 8, S. 30 (1911); vgl. S. 93, Fußnote 3.

A. Strukturbestimmungsmethode für gesättigte alicyclische Dicarbonsäuren

1. Sie beruht[1]) auf der Darstellung von α-bromierten Säuren und ihrer Spaltung mit Basen (Soda, Bariumhydroxyd), sowie

2. auf der geeigneten Zerlegung der gebildeten Produkte.

Weil das Halogenatom in α- bzw. γ-Stellung liegt (in der Camphensäure in α- und δ-Stellung), so findet die Spaltung mehr verwickelt als gewöhnlich statt, wozu noch die Komplikation, daß Stereoisomerie leicht, wie sonst bei den alicyclischen Verbindungen eintritt. Nach dem obigen Schema 1 können, wenn man von Säuren mit der Formel $C_8H_{14}(CO_2H)_2$ ausgeht, als Produkte auftreten: a) α-Oxysäure, $C_8H_{13}(OH)(CO_2H)_2$; b) gegebenenfalls eine Lactonsäure, $\underbrace{C_8H_{13}(CO_2H)\cdot CO\cdot O}$; c) eine Dehydrosäure, $C_8H_{12}(CO_2H)_2$; d) eine ungesättigte einbasische Säure, $C_8H_{13}\cdot CO_2H$, vom Lauronolsäuretypus.

Die Konstitution der Säuren spielt natürlich eine wichtige Rolle bezüglich der relativen Mengen der Produkte a) bis d). Camphersäure, Isofenchosäure und Santensäure sind bekanntlich ringsubstituierte Glutarsäuren, Camphensäure aber eine gleichartige Adipinsäure. Bei der Spaltung ihrer Derivate verteilen sich die Reaktionsprodukte a) bis d) in folgender Weise[1]):

Säure	a)	b)	c)	d)
1. Camphensäure:	Gesamtmenge etwa 60%	etwa 57%	etwa 2%	etwa 2%
2. Camphersäure:	0	bis auf 83%	0	bis auf 17%
3. Isofenchosäure:	etwa 5%	0	etwa 30%	etwa 5%
4. Santensäure:	unbedeutend	etwa 85%	unbedeutend	2—4%

Die Produkte werden nachher in der oben angegebenen Art getrennt: Destillation der alkalischen Lösung mit Wasserdampf (d), Ausfällen von a), b) und c) mit Säure, Prüfung mit Kaliumpermanganat in sodalkalischer Lösung zur Diagnostizierung, ob c) vorhanden ist, und Bestimmung der ungefähren Menge der einbasischen Lactonsäure durch Analyse des Silbersalzes. Die im allgemeinen schwer lösliche Dehydrosäure c) tritt als erste Fraktion bei der Umkrystallisierung auf. Wenn dies nicht der Fall sein sollte, so wird sie bei gewöhnlicher Wärme durch Oxydation entfernt, wobei allerdings auch schwerer lösliche Produkte entstehen könnten. Gewöhnlich gelingt es jedoch bei einiger Übung, wenigstens die Hauptprodukte zu isolieren.

Der **Abbau** wird in geeigneter Weise mit der Oxy- oder der Lactonsäure bzw. der Dehydrosäure vorgenommen. Dies gelingt oft am besten durch vorsichtiges Schmelzen mit Kali bei möglichst niedriger Temperatur, wobei brenzliger Geruch bzw. Wasserstoffentwicklung vermieden werden muß; in dem Falle findet nur Wasseranlagerung statt, und das Carboxyl der α-Oxysäure wird als Ameisensäure entfernt. Zuweilen geben sich sogar gewisse Zeichen für die Bildung einer Ketocarbonsäure, d. h. bei einem Eingriff kund; z. B.:

[1]) Aschan, Ann. 387, 5 (1911).

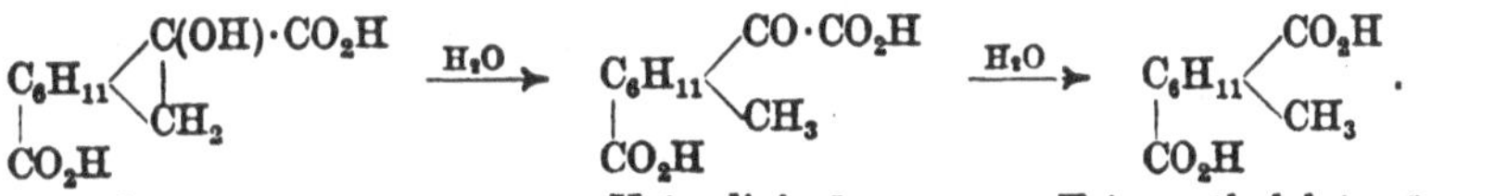

Oxysäure Ketoadipinsäure Tetramethylglutarsäure

Übrigens ergibt die längst bekannte Campholsäurebildung in der Camphergruppe, daß man sogar ziemlich hoch, ohne eine Umlagerung der Kohlenstoffkette zu befürchten, erhitzen kann. Die Kalischmelze dürfte daher, wenn sie vorsichtig ausgeführt wird, beim Abbau alicyclischer Dicarbonsäuren geeignet sein.

Für Dehydrosäuren vom Typus c) oben kommt in erster Linie die Oxydation mit verdünnter Salpetersäure[1]) in Betracht, wobei man, wie bei der Dehydrocamphensäure, anfänglich unter Kühlung arbeitet.[2]) Dabei treten zunächst stickstoffhaltige Zwischenprodukte auf, die jedoch bald verschwinden. Auch 3%ige Kaliumpermanganatlösung, die tropfenweise bei gewöhnlicher Temperatur zugegeben wird, gibt oft ein gutes Resultat. Jedoch kann die Oxydation, wie bei der Dehydroisofenchosäure, unter Umständen ein ungeeignetes Resultat herbeiführen.[3]) Allenfalls sollen die beiden Oxydationsmittel zunächst in kleinem Maßstab geprüft werden. Im voraus kann man feststellen, ob ein vorsichtiges Schmelzen mit Kali vor der Permanganatoxydation bevorzugt werden kann.

Zur Kontrolle, ob eine Umlagerung bei der als Ausgangsmaterial angewandten α-Bromdicarbonsäure stattgefunden hat, wird eine Resubstitution mit Zinkstaub und Eisessig ausgeführt. Daß die beiden geometrisch isomeren Formen der ursprünglichen Säure sowohl bei der Halogensubstitution wie der Resubstitution auftreten, wurde schon in Übereinstimmung mit der folgenden Darstellung hervorgehoben.

B. Die Theorie für die bei der Halogenisierung der Carbonsäuren in der α-Stellung sowie beim Erhitzen eintretende sterische Umlagerung

Die sterischen Umlagerungen sind bisher vom strukturtheoretischen Standpunkt aus ungeklärt geblieben, der, auf die Valenztheorie begründet, bestimmte feste Bindestellen für die Lokalisierung annimmt.[4]) Die Ansichten über das Wesen der Valenz und ihrer Äußerungen gehen, besonders bei den „Organikern", sehr auseinander.

Da indes die Strukturlehre die alte Valenztheorie mit ihren festgelegten Vorstellungen bis auf weiteres nicht entbehren kann, so behauptet jede Hypothese, die gewisse Gebiete von ungeklärten Reaktionserscheinungen behandelt, ihren Platz. Ein derartiges Gebiet wird von unseren Strukturbestimmungen innerhalb der beiden letzten Kapitel beleuchtet, nämlich bezüglich der Substitution des α-Wasserstoffs zum ringgebundenen Carboxyl mit Halogen, worauf dann verschiedene andere Gruppen sekundär eintreten können.

[1]) ASCHAN, Ann. 387, 75 (1911). — [2]) ASCHAN, Ann. 375, 369 (1910). — [3]) Ann. 387, 76ff. (1911). — [4]) Eine Ausnahme bildet die bekannte WERNERsche Theorie, die indes in vielen Fällen schwer anwendbar ist.

Es war daher nötig festzustellen, warum diese Substitution immer in α-Stellung, und zwar so leicht, schon bei gewöhnlicher Temperatur, ohne Katalysator und sogar ohne Lichteinwirkung stattfindet.

Unsere Hypothese schließt, außer den von uns bei den alicyclischen Dicarbonsäuren beobachteten Fällen, auch eine sehr allgemeine, in Hunderten von Beispielen studierte Reaktion ein, nämlich

1. die Hell-Volhardsche **Reaktion**, die bekanntlich gezeigt hat, daß **bei der Einwirkung von Halogen auf Säurechloride und Anhydride der Wasserstoff leicht an dem zum Carboxyl benachbarten Kohlenstoffatom ersetzt wird**, und ferner

2. die mit unseren Beobachtungen im Zusammenhang stehende Aufgabe, zu erklären, **warum geometrisch isomere Formen bei dieser Halogensubstitution sowie bei der entgegengesetzten Resubstitution des Halogens mit Wasserstoff entstehen**; dazu kommt noch als Anhang die Frage:

3. **ob auch andere substituierende Agenzien, im gewöhnlichen Sinne, nämlich Schwefelsäure (eventuell Salpetersäure) den Wasserstoff in α-Stellung substituieren können.**

1. Der Mechanismus der Hell-Volhardschen Reaktion[1])

Als leitender Gedanke wurde angenommen[1]), daß bei der Halogensubstitution am α-Kohlenstoffatom eine Enolisierung der Reaktionsobjekte, hier der Säurebromide(-chloride) vorangeht (I), worauf Brom an die entstandene Doppelbindung hinzuaddiert (II) und von einer nachherigen Bromwasserstoffabspaltung begleitet wird (III), z. B. bei der Bromierung von Propionsäurechlorid hätte man also folgende Reaktionsstufen:

a) 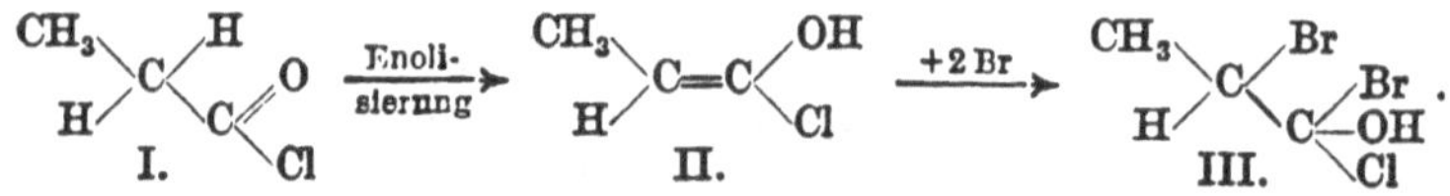

Wenn eine Enolisierung mit darauffolgender Bromaddition stattfindet, so wird in dem Additionsprodukt wie in allen Fällen der organischen Chemie, wenn Hydroxyl und Halogen an demselben Kohlenstoffatom liegen, Halogenwasserstoff abgespalten. Nach dieser Auffassung hat der Hydroxylwasserstoff die Möglichkeit, sowohl mit Chlor als auch mit Brom zusammenzutreten. Es entwickelt sich daher sowohl Chlorwasserstoff (IV) und Bromwasserstoff (V):

b) 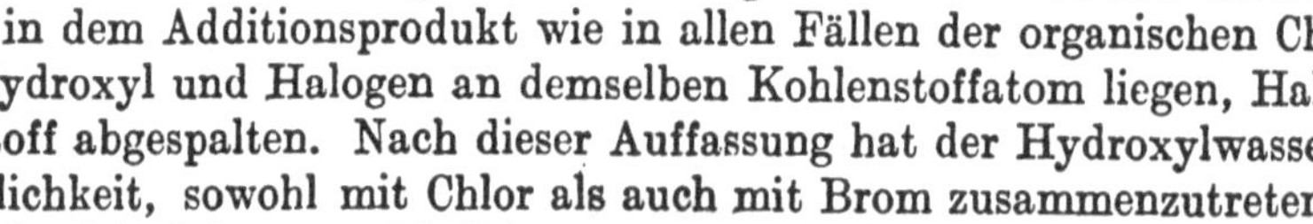

Weil die Affinität des Wasserstoffs zum Chlor größer ist als zum Brom, so würde die Reaktionsrichtung IV begünstigt sein. Das entwickelte Gas wäre dann zum größeren Teil Chlorwasserstoff. Wenn aber die Hell-Vol-

---

1) Aschan, Ber. 45, 1913 (1912); 46, 2162 (1913); vgl. Lapworth, Journ. chem. Soc. 85, 32, 41 (1904).

HARDsche Reaktion eine einfache Substitutionserscheinung ist, wie man vorher angenommen hat, so sollte nur Bromwasserstoff abgehen.

Durch Analysieren des abgehenden Halogenwasserstoffs konnte also festgestellt werden, ob die ältere oder unsere, durch obiges Beispiel erläuterte Auffassung richtiger wäre. Bei der Anwendung der Chloride sowohl von Fettsäuren wie von zweibasischen Säuren (Bernsteinsäure, Camphersäure) wurden die sämtlichen Voraussetzungen der Hypothese erfüllt. Bei den Fettsäurechloriden bestand der Hologenwasserstoff zu 65—68% aus Chlorwasserstoff.[1]) Außerdem wurde in zwei Fällen (Essigsäure und Propionsäure) durch Destillieren festgestellt, daß auch das resultierende halogenisierte Säurechlorid zur größeren Menge von bromiertem Bromid als ~~von~~ bromiertem Chlorid bestand. Dadurch wurde nämlich der eventuelle Einwand paralysiert, daß das einwirkende Brom lediglich das Chlor in dem ursprünglichen Fettsäurechlorid ersetzt hätte. Außerdem ließ sich voraussetzen, daß, wenn das Brom das Chlor z. T. verdrängt hätte, so wäre das dabei im statu nascendi auftretende Chlor eine bedeutende Menge des Materials in das entsprechende α-Chlorderivat verwandelt worden. Man hätte dann nicht das bromierte Säurechlorid bzw. -bromid zu erwarten, sondern daneben α-chloriertes Säurechlorid. Es zeigte sich indes, daß tatsächlich, wenigstens innerhalb der Fehlergrenzen der analytischen Methode, faktisch nur bromierte Derivate gebildet wurden.

Folglich ist zu schließen, daß die *Reaktion* von HELL-VOLHARD *nicht unter direkter Substitution eines α-Wasserstoffatoms, sondern unter vorangehender Enolisierung und Addition von Halogen sowie Abspaltung von Halogenwasserstoff aus dem gebildeten Additionsprodukte stattfindet.*

Dies führt zu der Möglichkeit, daß auch in anderen analogen Fällen eine mehr oder weniger leicht eintretende α-Substitution nach Enolbildung zu einer Addition des scheinbar substituirenden Agenses führt. Solche Fälle sind die Halogenisierung *der freien Säuren*, die Bildung von α-Sulfoncarbonsäuren bei der Einwirkung von konz. Schwefelsäure auf Säureanhydride bzw. Säurehaloide. In der Art könnte z. B. die Einwirkung von Brom oder von wasserfreier Schwefelsäure auf ein Säureanhydrid nach folgenden Formeln stattfinden:

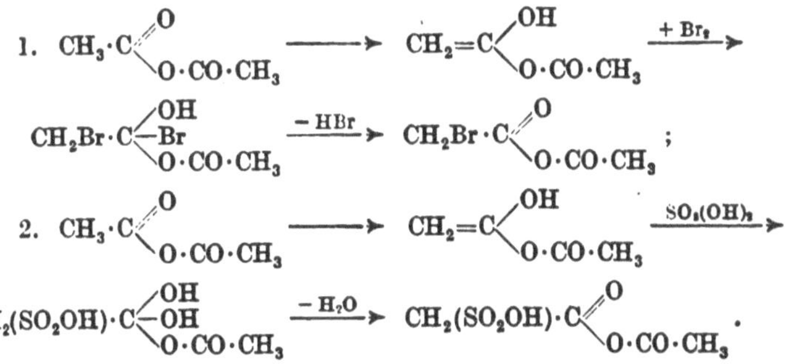

Nach dem Schema 1 habe ich weiterhin aus Acetanhydrid mit Brom eine quantitative Ausbeute an Bromessigsäureanhydrid erhalten, was eine

[1]) Eine frühere Angabe von GAL [Ann. 132, 179 (1864)], bei der die theoretische Seite nicht beachtet worden war, und die angibt, daß bei der Einwirkung von Brom auf Acetylchlorid bei 100° nur *Chlorwasserstoff* abgebe, ist falsch. Tatsächlich wird nur 67,5% HCl abgegeben; ein Drittel ist also HBr.

vorteilhafte Darstellungsmethode für reine α-bromierte Fettsäureanhydride dieser Art darbietet. Die obige Reaktion 2., die früher von FRANCHIMONT[1]) (vgl. auch weiter unten) angewandt worden ist, kann man freilich nur anwenden, wenn zwei Mole Anhydrid an der Reaktion beteiligt sind.

Unsere Hypothese bezüglich der HELL-VOLHARDschen Reaktion erweckte zunächst von verschiedener Seite Kritik, die indes durch neue Arbeiten teils zurückgewiesen, teils erklärt wurde.[2]) Nachher sind weitere Einwände gegen die Theorie nicht erhoben worden. Daß die Temperatur eine unbedeutende Rolle spielt, geht aus folgender Tabelle hervor, die die nach der Formel a) (S. 98) berechneten Chlorprozente angibt, die bei der Bromeinwirkung auf einige Säurechloride erhalten wurden; die aus der Formel b) (S. 98) gleichzeitig austretenden Mengen von Bromwasserstoff können von jenen aus dem Unterschied leicht ausgerechnet werden:

Chlorprozente des beim Bromieren abgeschiedenen HCl

Ausgangsmaterial	% bei Zimmerwärme	% bei 100°	% bei 135°
Acetylchlorid	67,3	67,5	61,8
Propionylchlorid	71,9	66,5	65,3
Valerylchlorid	64,9	68,0	64,1
Stearylchlorid	75,7	64,4	65,1
Succinylchlorid	—[3])	84,1	85,7
Camphersäurechlorid	87,7	84,5	82,3

Ähnliche quantitative Zusammenstellungen liegen auch[4]) über die Einwirkung von Bromwasserstoff auf Acetylchlorid und Chlorwasserstoff auf Acetylbromid vor, woraus hervorgeht, daß diese Reaktionen auch in entgegengesetzter Richtung verlaufen.

Auch die sehr leicht, schon bei gewöhnlicher Temperatur, eintretende Bildung von Bromnitroparaffinen aus Nitroparaffinen könnte in analoger Weise durch eine vorangehende Addition von Halogen an die in diesem Falle beständige Enolform, die Pseudosäure, erklärt werden, z. B.:

$$CH_3{\cdot}CH{:}NO{\cdot}OH \xrightarrow{+Br_2} CH_3{\cdot}CH\,Br{\cdot}NO{<}^{OH}_{Br} \xrightarrow{-HBr} CH_3{\cdot}CH{\cdot}Br{\cdot}NO_2\ .$$

2. Die Anwendung der Theorie bei der Bildung isomerer Formen bei alicyclischen Säuren bei der α-Substitution

Weil der oben behandelte Verlauf der HELL-VOLHARDschen Reaktion die allgemeine einfachste Erklärung der Substitutionserscheinung darstellt, wurde sie hier zunächst klargelegt, obwohl die ähnlichen experimentellen Ergebnisse bei den von uns studierten alicyclischen Carbonsäuren den Anstoß zur Erklärung der Halogensubstitution und der Resubstitution auf diesem Gebiete geführt hatten. Wir gehen nun zu den genannten Fällen über.

[1]) Journ. prakt. Chem. [2] 73, 538 (1906); Centralblatt 1905, I, 1309; vgl. ASCHAN, Ber. 46, 2163 (1913). — [2]) Ber. 46, 2162ff. (1913). — [3]) Die Probe war nach 6 Wochen nicht abgefärbt. — [4]) Ber. 46, 2167, 2168 (1913).

a) Beim Bromieren alicyclischer Säuren mit der Gruppierung

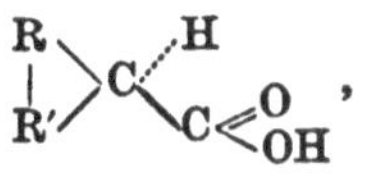

worin R und R′ ungleichartige Ringelemente sind, die von dem gemeinsamen, den Wasserstoff und Carboxyl enthaltenden Ringkohlenstoffatom zusammengehalten sind, kann das abgebildete asymmetrische System in der oben (S. 98) angegebenen Art formuliert werden. In der sterisch gedachten Formel liegen R und R′ sowie das genannte Ringkohlenstoffatom in der Ebene des Papiers, mit dem Carboxyl vor und dem Wasserstoffatom hinter demselben. Wie anläßlich der Bromierung des gewöhnlichen Camphersäurechlorids erwähnt wurde, tritt neben dem Hauptprodukt, dem Bromcamphersäureanhydrid, eine leicht lösliche α-bromierte Säure[1]) auf, die aber nicht die dem Bromanhydrid entsprechende Bromcamphersäure darstellt. Beim Bromieren der Chloride der cis-Camphensäure[2]) (S. 78), cis-Isofenchosäure[3]) und cis-Santensäure[4]) (S. 89 und 94) erhielten wir event. auch zwei bromierte Säuren, nämlich die dem Bromcamphersäureanhydrid in diesen Fällen entsprechende cis-Säure und die zweite damit stereoisomere trans-α-Bromsäure.

Nach der von uns entwickelten Theorie tritt auch hier unter Oscillieren eine Enolisierung ein; wir nehmen hier das Säurechlorid als Beispiel:

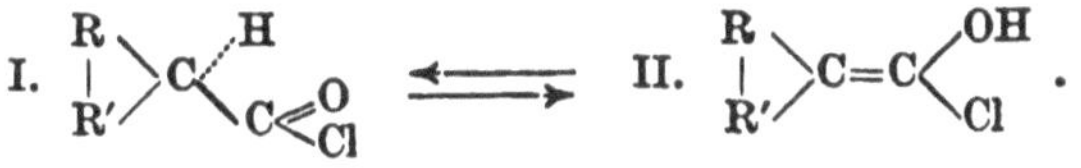

Die beiden C-Atome liegen nachher in der Ebene des Papiers. Wenn das Brom dann auf die Enolform II einwirkt, so kann dies in zweierlei Weise stattfinden, weil das hier vorliegende System in diesem Fall asymmetrisch ist. Je nachdem das Brommolekül von dem enolisierten Molekül II von der unteren oder von der oberen Seite aufgenommen wird, so treten unter Bromwasserstoffentwicklung[5]) die geometrisch isomeren Formen A bzw. B auf, in denen nunmehr die beiden beteiligten Carboxyl-C-Atome außerhalb in der Ebene des Papiers liegen:

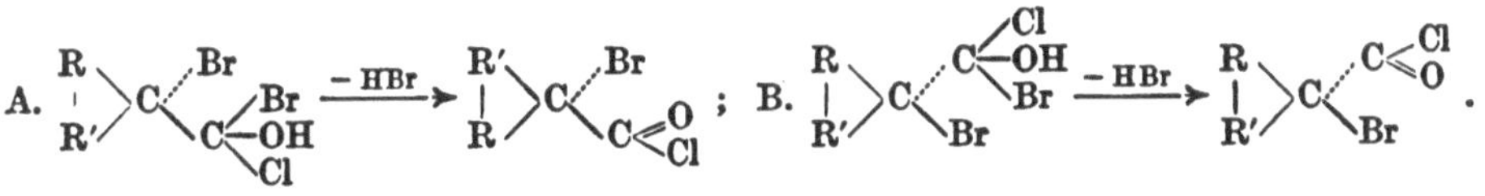

Was vom Brom gilt, bezieht sich auch auf Chlor.

---

[1]) Acta Soc. scient. Fenn. 21, Nr. 5, S. 206 (1895). — [2]) Ann. 375, 362 (1910). — [3]) Ann. 387, 58, 60 (1911). — [4]) F. Vet.-Soc. Förh. 53 A, Nr. 8, S. 29 (1910—1911). — [5]) Statt HBr könnte auch HCl abgespalten werden und ein bromiertes Säurebromid resultieren. Wahrscheinlich verlaufen hier die beiden Reaktionen gleichzeitig, aber mit ungleicher Schnelligkeit (vgl. oben S. 98).

b) Die Resubstitution der alicyclischen, α-halogenisierten Säuren.

Diese in entgegengesetzter Richtung verlaufende Erscheinung, die offenbar von ebenso allgemeiner Art ist, ergibt auch zwei geometrisch isomere Säuren, wenn eine einheitlich α-bromierte Säure, die das System $\genfrac{}{}{0pt}{}{R}{R'}{>}CBr\cdot CO_2H$ enthält, reduziert wird. Ein am besten bekanntes Beispiel stellt das Bromcamphersäureanhydrid dar.[1]) Auch α-Bromisofenchosäure (die in größerer Menge erhaltene, S. 86 u. 89) gibt dabei cis- und trans-Isofenchosäure.[2]) Die Formulierung ist mit den früheren Beispielen analog. Sie wird hier weggelassen.[3])

Analog ist eine Resubstitution bei α-chlorierten bzw. jodierten Säuren gleicher Konstitution denkbar.

c) Isomerisierung und Bildung geometrisch isomerer Formen beim Erhitzen für sich oder mit Säuren (Eisessig-Salzsäure).

In seinen bekannten Arbeiten über die Hydrierung der Phtalsäuren hatte Baeyer[4]) gefunden, daß die Hexahydrosäuren beim Erhitzen mit verdünnten Säuren teilweise in geometrisch isomere Modifikationen übergehen. Daß Wasser allein diese Verwandlung bewirkt, konnte ich später bei den Camphersäuren nachweisen, wobei die Einwirkung zu einer Gleichgewichtslage bestrebt ist, die schließlich bei einem Gemisch von etwa 50% der beiden Formen stehen bleibt.

Später[5]) wurde für sämtliche Camphersäuren die unerwartete Tatsache festgestellt, daß nur das dem Ringe angehörige, carboxylierte System (a), das ein Wasserstoffatom in α-Stellung enthält, diese Umlagerung beim Erhitzen mit verdünnten Säuren bzw. Wasser erleidet, während das zweite System (b) mit dem Carboxyl am quartären Kohlenstoffatom, in unten angegebener Formel I, auch bei längerem Erhitzen unverändert bleibt:

I. 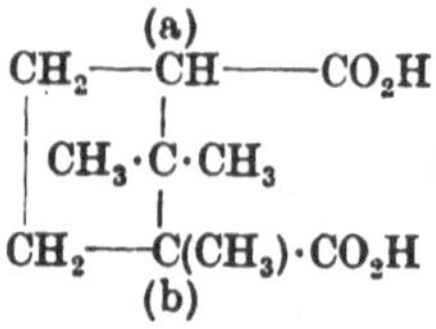

;

II. 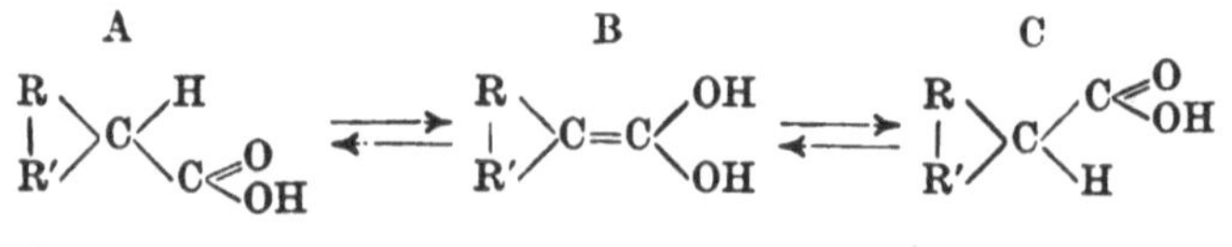

.

Zur Erklärung dieses Verhaltens wurde die schon angegebene Oscillationshypothese des genannten Wasserstoffatoms angenommen, das momentan zu dem Sauerstoffatom des daneben gebundenen Carboxyls und zurück gehen konnte, so daß folgende Phasen dieser intramolekularen Bewegung, je nach-

[1]) Ibid. (Acta usw.) (1895). — [2]) Aschan, Ann. 387, 61 (1911). — [3]) Ich verweise diesbezüglich auf mein Werk in schwedischer Sprache: „Naphtenföreningar, terpener och kamferarter," S. 147 (Helsingfors 1926). — [4]) Ann. 245, 134 (1911). — [5]) Vgl. Aschan, Struktur- und stereochemische Studien in der Camphergruppe, Acta Soc. scient. Fenn. 21, Nr. 5, S. 106 (1895); Ann. 316, 223 (1901).

dem die Bindungsträgheit des Wasserstoffs zum Kohlenstoffatom bei erhöhter Temperatur gelockert worden ist (vgl. das Schema II oben) auftreten. Bei der zurückgehenden Bewegung des Wasserstoffs kann dann entweder die ursprüngliche Form A entstehen, oder es wird die geometrisch isomere Form C gebildet. Nach einiger Zeit resultiert ein relatives Mengenverhältnis der beiden Formen A und C, das von der Natur der Ringelemente R und R′, die relative Nähe der Carboxyle sowie weitere Einflüsse struktureller Natur oder den räumlichen Verhältnissen entspringenden Wirkungen abhängig ist.

Im Schema II könnte auch die Rolle des Wassers und der Salzsäure bzw. der anderen, in der Reaktionsflüssigkeit vorhandenen Säuren in folgender Weise beachtet werden:

III. 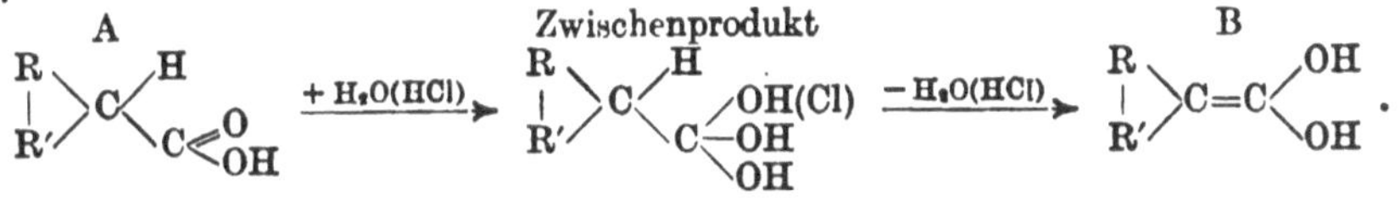

Von der Phase B können dann nach dem Schema II (oben), die beiden Stereomeren A und C wieder entstehen. Die Annahme der Addition von Wasser, Chlorwasserstoff usw. ist indes entbehrlich, da man weiß, daß geometrisch isomere Formen schon durch Lichteinwirkung sowie trockenes Erhitzen ineinander übergehen können.

Anhang: Einwirkung von Schwefelsäure auf Carbonsäuren mit α-Wasserstoffatom.

In Analogie mit der Hell-Volhardschen Reaktion war es nicht undenkbar, daß auch die beiden anderen gewöhnlichen substituierenden Agenzien, die konz. Schwefelsäure und konz. Salpetersäure, sich an dem enolisierten Carboxyl, $R_2C{=}C{<}^{OH}_{OH}$, worin R auch Wasserstoff sein würde bei aliphatischen und alicyclischen Säuren mit α-gestelltem Wasserstoff, anlagern könnten; darauf würde in diesen Fällen Wasserabspaltung folgen, ähnlich wie jene substituierenden Agenzien auf die Körper in der Benzolreihe einwirken.

Es ist indes zu bemerken, daß diese Agenzien, wie auch Chlor und Brom, nur sehr schwierig die freien Carbonsäuren substituieren. Einen Fall dieser Art zeigt auch die Halogeneinwirkung auf die Chloride derartiger Säuren, welche Halogen neben Wasserstoff am α-Kohlenstoff schon enthalten. Brom wirkt nicht, wie wir gefunden haben, auf Chloracetylchlorid, auch nicht beim Erhitzen auf 150^0 oder monatigem Stehen bei gewöhnlicher Wärme ein. Was speziell die Salpetersäure betrifft, so wird wohl die ausbleibende Oxydation kaum störend einwirken. Wenn aber der Wasserstoff des Carboxyls mit einem geeigneten Radikal ersetzt ist, wie in den einfachen oder zusammengesetzten Anhydriden der einbasischen Säuren (Fettsäuren), so tritt nach unseren Erfahrungen die Sulfonsäuregruppe fast ebenso leicht wie Chlor bzw. Brom ein. Bei den Anhydriden der Dicarbonsäuren wurden in den von uns beobachteten Fällen Komplikationen beobachtet (vergl. unten).

Hier seien die Resultate der neuen Versuche mit Schwefelsäure kurz erwähnt. Bezüglich der zusammengesetzten Anhydride der Fettsäuren wurde nicht festgestellt, ob die Sulfonsäuregruppe eher in das größere oder kleinere Säureradikal eintritt, bzw. bei einer geteilten Substitution, ob irgendeine Regelmäßigkeit zu spüren ist. Diese Fragen müssen einer späteren Untersuchung überlassen werden.

Um die allgemeinere Gültigkeit der Sulfonsäurebildung zu prüfen, wurden 2 Mole des zunächst angewandten Essigsäureanhydrids (das eine, um das gebildete Wasser zu entfernen) mit 1 Mol gewöhnlicher konz. Schwefelsäure ohne Abkühlung versetzt, wobei eine starke Erwärmung eintritt. Die Flüssigkeit wurde dann im kochenden Wasserbad erhitzt, bis eine Probe keine freie Schwefelsäure mehr anzeigte. Nach dem Erkalten wird so viel Äther zugegeben, daß eine dunkelbraune, harzige Masse abgeschieden wird. Die Ätherlösung wird filtriert und der Äther auf dem Wasserbade entfernt. Durch erneuten Zusatz kleiner Wassermengen und wiederholtes Abdampfen wird die Essigsäure größtenteils abgetrieben und die Essigsulfonsäure bleibt als dunkelbraunes, dickes Öl zurück. Sie wird in das Ammonsalz übergeführt, das mit starkem Alkohol zunächst sirupförmig, dann als schwere, blättrige Krystallmasse abgeschieden wird, die bei erneuter Akohlolbehandlung fast farblos resultiert.

In dieser Weise wurden die α-Sulfonsäuren der Essigsäure, Propionsäure, Buttersäure, Isobuttersäure und Isovaleriansäure bereitet. Sie lassen sich mittels der in Alkohol unlöslichen Bariumsalze reinigen.

Behandelt man Säurechloride mit gewöhnlicher konz. Schwefelsäure, so tritt schon in der Kälte eine stürmisch verlaufende Reaktion unter Chlorwasserstoffentwicklung ein. Die Untersuchung dieser Reaktion bei Acetylchlorid[1]) ergab, daß es der Wassergehalt in der angewandten etwa 92%igen Schwefelsäure war, der die Gasentwicklung hervorrief. Sie tritt nämlich nicht ein, als molekulare Mengen des Chlorids und Schwefelsäuremonohydrats unter Abkühlen zusammengebracht und bei gewöhnlicher Temperatur stehengelassen wurden. Beim Erwärmen im Wasserbade tritt aber die Reaktion ein, und das Produkt besteht nachher zu erheblichem Teil aus Essigsulfonsäure und bzw. deren Chlorid.

Succinylchlorid und Schwefelsäuremonohydrat wirken schon bei 0° aufeinander ein, wobei die Reaktion jedoch unvollständig ist, auch nach Erhitzen auf 130°. Als eigentümlich sei hinzugefügt, daß, wenn 2 Mole Schwefelsäure auf 1 Mol Anhydrid aufeinander einwirken, so fällt die Ausbeute an Bernsteinsulfonsäure, die in normaler Weise das Hauptprodukt nach folgender Formel darstellt:

$$C_2H_4\begin{cases}CO\\ \\ CO\end{cases}O + SO_2\begin{cases}OH\\ \\ OH\end{cases} = C_2H_3\begin{cases}CO\cdot OH\\ CO\cdot OH\\ SO_2\cdot OH\end{cases}.$$

Diese Sulfonsäure läßtsich mittels des Bariumsalzes, $Ba_3(C_4H_2O_7S)_2 + 3\,H_2O$, isolieren.

Camphersäurechlorid und Schwefelsäuremonohydrat reagieren auch schon in der Kälte aufeinander, besser im Wasserbade. Hier findet eine abnormale Sulfonierung statt, indem das quarnär gebundene Carboxyl als Kohlenstoffmonooxyd (auch CO_2 wird zugleich gebildet) abgeht, wobei die sogenannte Sulfocamphylsäure entsteht, die schon vor längerer Zeit von WALTER[2]) erhalten und später von anderen untersucht wurde. Die Hauptreaktion findet folgendermaßen statt:

$$C_8H_{14}\begin{cases}COCl\\ COCl\end{cases} + H_2SO_4 = C_8H_{14}\begin{cases}CO_2H\\ SO_3H\end{cases} + CO + 2\,HCl\,.$$

3. Schlußsätze

Vom obigen ist zu ersehen, daß Schwefelsäure, und am vorteilhaftesten als Monohydrat, nur schwierig auf die freien Carbonsäuren einwirkt. Da-

---

[1]) ASCHAN, Ber. 46, 2163 (1913). — [2]) Ann. chim. phys. [3] 9, 177 (1843).

gegen findet, wie bei der HELL-VOLHARDschen Reaktion, eine Einwirkung statt, wenn Säurechloride, -bromide und -anhydride angewandt werden, auch wenn es sich um diese Derivate der zweibasischen Säuren handelt.

Aus den vielen experimentellen Erfahrungen mögen folgende Resultate hier angeführt werden:

Die HELL-VOLHARDsche α-Substitution ist keine alleinstehende Erscheinung, sondern nur ein Glied eines allgemeinen Reaktionsganges, der den Ketoverbindungen bzw. organischen Säuren eigen ist. Die gewöhnlichen, den Wasserstoff substituierenden Agenzien, nämlich Chlor, Brom, konz. Schwefelsäure bzw. Salpetersäure, wirken auf die Säurehaloide und -anhydride der Säuren, ausnahmsweise auf die Säuren selbst, unter Addition nach Enolisierung ein, worauf je nach den Umständen das enolisierte Carboxyl 1 Mol Halogenwasserstoff, Wasser oder (bei den Anhydriden einbasischer Säuren) freie Säure abspaltet. Die Einwirkung der konz. Salpetersäure ist wegen gleichzeitig eintretender Oxydation abnorm.

Die α-Substitution in diesem Sinne gleicht gewissermaßen der in den Benzolreihe auftretenden, die nach vorangehender Wasseranlagerung und darauffolgender Abspaltung von Halogenwasserstoff oder Wasser stattfindet.

Alicyclische Carbonsäuren mit asymmetrischem Molekül geben bei der α-Substitution mehr als eine stereomere Form. Dies läßt sich darauf zurückführen, daß das bei der Addition verteilte Molekül des substituierenden Agenzes an das Enol, unter Aufspaltung der einen oder anderen Doppelbindung, angelagert wird, worauf die Abspaltung stattfindet.

Wegen der allgemeinen Natur der hierher gehörigen Reaktionsgruppen legt man ihnen füglich eine spezielle Bezeichnung bei. Wir schlagen den Namen „Enolsubstitution“ vor.

C. Die Anwendung der Theorie auf die sterische Umlagerung bei den aliphatischen Säuren

Das ausgeführte experimentelle Material läßt eine ausführlichere Anwendung unsrerer Theorie innerhalb sämtlicher auf dem großen Gebiete vorkommenden bzw. möglichen Fälle zu. Es sei nur hervorgehoben, daß auch manche von ihnen durch eine analoge Formulierung in ähnlicher Hinsicht ungezwungen erklärt werden können.

Ich begnüge mich hier, nur zwei Standardbeispiele, nämlich das geometrisch isomere Paar Fumarsäure-Maleinsäure sowie die optisch isomeren Weinsäuren zu behandeln. Folgende Formeln beleuchten die bekannten Übergänge:

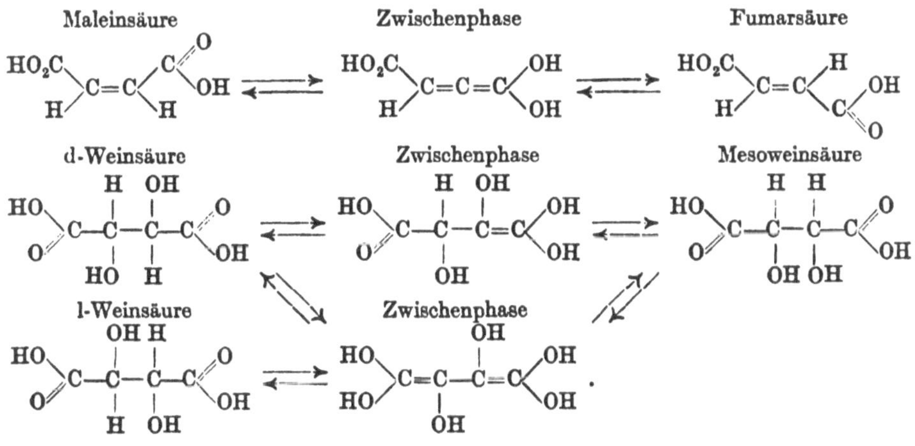

Meine Auffassung, daß auch diese sterischen Umlagerungen am einfachsten durch die Enolsubstitution in der angegebenen formulierten Weise, mittels sukzessive verlaufenden, eventuell von Umlagerungen begleiteten Additions- und Abspaltungserscheinungen erklärt werden können, schließt nicht die Möglichkeit aus, daß Umlagerungen bei anderen Typen dieser Art zu ihrem Mechanismus abweichende Formen aufweisen können. Was besonders den Fumar-Maleinsäuretypus betrifft, so bietet die für Verbindungen mit Äthylenbindung bekannte Theorie von J. Wislicenus, worin die Addition an diesen Bindungen zwischen dem Kohlenstoffpaar geschieht, nicht zu verkennende Vorteile, da diese Anlagerungsmöglichkeit leichter als zur Carbonylgruppe im Carboxyl stattfindet. Schwierigkeiten entstehen aber dabei, wenn man nach jener Theorie die für dieselbe so wesentliche nachher erfolgende Abspaltung der addierten Moleküle zu erklären versucht, die die zweite Stufe der Umlagerung darstellt. In dieser und in anderer Hinsicht steht man zweifelhaft vor der Wahl der Erklärung dieser Erscheinungen. Nach unserer Auffassung, z. B. bei den Camphersäuren, ist dieselbe dagegen eine sogar notwendige Folge, nachdem die Addition einmal zustande gekommen ist, wie dies aus unserer Darstellung (S. 60) leicht ersichtlich ist. Und die vorangehende Addition an der CO-Gruppe des Carboxyls ist keineswegs schwer zu verstehen, in Anbetracht dessen, daß viele Forscher, vor allem Claisen, die Aufspaltung der Doppelbindung, wegen der Aktivität dieser Gruppe, als das wirksame Moment bei vielen sehr wichtigen Reaktionen hinstellen. Hierher gehören die Bildung des Acetessigesters und die zahlreichen Kondensationserscheinungen zwischen Ketonen und Säureestern usw. Unter diesen Umständen erhält die Ansicht darüber, daß die sterischen Umlagerungen durch die Doppelbindung innerhalb des Carboxyls vermittel werden, ihre Berechtigung. Unter allen Umständen behauptet unsere Erklärung für diese Art von Umlagerungen bei den alicyclischen Säuren ihre Stellung.

D. Anregungen und Ergänzungen zum Kapitel 8

In diesem Kapitel, mit seinem theoretischen Inhalt, begegnen wir mehreren experimentellen Aufgaben, die zur weiteren Kenntnis der darin berührten Fragen anregen.

1. Der Inhalt der im Moment 1 berührten Verhältnisse müßte mit der Frage ergänzt werden, wie sich die alicyclischen Dicarbonsäuren vom Bernsteintypus mit wenigstens einem Wasserstoffatom in α-Stellung zum Carboxyl bei der Strukturbestimmung nach Bromieren verhalten werden. Baeyer[1]) hat allerdings bezüglich der Hexahydro-o-phtalsäure gewisse Erfahrungen über ihre Bromierung mitgeteilt. Über den Abbau mittels unserer weit länger gehenden Methode kennt man wenig oder fast gar nichts.

a) Bezüglich der Dicarbonsäuren der Cyclopropanreihe ist in derselben Hinsicht zu befürchten, daß die leichte Aufspaltung des Ringes durch die Einwirkung von Halogen- bzw. Halogenwasserstoff Schwierigkeiten, trotz der größeren Beständigkeit, eben der Dicarbonsäuren, bewirken sollen. Ein Versuch würde sich vielleicht lohnen. Als Objekte könnten die cis- und trans-Dicarbonsäuren-1,2, die Caronsäuren oder Dimethyl-1,1-cyclopropandicarbonsäuren[2]) in Frage kommen. Tanacetogendicarbonsäure[3]) (I) und ihr Homologes, Homoacetondicarbonsäure[4]) (II) sind von erheblichem Interesse, weil sie Essigcarbonsäuren, also mit dem Carboxyl in der Seitenkette, sind:

I. 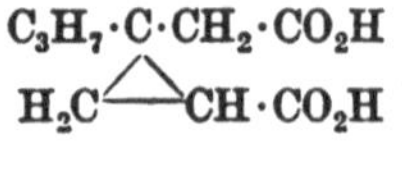 ; II. 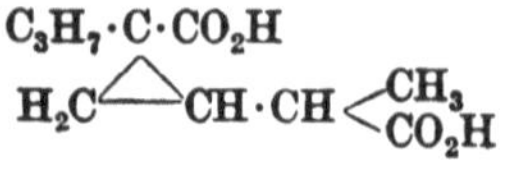 .

[1]) Ann. 245, 128 (1888); Buchner, Ann. 284, 203 (1895). — [2]) Baeyer und Ipatjew, Ber. 29, 2796 (1896). — [3]) Semmler, Ber. 33, 277 (1900). — [4]) Ber. 36, 4368 (1903).

b) In der Cyclobutanreihe treten uns cis- und trans-Cyclobutandicarbonsäure-1,2[1]) und die entsprechenden cis- und trans-Dicarbonsäuren-1,3[2]) entgegen, die auch sonst stereochemisch interessant sind, sowie die Pin- und Norpinsäuren III und IV (BAYER[3]):

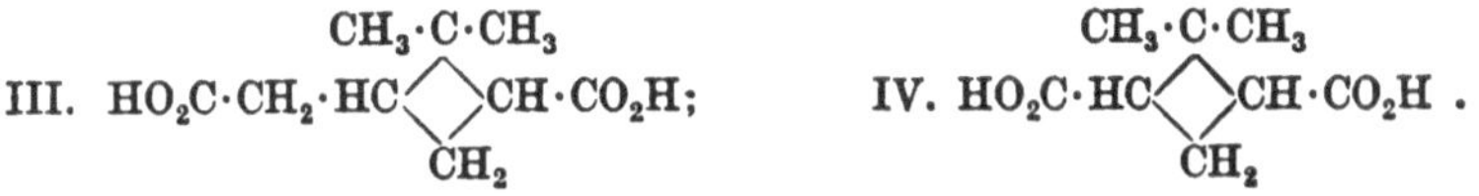

Bei den letzteren sollte noch eventuell die optische Aktivität der Säuren festgestellt werden, und zwar deren mit starkdrehenden d- und l-Pinen als Rohmaterial. Die erstgenannte ist außerdem eine Essigcarbonsäure.

c) Die Cyclopentancarbonsäuren-1,2 und -1,3[4]), von denen die beiden geometrisch isomeren Formen bekannt sind, bieten viel von Interesse, die letzteren auch, da sie die Stammkörper für die Camphersäuren, der Camphensäuren und Isofencho- bzw. Santensäuren sind.

HAWORTH und PERKIN jun. haben gezeigt, daß der α-Wasserstoff neben den beiden Carboxylen mit Brom ersetzt werden kann (I), woraus dann die beiden ungesättigten Säuren II und III vom Lauronolsäuretypus erhalten werden:

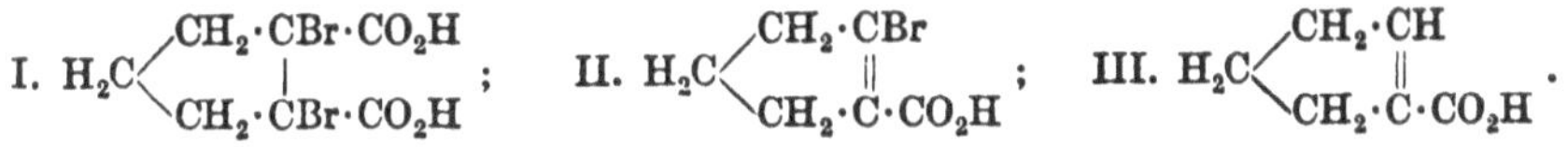

Die entsprechenden Oxysäuren dürften noch nicht vorliegen. Außer was oben (S. 69) über die Apocamphersäuren sowie Homocamphersäuren als Material für weitere Arbeiten erwähnt wurde, sei noch hervorgehoben, daß die dreibasische Cyclopentantricarbonsäure:

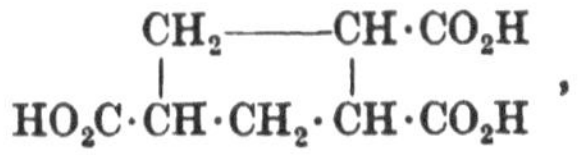

sowohl als in 4 carboxylierte Cyclopentandicarbonsäure-1,2, wie eine in 5 carboxylierte 1,3-Säure betrachtet werden kann und daher mehrere mono-Brom- bzw. di-Brom- und vielleicht sogar tri-Bromderivate bilden sollte. Außerdem zeigt sie auch eine gewisse Ähnlichkeit mit der Camphoronsäure (S. 67), was ferner für weitere Arbeiten in Frage käme. Auch ist nicht festgestellt worden, ob das Anhydrid der obigen 1,2,4-Tricarbonsäure vom Bernsteinsäure- oder Glutarsäuretypus ist. Die Feststellung seines Typus läßt einen Einblick über die relative Leichtigkeit für die Bildung des 1,2- oder 1,3-Anhydrids gewinnen.

d) Cyclohexanverbindungen. Die drei strukturisomeren 1,2-, 1,3- und 1,4-Hexahydrophtalsäuren BAEYERS[5]) sind bezüglich ihrer α-Bromverbindungen von ihm eingehend untersucht, jedoch findet man auch einige Lücken, die ausgefüllt werden müßten. Die Bromierung der cis- und trans-Formen der 1,2- und 1,3-Säuren ist unvollständig und das Verhalten der Mono- und Dibromkörper zu Basen ist nicht festgestellt, was bei dicarboxylierten Cyclohexanverbindungen, wegen der Frage über die Ringkonfiguration,

[1]) Ber. 36, 4368 (1903). — [2]) PERKIN jun, Journ. chem. Soc. 65, 572 (1894); vgl. HAWORTH und PERKIN jun,, ibid. 73, 330 (1898) sowie 65, 980 (1894). — [3]) Ber. 29, 25, 1910, 2788; WAGNER und ERTSCHIKOWSKY, ibid. S. 881 (1896). — [4]) Wegen der reichhaltigen Literatur wird nur auf ASCHAN, Chemie der alicyclischen Verbindungen und das BEILSTEIN-Handbuch (4. Aufl.) hingewiesen. — [5]) Vgl. hierüber ASCHAN, Chemie der alicyclischen Verbindungen, S. 701 ff. (1905).

von erheblichem Interesse ist. Auch bezüglich der Anwendung unserer zugehörigen Aufspaltungsmethoden auf dieselben ist noch viel zu tun. Die zu der Hexahydroisophtalsäure homologe Cyclohexanessig-3-carbonsäure-1 von camphensäureähnlicher Struktur

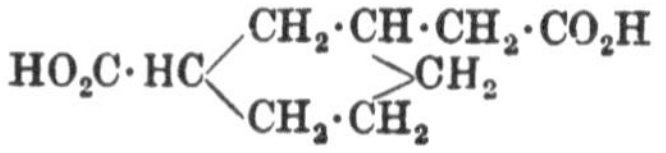

bietet auch (vgl. Kapitel 7, Moment A) Interesse.[1])

Bezüglich des Momentes B dieses Kapitels kann folgende Frage hervorgehoben werden, bezüglich des Verhaltens aliphatischer bzw. alicyclischer Sulfonsäurechloride, in denen α-substituierbarer Wasserstoff vorhanden ist. Die Einwirkung von Chlor und Brom könnte nämlich in folgender Weise stattfinden (I), und die Reaktionsreihe nach II weiter geführt werden:

I. 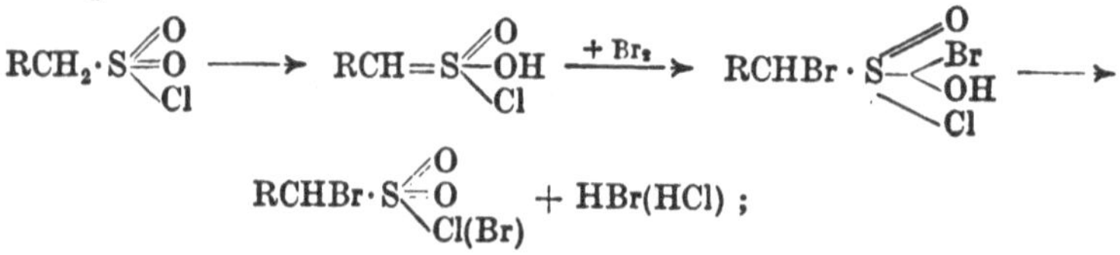

$$\text{II. } RCHBr\cdot SO_2Cl(Br) \longrightarrow RCHBr\cdot SO_3H \longrightarrow RCH(OH)\cdot SO_3H\,.$$

Auch andere Verbindungen könnten erhalten werden.

Nachdem quantitative Versuche (S. 100) bezüglich der Einwirkung von Bromwasserstoff auf Säurechloride sowie Chlorwasserstoff auf Säurebromide von uns ausgeführt worden sind[2]), wobei der Gang der Reaktionen auf „Enolsubstitution“ (S. 99) zurückgeführt wurde, so sollten weitere Versuche, besonders zum Nachweis, ob eine Gleichgewichtslage eintritt, angestellt werden, die auch eine ergänzende und vergleichende Chlorierung von Säurebromiden umfassen würden. Dies in Übereinstimmung mit unseren leitenden Gedanken bei der Bromierung von Säurechloriden.[3]) Vielleicht ließe sich bei den quantitativen Bestimmungen das spezifische Gewicht geeigneter als das Wiegen der abgespaltenen Chlor- und Bromwasserstoffmengen verwenden.

2. In Anleitung unserer in Moment A, 2 dieses Kapitels vorgeführten Theorie über die Bildung von stereomeren Formen bei der α-Substitution alicyclischer Dicarbonsäuren wäre eine weitere Untersuchung zur Feststellung, ob dieselbe Erscheinung auch bei Verbindungen mit „aliphatischer“ Bindung des Carboxyls eintritt, geboten. Am einfachsten würde sie bei Monocarbonsäuren eintreten, nämlich 1. bei den asymmetrischen aliphatischen Carbonsäuren; 2. bei den Benzolcarbonsäuren mit dem Carboxyl in einer längeren asymmetrischen Seitenkette sowie 3. bei alicyclischen Säuren, deren carboxyltragende Seitenkette asymmetrisch gebaut ist. Die eintretende Stereoisomerie beruht in diesen Fällen darauf, daß ein neues asymmetrisches System in dem Molekül entsteht. Dies geschieht immer bei der Ausführung der Hell-Volhardschen Reaktion bei Verbindungen mit

[1]) Komppa und Hirn, Ber. 36, 3610 (1903); T. Hirn, Diss. (Helsingfors 1905). — [2]) Ber. 46, die Tabellen S. 2167, 2168 (1913). — [3]) Ber. 45, 1918 (s. die Tabelle) (1912).

α-gestelltem Wasserstoff, wenn keine negative Gruppe an dem betreffenden α-Kohlenstoffatom vorher vorhanden ist (vgl. S. 103 über die fehlende Substitution des α-Wasserstoffs in Chloracetylchlorid durch Brom sogar bei 150°).

Allgemein treten immer bei dem einfachsten Typus $\genfrac{}{}{0pt}{}{R'}{R}{>}CH \cdot CH_2 \cdot CO_2H$ der drei obigen Monocarbonsäuren, worin R und R' aliphatische Radikale oder Ringelemente in alicyclischem Sinne sind, bei α-Substitution zwei ungleiche, nicht spiegelbildisomere Formen auf. Einfachere Fälle dieser Art liegen z. B. in β-Chlor- oder Brombuttersäure oder in entsprechenden Derivaten von Isobuttersäure und auch bei der β-Methylbuttersäure (aktiven Valeriansäure) vor.

Innerhalb der alicyclischen Reihe ist die zu erwartende Erscheinung bei zwei ungleichen Ringelementen von Interesse, z. B., wenn der Ring eine andere Seitenkette als das Carboxyl oder einen anderen Substituent oder aber einen doppelten oder dreifachen Ringkern hat.

Ist das Ausgangsmaterial schon vor der Substitution optisch aktiv, was bei Terpenverbindungen öfters der Fall ist, so sind die beiden auftretenden Stereomeren bekanntlich optisch aktiv aber nicht Spiegelbildisomere. Dann weiß man auch zugleich, daß zwei andere Formen derselben Art, die nun mit den zwei vorhandenen zwei Paaren Spiegelbildisomere darstellen, möglich sind.

Die Erscheinung, daß eine gewisse Anzahl von Stereomeren bekannt sind, kann für Strukturbestimmungen in komplizierteren Fällen ein wichtiges Hilfsmittel sein. Ein Beispiel dieser Art lag bei unserer Untersuchung der Camphersäuren vor, deren Anzahl der Literatur nach ungewöhnlich groß war, aber auf vier aktive und zwei racemische Formen beschränkt werden konnte.

Wegen der Tatsache, daß bei der Resubstitution von α-Bromderivaten geometrische Isomerie auftritt (S. 102 oben), sei hier der Wunsch angefügt, daß auch entsprechende Fälle von α-Chlor- und α-Jodderivaten dargestellt und in derselben Richtung studiert werden. Geeignetes Material dafür würde auch in den mit hochprozentigem Eisessig-Bromwasserstoff in Einschlußröhren leicht erhältlichen β-Bromadditionsprodukten aus α,β-ungesättigten alicyclischen Dicarbonsäuren vorliegen.

Was den Moment A 2 c betrifft, so begegnen wir auch hier einigen Fragen, die einer weiteren Untersuchung bedürften.

Zunächst sollte die sterische Umlagerung auch anderer alicyclischer Dicarbonsäuren einzig mit Wasser ausgeführt werden, nämlich zur Feststellung, ob auch in anderen Fällen, als bei den Camphersäuren, 50% der einen Form (cis- oder trans-) in die andere (trans- oder cis-) umgelagert werden und umgekehrt. Wahrscheinlich wird entweder eine höhere Temperatur oder eine viel längere Reaktionszeit auf Grund der dann viel kleineren Menge von Wasserstoffionen in der Flüssigkeit nötig.

Ferner könnte die Theorie der „Enolsubstitution" gegebenenfalls auch auf die WALDENsche Umkehrung, die nur bei Carboxylverbindungen auftritt, bezogen werden. Insoweit es indes nicht festgestellt ist, daß diese Art von eigentümlichen Reaktionen nur auf die α-Stellung beschränkt ist, kann etwas Tatsächliches hierüber nicht gewonnen werden, besonders da die Umwandlungsprodukte, obwohl die Aktivität durch die Enolisierung verschwinden sollte, gleichwohl, wenn auch in entgegengesetzter Richtung, optisch aktiv sind.

β) Ungesättigte monocyclische Verbindungen[1])

Kapitel 9. Terpenverbindungen mit monocyclischem Kern

A. Allgemeine Übersicht.

Das vorliegende Kapitel behandelt daher Dipenten (Limonene), Sylvestren und das unlängst von uns aus Isopren erhaltene Dipren inklusive seiner Homologe, Dibutadien, C_8H_{12}, und Dimethyldipren, $C_{12}H_{20}$, sowie die sonst mit diesen Terpenen genetisch zusammenhängenden monocyclischen Verbindungen.

Die übrigen Derivate der bi- bzw. tricyclischen Terpene werden dagegen, inklusive der Terpene dieser Gattung, zu den Abschnitten II und III des vorliegenden Werkes verlegt.

B. Dipenten, die Limonene und ihre Abkömmlinge

1. Vorkommen und Genese

Die Bezeichnung „Dipenten" umfaßt immer auch die Komponenten d- und l-Limonen, die damit in reinerer oder unreinerer Form fast immer in jedem Naturprodukt dieser Art zusammen vorkommen.

Dipenten kommt bekanntlich in allen Pinusarten in wechselnden Mengen vor. Diese Terpenart ist von mir im finnländischen, russischen, deutschen, französischen, spanischen, algerischen, griechischen, indischen (aus Pinus Chasyaya), amerikanischen Terpentinöl und im sibirischen Fichtennadelöl gefunden worden. Da die Dipentenfraktionen meistens die entgegengesetzte Drehung als die der begleitenden Pinene aufweisen, so scheint mir dieser Umstand darauf zu beruhen, daß Pinen und Dipenten in dem gemeinsamen Terpentinöl irgendeines fraglichen Baumes in genetischem Verhältnis zueinander stehen, so daß das eine Terpen das ursprüngliche, das andere das Umwandlungsprodukt von diesem wäre. In dem Falle bleibt man nicht zweifelhaft darüber, welches Terpen das primäre ist. Pinen ist bekanntlich eine an Energie viel reichere Verbindung als Dipenten. Die Vermutung liegt dann an der Hand, daß Pinen entweder 1. durch direkte Aufspaltung des mit latenter Energie aufgespeicherten Cyclobutanringes schon innerhalb des Pflanzenorganismus in Dipenten übergeht (nach Formelrichtung I) oder auch 2. Wasser unter Vermittelung von bei der Luftoxydation entstandenen Säuren (vornehmlich der starken Ameisensäure, die dabei immer entsteht) additionell aufnimmt und darauf wieder Wasser unter Bildung von Dipenten abspaltet (Richtung II), wobei aktives Terpineol als Zwischenprodukt entsteht. Oder aber, es würde

[1]) Ungesättigte Körper wurden bisher nur ausnahmsweise behandelt, als sie (wie die Dehydrosäuren, Camphenonsäuren, Lauronolsäuren) in infachen Derivatenverhältnissen zu den gesättigten Muttersubstanzen stehen. Ausnahmsweise wurden auch einige Terpene (s. unten „Cyclofenchen", teilweise auch Camphen) aus praktischen Gründen kurz erwähnt.

sich 3. inaktives Terpinhydrat und daraus inaktives Terpineol bzw. inaktives Dipenten bilden (Richtung III):

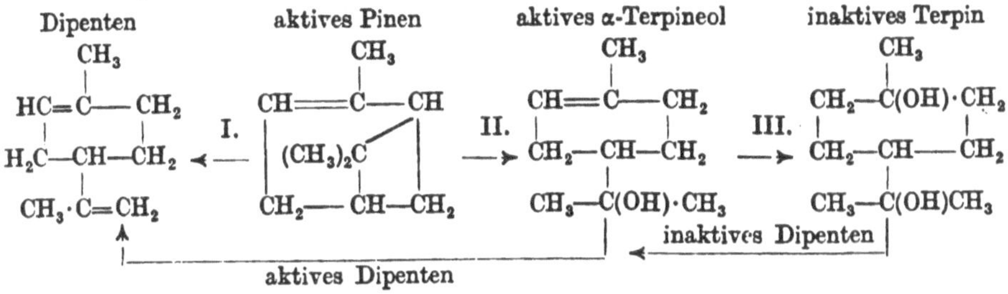

Welche Reaktionen biologisch bevorzugt sind, läßt sich nicht ermitteln. Der Umstand aber, daß das Terpinhydrat, das wegen der molekularen Symmetrie immer inaktiv ist, inaktives Dipenten erzeugen würde, läßt einen Einblick in den Reaktionsgang zu. Da Terpineol schon bei der Einwirkung sehr verdünnter Säuren (wie Oxalsäurelösungen von 0,1—0,05%) nach dem Reaktionsgang II Wasser abgeben, und Pinen Wasser bei noch schwächerer Konzentration aufnehmen kann, welche Reaktion etwa auf enzymatischem Wege ebenso leicht verlaufend wie dies die Aufspaltung des Cyclobutanringes ist — so hat die unter intermediärer Terpineolbildung gehende Dipentenerzeugung eine gewisse Voraussetzung, natürlich zu sein. Dies auch deshalb, weil die direkte Aufspaltung des Pinens, als sie im Laboratorium ohne katalytische Vermittelung bzw. Hydrolyse geschieht, eine Erhitzung bis auf 220° verlangt, wie wir in anderen Fällen festgestellt haben.

2. Die Überführung des Dipentens in Terpinhydrat und Terpineol

Nach vielseitiger Erfahrung sind fast sämtliche Terpene ineinander umwandelbar.[1]) Dagegen ist die entgegengesetzte Synthese des Pinens noch nicht gelungen.[2]) Die im Gegenteil leicht ausführbare Aufspaltung des Pinens führt über Terpinhydrat und Terpineol zu Dipenten, Terpinen und Terpinolen. Da Terpinhydrat und Terpineol ihrerseits sowohl über die Mono- und Dihydrochloride des Dipentens, als auch, wie wir gefunden haben[3]), durch direkte Hydratisierung des Dipentens leicht erhalten werden, so bezeichnen die erstgenannten in doppelter Hinsicht, wenn auch in synthetischem Sinne nur zur Hälfte, eine genetische Brücke zwischen Dipenten und Pinen.

Die ältere Angabe von Deville[4]), daß Terpinhydrat auch mittels Säuren geringerer Stärke aus Citronen- und Bergamottenöl, die beide größere Mengen von Limonenen enthalten, erhältlich wären, wurde nicht bestätigt (Tilden).[5]) Unserer Ansicht nach beruht dies auf einem Pinengehalt dieser Öle. Erst

[1]) Vgl. u. a. Aschan, „Terpenernas samhörighet i genetiskt hänseende", Vortrag in Kemistsamfundet, Stockholm; Svensk Kemisk Tidskrift 39, 165 (1927). — [2]) Die Dissertation „Über die Synthese des α-Pinens und die Konstitution einiger Pinenderivate" von H. Trebler, auf die Anregung und Leitung von L. Ruzicka ausgeführt (vgl. Ruzicka und Trebler, Chem. Centralblatt 1921. I. 995; II. 37, 1193; 1922. I. 1401), hat zu keiner Pinensynthese geführt. — [3]) Aschan, F. Vet.-Soc. ns Bidrag 77, Nr. 1, S. 18 (1915). — [4]) Ann. 71, 348 (1849). — [5]) Journ. chem. Soc. 33, 347 (1878).

durch das von uns ausgearbeitete Verfahren (vgl. unten) ist es gelungen, aus Dipenten das Terpin, und zwar in seinen beiden geometrisch isomeren Formen, darzustellen. Weil Dipenten ein ziemlich reichliches Nebenprodukt in den nordischen sowie den amerikanischen Terpentinölen aus den Stubben und Wurzeln, und außerdem als „Abfallterpene“ bei der Campherdarstellung aus reinen Pinen in bedeutenden Mengen auftritt, hat das genannte Verfahren erhebliches Interesse.

a) Terpinhydratbildung aus Dipenten. Unser Verfahren beruht auf der Anwendung einer Schwefelsäure von 50—55% unter Abkühlung auf — 4° bis — 10° bzw. einer längeren Einwirkung und im kleinen ein effektives kräftiges Umrühren (etwa 800—1000 Umdrehungen pro Minute). Etwa 20% des Dipentens wird jedoch nicht umgewandelt, was wohl auf dem Eintreten einer Gleichgewichtslage beruht. Wenn man die Temperatur sogar auf einige Grade über 0° steigen läßt, so tritt, auch bei Vermindern der Säurekonzentration Verharzung ein.

Die Konfiguration des Terpinhydrats. Bei unseren Versuchen, auch bei der Anwendung von Pinen, entstand immer nebenbei in kleiner Menge das wasserfreie, sogenannte trans-Terpin Baeyers[1]) (Schmelzp. 156 bis 158°), das er aus dem gewöhnlichen Dipentendihydrobromid (Schmelzp. 64°) erhielt. Dabei ist zu bemerken, daß die obige Bezeichnung seines Entdeckers, die mit seiner Nomenklatur bei den Hexahydrophtalsäuren übereinstimmt, leicht zu der unrichtigen Auffassung leiten könnte, daß die beiden Seitenketten am Cyclohexanring, die die geometrische Isomerie bewirken, in dem einem Falle (cis-) auf derselben, in dem anderen (trans-) auf der entgegengesetzten Seite liegen sollten. Die sterisch gedachten Formeln weiter unten zeigen nun, daß die Seitenketten in der cis-Form Baeyers (Formel II) im Gegenteil, wie aus ihrer Bildung aus dem Cineol (III) hervorgeht, diesseits, in der trans-Form aber (Formel I) jenseits orientiert sind. Der punktierte Strich in den Formeln stellt die Schnittlinie des vertikal stehenden Ringkernes gegen die Ebene des Papiers dar:

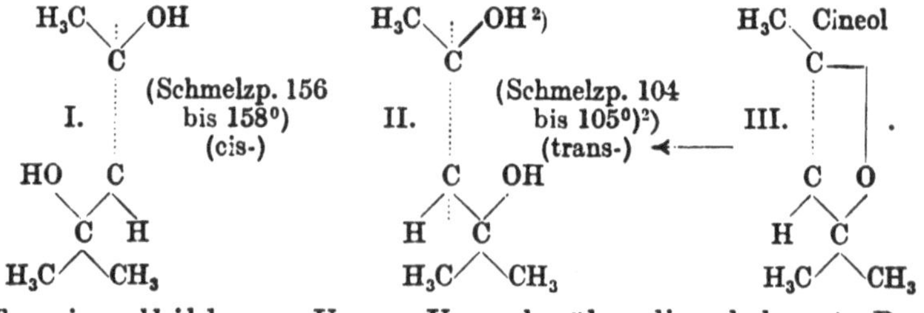

b) Terpineolbildung. Unsere Versuche über diese bekannte Reaktion wurden hauptsächlich ausgeführt, um die Anlagerung von Wasser an Dipenten, unter Bildung von Terpineol sowie Rückbildung des Terpins von diesem, bei der Einwirkung verschiedener Konzentrationen der angewandten Schwefelsäure festzustellen. Terpineol ist, wie wir gefunden haben, ein vorzügliches Lösungs- und Krystallisations-

[1]) Ber. 26, 2865 (1893). — [2]) Es bildet mit 1 mol Wasser das wohl charakterisierte Terpinhydrat (Schmelzp. 118) s. u.

mittel (z. B. für Indigo und andere schwer lösliche Körper) und könnte daher größere technische Anwendung als früher erhalten.

Unseren Erfahrungen nach bewirkte die 0,5%ige Schwefelsäure oder Natriumbisulfat eine gute Ausbeute (75% der Theorie), obwohl bei nachheriger Dampfdestillation das reichliche Kondensationswasser bedeutende Mengen des Produktes auflöst. Die Destillation mit 0,2%iger Oxalsäurelösung ergab dagegen eine Ausbeute von 84% wohlriechenden Terpineols.

c) Terpinhydrat- und Terpineolbildung aus Dipentendihydrochlorid.[1]) Diese Darstellungsweise könnte vielleicht in der Technik Anwendung finden, wenn das Dipenten, wie bei der Campherdarstellung im großen, als Abfallterpene vorhanden ist. Die folgende Darstellungsmethode ist empfehlenswert.

Zu einem Gemisch von 100 Teilen der bei 175—178° siedenden Abfallterpene und 10—20 Teilen roher Salzsäure wird Chlorwasserstoff unter Umrühren, zuletzt unter schwachem Erwärmen eingeleitet, bis das Produkt bei 25—30° fest wird (Chlorgehalt etwa 31%; reines $C_{10}H_{18}Cl_2$ enthält 33,97%). Das von der Salzsäure geschiedene und mit Soda gewaschene Produkt wird nach Abkühlen auf 0° abgeschleudert, der ölige Teil wird von neuem mit Salzsäure gesättigt und gleich behandelt. Die festen Hydrochloride wurden für sich hydrolysiert, weil die flüssigen ein schlechteres Produkt geben. Man erhält in allem etwa 145 Teile Hydrochloride.

Zur Hydrolyse von 54 Teilen festem Hydrochlorid (Schmelzp. 30°) werden 40 Teile gebrannten Kalkes (von 80—90%igem Gehalt), zum Erhalten einer sehr fein verteilten Kalkmilch, mit so viel Wasser gelöscht, daß der noch ungelöschte Teil immer damit bedeckt ist, und 400 Teile Wasser zugegeben, worauf das Gemenge bei 70° gut umgerührt wird. Nach 15 Stunden ist das Produkt chlorfrei, andernfalls werden noch 10 Teile Kalk zugegeben und die Temperatur auf 80—90° gesteigert. Nach 4—5 Stunden zeigt sich das Produkt nunmehr frei von Chlor, was an der oxydierten Kupferspirale geprüft wird. — Das flüssige Hydrochlorid (s. o.) muß, nach der Vorbehandlung, bei 70° längere Zeit (etwa 15—20 Stunden) auf 80—90° erhitzt werden.

Das Terpineol, zusammen mit den gebildeten Terpenen, wird mit Dampf übergetrieben; die letzteren werden getrennt aufgenommen, bis sich die obere Schicht zu dem Wasser wie 1 : 6 Volumen verhält. Bei den Terpenen wird ein geringerer Cl-Gehalt beobachtet, wogegen das später übergehende Terpineol chlorfrei ist. Für 100 kg ursprüngliches Abfallterpen, bzw. 145 kg Hydrochlorid, sind etwa 1000 kg Dampf nötig.

Der Rückstand nach der Destillation wird vom Kalkschlamm filtriert. Aus der heißen, klaren Lösung scheidet sich nebenbei gebildetes Terpinhydrat in großen, farblosen Krystallen ab, die auf Terpineol verarbeitet werden können, wozu auch die Mutterlauge derselben anwendbar ist. 100 kg Terpene (145 kg Hydrochlorid) geben 75 kg Rohterpineol und 16 kg Terpinhydrat. In der Mutterlauge verbleiben 3,7 kg Terpinhydrat. In 100 kg Destillationswasser finden sich 0,033 kg Terpineol.

Die nachherige Vakuumdestillation (bei 10 mm) gibt auf 760 kg Rohterpineol: 170 kg Vorlauf (Siedep. 60—80°), 21 kg Zwischenfraktion (80—95°), die von neuem destilliert wird (davon 10 kg Terpene), sowie 528 kg Terpineol (95—100°), durch seine Dickflüssigkeit erkenntlich.

Diese Mengen beziehen sich auf ein nichtgeschleudertes, halbflüssiges Hydrochlorid. Ein festes (Schmelzp. etwa 30°) Produkt ergibt eine bessere Ausbeute: 250 Teile lieferten 20 Teile Vorlauf, 20 Teile Zwischenfraktion und 180 Teile Terpineol.

Die aus der Terpinhydratmutterlauge erhaltenen Terpineolmengen müssen wegen ihres viel schärferen Geruchs getrennt verarbeitet werden. Man neutralisiert

[1]) Nach unpublizierten Versuchen.

den Kalk mit Schwefelsäure, setzt dann noch von der Säure die zur Gewinnung einer 1%igen Lösung nötige Menge zu und destilliert mit Dampf. 100 Teile krystallisiertes Terpinhydrat und 250 Teile 1%ige Schwefelsäure ergeben mit Dampf ein wohlriechendes Produkt, woraus 21% der Theorie als Vorlauf und 63% als Terpineol erhalten werden.

Der Geruch läßt sich durch erneute Destillation und Leiten von Luft durch das Terpineol verbessern, worauf man im Vakuum destilliert.

3. Terpineol- und Terpinhydratbildung aus Pinen

Wegen der längere Zeit bekannten leichten Aufspaltung des Pinens in Dipenten bzw. dessen Derivate — u. a. findet dies beim trocknen Erhitzen oberhalb 220° statt — wurden Versuche angestellt, um festzustellen, ob es auf hydrolytischem Wege gelänge, das Pinen dabei unter Wasseraufnahme auch mit anderen Mitteln als die längst angewandte verdünnte Schwefelsäure, in α-Terpineol bzw. Terpinhydrat überzuführen, was auch geschieht[1]), obwohl sich dazu, wider Erwartung, eine ziemlich starke Schwefelsäure nötig machte. Das auf Grund vieler Versuche ausgearbeitete Verfahren wird hier angefügt.

a) Terpinhydrat. Ein Teil Pinen (Siedep. 155—159°) wurde 10 Stunden mit 45%iger Schwefelsäure bei 0—4° sehr effektiv umgerührt, so daß die ölige Schicht förmlich mit der Säure durchgepeitscht wurde; eine niedere Temperatur verzögerte die Reaktion erheblich, eine höhere ergab ein gelbes Produkt mit terpinolenartigem Geruch. Die Säure wird absepariert und die ölige Schicht mit Eisstückchen versetzt, wobei Terpinhydrat als weiße Krystallmasse ausfällt, die gut mit Eiswasser gewaschen und aus verdünntem Alkohol oder kochendem Wasser umkrystallisiert wird. Das Produkt schmilzt bei 120°, also etwas höher als das in anderer Weise erhaltene Terpinhydrat. Die abseparierte Säure kann von neuem angewandt werden, wenn sie nicht durch fehlerhafte Operation dunkel gefärbt ist.

Als Nebenprodukte treten Dipenten und Terpineol in relativ kleiner Menge auf. Letzteres kann, nach Neutralisieren der Säure in dem öligen Produkt, durch Dampfdestillation gewonnen werden. Als Nebenprodukt in der sauren Flüssigkeit tritt trans-Terpin (vgl. oben) auf.

b) α-Terpineol wurde in guter Ausbeute direkt aus Pinen in folgender Weise erhalten:

200 g Pinen (Siedep. 155—159°) werden unter Eiskühlung mit 100 g Ameisensäure (95%) versetzt. Nachdem die Temperatur wieder auf + 3° gefallen ist, werden 10 Tropfen konz. Schwefelsäure unter Umrühren und, nachdem keine Temperaturerhöhung mehr bemerkbar ist, nach ¼ Stunde nochmals 16 Tropfen zugesetzt. Hierbei steigt die Temperatur auf 4°. Die beiden Zusätze der konz. Schwefelsäure werden wiederholt, worauf 1 Stunde lang umgerührt wird. Das Produkt wird auf Eis gegossen und der abgeschiedene Ameisensäureester mit alkoholischem Kali verseift, das Terpineol mit Äther isoliert und nach dem Waschen und Trocknen im Vakuum (12—14 mm) mit folgendem Resultat destilliert:

bei:	95—97°	97—102°	102—107°	107—117°	Rückstand
	14 g	34 g	113 g	13 g	10 g

Beim Abkühlen und Einimpfen mit festem α-Terpineol (Schmelzp. 35°) erstarrten sämtliche Fraktionen außer der ersten. Nach Abfiltrieren und Absaugen auf Porzellan wurden 60 g α-Terpineol vom Schmelzp. 34—35° erhalten. Bei einem zweiten Versuch

[1]) Aschan, F. Vet.-Soc. ns Bidrag 77, Nr. 1, S. 11 ff. (1915).

erhielt man aus 100 g Pinen 62 g der Terpineolfraktion 103—107° (11—14 mm) und daraus 34 g festes Terpineol.

Die Abscheidung des Produkts gelingt, nach Zusatz von 2,5 g Natriumformiat auf 100 g Pinen berechnet, auch in der Weise, daß die Ameisensäure aus einem auf 150° erhitzten Luftbad abdestilliert wird; sie zeigte sich als 90%ig und kann folglich auf 95% wieder gebracht werden. Nach dem Verseifen destillierte das Produkt (etwa 80 g) bei 11 mm. Nachdem etwa 23 g Terpene überdestilliert waren, erhielt man 92 g des Hauptproduktes, das bei erneuter Destillation 66 g Terpineol, woraus 46 g festes, erhalten wurden.

c) Auch Nopinon aus amerikanischem Terpentinöl (Siedep. 163—166°) ergab nach dem Verfahren a) Terpinhydrat und Terpineol.

4. Ein Reagens auf einwertige Terpenalkohole

Zuweilen gilt es, aus in der Natur vorhandenen Gemischen oder im Laboratorium erhaltenen Produkten einwertige monocyclische Terpenalkohole, $C_{10}H_{17} \cdot OH$, zu isolieren. Zu diesem Zweck wurden Versuche mit Terpineol ausgeführt, die zum folgenden Reagens führten, das Terpineol auflöst, nicht aber Terpene und Terpinhydrat.

Das Reagens besteht aus einer Mischung von 245 Vol. 96%igem Alkohol, 44 Vol. Schwefelsäure (als 100%ig berechnet) und 81 Vol. Wasser, sämtlich bei 20° gemessen.

Aus der folgenden Tabelle ergibt sich Beispielsweise die Menge des Reagenses, die 1 Teil der nachstehenden Terpenalkohole 1—7 auflösen:

Terpenalkohol : Reagens		Terpenalkohol : Reagens	
1. Terpineol	1 : 1	4. Alkohol	1 : 1
2. Isoborneol	1 : 6	5. „	1 : 2
3. Borneol	1 : 6	6. „	1 : 2
		7. „	1 : 1

Die voranstehenden Ziffern bedeuten:

4. flüssiges Gemenge von Fenchyl- und Isofenchylalkohol (?), Siedep. 204—206°
5. flüssiges Gemenge, erhalten bei Salicylsäureeinwirkung auf Pinen „ 204—206°
6. Nebenprodukt bei der Borneoldarstellung . . . . „ 198—207°
7. bei der Hydratation eines Camphenvorlaufs erhalten: Fraktion 150,5—153°

Diese Proben zeigen, daß man z. B. Borneol und Isoborneol von den Alkoholen 1 bzw. 4—7 trennen kann.

5. Das Verhalten der Dipentendihydrochloride gegen Magnesium

Wir haben langwierige Vorversuche zur Synthese des Pinens aus Vertretern der monocyclischen Terpene angestellt, um festzustellen, ob es überhaupt möglich ist, die Brücke $>C<{CH_3 \atop CH_3}$ in die Stellung 1 und 8 der Formel des Dipentens[1]) sowie in 2,8 (zur Pinensynthese) einzufügen.

(Schema I.) Zu dem Zweck wurde die unten berührte von F. V. Härmä[2]) ausgeführte Untersuchung über die Einwirkung von Magnesium auf Dipentendihydrochlorid ausgearbeitet. Die Versuche in dieser Richtung ge-

---

[1]) Über die Bezeichnung der Kohlenstoffatome der Terpenverbindungen vgl. Aschan, Chemie der alicyclischen Verbindungen, S. 595 (1905). — [2]) Diss. in finnischer Sprache. In Übersetzung lautet der Titel: Über das Verhalten des Dipentendihydrochlorids zu Magnesium; Universitätslaboratorium Helsingfors (1917).

langen zwar nicht; die Resultate besitzen trotzdem Interesse und finden daher hier ihren Platz.

Der eventuell zum Camphan führende Reaktionsgang war also in diesem Falle in folgender Weise gedacht:

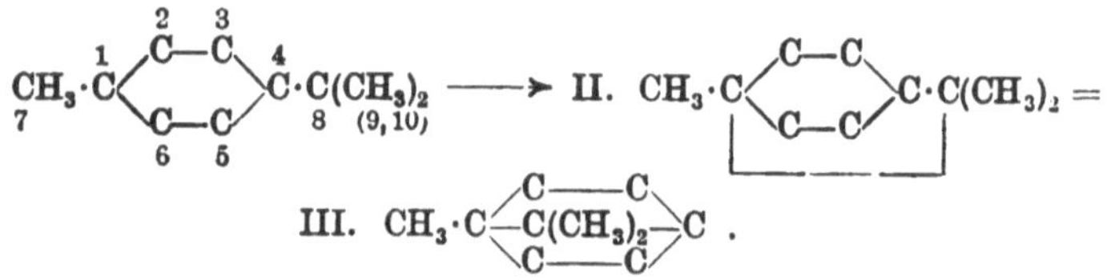

Es wurde das Verhalten sowohl der längst bekannten trans-Form (Schmelzp. 50°) des Dipentendihydrochlorids (S. 113) wie dasjenige der von BAEYER später entdeckten cis-Form (Schmelzp. etwa 25°) aus Cineol (Eucalyptol) untersucht. Ihre Konfigurationen gehen aus dem oben (S. 112) angeführten Schema hervor.

Dipentendihydrochlorid reagiert mit Magnesium nach GRIGNARD nur teilweise normal, indem neben der dabei zu erwartenden Reaktion eine gleich wirksame Halogenwasserstoffabspaltung und Halogenresubstitution stattfindet. Wasserstoff wird entbunden und teilweise an den ungesättigten Körper angelagert. Die relative Menge der Produkte ist von der Reaktionsgeschwindigkeit abhängig. Folgende Hauptresultate wurden erhalten:

Aus der cis-Form des Dihydrochlorids entstehen mehr ungesättigte Körper als aus der trans-Form; jene spaltet also leichter Chlorwasserstoff ab. Dieser entstammt vorzugsweise der Isopropylgruppe und ergibt eine Doppelbindung $\Delta^{8,9}$, untergeordnet auch teilweise eine in der Stellung $\Delta^{1,2}$. Die Abspaltung von HCl wäre daher bei dieser Grignardierung für die Isopropylgruppe und überhaupt für tertiäres Halogen kennzeichnend.

Das direkt erhaltene Reaktionsprodukt gibt mit Wasser p-Menthan (etwa 50%), $\Delta^{8,9}$-Menthen (etwa 45%) und Dipenten (etwa 5%); wenn es vorher einige Zeit an der Luft stehen bleibt, treten auch kleine Mengen tertiärer Alkohole auf. Aus der cis-Form wird etwas mehr Dipenten gebildet. Der Reaktionsgang läßt sich durch folgendes Schema veranschaulichen, worin die Pfeile links und rechts, vom Ausgangsmaterial (I) aus betrachtet, die beiden Hauptrichtungen bedeuten, mit Menthan (II) und $\Delta^{8,9}$-Menthen (III) als resultierende Körper, während der direkt nach unten gehende Pfeil zum Dipenten (IV) geht:

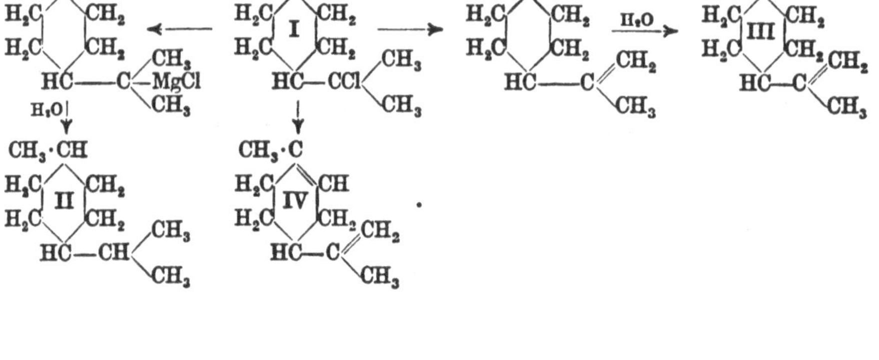
.

Findet die Umsetzung schnell statt, wenn die Ätherlösung konzentriert ist, bildet sich bei der Wasserbehandlung mehr Menthen, sonst entsteht mehr Menthan.

Die verschiedenen Kohlenwasserstoffe — außer dem als Tetrabromid nachgewiesenen Dipenten — wurden in folgender Weise isoliert:

a) Durch Addition von Brom und nachherige Abspaltung der Bromatome nach BAEYER mit Zinkstaub in essigsaurer Lösung.

b) Mittels flüssigen Schwefeldioxyds. Darin lösen sich vornehmlich die einfach ungesättigten Verbindungen (das Dipenten wird jedoch verharzt), obwohl auch die gesättigten etwas löslich sind. Bei wiederholter Behandlung werden sowohl die gesättigten wie ungesättigten Anteile abgetrennt.

c) Mit Kaliumpermanganat kann das ungesättigte Produkt fast völlig entfernt werden.

Während die gesättigte Komponente des Reaktionsgemenges mittels der Analyse sowie der physikalischen Konstanten identifizierbar ist, gelang die Bestimmung des $\Delta^{8,9}$-Menthens durch folgende Reaktionsreihe (weil das methylierte Cyclohexanradikal, $CH_3 \cdot C_6H_{10}$, mit R bezeichnet, unverändert bleibt, wird nur die Umwandlung der Isopropylgruppe vorgeführt):

Glykol — Keton (2 Stereomere) — Hexahydro-toluylsäuren

Die Ketone sieden 1. bei 63—64° bzw. 71—72° (9 mm). Die Semicarbazone schmelzen für 1. bei 164—165°; für 2. allmählich bei 130—140°. Nach SEMMLER[1]) liegt der Schmelzpunkt für p-Methylhexahydroacetophenon bei 164—165°.

Die Hexahydro-p-toluylsäure trat auch in zwei geometrisch isomeren Komponenten auf, mit dem Schmelzp. 109—110° für die Säure 1 aus dem Keton 1, und allmählich zwischen 130—146° für die Säure 2 aus dem Keton 2. Die bisher einzig bekannte Hexahydrotoluylsäure hat den Schmelzpunkt 109—110°. Die erhaltene Säure 2, die wahrscheinlich ein Gemenge von cis- und trans-Form ist, lagerte sich beim Kochen mit Wasser in 1 um.

Diese sehr leicht zu bewirkende Umwandlung in die beständigere Säure (ob sie die cis- oder trans-Form darstellt, ist unbekannt), läßt sich wieder mittels unserer im Kapitel 8 klargelegten Theorie für die sterische Umlagerung alicyclischer Säuren erklären und ist von erheblichem Interesse, weil es sich hier um eine Monocarbonsäure, die das Carboxyl an einer >CH-Gruppe am Ringe enthält, handelt. Folgende Formelbilder, worin die horizontale Linie die Schnittlinie zwischen der Ringebene und die Ebene des Papiers veranschaulicht, während sich die punktierten und dicken Linien jenseits und diesseits der Papierebene darstellen, erläutern dies:

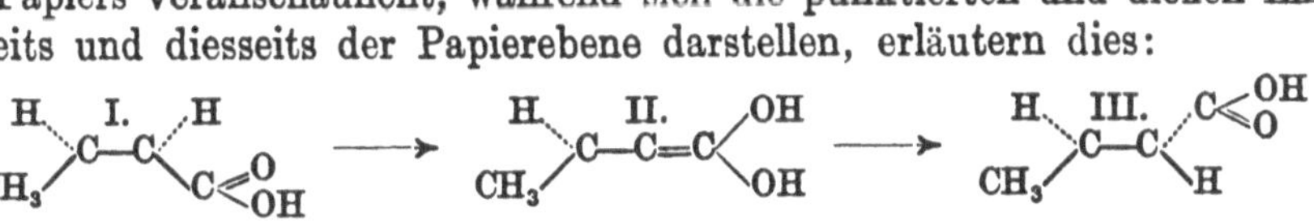

1) Ber. 39, 2585 (1906).

6. Anregungen und Ergänzungen zum Kapitel 9, Moment B

Dipenten und seine Gemische mit den aktiven Limonen kommen in variierenden Mengen sowohl in den ätherischen Ölen wie als technischen Abfallprodukten, in beiden Fällen mit anderen Terpenen vor. Selten weiß man, wenn sie in größeren Mengen auftreten, was mit ihnen zu tun wäre. In größter Menge kommen sie aber bei der Reinigung des Pinens durch Destillation desselben und als höhere Fraktionen im Kienöl, dem Nebenprodukt bei der trocknen Destillation von kienigem Holz, z. B. den Stubben und Wurzeln von gefällten Bäumen vor.

Die Auffindung von Nutzanwendungen dieser dipentenreichen Terpentinölfraktionen, außer ihrer Benutzung zur Darstellung von Malerfarben, Firnissen usw., wäre eine wichtige Aufgabe.

Als synthetisches Rohmaterial spielt Dipenten nur eine unbedeutende Rolle. Unsere obige Methode zu seiner Verwandlung in Terpinhydrat und Terpineol, welche allerdings keine Massenprodukte von größter Bedeutung sind, haben jedoch ein gewisses Interesse.

Eine weitere Anwendung liegt nach mehreren Versuchen in der metallkatalytischen Dehydrierung zum p-Cymol vor, welche gangbar ist. Darauf werden wir in Kapitel 19 (Anhang) weiter unten eingehen. Allerdings leidet diese Methode an dem Nachteil, daß hierbei gleichzeitig auch höher hydrierte Abkömmlinge des Dipentens, allerdings nur in kleinerer Menge, auftreten. Das gewonnene, gegen Permanganat gesättigte Produkt dürfte trotzdem zu technisch-chemischen Zwecken anwendbar sein.

Da Cymol in den Kochern bei der Bereitung der Sulfitcellulose aus dem Fichtenholz und wahrscheinlich aus dem darin vorhandenen Dipenten entsteht, so wäre es vielleicht angebracht, die an Dipenten reichen obigen Destillate versuchsweise in die genannten Kocher einzuführen. Beim Ausblasen sollten dann die kondensierbaren Dämpfe beim Abkühlen einen entsprechend größeren Betrag an Cymol wie sonst abgeben.

Selbst habe ich gefunden, daß man tatsächlich beim Erhitzen von Carven oder l-Limonen mit Natrium- oder Calciumbisulfitlösungen in Einschmelzröhren Cymol in fast quantitativer Ausbeute gewinnt. Vielleicht läßt sich diese Dehydrierung auch in größerem Maßstab unter Anwendung von geschlossenen Kochern wie oben angedeutet, auch mit Dipenten aus den Nebenprodukten, die einleitend in diesem Moment angeführt werden, gewinnen.

Bezüglich weiterer Untersuchungen in der Dipentengruppe sei auf unsere Erläuterung (S. 126 und 128) über die biologische Synthese des Dipentens sowie das oben in diesem Kapitel schon hervorgehobene Interesse hingewiesen, das mit seiner Verwandlung in Derivate der Pinen- (S. 115) und sekundär in solchen der Camphergruppe verknüpft ist.

Die direkte Umlagerung des einen Terpins in das andere bzw. gegenseitig, wäre einer Untersuchung wert. Vielleicht könnte dies durch Liegenlassen der Versuchsobjekte entweder bei niederer oder höherer Temperatur in Lösungen von Säuren (Salpetersäure, Schwefelsäure usw.) in Konzentrationen, die die Körper selbst nicht angreifen, gelingen. Ferner wäre zu versuchen, ob nicht etwa Natriumäthylat oder sogar alkoholisches Kali in dieser Richtung einwirken könnte.

C. Verbindungen der Sylvestrengruppe

Meine Versuche über das von ATTERBERG[1]) entdeckte, durch die schöne Blaufärbung mit Acetanhydrid und 1 Tropfen konz. Schwefelsäure nach WALLACH[2]) charakterisierte Sylvestren waren auf eine Methode zur Isolierung desselben von dem begleitenden Dipenten mittels des Dihydrochlorids beschränkt, nämlich in allgemein ergiebigerer Weise als nach den früheren Angaben möglich war. Die meisten Terpentinöle, und besonders die aus den nördlichen Ländern Europas, enthalten es nämlich nicht in direkt isolierbarer Form, sondern ursprünglich als Δ^3- bzw. Δ^4-Caren, wie wir später (Kapitel 17) ersehen werden. Hierauf komme ich auch unten ausführlich zurück.

Während der letzten Jahre war ich aber eingehend mit der Frage über die Struktur des Sylvestrens und die genetischen Beziehungen in der nunmehr an neuen Terpenen viel reicheren Sylvestrengruppe beschäftigt, wie es sich aus der folgenden Zusammenstellung und auch in dem genannten Kapitel ergeben wird.

Von finnischen Terpentinölen, die ich zu diesem Zweck fast ausschließlich als Rohmaterial angewandt habe[3]), gibt es zwei Handelsprodukte: 1. das in Öfen destillierte, im ungereingten Zustand gelblich gefärbte und scharf riechende Kienöl und 2. das bei der Sulfatzellstoffbereitung abfallende „Sulfatterpentinöl". Im ersteren sind die Terpene, durch die aus der überhitzten Holzsubstanz gebildeten flüchtigen Säuren (Ameisensäure, Essigsäure), meistens umgewandelt. Das Sulfatterpentinöl 2., das nur mit alkalischen Lösungen in Berührung gewesen ist, enthält dagegen die Terpenbestandteile fast völlig unverändert. Nur 1. enthält fertiges Sylvestren und desto mehr, je ausgeprägter die Farbe und der Geruch ist. Anderenfalls enthält das nicht überhitzte Kienöl, wie auch das Sulfatterpentinöl sowie das nichtkäufliche, aus dem frisch ausgeflossenen Balsam mit Dampf in kleiner Menge erhaltene native Terpentinöl überhaupt kein Sylvestren.

1. Methode zur Isolierung von Sylvestren aus dem nordischen Kienöl

Man leitet in die, wenigstens 1 kg betragende, bei 170—178° siedende Fraktion des gelb gefärbten Kienöls feuchten Chlorwasserstoff ein, bis er, auch nicht nach Stehen über Nacht, raucht und läßt die dunkel gefärbte Flüssigkeit eine längere Zeit in großen flachen Schalen stehen, an einem Ort, an dem die Luft über die dünnen Schichten streichen kann. Nach 1—2 Wochen krystallisiert aus dem anfangs leichtflüssigen Produkt das Sylvestrendihydrochlorid in großen Blättern aus, nachdem sich die leichter flüssigen Mono- bzw. Dihydrochloride des Dipentens verflüchtigt haben. Wenn die Krystallmasse fester geworden ist, werden die Krystalle auf eine

---

[1]) Ber. **10**, 1206 (1877). — [2]) Ann. **239**, 281 (1887); weitere Arbeiten WALLACHS: Ann. **230**, 240, 247 (1885); **239**, 24 (1887); **245**, 198, 272 (1888); WALLACH und CONRADY, Ann. **252**, 149 (1889). — [3]) Ber. **39**, 1449 (1906); Vet.-Soc: ns Bidrag **64**, 249 (1907); Ann. **461**, 1 (1928).

Stutze scharf abgesaugt und die Mutterlauge weiter wie oben verdampft, bis sich nichts mehr abscheidet. Die vereinigten grauen Krystalle werden am besten aus Methylalkohol umkrystallisiert, wobei man die Lösung nur kurz aufkochen läßt, weil das Sylvestrendihydrochlorid sonst hydrolysiert werden kann. Die eventuell aus einer Kältemischung erhaltenen Krystalle schmelzen, besonders wenn man die warme Lösung vorher mit Knochenkohle geschüttelt hat, schon bei 70°, nach erneuter Umlösung in Methylalkohol, der zum Abscheiden des Dipentendihydrochlorids sehr geeignet ist, bei 71—72°. Für die Isolierung des Sylvestrens genügt es, die ursprüngliche Menge direkt mit der gleichen Menge Anilin oder mit Kaliumacetat und Eisessig kurze Zeit zu erhitzen und das Terpen in gewöhnlicher Weise durch Destillieren zu reinigen.

Will man die Methode WALLACHs anwenden, wobei man eine bei 0° schmelzende Mischung von Dipenten- und Sylvestrendihydrochlorid hat und unter starker Abkühlung arbeitet, so ist der Holzgeist auch hier ein vorzügliches Krystallisiermittel. Ich habe ein Gemenge gleicher Teile der beiden Dihydrochloride in der genügenden Menge heißen Methylalkohols gelöst und die zunächst abgeschiedenen Krystalle des Sylvestrendihydrochlorids abfiltriert, auf Ton gestrichen und auf die Krystalle mit Methylalkohol getröpfelt. Der Schmelzpunkt war dann 69° statt 71—72°.[1])

2. Zur Frage der Konstitution des Sylvestrens

Die obengenannte blaue Färbung mit dem Reagens von WALLACH[2]) tritt seiner Angabe nach nur für das aus dem Hydrochlorid regenerierten Terpen ein. Meinerseits habe ich gefunden, daß das von mir beim 10jährigen Stehenlassen von Isopren im zugeschmolzenen Gefäß synthetisierte Dipren, dessen Dihydrochlorid und Dihydrobromid mit den entsprechenden Halogenverbindungen des Carvestrens (mit den Schmelzpunkten 51—52° bzw. 48 bis 49°) identisch sind, während das Dipren selbst die Sylvestrenreaktion nicht gibt. Dieses stellt also nicht das Carvestren dar. Weitere Unterschiede, die offenbar auch auf eine ungleiche Orientierung der Doppelbindungen in dem Dihydro-m-Cymolkern beruhen, liegen in den Siedepunkten vor: Dipren siedet bei 170—171,5°, Carvestren bei 176—178°. Dabei ist daran zu erinnern, daß sich dieser Siedepunkt 176—178° nicht etwa auf das von BAEYER bei der Synthese direkt erhaltene, sondern auf das über das Dihydrobromid „gereinigte" Terpen bezieht. Jedenfalls besteht kein Zweifel, daß sowohl Dipren und Carvestren zur Sylvestrengruppe gehören und daher Dihydro-m-Cymole sind.

WALLACH[3]) gibt zwei Formelbilder (I und II) für das Sylvestren an, ohne sich für eins von beiden zu entscheiden:

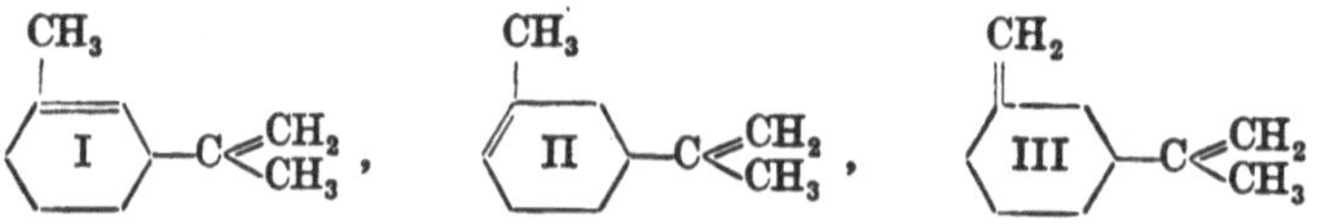

BAEYER[4]) wendet die Formel I für sein Carvestren an; so auch SEMMLER und VON SCHILLER[5]), freilich ohne experimentelle Unterlage für die

[1]) Ich habe den Körper als dimorph gefunden. Ein 20 Jahre altes, in fettglänzenden Blättern krystallisiertes Präparat trat beim Umkrystallisieren in spießigen, schräg zusammengewachsenen Nadeln, von derselben Art wie das Carvestrendihydrochlorid aus dem von Isopren erhaltenen synthetischen Dipren auf (s. die Fußnote [4]) S. 125). — [2]) Ann. 239, 27, 28 (1887). — [3]) Terpene und Campher, 2. Aufl., S. 490 (1914). — [4]) Ber. 27, 3485; BAEYER und VILLIGER, Ber. 31, 1402, 1405 (1898). — [5]) Ber. 60, 1595 (1927).

schwer bestimmbare Stellung der Äthylenbindung im Cyclohexanringe. Folglich liegt die Strukturfrage auch fernerhin offen.

Eine Entscheidung hierüber erfolgte auch nicht durch die von PERKIN jun. in Gemeinschaft mit TATTERSALL[1]) und FISCHER[2]) ausgeführten Synthesen zweier Menthadiene. Keines von beiden gab die reinblaue Sylvestrenreaktion, sondern eine violette bzw. rotviolette Färbung, die keinen sicheren Schluß erlaubte. Das aus Cyclohexanon-carbonsäureester-1,3 entstandene $\Delta^{1,8(9)}$-meta-Menthadien zeigte sich offenbar am meisten einheitlich, bildete dasselbe Dihydrochlorid bzw. -bromid wie Carvestren nach BAEYER und erhielt darum also die Formel I. Das zweite, als $\Delta^{6,8(9)}$-meta-Menthadien bezeichnete Terpen erhielt die Struktur II. Es wurde „Isocarvestren" genannt. Der entscheidende Beweis für das Isocarvestren, durch seine Überführung in die Dihydrochloridverbindungen und durch den Nachweis der Sylvestrenreaktion an dem Abspaltungsprodukt, wurde nicht geführt; allerdings käme für den einen der beiden noch eine Formel III mit semicyclischer Bindung in Betracht.

Die Entscheidung über die Konstitution des Sylvestrens ist nicht nur für die Kenntnis dieses Terpens, sondern auch aus dem Grunde von Interesse, weil man daraus wahrscheinlich gewisse Schlüsse auf den inneren Bau mehrerer wichtiger hochmolekularer Körper ziehen könnte, wie der Harzsäuren, der Sterine sowie der Gallensäuren usw., die mit Essigsäureanhydrid und kleinen Mengen starker Schwefelsäure, die der Sylvestrenfärbung ähnliche, wichtige, blau bis violette Cholestolreaktion zeigen. Diese Farbreaktion ist meiner Ansicht nach darauf zurückzuführen, daß die Isopropenylgruppe, —$(H_3C)\cdot C:CH_2$, eine bestimmte Lage zu einer gewissen cyclischen Doppelbindung einnimmt.

Der heutigen Kenntnis nach scheint also die Gruppierung I die Sylvestrenreaktion zu veranlassen, während die nach II die Färbung nicht erzeugen würde:

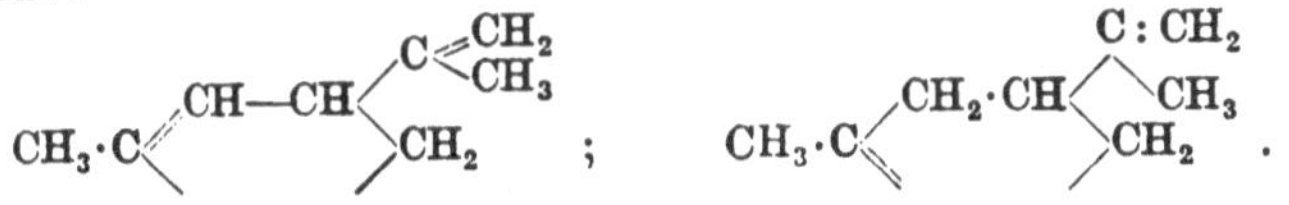

3. Über zwei zwischen 160 und 170° siedende Terpene der Sylvestrengruppe aus finnischem Terpentinöl

a) Über das „Isodipren" (Δ^3-Caren).

Um sicher festzustellen, ob Sylvestren in der Natur fertig gebildet vorliegt, wurde das „Sulfitterpentinöl"[3]) angewandt (vgl. oben). Bei unseren jetzt zu beschreibenden, vor 3 Jahren begonnenen Arbeiten hierüber[4]) wurden die früher, zum erstenmal schon im Jahre 1894 beobachteten, zwischen 160 bis 170° siedenden großen Fraktionen, und zwar zunächst der nach längerem Fraktionieren resultierende Anteil 167—170° untersucht. Dieser zeigte mit

---

[1]) Journ. chem. Soc. 87, 1083 (1907); 91, 480 (1907). — [2]) Ibid., 93, 1876 (1908). — [3]) Für die Überlassung des Rohmaterials sage ich Herrn Ingenieur ALFONS HELLSTRÖM, dem leitenden Chemiker in der Firma Gutzeit & Co. in Kotka, meinen besten Dank. — [4]) Vorläufiges in einem Vortrag bei der 3. Nordischen Chemiker-Versammlung in Helsingfors, Juli 1926; F. Vet.-Soc: ns Bidrag H. 80, Nr. 6 (1926). Vgl. weiterhin einen zusammenfassenden Vortrag über Terpene, gehalten den 24. März 1927 im Kemistsamfundet zu Stockholm, Svensk Teknisk Tidskrift 39, 170. — Mitteilung, den 12. Oktober 1927, an Finska Kemistsamfundet, Helsingfors.

WALLACHS Reagens eine charakteristische, aber nicht besonders tiefe violette Färbung mit einem Stich ins Rot. Bei längerer Einwirkung von trocknem Chlorwasserstoff auf diese mit wenig Äther versetzte Fraktion wurde ein Monohydrochlorid erhalten, das im 10 mm-Vakuum eine bei 80—85° siedende Hauptfraktion ergab, die also etwa 10° niedriger als das Dipentenmonohydrochlorid siedete und sich gegen Permanganat als schwach ungesättigt zeigte, was auf kleine Mengen von isomeren Monohydrochloriden mit noch vorhandenen Doppelbindungen hinweisen könnte. Als man den Chlorwasserstoff mit Anilin abspaltete, zeigte die Hauptfraktion den Siedepunkt 175 bis 178° des Sylvestrens, sowie in schöner Weise dessen Blaufärbung. Die Molrefraktion, die für das ursprüngliche Terpen auf einen bicyclischen Ring hinwies, zeigte nunmehr eine für zwei Doppelbindungen stimmende Zahl. Mit feuchtem Chlorwasserstoff in Eisessig erhielt man tatsächlich Sylvestrenhydrochlorid (Schmelzp. 70—71°).

Die oberhalb 100° bei 10 mm siedende Endfraktion des obigen Monohydrochlorids erstarrte und zeigte nach Umkrystallisieren, wie Dipentendihydrochlorid, den Schmelzp. 50°. Ein Gemisch von diesem mit einem älteren Präparat ergab keine Erniedrigung der Konstante.

Das ursprüngliche, bei 167—170° siedende Terpen aus unserem Sulfatterpentinöl war folglich für dieses Rohmaterial neu. Es wurde von mir vorläufig als Isodipren bezeichnet.

In seinem chemischen Verhalten zeigte es sich indes dem Δ_3-Caren von SIMONSEN[1]) ähnlich, das in der ostindischen Pinus Longifolia aufgefunden worden war. Die Ähnlichkeit wurde dadurch erhärtet, daß Isodipren ein Nitrosat, $C_{10}H_{16}(O \cdot NO) \cdot NO_2$, bildet, das den scharfen Schmelzp. 146° wie das aus Caren, zeigte. Obwohl SIMONSEN den Siedepunkt unter 705 mm bei 168—169° liegend fand, woraus sich etwa 171—172° bei 760° mm berechnet, so kann man nunmehr kaum bezweifeln, daß mein im finnländischen Sulfatterpentinöl, aber auch im Kienöl nachgewiesenes, zur Sylvestrengruppe gehöriges Isodipren mit den Δ^3-Caren identisch ist, besonders da auch WIENHAUS[2]) aus der entsprechenden Fraktion des schwedischen Terpentinöls dasselbe Nitrosat vom Schmelzp. 146° erhalten hat. Außerdem haben neulich SEMMLER und VON SCHILLER[3]) das Vorkommen des Δ^3-Carens mittels seines Nitrosats in der Fraktion 166—172° des deutschen Kiefernwurzelöls und anderen Terpentinölen festgestellt.

Um die Übersicht zu erleichtern, sei hier der von SIMONSEN formulierte Übergang von Δ_3-Caren in Sylvestren und Dipenten ausgeführt:

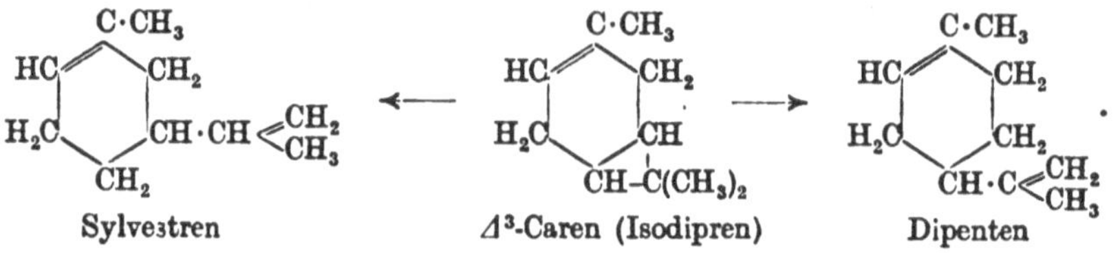

Sylvestren — Δ^3-Caren (Isodipren) — Dipenten

[1]) Journ. chem. Soc. 117, 570 (1920); 123, 549 (1923). — [2]) Nach einer Mitteilung an der III. Nordischen Chemiker-Versammlung, Juli 1926; Förhandlingar och föredrag, S. 211. — [3]) Ber. 60, 1591 (1927).

b) Über das Pinonen (Δ_4-Caren)

Mit diesem Namen habe ich vor einiger Zeit ein in der zweiten größeren Fraktion 163—166° isoliertes Terpen bezeichnet, das zwischen den pinenähnlichen, bis etwa 160° siedenden Anteilen und den über 170° übergehenden monocyclischen Terpenen (Dipenten, Sylvestren usw.) siedet. Auf das betreffende Terpen war meine Aufmerksamkeit seit längerer Zeit deshalb gerichtet, weil es denselben Siedepunkt wie Nopinen (β-Pinen) hat, die mittels alkalischer Kaliumpermanganatlösung leicht nachweisbare Nopinsäure aber nicht lieferte, was mehrmals festgestellt wurde und (schon frühzeitig[1]) zu dem Resultat führte, daß hierin ein für das finnische Terpentinöl neues Terpen vorhanden war.

Zur weiteren Charakterisierung des Pinonens sei erwähnt, daß es kein Nitrosat (vgl. oben) gibt.

Wie das Isodipren (Δ_3-Caren) nimmt das Pinonen nur 1 Mol trocknen Chlorwasserstoff auf. Das gebildete Monohydrochlorid siedet größtenteil bei 75—80° (10 mm). Bei der Entchlorung mit Anilin wurde eine bei 174—180° siedende Hauptfraktion erhalten, die die Sylvestrenfärbung in schöner Weise zeigte und sich folglich von seinem Isomeren, dem Δ^3-Caren, unterscheidet. Der oberhalb 100° (10 mm) bleibende Rückstand des Monohydrochlorids erstarrte, und beim Umkrystallisieren aus Alkohol erhielt man schließlich die darin schwer löslichen, glänzenden Blättchen des Dipentendihydrochlorids.

Das finnische Terpentinöl enthält also auch in seinem bei 163—166° siedenden Anteil ein bicyclisches Terpen, das über sein Monohydrochlorid, bei Abspaltung von Chlorwasserstoff sowohl Sylvestren wie Dipenten liefert. Folglich muß dieses ursprüngliche Terpen einen kondensierten Sechs- und Dreiring enthalten. Eine sich aus der Molrefraktion herleitende Unsicherheit ist dadurch entschieden; eine nicht unerhebliche Exaltation (von 0,3) ist anzunehmen.

Beim Versuch, den molekularen Bau des Pinonens klarzulegen, liegt es am nächsten, dasselbe mit dem Δ^4-Caren Simonsens zu identifizieren, das zuerst in Andropogon Iwarancusa Jones und später in anderen ostindischen Pflanzen aufgefunden und gemäß I formuliert wurde:

I. 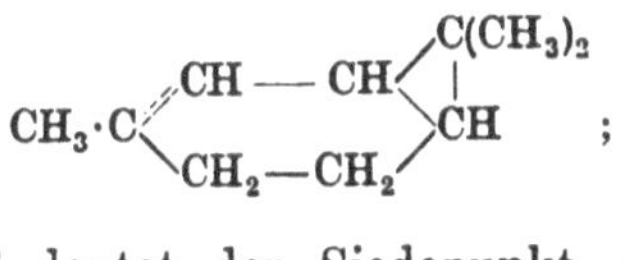

; II. 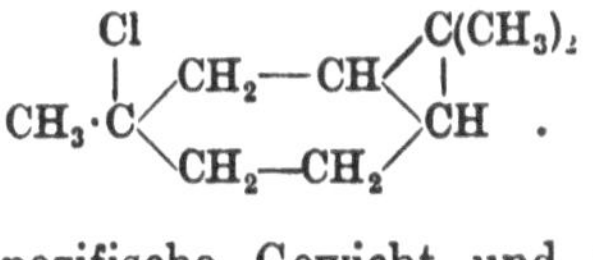

.

Darauf deutet der Siedepunkt, das spezifische Gewicht und die rote Färbung mit Wallachs Reagens, sowie die von Simonsen[2]) angegebene Molrefraktion (44,69 bzw. 44,58) und die Aufspaltung in Sylvestren und Dipenten. Wie ersichtlich, liegt die Doppelbindung vom Cyclopropanring aus diesseits der Methylgruppe, während sie im Δ^3-Caren jenseits derselben stehen würde.

---

[1]) Dies wurde schon 1915 der Finn. Chemikergesellschaft (Teknikern **25**, 311) als „Ein neues Terpen im finnischen Terpentinöl" mitgeteilt. — [2]) Journ. chem. Soc. **119**, 1649 (1921); **121**, 2295 (1922).

Das obige Monohydrochlorid des Pinonens ist, wie das vom Isodipren (Δ^3-Caren), ungesättigt. Folglich wäre auch seine Struktur der des Derivats des letztgenannten entsprechend, das Chlor ginge also, aber nur teilweise, zu dem methylierten Ringkohlenstoff hin. In dem Falle würde das Monohydrochlorid des Δ^4-Carens mit dem des Δ^3-Carens identisch, und beide hätten die Struktur II.

Tatsächlich erhält man in beiden Fällen nicht unerhebliche Mengen des bei 80—85° unter 10 mm siedenden Monohydrochlorids. Die Entstehung des aus Pinonen als Hauptprodukt auftretenden, bei 75—80° siedenden Produktes könnte man allerdings darauf zurückführen, daß dem Pinonen noch etwas Isodipren vermengt gewesen wäre, da ihre Siedepunkte so nahe einanderliegen. Der größere, niedriger (bei 75 bis 80°) siedende Anteil des Monohydrochlorids könnte aus einer andersartigen Addition des Chlorwasserstoffs an die doppelte Bindung des Cyclohexankerns entstehen, worauf mit Vorbehalt hingewiesen sei. Immerhin scheint es richtig, daß nunmehr die Bezeichnung Pinonen gegen Δ_4-Caren vertauscht wird.

SEMMLER und VON SCHILLER haben, in ihrer schon genannten Arbeit[1]), verschiedene deutsche und andere Terpentinöle auf das Vorkommen der Carene von SIMONSEN, in dem bei 166—172° siedenden Anteil summarisch untersucht, ohne die beiden Terpene voneinander zu trennen. Dabei ist nun das mehrmals von uns, in den vielen zur Bearbeitung vorliegenden Terpentinölen aus Europa, Amerika und sogar Indien (aus Pinus Chasyaya) behandelten Terpene immer vorkommende Dipenten (Limonene) nicht berücksichtigt worden, sondern angenommen, daß die betreffenden Fraktionen lediglich aus den Carenen bestehen sollten. Daß dies auf den Befund bezüglich der erhaltenen Produkte eingewirkt hat, die bei dem von ihnen in einem Falle ausgeführten oxydativen Abbau erhalten wurden, ist nicht ausgeschlossen. Daß Δ_3-Caren vorhanden war, wurde mittels dessen Nitrosat nachgewiesen. Ferner ist hervorzuheben, daß möglicherweise auch die entgegengesetzte Stellung für die Doppelbindung in dem Cyclohexanring vorliegt, als SIMONSEN vorgeschlagen hat:

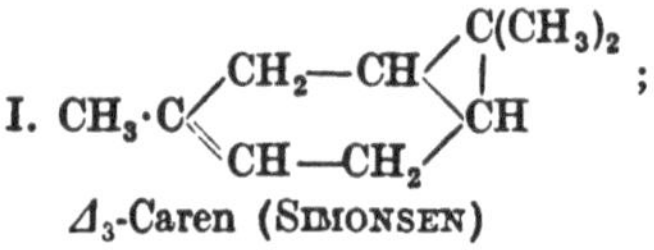

Δ_3-Caren (SIMONSEN);

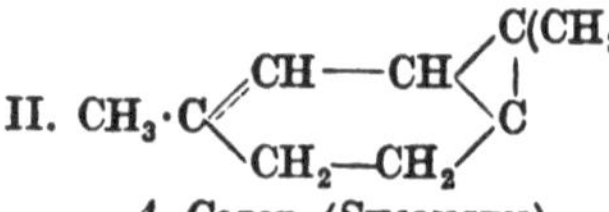

Δ_4-Caren (SIMONSEN).

Welche Auffassung die wirkliche ist, bleibt noch festzustellen. Ich habe mich der von SIMONSEN bisher angeschlossen.

Von erheblichem Interesse ist die Tatsache, daß es im nördlichen Europa und in der entfernt gelegenen, unter anderen biochemischen Bedingungen gedeihenden Pflanzenwelt Ostindiens, außer Pinen, auch die beiden der Sylvestrengruppe angehörigen, andersartig bicyclischen Carene vorkommen. Da sowohl der Vier- wie der Dreiring stark endothermisch orientiert ist, so finden die Umwandlungen in die monocyclischen Formen des Dipenten- bzw. Sylvestrentypus unter Energieabgabe statt. Dies würde mit meiner vorher geäußerten Ansicht übereinstimmen[2]), daß Sylvestren kein in den Werkstätten der Natur primäres Erzeugnis sei. Wohl aber ist zu beachten, daß man die beiden (inaktiven) Hauptvertreter der monocyclischen Terpene, nämlich sowohl des Dihydro-para- wie des Dihydro-meta-Cymoltypus, vom Isopren ausgehend darstellen konnte, nämlich das Dipenten durch seine vor geraumer Zeit durch WALLACH bei höherer Temperatur, und viel später das Dipren der des Carvestren-(Sylvestren-)Typus durch meine Synthese desselben bei der mäßigen Temperatur des Laboratoriums.

---

[1]) Ber. 60, 1591, 1594, 1595 (1927). — [2]) Vgl. F. Vet.-Soc:ns Bidrag 80, Nr. 6, S. 6 (eingegangen am 17. Mai 1926); vgl. Svensk Kemisk Tidskrift 39, 165 ff. (März 1927).

4. Über die Konstitution des Diprens

Dieses Terpen, das ich beim 10jährigen Stehen von Isopren im geschlossenen, mit Kohlendioxyd gefüllten Gefäß bei gewöhnlicher Wärme gewonnen habe, wurde schon früher kurz beschrieben.[1]) Die damals mit allem Vorbehalt geäußerte Annahme, daß in ihm ein para-Menthadien-2,8(9) vorliege, hat sich nicht bestätigt. Im experimentellen Teil, der gemeinsam mit Herrn Ilmari Krohn bearbeitet war, werden die Beweise für die neue Auffassung erbracht, daß Dipren im Gegenteil ein m-Dihydrocymolderivat, und zwar der Sylvestrengruppe ist.

Hier sei zunächst erwähnt, daß die im Jahre 1924 ausgeführten Versuche zur Feststellung der Natur des ringförmigen Kerns im Dipren bzw. der gegenseitigen Lage der Seitenketten auf metallkatalytischem Wege leider nicht in normaler Weise, sondern unter gleichzeitiger Abspaltung und Anlagerung von Wasserstoff, vonstatten gingen, ähnlich wie dies Zelinsky[2]) und Mitarbeiter mit ähnlichem Material gezeigt haben. Den Anstoß zu einer ersprießlicheren Arbeitsrichtung gab die Beobachtung, daß das früher beschriebene Dihydrochlorid des Diprens[3]) vom Schmelzp. 51—52° beim Kochen mit Eisessig und Kaliumacetat ein Terpen lieferte, das bei 174—178° überging und die Wallachsche schön blaue Reaktion zeigte. Dipren hatte sich also über sein Dihydrochlorid in Carvestren verwandelt. Die daraus folgende Möglichkeit, das jenes mit dem Dihydrochlorid des Carvestrens identisch sei, war von vornherein wegen des erheblichen Unterschieds bei den Terpenen selbst (die Siedepunkte lagen bei 171° bzw. 178° und Dipren zeigt die Sylvestrenreaktion nicht), der fast gleichen Schmelzpunkte der beiden Dihydrochloride ungeachtet, nicht wahrscheinlich, besonders da auch die Schmelzpunkte der Dihydrobromide damals nicht völlig übereinstimmend gefunden wurden. Erst als der sehr mühsame Synthesengang für das Carvestren von Caron ausgehend wiederholt und das zunächst erhaltene „rohe Carvestren" gereinigt wurde, für dessen eigentlichen Bestandteil wir den Siedepunkt 183—186° fanden, konnten wir den Vergleich sicher ausführen. Wir erhielten für sein Dihydrobromid den angegebenen Schmelzpunkt 48—49°, und ein neues, völlig gereinigtes Präparat aus Dipren schmolz bei der gleichen Temperatur, wie auch die Mischprobe. Wenn man gesättigte Lösungen des Dihydrobromids aus Dipren mit einem Kryställchen des Carvestrenkörpers animpfte, so fand gleich Krystallisation statt. Beide Präparate zeigten auch eine später zu beschreibende Dimorphie.[4])

Aus den angegebenen Tatsachen läßt sich folgendes schließen:

1. Die Dihydrobromide und -chloride des Diprens und Carvestrens sind identisch, nicht aber die Kohlenwasserstoffe selbst. Diese haben verschiedene Siedepunkte (170—171,5°) und 176—178°.

---

[1]) Ann. 439, 221 (1924); Ber. 57, 1959 (1924). — [2]) Ber. 57, 1066, 2055 (1924); 58, 185 (1925); 60, 1096 (1927). — [3]) Ann. 439, 224 (1924). — [4]) Wie ich jetzt beobachtet habe, krystallisiert das Dihydrochlorid des Sylvestrens, außer in den bisher bekannten, großen fettglänzenden Blättern, auch in glanzlosen, verzweigten Nadeln, wie das Isoprendihydrochlorid (vgl. S. 120, Fußnote 1).

Dipren zeigt nicht die WALLACHsche blaue Farbenreaktion des Carvestrens.

2. Dipren gehört daher sicher zu den Terpenen mit dem m-Cymolkern, d. h. zur Sylvestrenreihe.

3. Das von BAEYER ursprünglich dargestellte, von uns in reinerem Zustand erhaltene, bei 183—186° siedende Isomere des wirklichen Carvestrens (Siedep. 176—178°) gehört auch wegen der Farbreaktion WALLACHS der Sylvestrengruppe an.

Ich habe dem oben angegebenen, einheitlich bei 183—186° siedenden Teil den Namen Carvepren gegeben.

Daß Dipren nicht etwa inaktives Caren (in solchem Falle Δ_3-Caren) darstellt, geht außer aus der Molrefraktion, auch aus seiner bedeutend leichteren Additionsfähigkeit gegen Chlorwasserstoff hervor.

Die Bildung des Diprens aus Isopren hat man sich ganz gleich analog vorzustellen wie diejenige des Dipentens, das nicht bei Raumtemperatur, sondern nach WALLACH bei stärkerem Erhitzen aus Isopren entsteht. Die Einlagerung der Doppelbindung des einen Moleküls zum Sechsring erfolgt nur in entgegengesetzter Richtung wie dort, was ohne weiteres aus dem nachstehenden Schema hervorgeht:

Formelreihe III:

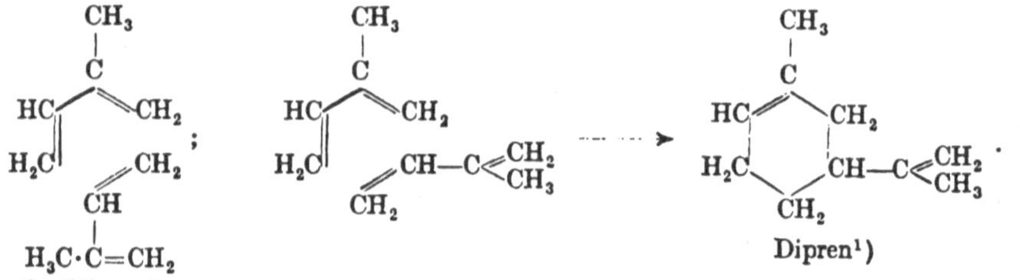

gibt Dipenten

Für das Carvepren bleibt die Konstitution bis auf weiteres unaufgeklärt.

5. Die Einteilung der Terpene der Sylvestrengruppe

Wie aus obiger Darstellung hervorgeht, sind mehrere neue Vertreter dieser Reihe in den letzten Jahren hinzugekommen. Sie ist zurzeit fast gleich umfangreich, wie die viel ältere Gruppe des zum Dihydro-para-Cymoltypus gehörenden Dipentens, und läßt sich der Übersichtlichkeit wegen auf drei Gruppen verteilen:

1. Monocyclische Terpene, die die Blaufärbung nach WALLACH direkt geben. Hierher gehören Sylvestren, Carvestren und Carvepren (Siedep. 183—186°), vielleicht auch $\Delta^{1,9(8)}$-meta-Menthadien von PERKIN und TATTERSALL, sowie die Umwandlungsprodukte[2]) der in vielen Terpentinölen vorhandenen beiden Carene.

[1]) Vgl. auch oben. — [2]) Diese sind mit Sylvestren strukturidentisch, können aber im Drehungsvermögen von Fall zu Fall variierend sein, wie die Mischungen von Dipenten mit den Limonenen.

2. Monocyclische Terpene, die die blaue Farbreaktion nicht zeigen. Hierher sind zu rechnen unser Dipren (Siedep. 170—171,5°) und das Isocarvestren von PERKIN und FISHER, insoweit es einheitlich ist.

3. Bicyclische Terpene, nämlich Δ^3-Caren (Isodipren) und Δ^4-Caren (Pinonen).

Daß die beiden letzteren mit gleicher Berechtigung zu der Dipentenreihe gerechnet werden können, ist ohne weiteres ersichtlich.

Von den Terpenen der Sylvestrengruppe gibt es also sieben (eventuell acht), die, wie angegeben, genetisch miteinander verknüpft sind.

6. Einige Gesichtspunkte über die Entstehung der Terpene im Pflanzenkörper

Bei der genetischen Zusammengehörigkeit der Terpene erhebt sich die Frage, welches das in den synthetisierenden Werkstätten der Pflanzenzelle ursprünglich auftretende Material es sei, woraus die Terpenmoleküle zusammengefügt werden.

Als OTTO WALLACH am 23. Februar 1891 seinen ersten zusammenfassenden Vortrag über „Terpene und Campher"[1]) vor der Deutschen Chemischen Gesellschaft hielt, teilte er[2]) bekanntlich „die terpenartigen Kohlenwasserstoffe" in Hemiterpene, C_5H_8, eigentliche Terpene, $C_{10}H_{16}$, und Polyterpene, $(C_5H_8)_x$, ein. Als das am meisten bekannte Glied der Hemiterpene wurde von ihm Isopren genannt, das durch Polymerisation wieder in $C_{10}H_{16}$[3]) übergeführt werden kann. Ferner findet auch eine weitere[4]) Polymerisation statt in $C_{15}H_{24}$, $C_{20}H_{32}$ usf.[5])

Inwieweit WALLACH dabei das Isopren als biochemischen Faktor in dem Pflanzenkörper betrachtete, ist mir unbekannt. Viel später[6]) habe ich die Vermutung ausgesprochen, daß Isopren als Grundsubstanz für die terpenartigen Naturerzeugnisse (einschließlich der Koniferen-Harzsäuren) durch eine aldolartige Kondensation von Acetaldehyd mit Aceton in jeder Pflanze entsteht und die Bildung dieser terpenartigen Körper vermittelt. Wenn dies der Fall ist, so hätte man mit einer sehr verbreiteten Reaktion zu tun, für welche ich die folgende, unter Wasserabspaltung und Reduktion sich bildenden Stufen als möglich hinstelle[7]):

---

[1]) Ber. 24, 1525 (1891). — [2]) Ann. 227, 300 (1885). — [3]) Ibid. S. 295. — [4]) Ann. 238, 88 (1887). — [5]) Das Schrifttum stellt also ohne Zweifel fest, daß WALLACH schon vor etwa 40 Jahren den Gedanken über diese genetischen Beziehungen durch Polymerisation nicht nur des Isoprens zu den Terpenen, sondern auch weiterhin mit diesen zu den Sesqui-, Di- und Polyterpenen, ausgesprochen hat. Dies sei hier hervorgehoben, weil diese Erkenntnis neuerlich RUZICKA zugeschrieben worden ist. — [6]) In einem Vortrag in der Chemiker-Gesellschaft in Åbo (1922) über die Harzsäuren, die ich kurz vorher als terpenartige Verbindungen charakterisiert hatte [B. 55, 2944 (1922)]. — [7]) Vgl. hierüber ausführlicher meinen Vortrag in den Verhandlungen der 17. Nordischen Naturforscherversammlung in Gotenburg (1923), sowie Chem.-Zeit. 49, 689 (1925). Für die Bildung der aus den Diterpentypen strukturell herleitbaren Harzsäuren hätte man an den Ersatz eines der vier nötigen Isoprenmoleküle durch das der ähnlich wie Isopren entstehend gedachten Vinylacrylsäure, $CH_2{=}CH \cdot CH_2{<}^{CH_3}_{CO_2H}$, zu denken.

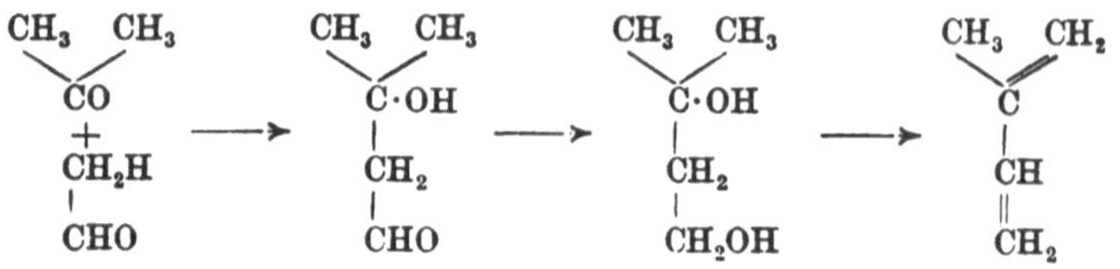

Als es mir dann gelang, die Kondensation des Isoprens außerhalb des Organismus und bei gewöhnlicher Temperatur, nicht zum Dipenten, wie früher Wallach, bei stark erhöhter, sondern zu dem mehrfach in Derivate des Carvestrens überführbare Dipren durchzuführen, wurde nunmehr auch der letztgenannte von den beiden Hauptvertretern der beiden großen monocyclischen Terpengruppen mit dem Isopren verknüpft.

Isopren kann also, entweder als fertig gebildet oder in statu nascendi auftretend, mit Recht als das konstitutionelle Wahrzeichen für die genetische Zusammengehörigkeit der Terpene gelten. Die bicyclischen Terpene, wie Pinen (bzw. Nopinen) und die Carene, sind sehr wahrscheinlich *als durch Enzymwirkung endothermisch entstehende Anfangs- bzw. Zwischenstufen der innerhalb der aufbauenden Pflanzenwerkstätten stattfindenden Bildung der Terpene und vieler Terpenverbindungen zu betrachten.* Auch ihre Entstehung ließe sich, ähnlich wie bei der in der Formelreihe III (S. 126) abgebildeten Bildung des Dipentens bzw. Sylvestrens, durch andersartige Einlagerung der doppelten Bindungen zweier Isoprenmoleküle veranschaulichen, wie folgende schematische Formeln zeigen:

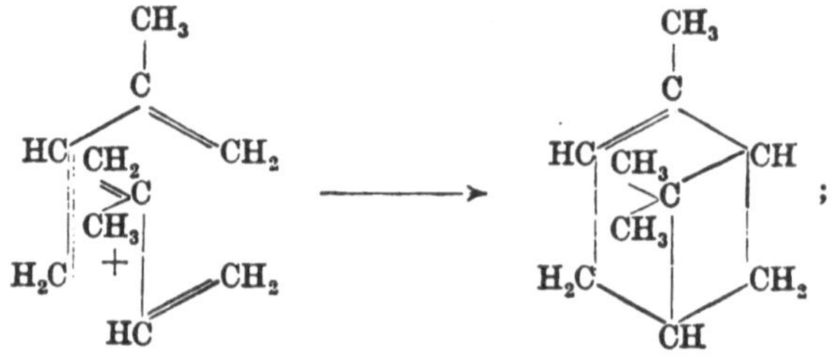

2 Mole Isopren Pinen

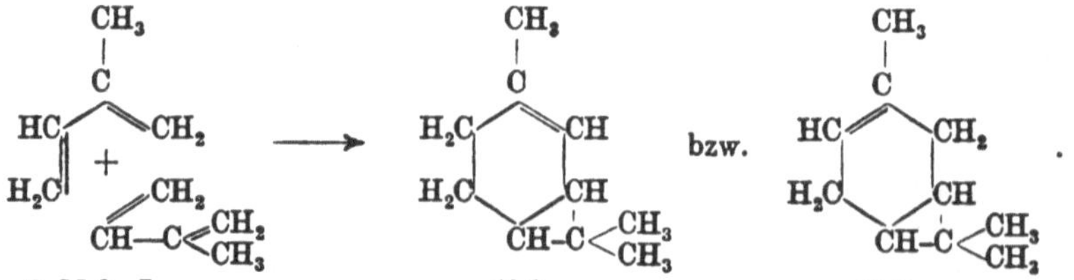

2 Mole Isopren Δ^4-Caren Δ^3-Caren

Im Kapitel 28, Moment B (S. 368) kehren wir noch zur Veranschaulichung von Terpenverbindungen höherer Ordnung inklusive Harzsäuren zurück.

D. Eigenschaften und Verhalten der dicyclischen Terpene der Sylvestrengruppe sowie des Diprens.

Hier werden die experimentellen Ergebnisse unserer Untersuchungen über die genannten Terpene angegeben.

1. Destillationsergebnisse

Tabelle I gibt zunächst eine Übersicht über die Zusammensetzung eines durch Destillation von Stubben und Wurzeln gewonnenen finnischen Kienöls, das dreimal vorsichtig fraktioniert worden war. Das Terpengemisch war schon mit dem im Holz enthaltenen Wasser flüchtig gegangen, daher wasserhell und ungewöhnlich rein, was sich auch an seinem hohen Pinengehalt zu erkennen gab.

Tabelle I

Nr.	Fraktion in Grad	Gewicht in g	%	d_{20}^{20}	d_4^{18}	n_D^{18}	MR_D^{18}
1	Bis 155	20,9	3,48	—	—	—	—
2	155—156	18,5	3,08	0,8584	0,8567	1,46642	43,91
3	156—159	183,1	30,52	8630	8613	46701	43,81
4	159—162	76,5	12,75	8590	8573	46799	43,82
5	162—166	112,0	18,67	8590	8610	47009	44,04
6	166—169	60,0	10,00	8582	8565	47134	44,41
7	169—172	109,0	18,17	8573	8556	47291	44,58
	Rest und Verlust	20,0	3,33	—	—	—	—

Für ein anderes, gereinigtes Kienöl wurde für die Fraktion 5 ein MR = 44,03, als Mittel mehrerer Bestimmungen, erhalten. Die Zahlen sind am besten vereinbar mit dem berechneten Wert eines Terpens mit einer Doppelbindung und entweder einen 4-Ring (z. B. für Pinen 43,91) oder 3-Ring (z. B. für Caren 44,21). Die Ringweite des mit dem 6-Ring kombinierten kleineren Kernes blieb also hier optisch unbestimmbar. Für ein monocyclisches Terpen mit zwei Doppelbindungen berechnet sich die Konstante zu 45,24 und für einen mit zwei 5-Ringen und einer Doppelbindung zu 43,51.

Die Fraktion 5 ergab mit Essigsäureanhydrid und einem Tropfen konz. Schwefelsäure eine schön hellrote Färbung. Wie schon angegeben, zeigt die Isodiprenfraktion 167—170° mit dem Reagens rotstichig violette Färbung.

Tabelle II

Fraktion in Grad	Gelbliches Kienöl		Balsamterpentin	
	Gewicht in g	%	Gewicht in g	%
Bis 155	129	4,1	152	7,6
155—160	222	7,2	995	50,0
160—165	945	30,2	253	12,7
165—170	705	22,6	210	10,6
170—175	645	20,6	165	8,3
175—180	197	6,3	—	—
180—185	112	3,6	—	—
Rückstand	170	5,4	215	10,8
Summe	3,125	100,0	1990	100,0

Zum Vergleich wurden aus den vielen bei uns untersuchten Proben oben in der Tabelle II die Resultate der mehrfachen Fraktionierung eines ursprünglich gelben und stark überhitzten Kienöls gebracht, daneben diejenigen eines finnischen Balsamterpentinöls, das aus dem abgeschabten Scharrharz isoliert worden ist. Bei den Destillationen wurde die FAGERLINDsche Glasperlenkolonne[1]) (die Perlenschicht etwa 80—100 cm lang) angewandt.

In Tabelle III folgt dann das Ergebnis des vierten Fraktionierens eines bei dem Sulfatcellulose-prozeß abfallenden „Sulfatterpentinöls“:

Tabelle III

Nr.	Fraktion in °C	g	%	α_4^{20}	i	n_D	MR	MR (Theorie)
1	Bis 150	26	0,64	—	—	—	—	—
2	150—154	11	0,29	—	—	—	—	—
3	154—156	33	0,83	—	—	—	—	—
4	156—158	1156	28,92	0,8568	42,08′	1,46878	44,23	43,91 { Doppelbindung, Vierring
5	158—160	704	17,57	8551	42,09′	46868	44,30	„ „
6	160—163	181	4,54	8574	43,03′	46926	44,15	44,21 { Doppelbindung, Dreiring
7	163—167	233	5,82	8567	41,44′	47114	44,42	„
8	167—170	304	7,59	8553	41,01′	47536	44,83	„
9	170—175	1051	26,26	8534	40,33′	47807	45,10	45,24 { 2 Doppelbindungen
	Rückst. u. Verluste	301	7,54	—	—	—	—	—

Der Gehalt an Pinen und seinen bis etwa 160° siedenden Begleitterpenen (den Isopinenen[2]) ist im Balsamterpentinöl und im Sulfatterpentinöl viel größer als in den Kienölen, besonders denen, die einer Überhitzung ausgesetzt worden sind (Tabelle II). Das finnische Sulfatterpentinöl, das in großer Menge technisch gewonnen wird, ähnelt also in dieser Hinsicht dem Balsamterpentinöl aus Amerika, Frankreich und den anderen Mittelmeerländern, sowie auch dem amerikanischen Holzterpentinöl, das nunmehr in vorzüglicher Reinheit gewonnen wird.

2. Über Isodipren (Δ^3-Caren) und Pinonen (Δ^4-Caren)

Aus den in den Tabellen I—III angegebenen Zahlen geht hervor, daß man in den etwa 160—170° siedenden Anteilen mit wenigstens zwei Terpenen zu tun hat[3]). Das höher, hauptsächlich bei 167—170° siedende, habe ich vor zwei Jahren Isodipren, das zweite bei etwa 163—166° siedende Pinonen[4]) genannt. Später wurden sie mit dem Δ^3- bzw. Δ^4-Caren identisch erkannt (s. o.).

a) Isodipren zeigt die Dichte $d_4^{20} = 0{,}8561$, als Mittel aus zwei übereinstimmenden Bestimmungen, $[\alpha]_D = 5{,}37$; $n_D^{20} = 1{,}45736$, woraus $MR = 44{,}88$. Der Geruch ist wenig hervortretend, mit einer Nuance an Mandelöl erinnernd. Das Terpen ist ungesättigt. Ein Tropfen wirkt nicht sofort, sondern erst nach 2—3 Minuten auf das sodaalkalische Kaliumpermanganat entfärbend, was auch für einige andere Terpene,

[1]) Von der Firma RUDOLPH GRAVE in Stockholm. — [2]) Vgl. Lärobok i organisk kemi von HJELT-ASCHAN, 3 uppl., sid. 414 (Helsingfors 1912); 4 uppl., sid. 330 (1922). — [3]) ASCHAN, „Naftenföreningar, terpener och kamferarter“, S. 284, 304, 312 (Helsingfors 1926). — [4]) Ibid., S. 284, 304.

z. B. Camphen, gilt. Um die Reaktion mit dem WALLACHschen Reagens, hier zweier Tropfen des über Natrium frisch destillierten Terpens, in 2 ccm Essigsäureanhydrid gelöst, und 1 Tropfen konz. Schwefelsäure versetzt, zu studieren, wurden folgende Fraktionen geprüft:

1. Vorlauf, unterhalb 167° 7,6 g schwach violett;
2. Hauptmenge, Siedep. 167—170° 115,6 g rötlichviolett;
3. Nachlauf, Siedep. 170—172° gelblich (fast farblos).

Bezüglich der Molrefraktion ist zu bemerken, daß sie bei der Fraktion des Sulfatterpentinöls (44,88) höher als in Tabelle I für den Anteil 166—169° des reineren Kienöls (44,41) liegt; diese Konstante ist etwa 0,20 Einheiten höher als die für ein Terpen mit Doppelbindungen und 3-Ring berechnete Zahl 44,21. Wir bemerken, daß auch SIMONSEN eine etwas größere Exaltation für sein Δ_3-Caren angibt. Nach einer dritten Destillation erhielten wir wieder den mit der ersten Zahl ziemlich gleichen Wert 44,83 (aus $d_4^{20} = 0{,}8569$ und $n_D = 1{,}47643$).

Einwirkung von Chlorwasserstoff auf die Fraktion 167—170°. Es wurde 1 Mol trockener Chlorwasserstoff (80 g) in das mit 10% absolutem Äther (30 g) versetzte Terpen (298 g) eingeleitet. Die mit Wasser gewaschene und mit 1%iger Sodalösung ausgeschüttelte Flüssigkeit (325 g) wurde mit Calciumchlorid getrocknet und viermal im Vakuum (7,5—8,5 mm Druck) destilliert. Ein Hauptprodukt siedete bei 80—85° und ergab Cl = 20,54%; berechnet 20,59°. — Dipentenmonohydrochlorid siedet unter 8 mm bei etwa 94—96°.

Das Monohydrochlorid des Isodiprens (Δ_3-Carens) siedet bei 77—83° unter 7 mm, sowie bei gewöhnlichem Druck unter geringer Zersetzung; d_4^{20} beträgt 0,9755; $[\alpha]_D = +0{,}82$. Für n_D erhält man 1,48175, woraus MR 50,57 (bei zwei anderen Darstellungen MR 50,31 bzw. 50,00 erhalten); berechnet für $C_{10}H_{17}Cl$ mit einer Doppelbindung 50,58, mit einem 3-Ring 49,57. Dies spricht im Sinn der aufgestellten Formel für die Aufspaltung des 3-Ringes im Isodipren (Δ_3-Caren).

b) Sylvestren aus Isodiprenmonohydrochlorid. 35 g des bei 80—85° unter 8—9 mm siedenden Monohydrochlorids wurden mit 28 g Anilin im Ölbade während ½ Stunde zum Sieden erhitzt und überdestilliert, das Destillat von Anilin mit verdünnter Oxalsäurelösung unter Dampfdestillation befreit, und das mit Äther isolierte Terpen über Natrium rektifiziert, wobei 15,5 g resultierten.

Die bei 170—179°, hauptsächlich bei 175—178° siedende Hauptmenge (10,8 g), die eine reine Blaufärbung nach WALLACH ergab, hatte folgende Eigenschaften: $d_4^{20} = 0{,}85055$: MR = 45,04, $i = 41{,}07'$, $n_D = 1{,}47480$, berechnet für ein Terpen mit zwei Äthylenbindungen 45,24) : $\alpha_D = +1{,}96°$, woraus $[\alpha]_D^{20} = +4{,}61$.

Beim Umdestillieren von etwa 7 g des obigen Terpens ergaben sich zwei weitere Fraktionen, nämlich 1. bis 174° : 1,3 g und 2. 174—177,5° : 5,6 g; beide zeigten die Sylvestrenfärbung, die Hauptfraktion besonders prachtvoll. Nunmehr erhielt man $d_4^{20} = 0{,}8453$ und $i = 41°04'$, woraus $n_D = 1{,}47506$ und $MR_D^{20} = 45{,}34$, welche Zahl mit der für zwei Doppelbindungen berechneten (vgl. oben) noch besser übereinstimmt.

Die beim Sättigen der ätherischen Lösungen des Terpens mit Chlorwasserstoff nachher abgeschiedenen, aus Methylalkohol umgelösten Krystalle schmolzen bei 71° und ergaben mit Sylvestrenhydrochlorid aus finnischem Kienöl[1]) keine Erniedrigung. Es lag also in dem bei 174—177,5° siedenden Terpen Sylvestren (Carvestren) vor.

c) Darstellung des Dihydrochlorids vom Isodipren. Diese Addition kommt, auch mit Äther als Katalysator, nur allmählich und unvollständig zustande, was dem Verhalten des Dibutadiens C_8H_{12} ähnelt, dem niederen Homologen des Diprens, das als Nebenprodukt bei der Darstellung von Butadienkautschuk entsteht.[2])
Folgendes Versuchsresultat sei hier für das Isodipren beigelegt.

---

[1]) Es war dies dasselbe Präparat, mit dem BAEYER (Ber. 31, 2067 (1898)) seiner Zeit den meta-Cymolkern im Sylvestren feststellte. — [2]) ASCHAN, Ber. 57, 1959 (1924).

Die Fraktion 167—170° (56 g) nahm dabei, nach dem Sättigen mit 1 Mol Chlorwasserstoff, nach dem Verjagen des Äthers und Zugabe von 2 ccm konz. Salzsäure und erneuter Sättigung mit dem Gase, nur $^1/_5$ des zweiten Moles auf. Nach Reinigung zeigte nämlich eine Analyse des Rohproduktes 23,26% statt 33,96% Chlor, berechnet für $C_{10}H_{18}Cl_2$. Beim Fraktionieren im 8-mm-Vakuum zeigte sich das Produkt als ein Gemenge von unverändertem Isodipren, dem Monohydrochlorid (Siedep. 80—85°) und über 100° siedenden Produkten. Aus den letzteren schied sich in einer Kältemischung eine relativ kleine Menge von Krystallen ab, die, mehrmals aus Sprit und Holzgeist umkrystallisiert, bei 70—71° schmolzen. Die Mischprobe mit unserem Sylvestrendihydrochlorid behielt diesen Schmelzpunkt. Hieraus ergibt sich, daß aus Isodipren, obwohl schwer, Sylvestrendihydro-(Carvestren-)dihydrochlorid erzeugt wurde. Dadurch wird die obige Erfahrung ergänzt, daß aus dem Monohydrochlorid des Terpens Sylvestren entsteht.

Nachweis der Bildung von Dipentendihydrochlorid aus Isodipren. Die bei 8 mm Druck über 100° siedenden Fraktionen des rohen Monohydrochlorids erstarrten zu einer weichen, stark glänzenden Krystallmasse, die auf Tonplatten abgesaugt wurden. Der anfangs niedrige Schmelzpunkt stieg beim Umkrystallisieren aus 95%igem Alkohol allmählich und blieb bei 49—50° stehen. Ihre Mischprobe mit anderen Präparaten von Dipentendihydrochlorid behielt denselben Schmelzpunkt.

Damit war auch die Bildung von Dipenten aus dem bei 167—170° siedenden Isodipren des finnischen Terpentinöls festgestellt.

d) Das Nitrosat des Isodiprens.[1] 5 g der Fraktion 168—171°, 4 g Amylnitrit und 2 ccm Eisessig wurden mit Eiskochsalz gut gekühlt und 3,5 g Salpetersäure (d = 1,395) unter kräftigem Schütteln allmählich zugefügt, wobei Krystalle sofort auftraten. Diese wurden durch Zusatz von Alkohol wieder aufgelöst, ein wenig Wasser bis zur Trübung zugegeben, und über Nacht an einer kalten Stelle stehen gelassen. Die nachher geschiedenen und mit wenig Alkohol gewaschenen Krystalle wurden in Chloroform gelöst und mit Methylalkohol ausgefällt, wobei glänzende Prismen erhalten wurden, die beim langsamen Erhitzen bei 142° schmolzen. Bei schneller Steigerung der Temperatur liegt der Schmelzp. bei 146.[2]) Folglich ist die Identität des Isodiprens mit dem Δ^3-Caren Simonsens nachgewiesen (vgl. auch oben Moment C, S. 121).

3. Pinonen (Δ_4-Caren)

Nachdem es sich mehrmals gezeigt hatte, daß die in den Tabellen I, II und III bei etwa 163—165° siedende Fraktion der finnischen Terpentinöle mit alkalischer Permanganantlösung keine Nopinsäure gibt (vgl. unten), wurde dieses offenbar neue Terpen als Pinonen (durch Umstellen der Silben in „Nopinen“) bezeichnet.

Die physikalischen Konstanten sind ein wenig schwankend, je nach dem angewandten Ausgangsmaterial unter den Handelsterpentinölen, und weil die betreffende Fraktion nur schwer sowohl von pinenähnlichen Terpenen („Isopinenen“) wie auch vom Δ^3-Caren („Isodipren“) gereinigt wird.

Molrefraktion. Aus dem reinen Kienöl der Tabelle I wurde für die betreffende Fraktion die Konstante $MR_D^{18} = 44{,}04$ (aus $d_4^{18} = 0{,}8610$ und $n_D^{18} = 1{,}47009$) erhalten. Eine Reihe von 15 Bestimmungen für finnische Sulfatterpentinöle ergab im Mittel die Zahl 44,03. In der Tabelle III für Sulfatterpentinöl finden wir MR = 44,42. Im Durchschnitt erhält man aus diesen drei Zahlen den Wert 44,15, der sehr gut mit der berechneten Zahl MR = 44,21 für ein bicyclisches Terpen mit 3-Ring und Doppelbindung übereinstimmt. Mit Essigsäureanhydrid und 1 Tropfen konz. Schwefelsäure gibt das Pinonen eine rosenrote, verhältnismäßig beständige Färbung.

---

[1]) Dargestellt nach Wallach, Ann. 245, 270 (1888). — [2]) Simonsen, Journ. chem. Soc. 117, 570 (1920); vgl. Simonsen und Rao, ibid. 127, 2494 (1925).

Der engere Siedepunkt für „Pinonen“ läßt sich nur schwierig ganz genau feststellen. Da die bei 164—166° siedenden Anteile die Hauptmenge der Fraktion 163—167° darstellen, so dürfte dieser Siedepunkt bis auf weiteres als der richtige angenommen werden.

Für das spez. Gewicht der Fraktion 163—167° erhält man gewöhnlich, mit kleineren Variationen, $d_{20}^{20} = 0{,}861$ und $d_{4}^{20} = 0{,}8570$.

Oxydationsversuche mit Kaliumpermanganant. Diese wurden sowohl nach Baeyer[1]) wie nach Wallach[2]) ausgeführt. Während die letztere Methode hierbei keine isolierbaren Säuren lieferte und etwa die Hälfte der Terpene anscheinend unverändert zurückließ, so ergab das Baeyersche Verfahren aus 25 g der Fraktion 162—166°, wohl kein nopinsaures Natron, sondern 11 g einer dickflüssigen, z. T. krystallisierenden Säure, die umkrystallisiert als Pinonsäure (Schmelzp. 103 bis 104°, Semicarbazon Schmelzp. 203°) erschien. Außerdem traten Neutralöle mit Keton- bzw. Aldehydcharakter auf.

a) Die Einwirkung von Chlorwasserstoff auf „Pinonen“

Dieser Teil der Arbeit führte schließlich zu einem Resultat, das die Natur des Terpens klarlegte.

Nachdem ich gefunden hatte, daß „Pinonen“ hauptsächlich nur 1 Mol. an trockenem Chlorwasserstoff aufnimmt, wurde die Einwirkung in gleicher Art ausgeführt wie beim „Isodipren“. Das Gas wurde unter guter Kühlung in die mit $^1/_{10}$ absolutem Äther versetzte Portion der viermal fraktionierten Fraktion 162—166° bis zur Sättigung eingeleitet, was daran festgestellt wurde, daß die kaltgestellte geschlossene Flasche noch am folgenden Morgen stark rauchte. Das, wie a. a. O. angegebene, gereinigte und getrocknete Produkt siedete etwas über 80° bei 10 mm Druck wie folgt:

Tabelle IV

Fraktion	Siedepunkt	g	d_4^{20}	n_D	MR
Vorlauf	bis 65°	1,1	—	—	—
1	65—70	57,1	0,9051	1,4836	—
2	70—75	48,5	0,9549	1,4833	—
3	75—80	69,1	0,9833	1,4842	50,21
4	80—85	49,9	0,9928	1,4843	—
5	85—90	14,2	—	1,4844	—
	Rückstand	14,9	—	—	—

Danach liegt der Siedepunkt des Pinonenmonohydrochlorids unter 10 mm bei 75—80°. Die Molrefraktion MR beträgt 50,21, für $C_{10}H_{17}Cl$ mit einer doppelten Bindung ber. 50,58. Die entsprechende Verbindung aus dem bei 167—170° siedenden „Isodipren“ (Δ_3-Caren) siedet bei 80—85° unter 10 mm. Analyse Cl = 20,57%. Ber. 20,58%.

b) HCl-Abspaltung aus dem Monohydrochlorid. Diese wurde mit je 20 g der beiden obigen Vakuumfraktionen 3 und 4 mittels Anilins, wie bei der entsprechenden Verbindung des „Isodiprens“, ausgeführt. Die aus diesen Fraktionen erhaltenen Terpene siedeten über Natrium in folgender Weise:

I. Aus der Fraktion 3:

a)	Siedepunkt	bis 171°:	0,9 g
b)	„	171—174°:	1,7 „
c)	„	174—176°:	5,4 „
d)	„	176—180°:	3,5 „
			11,5 g

II. Aus der Fraktion 4:

a)	Siedepunkt	bis 171°:	1,3 g
b)	„	171—174°:	7,0 „
c)	„	174—176°:	1,6 „
			9,9 g

---

[1]) Ber. 29, 22 (1899); vgl. Tiemann und Semmler, Ber. 28, 1344 (1895). — [2]) Centralblatt 1899. II, 1052.

Mit dem WALLACHschen Reagens färbten sich die erhaltenen Fraktionen 174 bis 176° und 176—180° anhaltend dunkelblau mit einem Stich ins Violett.

Die Bildung von Sylvestren (Carvestren) steht also fest.

Auftreten von Dipenten neben Sylvestren. Der bei der Vakuumdestillation resultierende, über 100° siedende Anteil der Hydrochloride aus „Pinonen" erstarrte in einigen Stunden. Die abgesaugte, aus glänzenden Blättern bestehende Krystallmasse zeigte nach wiederholtem Umkrystallisieren aus heißem Alkohol schließlich den bleibenden Schmelzp. 48° des Dipentendihydrochlorids, sowie dessen Chlorgehalt von 33,86% (33,97% ber.). Der Geruch erinnerte, besonders für die früheren Krystallfraktionen, an den wacholderartigen des Dipren-(Carvestren-) dihydrochlorids.

c) Über die Konstitution und Verhalten des Diprens

1. Chlorwasserstoffabspaltung aus dem Dihydrochlorid des Diprens. Um die Ausbeute an diesem Dihydrochlorid[1]) zu vergrößern, wird die von Chlorwasserstoff rauchende Eisessiglösung mehrere Tage stehen gelassen und mit Eisstückchen fest ausgefällt. Das Umlösen aus 80%igem Alkohol muß schnell und ohne Kochen bewirkt werden. Schmelzp. 51,5—52°.

Zur Entchlorung wurden 6 g Dihydrochlorid mit 8,5% Kaliumacetat (etwa 3 Mol.) und 24 g Eisessig 2 Stunden lang am Wasserbade erhitzt, bis kein Kaliumchlorid mehr beim Kochen abfiltrierter Proben abgeschieden wurde. Nach Zusatz von Wasser wurde mit Dampf destilliert. Das mit Äther isolierte Öl wurde bei 755 mm fraktioniert: 1. 174—176° 0,5 g; 2. 176—178° 1,4 g; 3. über 178° 0,8 g (zusammen etwa 2,7 g).

1. und 2. zeigten einen an Dipren erinnernden Geruch, 3. roch mehr nach Citronenöl. Die Prüfung mit WALLACHschem Reagens ergab folgendes:

1. eine deutliche tiefblaue Reaktion, beim Stehen mit violettem Stich; 2. wie 1., aber die violette Nuance etwas deutlicher; 3. rotviolette Farbe, die allmählich in Rot übergeht und verblaßt.

Auch beim Erhitzen mit Anilin läßt sich der Chlorwasserstoff vollständig abspalten. Wegen des Siedepunktes und der Farbreaktion liegt hier ein der Sylvestrengruppe angehöriges Terpen, und wegen seiner synthetischen Natur, Carvestren, vor. Zur Erhärtung dieser Annahme wurden folgende Derivate des Diprens untersucht.

Dihydrobromid des Diprens. 2 g Dipren wurden in 45 g Bromwasserstoff-Eisessig (8,5%) gelöst, dazu noch 15 g Eisessig zugegeben und während 48 Stunden in der Kälte stehen gelassen. Bei Zusatz von Eisstückchen fiel ein bald krystallisierendes, dickes Öl aus. Nach dem Verweilen auf gekühltem Ton und Umkrystallisieren aus 96%igem Alkohol schmolz der Körper bei 46—47°. Das Umkrystallisieren muß schließlich aus absolutem Alkohol stattfinden, weil das Dihydrobromid gegen Wasser empfindlich ist. Der Schmelzpunkt steigt dann und bleibt bei 48—49° stehen. Die Analyse ergab Br 1. 53,05%, 2. 53,98% (ber. 53,64%). 1. war einmal, 2. zweimal aus absolutem Alkohol umgelöst worden.

Das reine Dihydrobromid bildet Platten und Nadeln. Es besitzt denselben angenehmen, dem Wacholderöl ähnlichen Geruch wie das Dihydrochlorid. An feuchter Luft bräunt sich der Körper unter allmählicher Zersetzung.

4. Darstellung des Carveprens

Oben wurde erhärtet, daß das von BAEYER über Carvon, Caron usw. dargestellte Terpengemenge, dessen Hauptbestandteil ich Carvepren genannt habe, erst über sein Dihydrobromid in Carvestren übergeht. Für die Konstitutionsfrage des Diprens war es daher sehr wichtig, festzustellen, ob dieses Dihydrobromid mit dem von uns in obiger Weise erhaltenen Diprendihydrobromid identisch ist oder nicht.

[1]) ASCHAN, Ann. 439, 221 (1924); Ber. 57, 1959 (1924).

Wir haben darum den von BAEYER gegangenen Weg[1]) wiederholt von neuem betreten und aus je 200 g Caron schließlich 10 g Vestrylaminchlorhydrat und daraus weiter 5 g des von BAEYER als „rohes Carvestren" bezeichneten Terpens erhalten.

Es ergab folgende Fraktionen: 1. Vorlauf (bis 183°) 0,8 g; 2. Hauptanteil (183—192°) 2,2 g; Rückstand 0,5 g; zusammen 4,2 g. Sämtliche Fraktionen zeigten eine schön blaue Sylvestrenreaktion, die schnell verschwand. Nach Dampfdestillation von 1. und 2. (vereinigt) wurde bei erneuter Destillation des mit Äther isolierten Terpens über Natrium 1,5 g vom (bei 183—186°) siedenden Carvepren erhalten. Es trat als ein typisches Terpen hervor, dessen Geruch dem des reinen Diprens ähnelte, aber etwas angenehmer war.

Sein Dihydrobromid wurde wie das des Diprens dargestellt. Aus der nach dreitägigem Stehen in der Kälte mit konz. Bromwasserstoff-Eiseisig erhaltenen Lösung fiel auf Zusatz von Eis ein bald erstarrendes Öl heraus. Nach Streichen auf eine stark gekühlte Tonplatte und zweimaligem Umkrystallisieren aus absolutem Alkohol erhielt man 48—49° schmelzende Platten (BAEYER gibt 49—50° an), die denen aus Dipren erhaltenen gleich waren. Die Mischprobe beider schmolz auch bei 48—49°. Die beiden Dihydrobromide sind also identisch, folglich **enthält Dipren den Metacylmolkern.** Auch der wacholderähnliche Geruch beider ist ähnlich. Ferner zeigten sie die Eigentümlichkeit, daß sie dimorph sind. Neben den Platten treten nämlich Nadeln auf. Aus den übersättigten Lösungen der platten Blätter schieden sich beim Impfen mit den nadelförmigen Krystallen lauter Nadeln aus.

5. Das dem Dipren entsprechende Terpin

Etwa 1 g Diprendihydrochlorid wurde in 10 g Eisessig gelöst und mit 2,5 g Silberacetat versetzt. Das Gemenge ließ man etwa 2 Tage bei Zimmerwärme stehen. Der nach dem Filtrieren mit Wasser ausgefällte Ester wurde mittels Äther isoliert und 2 Stunden lang mit einer Lösung von 0,5 g Kali in 10 g Alkohol gekocht. Beim Einleiten von Dampf ging ein wohlriechendes Öl, anscheinend das dem Dipren entsprechende Terpineol über. Aus der Lösung im Kolben wurde das Terpin extrahiert und in Form einer kleiner Menge von unreinen Krystallen erhalten, von denen Benzol die harzartigen Verunreinigungen auflöste, während eine rein weiße Krystallmenge vom Schmelzp. 121° zurückblieb.

Da die unbedeutende Menge eine weitere Reinigung nicht zuließ, wurde der Körper nach der von WALLACH beim Sylvestrendihydrochlorid angewandten Methode dargestellt, nämlich durch Umschütteln des Diprenhydrochlorids einige Stunden lang bei 80—100° mit einer verdünnten Kalilösung. Das Terpineol destillierte man mit Dampf ab. Nachher gab die im Kolben zurückgebliebene Wasserlösung an Chloroform das Terpin in nadelförmigen Krystallen ab, die nach mehrmaligem Krystallisieren aus einer Chloroform-Benzolmischung bei 127° schmolzen.

Das von BAEYER aus dem Carvestrendihydrobromid dargestellte entsprechende Terpin, $C_{10}H_{18}(OH)_2$, hatte denselben Schmelzpunkt. Dieses Resultat bildet eine weitere Bestätigung der Identität dieses Dihydrobromids mit dem Diprendihydrobromid.

Oxydations- und Dehydrierungsversuche mit Dipren. Bei der Behandlung mit Salpetersäure (30%) im Wasserbade verwandelt sich der Kohlenwasserstoff unter Entwicklung von nitrösen Gasen in eine zähe, in der Kälte pulverisierbare, gelbe Masse, die mit konz Salpetersäure (1,40) und Zusatz von Wasser umgelöst werden kann und bei etwa 140—145° zerfällt Die Analyse gab schwankende Zahlen für eine Verbindung $C_9H_{12}(NO_2)_2$.

Eine Oxydation mit 4%iger Kaliumpermanganatlösung auf dem Wasserbade, bis die Farbe stehen bleibt, wurde vorgenommen, um evtl. zur Caron-

[1]) Ber. 27, 3486 (1894); BAEYER und VILLIGER, Ber. 31, 1402 ff., 2067 (1898).

säure[1]) zu gelangen Neben Ameisensäure, Essigsäure und Oxalsäure wurden wasserlösliche, mehrbasische Säuren erhalten, die wegen der kleinen Menge nicht gereinigt werden konnten.

Dehydrierungsversuche. Bezüglich dieser, schon oben (S. 125) kurz erwähnten Versuche verweise ich auf meine frühere Zusammenstellung.[2]) Der Katalysator war aus Kupfer- und Ferrinitrat (etwa 6 : 1) durch Glühen dargestellt und die Operation fand in reinem Wasserstoff statt. Die bei 172,5—176° siedende Hauptmenge des gesättigten Kohlenwasserstoffs ergab bei der Analyse Zahlen, die auf eine Gemenge von etwa 61% m-Cymol und etwa 39% m-Menthan hinwiesen.

E. Synthetische Homologe des Diprens: Dibutadien und β,γ-Dimethylbutadien

Von den Farbenfabriken vorm. FRIEDRICH BAEYER & Co. enthielt ich, außer Dipren (S. 125), auch die dimeren, unten angeführten Kondensationsprodukte, C_8H_{12} und $C_{12}H_{20}$, die in kleiner Menge bei dem in technischem Maßstab dargestellten Butadien- bzw. Dimethylbutadienkautschuk erhalten wurden.[3])

1. Dibutadien, C_8H_{12}

Dieses niedere Terpen war viel beständiger an der Luft als das Dipren und hatte einen konstanten Siedep. 125,8—126,5° (745 mm); $d_4^{20} = 0,8308$, $n_D^{20} = 1,46230$, woraus $MR_D = 35,80$; für C_8H_{12} mit zwei Doppelbindungen berechnet 35,92. Indes nimmt der Körper, mit feuchtem Chlorwasserstoff im Eisessig behandelt, nur 1 Mol HCl auf; trotzdem war das Hydrochlorid, $C_8H_{13}Cl$, das bei 63—68° (7,5 mm) siedet, gegen Permanganat ungesättigt.

Erst beim Erhitzen mit überschüssigem Chlorwasserstoff-Eisessig bei 100° wurde eine etwas größere Menge des Halogenwasserstoffs, jedoch niemals 2 Mole, vielleicht wegen Konjugation der Doppelbindungen aufgenommen. Auch das mittels HBr-Eisessig erhaltene Additionsprodukt ist eine Gemenge von Mono- und Dihydrobromid. Keine Sylvestrenfärbung tritt mit dem WALLACHschen Reagens auf.

Mit Äthylnitrit und Salzsäure nach WALLACH entsteht ein im Alkohol schwer lösliches, farbloses Nitrosochlorid, lange Nadeln aus kaltem Methylalkohol, vom Schmelzp. 123—124°.

Bei der Oxydation mit Salpetersäure bzw. Kaliumpermanganat verhält sich das Dibutadien dem Dipren ähnlich (S. 135). Das eigentümliche Verhalten desselben Kohlenwasserstoffs macht vorläufig jede Diskussion seiner Struktur unmöglich. Eine Homologie in gewöhnlichem Sinne scheint ausgeschlossen zu sein.

2. Dimethyldipren, $C_{12}H_{20}$

Auch dieses, bei der Bereitung des entsprechenden Dimethylisoprenkautschuks, $(C_6H_{10})_n$, erhaltene Nebenprodukt war etwa 6—8 Jahre alt und in der Fabrik weder analysiert noch sonst untersucht worden, bevor ich es erhielt.[4]) Es enthielt etwa 14% verharzte Teile; Siedep. 200,5—202,3° unter gewöhnlichem Druck, 87,8—88,3° bei 12 mm; $d^{20}/_4 = 0,8505$; $n = 1,47915$, woraus $MR_D^{20} = 54,75$, berechnet 54,48. Es enthält folglich zwei Doppelverbindungen (Exaltation 0,27). Keine Sylvestrenreaktion.

---

[1]) BAEYER und IPATIEW, Ber. 29, 2796 (1896). — [2]) „Naphtenverbindungen, Terpene und Campherarten", S. 188, 189 (Helsingfors 1926). — [3]) ASCHAN, Ber. 57, 1961 (1924). — [4]) ASCHAN, ibid., S. 1962 (1924).

Das Hydrochlorid, $C_{12}H_{22}Cl_2$, entstand beim Stehen der mit etwas konz. Salzsäure versetzten und mit Chlorwasserstoff gesättigten Lösung in Eisessig. Nach dem Ausfällen mit Eis und vorsichtigem Umkrystallisieren aus Alkohol schmolz es bei 47,5°, war gegen Permanganat beständig und enthielt 29,52% statt 29,66% Chlor.

Mit konz. Salpetersäure behandelt, verhielt sich Dimethyldipren wie Dipren selbst. Die Homologie mit letzterem ist augenscheinlich. Wäre der Körper in analoger Art wie Dipren (s. oben S. 135), aus zwei Molen, β, γ-Dimethylbutadien entstanden, so hätte er die aus folgender Formel hervorgehende Struktur:

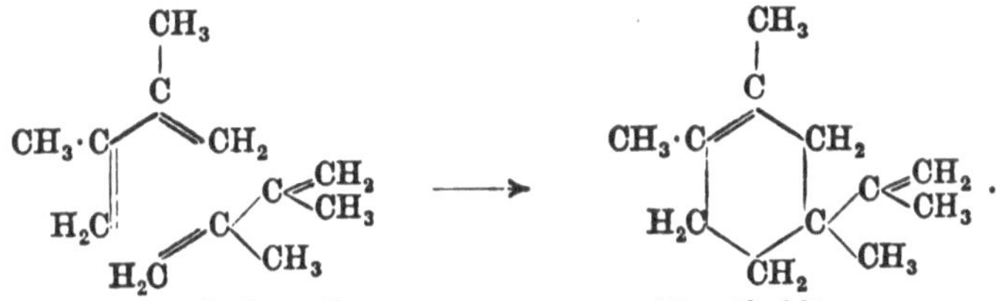

2 Mole Dimethylbutadien — Dimethyldipren

F. Anregungen und Ergänzungen zum Moment C, D und E.

Die drei Momente werden wegen der Analogie derselben zusammen behandelt. Am Ende des Moments C 2 (S. 120) wurde bereits hervorgehoben, daß die Frage über die Konstitution des Sylvestrens bezüglich der Lage der Äthylenbindung im Kerne noch offen ist. Dieser Umstand ist deswegen von allgemeinem Interesse, weil, wie schon hervorgehoben, die wahrscheinlich analoge Bindungsweise in einigen anderen, hochmolekularen Verbindungen (Harzsäuren, Cholesterin und andere Sterine sowie gewisse Gallensubstanzen) vielleicht dadurch beleuchtet werden könnte, die die mit der Sylvestrenfärbung ähnliche „Cholestol"-Farbenreaktion zeigen. Die Lage der im Cyclohexanringe vorhandenen Äthylenbindung könnte vielleicht durch eine eingehende Oxydation bestimmt werden.

Es wurde auch im vorigen auseinandergesetzt, daß die Konstitution der Carene, bezüglich der Lage der im Sechsring vorhandenen Doppelbindung, noch nicht feststeht. Hier sind weitere Oxydationsversuche, und zwar mit den isolierten beiden Terpenen nötig, die folglich erst nach einer effektiven Fraktionierung der letzteren angestellt werden sollten. Solche sind auch meinerseits schon im Gange.

Betreffs des Diprens müßte festgestellt werden, wo seine cyclische Äthylenbindung liegt und ferner, ob es eine Isopropenylseitenkette derselben Art wie das Dipenten, α-Terpinen usw. enthält. Ferner sind seine terpinhydrat- und terpineolartigen Verbindungen eingehender zu untersuchen; Wallach hat schon längst[1]) die entsprechenden Sylvestrenkörper untersucht. Ferner sollten die gewöhnlichen stickstoffhaltigen Terpenreagenzien auf das Terpen sowie das Verhalten beim Überhitzen geprüft werden.

Die im Moment E behandelten synthetischen Homologe des Diprens, Dibutadien und Dimethyldipren, sind sehr schwer zugänglich, besonders, da die Bedingungen, unter denen sie gewonnen werden, nicht bekannt sind.

[1]) Ann. 357, 73 (1907); 399, 160, 162, 168 (1913).

Dibutadien nimmt eine besondere Stellung ein, weil es einer Addition, besonders von Chlor- und Bromwasserstoff, nur schwer unterliegt. Die mit konz. Salpetersäure entstandenen Nitroprodukte (?) sollten ferner studiert werden. Und weiterhin die Nitrosochloride, Nitrosite und Nitrosate, welche letztere vielleicht in unreiner Form in den genannten, schwer zu reinigenden Nitrierungsprodukten vorliegen.

Die allgemeine Richtung der weiteren Untersuchung des Diprens und Homologe wird von ihrem mit den Terpenen verwandten Verhalten geregelt. Wenn nur ein genügendes Untersuchungsmaterial vorliegt, hat man wohl Aussichten, zu diesbezüglichen Resultaten zu gelangen.

Zweite Abteilung

α) Gesättigte bicyclische Verbindungen

Kapitel 10. Santenon- und Camphenilongruppe

A. Santenonverbindungen

Im Kapitel 7, Moment C, wurde die Santensäure (II) behandelt, die bei der Oxydation des Santenons (I) entsteht:

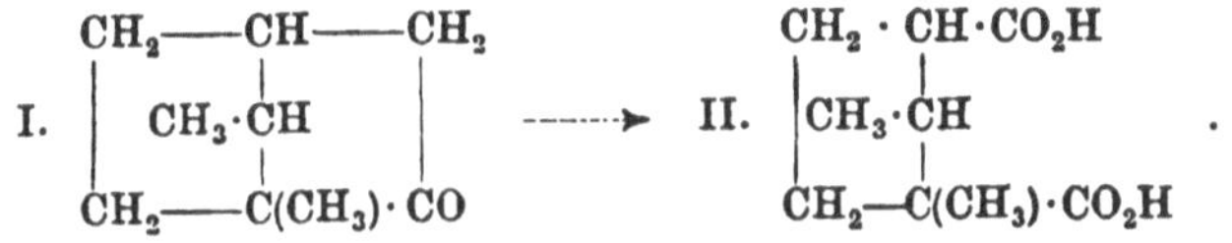

Diese Strukturformeln sind aus unseren Arbeiten[1]) über die Santensäure sowie denen von PALMÉN[2]) über Santen hervorgegangen. Außerdem haben SEMMLER und BARTHELT[3]) einige Beiträge zur Beleuchtung der Frage geliefert. Im folgenden sollen, wie früher, nur die eigenen und in unserem Laboratorium ausgeführten Untersuchungen, und am nächsten die bicyclischen Verbindungen der Gruppe erörtert werden.

1. Die Spaltung des Santenhydrochlorids mit Anilin

Das Hydrochlorid stellt eine klebrige, bei 80—81° schmelzende Krystallmasse dar, die nach Camphenhydrochlorid riecht und bei der Destillation kleinerer Mengen im Vakuum (5—6 mm) unverändert übergeht. Beim Erwärmen mit Anilin erstarrt die Masse (von Anilinhydrochlorid). Beim Destillieren nach etwa 12 Stunden (bis auf 180°) geht bei 140—150°, und nach dem Reinigen, bei 139—141° ein Kohlenwasserstoff über. Die Hauptfraktion verhält sich als Santen ($d_4^{15} = 0{,}8698$; MR = 38,80), weil sie das schön grünblaue, bei 124° schmelzende Nitrosit dieses Terpenhomologen gibt. Das Nitrosat ist auch blaugrün (Schmelzp. 109°).

Hieraus, sowie aus der Leichtigkeit der Chlorwasserstoffabspaltung schon bei niedriger Temperatur geht hervor, daß Santen die Gruppierung $>C=C<$ enthält.

---

[1]) ASCHAN, Ber. 40, 4922 (1907); 41, 1092 (1908); F. Vet.-Soc. Förh. 53 A, Nr. 8 (1910). — [2]) Diss. Helsingfors (1914). — [3]) Ber. 40, 4465, 4594, 4844 (1907); 41, 125, 385, 866 (1908).

2. Santenhydrat (β-Santenol), $C_9H_{15}\cdot OH$[1])

Mit 2⁰/₀iger Kalilauge nach der Wallachschen Methode oder noch besser mit dem von uns eingeführten Hydroxylierungsmittel, der Kalkmilch, die eine mildere Einwirkung hat und besonders für leicht zerlegbare Hydrochloride zu empfehlen ist, wurde aus Santenhydrochlorid ein mit dem früher entdeckten α-Santenol isomerer Alkohol, Santenhydrat oder β-Santenol, gewonnen (Siedep. konstant bei 192⁰); aus verdünntem Alkohol wurden daraus bei 101—102⁰ schmelzende Nadeln erhalten.

Der Geruch erinnert an Nonylalkohol. Die tertiäre Natur zeigt sich in der Indifferenz gegen Kaliumpermanganatlösung. Schon beim Erhitzen mit Eisessig oder Oxalsäurelösung auf dem Wasserbad wird Santen mit gleicher Leichtigkeit, wie das auch von uns dargestellte Camphenhydrat Camphen liefert, zurückgebildet. Dem Santenhydrat käme also folgende Formel zu (vgl. die Santenformel unten):

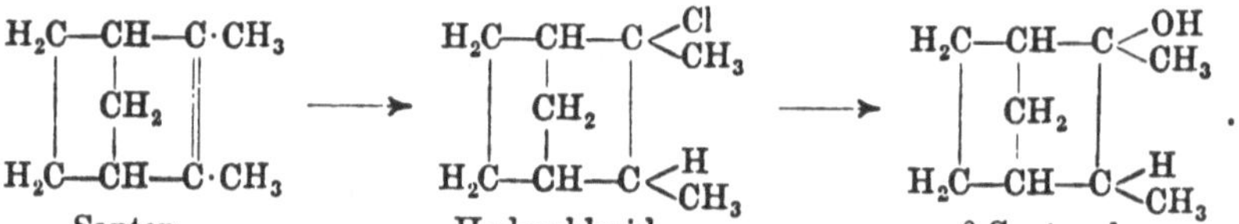

Santen — Hydrochlorid — β-Santenol

Diesen Formeln nach sollten Santenhydrochlorid und β-Santenol in zwei geometrisch isomeren (cis- und trans-) Formen auftreten können, die etwa Isoborneol und Borneol entsprechen würden.

3. Darstellung und Eigenschaften des α-Santenols

Dieser ältere strukturisomere Alkohol[2]) wird leicht nach der Bertramschen Reaktion aus Santen dargestellt, wobei, wie beim Camphen, eine „Umstellung" des Kohlenstoffskeletts[3]) stattfindet:

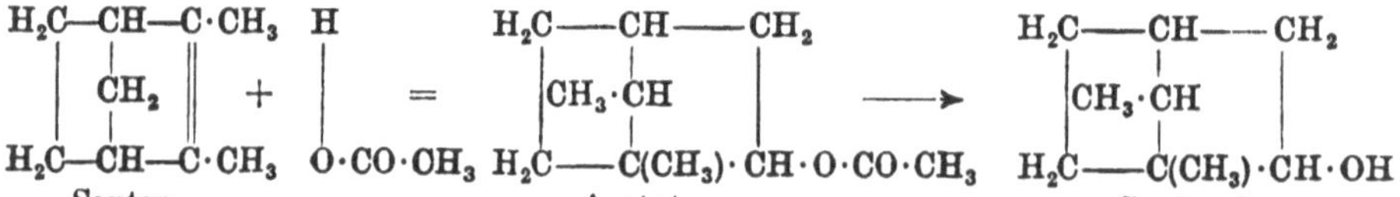

Santen — Acetat — α-Santenol

Zu dem Zweck werden 100 g Santen mit 250 g Eisessig und 10 g 50⁰/₀iger Schwefelsäure einige Stunden auf 60⁰ erhitzt. Das Acetat siedet bei gewöhnlichem Druck bei 215—219⁰, unter 6 mm wie folgt: 1. bis 89⁰ 2 g; 2. 89—91⁰ 96 g; 3. 91—94⁰ 20 g; 94—101⁰ 5 g. Die Konstanten dieser Fraktionen waren:

	d_4^{20}	n	MR	MR (ber.)
2.	0,9842	1,45938	50,51	50,40
3.	0,9872	1,45998	50,93	—

Der nicht völlig konstante Siedepunkt des Acetats könnte auf der Bildung zweier Isomeren oder Stereomeren beruhen (s. o.).

Das durch Verseifen der Fraktion 2 erhaltene α-Santenol schmilzt bei 97—98⁰, siedet bei 195—196⁰ und zeigt in 10⁰/₀iger alkoholischer Lösung

---

1) Aschan, F. Vet.-Soc: ns Förh. 53 A, Nr. 8 (1910). — 2) Aschan, Ber. 40, 4922 (1907). — 3) Aschan, Ber. 41, 1092 (1908).

$[\alpha]_4^{20} = -0{,}05$. Die unbedeutende Aktivität beruht wohl auf kleinen Verunreinigungen, indem die allgemein angenommene und von PALMÉN[1]) festgestellte Formel molekulare Symmetrie zeigt.

Beim längeren Kochen mit 10%iger Oxalsäurelösung bleibt α-Santenol wenigstens größtenteils unverändert, woraus seine sekundäre Natur und Ungleichheit mit dem β-Santenol hervortritt.

α-Santenolisovalerianat, $C_9H_{15}\cdot O\cdot CO\cdot C_4H_9$, wurde bei einer vierwöchentlichen Einwirkung der Säure (2 Teile) auf Santen (1 Teil) bei etwa 30° erhalten, unter Zusatz einer kleineren Menge Zinkchlorid, statt 50%iger Schwefelsäure, die das Santen verharzt. Dies bezeichnet eine neue Methode für die Darstellung von sekundären Alkoholen, wenn die BERTRAMsche Reaktion, wie hier, nicht anwendbar ist. Die Flüssigkeit färbte sich allmählich dunkel und wurde dicker, als sich das Zinkchlorid auflöste. Unter 5 mm ging dann bei 116—117° eine mit der angewandten Santenmenge gleiche Hauptfraktion obiger Formel über: $d_4^{20} = 0{,}9503$; $n = 1{,}45778$ und MR = 64,34 (berechnet 64,21).

4. Santenon, $C_9H_{14}O$

Dieses Keton wurde zuerst durch Oxydation von α-Santenol mit Chromsäure in stark essigsaurer Lösung in reinem Zustand dargestellt.[2]) Nachher wurde es reiner und ergiebiger durch direkte Oxydation des Santens mit wäßriger Chromsäure, ähnlich wie die Campherdarstellung aus Camphen früher im großen ausgeführt wurde:

$$C_9H_{14} + O = C_9H_{14}O \; ; \qquad C_{10}H_{16} + O = C_{10}H_{16}O \; .$$

Dadurch zeigt Santen eine deutliche Analogie mit dem Camphen, obwohl es strukturell kein eigentliches Isomeres desselben darstellt. Der Geruch des Santenons erinnert etwas an Campher, ist aber unbehaglicher. Der Körper siedet bei 196,5—197°, also fast bei gleicher Temperatur wie das α-Santenol und schmilzt nach Umkrystallisieren aus Petroläther bei 50—52°, nach SEMMLER und BARTELT[3]), die das unreine Präparat π-Norcampher genannt haben, bei etwa 30°. Das Semicarbazon schmilzt bei 228—229°. Sie erhielten daraus eine Benzyliden- und Oxymethylenverbindung, die als flüssig beschrieben wurden.

5. Die Konstitutionsbestimmung des Santens

Die obengenannte, in unserem Laboratorium ausgeführte Untersuchung von PALMÉN wird hier nur kurz, und insoweit sie die Konstitution des Kohlenwasserstoffs behandelt, berücksichtigt. Als Santen seitens SEMMLERS und BARTELTS oxydiert wurde, erhielten sie u. a. ein Diketon, $C_5H_8(CO\cdot CH_3)_2$, und bei weiterer Oxydation trans-Cyclopentandicarbonsäure $C_5H_8(CO_2H)_2$ (Schmelzp. 87—88,5°). Unter Anwendung dieses Ketons in einheitlicher Form gewann aber PALMÉN nicht die trans-, sondern, was auch zu erwarten war, die cis-Cyclopentandicarbonsäure-1,3, $C_5H_8{<}{CO_2H \atop CO_2H}$ (Schmelzp. 121°). Aus Santenglykol, $C_7H_{12}{<}{CH\cdot OH \atop {| \atop CH\cdot OH}}$, der von ihm bei der Oxydation mit Kalium-

[1]) Diss., S. 31—54, 71—106, 116—118 (Helsingfors 1914). — [2]) F. Vet.-Soc: ns Förh., S. 16 (1910); Ber. 40, 4923 (1907). — [3]) Vgl. Fußnote 3, S. 139.

permanganat in Acetonlösung entstand, erhielt er wieder in guter Ausbeute die genannte cis-Säure. Durch diese Arbeit von PALMÉN wurde bewiesen, daß dem Santen die von den genannten älteren Forschern, wohl aber aus weniger durchsichtigeren Gründen, angegebene Formel,

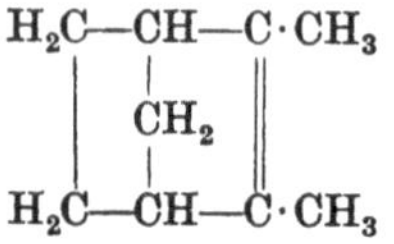

zukommt.

Ferner stellte PALMÉN Isonitrososantenon, $C_7H_{12}\langle{}^{C:NOH}_{CO}$ (Schmelzp. 89 bis 90°), Santennitrilsäure, (Schmelzp. 84—85°), ferner das Halbnitril (I), und daraus die α-Santenamidsäure (Schmelzp. 187—188°) von der Formel II dar:

$$\text{I.}\quad C_7H_{12}<{}^{CN}_{CO_2H} + H_2O \;=\; \text{II.}\quad C_7H_{12}<{}^{CO\cdot NH_2\,(\alpha)}_{CO_2H\,(\beta)}\;.$$

Außerdem wurden Santensäureimid (Schmelzp. 136—137°), $C_7H_{12}<{}^{CO}_{CO}>NH$, sowie Santensäurediamid, $C_7H_{12}<{}^{CO\cdot NH_2}_{CO\cdot NH_2}$ (Schmelzp. 198—200° in nicht völlig reinem Zustand) sowie β-Santenamidsäure (Schmelzp. 191–192°), $C_7H_{12}<{}^{CO_2H}_{CO\cdot NH_2}$, dargestellt.

Die obige Santenformel wurde fernerhin später von KOMPPA auf synthetischem Wege bestätigt.

6. Anregungen und Ergänzungen zum Kapitel 10, Moment A

Zu dem über die Santensäure (S. 93) Genannten sei hier noch folgendes hinzugefügt:

a) Die Einheitlichkeit des Santensäurechlorids ist nicht völlig festgestellt (vgl. S. 58ff.). Ferner könnte die Einheitlichkeit des bei der S. 139 mittels der Anilinbehandlung des Santenhydrochlorids erhaltenen Kohlenwasserstoffs in Frage gestellt werden.

b) Auch das Santenhydrat sollte auf seine Einheitlichkeit, nämlich in bezug auf die oben besprochene geometrische Isomerie, geprüft werden.

c) Wegen der Analogie des Santenons mit Campher wäre es denkbar, daß die mit den aus Camphen erhaltenen analogen bicyclischen Verbindungen auch hier darstellbar wären, z. B. die Halogen- und Nitrosubstitutionsprodukte, Santensulfonsäure, Santencarbonsäure,

$$C_7H_{12}\langle{}^{CH\cdot CO_2H}_{CO}\;,$$

ferner der dem Borneol entsprechende stereomere α-Santenol, Santenochinon usw.

d) Das für die Bildung des α-Santenolvaleriansäureesters angewandte neue Verfahren (S. 141), sollte sowohl mit anderen Säuren, als auch unter Anwendung anderer Terpene, besonders des Camphens sowie anderer ungesättigter Kohlenwasserstoffe, geprüft werden. Die Länge der Reaktionszeit könnte vielleicht, unter Variieren der Menge der Komponenten und der Temperatur, verkürzt werden.

Ein eingehendes Studium der bisher ausgeführten Arbeiten in der Santengruppe dürfte noch auf weitere Aufgaben, als die hier genannten, hinweisen.

B. Camphenilon und seine Verbindungen

Das Camphenilon, $C_9H_{14}O$, stellt, wie Santenon mit der gleichen Zusammensetzung, ein der empirischen Formel nach niederes Homologe des Camphers dar; es wird die Isomerie nur von der ungleichen Lage der beiden Methylgruppen bedingt:

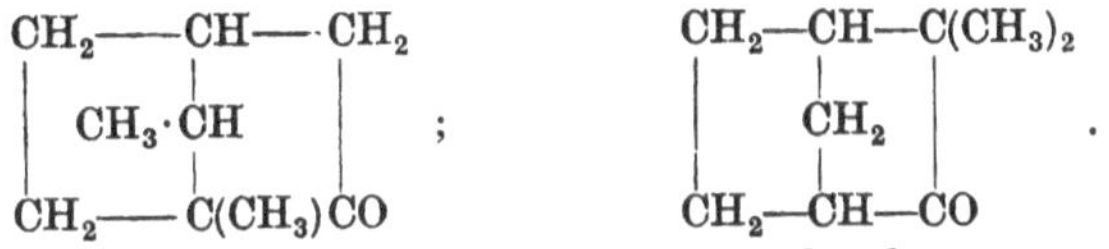

Santenon ; Camphenilon.

Das Camphenilon wurde von mir nur ein paarmal angetroffen. Von erheblicherem Interesse war seine Bildung durch Wasserabspaltung aus der Camphenylsäure I, die bei einem (nichtpublizierten) Versuch, durch Einwirkung von konz. Schwefelsäure bei gewöhnlicher Temperatur die Tricyclensäure (II) zu synthetisieren, ausgeführt wurde. Sie spaltete dabei, wie andere α-Oxycarbonsäuren, Ameisensäure (oder sekundär Kohlendioxyd und Wasser) ab und ging, teils in Camphenilon, teils in Tricyclensäure über:

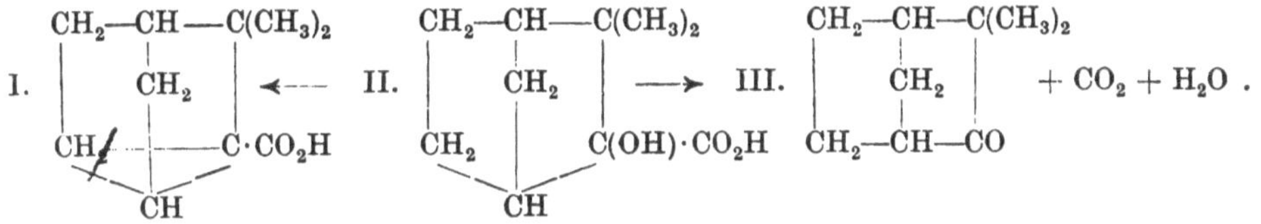

Die von Komppa und Hintikka[1]) beobachtete Bildung kleiner Mengen Tricyclensäure bei der Oxydation des Camphens mit Salpetersäure beruht wohl auch auf einer Dehydratation primär gebildeter Camphenylsäure durch die genannte Säure.

Ferner hat A. M. Nordström[2]) in meinem Laboratorium eine ausführliche Arbeit ausgeführt, wobei er durch Grignardierung des Camphenilons Methyl- sowie Äthylcamphen,

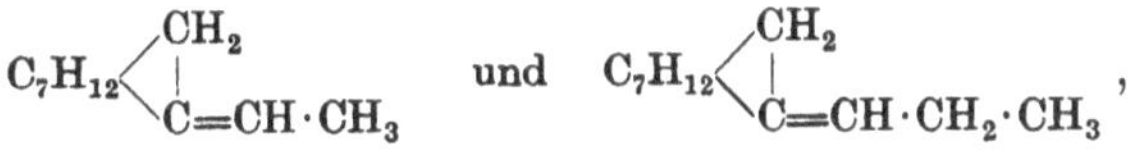

erhalten hat.

Folgende Konstanten wurden beobachtet:

	Siedep.	$d^{20}/_4$
Camphen	158—160°	0,8745
Methylcamphen	178—179,5°	0,8806
Äthylcamphen	194—197°	0,8969

[1]) Ber. 41, 2748 (1908). — [2]) „Några homologer till kamfen och deras omlagring"; Diss. (Helsingfors 1921).

Als Nebenprodukt entstand immer Camphenilol, $C_9H_{15}\cdot OH$, und zwar bei Verlängerung der Seitenkette in immer größerer Menge, beim Äthylcamphen, wohl durch die reduzierende Einwirkung des Grignardreagenses, überwiegend.

Außer mehreren Derivaten bzw. Umsetzungsprodukten, die hier übergangen werden müssen, sei als wichtigeres Resultat erwähnt, daß die Camphenhomologe inkl. das entsprechende, zum ersten Male gewonnene Phenylcamphen dieselbe als Bertram-Valbaumsche Reaktion bezeichnete „Umstellung" unterlagen, die bei Camphen selbst zum Isoborneol führt. Diese Veränderung kommt indes in diesem Falle nicht mit Essigsäure, sondern mit der stärker dissoziierten Ameisen- und Chloressigsäure zustande, jedoch mit einigen Tropfen Schwefelsäure als Katalysator. Es gaben z. B. folgende Kohlenwasserstoffe mit Ameisensäure folgende, in geraden Zahlen angegebenen Mengen; zum Vergleich werden die entsprechenden Konstanten für Apoborneol beigefügt:

Methylcamphen 50%; Äthylapoborneol (Schmelzp. 142—143°; $Sp._{15}$ 112—114°);
Äthylcamphen 10%; Propylborneol flüssig.

Bei der Einwirkung von Phenylmagnesiumbromid auf Camphenilon wird Phenylcamphenilol (I) gebildet. Bei Wasserabspaltung wird unter Umlagerung eine tricyclische Verbindung, wahrscheinlich Phenylapocyclen (II), erhalten. Auch dieser Körper geht dann mit Ameisensäure oder Chloressigsäure in Gegenwart von Schwefelsäure in eine Verbindung mit dem Kohlenstoffkern des Camphers, Phenylapoborneol (III) über, der bei Wasserabspaltung Phenylapobornylen (IV) gibt. Seine Oxydation führt unter Aufspaltung zur α-Phenylcamphersäure (V):

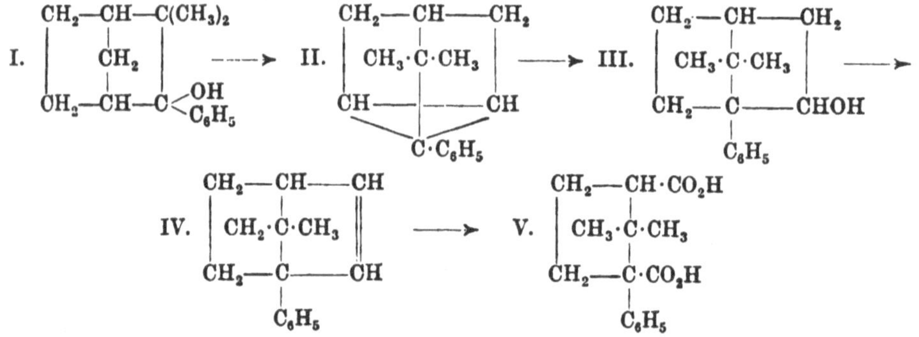

Die letztgenannte Säure tritt sowohl in cis-Form (Schmelzp. 205°), als auch in trans-Form (Schmelzp. 150°) auf. Die cis-Säure bildet beim Kochen mit überschüssigem Acetanhydrid ein Anhydrid, $C_6H_5\cdot C_7H_{11}(CO)_2O$, mit dem Schmelzp. 118—119°. Außerdem wurden auch andere Derivate von den bei der Untersuchung von Camphersäure[1]) gewonnenen Typen dargestellt.

C. Anregungen und Ergänzungen zum Kapitel 10, Moment B

In dieser Hinsicht sei auf die Publikation von Nordström (vgl. oben) hingewiesen, deren Inhalt noch weitere Arbeiten unserer älteren Untersuchungen[1]) in der Camphen- und Camphersäuregruppe anregen könnte.

[1]) Aschan, Struktur- und stereochemische Studien in der Camphergruppe. Acta Soc. Scient. Fenn. 21, Nr. 5 (1895).

Unter diesen sei hier nur auf die ergänzungsweise erwünschte Untersuchung über das Verhalten des Camphenilons zu Benzylmagnesiumbromid bzw. -chlorid hingewiesen.

Kapitel 11. Die bicyclischen Verbindungen der Camphergruppe

Hier werden folgende von uns untersuchte und für die Bestimmung der Struktur der Campherverbindungen wichtige Körper behandelt, nämlich der Stammkohlenwasserstoff Camphan, $C_{10}H_{18}$, seine Halogenderivate, Ketoverbindungen, die schon im Kapitel 6 teilweise behandelten optisch isomeren Modifikationen des Camphers inklusive Bromcampher und andere Substitutionsprodukte, und ferner die Borneole, Oxymethylencampher, Camphocarbonsäure usw.

Eine zweite Gruppe von bicyclischen Campherverbindungen, worin der Fünfring derselbe wie in dem Campher ist, nämlich die Anhydride, Chlor- und Bromanhydride sowie Camphansäuren inklusive ihre Abbauprodukte usw., wurden schon im Anschluß an die Camphersäuren (S. 63ff.) behandelt.

A. Die Darstellung des Camphans und sein optisches Verhalten

Darstellung.[1]) Dieser Kohlenwasserstoff, der die Stammsubstanz des Camphers und zahlreicher anderer bicyclischer Verbindungen der Gruppe bildet, spielt eine wichtige Rolle für die Ermittelung der stereochemischen Verhältnisse in der Camphergruppe. Um eine weitere experimentelle Grundlage für die von mir erörterte theoretische Auffassung (S. 55ff.) bezüglich dieser Fragen zu gewinnen, war es nötig, den Campher, bzw. irgendeine daraus hergeleitete Verbindung mit seinem Kohlenstoffkern, in Camphan zu verwandeln, und zwar ohne daß eine Umlagerung von struktureller oder sterischer Art stattfindet. Es zeigte sich, daß der direkte Ersatz der Carbonylgruppe in Campher gegen Chlor sowie die Reduktion des Dichlorids nicht ausführbar ist, ohne eine Umlagerung zu befürchten. In anderen Fällen, und zwar von den Borneolen ausgehend:

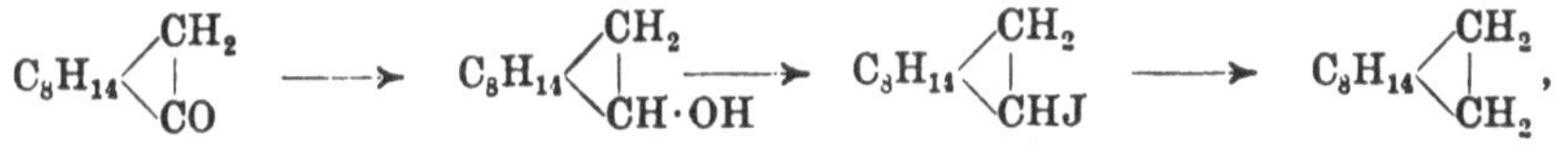

Campher — Borneol — Bornyljodid — Camphan

war es bekannt, daß die aus diesen Verbindungen mit Phosphorchlorid erhaltenen Bornylchloride nicht mehr das Camphergerüst, sondern das Camphengerüst enthielten. Ging man wieder von dem gewöhnlichen Pinenhydrochlorid aus, das das wirkliche Bornylchlorid darstellt, so wäre man allerdings gegen die Erhaltung des Kohlenstoffkerns in diesem sehr beständigen Körper gesichert. Dagegen gewährte sein nur bei erhöhter Temperatur und durch besonders kräftige Eingriffe (wie z. B. metallisches Natrium) durchführbarer Übergang in den Kohlenwasserstoff keine genügende Gewißheit hierüber.

[1]) Der Kohlenwasserstoff wurde früher von verschiedenen Forschern dargestellt [vgl. ASCHAN, Ber. 33, 1006 (1900); 45, 2395 (1912); Ann. 316, 231 (1901)]. Von ihnen wurde nicht sichergestellt, daß die Darstellung ohne Umlagerung erfolgte, sowie ohne Beobachtung der wichtigen Fragen in stereochemischer Hinsicht.

Dasselbe ließ sich nach den Versuchen mit den Pinenhydrobromid befürchten. Schließlich zeigte sich das zuerst von WAGNER und BRÜCKNER[1]) dargestellte Pinenjodid für den Zweck als geeignet, nachdem diese Forscher seine Natur als Borneolderivat sicher festgestellt hatten. Der Übergang in Camphan und der symmetrische Bau desselben läßt sich aus folgendem Schema herleiten:

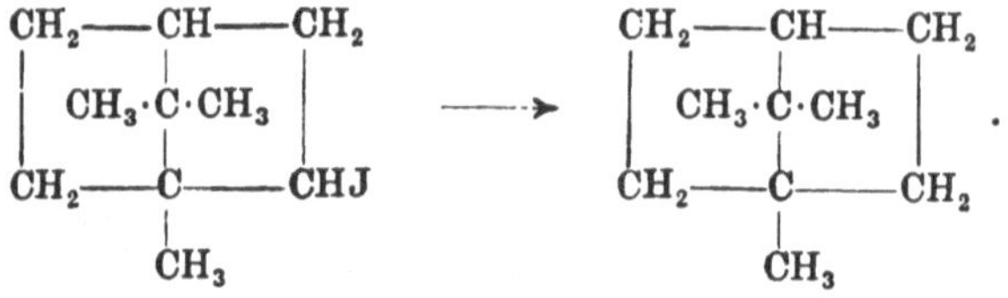

Es müßte also festgestellt werden, ob das daraus dargestellte Camphan optische Aktivität zeigt oder nicht. Im letzten Falle war meine Ansicht über die stereochemische Natur des Camphers richtig.

Das nach WAGNER und BRÜCKNER dargestellte Pinenhydrojodid hatte das angegebene spezifische Gewicht, den Schmelz- und Siedepunkt. Es war stark optisch aktiv und folglich für den Zweck geeignet. Nach der Reduktion mit Zinkstaub und Jodwasserstoff in Eisessig wurde ein leicht flüchtiger, fester und gut charakterisierter Kohlenwasserstoff mit hohem Schmelzpunkt (153—154°) erhalten, dessen Siedepunkt wenige Grade höher lag (die Röhre für den Schmelzpunkt war bei 160° leer). Camphan krystallisiert schön aus Methylalkohol in charakteristischen sechsseitigen Blättern oder kompakten, stark lichtbrechenden Prismen.

Der Kohlenwasserstoff zeigte sich in 10%igen Lösungen in Methyl- und Äthylalkohol bzw. Aceton optisch inaktiv.

Außer aus dem in der angegebenen Weise dargestellten d-Pinenhydrojodid wurde aus dem l-Pinenhydrojodid ein in allen Eigenschaften mit dem obigen Camphan völlig identischer und gleichfalls optisch inaktiver Kohlenwasserstoff erhalten. Die Untersuchung ergab also unzweifelhaft, daß das Camphan, $C_8H_{14}\left\langle\begin{matrix}CH_2\\ |\\ CH_2\end{matrix}\right.$, wovon sich die aktiven Campher, $C_8H_{14}\left\langle\begin{matrix}CH_2\\ |\\ CO\end{matrix}\right.$, als dessen Monoketon herleitbar sind, inaktiv und symmetrisch gebaut ist. Dies ergibt eine völlig sichere Auffassung über die Struktur und Konfiguration des Camphers.

Es sei zugefügt, daß es mir später[2]) gelang, die Bornyljodide (Pinenhydrojodide) und Camphan in noch einfacherer und zuverlässiger Weise darzustellen, nämlich durch Verwandlung des reinen Pinenhydrochlorids mittels wasserfreien, aus metallischem Magnesium und Jod in Ätherlösung bereiteten Magnesiumjodids in Bornyljodid, dass ich mit dem obigen als identisch zeigte, und es mittels Zinkwolle und in Eisessig aufgelöstem Chlorwasserstoff zu reduzieren.

Es wurden ferner viele Versuche angestellt, um das Bornyljodid in einfacher Weise in andere bekannte Derivate der Camphergruppe zu verwandeln, um die Strukturfrage noch zu erhärten, obwohl keine Zweifel mehr darüber vorlagen. Bei

[1]) Ber. 32, 2302 (1899). — [2]) Ber. 45, 2395 (1912).

der Oxydation des Bornyljodids mit Chromsäure bzw. Salpetersäure wurde z. B. keine Camphersäure erhalten, die nach der Formel:

zu erwarten war.

Indes zeigte auf unsere Anregung J. Hämäläinen[1]), daß dies auf physiologischem Wege gelingt. Aus dem den Versuchstieren dargereichten Camphan wurde eine krystallinische Borneolglykuronsäure, $C_{16}H_{26}O_7$, erhalten, die, hydrolysiert, gewöhnliches Borneol (Schmelzp. 199—201°) lieferte; letzteres wurde ferner bei Oxydation mit Chromsäure zum Campher oxydiert, der durch sein bei 114—115° schmelzenden Oxim identifiziert wurde. Unerwarteterweise findet die Hydroxylierung an der einen CH_2-Gruppe statt, die dem Methyl benachbart liegt:

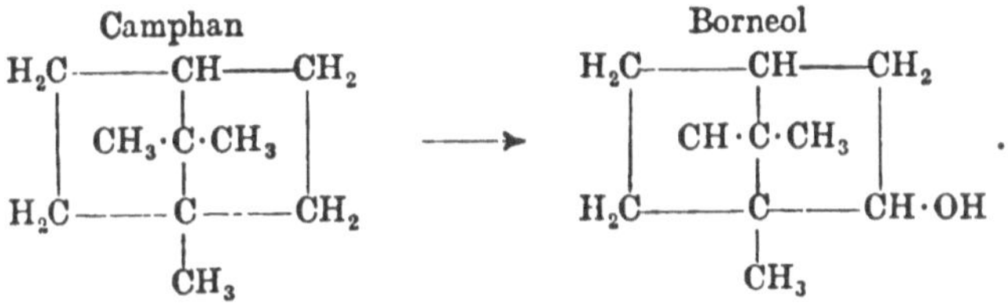

Die oben angegebenen Resultate zeigten, daß Camphan wirklich der Stammkohlenwasserstoff des Camphers ist.

B. Substitutionsprodukte des Camphans

1. Pinenhydrochlorid

Diese von Kindt 1803 entdeckte wissenschaftlich und technisch wichtige Verbindung war von meiner Seite oft Gegenstand der Untersuchung, u. a., weil es als Rohmaterial für die Campherdarstellung im großen angewandt und da es in den meisten Fällen so leicht nachweisbar ist, als pinenhaltiges Material aus der Natur verarbeitet wird.

Eine von uns ausgeführte Untersuchung hat ergeben, daß eine Abkühlung bei seiner Darstellung nicht nötig ist, wenn man ganz trockenes Pinen anwendet. Die latente in seinem Molekül aufgespeicherte Wärme gibt sich allerdings durch eine spontane Erwärmung bis auf 40—70° kund, die Ausbeute scheint aber darunter nicht zu leiden. Der Versuch, dies in fabrikatorischem Maßstab anzuwenden, führte jedoch zur Verkohlung.

Der Schmelzpunkt des Pinenhydrochlorids, wenn es längere Zeit durch Kochen mit alkoholischem Kali oder durch wiederholtes Umkrystallisieren gereinigt ist, liegt meistens bei 125—126°. In völlig inaktiver Form, also wenn es aus synthetischem Material nach Wallach oder durch Vermischen entsprechender Mengen von d- und l-Pinenhydrochlorid dargestellt ist, schmilzt es bei 128°. Den Siedepunkt fanden wir bei 208—210° liegend.

[1]) In seiner Arbeit: „Über das Verhalten alicyclischer Verbindungen bei der Glykuronsäurepaarung". Skand. Archiv f. Physiologie 27, 197 (1912).

In trockner, reiner Form sublimiert es bei gewöhnlicher Temperatur in großen, campherähnlich zähen, körnigen und stark lichtbrechenden Krystallen mit deutlichen Ebenen. Diese setzen sich im Zimmer schon bei meterlanger Entfernung von dem abkühlenden Fenster auf der kälteren Seite ab.

Bei der Einwirkung von trocknem Chlor auf in Tetrachlormethan aufgelöstes Pinenhydrochlorid[1]) wurden Tri- und Tetrachlorcamphan (vom Schmelzpunkt etwa 130° bzw. 150—152°) als weiße, schwach campherartig riechende Körper erhalten, die jedoch kaum einheitlich sind.

Fand die Einwirkung von Chlor auf die Oberfläche des in einer Kältemischung bis unter 0° abgekühlten und gut umgerührten Pinens statt[2]), erhält man eine Flüssigkeit, die viel Pinenhydrochlorid enthält. Im 10-mm-Vakuum geht daraus bei 120 bis 135° ein Öl über, woraus das schön krystallisierende, bei 173—174° schmelzende Pinen-2,6-dichlorid (I) abgeschieden wird, das bei der Einwirkung von metallischem Natrium Cyclen (II) liefert:

I. 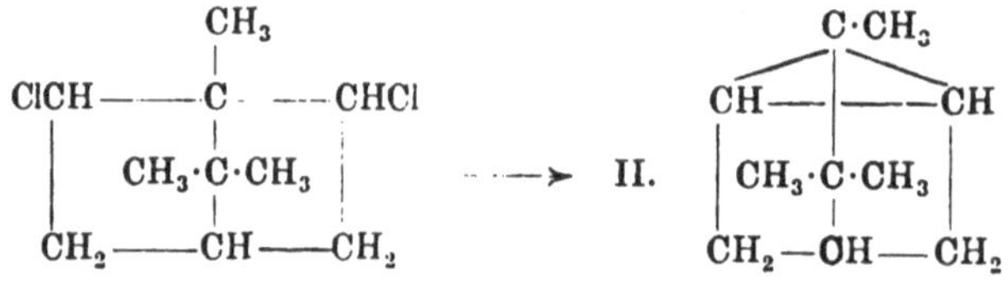 II.

Es entspricht also dem Pinen-2,6-dibromid[3]) von WALLACH. Mit Silberacetat in kochender Eisessiglösung behandelt, ergab sowohl das Dichlorid wie Dibromid einen ungesättigten Ester, $C_{10}H_{15} \cdot O \cdot CO \cdot CH_3$, sowie das Acetat eines wohlriechenden Körpers, $C_{10}H_{18}O_2$, der bei 132—133° schmilzt. Die Natur desselben wurde bis auf weiteres nicht festgestellt.

Das Hauptprodukt bei der Behandlung von Pinenhydrochlorid mit alkalischen Mitteln, um Chlorwasserstoff abzuspalten, stellt bekanntlich Camphen dar, das durch eine doppelte Pinakolinumlagerung entstanden ist:

I. 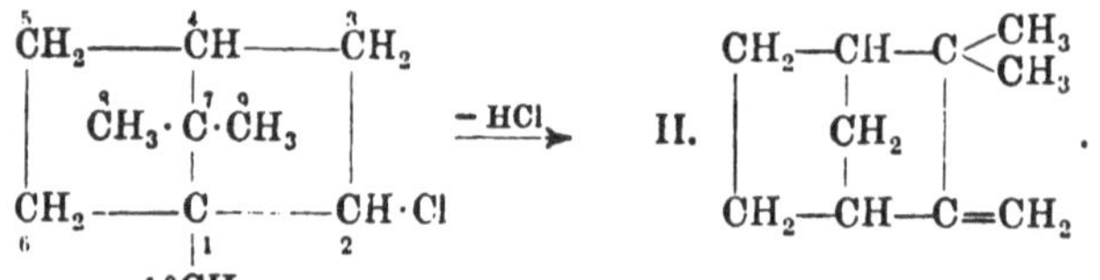 II.

Nebenbei entstehen bei dieser Reaktion auch andere Terpene in kleiner Menge. Diese enthalten das ursprüngliche Pinencarbonidsystem teils unverändert, teils in umgelagerter Form. Nach unseren Versuchen, deren Ergebnisse bisher nicht veröffentlicht sind, wird, neben dem Chlor am Kohlenstoffatom 2, Wasserstoff teils von 3, teils von 6 abgespalten; es bildet sich also einerseits Bornylen III (Siedep. 148—150°), andererseits Cyclen IV (Siedep. 153—154°), welche in dem Vorlauf des technischen Camphens[4]) vorhanden sind:

---

[1]) ASCHAN, F. Vet.-Soc. ns Förh. 57 (1914—1915); Ber. 61, 44 (1928). — [2]) Ibid., S. 41 (1928); Ber. 61, 38, 1342 (1928). — [3]) Ann. 264, 1 (1891). — [4]) Ann. 387, 29 (1912).

III. 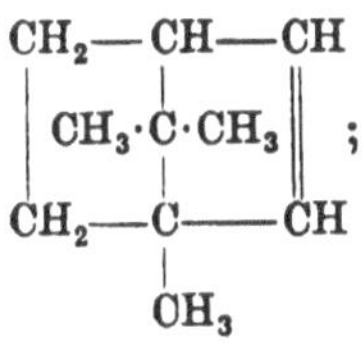 ; IV. 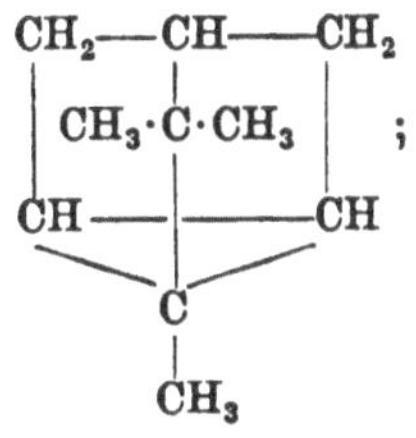 ; V. 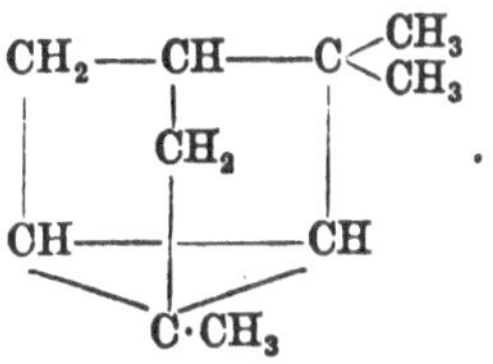 .

Nebenbei enthält dieser Vorlauf in den noch niedriger siedenden Anteilen zwei weitere Terpene, die ich anfangs α- und β-Pinolen genannt habe und bei 144—146° bzw. 141—143° sieden. In diesen ist der Campherkern nicht mehr vorhanden. Die β-Verbindung ist tricyclisch und gehört, wie ich gezeigt habe, zur Fenchenreihe; sie wurde später Cyclofenchen genannt und hat die Struktur V, oben. Das α-Pinolen ist nicht, wie das Cyclofenchen (β-Pinolen), gegen sodaalkalische Permanganatlösung indifferent und enthält eine Doppelbindung, seine Struktur ist unbekannt. Bei Addition von Chlorwasserstoff wird ein Hydrochlorid gebildet, das beim Entziehen von Chlorwasserstoff ein bei etwa 156° siedendes Terpen liefert, das wenigstens zum größten Teil aus dem α-Fenchen WALLACHS besteht.[1]) α-Pinolen gehört also, wie sein β-Begleiter, zur Fenchenreihe.

Die Bildung dieser beiden Terpene beruht nach unseren Erfahrungen nicht wie die des Bornylens und Cyclens, auf einer direkten Chlorwasserstoffabspaltung aus Pinenhydrochlorid, sondern darauf, daß dieses rohe Hydrochlorid, das neben seiner „Mutterlauge" zur Camphendarstellung dient, Fenchylchloride enthält, deren Entstehung auf eine abnorme Abspaltung von Chlorwasserstoff bzw. nachheriger Umlagerung des Kohlenstoffkerns des ursprünglichen Pinens zurückzuführen ist.[2]) Die letztgenannte Abspaltung bzw. Umlagerung findet an dem primären Produkt der Chlorwasserstoffanlagerung an Pinen, dem von mir isolierten und als tertiäres Pinenhydrochlorid[3]) bezeichneten Körper (vgl. unten) statt, dessen Darstellung und Untersuchung (vgl. weiter unten beim Pinen) den Mechanismus der Pinakolinumlagerung bei dem gewöhnlichen Pinenhydrochlorid aufgeklärt hat. Das Schema 1 unten bezeichnet diese normale Umlagerung, während das Schema 2 die abnorme Reaktion, die zur Bildung des Fenchylkernes veranschaulicht. Das tertiäre Pinenhydrochlorid (I) enthält nämlich in seinem Cyclobutanring zwei Kohlenstoffbrücken, die an Pinakolinumlagerungen teilnehmen können, deren Geschwindigkeit aber offenbar ungleich ist. Die eine, schneller verlaufende, führt zu der Bildung des Campher- bzw. Bornylkerns, während die andere, viel langsamer fortschreitende Umlagerung die zum weit kleineren Betrag auftretende Bildung der Fenchylverbindungen veranlaßt:

---

[1]) ROSCHIER, Diss. Helsingfors. — [2]) ASCHAN, Ann. 387, 12 (1912). — [3]) Über tertiäres Pinenhydrochlorid, F. Vet.-Soc. ns Förh. 57 A, Nr. 1 (1914).

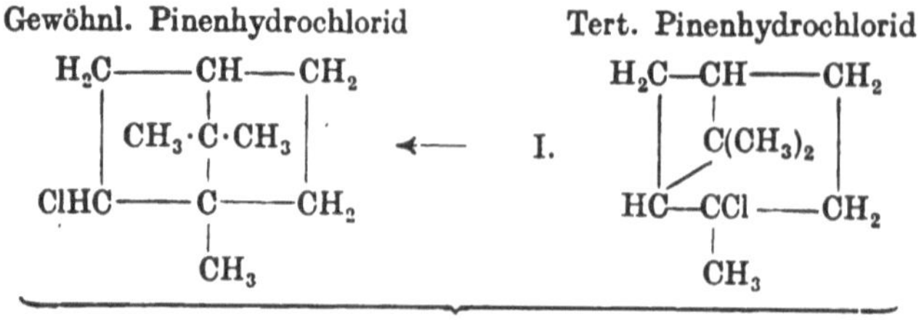

Schema 1

bzw. I.

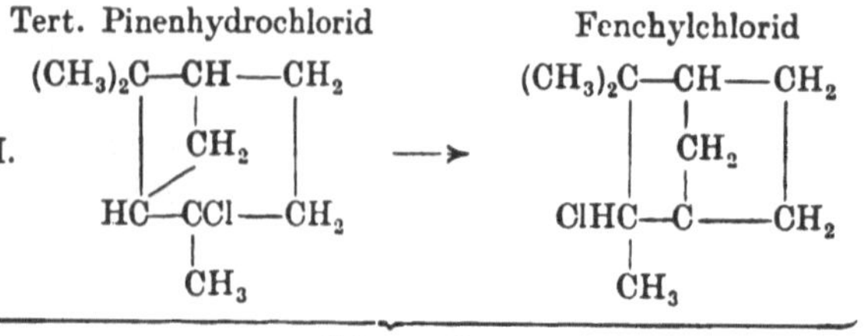

Schema 2

Das Fenchylchlorid kann dann, einmal entstanden, unter Chlorwasserstoffabspaltung auch die Bildung anderer Fenchene veranlassen.

2. Bornyljodid

Bornyljodid oder Jod-2-camphan hat folgende physikalische Konstanten: $d^{17}/_4 = 1{,}464$; Schmelzp. -3^0; Siedep. 120—122° (19 mm). Das Drehungsvermögen variiert je nach der Aktivität des angewandten Pinens und betrug für das eine borneolartig riechende Öl $[\alpha]_D = +16{,}02$, für das andere zu der Untersuchung (S. 145ff.) angewandte Präparat aus dem — 41,98 drehenden französischen Pinen $[\alpha]_D = -33{,}88$. Ein aus Pinenhydrochlorid mittels Magnesiumjodids dargestelltes Bornyljodid siedete unter 6 mm bei 99—100°; $d^{20}/_4$ war 1,4553.

C. Rechts- und Linkscampher sowie d,l-Campher

Über diese oben mehrmals berührten Stammsubstanzen für zahlreiche Verbindungen legen wir zunächst einige physikalische Angaben bei, und ferner, daß schon E. Beckmann[1]) gezeigt hat, daß die Drehung des d-Camphers weder beim Erhitzen mit Wasser und Eisessig auf 230—250° noch beim Kochen mit alkoholischer Natronlauge und, ebensowenig die des l-Camphers beim Auflösen in konz. Schwefelsäure verändert wird. Die allgemeinen Methoden, die bei anderen stereomeren Verbindungen Umlagerungen veranlassen, sind also hier indifferent. Dies wurde von uns (vgl. S. 54) auf die acetylenartige eigentümliche Bindungsweise der drei im Camphermolekül vorhandenen drei Ringelemente, die einen Platzwechsel nicht gestatten, zurückgeführt.

Folgende Zusammenstellung der drei wichtigsten physikalischen Konstanten dürfte ein gewißes Interesse beanspruchen:

---

1) Ann. **250**, 353 (1889).

	Schmelzp.	Siedep.	$[\alpha]_D$ in alkoholischer Lösung ($p = 20$)
d-Campher . .	178,8°	204° [1])	+ 44,22 (HALLER)
l-Campher . . .	178,6°	204° [1])	— 44,22 (BECKMANN)
d,l-Campher . .	176,8—178°	—	± 0

1. Die quantitative Bestimmung des Camphers

Für medizinische Zwecke, soweit sie sich auf d-Campher beziehen, wird die Menge des überdestillierten Camphers polarimetrisch genau bestimmt, wenn keine anderen flüchtigen und aktiven Körper zugegen sind.

Wenn keine in Petroläther unlösliche Verbindungen oder andere Ketone in dem untersuchten Material vorkommen, die dann vorher zu entfernen sind, gibt folgendes Verfahren[2]) genaue Resultate.

1 g der campherhaltigen Substanz und 1 g in Wasser vollständig lösliches Semicarbazidhydrochlorid werden in ein Probierröhrchen eingeführt, worauf 1,5 ccm Eisessig und 1,5 durch Schmelzen getrocknetes und pulverisiertes Kaliumacetat zugegeben wird; das Gemisch wird gut umgerührt. Man hängt das mit einem Wattestopfen verschlossene Röhrchen mittels einer Schleife von Kupferdraht in ein auf 65—75° erwärmtes Wasserbad hinein und hält es darin 3—4 Stunden. Nach dem Erkalten setzt man Wasser hinzu, rührt gut um und filtriert die Probe nach etwa einer Stunde durch einen im Vakuum getrockneten Filter unter sanftem Saugen. Der Inhalt inkl. des in 3—4 Stunden im Vakuum erneut getrockneten Filters wäscht man nachher mit kleinen Mengen Petroläther aus, bis sich nichts mehr auflöst, worauf das Ganze gewogen wird, nachdem es im Vakuum von neuem getrocknet worden war. Die Krystallmasse des Semicarbazons soll in heißem 95%igem Alkohol vollständig löslich sein und daraus in feinen Nadeln auskrystallisieren, die völlig rein bei 236 bis 237° schmelzen. In der Technik genügt gewöhnlich ein Schmelzpunkt von 228—230°.

2. Die synthetische Darstellung des Camphers aus Camphen,

die später, insoweit es sich um die fabrikatorische Darstellung (Kapitel 12) handelt (vgl. den Anhang zu diesem Kapitel[3]), späterhin ausführlicher behandelt werden soll, kann nach zwei Verfahren ausgeführt werden:

I. Das Oxydationsverfahren unter Anwendung von Chromsäure in verdünnt schwefelsaurer Lösung; darauf wird der Campher durch eine Reihe von Operationen gereinigt. Diese im großen angewandte älteste Methode lag der früheren Campherdarstellung in der Chemischen Fabrik auf Aktien (vorm. E. SCHERING) in Berlin zugrunde.

II. Das katalytische Verfahren. Nach demselben werden Dämpfe von Borneolen, besonders von dem aus Camphen leicht darstellbaren Isoborneol (vgl. unten) über äußerst fein verteilten Metallkatalysatoren wie Nickel, Kobalt, Eisen geleitet, entweder einzeln oder gemischt miteinander oder mit gewissen Oxyden. Die Reaktion findet statt nach dem Schema:

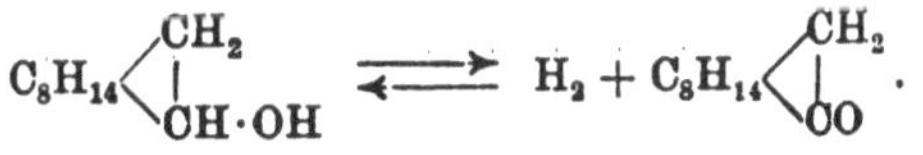

[1]) Diese von HALLER [Compt. rend 105, 259 (1887)] angegebenen Siedepunkte sind sicher zu niedrig. Bei sehr großen Mengen habe ich immer 207—208° beobachtet. — [2]) Nach einer Privatmitteilung von Prof. Dr. KARL STEPHAN. — [3]) Dies ist aus besonderem Grunde früher nicht publiziert worden.

Am einfachsten findet dies bei der von mir eingeführten Methode II statt, wonach das Ausgangsmaterial in hochsiedendes reines Paraffinöl aufgelöst und mit kleinen Katalytmengen erhitzt wird. Nach der Beendigung der Entwicklung von Wasserstoff, der bei dieser billigen und effektiven Methode sehr rein auftritt und leicht aufgehoben werden kann, wird der Campher überdestilliert. Nachher kann der Rückstand, wenn reines Isoborneol angewandt ist, wieder mit neuen Mengen von Isoborneol versetzt werden, die derselben Behandlung unterliegen. Eine kleine Katalysatormenge genügt für erhebliche Quantitäten von Isoborneol. Metallisches Nickel als Blech oder sonst in dichter Form vermag nicht die Katalyse zu vermitteln.

Diese Methode II ist nunmehr allgemein angewandt, während die mit I bezeichnete als teurer und komplizierter verlassen worden ist.

3. Verwandlung des Camphers in Borneol und umgekehrt

In dem katalytischen Schema geht der untere Pfeil in entgegengesetzter Richtung. Tatsächlich leitet das katalytische Verfahren, falls der Wasserstoff nicht entfernt wird, zu einem Gleichgewichtszustand, der, wie bei allen derartigen Reaktionen, von Temperatur und Druck abhängig ist. Dies war früher[1]) nicht systematisch für irgendeine technisch angewandte katalytische Reaktion festgestellt.

Um einige Beispiele zu geben, lieferten Campherdämpfe, die neben Wasserstoff über einen sehr fein verteilten Kobaltkatalysator bei 160—170° geleitet wurden, nur 21% von Borneolen, wogegen dieselben Alkohole bei 115—120° zu einer Menge von 40% entstanden. Wird ein Nickelkatalysator angewandt, so wurden die Borneole aus Campher und Wasserstoff bei erhöhter Temperatur in folgenden Mengen erhalten:

bei 110—115°:	43,4%,	bei 170—180°:	13,7 %
„ 140°:	26,5 „	„ 210°:	7,37 „
„ 155°:	22,2 „	„ 250°:	2,7 „

Nach Versuchen in derselben Richtung von SABATIER sollte Campher unter denselben Bedingungen kein Hydrierungsprodukt geben, welche Angaben daher zu berichtigen sind.

In Übereinstimmung mit der von uns aufgefundenen Gleichgewichtslage war zu vermuten, daß auch Borneol bzw. Isoborneol bei genügend gesteigerter Temperatur mehr oder weniger vollständig in Campher übergehen würde. Gleichzeitige Versuche in dieser Richtung zeigten, das dies der Fall ist. Es wurden somit aus Borneol bei etwa 250° Campher eine Ausbeute von 90% und aus Isoborneol eine von 90,5% erhalten. Daß aus Isoborneol keine quantitativere Ausbeute erreicht wurde, beruhte darauf, daß jenes ein technisches Produkt darstellte, worin u. a. das später entdeckte dritte Borneol, das tertiäre Camphenhydrat[2]) als Verunreinigung vorhanden war, das den Kohlenstoffkern von Camphen enthielt und folglich kein Campher bilden konnte. Das Temperaturoptimum lag bei 215—220° für Nickel und für Kupfer etwas höher, bei etwa 230°.

---

[1]) Vorliegendes Verfahren und die zugehörigen wissenschaftlichen Erfahrungen wurden ~~zuerst~~ schon 1907—1908 unter meiner Leitung in der genannten SCHERINGschen Fabrik in Berlin ausgearbeitet. — [2]) ASCHAN, Ber. 41, 1092 (1908).

Kobalt zeigte sich als Katalysator stark aktiv, indem die Reaktion schon unter 200° in kurzer Zeit beendigt war. Mit einem reinen Fabriksprodukt von Isoborneol wurde dabei eine Reinausbeute von 98% erhalten. Die Bereitung der metallischen Katalyte wird später in dem Anhang zu diesem Kapitel beschrieben. Wie erwähnt, wurde die zum Campher führende Reaktion dadurch sehr erleichtert, daß sie in einem indifferenten Lösungsmittel ausgeführt werden konnte.

Daß die Abspaltung des Wasserstoffs bei höherer Temperatur als bei der Hydrierung stattfindet, ist bezüglich derartiger Reaktionen eine allgemeine Erfahrung.

4. Die Inaktivierung des Camphers bei seiner technischen Synthese

Diese Erscheinung bei der Bildung des synthetischen Camphers im großen besitzt vom theoretischen Gesichtspunkte aus viel Interesse. Eine darauf gerichtete Untersuchung wurde von uns ausgeführt und zwar mit folgendem Resultat.

Wenn rechtsdrehendes, durch Einwirkung von Natriumphenolat oder -stearat auf Pinenhydrochlorid aus amerikanischem Pinen ($\alpha_D = + 8{,}5$) gebildetes Camphen in sein Hydrochlorid verwandelt und, davon gleichgültig, ob es seine Drehungsrichtung dabei wechselt, mittels Kalkmilch oder verdünnten Alkalien in das obengenannte linksdrehende Camphenhydrat, $C_{10}H_{17} \cdot OH$, verwandelt und dieses dann einer Wasserabspaltung unterzogen wird, so wird ein Camphen mit derselben Aktivität und Drehungsrichtung wie das ursprüngliche Terpen zurückgewonnen, wie folgendes Schema veranschaulicht[1]):

	Ursprüngliches Camphen	Hydrochlorid	Camphenhydrat	Regeneriertes Camphen
Siedepunkt	159,5—160°	—	204—205°	159,5—161°
Schmelzpunkt	41—42°	146—147°	149—150°	45 —46°
Konzentration der Benzollösung	10,2%	9,32%	9,75%	10,12%
$d^{20}/_{20}$ derselben	0,8773	0,8886	0,8874	0,8765
α_D „	+ 1,15°	— 0,53°	— 0,25°	+ 1,12°
$[\alpha]_D$ „	+ 12,85°	— 6,40°	— 2,89°	+ 12,63°

Daraus geht also hervor, daß eine Inaktivierung des Materials weder bei der Bereitung des Pinenhydrochlorids noch bei dessen Verwandlung in Camphen bzw. Camphenhydrochlorid, Camphenhydrat sowie Rückverwandlung in Camphen stattfindet. Wenn aber dasselbe Camphen bei seiner Oxydation während der Fabrikation mit Chromsäure in schwefelsaurer Lösung in Campher übergeführt wird, so tritt dieser Campher unter allen Umständen inaktiv auf. Nach der unten abgebildeten Reihe: Pinen-(1) → Pinenhydrochlorid-(2) → Camphenhydrat und Camphen-(3) → Campher-(4) würde eine Umlagerung innerhalb des Kohlenstoffkerns nicht weniger als dreimal stattfinden. Warum eine Inaktivierung während der beiden ersten Phasen — also bei der Verwandlung des Pinenkerns in den

[1]) Aschan, Ann. 383, 16 (1911).

Campherkern (im Pinenhydrochlorid) nicht geschieht, wohl aber bei der dritten Phase, nämlich als Camphen in Campher übergeht:

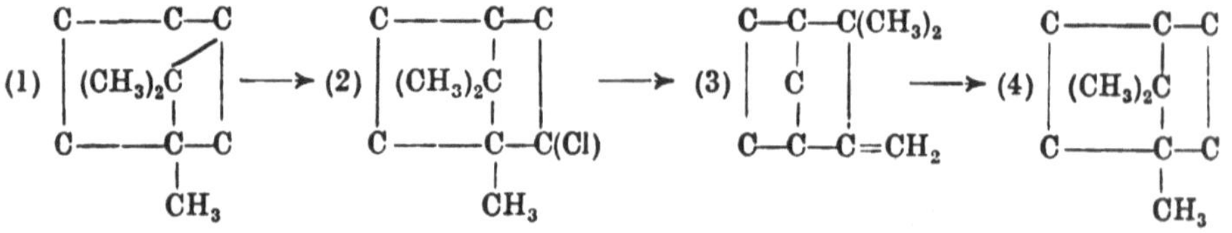

bleibt rätselhaft. Man wäre sogar geneigt zu vermuten, daß die jetzige Camphenformel entweder unrichtig ist oder daß es eine tautomere Form des Camphens gäbe. Wie indes diese Frage nun steht, muß man als wahrscheinlich halten, daß die dritte Phase während der intermediär in der schwefelsauren Lösung aus Isoborneol entstehenden Camphenbildung und zwar über ein von uns nachgewiesenes Additionsprodukt zwischen Camphen und Chromsäure eintritt. Daß aber die Aktivität bei dem Übergang von Camphen in sein Hydrochlorid bzw. Camphenhydrat und die Zurückbildung von Camphen aus dem letzteren beibehalten wird (vgl. oben), ist leicht verständlich, weil der Camphenkern bei diesen Umwandlungen beibehalten wird.

5. Beiträge zur Kenntnis des α-Bromcamphers

a) Um festzustellen, daß das hier in (II) vorhandene Bromatom Wasserstoff am angrenzenden (mit * bezeichneten) Kohlenstoffatom enthält[1]):

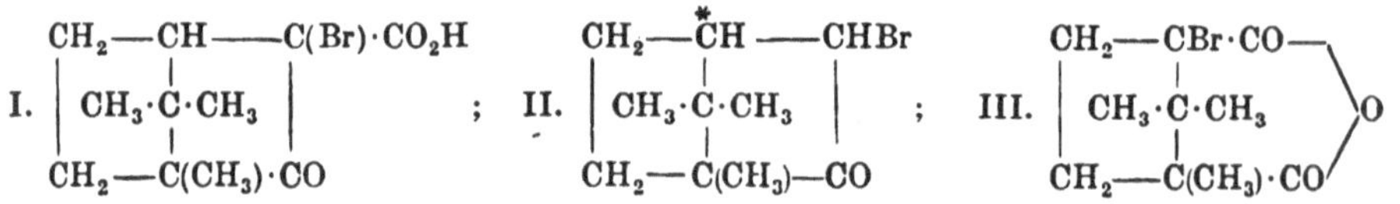

wurde der Bromcampher längere Zeit sowohl mit Anilin wie mit Chinolin gekocht; jedoch entstand hierbei nicht der erwartete ungesättigte „Campher“, sondern es wurde Bromcampher zurückgewonnen. Indes spaltet auch das Bromcamphersäureanhydrid (III) keinen Bromwasserstoff ab, was auch von MAULL[2]) beobachtet wurde.

Für unsere Versuche wurde ein durch Kohlendioxydabspaltung aus Bromcamphocarbonsäure (I) dargestellter, sehr reiner Bromcampher angewandt. Die Bildung fand bei gewöhnlicher Temperatur, durch Stehen der Lösung der Säure in alkoholischem Kali über 12 Stunden statt.

b) Die Bromcamphocarbonsäure war durch folgendes neues Verfahren erhalten worden. Zu der in Eisessig aufgelösten Camphcarbonsäure wurde etwas mehr als die nötige Brommenge zugegeben. Nach 24 Stunden fiel bei Zusatz von Wasser zu der abgefärbten Lösung eine schneeweiße Bromcamphocarbonsäure aus, die aus Ligroin umkrystallisiert als rein bei 112—113° schmolz. Die Säure entsteht auch, wenn auch nicht so rein, auf Zusatz eines Überschusses von Brom zu ihrer Lösung in Soda.

D. Arbeiten über Oxymethylencampher

Diese von CLAISEN und Mitarbeitern[3]) zuerst dargestellte Verbindung (I), sowie seine leicht erfolgende Bildung und sein eminentes Krystallisations-

[1]) ASCHAN, Ber. 27, 1441, 1443 (1894). — [2]) Inaug.-Diss. (München 1893), S. 60. — [3]) CLAISEN-Festschrift (Leipzig 1894), S. 25.

vermögen bieten wegen der Nachbarschaft der Oxymethylgruppe, =CH·OH, zum Carbonyl des Camphers viel von Interesse dar. Wir gehen indes nur auf die eigenen Arbeiten[1]) ein. Sie liefern[2]), wie schon früher (S. 47ff.) bei der Besprechung der „optischen Doppelisomerie" angegeben wurde, nicht unwichtige Beiträge zu der oft behandelten Frage über das Tautomerisierungsproblem bei Enol- und Ketoverbindungen und den Übergang der beiden Formen ineinander.

Nach CLAISEN ist es nämlich wahrscheinlich, daß eine Gruppierung >CH·CH:O nicht existiert, weil der stark negative Formylrest zu einer Enolisierung desselben zu >C:CH·OH prädestiniert. Folglich erschien uns[3]) der Weg zur Ketisierung durch Anlagerung von 2 Atomen Halogen und darauffolgende Halogenwasserstoffabspaltung möglich. Die Versuche gaben das erwartete Resultat:

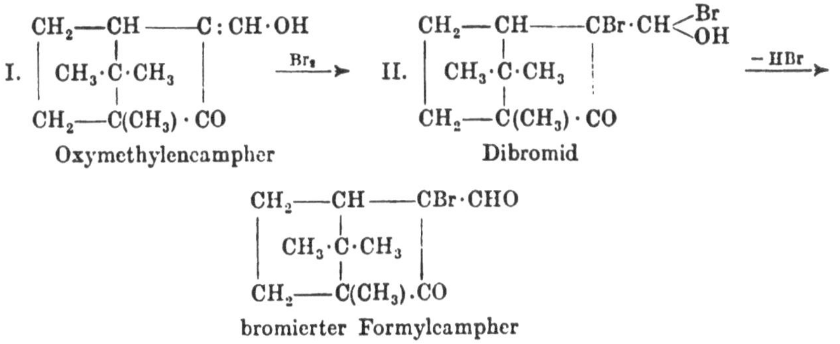

Gibt man allmählich Brom zu einer Lösung von Oxymethylencampher in Tetrachlormethan, so werden genau 2 Atome zur Sättigung verbraucht. Beim Verdampfen im Vakuum läßt sich das Additionsprodukt nicht fixieren, sondern eine lebhafte Bromwasserstoffentwicklung tritt ein. Das rückständige Öl erstarrte indes vollständig bei 0° zu einer glasglänzenden Krystallmasse, die nach Absaugen durch Ausspritzen ihrer alkoholischen Lösung mit wenig Wasser in reiner Form, als farblose quadratische Blätter (Schmelzp. 44°), gewonnen wurde. Der erhaltene Bromformylcampher ist gegen Brom gesättigt und gibt keine violette Enolfärbung mit Eisenchlorid. Ferner ist er mit Wasserdämpfen flüchtig, unlöslich in Alkalien und reagiert mit Acetylchlorid nicht (wichtige Unterschiede von der ursprünglichen Oxymethylenverbindung). Er reagiert dagegen mit ammoniakalischer Silberlösung, löst sich in Natriumbisulfit und tritt mit Hydroxylamin und Phenylhydrazin in Reaktion. Von Alkalien, sogar von Ammoniak wird der Körper in Formiat und α-Bromcampher gespalten. — Der Äthyläther des Oxymethylencamphers gibt, wie der früher erwähnte Methyläther, mit 2 Atomen Brom ein Additionsprodukt, das wenigstens eine kurze Zeit beständig ist, aber im Vakuum in obige Formylverbindung und Äthylbromid zerfällt:

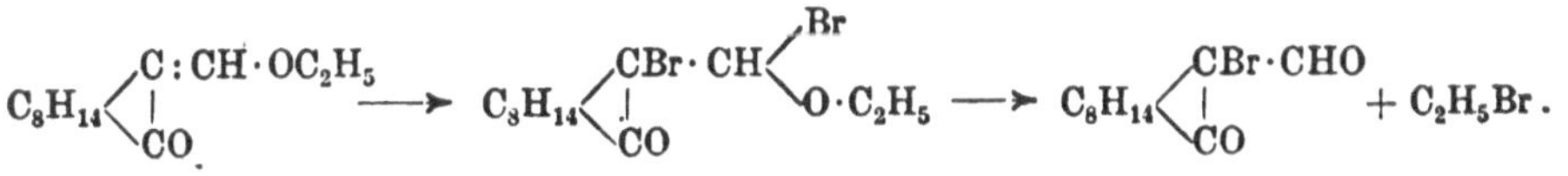

---

[1]) ASCHAN und BRÜHL, Ber. 27, 2398 (1894). — [2]) ASCHAN, „Struktur- und stereochemische Untersuchungen in der Camphergruppe". Acta Soc. Scient. Fenn., 21, Nr. 5, S. 85 (1895); Ann. 316, 201 (1901). — [3]) Ber. 27, 2398 (1894).

Der Isoamyläther, $C_8H_{14}\left\langle\begin{array}{l} C:CH\cdot OC_5H_{11} \\ | \\ CO \end{array}\right.$, verhält sich ähnlich. Die Voraussetzungen wurden also in interessanter Art bestätigt.

Ein Versuch, durch Einleitung von Chlor in eine Chloroformlösung des Oxymethylencamphers (1 Mol: 1 Mol) zu einem Dichlorid bzw. Chloroformylcampher zu gelangen, scheiterte insoweit, daß letzteres nicht in krystallisierter Form erhalten wurde. Mit Phenylhydrazien entstand jedoch aus dem rohen Additionsprodukt eine bei 126° schmelzende Verbindung $C_{17}H_{20}N_2$, deren Zusammensetzung einem Pyrazol, $C_8H_{14}\left\langle\begin{array}{l} C{=}CH \\ | \\ C{=}N \end{array}\right\rangle N\cdot C_6H_5$, entspricht.

a) Darstellung des d-Oxymethylencamphers aus Bromcampher[1]) wurde mittels einer neuen Methode ausgeführt, in dem 1 Mol Bromcampher mit 1 Atom Magnesiumpulver in absolutem Äther zunächst 12 Stunden, und nach Zusatz von 1 Mol Isoamylformiat weiterhin 12 Stunden gekocht wurde, worauf man das Produkt in die etwa dreifache Menge mit 50 ccm konz. Salzsäure und Eisstückchen versetzten Wassers einführte. Die Ätherschicht wurde mehrmals mit 10%iger Natronlauge versetzt, die vom Äther befreite alkalische Lösung filtriert und mittels verdünnter Schwefelsäure das farblose Produkt abgeschieden und mit Äther isoliert. Es stellte Oxymethylencampher dar. Die Ausbeute war gering.

b) Darstellung von l-Oxymethylencampher. Dieses Spiegelbildisomere der gewöhnlichen d-Verbindung wurde in folgender Weise erhalten.

In einen 1,5-Liter-Kolben wurden 25 ccm absoluter Äther und 16 g Natriumdraht eingeführt, worauf eine Lösung von 100 g l-Campher in 375 ccm absoluten Äthers zugegeben wurde. Nachdem der Kolben in einer Kältemischung abgekühlt worden war, ließ man 88 g Isoamylformiat in Portionen von 10—15 g während $1^1/_2$ Stunde allmählich und jedesmal unter effektivem Umschütteln zufließen. Das Ganze blieb über Nacht stehen. Dann wurde 1 Liter Eiswasser zugegeben und bis zum Schmelzen des Eises wieder umgeschüttelt. Nach erneuter Zugabe von Eis wurde die Lösung mit 30%iger Eisessigsäure versetzt, bis kein weiterer Niederschlag entstand. Dieser wurde nach 3 Stunden abfiltriert und das bei der Dampfdestillation in dem Kühlrohr erstarrende, gelblichweiße l-Oxymethylencampher im Vakuum getrocknet (Schmelzp. 75—77°). Nach Umkrystallisieren stieg der Schmelzpunkt auf 80—81°. Ausbeute 18 g.

c) Die Benzoate des l-Oxymethylencamphers wurden, zur Prüfung der theoretischen Frage bezüglich „der optischen Doppelisomerie" (s. o. S. 49), nach Bishop, Claisen und Sinclair[2]) dargestellt. Diese Forscher hatten bekanntlich festgestellt, daß der d-Oxymethylencampher zwei strukturidentische, als α- und β- bezeichnete Benzoate gibt, $C_8H_{14}\left\langle\begin{array}{l} C:CH\cdot O\cdot CO\cdot C_6H_5 \\ | \\ CO \end{array}\right.$, die geometrisch isomer sind. Ich erhielt sie, mit folgender Veränderung ihres Verfahrens leicht. So wurde bei der Zugabe von Benzoylchlorid zu der alkalischen Lösung des l-Oxymethylencamphers teilweise unterhalb —15° gearbeitet. Und als man statt Natronlauge Pyridin als basisches Medium anwandte (auf 1 Mol 4 Mole Pyridin und 1 Mol Benzoylchlorid), wurde die Ausbeute entschieden verbessert. Man kennt also jetzt tatsächlich 2 Paare von Benzoylderivaten des Oxymethylencamphers.

---

[1]) Folgende spätere Arbeiten über Oxymethylencampher werden nach früher nicht mitgeteilten Versuchen beschrieben. — [2]) Ann. 281, 377 (1894).

d) Es wurde viel Mühe auf die Darstellung der beiden freien geometrisch isomeren Oxymethylenverbindungen gelegt. Wohl auf Grund der Labilität der Oxymethylengruppe, $>C{=}C<^{H}_{OH}$, und wahrscheinlich weil der Wasserstoff der Hydroxylgruppe derselben bei der intramolekularen Bewegung zwischen dem Sauerstoff und dem ringgebundenen C-Atom oszilliert und schließlich die bevorzugte Lage der einen geometrischen Modifikation einnimmt, tritt nur diese dauernd auf. U. a. wurde von uns die schon von Claisen beobachtete, nach einiger Zeit immer spontan auftretende klebrige und amorphe Modifikation des Oxymethylenkörpers auf das Vorkommen einer anderen stereomeren Form untersucht. Sie zeigte sich jedoch als polymer, da sie bei der Dampfdestillation wieder in die gewöhnliche krystallisierte Modifikation verwandelt wurde.

e) Übergang des Oxymethylencamphers in α-Methylcampher. Um beim Reduzieren des Oxymethylencamphers (I) mit Zinkstaub und Eisessig-Chlorwasserstoffsäure zu dem entsprechenden, gesättigten primären Alkohol (II) zu gelangen, erhielten wir unerwarteterweise den schon bekannten Methylcampher (III), also ein bei 220—222° und bei 37—38° schmelzendes Produkt, das durch sein Oxim charakterisiert wurde:

$$\text{I. } C_8H_{14}\left\langle\begin{array}{l}C{=}CH\cdot OH\\ |\\ CO\end{array}\right. \longrightarrow \text{II. } C_8H_{14}\left\langle\begin{array}{l}CH\cdot CH_2OH\\ |\\ CO\end{array}\right. \longrightarrow \text{III. } C_8H_{14}\left\langle\begin{array}{l}CH\cdot CH_3\\ |\\ CO\end{array}\right. ,$$

und zwar ohne daß die weitergehende Reduktion der Carbonylgruppen affiziert wurde, wobei das Glykol, $C_8H_{14}\left\langle\begin{array}{l}CH\cdot CH_2OH\\ |\\ CH\cdot OH\end{array}\right.$, und das Methylborneol, $C_8H_{14}\left\langle\begin{array}{l}CH\cdot CH_3\\ |\\ CH\cdot OH\end{array}\right.$, zu erwarten wären.

Der Methylcampher wurde ferner bei der Reduktion des Methyläthers des Oxymethylencamphers durch Kochen mit Zinkstaub und Eisessig-Salzsäure gewonnen, bis die violette Reaktion mit Ferrichlorid nicht weiter entstand, worauf das Produkt mit alkoholischem Kali verseift wurde.

Anhang. Neue Darstellungsmethode von Amylformiat. Dieser für die Gewinnung der Oxymethylenverbindungen sehr wichtige Ester wurde, von Oxalsäure ausgehend, in folgender Weise erhalten: 600 g (1 Mol) Isoamylalkohol und 1717 g (2 Mole) Oxalsäure, $C_2H_2O_4 + 2\,H_2O$, werden unter Rückflußkühler gekocht, bis sich kein Kohlendioxyd mehr entwickelt. Das darauf destillierte und fraktionierte Produkt (220 g) besteht zu 37% aus Amylformiat mit dem konstanten Siedep. 114—116°. Zugleich wird die etwa doppelte Menge Oxalsäurediamylester gewonnen.

Aus diesem Ester erhält man durch Erhitzen mit $^1/_3$ seiner Menge von wasserfreier Oxalsäure noch etwa 21% Amylformiat. Das mit Wasser abgeschiedene und mit Sodalösung neutralisierte Produkt wird getrocknet und fraktioniert.

E. Borneole und Isoborneole

Wie man zunächst durch die Arbeiten von Haller weiß[1]), entsprechen dem d- und l-Campher paarweise zwei Borneole und Isoborneole, von denen die Isoborneolmodifikationen die dem entsprechenden Campher entgegengesetzte Drehung zeigen.

[1]) Ann. 230, 225 (1885).

Im Moment 8 des vorliegenden Kapitels (S. 152ff.) wurden schon die Übergänge der Campher und Borneole ineinander auf metallkatalytischem Wege erörtert, welches Verfahren zu einer vorteilhaften technischen Darstellungsmethode entwickelt wurde. Hier sei nur folgendes kurz angeführt:

a) Der Schmelzpunkt der Borneole in reinem Zustande liegt bei 203°, der Siedepunkt bei 212°. Dagegen schmelzen die Isoborneole, welche Operation in zugeschmolzener Capillare ausgeführt werden muß, bei 211 bis 212°, der Siedepunkt, der wegen seiner Nähe zum Schmelzpunkt schwer bestimmbar ist, scheint zwischen 212 und 215° zu liegen. Verschiedene Autoren, die mit kleinen Mengen gearbeitet haben, geben recht abweichende Zahlen an.

b) Umlagerung des Isoborneols in Borneol. Dieser früher[1]) beobachtete Übergang mittels met. Natriums in Gegenwart von Xylol bzw. Ligroin findet unseren Beobachtungen nach leichter und vollständiger statt, wenn man etwas mehr als die äquivalente Menge Natrium in eine 50%ige Lösung von Isoborneol in Paraffinöl einführt und dann, nachdem eine $1^1/_2$mal größere Alkoholmenge zugefügt worden ist, 6—8 Stunden auf 200—215° erhitzt. Nachdem das Metall fast vollständig gelöst ist, wird das Borneol mit Dampf überdestilliert. Beim Umkrystallisieren des getrockneten Produkts, am besten aus unterhalb 60° siedendem Benzin, erhält man das Borneol in schönen, bei 200—202° schmelzenden Tafeln.

c) Versuche zur Darstellung von Borneol und Isoborneol durch direkte Wassereinwirkung. Diese Bereitung von synthetischem Campher auf dem metallkatalytischen Wege gelingt allerdings, wie unten gezeigt wird, die Ausbeuten waren aber bisher wenig vorteilhaft. Die Versuche wurden teils durch Umschütteln von Camphen mit verdünnter Schwefelsäure sowohl bei gewöhnlicher wie erhöhter Temperatur, teils durch Säureeinwirkung in Gegenwart eines Lösungsmittels, wie Alkohol oder Aceton, angestellt. In der Kälte wurde das Camphen mit geringen Benzolmengen verflüssigt.

1. Beim Umrühren mit 5%iger Schwefelsäure bei 20° entstanden während 36 Stunden 1% Isoborneol, mit 15%iger Säure blieb sie unverändert. Bei 60—70° erzeugte letztere Säure in 5 Stunden 2,8%, bei weiteren 10 Stunden 2,5%. Daß eine höhere Ausbeute nicht erreicht wurde, beruht darauf, daß Isoborneol schon mit 5%iger Säure Camphen liefert.

2. Beim Kochen (15 Stunden) von Camphen mit etwa 85%igem, 2% Schwefelsäure enthaltendem Alkohol entstanden 18,5% Isoborneol. Die übrige Menge war in Isobornyläthyläther verwandelt:

$$C_{10}H_{17}\cdot OH + HO\cdot C_2H_5 = H_2O + C_{10}H_{17}\cdot O\cdot C_2H_5 \ .$$

3. Aus unseren Versuchen mit dem katalytisch wirkenden Diäthyloxoniumsulfat (s. unten und Kap. 16) sei erwähnt, daß eine 5%ige Lösung des Salzes nur 13% lieferte; wurde die Zeit des Kochens verlängert, ging die Ausbeute stark zurück. Sogar ein bis auf 10 Tage verlängertes Digerieren bei gewöhnlicher Temperatur ergab die niedrige Ausbeute von 20%.

4. In Aceton war die Ausbeute auch bei niedrigeren Konzentrationen gering; mit 4% Schwefelsäure und 25% Wasser entstanden 18% Isoborneol.

5. Isobornyläthyläther. Dieses schon oben berührte Derivat wurde unter Anwendung von 96%igem Alkohol und wenig konz. Schwefelsäure nach mehrstün-

[1]) Chem. Zentralblatt 1909. II. 25.

digem Kochen in guter Ausbeute erhalten. Er ist sehr beständig und siedet bei 202 bis 204°. (SEMMLER[1]) gibt 200° an.) Beim Erhitzen mit fein verteiltem Nickel auf 260° spaltet er sich in Camphen und Äthylalkohol, der sofort in Aldehyd und Wasserstoff weiter verwandelt wurde.

Den entsprechenden Bornyläther habe ich durch Kochen des Borneols mit alkoholischer Schwefelsäure bei 204—205° siedend erhalten.

d) *Die Wasserabspaltung von den Borneolen.* Stärkere Schwefelsäure soll nach älteren Angaben beim Kochen kräftiger auf Isoborneol als auf Borneol einwirken. Eine systematische Untersuchung zeigte, daß eine 20%ige Säure, bei 8stündigem Kochen mit den in Benzol gelösten Alkoholen, das Isoborneol vollständig, das Borneol aber zu etwa 25% in Camphen und Wasser gespalten wurde. Beim Erhitzen mit 15%iger Säure (8 Stunden) im Schießofen wurde Borneol zu 20,6%, Isoborneol zu 80,6% angegriffen.

In einem Gemisch der beiden Borneole ließ sich ihre relative Menge in der Weise bestimmen, daß 20 g des Gemisches, in wenig Benzol gelöst, mit 25 g Phtalsäureanhydrid bei 150—160° im Ölbade erhitzt wurden. Borneol ging dann quantitativ in saure Phtalsäureester über, wogegen Isoborneol vollständig unter Camphenbildung gespalten wurde.

e) *Darstellung von Isoborneolformiat und -acetat mittels Diäthyloxoniumsulfats.*

Unter der Rubrik: *Über Additionskatalysen mittels Diäthyloxoniumsalzen*[2])“ wurde eine allgemeine Methode zur Hydration ungesättigter Verbindungen mittels einer Additionsverbindung von absolutem Äther und wasserfreier Schwefelsäure aufgefunden. Durch eine eingehende Untersuchung wurde das neue Produkt als das *Diäthyloxoniumsulfat* von der Zusammensetzung

$$\begin{matrix}C_2H_5\\C_2H_5\end{matrix}\!>\!O\!<\!\begin{matrix}H\\O\cdot SO_2OH\end{matrix}$$

festgestellt. Es wird durch Lösen von Schwefelsäuremonohydrat, $HO\cdot SO_2\cdot OH$, unter effektiver Kühlung in der molekularen Menge absoluten Äthers erhalten; evtl. können Lösungen des Oxoniumsalzes in überschüssigem Äther zur Reaktion angewandt werden. Die dickflüssige, gut gekühlte Lösung wird, evtl. nach Zusatz des zur Hydratation nötigen Wassers[3]), mit der ungesättigten Verbindung versetzt — ich wandte Terpene, Santen und Terpineol an, wobei eine wieder auftretende Erwärmung zu verhindern ist. Das Produkt wurde, nach der Stabilisierung der Temperatur auf die Zimmerwärme, zur überschüssigen Sodalösung gegeben. Mit Ausnahme des Äthers, der kleinere Mengen der ungesättigten Verbindung enthält, wird alles aufgelöst. Daraus ist ersichtlich, daß die Schwefelsäure vermittelst der Diäthyloxoniumverbindung von dem ungesättigten Körper additionell aufgenommen worden war, wahrscheinlich unter Bildung eines sauren Sulfats, dessen aufgelöstes Natriumsalz nach dem Kochen in saures Sulfat und dem neuen Alkohol zerfällt. War dieser gegen

---

[1]) Ber. **33**, 3430 (1900). — [2]) Meddel. fr. K. Vet. Akad. Nobelinstitut 5, Nr. 8, S. 19 (1919). — [3]) Es zeigte sich, daß ein unter Abkühlung mit Schnee und Kochsalz bereitetes äquimolekulares dickflüssiges Gemenge von 4,9985 g Äther und 6,603 g Schwefelsäure-Monohydrat erst nach Zusatz von 0,55 g, also etwa 1/2 Mol Wasser, unter Ätherabgabe getrübt wurde.

Schwefelsäure beständig, ging er mit den Wasserdämpfen über. Andernfalls spaltete er Wasser ab und trat als ursprüngliche oder eine andere Verbindung (Terpen, Diterpen, Polyterpen) auf. Wahrscheinlich findet die Hauptreaktion nach folgendem Schema statt:

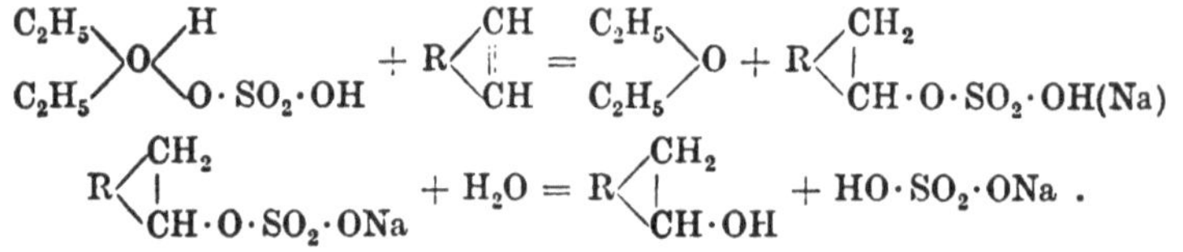

Tatsächlich liegt hier, den angestellten Versuchen nach, eine allgemeine primäre Hydratationsreaktion vor, wenn auch das genannte Wasseradditionsprodukt zuweilen nicht erscheint, sondern einer sekundären Wasserabspaltung unterliegt.

Besonders eine der ungesättigten Verbindungen, nämlich Camphen, ergab nach dieser Methode eine gute Ausbeute an Hydratationsprodukt. Es sei indes hervorgehoben, daß dies Produkt überwiegend aus Camphenhydrat, neben einer kleinen Menge von Isoborneol bestand:

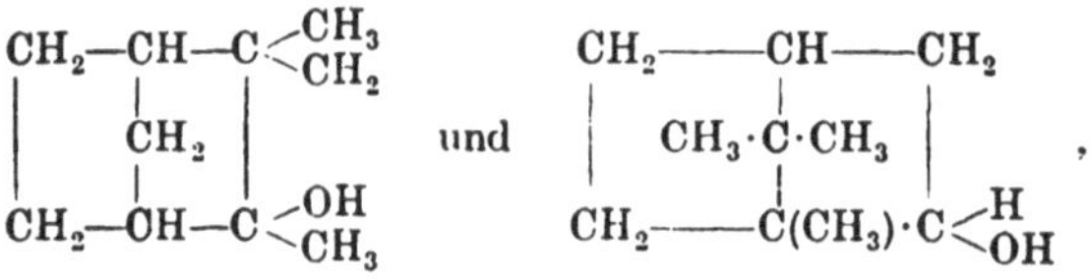

welches letztere durch eine Umlagerung entstanden war, sowie das Camphen bei der Reaktion von Bertram und Valbaum fast nur Isoborneol liefert. Bei erneuten Versuchen mit englischer Schwefelsäure wurden Ausbeuten an dem Hydratationsprodukt (hauptsächlich wieder Camphenhydrat und Isoborneol) erhalten, deren Menge, etwa 50% der theoretischen, ungefähr der früheren mit der wasserfreien Säure entsprach. Daraus folgt, daß ein kleinerer Wassergehalt in dem Diäthyloxoniumsulfat nicht, und immerhin nicht wirksam, die Resultate der Reaktion beeinträchtigt.

Ein neuer Terpenalkohol, $C_{10}H_{17}\cdot OH$[1])

entsteht, wenn 28 g Pinenhydrojodid (S. 150) unter kräftigem Umrühren mit dem aus 30 g Silbernitrat ausgefällten und abgesaugten Silberoxyd und 70 ccm Alkohol gekocht wird, zunächst während 24 Stunden und nachher weitere 24 Stunden, nachdem neues, aus 10 g Nitrat erhältliches Silberoxyd zugegeben worden ist. Das isolierte halogenfreie Öl (7 g) lieferte neben etwas Camphen zwei bei 200—207° und 207—211° siedende Fraktionen. Bei erneuter Destillation wurde die Hauptmenge auf eine Fraktion von 207—209° verteilt. Gewöhnliches Terpineol lag also nicht vor, wohl aber könnte β-Terpineol von Helle und Stephan[2]) bzw. 4-Terpinenol von Wallach[3]), aus dem Siedepunkt zu schließen, vorliegen.

F. Anregungen und Ergänzungen zum Kapitel 11

Der zunächst zu betrachtende Stammkohlenwasserstoff der Gruppe, das Camphan (S. 145), hat einen besonders hohen Schmelzpunkt; wahrscheinlich würde die Substitution eines Wasserstoffs mit Chlor oder Brom bzw. der

[1]) Ber. 45, 2396 (1912). — [2]) Ber. 35, 2147 (1902); Ann. 324, 79 (1902). — [3]) Ann. 356, 200; 360, 98 (1910).

Nitrogruppe relativ leicht stattfinden und eine Menge fester Derivate geben. Mit Chlor hätte man auch Isomere des Pinenhydrochlorids zu erwarten, die, unter Voraussetzung, daß ihre Reindarstellung gelingt, beim Abspalten von Chlorwasserstoff Terpene geben sollen; evtl. könnte das Chlor mit Hydroxyl ersetzt werden. Die von uns beobachtete Leichtigkeit der weiteren Chlorierung des Pinenhydrochlorids (2-Chlorcamphans) (S. 148) könnte vielleicht zur Isolierung und Untersuchung von Dichlorcamphanen führen, die als Dihydrochloride von Terpenen aufzufassen wären. — Das Nitrieren von Camphan müßte nach M. Konowalow mit verdünnter Salpetersäure (von etwa 15%) im Einschlußrohr stattfinden, und die sekundären bzw. primären Mononitroderivate mit Alkali von den tertiären abgetrennt werden.

Die Oxydation des Camphans könnte, wenn der Kern genügend resistent ist, zu beachtungswerten Resultaten leiten. Dazu wären die Halogenderivate des Pinens als Rohmaterial geeignet, besonders noch dem Ersatz von Halogen mit Hydroxyl bzw. Sauerstoff. Von besonderem Gewicht wäre, fernerhin auf diesem Wege, also analytisch, die Feststellung nochmals zu führen, daß keine Umlagerung bei der Bildung des Camphans aus Pinenhydrochlorid (Pinenhydrojodid, s. S. 146) eingetreten ist. Die Feststellung, daß Pinenhydrochlorid den Halogenäther des Borneols darstellt nach Wagner bzw. Hesse, ist, obwohl sehr wahrscheinlich, meines Erachtens experimentell nicht ganz sicher festgestellt.

Die immer beobachtete, mangelnde Einheitlichkeit des rohen Pinenhydrochlorids könnte mit seiner Bildungstemperatur variieren (S. 147). Um dies zu ermitteln, dürfte eine Untersuchung mit Fenchenchloriden und anderen, gegen Alkali unbeständigen Hydrochloriden, die in verschiedenen Mengen beim „Saturieren" des gereinigten Pinens, beispielsweise bei 0°, 20°, 40°, 60° usw. entstehen, vorgenommen werden. Die Versuche sollten, bei der Resistenz des Pinenhydrochlorids selbst, beim Kochen mit titriertem alkoholischen Kali leicht ausgeführt werden, worauf die entstandenen chlorfreien Produkte isoliert und untersucht werden können. Meines Wissens sind auch die durch freies Alkali entchlorten Produkte aus der „flüssigen Mutterlauge" des Pinenhydrochlorids nicht genauer erforscht worden.

Bezüglich des Oxymethylencamphers, $C_8H_{14}\left<\begin{matrix} C:CH\cdot OH \\ | \\ CO \end{matrix}\right.$, der eine längere Zeit Gegenstand unserer Arbeiten war (vgl. S. 46 und 154), ist vorauszusehen, daß daraus verschiedene neue Verbindungen gewonnen werden können. Theoretisch wäre es erwünscht, daß das behandelte Problem über die „optische Doppelisomerie" durch Darstellung und optische Untersuchung mehrerer Doppelpaare derartiger Substanzen wie die Benzoate des Oxymethylencamphers, besonders der Abkömmlinge anderer aromatischer Säuren, weiter entwickelt und vertieft werden sollte. Vielleicht könnten auch andere Äther des Körpers, als die oben angegebenen, dieselbe Erscheinung der geometrischen Isomerie zeigen. Vom speziellen Interesse wäre die Esterifikation des Oxymethylencamphers mit optisch aktiven Säuren, wie Campher- und

Bromcamphersulfonsäure usw. oder die Salzbildung mit aktiven Basen, die vielleicht eine Spaltung nach PASTEUR zustande kommen ließen. Dadurch könnte z. B. die gewöhnliche d-Form des Oxymethylencamphers in zwei ungleich drehenden Modifikationen gespalten werden, denn so wie es gebaut ist, schließt sein Molekül, außer der aktiven Camphergruppierung, ein weiteres Asymmetrieverhältnis:

$$O:C_9H_{14}>C<>C<^{H}_{OH}$$

von ähnlicher Art ein, wie das in den Spiroverbindungen[1]), z. B. für die beiden optisch aktiven Modifikationen, die sterisch gedachten Formeln:

$$^{X}_{H}>C<^{CH_2}_{CH_2}>C<^{CH_2}_{CH_2}>C<^{H}_{X} \quad \text{und} \quad ^{X}_{H}>C<^{CH_2}_{CH_2}>C<^{CH_2}_{CH_2}>C<^{X}_{H} ,$$

die symmetrisch „para"-substituiert sind. Aus den genannten Salzen oder Estern, wie den Alkaloidsalzen bzw. Bromcamphersäureestern des d-Oxymethylencamphers vom Typus $O:C_9H_{14}>C<>C<^{H}_{OR}$ könnten dann das Auftreten verschiedener optisch aktiver Formen des ursprünglichen Oxymethylencamphers erwartet werden.

Versuche mit Cyanwasserstoff- und Hydroxylaminanlagerung zu dem letztgenannten kämen auch in Betracht.

Im Abschnitt über Borneole scheint ferner ein ergiebiges Feld für weitere Arbeiten vorhanden zu sein. Für Arbeiten von optischer Art würden wohl die aus Camphen beim Erhitzen des Terpens mit Fettsäuren bzw. aromatischen Monocarbonsäuren in Gegenwart kleiner Mengen Schwefelsäure leicht darstellbaren Ester des Isoborneols ein willkommenes Material darbieten, z. B. um die Veränderung der spezifischen bzw. molaren Drehung und strukturellen Einflüsse mit steigendem Kohlenstoffgehalt zu ermitteln.

Ferner sollte der Übergang sowohl des gewöhnlichen Borneols wie Isoborneols in einander studiert werden. Als besonders wichtig wäre die Feststellung, wie die Verwandlung des dritten Borneols, des Camphenhydrats, in die beiden erstgenannten, zu bewirken ist. Dieses entsteht nämlich leicht bei der Einwirkung von verdünnten Alkalien bzw. Kalkmilch auf Pinen- und Camphenhydrochlorid[2]) bei erhöhter Temperatur, und wäre folglich für die Darstellung des synthetischen Camphers in großen Mengen wichtig, besonders da es dem Isoborneol öfters beigemengt ist (vgl. S. 152). Selbst habe ich die letztgenannte Umwandlung von Camphenhydrat in Isoborneol durch die BERTRAMsche Reaktion realisiert, die in diesem Falle die Wasserabspaltung aus dem Camphenhydrat zum Camphen als intermediäre Reaktion voraussetzt und folglich einen Umweg bildet.

Durch Einwirkung von unterchloriger bzw. unterbromiger Säure auf Bornylen bzw. Camphen sollten α-chloriertes und bromiertes Isoborneol (I) bzw. Camphenhydrat (II) erhalten werden:

---

[1]) ASCHAN, Ber. 35, 3396 (1902) sowie Chemie der alicyklischen Verbindungen, S. 340ff.; vgl. HARTWALL, Diss. (Helsingfors 1904), S. 6, 15ff. — [2]) ASCHAN, Ber. 41, 1092 (1908).

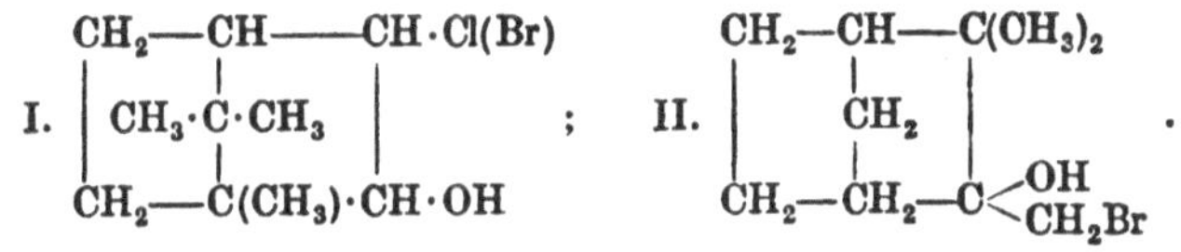

Je nachdem die eine oder andere Strukturform vorliegt, dürften diese Verbindungen, die auch ein chemisches Interesse als Rohmaterialien für andere Körper darbieten, therapeutische oder andere medizinische Anwendung finden.

Zu den genannten könnten noch andere Ergänzungen mit weniger hervortretende Aktualität beigefügt werden; jedoch verbietet der Platzmangel eine allzu weitgehend Spezialisierung.

Kapitel 12. Die Darstellung des synthetischen Camphers

Die technische Bereitung des synthetischen Camphers gehört zu den am meisten komplizierten Aufgaben für im großen darzustellende organische Produkte. Der weitaus größte Teil der im Handel zugänglichen, und davon fast die ganze der auf künstlichem Wege dargestellten Camphermenge, wird in der Celluloidindustrie sowie bei der Fabrikation von Explosivstoffen inklusive rauchlosen Pulvern verbraucht. Der Naturcampher hat sich dazu seine feste Abnahme in der pharmazeutischen und anderen medizinischen Praxis gesichert.

Die billige Fabrikation des synthetischen Camphers ist ganz besonders von dem Reinheitsgrad des dafür angewandten Pinens, gemäß der oben (S. 151ff.) für seine Synthese angegebenen Reaktionen, abhängig.

A. Die verschiedenen Phasen der Campherdarstellung

Die Entwicklung der Fabrikation ist auf zwei Wegen erfolgt, nämlich:

a) 1. $C_{10}H_{16}$ (Pinen) $\xrightarrow{+HCl}$ 2. $C_{10}H_{17}Cl$ (Pinenhydrochlorid) $\xrightarrow{-HCl}$ 3. $C_{10}H_{16}$ (Camphen) $\xrightarrow{+O}$ 4. $C_{10}H_{16}O$; (Campher)

b) 1. Pinen $\longrightarrow$ 2. Pinenhydrochlorid $\longrightarrow$ 3. Camphen $\xrightarrow{H_2O}$ 4. $C_{10}H_{17}\cdot OH$ (Isoborneol) $\xrightarrow{-2H}$ 5. $C_{16}H_{16}O$. (Campher)

Da in den beiden Fällen noch die Reinigung bzw. Isolierung in freiem Zustand hinzukommt, so erhellt daraus noch mehr die komplizierte Natur dieser Fabrikation.

1. Die Saturation des Pinens

Diese Operation, die erste, auf die Darstellung von Pinenhydrochlorid gerichtete Phase, ist für die beiden obigen Linien a) und b) gemeinsam. Der Chlorwasserstoff wird aus Bergsalz und starker Schwefelsäure (d = etwa 1,77) entwickelt und mittels konz. Schwefelsäure sorgfältig getrocknet; auch eine unbedeutende Feuchtigkeit wirkt wegen der Aufspaltung zum Dipentenhydrochlorid schädlich, weil der Wassergehalt immer regeneriert wird.

Die Ausbeute an Pinenhydrochlorid beruht weiterhin einerseits auf der Einheitlichkeit des Pinens, ob es also von dem Vorlauf und den über 160° siedenden Anteilen sorgfältig befreit ist, und andererseits darauf, daß es möglichst frisch destilliert, oder auch nach der früheren Kolonnendestillation in geschlossenen Zisternen aufbewahrt worden ist. Wird undestilliertes, obwohl trocknes Pinen angewandt, wie früher der Fall, erhält man oft nur 60—70% Hydrochlorid, auf das Gewicht des Terpens berechnet, wogegen man mit gereinigtem Pinen vom 105—110% und sogar höher gelangt. Umrühren ist ferner für eine gute Ausbeute nötig. Bei der regelrechten Kolonnendestillation erhielt man früher z. B. aus amerikanischem Balsamterpentinöl bis 154° den Vorlauf (etwa 2—3%) und über 160° (5—7%), mit etwa 5% Nopinen, während Pinen und pinenähnliche Terpene bei 154,5—160° sieden und 80—90% betragen. Nunmehr ist ein bei 154—156° siedendes amerikanisches Terpen von Hercules Powder Co. in Wilmington, von vorzüglicher Reinheit, käuflich. Bei der obigen Saturation wird viel Wärme entwickelt, die sich im großen sogar bis zur Verkohlung erhöhen kann, weshalb Abkühlen unter 30° nötig ist. Um dem Erstarren der Masse zu entgehen, wurde früher dem Saturationsgut die Mutterlauge von einer früheren Saturation zugefügt, wobei ein unvorteilhaftes Moment insoweit zugeführt wurde, daß dieses „flüssige Pinenhydrochlorid" immer Luftfeuchtigkeit aufgenommen hat und daher schädlich wirkt (s. o.) Wenn man aber eine kleine Menge trocknes Dipenten aus dem sogenannten „Abfallsterpen" (s. u.) zugibt, so wird eine Aufspaltung innerhalb der zu bearbeitenden Charge vermieden, weil das nun vorhandene Dipentenmonohydrochlorid seine verflüssigende Einwirkung ohne Beschädigung der Hauptreaktion ausübt.

Die Fenchenchloride (vgl. S. 92) wirken auch schädlich. Um ihre Bildung in größerer Menge zu vermeiden, wie man vermutete, auf Grund der Gegenwart von oberhalb 160° vorhandenen Terpenen des Rohpinens, weil sie bei der späteren Oxydation bzw. des technischen Camphens zum Campher sogenannte „Nebenketone" (Fenchon, Isofenchon) bilden, die den Schmelzpunkt des Camphers erniedrigen, arbeitet man ebenso mit möglichst reinen Pinen. Indes entstehen sie auch von ganz reinen Pinen, was wir schon oben erläutert haben (S. 91).

Was die erhaltene Ausbeute an Hydrochlorid bei direktem Filtrieren und Abschleudern betrifft, so bedeutet die von mir angewandte „Saturationszahl" diejenige in kg angegebene Menge festen Hydrochlorids, die aus 100 kg des mit der Kolonne gereinigten Pinens erhalten wird.

2. Die Abspaltung von Chlorwasserstoff aus Pinenhydrochlorid

Bei der Saturierung findet eine Umlagerung des Pinenkerns über das unten angeführte, von uns nachgewiesene tertiäre Pinenhydrochlorid statt. Geschieht dann die Chlorwasserstoffabspaltung, so tritt Camphen auf und es findet eine neue „Umstellung" innerhalb des neuen Kernes statt.

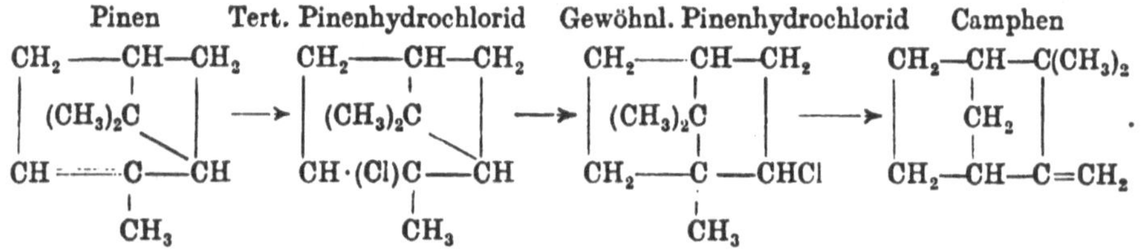

Wie früher hervorgehoben[1]), geschieht die Camphenbildung unter einer vorherigen Umlagerung des Pinenhydrochlorids bei etwa 170—180° im Camphenhydrochlorid. Diese Reaktion findet indes in Gegenwart von Alkali nur langsam statt, weshalb man, um das Produkt vollständig chlorfrei zu erhalten, das Erhitzen sogar 24 Stunden

[1]) ASCHAN, Ann. 387, 14 (1911).

lang auf 220° fortsetzen muß. Bei der Anwendung von Anilin und seinen Homologen geschieht die Abspaltung, wie wir 1906 gefunden haben[1]), in einigen Stunden bei 190—200°. In der Praxis wendet man stearinsaures Natrium (eventl. Phenolnatrium) in Gegenwart von überschüssigen Alkalien an. Dies bietet einen Vorteil, weil die Stearinsäure leicht regenerierbar ist und von neuem nach Zusatz von Natriumhydroxyd gleich wieder angewandt werden kann. Schließlich kann das Camphen direkt aus den Autoklaven herausdestilliert werden.

Der feste Teil des Saturationsgutes, der von der „Mutterlauge" abgeschieden ist, liefert ein technisch reines Camphen (Schmelzp. 40°, während völlig reines Camphen bei 44—46° schmilzt). Die in gleicher Weise behandelten Kohlenwasserstoffe der „Mutterlauge" sind zum größten Teil flüssig. Außer wenig Bornylen (I) und etwas mehr Cyclen (III) als Produkte der Halogenabspaltung vom Pinenhydrochlorid (II):

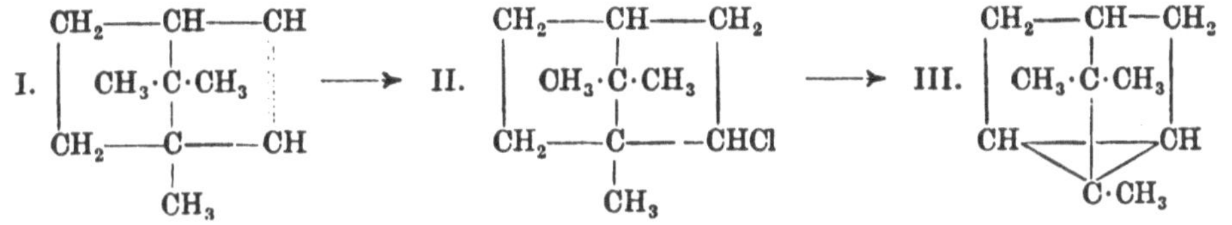

treten hier die schon erwähnten Fenchene (vgl. S. 91) auf, von denen das bei etwa 144° siedende α-Pinolen[2]) und ein bei etwa 149° siedendes Terpen zu ihrer Struktur unbekannt sind. Daß hierbei auch das β-Pinolen entsteht, das sich als Cyclofenchen erwiesen hat, wurde auch schon erwähnt (S. 149).

Hieraus läßt sich schließen, daß wenigstens noch ein Terpen in diesem Camphenvorlauf vorhanden ist, das bei der Oxydation der Fraktion 144—149° mit Permanganat d,l-Camphersäure gibt. Auch bei 10jährigem Liegen einer Fraktion 142—144° des α-Pinolens scheidet sich diese Säure vom Schmelzp. 201—202° aus.[3]) Gleichzeitig bildet sich eine große Menge eines sehr dickflüssigen indifferenten Produktes von einfachster Formel $C_{20}H_{30}O_5$, das wir „Oxy-α-pinolen" genannt haben; es ist sogar in niedrigem Vakuum zersetzlich. Wenn man das beim Fraktionieren erhaltene ursprüngliche Gemenge von α- und β-Pinolen (Cyclofenchen) stehen ließ, wurde letzteres als leicht bewegliche Flüssigkeit auf das genannte dickliche Oxy-α-pinolen geschichtet.

Als das aus der Pinenhydrochloridmutterlauge in obiger Weise mit Natriumstearat entchlorte, rohe, halb flüssige Camphen in einer Kolonne fraktioniert wird, werden die genannten, unterhalb 149° siedenden Terpene als Vorlauf abgeschieden. Die zweite, weit größere Fraktion (149—153°) erstarrt zum größten Teil wegen des vorhandenen Cyclens (Formel III, oben). Dieses Terpen läßt sich indes, wie wir gefunden haben, nach Bertram ebenso leicht in das Acetat des Isoborneols, als Camphen, und nach Verseifen in Isoborneol selbst, verwandeln, welches nunmehr das Rohmaterial für die metallkatalytische Camphergewinnung im großen nach der zweiten Linie (b, S. 163) darstellt.

Die dritte größere Terpenfraktion (153—156°) aus der „Pinenhydrochloridmutterlauge" ist ein Gemisch von Cyclen und Camphen sowie

---

[1]) Unsere Methode wurde von einer deutschen Fabrik übernommen, daher ist sie nicht allgemein bekannt geworden. — [2]) Ann. 387, 24 (1911). — [3]) Nach unveröffentlichten Versuchen mitgeteilt.

von wenig Fenchen, das vernachlässigt werden kann. Sie erstarrt vollständig zu einer spröden Masse, die leicht in krystallgleichende Körner zerfällt und in den Fabriken unter dem Namen „krystallisiertes Camphen" geht. Hieraufolgt bei 156—160° die große eigentliche Camphenfraktion, die leicht auf reinen Campher verarbeitet werden kann.

3. Die direkte Oxydation des Camphens in Campher

Von den vielen, bei der Campherproduktion, geprüften Oxydationsmethoden auf dem nassen Wege, hat nur die Chromsäure in stark schwefelsaurer Lösung eine dauernde Anwendung erhalten, da die zum Chromisalz reduzierte Chromsäure wieder auf elektrolytischem Wege regenerierbar ist. Dazu ist ein billiger Strompreis nötig, wie er bei Verwendung von Wasserkraft erzeugt werden kann.

Die Methode dürfte nicht mehr im großen angewandt werden, weshalb sie hier nur kurz behandelt wird (vgl. auch Kap. 16 über die Arbeitsweise in kleinerem Maßstab). Die Ausbeute wird verbessert, wenn die Konzentration der Schwefelsäure niedrig, und die Temperatur so hoch wie 90°, gehalten wird. Das Camphen wird mittels 2% eines Paraffinöls verflüssigt.

Für die Oxydation des Camphens mit Chromsäure zum Campher werden auf 100 kg Camphen 140 kg technisches Natriumchromat, 200 kg konz. Schwefelsäure und 2194 Liter Wasser angewandt. Die Ausbeute beträgt 90% der theoretischen und die Schwefelsäuremenge 8,82% der ganzen Charge. Nach der Umsetzung der Säure mit dem Chromat sinkt die freie Säuremenge auf 5,1%. Wäre die ganze Menge davon nach beendigter Operation in Chromisulfat übergegangen, was nicht geschieht, so wäre keine freie Schwefelsäure mehr vorhanden. Diese variiert also während der Operation zwischen 0 und 5,1%. Indes ist bei der elektrolytischen Regenerierung eine viel höhere Schwefelsäurekonzentration nötig, was jedoch die Ausbeute etwas verringert. Als geeigneter Indicator bei der Bestimmung ist Kongofarbstoff geeignet. Wahrscheinlich geht die Oxydation über eine intermediäre Chromsäureverbindung des Isoborneols.[1] Salze von Schwermetallen (Fe, Hg, Mn, Ce) wirken nicht katalytisch ein.

Die Erfahrung hat gezeigt, daß dieses empfindliche Verfahren ganz bestimmte Konzentrationsverhältnisse für eine gute Ausbeute erfordert. Eine zweimalige Destillation des angewandten Camphens ist für die Steigerung der Ausbeute geeignet.

Für die Erniedrigung der Kosten spielt die Regenerierung der Chromlauge, wie auch die nachherige Oxydation des gleichzeitig mit dem Campher immer auftretenden Isoborneols eine wichtige Rolle. Die letztere Frage brachte den ersten Anstoß zur Ausarbeitung unserer katalytischen Methode[2] (s. unten), die nicht nur die über die Campherbildung aus diesem Isoborneol, sondern auch die Campherbildung durch Wasserstoffabspaltung aus Isoborneol überhaupt ermöglichte. Die elektrolytische Regenerierung des Chromsulfats hat deshalb nunmehr wenig Interesse und wird, wie auch die Reinigung des nach dem Chromsäureverfahren dargestellten feuchten und grüngefärbten Rohcamphers, nicht gebraucht.

---

[1]) Eine solche von der Zusammensetzung $C_{10}H_{17}O \cdot CrO_2 \cdot OH$ wurde von uns isoliert, die der mit Äthylschwefelsäure analogen Isobornylschwefelsäure entspricht, die bei der Verwandlung des Camphens in Isoborneol nach meinem Diäthyloxoniumverfahren entspricht (S. 159); vgl. auch ASCHAN, Meddel. Vet.-Akad, Nobelinstitut 5, Nr. 8, S. 19 (1919). — [2]) Diese Methode wurde nicht patentiert. Sie erniedrigte indessen den Campherpreis recht beträchtlich während des Weltkrieges und dürfte auch nunmehr die vorteilhafteste sein.

B. Die Bildung von Campher aus Camphen über Isoborneol

Die Saturation des Pinens und die Darstellung des Camphens aus dem Pinenhydrochlorid gehören, wie angegeben, den beiden (S. 151) angeführten Wegen zur Campherbereitung an. Bei dem neueren Weg b) von Verwandlungen (S. 163), nämlich über das Isoborneol, gehen wir folglich zu der dritten Phase dieser Reihe über.

1. Die Bildung des Isoborneols

ist theoretisch in dreierlei Weise möglich: 1. durch direkte Wasseraddition an Camphen, bzw. 2. indirekte nach BERTRAMS Reaktion, oder 3. mittels der von uns ausgearbeiteten Diäthyloxoniummethode (vgl. Kap. 16 B. sowie die Fußnote auf S. 159), die jedoch nicht in größerem Maßstab geprüft worden ist.

1. Die erste Methode führt nicht, wie früher (Kap. 11, c) hervorgehoben, beim Erhitzen oder bei gewöhnlicher Temperatur zum Resultat. Jedoch ist es noch ungeprüft geblieben, ob vielleicht nicht ein sehr kräftiges Umrühren des mit wenig Benzol oder Paraffinöl verflüssigten Camphens mit 50—60%iger Schwefelsäure, die Hydratation bewirken sollte, oder statt Schwefelsäure andere starke Säuren, wie Phosphorsäure, Oxalsäure, Trichloressigsäure, evtl. mit Mono- oder Disulfonsäuren der Benzolgruppe, für sich oder als Katalysatoren für die anderen Säuren. Starkes Abkühlen sollte auch geprüft werden.

2. Nach der BERTRAMschen Reaktion erhält man, unter Anwendung von Essigsäure und Ameisensäure, mit Schwefelsäure oder Benzolsulfonsäuren als Katalysatoren, sehr gute Ausbeuten an den entsprechenden Isoborneolestern. Unsere ausgedehnten Versuche führten zum Ausarbeiten folgender geeigneten fabrikatorischen Methode über das Acetat, mit Schwefelsäure als Katalysator.

120 Teile Camphen werden in 46 Teilen starker Essigsäure (hier berechnet als 100%ig) aufgelöst, und zu der Lösung werden 12 Teile 80%iger Schwefelsäure gegeben, wobei man die Flüssigkeit mittels Umrühren homogenisiert. Allmählich tritt ein kräftigeres Erwärmen ein, das durch Abkühlen so weit vermindert werden soll, daß 70° nicht erreicht werden. Fällt die Temperatur spontan unter 60°, und hört die Schichtbildung bei 65° auf, so läßt man ohne weiteres unter Rühren erkalten und 24 Stunden stehen. Zur Abscheidung des Esters werden 40 Teile Wasser unter vorsichtigem Umrühren allmählich zugegeben, um jede Spur von Schwefelsäure aus dem Rohester zu entfernen. Eine eventuelle Erhöhung der Temperatur (über 28—30°) während der Wasserzugabe wird durch Abkühlung verhindert.

Nach dem Separieren der Esterschicht wird das überschüssige Camphen entweder mit Dampf oder durch Vakuumdestillation entfernt, nachdem die kleine Menge Essigsäure mit Natronlauge beseitigt ist. Der Rohester wird mit Lauge verseift und das Isoborneol wie gewöhnlich gereinigt. Die Wasserlösung wird nach der Verseifung auf Natriumacetat verarbeitet.

Aus der Schwefelsäure bzw. Essigsäure enthaltende erste Wasserschicht wird diese Säure als Natriumacetat abgeschieden, nachdem die Schwefelsäure mit Kalk ausgefällt worden ist.

Wie das Acetat wird auch das Isobornylformiat bereitet und bearbeitet, das schon unter Anwendung von 50%iger Ameisensäure entsteht.

Man erhält das Isoborneol in einer Ausbeute von 87% und dem Schmelzpunkt 202°, was in Anbetracht der Billigkeit der Ameisensäure in geringerer Konzentration sowie in der Hinsicht vorteilhaft ist, daß die Säure später, nach der Verseifung, nicht wie die Essigsäure durch Destillation isoliert zu werden braucht. Man neutralisiert mit einer, nach einer Probebestimmung festgestellten Menge von Natronlauge. Das bei Eindampfen resultierende Formiat läßt sich nämlich auf das teurere Oxalat bearbeiten. — Das Formiat kann auch mit unserem Diäthyloxoniumreagens in guter Ausbeute gewonnen werden (vgl. hierüber Kap. 16, B).

2. Die Campherbildung aus Isoborneol

a) Vorbehandlung

Eine der wichtigsten Aufgaben des Kontaktverfahrens ist, das Isoborneol vom Wasser, das sogar im umkrystallisierten Produkt vorkommt, zu befreien. Dies läßt sich mit kleinen Mengen Toluol erreichen, das leicht beim Erhitzen übergeht und in seinen Dampf alles Wasser aufnimmt und entfernt. Enthält das Isoborneol Spuren von Säuren, soll es nach Zusatz kleiner Alkalimengen mit Dampf behandelt werden, bevor es in der genannten Weise getrocknet wird.

b) Die metallischen Katalysatoren

Während die langwierigen Untersuchungen in den Jahren 1907—1913, worüber keine bisherige Veröffentlichung vorliegt, da sie im Anschluß zu fabrikatorischer Tätigkeit ausgeführt wurde,kamen feinverteilter Nickel, Kobalt, Kupfer, Eisen, Palladium, Platin bzw. geeignete Oxyde dieser Metalle[1]) zur Anwendung. Besonders aktiv zeigten sich die Katalysatoren aus Nickel mit wenigen Prozenten Kobalt, sowie innige Gemische dieser Metalle mit Ferrioxyd, das schon bei der Bereitung ihnen einverleibt wird.

Oben (im Kapitel über Campher, S. 151ff.) wurde schon das katalytische Verfahren für die technische Camphersynthese kurz erwähnt. Die folgenden ergänzenden Sätze sind allgemeiner Natur und beziehen sich nicht nur allein auf Campher:

1. Eine regelrechte Bereitung von Katalysatoren ist auf eine äußerst feine Verteilung derselben, sowie auf die Abwesenheit Katalysatorengiften, insbesondere von Halogenen und Schwefel, einzustellen;

2. Metallkatalysatoren von chemisch-einheitlicher Natur sind weniger wirksam als ein intimes Gemenge derselben;

---

[1]) Meine schon in den Jahren 1907—1908 ausgeführten Fabrikationsversuche, für technische Hydrierungs- bzw. Dehydrierungsprozesse geeignete Metallkatalysatoren zu gewinnen, gelangen vollständig. Ein Patent über die Feinverteilung der aus den Nitraten derselben erhaltenen Oxyde und Metalle wurde erteilt. Das Verfahren betraf minimale Zusätze von Alkalihydroxyden bzw. Alkalisalzen zu den Katalysator-Salzen oder -oxyden vor der Reduktion derselben. In diesem Patentverfahren trat die desaggregierende Wirkung dieser Zusätze, die man in zahlreichen späteren Patenten dieser Art fast regelmäßig wiederfindet, zum erstenmal hervor.

3. Gemische von Oxyden und freien Metallen, beide in äußerst feiner Verteilung, geben gewöhnlich ein viel besseres Resultat, als wenn der elementare Bestandteil der Oxyde in freiem Zustande angewandt würde;

4. das katalysierte Material braucht nicht, wie bei Sabatier und Senderens in Dampfform über die Katalysatoren geleitet werden, sondern diese werden in die Schmelze oder in die Lösungen des zu behandelnden Materials in einer geeigneten indifferenten Substanz von genügend hohem Siedepunkt (wie reines Paraffinöl), um bei der angewandten Temperatur nicht zu verdampfen, eingeführt;

5. ein kleinerer, im voraus zuzugebender Zusatz des bei der Katalyse darzustellenden Körpers kann in dem Falle als Lösungsmittel wirken, daß sein Siedepunkt genügend höher liegt, als die für die Katalyse geeignete Temperatur, wodurch andere Lösungsmittel nach 4. unnötig sind.

Diese Sätze sind ursprünglich auf theoretischem Wege hergeleitet, um die Darstellung, Reinigung und Verbilligung des Camphers zu bewirken. Die Reaktionen sind umkehrbar und laufen, wie hervorgehoben, in den folgenden Richtungen, nämlich in der oberen Pfeilrichtung bei höherer, aber bei etwas tieferer Temperatur in den niederen, wenn Wasserstoff im Überschuß einwirkt:

$$C_8H_{14}\left\langle\begin{matrix} CH_2 \\ | \\ CH\cdot OH \end{matrix}\right. \underset{+H_2}{\overset{-2H}{\rightleftarrows}} C_8H_{14}\left\langle\begin{matrix} CH_2 \\ | \\ CO \end{matrix}\right. .$$

Nachher sind gewisse Details aus unseren diesbezüglichen Erfahrungen bezüglich der Bereitung von Katalysatoren in verschiedensten Patenten von anderer Seite eingebracht. Es sei wieder in dieser Hinsicht meine, schon 1908 gemachte und oben berührte Beobachtung genannt, daß derartige Katalysatoren stark aktiv werden, wenn sehr kleine Mengen (0,1% und weniger) von Hydroxyden oder Salzen der Alkali- oder alkalischen Erdmetalle bei der Bereitung desselben beigemengt werden. Eine zweite Neuheit für unsere damalige Arbeitsweise war (vgl. die Punkte 4 und 5 oben), den Katalysator in eine Schmelze bzw. Lösung der zu der Kontakteinwirkung ausgesetzten Substanz zu bringen.

Wir gehen jetzt zur kurzen Beleuchtung der fünf obigen Sätze über.

1. Die äußerst feine Verteilung ist sehr wesentlich. Die wirksamsten Katalysatoren stellen die Metalle der Eisengruppe und Kupfer dar. Es werden am besten diese aus den frisch dargestellten Nitraten bereitet. Die Metalle werden in sehr reiner konz. Salpetersäure und nach Eindampfen die Nitrate von neuem aufgelöst und mit etwas mehr als der berechneten Menge Soda oder noch besser mit chlor- und schwefelfreier Natronlauge ausgefällt. Es soll dabei sorgfältig beachtet werden, daß ein geringer Überschuß des Alkalis in dem abfiltrierten Niederschlag zurückbleibt (s. o.). Dieser

wird getrocknet, geglüht und mit sorgfältig gewaschenem und gereinigtem Wasserstoff reduziert. Das Alkali, das, wenn auch weniger vorteilhaft, aus Alkalinitraten oder -carbonaten bestehen kann, bewirkt die feine Verteilung des Katalysators. So bleibt z. B. Nickel bei der Reduktion, wenn es kein Alkali enthält, als graues und ziemlich grobes Pulver, mit Alkali aber als rabenschwarze Masse zurück, die pyrophore Eigenschaften besitzt und daher in gut geschlossenen Gefäßen bzw. im Vakuum aufzubewahren ist. Indes büßen die fein verteilten Katalysatoren, weil der Zutritt des Luftsauerstoffs nicht zu vermeiden ist, auch unter diesen Umständen bald ihre Aktivität ein, weshalb sie am besten möglichst frisch dargestellt sein müssen.

2. Die einheitlichen Katalysatoren sind weniger wirksam als die gemischten, die in intimen Gemengen zwei oder drei von den Metallen: Nickel, Kobalt, Eisen, Kupfer (Mangan?) enthalten. Als besten habe ich denjenigen erhalten, der in fein verteilter Form entsteht, als ein Gemenge von Nickel-, Kobalt- und Eisennitrat (aus Ferrum reductum) nach dem Satze 1 behandelt wird.

3. Das Kupfer bewirkt, im allgemeinen für sich oder mit irgendeinem anderen Metall gemengt, erst bei höherer Temperatur Wasserstoffabspaltung, was für die Campherbereitung nachteilig ist. Dagegen hat Kupfer den Vorteil, daß man es als Oxyd in das zu katalysierende Produkt einführen kann, denn das Oxyd wird leicht vom Isoborneol reduziert, was mit einem sogar fein verteilten Eisenoxyd nicht der Fall ist. Man erhält unter diesen Umständen einen allerdings erst bei etwas höherer Temperatur fein verteilten Katalysator.

4. Dieser Satz ist selbstverständlich. Wenn ein fein verteilter aktiver Katalysator in eine katalysierbare Schmelze oder eine beständige Lösung eingeführt wird (dessen Solvens nicht verdampft), so wirkt er intensiver ein. Als Lösungsmittel wurde festes Paraffin oder, wie erwähnt, Paraffinöl angewandt.

5. Der Zusatz des fein verteilten Endproduktes, einer früheren Charge (hier Campher) war damals auch eine Neuheit für die betreffenden Prozesse. Dadurch wurden fremde Zusätze zur Verflüssigung hochschmelzender Produkte unnötig, die häufig schwer zu entfernen sind.

6. Die Temperatur für die Campherbildung aus Isoborneol liegt ungefähr bei 200° und variiert je nach der Natur des Katalysators. Bei derjenigen aus Nickel mit einem Zusatz von Kobalt liegt sie bei 180—200°, und die Umsetzung verläuft 5- bis 6mal schneller als ohne Kobalt. Man erhält bis 97% Campher dabei. 5% vom Kupfer vermehrt auch die Anwendung des Nickels, wie auch ein kleinerer Zusatz von Nickel bzw. Kobalt zum Kupferkatalysator dessen Effekt vermehrt. Als besonders aktiv fand ich bei Versuchen im kleinen ein gemischtes Eisenoxyd-Nickelkatalyt.

Wenn Campher aus Isoborneol gebildet wird, kann die ganze Menge des erstgenannten, der praktisch quantitativ entsteht, inklusive der etwa anfangs zugesetzten fertigen Camphermenge (s. oben), direkt abdestilliert und sublimiert in käuflicher Form erhalten werden, wenn das Rohmaterial rein war und die Operation in einem geeigneten Gefäß stattfand (Aluminium wurde damals empfohlen). Darin bleibt dann der zu einem Betrag von 5—10% des angewandten

Isoborneols vorhandene Katalysator zurück, der unmittelbar für ein zweites und drittes Mal anwendbar ist, obwohl er nach dem ersten schon etwas geschwächt ist. Wenn er bei einer Probe im kleinen unwirksam geworden ist, wird er nach dem Auswaschen mit einem geeigneten Solvens und Filtrieren, d. h. durch Auflösen in Salpetersäure, Erhitzen usw. regeneriert.

Als wertvolles Nebenprodukt wird Wasserstoff, nämlich auf jedes kg Isoborneol etwa 145 Liter, gewonnen.

In Anbetracht dessen, daß das Reaktionsgefäß wahrscheinlich 15—20mal, nämlich unter zeitweiliger Erneuerung der Katalysatoren, ohne Entleerung angewandt werden kann, und daß die Arbeitskosten und die Raumersparnis dabei günstig sind, so kann man das beschriebene Kontakt- bzw. Katalytverfahren als besonders vorteilhaft bezeichnen.

3. Die Bereitung der Katalysatoren

Die Methode ist in mehreren der untersuchten Fällen ungefähr dieselbe. Hier wird nur eine einzige, nämlich die Bereitung des Nickelhydrats bei der Campherbereitung angegeben.

Nickel des Handels in Stücken werden in 65—66%iger Salpetersäure aufgelöst, von welcher 4,3 kg pro 1 kg des Metalls nötig sind; doch wird lieber ein Überschuß der Säure angewandt. Die letzten Anteile lösen sich wohl wegen des Eisengehalts schwerer. Das Ungelöste wird abfiltriert. Beim Erkalten krystallisiert Nickelnitrat aus, und aus der Mutterlauge wird nach Einengen eine weitere Menge erhalten. Die ursprüngliche Nickelnitratlösung war mit Soda in etwa $^1/_2$%iger Menge versetzt worden. Das gesamte Nitrat wird erhitzt, bis es zu grauem Nickeloxydul völlig zersetzt ist. Die Reduktion geschieht in einem Metallrohr bei 350—400°, mittels Wasserstoffs, der aus Zink und verdünnter Schwefelsäure entwickelt und nacheinander durch Kaliumpermanganatlösung, 50% Natronlauge und reine konz. Schwefelsäure und zuletzt über eine glühende Spirale aus Kupfer geleitet wird. Nach beendigter Reduktion läßt man das Metallpulver vollständig in dem Wasserstoffstrom erkalten. Das Metall ist tiefschwarz und fein verteilt. Es wird sofort in einen dicht verschließbaren Behälter eingeschlossen. In ähnlicher Weise wird der Kobaltkatalysator bereitet. Eine Legierung von etwa 90% Nickel und 10% Kobalt kommt in den Handel und ist viel billiger als die teuren reinen Metalle.

Die Arbeitsweise und die Abscheidung des Camphers

Außer den obigen Andeutungen hierüber sei noch folgendes angegeben, das sich auf eine kleinere Charge bezieht.

In ein Destillationsgefäß von etwa 500 Liter Inhalt werden 10 kg Toluol und 15 kg Campher (als Lösungsmittel für das Isoborneol) gegeben, nachher noch 200 kg Isoborneol, worin 5 kg Campher verteilt sind. Beim Erhitzen mit indirektem Dampf tritt vollständiges Schmelzen ein. Gleichzeitig destilliert mit dem Toluol das mechanisch vorhandene Wasser durch ein Seitenrohr mit Kühler ab, das direkt an die Reaktionsblase angeschlossen, und mit einem stehenden Dephlegmator und Kühler verbunden ist. Wenn kein vom Wasser getrübtes Toluol mehr ausfließt, wird dieses Rohr geschlossen und 5 kg des Nickelkatalysators (die Hälfte) in kleinen Portionen eingeführt, worauf das 3 m lange Steigrohr für die Ableitung des Wasserstoffs geöffnet wird. Bei kleineren Chargen kann der Katalysator sofort nach dem Schmelzen zugegeben werden. Die Entwicklung des Gases beginnt bei etwa 180°, die Temperatur steigt während der Reaktion auf 202—204°. Die Operation dauert gewöhnlich 6 Stunden; bei gemischten Katalyten (Ni + 6% Co) findet die Reaktion schneller statt. Dabei setzt man noch 5 kg (die zweite Hälfte des Katalysators hinzu.) Während des Reaktionsganges wird ein wenig Wasser entwickelt, weil Camphenhydrat dem Isoborneol beigemengt ist; es wird aus dem Seitenrohr entfernt.

Für die Abscheidung des Camphers wird das fertige Produkt, wie erwähnt, destilliert. Die Dämpfe unterliegen dabei durch den Dephlegmator einer Fraktionierung. Zunächst wird bis 207° eine Fraktion aufgenommen, die aus Toluol, dem vom Camphenhydrat herrührenden Camphen und etwas Campher besteht. Die Hauptfraktion siedet bei 207—208°, dem Siedepunkt des reinen Camphers, der Erstarrungspunkt ist 169—170°, wenn das Isoborneol nicht rein war, sondern relativ viel Campherhydrat enthält, das nur allmählich in Camphen und Wasser zerlegt wird. Wird aber das Isoborneol aus seinem Acetat oder Formiat dargestellt, so ist der erhaltene Campher 96—97%ig und besitzt den Erstarrungspunkt 174°.

Über die Regenerierung des Katalysators vgl. S. 171.

C. Darstellungskosten des synthetischen Camphers

1. Nach dem Verfahren über Camphen

Unsere Angaben stammen aus einer der größten Campherfabriken. Sie beziehen sich auf die Vorkriegszeit (1913) und sind in derzeitiger Reichsmark angegeben. Es ist jedoch leicht, aus unseren damaligen Ziffern, unter Anwendung der jetzigen Preise, durch Umrechnung ungefähr auf die jetzigen Preise zu gelangen, weshalb man durch die folgende Berechnung doch eine gewisse Einsicht auch über die jetzigen Kostenverhältnisse erhält. Unter Beachtung der oben angegebenen Phasen, nämlich a) die Saturierung des Pinens, b) die Darstellung von Camphen aus dem Pinenhydrochlorid, c) die Oxydation des Camphens zum Campher und d) die Reinigung des Rohcamphers, gelangt man zu folgendem Resultat:

Wird das rohe Balsamterpentinöl per 100 kg auf 80 RM. geschätzt, so beträgt der Preis pro dieser Menge:

für das destillierte Terpentinöl	84,75 RM.
„ „ Pinenhydrochlorid	88,50 „
„ „ Rohcamphen (S. 166)	131,60 „

Hierbei wurden aus 130 kg Pinenhydrochlorid 100 kg Camphen erhalten. Der Einstandspreis für die beiden Phasen a) und b) berechnet sich also auf 75 RM.— Die Oxydation des Camphens zum Rohcampher betrug 70.— RM. Die Reinigung des letzteren zum technisch reinen Campher stellte sich wiederum auf etwa 20.— RM. pro 100 kg. Der totale Einstandpreis für diese 100 kg Campher berechnet sich in folgender Weise:

Der Preis des Terpentinöls	etwa	80,— RM.
Die Phasen a) und b) zusammen	„	75,— „
Die Phase c)	„	70,— „
Die Reinigung des Rohcamphers (Phase d)	„	20,— „
	in allem etwa	245.— RM.

Der Einstandspreis pro 1 kg Campher wäre also 2,45 RM.

Daraus geht hervor, daß die Phase c), die Oxydation des Camphens zum Campher, besonders teuer war. Bezüglich des Rohcamphens wird der nötige Betrag dadurch erhöht, daß man bei jener Entstehung mit einer Verwandlung zu tun hat, worin das Endprodukt (das Camphen) wegen seines geringeren Molgewichts einen viel höheren Anteil der Darstellungskosten zu tragen hat. Betreffs der Phasen a) und b) ist ein wohlfeilerer Darstellungspreis nicht gut denkbar.

2. Nach dem katalytischen Verfahren

Es war also für die Oxydation des Camphens auf nassem Wege und die weitere Reinigung des Rohcamphens eine billigere Arbeitsweise erwünscht. Dies wurde tatsächlich durch die Anwendung des oben beschriebenen katalytischen Verfahrens erzielt. Die Phasen bei der Fabrikation wurden allerdings mit noch einer vermehrt, nämlich bezüglich der Verwandlung des Camphens über den Isobornylester in Isoborneol. Dafür kommt die Phase d), nämlich die teure Reinigung des Rohcamphers in Wegfall, denn das Produkt der Katalyse des Isoborneols tritt nämlich in vollständig reiner Form hervor, wenn nur das Isoborneol technisch gereinigt war, was ohne Schwierigkeit gelingt.

Der Übergang des Camphens in Isoborneol kostet nicht viel, falls die Nebenprodukte, Natriumsulfat und -acetat, aufgehoben werden. Außerdem hat man dabei die einem Molekül Wasser entsprechende Gewichtsvermehrung der Substanzmenge als einen Gewinn zu berücksichtigen, der den Darstellungskosten des Isoborneols ungefähr entspricht. Wird aber außer dem Preis des Camphens, der Sicherheit wegen noch ein Betrag in Reichsmark zugerechnet — wir wenden wieder dieselbe Münzeinheit wie oben an —, so irren wir uns kaum bei der obigen Berechnung. Der katalytische Prozeß, d. h. die Campherbildung aus dem Isoborneol, ist gleichfalls billig, wie aus dem Obigen hervorgeht. Schon der Preis des Wasserstoffs ist nicht unbedeutend. Wenn man der Sicherheit halber zu den obigen Beträgen noch 15 RM. zurechnet, was einen recht erheblichen Betrag bedeutet, so erhalten wir folgenden Einstandspreis für 100 kg des reinen technischen Camphers:

der Preis des Terpentinöls (wie oben)	etwa	80.—	RM.
Die Phasen a) und b) (Pinenhydrochlorid + Camphen) . . .	„	75.—	„
Isoborneol + Katalysator	„	30.—	„
		185.—	RM.

Statt der totalen Kosten nach dem älteren Verfahren wird also ein beträchtlicher Betrag zugunsten der katalytischen Methode ausfallen, indem der Darstellungspreis wenigstens mit rund 60.— RM. pro 100 kg billiger wird.

Kapitel 13. Gesättigte Verbindungen der Camphenanreihe

Folgende Formelbilder gewähren einen Überblick über die mit dem Campherkern (I) gleichartigen Kohlenstoffkerne der Camphenan- (II) und Fenchon- bzw. Isofenchongruppen (III). Der Unterschied dieser Kerne mit dem der erstgenannten Gruppe bezieht sich lediglich auf eine verschiedene Verteilung der drei Methylgruppen:

Campherkern

I. 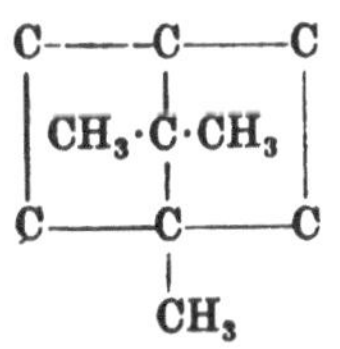 ;

Camphenankern

II. 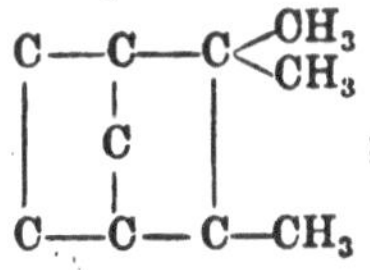 ;

Fenchon- bzw. Isofenchonkern

III. 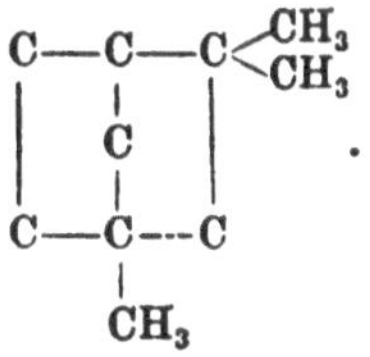 .

Zu bemerken ist jedoch, daß das Camphen mit dem Kern III eine Methylengruppe, statt Methyl enthält; drei Methyle treten nur in den völlig gesättigten

Hydrocamphenanverbindungen auf. Nach dem vorangehenden Campherkapitel werden nun hier die in der Rubrik genannten, gesättigten Verbindungen aufgenommen, dies hauptsächlich wegen ihrer genetischen Zusammengehörigkeit mit den wichtigsten Derivaten des Camphers. Das Camphen selbst nehmen wir später im Kap. 16, zusammen mit den anderen von uns untersuchten bicyclischen Terpenen, auf.

Was die Fenchon- bzw. Isofenchongruppe betrifft, so wurde ihre Struktur im Kap. 7, Moment B, in Gemeinschaft mit den Isofenchosäuren behandelt. Die Beweisführung für ihre Konstitution gab nämlich die Veranlassung, die Struktur des Isofenchons früher festzustellen, wodurch auch unsere Diskussion über die Struktur des Fenchons ihre Beleuchtung erhielt.

Unsere experimentellen Arbeiten über diese beiden nahe verwandten Ketone wurden hauptsächlich durch ihre Bildung als Nebenprodukte bei der technischen Campherdarstellung im großen veranlaßt. Sie sollen daher auch im Zusammenhang damit behandelt werden. Im Kap. 19 werden dann die Fenchene zusammen mit den übrigen von uns experimentell behandelten bicyclischen Terpenen behandelt werden.

Unter den gesättigten Camphenanverbindungen dieses Kapitels kennt man sowohl Monohalogenverbindungen, u. a. das wichtige Camphenhydrochlorid, wie die entsprechenden zwei stereomeren Alkohole, Camphenhydrat und Methylcamphenilol. Ferner gehören hierher eigentlich auch die Camphenonsäuren und die Camphenolsäuren, die schon wegen ihrer genetischen Verwandtschaft zur Camphensäure (s. Kap. 7, S. 79) zusammen mit diesen behandelt wurden. Ihrer Bezeichnung ungeachtet gehört die Camphensäure nicht zur Camphengruppe, obwohl sie, allerdings unter Umlagerung, aus Camphen bei alkalischer Oxydation entsteht. Der Camphengruppe kann indessen die α-Oxysäure, Camphenylsäure, $C_9H_{14}<^{OH}_{CO_2H}$, sowie die Reduktionsprodukte derselben, die beiden, wahrscheinlich stereoisomeren Säuren α- und β-Camphenilansäure, zugeführt werden.

A. Camphenhydrochlorid, $C_{10}H_{17}Cl$, und Isomere

1. Bildung des Camphenhydrochlorids

Diese wichtige Verbindung (Schmelzp. etwa 150°) war schon lange bekannt, wenn auch nicht in reiner Form, weil sie fast immer mit einem Isomeren (s. die Formeln unten), vielleicht der geometrisch isomeren Form, gemischt auftritt. Theoretisch können nämlich zwei Additionsprodukte bei der Anlagerung von Chlorwasserstoff an Camphen (I), nämlich in den sterisch gedachten Formeln II und III entstehen:

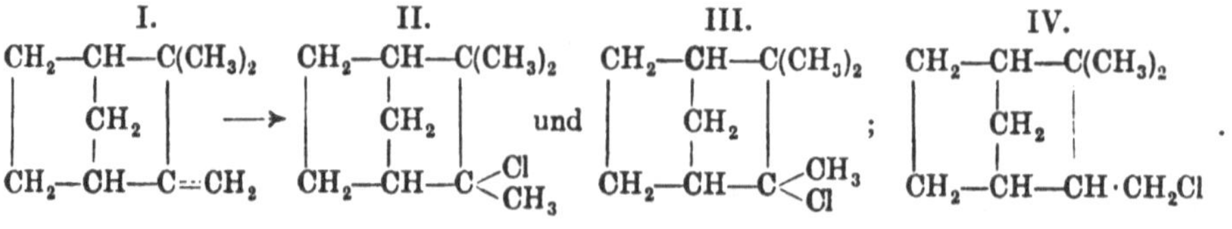

Außerdem ist noch ein Strukturisomeres (IV) möglich, das dann eine viel größere Resistenz gegen HCl-Abspaltung mittels alkoholischen Kalis oder Anilins zeigen müßte. Tatsächlich scheint unseren Untersuchungen nach eine derartige Komponente (vgl. S. 178) in dem rohen Camphenhydrochlorid vorhanden zu sein.

Gewöhnliches Camphenhydrochlorid wird am besten durch Auflösung von 500 Teilen technisches Camphen (Schmelzp. 40,5—41,5°; Siedep. 159,5—160°) in 200 Teilen Äther oder Methylalkohol, worauf mittels konz. Schwefelsäure gewaschener Chlorwasserstoff zur Sättigung eingeleitet wird, gewonnen. Nachdem trockne Luft durchgesaugt war, bis die Masse halbflüssig wird, filtriert man den geringen flüssigen Teil unter Absaugen ab, und das Hydrochlorid wird auf Ton gepreßt und liegen gelassen, bis es trocken geworden ist. Die Ausbeute liegt etwas über 500 g, gegen die berechneten 633; Schmelzp. 142—143° Um die gewöhnliche α-Verbindung (Schmelzpunkt etwa 150°) von den beiden Begleitern (β- und γ-) zu befreien, wird das Produkt aus mit Chlorwasserstoff gesättigtem Methylalkohol dreimal umkrystallisiert (Schmelzp. 149—152°).

Beim Destillieren dissoziiert das Camphenhydrochlorid unter allmählicher Erhöhung der Temperatur auf 175—178°, die den eigentlichen Dissoziationspunkt darstellt. Die Destillate sind fest und chlorhaltig. Die letzte Fraktion zeigt den Schmelzpunkt des Camphens (40—42°).

2. Bildung des Camphenhydrats

Das gewöhnliche, bei etwa 150° schmelzende Camphenhydrochlorid (s. oben) ist als mit den Produkten identisch angesehen worden, die nach WALLACH bei der Einwirkung von Phosphorpentachlorid auf in Petroläther aufgelöstem Borneol und Isoborneol erhalten werden. Da diese Chloride jedoch von anderer Seite als isomer miteinander gehalten worden sind, war es nötig, dieser Frage eine eingehende Untersuchung zur Klarlegung ihrer Konstitution zu widmen.[1]) Dies war nun von vornherein mit großen Schwierigkeiten verbunden, weil die Leichtlöslichkeit der betreffenden Chloride in allen organischen Solvenzien ihre Reinigung durch Umkrystallisieren und außerdem ihre leicht eintretende Dissoziation in Chlorwasserstoff und Camphen die Aufgabe fast unmöglich machte. Eine ältere Untersuchung von A. HESSE[2]) über die aus Pinen und Camphen erhaltenen Hydrochloride, nach welcher Strukturidentität aber Stereoisomerie für sie ausgesprochen wurde, ergab für die letztgenannten kein sicheres Resultat. Die Verbindung aus Camphen zeigt nämlich unbedingt die Natur eines tertiären Chlorids, während das Verhalten des Pinenhydrochlorids auf seine sekundäre Natur hinwies.

Unsererseits erwarteten wir bessere Resultate durch die Substitution des Chlors mit Hydroxyl in den drei Chloriden, $C_{10}H_{17}Cl$, aus Camphen, Borneol und Isoborneol sowie in dem Pinenhydrochlorid. Es war uns nämlich früher gelungen[3]), das Camphenhydrochlorid bei der Einwirkung von 2—4%iger Kalilauge nach WALLACH bzw. von Kalkmilch in einen neuen Alkohol, das Camphenhydrat (s. unten), $C_{10}H_{17}\cdot OH$ (S. 162), zu verwandeln. Indes wurden unsere Hoffnungen in dieser Richtung gleichfalls vereitelt. Aus den Chloriden aus Borneol und Isoborneol wurde auch diesmal, und schon bei etwa 80°,

---

[1]) ASCHAN, Ann. 383, 1, 16 ff. (1911). — [2]) Ber. 39, 1127 (1906). — [3]) ASCHAN, Ber. 41, 1092 (1908).

Camphenhydrat erhalten. Und ferner ergab sogar das sehr beständige Pinenhydrochlorid, das beim Erhitzen mit fettsaurem Alkali erst bei 200—220° sein Chlor verliert, in dieser Weise bereits bei 130—160° dasselbe Camphenhydrat (II), dessen Natur als tertiärer Alkohol feststeht[1]), in überwiegender Menge, wobei offenbar eine Umlagerung in Camphenhydrochlorid intermediär stattfindet. Dazu trägt wohl die relativ leichte Löslichkeit des Camphenhydrats in heißem Wasser bei, sowie die Neigung des Campher- bzw. Borneolkerns (I), bei Gegenwart von alkalischen Medien unter Pinakolinumlagerung in den Kern des Camphens (II) überzugehen:

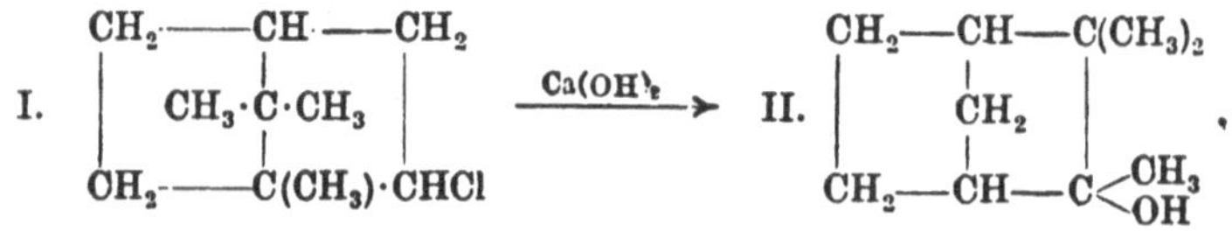

Die Bildung des Camphenhydrats aus den vier Chlorverbindungen zeigte also wieder die Schwierigkeit dieses Problems, das längere Zeit so viele Versuche vereitelt hatte. In einer Hinsicht gab unsere zunächst angestellte Versuchsreihe ein greifbares Resultat, nämlich bezüglich der Chloride aus Camphen, Borneol und Isoborneol, die mit anscheinend gleicher Leichtigkeit angegriffen wurden.

a) Weitere ältere Versuchsresultate

Folgende Erfahrungen aus dieser Versuchsreihe seien kurz hervorgehoben. Während das Chlorid aus Borneol, dessen Schmelzpunkt nach dem Umkrystallisieren niemals unter 158° lag, bei der Camphenhydratbildung wenig Camphen als Nebenprodukt lieferte, wurde aus zwei übereinstimmenden Versuchen mit dem Chlorid aus Isoborneol nur wenig Camphenhydrat gewonnen, wogegen der größte Teil in Camphen verwandelt wurde. Das Camphenhydrochlorid nahm seinerseits eine mittlere Stelle zwischen den beiden anderen ein. Da bei der milden Alkalieinwirkung des sehr verdünnten Kalis bzw. der Kalkmilch eine die Hydroxylierung vorangehende Umlagerung ausgeschlossen schien, so führte dies zur Annahme, daß das nicht umkrystallisierte Camphenhydrochlorid ein Gemisch zweier Chloride, $C_{10}H_{17}Cl$, wäre, von denen das in größerer Menge vorhandene, als α-Hydrochlorid bezeichnete, in Camphenhydrat übergeht, während das zweite β-Hydrochlorid in Camphen und Chlorwasserstoff zerfällt. Dagegen scheint das höher schmelzende, obengenannte Chlorid aus Borneol, das nur wenig Camphen mit verdünntem Alkali gibt, fast ausschließlich aus α-Camphenhydrochlorid zu bestehen. Schließlich hätte man nach unserer damaligen Auffassung in dem Isobornylchlorid, das unter denselben Umständen viel Camphen liefert, hauptsächlich mit dem β-Camphenhydrochlorid zu tun.

Inwieweit die beiden Chloride stereoisomer oder strukturisomer waren, konnte nicht festgestellt werden, da es nicht gelang, das β-Chlorid in reinem

[1]) Aschan, Ann. 383, 15 (1911). — [2]) Ibid., S. 6 (1911).

Zustand darzustellen. Daß sie sich etwa aus strukturisomeren Camphenen herleiten würden, war aus folgenden Gründen ausgeschlossen.

Eine fast gleichzeitige Untersuchung[1]) über sieben Camphenpräparate verschiedener Herkunft (vgl. Kap. 16, A 3) hat gezeigt, daß keine Strukturisomerie, wohl aber optische Isomerie mit den Formen d-, l- und d,l-Camphen bei diesem Terpen vorliegt, was auch folgende optische Bestimmungen zeigen. Danach wurde ein aus Pinenhydrochlorid bei 220° mittels Na-Stearats dargestelltes Camphen I (Schmelzp. 40,5 bis 41,5°) in sein fernerhin aus mit Chlorwasserstoff gesättigtem Methylalkohol vorsichtig umkrystallisiertes Hydrochlorid II (Schmelzp. 142—143° übergeführt), sowie dieses in das entsprechende Camphenhydrat III (Siedep. 202—208°) verwandelt; daraus wurde wieder das Camphen IV durch Kochen mit Eisessig, das dabei Wasser abspaltet, regeneriert. Aus einem anderen, in Benzol aufgelösten Teil desselben, wurde ferner bei Einwirkung von Chlorwasserstoff in der Kälte das entsprechende Camphenhydrochlorid V bereitet, dessen Drehungskonstante $[\alpha]_D$ mit der des ursprünglichen Camphenhydrochlorids vollkommen übereinstimmte. Wahrscheinlich spaltete der Chlorwasserstoff hierbei Wasser aus dem Camphenhydrat ab und lagerte sich dann dem Camphen an, wobei das als Ausgangsmaterial angewandte Gemisch von α- und β-Hydrochlorid gebildet wird. Das Produkt IV war folglich mit dem ursprünglichen Camphen I identisch. Ein Teil des ursprünglichen Hydrochlorids II wurde dagegen durch Kochen mit alkoholischem Kali zum Camphen VI gespalten. Durch das folgende Schema, worin die Zahlen $[\alpha]_D$ bedeuten, wird dies veranschaulicht:

VI. Camphen $[\alpha]_D = +10,97$

↑ $- HCl$

I. Camphen $= +12,85$ $\xrightarrow{+HCl}$ II. Camphenhydrochlorid $-6,40$ {β-Verbindung, α-Verbindung}

↓ {Ersatz von Cl gegen OH}

IV. Camphen $+12,63$ $\xleftarrow{-H_2O}$ III. Camphenhydrat

↓ $-H_2O$ | $+HCl$

V. Camphenhydrochlorid $-6,49$

Die Aktivitätskonstante für die Camphene in der Reihe I—IV sowie für die Camphenhydrochloride ist, wie ersichtlich, unverändert. Da eine strukturelle Umlagerung bei optisch aktiven Verbindungen fast ohne Ausnahme mit einer erheblichen Veränderung der Drehung verbunden ist, so folgt hieraus, daß die Verwandlung des Camphens in das Hydrochlorid und weiterhin in Camphenhydrat und entgegengesetzt ohne Umstellung der Kohlenstoffkette stattfindet. Da auch das Camphen VI, obwohl seine Bildung über die β-Komponente des Camphenhydrochlorids gegangen sein könnte, bezüglich der Drehung, wenn auch nicht vollständig, so doch ziemlich gut mit der des ursprünglichen übereinstimmt, so scheint auch hierin ein Argument für die Auffassung vorzuliegen, daß dieses Camphen (I), von mehr zufälligen kleinen Verunreinigungen (dieses Camphen war absichtlich nicht umkrystallisiert worden) abgesehen, einheitlich war.

Eine Untersuchung eines stark linksdrehenden Camphens aus sibirischem Fichtennadelöl ergab dasselbe Endresultat, indem die Konstante $[\alpha]_D$ des über das Hydrochlorid, das Camphenhydrat und das daraus regenerierte Camphen unverändert erschien:

Camphen $[\alpha]_D = -75,9$ $\xrightarrow{+HCl}$ Hydrochlorid $+47,33$ $\xrightarrow[\text{(verd.)}]{KOH}$ Camphenhydrat $-1,35$ $\xrightarrow{-H_2O}$ Camphen $-76,04$

[1]) Aschan, Ann. 383, 39, 49 (1911).

Es wurden ferner eine Menge Versuche zur Trennung der beiden Komponenten des rohen Camphenhydrochlorids voneinander ausgeführt, dessen Schmelzp. 140° ziemlich niedrig war; sogar 118—132° wurde beobachtet. Aus Petroläther wurde nur die beständigere, schwerer lösliche α-Komponente rein, jedoch nicht immer, erhalten. In racemischer bzw. fast racemischer Form schmolz diese Komponente bei 150—151°. Als stark aktiv (aus natürlichem l-Borneol), schmilzt sie nach Umkrystallisieren bei 157—158°. Bei sämtlichen Hydrochloriden dieser Art tritt beim Schmelzen eine lebhafte Chlorwasserstoffentwicklung auf.

Anilin wirkt auf das Hydrochlorid anfangs schnell — wahrscheinlich bis die β-Verbindung zerlegt ist — später viel langsamer ein. Allmählich wird auch die α-Verbindung daran beteiligt, und beim Erhitzen findet dies recht bald statt. Bei den Reinigungsversuchen wurde beobachtet, daß die rohen Chloride, und besonders die aus Borneol und Isoborneol, noch eine dritte Komponente enthalten, die noch bei 80—90° gegen verdünnte Kalilösung beständig, beim Kochen mit alkoholischer Kalilösung sowie gegen Anilin beim Erhitzen langsam gespalten wird. Wahrscheinlich sind aus diesem Grunde auch die höher siedenden Camphenhydratfraktionen oft stark chlorhaltig, falls dies nicht auf die Gegenwart von Pinenhydrochlorid zurückzuführen ist, wie schon WAGNER und BRICKNER angenommen haben.[1])

b) Vergleichende Versuche mit den verschiedenen Chloriden, $C_{10}H_{17}Cl$

Als der Nachweis der β-Komponente in dem rohen Chlorid aus Borneol und Isoborneol nicht gelang, wurden mehrere Versuchsreihen ausgeführt, nachdem festgestellt worden war, daß sie mittels $^1/_2$-normalen alkoholischem Kalis bei 50° sofort reagiert, während die α-Komponente nur allmählich angegriffen wird. Proben wurden von Zeit zu Zeit angestellt und mit $^1/_2$-normaler Schwefelsäure zurücktitriert; der Unterschied war mit dem zerlegten Chlorid äquivalent. Folgendes Diagramm zeigt das Resultat an, worin *A* das Chlorid vom Isoborneol, *C* das vom Borneol, *B* das vom Camphenhydrat bedeutet; die Kurve *D* über das Verhalten des gereinigten Pinenhydrochlorids zu dem Reagens wird zum (zunächst bei 50°; später bei 100°) Vergleich beigefügt.

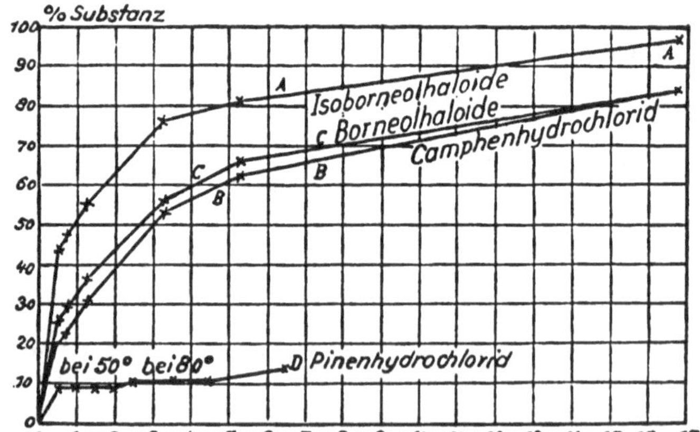

Fig. 1

[1]) Ber. 32, 2307 (1899).

Der rohe Haloidäther des Isoborneols enthält etwa 60—70% einer leichter zerlegbaren Substanz (β-Camphenhydrochlorid[1]), die schon während der ersten Stunden vollständig zersetzt wird. Die zweite, etwa 25% betragende, Komponente (α-Hydrochlorid), wird dann allmählich gespalten. In dem rohen Haloidäther des Borneols, wie auch im Camphenhydrochlorid ist auch ein Gemisch vorhanden, das etwas weniger von dem leicht zerlegbaren Chlorid enthält. Die Kurven *B* und *C* sind nur für eine 17stündige Zeit und dann mit 85% zerlegter Substanz ausgeführt; nach weiteren 12 Stunden erreichten *B* 91,5% und *C* 89,7%. Trotz dem Überschuß vom Alkali waren also noch 8,5% bzw. 10,3% des Chlorids ungespalten geblieben, was sich also auf das viel beständigere Chlorid (s. oben) bezieht. Daß diese γ-Modifikation mit dem im rohen Bornylchlorid und Camphenhydrochlorid vorhandenen Pinenhydrochlorid identisch ist, hat viel für sich.

Das mehrmals umkrystallisierte Pinenhydrochlorid (aus griechischem Pinen mit $[\alpha]_D = + 39,1$ und $d^{15}/_{15} = 0,8600$); Schmelzp. 128—130° (das Pinenhydrochlorid zeigte in 10%iger Benzollösung $[\alpha]_D = +28,88$) enthielt dem Diagramm nach etwa 10% leicht zerlegbaren Chlorids; man fand, daß eine weitere Zersetzung, sogar nicht bei 80° stattfindet, obwohl stärkeres alkoholisches Alkali gebraucht wurde. Ein entsprechendes Verhalten zeigte dieses Hydrochlorid auch gegen 2%ige Kalilauge bzw. Kalkmilch, was um so mehr bemerkenswert ist, als dabei Borneol zu erwarten war. Indes entsteht daraus, wie schon mitgeteilt (S. 176), im Autoklaven bei 130—150° dasselbe Camphenhydrat, das aus Camphenhydrochlorid sowie den Chloriden aus Borneol- bzw. Isoborneol unterhalb 100° erhalten wird.

Die obige Untersuchung über Camphenhydrochlorid, Bornyl- und Isobornylchlorid wurde später in einigen Arbeiten seitens MEERWEINS und VAN EMSTERS[2]) behandelt, wodurch meine Beobachtungen zum Teil ergänzt worden sind. Die beiden von mir beobachteten Komponenten des in gewöhnlicher Weise (s. oben) dargestellten Camphenhydrochlorids (vgl. S. 176), von denen die α-Verbindung (Schmelzp. 150°, meistens 157—158°) bei gewöhnlicher Temperatur gegen verdünntes alkoholisches Kali beständig ist und erst durch Erwärmen von dem Reagens zerlegt wird, während die β-Verbindung schon durch kaltes Wasser dissoziiert wird und mit der genannten Kalilauge sofort in Chlorwasserstoff und Camphen zerfällt, haben die genannten Autoren die erste als das sogenannte „Isobornylchlorid" (Schmelzp. 158°), also das mit dem Pinenhydrochlorid stereomere Chlorid, angesprochen. Die zweite wurde als das dem Camphenhydrat entsprechende tertiäre, bei 125—127° schmelzende „Camphenchlorhydrat" (von mir Camphenhydrochlorid genannt) aufgefaßt, dem die eine der obigen Formeln III oder IV (S. 174) zukäme; dieses habe auch ich früher einmal mit dem Schmelzp. 127—128° erhalten. Das „Camphenchlorhydrat" wurde von MEERWEIN und VAN EMSTER durch Schütteln mit Wasser in Camphenhydrat übergeführt; es wandelt sich beim Stehen sowie Digerieren mit methylalkoholischer oder ätherischer Salzsäure in das „Isobornylchlorid" um. Für dieses blieb indessen die Konstitution durch direkte Überführung in Isoborneol bisher nicht gesichert. Über diejenigen schon von mir als substanziell, wenn auch nicht quantitativ gleich zusammengesetzten Gemische erkannten Produkte, die dem Camphenhydrochlorid in älterem Sinne entsprechen sowie bei der Einwirkung von Phosphorpentachlorid auf Borneol bzw. Isoborneol entstehen, äußern sich MEERWEIN und VAN EMSTER nicht. Die obige, von mir schon früher mitgeteilte Kurventafel[3]) hätte jedoch, scheint es mir, Veranlassung dafür geben sollen.

---

[1]) Daß die Entstehung der Isobornyl- bzw. Bornylchloride mit der des Camphenhydrochlorids analog ist, ist erklärlich, weil die Einwirkung von Phosphorpentachlorid auf Isoborneol bzw. Borneol höchstwahrscheinlich zunächst eine Wasserabspaltung unter Camphenbildung bewirkt, worauf der entstehende Chlorwasserstoff an das Camphen angelagert wird. — [2]) Ber. 43, 1815 (1920); 45, 2500 (1922). — [3]) Ann. 383, 12 (1911).

Obiges, bei 125—127° schmelzende „Champhenchlorhydrat“[1]) wurde von den genannten Autoren angeblich in reinem Zustand durch Einleiten von Chlorwasserstoff in eine ätherische Lösung von Cyclen; ferner entsteht es in der gleichen Weise aus Camphen, jedoch nicht, ebensowenig wie es mir früher gelang, in reinem Zustand. Ferner liegt für die von ihnen bewirkte Rückverwandlung des „Isobornylchlorids“ in „Camphenchlorhydrat“ kein sicherer Beweis vor. Dasselbe gilt in ihrer Annahme über die „typische Tautomerie“ der beiden Chloride, sowie über eine sogenannte „Gleichgewichtsisomerie“ zwischen derselben. Auch sonst werden zuweilen Annahmen für Tatsachen gültig hingestellt, z. B. hinsichtlich einer „Ionisation“ des „Camphenchlorhydrats“, deren vermuteter Eintritt offenbar auf abgespaltenen Chlorwasserstoff zurückgeführt werden kann.

Schließlich möchte ich noch zu der Arbeit von MEERWEIN und VAN EMSTER[2]), wegen ihrer Kritik über meine von ihnen ziemlich stiefmütterlich behandelte Untersuchung der genannten Chloride $C_{10}H_{17}Cl$, in aller Kürze folgendes bemerken.

Daß Camphenhydrochlorid sowohl von alkoholischem Kali wie von Wasser schon in der Kälte zerlegt wird, habe ich früher als die Genannten nachgewiesen. Ferner habe ich gezeigt, daß der Schmelzpunkt des von ihnen als „Isobornylchlorid“ bezeichneten Isomeren bei 157—159° liegt. Der Nachweis, daß ihr bei 158° schmelzendes Chlorid tatsächlich das dem Isoborneol zugehörige ist, fehlt meines Wissens noch.

An welcher Stelle MEERWEIN und VAN EMSTER den experimentellen Teil vieler ihrer Behauptungen publiziert haben, konnte ich nicht auffinden. Um mich über das von ihnen beschriebene, durch Einleitung von Chlorwasserstoff bei —60° in Pinen erhaltene, feste und als „Pinenchlorhydrat“ bezeichnete Produkt[3]) orientieren zu können, ist es mir u. a. von Interesse zu wissen, an welcher Stelle Näheres darüber, inklusive der Analyse des Körpers publiziert worden ist. Meine ausführliche Abhandlung von 1914 über denselben Gegenstand[4]) haben die Autoren offenbar nicht gelesen, da sie angeben, daß diese Arbeit „in finnischer Sprache“ erschienen sei; tatsächlich ist sie in meiner Muttersprache, die schwedische, publiziert worden, einer Sprache, die viele deutsche Kollegen ohne Schwierigkeit verstehen.

Zu der von MEERWEIN und VAN EMSTER (loc. cit.) gegebenen Erklärung über den Mechanismus der Verwandlung ihres Camphenchlorhydrats in Isobornylchlorid möchte ich bemerken, daß ich bei dem Hydrochlorid[5]) des Cyclofenchens (vgl. Kap. 19, B.), das jedoch sekundärer Natur sein dürfte, eine ähnliche Verwandlung der anfangs gut krystallisierten aber leicht flüchtigen Substanz, wenn es in geschlossenem Gefäß

---

[1]) Wie ich [Ann. 383, 30 (1911)] gezeigt habe, erhält man beim kräftigen Umrühren des mittels Phosphorpentachlorids aus Isoborneol erhaltenen Chlorids, $C_{10}H_{17}Cl$ (Schmelzpunkt 153—155° nach Umkrystallisieren aus HCl-haltigem Methylalkohol) bei 80° mit 2%iger wäßriger Kalilösung fast ausschließlich Camphen, und nur eine geringe Menge Camphenhydrat; Isoborneol wurde gar nicht zurückgebildet. Dagegen wurde gefunden, daß das aus Borneol in gleicher Weise erhaltene Chlorid (Schmelzp. 159°) sich andersartig verhält, indem es, mit der verdünnten Kalilauge in gleicher Art behandelt, fast ohne Camphenbildung in Camphenhydrat übergeht. Das letztgenannte Chlorid ist eher als ein Stereomeres des Pinenhydrochlorids (Bornylchlorids) aufzufassen, falls es nicht etwa das dem Methylcamphenilol entsprechende Chlorid darstellt. — [2]) Ber. 53, 1815 (1920); 55, 2500 (1922). — [3]) Ber. 55, 2521 (1922). — [4]) F. Vet.-Soc. ns Förh. 57 A, Nr. 1 (1914). — [5]) ASCHAN, Ann. 387, 37 (1911).

aufbewahrt wurde, bemerkt habe; unter Abgabe von Chlorwasserstoff ging es in eine dunkelgefärbte Masse über, woraus der ursprüngliche Kohlenwasserstoff nicht erhalten werden konnte.

c) Unsere neueren Versuche

Nach dem Erscheinen der genannten Arbeiten von MEERWEIN und VAN EMSTER habe ich weitere recht ausführliche Versuche über das Problem des im Moment A vom vorliegenden Kapitel angegebenen Materials angestellt. Die Resultate werden hier kurz angeführt, wogegen die zahlreichen Kurven, Tabellen sowie das Experimentelle an anderer Stelle veröffentlicht werden sollen.

Was zunächst das von den genannten Verfassern für die Darstellung des Cyclens Angeführte betrifft, wobei sie das Campherhydrazon nach H. VOLLMANN[1]) mit nascierendem Quecksilberoxyd in Cyclen, Stickstoff, Wasser und Quecksilber überführten, so konnten wir das Hauptresultat bestätigen, nur war die Ausbeute entschieden schlechter als das von MEERWEIN und VAN EMSTER angegebene; wie bei VOLLMANN traten recht bedeutende Mengen von Nebenprodukten, u. a. eine weiße, wohlkrystallisierende flüchtige Quecksilberverbindung nach dem Abdestillieren des Camphens hierbei auf, die bei der Destillation unter Abscheidung des Metalls zerlegt wird. Das nach ihnen aus den synthetisierten Cyclen dargestellte Camphenchlorhydrat entstand in einer Ausbeute von etwa 70% und schmolz trocken bei 125—127°. Ein von mir in größerer Menge aus den Vorläufen des fabrikatorisch dargestellten Camphen erhaltene Cyclen reagierte ähnlich, und auch das Camphen liefert dasselbe Chlorhydrat.

Die von MEERWEIN und VAN EMSTER beobachtete Chlorwasserstoffabspaltung, sowie der Übergang desselben in einen hochschmelzenden Körper, das Isobornylchlorid nach ihrer Auffassung war, konnten wir auch bestätigen. Die Abspaltung fand ziemlich leicht im geschlossenen Gefäß statt. In einer offenen Schale im Kalkexsiccator geschieht die Umlagerung bedeutend langsamer und mit abnehmender Geschwindigkeit. Die leicht zersetzliche Komponente in dem Camphenchlorhydrat wurde mittels der von den genannten Autoren angewandten titrimetrischen Verfahren mit n/2-alkoholischem Kali bestimmt. In $^1/_2$ Stunde war der Chlorwasserstoff schon in der Kälte entfernt, während das sogenannte Bornylchlorid in dem Produkt bereits durch einstündiges Kochen damit zerlegt und das Pinenhydrochlorid (s. oben) unverändert bleibt.[2])

Nachdem dieselbe Methode somit geprüft war, bestimmte ich auch die Zusammensetzung meiner älteren, von MEERWEIN und VAN EMSTER nicht untersuchten Chloride aus Camphenhydrat, Borneol und Isoborneol.

Ob die aus den verschiedenen Ausgangsmaterialien erhaltenen Chloride, $C_{10}H_{17}Cl$ — das Pinenhydrochlorid nimmt eine Sonderstellung ein —, identisch waren, konnte ich aus dem Grunde nicht feststellen, da sie sich nicht ohne Veränderung umkrystallisieren lassen. Sie enthalten sämtlich ein beim Erwärmen mit alkoholischem Natriumhydroxyd spaltbares Hydrochlorid,

---

[1]) Inaug.-Diss. (Jena 1915), S. 43, 45. — [2]) Vgl. ASCHAN, Ann. 383, 7 (1911).

dessen Menge auf Kosten des, nach längerem Aufbewahren, leichter zerlegbaren Anteils zunimmt. Dieselbe Erscheinung wurde an dem mit Phosphorpentachlorid aus Borneol erhaltenen Chlorid, beim Lösen desselben in Alkohol, beobachtet.

Als das ganz frisch dargestellte Hydrochlorid des Camphens unmittelbar in Kalkmilch eingeführt wurde, lieferte es zum kleinen Teil Camphenhydrat, während der größere Teil in Camphen überging. Dieses Verhalten ist bemerkenswert, weil dasselbe, soeben gebildete Hydrochlorid schon beim Umschütteln mit kaltem Wasser in den Alkohol überging.

Weder in dem, noch in anderer Weise dargestellten Camphenhydrat konnte Borneol oder Isoborneol nachgewiesen werden.

B. Die Alkohole, $C_{10}H_{17}OH$, der Camphenangruppe Camphenhydrat und Methylcamphenilol

1. Camphenhydrat

Dieses neue Borneol[1]) wurde 1907 aus dem obigen, mit etwas Benzol verflüssigten, Camphenhydrochlorid, $C_{10}H_{17}Cl$, bei der Hydrolyse mit frischer, dünner Kalkmilch (auf 100 g Chlorid etwa 10 g Calciumoxyd) dargestellt, und zwar findet die Reaktion schon bei 50—60° statt und wird gegen Ende vorteilhaft bei auf 80—90° gesteigerter Temperatur, um die völlige Entchlorung zu erreichen, beendigt. Sie dauert 12—18 Stunden, je nach der feinen Verteilung der Kalkpartikelchen. Dies wird durch Übergießen von gutem gebrannten Marmor mit der genügenden Menge Wasser (auf 100 Teile Kalk 1 bis $1^1/_2$ Liter Wasser) erreicht, so daß die Masse beim Löschen nicht eintrocknet bzw. stärker erhitzt wird. Auch 2—4%ige Kali- oder Natronlösung (nach Wallach) ist anwendbar und bietet sogar gewisse Vorteile. Das Produkt wird mittels Dampf isoliert und nachher durch Auflösen in Äther oder Benzol gereinigt, wobei Natriumsulfat (nicht Calciumchlorid) als Trockenmittel verwendet wird. Schließlich wird bei gewöhnlichem Druck destilliert, was wegen des hohen Siedepunkts (206—207,5°) und der Neigung des Camphenhydrats zum Erstarren besondere Aufmerksamkeit erfordert.

Das destillierte Produkt von obigem Siedepunkt zeigt nach dem Fraktionieren den Schmelzp. 147—148°. Beim Sublimieren erhält man kleine, durchsichtige Tafeln, deren höchster Schmelzpunkt bei 150—151° liegt. Der Geruch ist eigentümlich menthol- und fischartig. Aus aktivem Material (Camphen von $[\alpha]_D + 12{,}85$; das Hydrochlorid zeigte $-6{,}40$) wurde ein Camphenhydrat von $[\alpha]_D = -2{,}89$ erhalten; seine Drehung wird also recht beträchtlich vermindert und ihr Zeichen nur bei hoher Aktivität des als Rohmaterial angewandten Camphens beibehalten. Z. B. bei einem aus sibirischem Fichtennadelöl erhaltenen Camphen ($[\alpha]_D^{0} = -89{,}3$)wurde ein Camphenhydrat von $[\alpha]_D^{20} = -1{,}35$ gewonnen. In einem zweiten Fall wurde, vom griechischen Pinen ausgehend, folgende Reihe erhalten:

$$\begin{array}{ccccccc} \text{Pinen} & \xrightarrow{+\text{HCl}} & \text{Hydrochlorid} & \xrightarrow{\text{Ca(OH)}_2} & \text{Camphenhydrat} & \xrightarrow{\text{H}_2\text{O}} & \text{Camphen} \\ [\alpha]_D = +38{,}4 & & +28{,}88 & & -21{,}79 & & +85{,}68 \end{array}$$

[1]) Ber. 41, 1092 (1908).

In Alkohol und Methylalkohol ist das Camphenhydrat leicht löslich, fällt aber beim Verdunsten der Lösung oder bei Wasserzusatz als dickes Öl aus, das nur allmählich erstarrt.

Chemisches Verhalten des Camphenhydrats

Dieses Borneol läßt sich mittels Salpetersäure (d = 1,39) von seinen Isomeren unterscheiden. Wenn etwa 0,1 g der betreffenden Alkohole mit 2 ccm der Säure übergossen wird, so entsteht mit Camphenhydrat sofort eine milchige Trübung; beim Erhitzen, fast bis zum Kochen, tritt Orangefärbung auf, beim Kochen erscheinen rote Dämpfe, und beim nachherigen Wasserzusatz sowie Neutralisieren mit Natronlauge eine orangegelbe Lösung. — Unter Anwendung von Camphen selbst bleibt die Lösung in der Salpetersäure zunächst klar, später treten aber dieselben Erscheinungen wie beim Camphenhydrat ein, das wahrscheinlich durch die Säure intermediär in Camphen übergeht. — Beim Borneol bleibt die Lösung klar, durch Erwärmen treten rote Dämpfe sowie zunächst eine gelbe Färbung und nachher mit Wasser eine farblose Lösung auf. — Isoborneol gibt wie Camphenhydrat Trübung und eine schwach orangegelbe Färbung der Lösung, sowie deutlichen Camphergeruch. Keine kräftige Entwicklung roter Dämpfe tritt ein; beim Neutralisieren mit Natronlauge gibt es eine gelbe Lösung.

Einfache Methode zum Erkennen von Borneol, Isoborneol, Methylcamphenilol und Camphenhydrat voneinander[1]):

Löst man 0,5 g von diesen Alkoholen in 0,5 ccm Eisessig bei gewöhnlicher Temperatur in einem engen Probierröhrchen (Diameter 1,3—1,5 cm) auf und setzt mit einer 0,01-cm-Pipette etwa 0,05 ccm 50%ige Schwefelsäure hinzu, erhitzt die Probe mittels einer hohen Bunsenflamme bis zum deutlichen Kochen (was nicht über etwa 10 Sekunden dauern darf) und kühlt nachher sofort auf etwa 10° ab, so zeigen die Flüssigkeiten folgendes Verhalten:

Borneol vom Schmelzp. 202° löst sich in der Flüssigkeit auf und scheidet sich bei dem Abkühlen sofort in Krystallen ab.

Isoborneol (gereinigtes, inaktives, synthetisches, vom Schmelzp. 208 bis 210°): die gekochte Flüssigkeit trübt sich bei dem Abkühlen auf 10° deutlich, die Trübung verschwindet aber bald bei Zimmertemperatur (18—20°) und die Flüssigkeit wird wieder klar, ohne Schichtbildung. Kühlt man sofort nach dieser Aufklärung wieder auf 10° ab, so tritt die Trübung wieder auf.

Methylcamphenilol (Siedep. 204—206°; vgl. unten): die Probe wird bei dem Abkühlen nicht trübe. Auch wenn man einen weiteren Tropfen der 50%igen Schwefelsäure zugibt, tritt bei der Abkühlung keine Trübung auf. Rohes, nicht fraktioniertes Methylcamphenilol verhält sich anders. Es zeigt, wohl wegen eines Camphenhydratgehaltes, nach dem Kochen der genannten Lösung im Eisessig und Abkühlen auf 10° eine Trübung oder nur unbedeutende Schichtbildung.

Camphenhydrat. Die Probe wird schon bei dem kurzen Kochen unter Bildung einer deutlichen Schicht getrübt. Sämtliche Proben mit diesem Alkohol zeigen, und zwar gleichgültig, ob er aus Camphenhydrochlorid, Bornyl- oder Isobornylchlorid oder Pinenhydrochlorid erhalten worden ist, diese leicht auftretende Schichtbildung.

---

[1]) Aschan, Ann. 410, 238 (1915).

Auch hieraus ergibt es sich, daß Camphenhydrat weit leichter Wasser abspaltet als das stereomere Methylencamphenilol.

Dieselbe Spaltung beim Kochen mit Eisessig allein ist für Camphenhydrat charakteristisch. Beim Auflösen von 2 Volumen desselben in 5 Volumen der Säure tritt Trübung bzw. Schichtbildung durch Camphen schon beim schwachen Erwärmen auf. Acetanhydrid mit Natriumacetat zeigt dieselbe Wirkung. Beim Kochen tritt in beiden Fällen (aus dem Camphen) Isobornylacetat auf. — Wird Chlorwasserstoff in die Benzollösung des Camphenhydrats eingeleitet, so scheidet sich eine Schicht von Wasser ab. Das Benzol enthält nachher Camphenhydrochlorid.

Die Verwandlung des Camphenhydrats in Isoborneol bzw. dessen Acetat (S. 162) findet am einfachsten durch 3stündiges Erwärmen von 30 Gewichtsteilen in 80 Teilen Eisessig unter Zusatz eines Gemenges von 4 Gewichtsteilen konz. Schwefelsäure und 0,5 Teilen Wasser bei 60—70° statt. Man erhält 36 Teile Isobornylacetat (Theorie 38,2 Teile). Primär tritt auch hier Camphen auf, das nachher der Bertramschen Reaktion unterliegt.

Daß Camphenhydrat auch indirekt aus Borneol und Isoborneol gebildet wird, wenn ihre mittels Phosphorpentachlorid dargestellten Chloride mit Kalkmilch bzw. 2—4%iger Kalilösung behandelt werden (s. oben), war auch wegen dem Obigen vorauszusehen; dies wurde auch experimentell festgestellt. Die Details gleichen denen bei der Behandlung des Camphenhydrochlorids völlig.

2. Methylcamphenilol

Dieser von Tschugaew entdeckte und von Moycho und Zienkowski[1]) untersuchte Alkohol war zu seiner Konstitution nicht vollständig ermittelt, bevor das oben angegebene Camphenhydrat entdeckt und von uns im Vergleich mit jenem einer eingehenden Untersuchung unterzogen wurde.[2]) Da Methylcamphenilol durch Einwirkung von Methylmagnesiumjodid auf Camphenilon (I) entsteht und eine Umlagerung dabei nicht anzunehmen ist, so hat es wahrscheinlich dieselbe Strukturformel, wie wir oben für Camphenhydrat (II) angegeben haben; von diesem wird wohl auch eine gewisse Menge gleichzeitig gebildet:

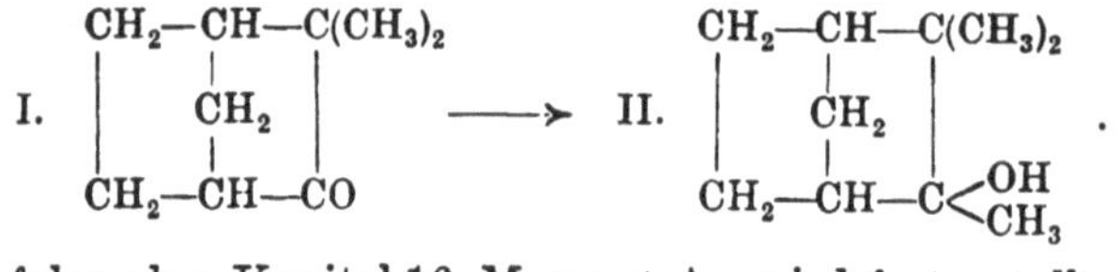

In einem folgenden Kapitel 16, Moment A., wird festgestellt: 1. daß Camphen, das die Wagnersche Formel besitzt, einheitlich ist, sowie 2. daß das daraus durch Addition von Chlorwasserstoff entstehende Camphenhydrochlorid nicht unter Umlagerung entsteht und beim Umrühren mit Kalkmilch bzw. verdünnter Kalilösung in Camphenhydrat übergeht, das schon durch ein so schwach wasserabspaltendes Mittel wie Eisessig unter geringer Erwärmung (s. oben) Camphen bildet. Dieses hat dieselbe Drehung wie das ursprüngliche Camphen. Ferner ist festgestellt worden, daß ein Camphenhydrochlorid (I) mit der gleichen Drehung entsteht, wie das, welches nach seiner Überführung in Camphenhydrat (II) wieder mit Chlorwasserstoff als Camphenhydrochlorid erscheint (III, S. 177):

$$[\alpha]_D = \text{I.} \ -6{,}40 \longrightarrow \text{II.} \ -2{,}89 \longrightarrow \text{III.} \ -6{,}49 \ .$$

[1]) Ann. 340, 58 (1905). — [2]) Aschan, Ann. 383, 9 (1911).

Wenn dabei eine Umlagerung innerhalb der Camphengruppierung und zurück vor sich gegangen wäre, so hätte sich die ursprüngliche Drehungskonstante erheblich verändern müssen; ein derartiges Beispiel stellt die Bildung von inaktivem Isoborneol bzw. Campher aus aktivem Camphen dar.

Daher haben Methylcamphenilol und Camphenhydrat dieselbe Strukturformel. Die noch fragliche Möglichkeit, daß sich der Chlorwasserstoff an die semicyclische Bindung des Camphens (I) angefügt hätte, so daß ein Chlorid II (Camphenhydrochlorid) bzw. Alkohol III (beide primär), mit den Seitenketten —CH_2Cl bzw. —CH_2OH, gebildet wären:

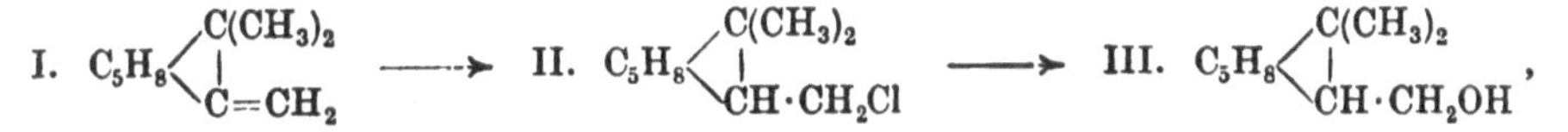

soll nicht erörtert werden, weil das Chlorid und der Alkohol das typische Verhalten eindes **tertiären** Chlorids bzw. Alkohols zeigen.[1])

Durch eine eingehende Untersuchung, die jedoch wegen der Unbeständigkeit und leichten Löslichkeit der beiden Isomeren langwierig war, wurden neue Belege für ihre tertiäre Natur gewonnen. Mit Carbanil, CO : N·C_6H_5, wurden zwei verschiedene Urethane mit den Schmelzp. 126° (Moycho und Zienkowski geben 127—128° an) für Methylcamphenilol und 89° für Camphenhydrat[2]) erhalten. Daß diese erst nach einigen Wochen bei gewöhnlicher Temperatur entstanden, und daneben eine Wasserabspaltung wegen der Sulfcarbanilidbildung festgestellt wurde, läßt sich auf die tertiäre Natur beider buchen. Sie sind also stereoisomer, wie Borneol und Isoborneol. Wahrscheinlich treten beide Formen bei ihren Synthesen gleichzeitig auf. Tatsächlich erhielten nämlich Moycho und Zienkowski bei der Destillation des Methylcamphenilols auch einige höhere Fraktionen, die allerdings nach dem Umkrystallisieren aus Petroläther denselben Schmelzp. 117—118° zeigten. Unsere Versuche ergaben im Gegenteil, daß die beiden Körper in Petroläther fast zerfließlich sind. Doch tritt bei dem rohen Methylcamphenilol der eigentümliche fischähnliche Geruch des rohen Camphenhydrats auf.

Folglich erscheint die in den folgenden Formeln hervortretende geometrische Isomerie, wegen der Synthese und der nachgewiesenen tertiären Natur, ziemlich wahrscheinlich:

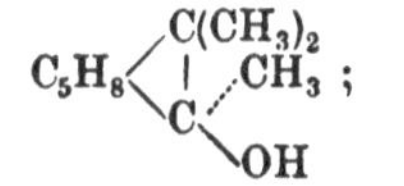

Methylcamphenilol

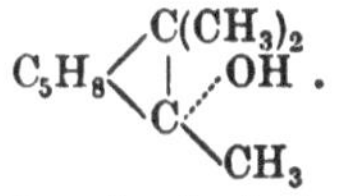

Camphenhydrat

C. Camphenylsäure sowie Camphenan- und Isocamphenansäure

1. **Bezüglich der Camphenylsäure** (I) ist zunächst zu bemerken, daß sie unseren Untersuchungen nach durch alkalische Kaliumpermanganatoxydation (Kap. 16, A 3) des Camphens in einer Menge von 5,5 bis 7% des Gewichts vom Camphen entsteht. Ferner haben wir gefunden, daß die Säure bei Behandlung mit starker Schwefelsäure bei gewöhnlicher Temperatur teils Wasser abspaltet und **Tricyclencarbonsäure** (II) erzeugt, teils als α-Oxysäure

---

[1]) Damit soll nicht behauptet werden, daß nicht etwa kleine Mengen eines primären Chlorids gebildet sein könnten, die eventuell in der Mutterlauge geblieben wären. Ich konnte früher [Ann. **383**, 11 (1911)] feststellen, daß ein schwer hydrolysierbares Chlorid in rohem Camphenhydrochlorid zugegen ist. — [2]) Ann. **383**, 6, 16 (1911).

in normaler Weise Ameisensäure (bzw. Kohlendioxyd und Wasser) abspaltet und dabei Camphenilon (III) in bedeutender Menge bildet:

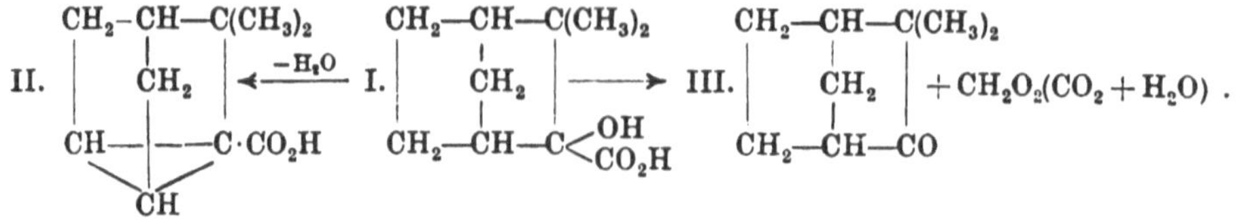

Direkte Bildung der Camphensäure aus Camphenylsäure. In einer früheren Arbeit[1]) wurde festgestellt, daß es nicht gelingt, diese Umwandlung mittels Kaliumpermanganat in die unter Umlagerung des Camphenkerns gleichzeitig gebildete Camphensäure, $C_8H_{14}(CO_2H)_2$, zu bewirken. Nachdem die Einheitlichkeit des Camphens[2]) sowie die Richtigkeit der oben oft genannten WAGNERschen Camphenformel nachgewiesen[3]) war, so stellt die Camphenylsäure das primäre Oxydationsprodukt dar, und die Camphensäure entsteht daraus bei der alkalischen Oxydation.

Es hatte daher ein erhebliches Interesse, diese Umwandlung aus schon isolierter Camphenylsäure auszuführen. Dies fand nun beim Erhitzen mit konz. Kalilauge statt.[4]) Nachdem die Lösung zu einer dünnen Schmelze eingekocht worden war, trat Wasserstoffentwicklung ein: $C_8H_{14}{>}C(OH)\cdot CO_2K + KOH = C_8H_{14}(CO_2K)_2 + H_2$, die fortgesetzt wurde, bis eine Probe beim Ansäuern Krystalle abschied, die nach Reinigung den Schmelzp. 134 bis 135° der Camphensäure zeigte.

2. Camphenan- und Isocamphenansäure. Diese Säuren wurden 1910 bei der fast gleichzeitig ausgeführten, obengenannten Oxydation des Camphens zur Camphensäure, bei dem allmählichen Zusatz von gepulvertem Kaliumpermanganat (140 g bei 3—4°) auf das Terpen (100 g) in Eisessig (400 g) während 5 Stunden erhalten; zuletzt wurde weitere 5 Stunden auf dem Wasserbade erhitzt. Unter den mit Äther isolierten Neutralprodukten traten erhebliche Mengen Camphenilon (Siedep.$_{14}$ 80—84°; Semicarbazon, Schmelzp. 222 bis 223°) auf. Eine zweite Fraktion (Siedep.$_{14}$ 87—90°) mit der gleichen Zusammensetzung, $C_9H_{14}O$, war kein Keton; ihre wäßrige, anfangs neutrale Lösung schied nach einiger Zeit Krystalle einer ungesättigten Säure, $C_7H_{11}\cdot CO_2H$, in glänzenden Nadeln (Schmelzp. 141°) ab.

Die letzte Fraktion (94 g) vom Siedep.$_{10}$ 148—150°, wurde mit Permanganat von ungesättigten Körpern befreit.

Aus der teilweise eingeengten alkalischen Lösung wurde mit Salzsäure das nicht einheitliche Hauptprodukt in fester Form abgeschieden. Nach viermaligem systematischen Krystallisieren, durch Auflösung in Eisessig und fraktioniertes Ausfällen mit Wasser, wurden drei Fraktionen mit den Schmelzpunkten I. 87—91°, II. 75—76° und III. 74—75° erhalten. I war einheitlich, II und III wurden als identisch vereinigt. Die beiden Säuren hatten die Zusammen-

---

[1]) ASCHAN, Ann. 375, 359 (1910). — [2]) ASCHAN, Ann. 383, 9 (1911). — [3]) Vgl. AUWERS, Ann. 387, 240, 251 (1912); BUCHNER und WIEGAND, Ber. 46, 759 (1913); ASCHAN, Ann. 398, 299 (1913); LIPP, Ann. 399, 241; 402, 343 (1914). — [4]) ASCHAN, Ber. 47, 1121 (1914).

setzung $C_9H_{15}\cdot CO_2H$ und wurden I als Camphenansäure und II und III als Isocamphenansäure bezeichnet.[1])

Sie waren mit der isomeren Camphenilansäure bzw. Isocamphenilansäure, $C_{10}H_{16}O_2$, nicht identisch, die BREDT und JAGELKI (vom Schmelzp. 65° bzw. 118°) bei der Oxydation des aus Camphen mit Chromylchlorid entstandenen Camphenylaldehyds erhielten.[2]) Dagegen könnten unsere Säuren mit den von HENDERSON und SUTHERLAND[3]) bei der Einwirkung von Wasserstoffperoxyd auf die Eisessiglösung von Camphen erhaltenen isomeren Säuren identisch sein, von denen die bei 95° schmelzende eingehender untersucht worden ist.[4]) Aus diesem Grunde wurden unsere Versuche damals nicht weitergeführt. Jetzt könnte allerdings die Untersuchung fortgesetzt werden.

D. Anregungen und Ergänzungen zum Kapitel 13

1. Über Isoborneol und Camphenhydrat

Bezüglich Moment A über das Camphenhydrochlorid[5]) und seine Isomeren sei hier nochmals darauf hingewiesen, wie wichtig es wäre, das sog. „Isobornylchlorid“ nach MEERWEIN und EMSTER[6]) in Isoborneol tatsächlich zu verwandeln. Dasselbe gilt der Überführung des Camphenhydrats in das Camphenhydrochlorid zurück, um ihre nahe Verwandtschaft zu erhärten, was wegen der Analogie schon hier angeführt sei.

2. Anregungen bezüglich Camphenhydrat und Methylcamphenilol

a) Die wichtigste Aufgabe in dieser Hinsicht wäre, ihre sehr wahrscheinliche geometrische Isomerie weiterhin durch die Umlagerung ineinander, oder wenigstens eines der beiden in das andere, und zwar ohne Gegenwart von Wasserstoffionen, wobei Wasserabspaltung eintritt, zu erhärten. Versuche in dieser Richtung sind bisher noch nicht systematisch ausgeführt worden. Dies könnte vielleicht, wie die Umlagerung des Isoborneols in Borneol, durch Erhitzen mit metallischem Natrium durchführbar sein. Ferner könnte die Einwirkung bei erhöhter Temperatur in Gegenwart von organischen Basen wie Anilin, Trimethylamin, Pyridin oder Chinolin, in Betracht gezogen werden.

b) Ein weiteres daran verknüpftes Interesse könnte die Umlagerung von Camphenhydrat und Methylcamphenilol in Isoborneol bzw. Borneol unter den ähnlichen Bedingungen darbieten. Hierüber wurden nur folgende, nicht publizierten Versuche, von uns früher ausgeführt.

1. Nach einer älteren Angabe von BRICKNER soll Isoborneol beim Kochen in Xylollösung mit Natrium leicht in Borneol übergehen (I):

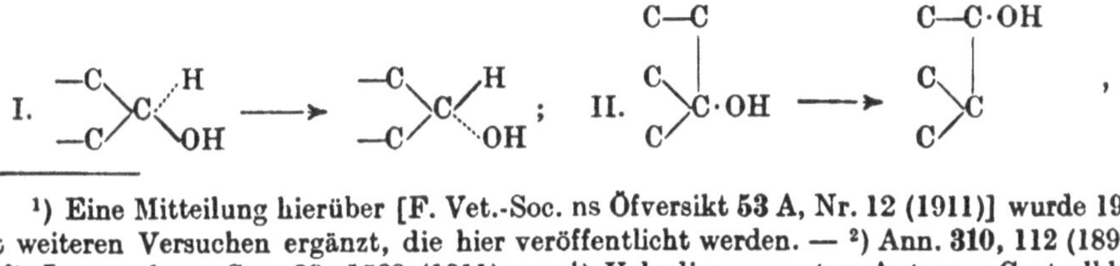

[1]) Eine Mitteilung hierüber [F. Vet.-Soc. ns Öfversikt 53 A, Nr. 12 (1911)] wurde 1912 mit weiteren Versuchen ergänzt, die hier veröffentlicht werden. — [2]) Ann. 310, 112 (1899). — [3]) Journ. chem. Soc. 99, 1569 (1911). — [4]) Vgl. die genannten Autoren, Centralblatt 1913. I. 1022; 1913. II. 1574; 1914. II. 1106. — [5]) MEERWEIN und VAN EMSTER benutzen für diese Verbindung die Bezeichnung „Camphenchlorhydrat“, die entschieden unzweckmäßig ist, da ja das Wort „Hydrat“ den Gedanken auf Wasser zurückführt. — [6]) Ber. 53, 1815 ff. (1920); 55, 2500 (1922).

wogegen der tertiäre Alkohol Camphenhydrat eine *strukturelle* Umlagerung unter Bindungsverschiebung (II) im Kerne erleiden würde. Im letzten Falle scheint allerdings die analoge Umlagerung, auch wenn keine durch Wasserstoffionen bedingte Wasserabspaltung stattfindet, wenig aussichtsvoll.

20 g in Xylol gelöstes Camphenhydrat wurden, nach Zusatz von 2 g (Theorie 1,5 g) Natriumstaub nach BRÜHL, längere Zeit gekocht, allerdings ohne Resultat, auch nachdem absoluter Alkohol zugegeben und weiter 15 Stunden gekocht wurde. Das Produkt siedete, nachdem das Xylol mit Wasserdampf überdestilliert worden war, wie vorher bei 200—206° und schmolz nach dem Sublimieren bei 149—150°.

2. Auch bei *direktem Erhitzen* erleidet Camphenhydrat keine sterische Umlagerung.

Beim Versuch wurden 20 g des Alkohols in wenig Paraffinöl mit 2 g des für die Campherbereitung aus Isoborneol (S. 171) angewandten Nickelkatalysators längere Zeit gekocht (Temperatur etwa 200°); nur eine Wasserabspaltung war zu bemerken. Bei nachheriger Destillation verteilte sich das Destillat in etwa $^2/_3$ Camphen (Siedepunkt 159,5—162°) und $^1/_3$ eines über 180° siedenden Rückstandes vom unveränderten Camphenhydrat, worin auch kein Geruch an Campher bemerkbar war, der entstanden wäre, wenn isomeres Borneol bzw. Isoborneol vorhanden war.

Ähnliche Umlagerungsversuche mit *Methylcamphenilol* hätten auch Interesse.

3. Aus Camphen sollten *Substitutionsprodukte* der daraus erhältlichen Alkohole durch Einwirkung von unterchlorigen bzw. unterbromigen Säuren dargestellt werden können, die vielleicht medizinische Anwendung erreichen könnten.

4. Auch die Bildung anderer Additionsprodukte des Camphens, wie mit Chromtrioxyd[1]), Chromylchlorid, Schwefeltrioxyd sowie den Chloriden bzw. Anhydriden bisher nicht geprüfter unorganischer Säuren, sollte versucht werden.

5. Das Verhalten des *Methylcamphenilols* in den vorangehend für Camphenhydrat besprochenen Fällen hätte Interesse, besonders bezüglich seiner optischen Eigenschaften, da der Körper aus aktivem Camphen über das Camphenilon dargestellt worden ist, worauf dieses Keton regeneriert würde, also in der folgenden Reihe:

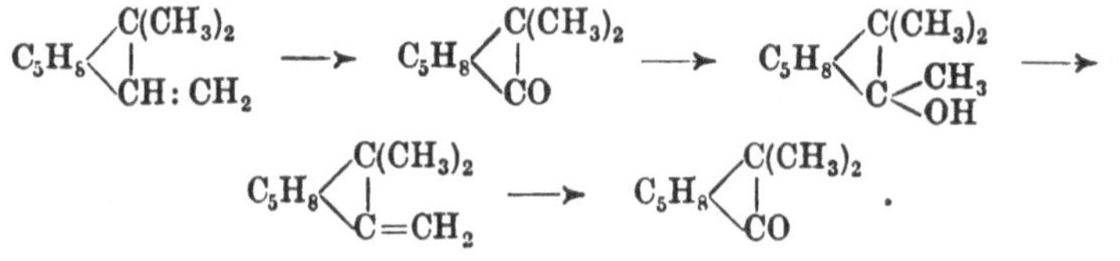

c) *Bezüglich der Camphenylsäure.* Der oben (S. 185) angeführte Übergang in Camphenilon und Tricyclencarbonsäure, bei der Einwirkung von konz. Schwefelsäure auf inaktive Camphenylsäure, sollte durch Versuche mit den aktiven Formen derselben ergänzt werden, wodurch sowohl die *Camphenilone*, dessen optische Verhältnisse ungenügend bekannt sind, wie die entsprechenden *Tricyclencarbonsäuren* auf ihre Aktivität untersucht werden sollten. Mit den genannten Camphenilonen und den letztgenannten

---

[1]) Weiteres hierüber s. unter Camphen.

Säuren als Rohmaterial könnten neue Gebiete für weitere Forschungen eröffnet werden.

Die Camphenylsäure ist eine α-Oxysäure. Es sei daran erinnert, daß nur wenige, sogar gewöhnliche Derivate, wie Anhydride, Äther und Ester, Äther- und Esteranhydride von α-Oxysäuren der alicyclischen Reihe bekannt und untersucht worden sind.

d) Bezüglich der α- und β-Camphenansäure sind mehrere Fragen, vor allem nach ihrer Konstitution, die aus ihrer Bildungsweise nicht hervorgeht, unentschieden geblieben. Nach den Arbeiten von HENDERSON und SUTHERLAND (vgl. S. 187) sind die beiden Säuren stereoisomer, da ihre Camphenilansäure beim Erhitzen in die isomere Säure übergeht. Außerdem sind, wenigstens bei unserer Untersuchung, auch Nebenprodukte von neutralem Charakter entstanden, die ihrerseits von Interesse sind.

Kapitel 14. Gesättigte dicyclische Derivate der Pinanreihe

Unter diesen wenigen Verbindungen haben wir, außer Pinennitrosochlorid und Nitrosopinen, die wir zusammen mit Pinen aufnehmen werden, nur das von uns entdeckte tertiäre Pinenhydrochlorid eingehender untersucht, d. h. die unbeständige Verbindung, $C_{10}H_{16} \cdot HCl$, die das primäre Anlagerungsprodukt von Chlorwasserstoff an das Terpen darstellt. Ferner wurden vorläufige Versuche bezüglich der Oxydation des Pinocamphons, $C_{10}H_{16}O$, zu der entsprechenden Carbonsäure, Pinocamphersäure, ausgeführt. Der Kürze wegen sollen diese zunächst behandelt werden.

A. Versuche mit Pinocamphon, $C_9H_{16}{>}CO$.

Dieser Körper wurde von WALLACH[1]) aus Nitrosopinen, dem Oxim desselben, durch Behandlung mit Zinkstaub und Eisessig erhalten.

Aus dem in ungenügender Ausbeute erhaltenen Pinocamphon gelang es uns nicht, mit Chromsäure[2]) die zu erwartende Pinocamphonsäure zu erhalten. Bei der dann versuchsweise erprobten Oxydation mit einem Gemisch gleicher Teil Salpetersäure (d = 1,39) und Wasser, bis das Öl aufgelöst wurde, entstanden, außer einer sirupartigen letzten Mutterlauge, zwei Säuren. Die eine, in kleinen Rhomboedern vom Schmelzp. 173—175° krystallisierende Säure, die auf Zusatz von Wasser zu dem eingeengten Rückstande abgeschieden wurde, löste sich in Essigäther, aber nur wenig in kaltem Wasser. Die Titrierung entsprach der für die bei 173—175° schmelzende Norpinsäure (III) nötigen Alkalimenge. Aus der Mutterlauge krystallisierte dann eine kleine Menge der zweiten, bei 221—223° schmelzenden, in spitzen Rhomboedern erscheinende Säure (II). Aus ihrer Mutterlauge scheidet sich wieder Norpinsäure aus. Die Hauptreaktion für die Oxydation des Pinocamphons (I) nimmt wohl folglich folgenden Verlauf:

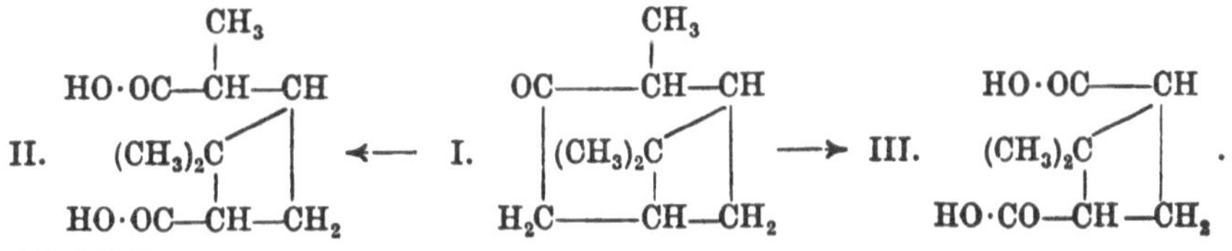

[1]) Ann. 268, 198 (1892). — [2]) WALLACH, Ann. 300, 287 (1898).

B. Das tertiäre Pinenhydrochlorid

Unter Pinakolinumlagerung in allgemeiner Fassung bezeichnen wir[1]) die innerhalb des Kohlenstoffkerns bei einigen Reaktionen spontan eintretende Atomverschiebung, wobei Valenze von tertiär oder quartär gebundenen C-Atomen an ein nahe liegendes anderes, ohne daß freie Valenzeinheiten auftreten, versetzt werden. Letzteres geht daraus hervor, daß keine harzartige, dunkel gefärbte Kondensationsprodukte auftreten, die sonst für die Abspaltungen von Bruchstücken mit freien Valenzen aus organischen Verbindungen eigenartig sind. Bei den Pinakolinumlagerungen gleiten also gewisse Kohlenstoffatome, wie es scheint ohne Schwierigkeit, aus einer Lage in eine andere über. Eine „Umstellung"[2]) der Kernatome findet dabei statt.

Die früher oft auftretende Annahme, daß die Pinakolinumlagerungen unter intermediärer, durch Wasser- oder Halogenwasserstoffabspaltung bedingter Ringbindung und darauf unter rückständiger Addition eintretender Aufspaltung an anderer Stelle stattfinden, kann nicht aufrechterhalten werden, weil die betreffenden Zwischenprodukte nicht isoliert werden konnten.[3])

Indessen sind bestimmte labile Zwischenphasen denkbar, an welche der Energieüberschuß im Ausgangsmaterial stufenweise abgegeben wird, bevor das stabile Endprodukt erreicht wird. Es ist aber fraglich gewesen, ob solche Übergangsprodukte genügend stabil sind um sicher festgestellt werden zu können. Bei zahlreichen früheren Versuchen ist dies nicht möglich gewesen. Da dies in einer in den Jahren 1910—1912 in der Fettreihe ausgeführten unpublizierten Arbeit nicht gelang, wandte ich mich den alicyclischen Körpern zu, worin die Beständigkeit auf Grund der Ringbindung erheblicher sein könnte. Pinakolinumlagerungen bei derartigen Körpern waren schon damals, z. B. in der Reihe Pinen-Camphen-Campher bekannt, an denen die Ringkohlenstoffatome beteiligt waren. Daher sind bei den betreffenden aktiven Körpern strukturelle Umwandlungen durch Drehungsveränderungen leichter nachweisbar.

1. Ein klassisches Beispiel für die Pinakolinumwandlung

ist der Übergang des Pinens (I) in gewöhnliches Pinenhydrochlorid (III), wobei ein früher nicht isoliertes Zwischenprodukt (II) nach dem Schema A[4]) möglich erschien, dessen Ähnlichkeit mit der Verwandlung des Tetramethyläthylens (IV) in Pinakolylchlorid (VI) nach dem Schema B hervortritt. Auch hier ist ein Zwischenkörper (V) denkbar:

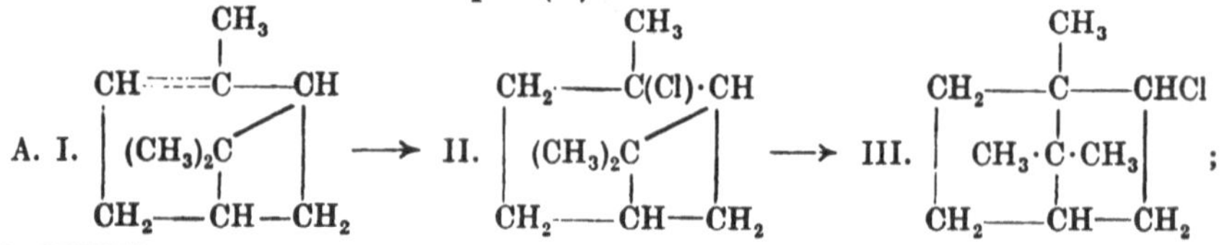

[1]) Aschan, Finska Vet.-Soc. ns Förh. 57 A, Nr. 1, S. 1—3 (1914); Chem. Centralbl. 1912 III, 629. — [2]) Aschan, Ibid. 53, Nr. 2 (1910). — [3]) Vgl unter anderen Verfassern Zelinski, Ber. 34, 3251 (1901); Klinger und Lonnes, Ber. 29, 2160 (1896). — [4]) Aschan, Ann. 387, 29 (1912).

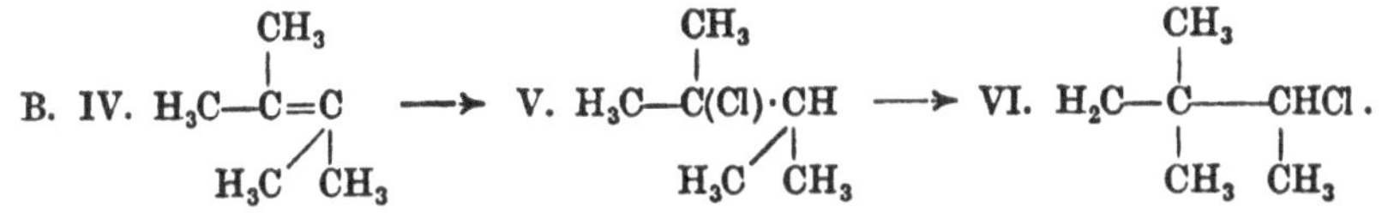

Eine Andeutung über ein Zwischenprodukt der Reihe A erhielt ich schon 1906 bei der Chlorwasserstoffaddition an das inaktive Pinen WALLACHs aus Pinenitrosochlorid und Anilin. Als trockener Chlorwasserstoff bei etwa — 15° darin eingeleitet wurde, erstarrte das Produkt nicht, weshalb es den Anschein hatte, daß darin ein isomeres Pinen vorliegen könnte. Tatsächlich fand beim Entfernen des Gefäßes aus der Kältemischung bald eine spontane Erwärmung statt. Der geringen Substanzmenge (20 g) ungeachtet, stieg die Temperatur von 40 auf 45°, worauf das Produkt erstarrte und das gewöhnliche Pinenhydrochlorid (Schmelzp. 125—126°) enthielt. Dieses wurde also während zweier Phasen gebildet; zunächst entstand eine labile, endotermische Verbindung, die später unter Wärmeabgabe umgelagert wird. Der Versuch wurde mit gewöhnlichem aktivem Pinen wiederholt, aber wegen eines zufälligen Grundes — Feuchtigkeit oder eines größeren Überschusses an Chlorwasserstoff — konnte dieselbe Erscheinung nicht beobachtet werden; gewöhnliches Pinen wurde nämlich direkt erhalten.

Als die Versuche 8 Jahre später mit über Natrium destilliertem Pinen wiederholt wurden, erhielt ich sogar mit 100 g und mehr bei —10° bis —15° ein ziemlich leichtflüssiges Produkt, das, mit trockener Luft von wenig überschüssigem Chlorwasserstoff befreit, auf die Formel $C_{10}H_{17}Cl$ genau stimmende Analysenzahlen ergab. Nachher, auch bei wiederholten Versuchen, trat bei gewöhnlicher Temperatur bald eine spontane Erwärmung ein, die auf 70° gesteigert werden konnte, und beim Erkalten entstand ein steifer Brei von 75 bis 80% des gewöhnlichem Pinenhydrochlorids (Schmelzp. 125—126°).

Außer der kräftigen Wärmeentwicklung wird das primäre Produkt durch die leichte Abspaltbarkeit des Chlorwasserstoffs charakterisiert. Beim Kochen mit alkoholischem Kali, das bekanntlich auf das gewöhnliche Pinenhydrochlorid nicht oder nur langsam einwirkt, enthielten wir nach mehreren Bestimmungen verschiedene frisch dargestellte Proben bis auf 80% in leicht abspaltbarer Form. Das dabei etwa 20% betragende, unveränderte Produkt war wieder gewöhnliches Pinenhydrochlorid. Daß nicht etwa eine Dipentenhydrochloridbildung die leichte Zersetzlichkeit bedingt, ist undenkbar, da seine Entstehung aus Pinen wegen des besonders effektiven Trocknens des Chlorwasserstoffs, zuletzt mit P_2O_5, nicht möglich war.

2. Das neue tertiäre Pinenhydrochlorid[1]

kann indessen, wegen seiner Umlagerungsfähigkeit bei den gewöhnlichen Mitteln des Laboratoriums, nicht von dem gewöhnlichen vollständig frei erhalten werden. Trotzdem läßt sich folgendes über seine Eigenschaften feststellen. Es besitzt einen eigentümlichen, stechenden, die Schleimhäute der Nase angreifenden Geruch, der nicht allein, wie es MEERWEIN und VAN EMSTER vermuten, vom abgespaltenen Chlorwasserstoff herrührt. Unter 6—8 mm Druck, wobei es zum kleinen Teil bei 85—90° unzersetzt flüchtig und etwas beständiger zu sein scheint, ist das Destillat rauchend und scheidet festes Pinenhydrochlorid aus.

[1]) ASCHAN, Finska Vet.-Soc. ns Förh. 57 A, Nr. 1, S. 1—3 (1914). —

Wird das flüssige Hydrochlorid zu dem gleichen Gewicht Anilin ohne Erwärmen gegeben, so entsteht auch eine unter Wärmeentwicklung bis auf 60—80° sich abspielende Reaktion; nachher erstarrt das Produkt zu einer von Anilinhydrochlorid bestehenden Masse. Weil gewöhnliches Pinenhydrochlorid bei dieser Temperatur gegen Anilin beständig ist, beruht dies auf einer Verwandlung des neuen Pinenhydrochlorids, das dabei seinen Chlorwasserstoff abgibt.

Über die entstandenen Produkte wird weiter unten berichtet.

Darstellungsmethode für das tertiäre Pinenhydrochlorid. 150 g des mit Natriumdraht getrockneten Pinens befanden sich mit 15 g absolutem Äther in einem mit wirksamen Rührer, Thermometer und zwei Röhren versehenen Kolben, von denen die eine Röhre in die Flüssigkeit eintauchte und die andere einen eventuellen Überschuß des Chlorwasserstoffs ableiten sollte. Das Ganze wurde gewogen und in ein fein verteiltes Gemenge von Schnee und Kochsalz gebracht. Nachdem die Temperatur unter effektivem Rühren bis auf etwa — 20° erniedrigt worden war, leitete man den aus Salmiak und konz. Schwefelsäure entwickelten, schließlich mit Phosphorpentoxyd getrockneten Chlorwasserstoff so schnell ein, daß die Temperatur zwischen — 10 und — 15° liegt. Nach etwa 1½ Stunde wurde das Gefäß zum erstenmal schnell gewogen, nachdem der Inhalt auf — 15° eingestellt worden war. War dabei nicht etwa 95% des Chlorwasserstoffs zur Reaktion gelangt, wurde weiter gearbeitet; 100% sollen aber niemals überschritten werden. Bei guter Kühlung und Umrühren konnten 150 g Pinen in 2 Stunden bearbeitet werden. Durch Hindurchleiten von gut getrockneter Luft bei — 15° bis — 20° wird das Produkt von Äther und eventuell von Chlorwasserstoff befreit.

Die Abspaltung des Chlorwasserstoffs. Das fertige Produkt stellt bei niederer Temperatur eine farblose und etwas dickliche Flüssigkeit dar, die jedoch nicht an der Luft raucht. Die fragliche Abspaltung soll gleich nach dem Sättigen und vor der schon bei — 10° einsetzenden Umlagerung bewirkt werden; den Äther braucht man nicht vorher zu entfernen. Man gibt die ganze Menge des auf — 10° gekühlten Anilins (200 g) auf 150 g ursprüngliches Pinen auf einmal unter gutem Schütteln hinzu. Wenn die gewöhnlich bis auf 70—80° eintretende Steigerung der Temperatur nachläßt, wird das Reaktionsgefäß mit seinem größtenteils festen Inhalt 4 Stunden lang auf kochendes Wasserbad gestellt, nachher mit Wasser zum Auflösen des Anilinsalzes und mit 93 g Eisessig zum Entfernen des Anilinüberschusses versetzt, und die Terpene mit Dampf überdestilliert. Dazu genügt gewöhnlich der Dampf von 400—500 ccm Wasser, auf je 100 g der Terpene. In dem Kolben bleiben immer Harze und teilweise ein Teil des immer mitgebildeten Bornylchlorids zurück.

Nachdem die Terpenschicht mit 5%iger Natronlauge von Essigsäure befreit, und das Anilin mit verdünnter Schwefelsäure entfernt worden ist, werden die Terpene getrocknet und einer systematischen Fraktionierung unterzogen, die letzte über Natrium. Es wurde ein etwa 20 cm hohes, 2 cm weites, mit kleinen Glasperlen gefülltes Siederohr angewandt und 10 Fraktionen aufgenommen (s. unten).

Die Reaktionszahlen werden der Einfachheit wegen nur für die folgenden zwei stark drehenden Pinene (I und II) und Nopinen angegeben. Von diesen wurden 300 g, vom Nopinen 150 g angewandt.

I. Spanisches Pinen mit $d^{24}/_4 = 0{,}8613$, $\alpha_D = -32{,}44^0$ und $[\alpha]_D = -37{,}66^0$. Es wurde zu 99,3% der theoretischen Menge gesättigt. Temperatur nach dem Anilinzusatz 60°. Mit Dampf destillierten 268 g über.

II. Griechisches Pinen. $d^{20}/_4 = 0,8599$, $\alpha_D = +41,00^0$; $[\alpha]_D = +47,68^0$, also ein sehr reines d-Pinen. Aufgenommen 98,8% HCl. Temperatur nach Anilinzugabe 76°; mit Dampf erhalten 269 g Terpene.

III. Nopinen, fabrikmäßig aus amerikanischem Balsamterpentinöl ausdestilliert (150 g angewandt): $d^{20}/_4 = 0,8710$, $\alpha_D = -16,26^0$, $[\alpha]_D = -18,67^0$. Bei 163—164° gingen 77,2%, bei 164—165° 18,67% über; 98 g HCl eingeleitet. Temperatur nach Anilinzugabe 82°. Mit Dampf 139 g Terpene erhalten.

Das Destillationsresultat geht aus der auf 2 Abteilungen verteilten Tabelle 1 hervor, worin die römischen Ziffern die betreffenden Terpene angeben,

Tabelle 1

Fraktion	Gramm			Prozent			d^{20}_4		
	I	II	III	I	II	III	I	II	III
Unter 155°	7,0	4,0	0,4	2,4	1,3	0,3	0,8557	0,8591	—
155—159°	47,5	70,1	21,6	16,5	22,7	14,9	602	607	0,8587
159—162°	12,2	17,3	7,9	4,2	5,6	5,3	583	594	563
162—167°	15,8	12,7	6,1	5,5	4,1	4,1	552	572	543
167—172°	4,5	10,1	5,1	1,6	3,3	3,4	533	552	541
172—177°	3,5	3,6	2,9	1,2	1,2	1,9	585	582	591
177—182°	4,2	2,3	2,2	1,5	0,7	1,5	742	—	797
182—192°	4,5	3,2	3,2	1,6	1,0	2,2	—	—	—
192—200°	1,1	0,8	1,6	0,4	0,3	1,1	—	—	—
über 200°	162,0	152,5	83,0	55,3	49,3	55,7	—	—	—

Fraktion	α^0_D			$[\alpha]_D$		
	I	II	III	I	II	III
Unter 155°	— 36,20	+ 40,86	—	— 42,21	+ 47,56	—
155—159°	— 38,65	+ 42,60	— 38,18	— 44,90	+ 49,50	— 44,46
159—162°	— 41,34	+ 46,86	— 40,48	— 48,18	+ 54,54	— 47,27
162—167°	— 45,39	+ 52,34	— 44,05	— 53,10	+ 61,08	— 51,57
167—172°	— 51,58	+ 58,32	— 48,88	— 60,48	+ 68,22	— 57,23
172—177°	— 55,24	+ 61,32	— 51,24	— 64,37	+ 71,48	— 59,64
177—182°	— 50,16	—	— 49,16	— 57,40	—	— 55,88
182—192°	—	—	—	—	—	—
192—200°	—	—	—	—	—	—
über 200°	—	—	—	—	—	—

Von größtem Interesse ist die Tatsache, daß, der Fraktionierung nach, auch das Nopinen (III), das selbst bei 163—165° siedet, bei der Abspaltung vom Chlorwasserstoff mit Anilin nicht weniger als 14,9% einer bei 155—159° siedenden Fraktion, also mit dem Siedepunkt des gewöhnlichen Pinens liefert. Wir gehen hierauf später ein.

Die Untersuchung der verschiedenen Fraktionen. **Fraktionen unterhalb 155°.** Die Analyse ergab die Formel $C_{10}H_{16}$. In den beiden Reihen I und II für Pinen war diese Fraktion größer als im Ausgangsmaterial. Daraus scheint hervorzugehen, daß bei der Chlorwasserstoffabspaltung von dem tertiären Chlorid aus den aktiven Modifikationen des Pinens ein Kohlenwasserstoff von niedrigerem Siedepunkt als der von diesem gebildet wird. Seine chemische Natur konnte wegen der kleinen Menge nicht ermittelt werden.

Fraktion 155—159°. Der Siedepunkt und die bedeutende Menge dieser Fraktion zeigten, daß der regenerierte Kohlenwasserstoff aus Pinen bestand. Dieses konnte nun teils aus dem Anteil ursprünglichen Pinens bestehen, das wegen der mit Absicht unvollständig (s. oben, S. 192) geleiteten Reaktion an der Addition nicht teilgenommen hatte. Zum weiteren Teil könnte das erhaltene Pinen aus dem tertiären Hydrochlorid regeneriert worden sein. In der folgenden Tabelle 2 wird deshalb festgestellt, wie viel der ursprünglichen Pinene bei der Beendigung der Addition von Chlorwasserstoff noch vorhanden war, sowie die relative Menge des wirklich regenerierten Terpens vom Siedep. 155 bis 159°. Zugleich werden in der Tabelle die in gleicher Weise berechneten Mengen der beiden Arten auch bei zwei weiteren Versuchen, nämlich denen mit amerikanischem (III) und griechischem Pinen (IV) sowie mit Nopinen, diesmal mit (V) angegeben:

Tabelle 2

Reihe	Angewandte Pinenmenge in g	Freies Pinen bzw. Nopinen bei beendigter Reaktion in		Fraktion 155—159° in g	Nicht ursprüngliches Pinen in Fraktion 155—159° in	
		g	%		g	%
I	300	20,1	6,7	47,5	27,4	57,7
II	300	3,6	1,2	70,1	66,5	94,9
III	300	45,6	15,2	66,6	21,0	31,6
IV	150	5,5	3,0	32,5	26,8	82,4
V	150	0,83	0,5	21,6	21,1	97,6

Folglich wären, wenn die ganze Fraktion 155—159° aus Pinen bestand, bedeutende Mengen desselben gebildet worden, bei der Behandlung des neuen Chlorids mit Anilin bei einer 100° niedrigeren Temperatur. Die Analysenzahlen für die Fraktion 155—159° aus Nopinen stimmten mit der Terpenformel gut überein, was ja auch für die Bildung eines isomeren Terpens genügt hätte. Eine darauf gerichtete Untersuchung wurde für den Nachweis ausgeführt, ob gewöhnliches Pinen zurückgebildet wurde. In 10 g der sorgfältig getrockneten, mit 1 g Äther versetzten Fraktion 155 bis 159° der Reihen I und II sowie des Nopinens III wurde unter Eiskühlung etwas mehr als die theoretische Menge Chlorwasserstoff eingeleitet, und der vom Äther und dem Chlorwasserstoff befreite Krystallbrei abgesaugt. Darauf wurde durch mehrstündiges Kochen mit n/2-normalem alkoholischem Kali festgestellt, wieviel rückständiges, gewöhnliches Pinenhydrochlorid (Schmelzp. 125—126°)

Tabelle 3

Reihe	Menge der Fraktion 155—159° in g	HCl aufgenommen in g	Festes Produkt in g	Flüssiges Produkt in g	n/2-KOH in cm³	Verseiftes flüssiges Produkt in g	Erhaltenes festes Bornylchlorid in %
I	10	2,69	4,24	6,94	3,50	1,0220	81,7
II	10	2,31	4,60	6,40	3,50	1,0186	82,7
III	10	2,02	3,21	8,46	4,32	1,0006	71,8
Pinen	10	2,97	3,60	7,74	4,32	1,0138	74,8
Nopinen	10	3,02	3,24	8,14	3,82	1,0291	76,8

in den Produkten vorhanden war. Außerdem wurden zum Vergleich blinde Versuche mit Pinen und Nopinen (die kursiviert angegeben sind), mit vorstehendem Resultat (Tabelle 3) angestellt.

Das feste Reaktionsprodukt wurde aus 86%igem Alkohol krystallisiert und zeigte in den drei Fällen die Schmelzp. 125—126°, 124—125° und 126 bis 127°; sie zeigten, mit Bornylchlorid gemischt, keine Erniedrigung.

Die Fraktion 155—159° in den Reihen I und II (aus stark links- bzw. rechtsdrehendem spanischen und griechischen Pinen) mit $[\alpha]_D = -37{,}7$ bzw. $+47{,}7°$, zeigte also ein völlig ähnliches Verhalten wie reines Pinen, das in kleineren Mengen und bei gewöhnlicher Temperatur eine Ausbeute von 75 bis 80% an unverseifbarem Hydrochlorid zeigt. Die erhaltenen unverseifbaren Hydrochloride sind also gewöhnliches Pinenhydrochlorid. Folglich spaltet Anilin aus dem in obiger Weise bei —10° bis —15° gebildeten tertiären Pinenhydrochlorid Chlorwasserstoff ab, unter Zurückbildung von Pinen mit derselben Drehungsrichtung und ungefähr derselben spezifischen Drehung, wie als Ausgangsmaterial.

Die **Fraktion 160—162°** (Tabelle 1) stellt offenbar ein Gemenge dar.

Die **Fraktion 162—167°**. Diese bietet Interesse, weil sie auch in den Fällen, wenn Pinen saturiert worden ist, aus Nopinen bestehen könnte, was die bisher nicht realisierte Synthese desselben bedeuten würde. Indes war bei der Oxydation dieser Fraktion mit Kaliumpermanganat nach Baeyer keine Nopinsäure mittels des schwer löslichen Natriumsalzes nachweisbar.

Beim Saturieren mit Chlorwasserstoff bei —10° bis —15° wurde ein leicht flüssiges Hydrochlorid erzeugt, dessen mit Anilin regenerierten Terpene gleichmäßig indes zwischen 167—192° destillierten. Die bei 172—177° siedende Fraktion, worin Dipenten vorhanden sein könnte, ergab aber nicht sein Tetrabromid und auch nicht das der Limonene. Nopinen ist also in der ursprünglichen Fraktion nicht vorhanden. Sie scheint irgendein unbekanntes Terpen zu enthalten.

Die ursprüngliche Fraktion 172—177° ging aber in das bei 123—124° schmelzende Tetrabromid des Dipentens über und enthält daher letzteres.

Obwohl die folgende **Fraktion 177—182°** die Zusammensetzung der Terpene zeigte, konnte weder Terpinen noch Terpinolen nachgewiesen werden.

Die Rückstände über 200° erstarrten teilweise und wurden nach dem Absaugen aus 86%igem Alkohol umkrystallisiert. Die aus spanischem sowie aus griechischem Pinen und Nopinen erhaltenen Monohydrochloride zeigten die Schmelzpunkte 122—124°, 125—127° und 126—128° sowie in 10%igen Benzollösungen die Drehung $[\alpha]_D = -29{,}0$ bzw. $+35{,}37$ und $-31{,}60°$. Es liegen also gewöhnliche Pinenhydrochloride vor. Wie die aus den ursprünglichen Terpenen in gewohnter Weise gewonnenen Hydrochloride sind jene stark optisch aktiv, mit der Drehungsrichtung dieser Terpene.

e) Das theoretische Resultat der Untersuchung.

Das neue, bei stark erniedrigter Temperatur erhaltene Saturationsprodukt ist offenbar keine physikalische Lösung von Chlorwasserstoff in Pinen bzw. Nopinen. Die Einwirkung findet trotz der starken Abkühlung, unter Wärmeentwicklung statt, und die Aufnahme von mehr als 1 mol Chlorwasserstoff hört nach dem Einleiten von dieser Menge schnell auf. Bei der spontanen Umlagerung von —10° an wird nur eine unbedeutende Menge des Gases abgegeben. Auch müßte auf Zusatz des gekühlten Anilins sein salzsaures Salz unmittelbar gebildet und abgeschieden werden.

Das Resultat dieser Arbeit läßt sich daher in den folgenden Sätzen zusammenfassen:

1. Bei der Addition von Chlorwasserstoff an Pinen bei erniedrigter Temperatur wird nur eine kleine Menge von gewöhnlichem festem Hydrochlorid (Schmelzp. 125—126°), dagegen hauptsächlich ein flüssiges Hydrochlorid, $C_{10}H_{17}Cl$, gebildet.

2. In diesem ist der in Pinen eingehende Doppelkern unverändert vorhanden, weil Pinen daraus schon bei 0° bzw. bei kaum erhöhter Temperatur mit seinen ursprünglichen Eigenschaften und sogar mit wenig veränderten optischen Konstanten zurückgebildet wird.

3. Die Abspaltung des Chlorwasserstoffs findet unter starker Wärmeentwicklung statt.

4. Das primär entstehende flüssige Pinenhydrochlorid wird schon unter 0° und spontaner Temperatursteigerung sowie kräftiger Entwickelung von Wärme in das feste gewöhnliche Pinenhydrochlorid umgelagert.

5. Bei der Addition von trockenem Chlorwasserstoff an Nopinen bei niedriger Temperatur und der nachher bewirkten Abspaltung desselben mit Anilin wird die **direkte Synthese des Pinens aus Nopinen verwirklicht.** Nopinen wird hierbei nicht zurückgebildet.

6. Die Untersuchung führt zu dem Schluß, daß das neue Hydrochlorid seiner Konstitution nach als ein tertiäres Pinenhydrochlorid aufzufassen ist. Es ist folglich mit dem von WALLACH synthetisch erhaltenen, viel beständigeren tertiären Pinenhydrochlorid aus Nopinol geometrisch isomer.

7. Die Bildung und Umlagerung des von uns erhaltenen neuen tertiären Pinenhydrochlorids findet nach folgendem Schema statt:

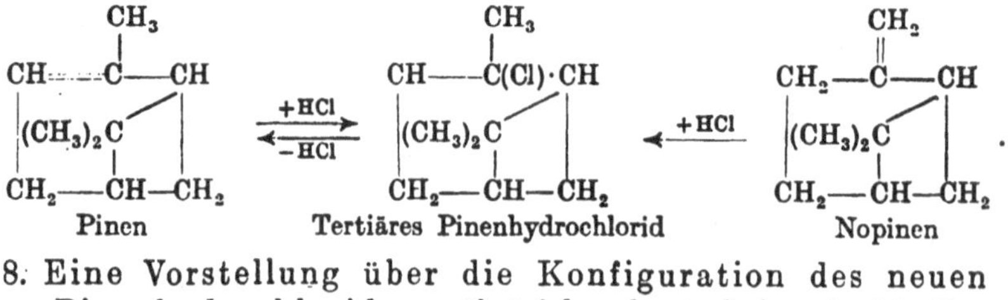

Pinen Tertiäres Pinenhydrochlorid Nopinen

8. Eine Vorstellung über die Konfiguration des neuen tertiären Pinenhydrochlorids gewährt folgende sterisch gedachte Formel I, darin die dicken Striche vor, die gewöhnlichen Striche in der Ebene des Papiers sowie die punktierten hinter der genannten Ebene[1]) liegen. Auch die durch

[1]) Die Gründe dafür sind ausführlicher in F. Vet.-Soc. ns Förh. 57 A, Nr. 1, S. 32ff. (1914) angegeben. Jedoch sollen die darin S. 33 für die beiden Hydrochloride angegebenen Formeln I und II, die durch einen Schreibfehler entstanden sind, gegen die beiden obigen von der-

die Untersuchung festgestellte, sehr leicht stattfindende Rückbildung des Pinens aus diesem Hydrochlorid spiegelt sich leicht ab. Dem stereomeren Hydrochlorid WALLACHS käme dann die Konfiguration II zu:

I. 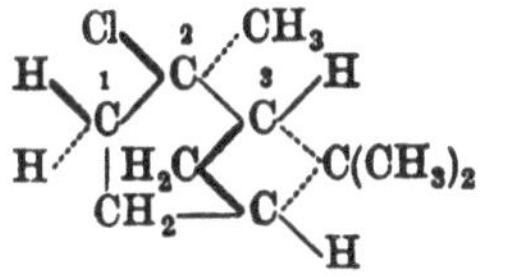 II. 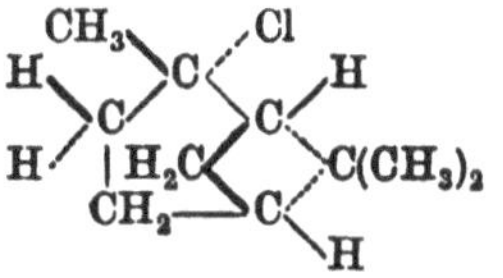 .

Die Zurückbildung von Pinen nach I würde also unter Vereinigung des Wasserstoffs in 1 und Chlors in 2, die einander räumlich nahe stehen, stattfinden. Dies könnte nun allerdings, jedoch kaum mit der beobachteten Leichtigkeit, zwischen Chlor in 2 und Wasserstoff in 3 verlaufen. Für den ersten Fall spricht indes der von WALLACH[1]) angegebene Umstand, daß eine Doppelbindung zwischen 2 und 3 die Neigung zur Aufspaltung des dicyclischen Kernsystems zum monocyclischen erhöhen würde, wobei Dipenten bzw. Derivate desselben entstehen würden. Die zu einigen Prozenten erhaltene, bei der Anilinbehandlung beobachtete Dipentenmenge zeigt indes, daß diese Eventualität offenbar nicht vorhanden ist, und könnte dadurch erklärt werden, daß die WALLACHsche isomere Verbindung zum kleineren Teil in dem Rohprodukt vorhanden wäre und vielleicht zu seiner flüssigen Konsistenz[2]) beitragen könnte.

Immerhin findet die Bildung des gewöhnlichen Pinenhydrochlorids über das neue tertiäre Hydrochlorid statt. Die bei der gewöhnlichen Darstellung von jenem Pinenhydrochlorid (Bornylchlorid) auftretende Dipentenbildung erhält auch dadurch ihre Erklärung, wie auch die früher angegebene Entstehung von Fenchenen.[3])

f) Die vorliegende experimentelle Erfahrung, daß ein tertiäres Pinenhydrochlorid isoliert werden kann, wurde verhältnismäßig ausführlich behandelt, einerseits, weil es den Nachweis der ältesten Pinakolinumlagerung, nämlich den von KIND vor $1^1/_4$ Jahrhundert entdeckten, betrifft, und zweitens, weil dabei ein unter geeigneten Bedingungen beständiges Zwischenprodukt zum erstenmal bei einer Pinakolinumlagerung isoliert worden ist. Die einleitend erwähnte Vermutung, daß man auf dem Gebiete der alicyclischen Verbindungen am ehesten derartige Zwischenprodukte erwarten könnte, hat sich also bestätigt.

C. Anregungen und Ergänzungen zum Kapitel 14

1. Zum Moment A. Die mangelnde Ausbeute an der Pinocamphonsäure, deren Darstellung und Untersuchung fortgesetzt werden dürfte, könnte auf der Unbeständigkeit des Cyclobutanringes gegen Chromsäure bzw. Salpetersäure beruhen. Auch die Bereitung des Pinocamphons aus seinem Oxim, dem Nitrosopinen, sollte eingehender studiert werden, besonders wegen des öligen primären Produktes, das wohl eine Nitroverbindung darstellt und bei der nötigen langwierigen Nachbehandlung mit starker Salpetersäure wahr-

---

selben Bezeichnung oder auch die CH_2-Gruppe des Cyclobutanringes gegen $>C(CH_3)_2$ vertauscht werden. — [1]) Ann. 368, 2 (1910), vgl. Ann. 356, 246 (1907). — [2]) Nach MEERWEIN und VAN EMSTER (Ber. 55, 2522 [1922]) soll ein festes Hydrochlorid beim Einleiten von Chlorwasserstoff in eine Petrolätherlösung von Pinen bei -70^0 entstehen. Näheres über seine Eigenschaften, sowie Analyse fehlten indes in dieser Abhandlung. — [3]) ASCHAN, Ann. 387, 29, 30 (1911).

scheinlich die Ausbeute an Pinocamphonsäure schmälert. Eine Darstellung der entsprechenden Säure aus den Nitrosoverbindungen aktiver Pinene könnte vielleicht zu geometrisch isomeren, den Camphersäuren analogen Pinocamphonsäuren und zum Studium ihrer Umlagerungen führen; optisch aktive Formen sind wegen dem symmetrischen Bau nicht zu erwarten.

Die Umwandlungen bei diesen Säuren in andere, wegen dieser Analogie vorauszusehenden Derivate wären vom Interesse, und würden wohl weitere Arbeiten veranlassen. Die Pinocamphonsäuren gehören zu dem analogen Typus, wie z. B. die Pinonsäure, Pinsäure und Norpinsäure, die zwei Reste in der symmetrischen 1, 3-Stellung am Cyclobutanring enthalten und deren beide Modifikationen, $R\cdot HC\!<\!\genfrac{}{}{0pt}{}{CH_2\text{——}}{C(CH_3)_2}\!>\!CHR'$, daher inaktiv und geometrisch isomer sein müßten.

Ein Versuch, das Nitrosochlorid des Pinens (I), das auch hierher gehört, pinakolinartig umzulagern (II), ähnlich wie unser tertiäres Pinenhydrochlorid, könnte ferner angeregt werden:

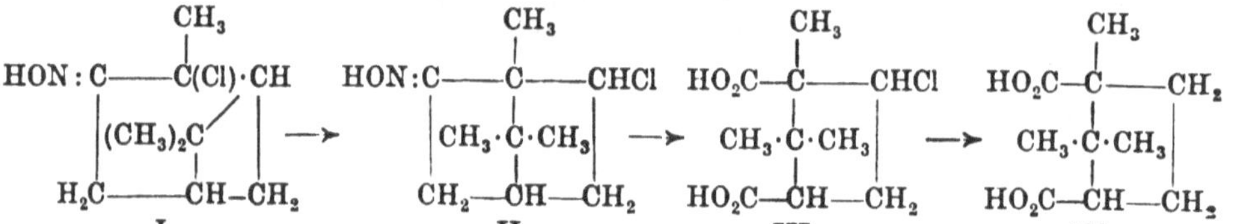

I. II. III. IV.

wobei das Oxim eines neuen chlorierten Camphers zu erwarten wäre. Die Oxydation des entsprechenden Ketons sollte eine chlorierte Camphersäure (III) geben, woraus bei der Reduktion gewöhnliche Camphersäure (IV) entstehen würde, worin indes die Carboxyle aus den Kohlenstoffatomen des zweiten, sozusagen „hinteren" Ringelementes, $\overset{|}{C}H_2\text{——}\overset{|}{C}H_2$, entstanden wären. Weil man nur wenige halogenisierte Camphersäuren kennt, und da man ferner aus der obigen, nämlich über die entsprechende Homocamphersäure, auch zu dem entsprechenden Chlorcampher gelangen würde, und auch die Aussicht hätte, die vielen Umwandlungen in struktureller und stereochemischer Hinsicht bei jener Chlorcamphersäure durchzuführen, so scheint diese Arbeit von ungewöhnlichem Interesse zu sein.

2. Zum Moment B. Die ausführliche Untersuchung über das tertiäre Hydrochlorid könnte auch zu weiteren Arbeiten Anlaß geben, besonders bezüglich der bei der Anilinspaltung desselben erhaltenen weiteren Terpenfraktionen 162—167°, 167—172°, 172—177° usw., wobei die Anwendung der gewöhnlichen Terpenreagenzien auf die bei der Fraktionierung erhaltenen größeren Anteile in Betracht käme.

Ferner könnten Versuche zur Darstellung des tertiären Pinenhydrobromids ausgeführt werden. Eine Substitution des Chlors in dem tertiären Hydrochlorid mit anderen Radikalen scheint beim ersten Blick wenig aussichtsvoll. Wenn die Einwirkung bei der Bildungstemperatur seines Entstehens stattfinden würde, könnte dies vielleicht gelingen.

Weitere naheliegende Anregungen auf diesem nur wenig bekannten Gebiete seien vorläufig unerwähnt.

D. Anhang zum Kapitel 14. Über das relative Additionsvermögen von Verbindungen ungesättigter Natur[1])

Meine vorläufigen Versuche (vgl. die Fußnote) wurden durch die Beobachtung veranlaßt, daß Pinen aus verschiedenen Terpenhydrochloriden, wie Dipenten- und Sylvestrendihydrochlorid, Camphen- und Dipentenmonohydrochlorid, besonders bei erhöhter Temperatur regelmäßig Chlorwasserstoff, unter Bildung von dem gewöhnlichen Pinenhydrochlorid abspaltet. Von erheblichem Interesse war außerdem die Feststellung, daß Pinen auch dem trocken salzsauren Salz des Anilins den Chlorwasserstoff entzieht und sich damit in gleicher Weise verbindet. Beim längeren Kochen entwickelte Pinen sogar aus dem Salmiak Ammoniak, jedoch nur langsam, so daß feuchtes Lackmuspapier erst nach einigen Minuten gebläut wurde.

Bei der weiteren Untersuchung wurde festgestellt, daß sowohl Nopinen aus amerikanischem Terpentinöl, wie das schon damals aus finnischem Terpentinöl isolierte, bei 163—166° siedende Pinonen, das nunmehr (vgl. oben) in der Syvestrengruppe, Kap. 9, Moment C) als Δ^4-Caren festgestellt worden ist, sich wie Pinen verhielten. Interessant ist auch unser Nachweis, daß Dipenten beim Kochen mit Camphenhydrochlorid freies Camphen erzeugt. Ferner wurde nachgewiesen, daß Dipentendihydrobromid und Camphenhydrobromid in analoger Weise beim Erhitzen mit Pinen, unter Abgabe von Bromwasserstoff und Addition an diesem, zerlegt werden. Auch aus Dipententetrabromid tritt dieselbe Abspaltung, jedoch nur unvollständig ein.

Es ist noch hervorzuheben, daß Pinen, unter noch bezüglich der günstigsten Bedingungen dieser Reaktion klarzulegenden Umständen, beim Erhitzen mit Anilinsulfat z. T. in Borneol übergeht, also eine Umwandlung erleidet, die in technischer Hinsicht wichtig sein könnte, woran wir auch zurzeit arbeiten.

Wenn man nicht von vornherein gewußt hätte, daß Pinen usw. bei diesen Reaktionen zugegen waren, so wäre die Vorstellung leicht entstanden, daß eine Base diese Umwandlungen der Terpenhydrochloride bzw. -bromide bewirkt hätte. Dies beleuchtet seinerseits den herrschenden Mangel an Klarheit, sogar bezüglich unserer am meisten elementaren

[1]) Die Resultate der ersten Versuche wurden am 10. März 1915 der finnischen Chemikergesellschaft als vorläufige Mitteilung vorgelegt und am 20. Dezember desselben Jahres in ihren „Meddelanden" [24 (1915)] sowie in der Zeitschrift „Teknikern" [25, 127 (1915)] publiziert. Nachdem ich dann am 13. desselben Monats von den Herren Kondakow und Saprikin einen im Juli an mich gesandten Separatabdruck aus Dorpat empfangen hatte (während des Krieges wurden ja Broschüren in Rußland für etwas sehr Verdächtiges gehalten) habe ich meine bis dahin gefundenen Resultate unter der obigen Rubrik publiziert (F. Vet.-Soc. ns Förh. 58 A, Nr. 19, S. 1—9 [1915—1916]), die jetzt ganz kurz referiert werden sollen. Meine Absicht war, dieselben weiterhin zu ergänzen, was jedoch, trotz des Interesses der Frage, erst vor einiger Zeit realisiert wurde. Kondakow soll auch später weiteres in einer französischen Zeitschrift veröffentlicht haben, deren Resultate mir aber unbekannt geblieben sind.

und wichtigsten Begriffe, derjenigen über Basen, Säuren und Salze. Hierüber hat sich auch VORLÄNDER[1]), aber aus anderen Gründen, kurz vor unserer hier berührten Arbeit, nämlich in seiner Schrift: „Was sind Basen und Säuren?" geäußert. Es ist meiner Ansicht nach der in der älteren Auffassung vorhandene Begriff von der „ungesättigten Natur" bzw. die darauf beruhende Additionsfähigkeit der Amine, worauf ihre angeblich basischen Eigenschaften im trocknen Zustande beruhen sollen, ebenso wie es die Ungesättigtkeit ist, welche z. B. das Pinen und die anderen von uns untersuchten Terpene, nämlich Nopinen, Δ^4-Caren und Dipenten, befähigt, ohne Basen zu sein, die Abspaltung von Halogenwasserstoff aus den Hydrohalogeniden bzw. aus den entsprechenden Salzen geeigneter Amine hervorzurufen.

Auf die Geschwindigkeit und relative Vollständigkeit der Reaktion wirken selbstverständlich thermochemische Faktoren ein. Den Grund hierfür, daß z. B. gerade Pinen und Nopinen diese abspaltende Wirkung für Halogenwasserstoff ausüben, hat man in den erheblichen latenten Wärmemengen zu suchen, die diese Terpene in ihren Molekülen einschließen und die bei der Bildung des resultierenden Pinenhydrochlorids (Bornylchlorids) abgegeben werden.

Was die Terpene nach obigem betrifft, läßt sich wohl auf andere ungesättigte Körper übertragen, womit wir wieder seit einiger Zeit beschäftigt sind.

Indem ich auf die angegebene Literaturstelle bezüglich der ausgeführten Versuche hinweise, seien in der folgenden Tabelle die quantitativen Versuche über die Einwirkung von Pinen auf Dipentendihydrochlorid veranschaulicht:

Versuchs-Nr.	Pinen	Dipentendihydrochlorid	Temperatur	Zeit der Einwirkung in Stunden	Verseifbares Chlorid (Dipentenhydrochlorid) in %	Unverseifbares Chlorid (Pinenhydrochlorid) in %	Bemerkungen
2a	2 Mole	1 Mol	180—190° im Paraff.-bade	4	24,98	75,02	Fp. des isolierten Pinenhydrochlorids 129—130°; *Cl*-Geh. desselben 20,54%
2b	,,	,,	,,	8	15,13	84,87	
3a	,,	,,	17—18°	24	100,00	0,00	
3b	,,	,,	,,	168	,,	0,00	
4a	,,	,,	,,	Sofort nach dem Mischen	etwa 100	,,	
4b	,,	,,	Auf siedendem Wasserbade	7	,,	,,	
4c	,,	,,	,,	24	,,	,,	
4d	,,	,,	,,	50	,,	,,	
4e	,,	,,	,,	72	99,52	0,48	
4f	,,	,,	,,	168	97,95	2,05	

[1]) Journ. pr. Chem. [2] 87, 84 (1913).

β) Ungesättigte bicyclische Verbindungen

Bicyclische Terpene und Analogen

Kapitel 15. Santen, ein niederes Terpenhomologe

Verschiedene, unsererseits untersuchte, Santenderivate sind oben (S. 139ff.) behandelt worden, nämlich die aus Santenon, $C_9H_{14}>CO$, erhaltenen Santensäuren (Kap. 7, Moment C), $C_7H_{12}(CO_2H)_2$, ferner das Santenhydrochlorid, $C_9H_{15}Cl$, die Santenole, $C_9H_{15} \cdot OH$, sowie das Santenon selbst (Kap. 10, Mom. A). Zusammen mit diesen wurde auch die von J. PALMÉN[1]) festgestellte Struktur des Santens und seiner Verbindungen berührt. Hier erübrigt es sich hauptsächlich nur die Reinigung und die weitere Charakterisierung des Stammkohlenwasserstoffs hinzuzufügen. Es sei jedoch folgendes im voraus angegeben.

Santen wurde von MÜLLER[2]) im Vorlauf des ostindischen Sandelholzöles entdeckt. Später fand ich ihn im sibirischen Fichtennadelöl[3]), in einer Menge von etwa 4% und zusammen mit Camphen und Pinen. Es wurde auch sonst in der Natur, nämlich als ein im Terpentinöl der meisten Pinusarten, obwohl spärlich vorhandenes biologisches Produkt nachgewiesen. Wie Camphen, unterliegt Santen[4]) bei der BERTRAM-VALBAUMschen Reaktion einer Umlagerung, so daß die Kerngruppierung desselben in eine andere von Campherartigem Bau übergeht, doch mit dem Unterschied, daß statt der zwei Methylgruppen in der zentralen Kernbrücke des Camphers nur ein Methyl hier erscheint:

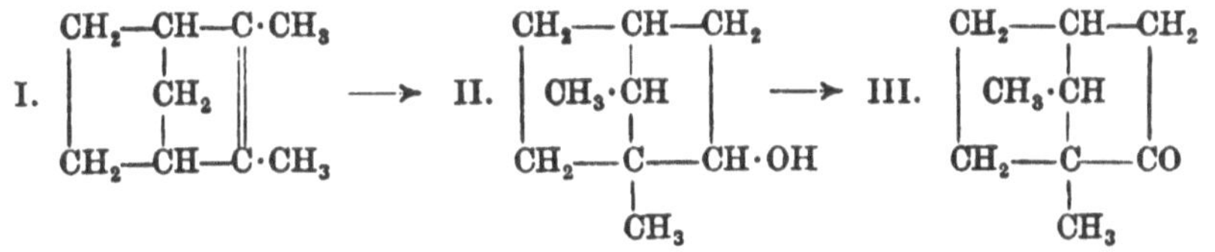

Aus Santen (I) wird also α-Santenol II, das dem Isoborneol entspricht, erhalten, und bei der Oxydation von diesem entsteht das dem Campher entsprechende Santenon III, worin auch eine Methylgruppe weniger vorhanden ist. Aus Santenhydrochlorid entsteht bei der Einwirkung von Alkalien ein dem Camphenhydrat entsprechender isomerer Alkohol, das Santenhydrat oder β-Santenol[5]) (vgl. Kap. 10, Moment A).

A. Die Reinigung des Santens und seine physikalischen Konstanten

3 Liter unter 155° siedender Vorläufe des sibirischen Fichtennadelöls ergaben nach längerem Fraktionieren folgende, unterhalb 145° siedende Fraktionen[6]):

---

[1]) Inaug.-Diss. (Helsingfors 1914); bezüglich Santen in dieser Abhandlung vgl. S. 31 bis 54, 71—106, 115—118. — [2]) Arch. Pharm. 238, 366 (1900). — [3]) ASCHAN, Ber. 40, 4918 (1907); F. Vet.-Soc. ns Förh. 53A, Nr. 8, S. 1—33 (1910). — [4]) ASCHAN, Ibid., S. 8 und Ber. 40, 1092 (1908). — [5]) ASCHAN, Ber. 40, 4919 (1908); F. Vet.-Soc. ns Förh. 53A, Nr. 8, S. 1—33 (1910). — [6]) Ibid., S. 5.

Fraktion	Gewicht in g	α_D	d_4^{15}	$[\alpha]_D$	n	$\frac{n^2-1}{n^2+2}\cdot\frac{1}{d}$	MR
110—128°	12	—	—	—	—	—	—
128—135°	35	— 0,22°	0,8647	— 0,25	1,45958	0,31651	—
135—138°	41	— 0,33°	0,8736	— 0,38	1,46351	0,31558	—
138—139°	137	— 0,23°	0,8724	— 0,26	1,46726	0,31823	38,82
139—140°	841	— 0,21°	0,8735	— 0,24	1,46878	0,31872	38,88
140—141°	127	— 1,12°	0,8726	— 1,28	1,46804	0,31862	38,87
141—142°	112	— 2,10°	0,8770	— 2,39	1,46652	0,31614	38,56
142—143°	24	— 3,91°	0,8928	— 4,38	1,47095	0,32032	39,08
143—144°	24	— 4,03°	—	—	—	—	—
144—145°	7	— 5,33°	—	—	—	—	—
Über 145°	732 g, woraus 356 g bei 154—158° siedendes Pinen.						

Der Siedepunkt des Santens liegt daher, wie MÜLLER angegeben hat, bei 139—140° (unkorr.); $d^{15}/_4 = 0{,}8735$. Der Molrefraktion nach wären auch die Fraktionen 138—139° und 140—141° fast vollständig reines Santen. Außerdem scheint, dem Siedepunkt nach, ein bei 150—152° siedendes, noch nicht isoliertes Terpen (Cyclen?), in einer Menge von 115 g auf 3 Liter Rohsanten, vorzuliegen. Die Molrefraktion der genannten drei Hauptfraktionen (MR im Mittel 38,87) stimmt mit dem berechneten Wert 38,93 sehr genau überein. Santen ist daher ein bicyclischer Kohlenwasserstoff mit einer Doppelbindung. Der Geruch ist nicht angenehm, etwas schimmelig. Die früher nachgewiesene unbedeutende Aktivität $[\alpha]_D = -0{,}24°$, rührt aus einer Verunreinigung her, denn PALMÉN erhielt bei wiederholtem Fraktionieren über Natrium ein inaktives Präparat.

B. Einige Anregungen und Ergänzungen zum Kapitel 15

Außer den bei den Santensäuren geäußerten diesbezüglichen Bemerkungen sei noch folgendes über den Kohlenwasserstoff selbst mitgeteilt.

Zunächst wäre festzustellen, ob Santenhydrochlorid, wie das des Pinens (S. 190, bzw. Camphens, vgl. Kap. 14), ein tertiäres Hydrochlorid, $C_9H_{15}Cl$, darstellt, das bei niedriger Temperatur beständig, bei höherer in ein anderes umgelagert wird, und zwar, da das daraus gewonnene β-Santenol oder Santenhydrat (s. oben) sicher tertiär ist. Auch die leicht eintretende Abspaltung von Chlorwasserstoff zeigt dies unter Regenerierung von Santen an. Ferner sollte beobachtet werden, ob bei der Santenhydratbildung auch ein dem Methylcamphenilol in der Camphenreihe entsprechender isomerer Alkohol auftritt.

Da Santenon dem Camphers entspricht, sollten daraus teils höher homologe Alkohole durch Grignardierung, teils die aus diesen durch Wasserabspaltung darstellbaren, homologen Santene dargestellt werden. Wegen der Analogie mit dem Borneol wären Versuche, das α-Santenol durch Erhitzen mit Natrium in Xylol u. dgl. in einen isomeren Alkohol zu verwandeln, von einigem Interesse. Die Oxydation von α- bzw. β-Santenol zum Santenon zurück fehlt unseren Informationen nach auch noch.

Durch weitere Untersuchungen wären zur Erhärtung der obigen Santenformel sowie des Mechanismus der Pinakolinumlagerung beim Übergang von dem Santen- in den Santenol- bzw. Santenontypus, soweit möglich zu ermitteln. Die entsprechende Rückverwandlung, ähnlich wie bei den Typen Campher ⇄ Camphen, scheint nicht ausführbar zu sein.

Kapitel 16. Terpene vom Camphentypus: Camphen und höhere Homologe

A. Camphen

Wegen der erheblichen Ähnlichkeit wird hier das im vorigen mehrmals erwähnte Camphen (III) gleich nach seinem niederen Homologen Santen (I) und zum Vergleich mit dem isomeren Bornylen (II) (vgl. S. 165 bzw. 204ff. und Kap. 13), vorgeführt:

I. 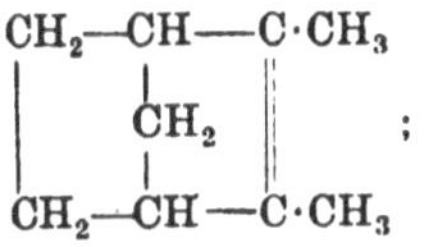 ; II. 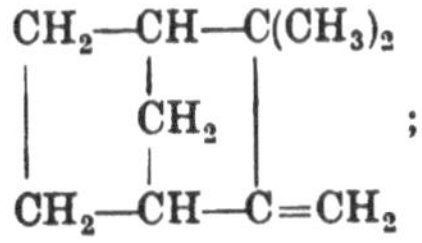 ; III. 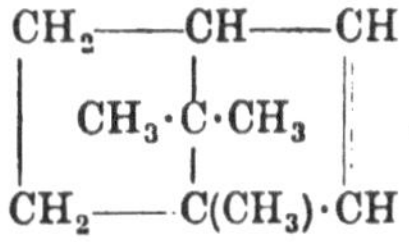 .

Aus unseren Erfahrungen von der Technik, aus in deutscher Sprache nicht publizierten Untersuchungen, werden hier nur die wichtigsten mitgeteilt.

1. Camphen als Naturprodukt

Camphen kommt in vielen ätherischen Ölen, in größeren Mengen aber nur im sibirischen Kiefernadelöl vor.

Zum Nachweis des Camphens wurde früher die weiter unten angegebene Bertram-Valbaumsche Reaktion[1]) angewandt, die auf seiner Verwandlung in Isoborneol beruht. Unsere Versuche, die quantitative Ausbeute festzustellen führte zu folgendem Resultat:

Das derart aus reinem Camphen erhaltene Isobornylacetat ergab: die Dichte d $^{15}/_{15} = 0{,}9872$ und die Drehung $\alpha_D = -0{,}66^0$. Durch Verseifen entstand ein Isoborneol, das lufttrocken bei 202—207° schmolz. Als dieser Alkohol mit Acetanhydrid und trocknem Na-Acetat esterifiziert wurde, hatte das gewaschene, mit Dampf überdestillierte und mit Natriumsulfat getrocknete Acetat, $C_{10}H_{17}\cdot O\cdot CO\cdot CH_3$, folgende Konstanten: d $^{15}/_{15} = 0{,}9878$; $\alpha_D = 0{,}59^0$; Estergehalt 98,06%. Das direkt erhaltene Acetat war folglich rein.

Zur Feststellung, wie genau Camphen in Gemischen mit anderen Körpern bestimmt werden könnte, wurde technisches Camphen wieder nach Bertram und Valbaum während 2—3 Stunden bei 50—60° unter häufigem Umschütteln behandelt (auf 100 Teile Camphen kamen 250 Teile Eisessig und 10 Teile 50%ige Schwefelsäure), und der Ester wurde nach dem Auswaschen bis auf Neutralität und Trocknen mit Na-Sulfat mit alkoholischem Kali verseift. Nach 1 Stunde war der Estergehalt 95,2%, nach 1½ Stunde 95,95%. Camphen geht folglich ziemlich quantitativ in den Ester über. Nachher wurden Camphenmischungen derselben Acetylierung unterzogen. Z. B. statt 25% wurden 24,27%, statt 58,9% 57,96% erhalten; dies ohne Korrektion wegen ungenügend vollständiger Esterbildung, für die Fehler der obigen Acetatmethode. Wenn diese Korrektion in Betracht gezogen wird, so erhält man bei der Methode ein ziemlich zuverlässiges Resultat.

Camphen kommt fast immer in der Natur neben Pinen vor. Um den Camphengehalt in einer derartigen Mischung nachzuweisen, wurde folgender quantitativer Nachweis ausgearbeitet:

---

[1]) Vgl. Aschan, Chemie der alicyclischen Verbindungen, S. 998, (1905).

Ein Gemisch von 40% Pinen und 60% Camphen war bei kräftigem Umrühren mit 50%iger Schwefelsäure noch nicht nach 5 Stunden vollständig von Pinen befreit. Eine gleiche Mischung wurde in gleicher Weise 12 Stunden lang mit 60%iger Schwefelsäure behandelt. Nachher war das Camphen von jeder Spur Pinen befreit; es wurden nach dreimaliger Fraktionierung die Hälfte des festen Camphens zurückgewonnen.

Folgendes Beispiel aus der Praxis zeigt das reichliche Vorkommen des Camphens im sibirischen Fichtennadelöl, das früher, wenigstens zeitweise, als Rohmaterial für die Campherdarstellung empfohlen worden ist, da es auch große Mengen l-Bornylacetat enthält.

Beim Destillieren des niedrig, bis 180° siedenden Anteils ($d^{15}/_{15} = 0,8745$, $\alpha_D = -42,5°$, Esterzahl 15,65, was 5,48% Bornylacetat entspricht) wurden folgende Fraktionen aufgenommen:

bis 158°: 13,5%; $\alpha_D = -37,64°$[1]),	165—170°: 12,5%; $\alpha_D = -42,45°$,
158—162°: 35,5%; $\alpha_D = -46,25°$,	170—180°: 3,0%; $\alpha_D = -$ — ,
162—165°: 23,5%; $\alpha_D = -48,52°$,	Rückstand: 12,0%; $\alpha_D = -26,95°$.

Daraus folgt, daß der Gehalt an Pinen etwa 10%, an Camphen etwa 35%, an anderen Terpenen ungefähr 35%, an Bornylacetat 5—6% beträgt. Beim kräftigen Umrühren mit 60%iger Schwefelsäure wurde das Pinen von den bis 165° übergehenden Anteilen, 72,5% der ganzen Menge 445 g entfernt. Nachher erhielt man aus den Fraktionen 159—163° 215 g oder etwa 45% der ursprünglichen Menge an festem Camphen.

2. Camphen als technisches Produkt bei der Campherfabrikation

Zu dem im Kap. 12 hierüber Genannten sei hier nur erwähnt, daß bei der Abspaltung von Chlorwasserstoff aus Pinenhydrochlorid

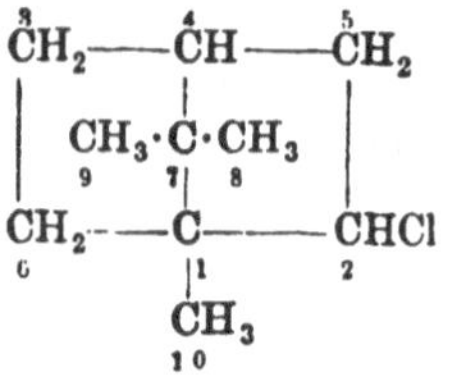

ein Gemisch von sämtlichen theoretisch herleitbaren Terpenkohlenwasserstoffen entsteht, wenn sich das Chloratom in der Stelle 2 mit dem Wasserstoff verbindet, nämlich:

1. Camphen, unter doppelter Pinakolinumlagerung;
2. Bornylen, wenn Chlor in 2, mit Wasserstoff in 5 reagiert;
3. Cyclen, „ „ „ 2 „ „ „ 6 „
4. Dipenten, „ „ „ 2 „ „ „ 8 „

im letzten Falle unter Aufspaltung der Bindung 1—7. Daneben werden fünf verschiedene Fenchene aus dem Fenchenchlorid gebildet, das aus einer anderen Pinakolinumlagerung[2]) hervorgeht, wenn Chlorwasserstoff an die doppelte Bindung des Pinens angelagert wurde (vgl. S. 150 und im Kap. 19).

Wenn festes Pinenhydrochlorid mit Natriumstearat auf 200—220° erhitzt wird, entsteht daher ein Gemenge, worin Camphen (Siedep. 158—160°) stark überwiegt. Es wird nachher durch Kolonnendestillation von den übrigen Terpenen getrennt, von denen 2 und 3, sowie die Fenchene unterhalb 154°, während

[1]) Hierin ist Santen vorhanden [ASCHAN, Ber. 40, 4918 (1907))]; vgl. auch oben Kap. 15. — [2]) ASCHAN, Ann. 387, 30 (1911).

4 (Dipenten) sowie seine Umwandlungsprodukte, Terpinen und Terpinolen (?) über 170° sieden. Das feste technisch dargestellte Camphen enthält fortwährend in geringer Menge Cyclen (Siedep. etwa 152°) und Bornylen (Siedepunkt 149—150°). Der größte Teil derselben sowie die Fenchene sind in dem bis 154° siedenden Camphenvorlauf vorhanden und sind, wie später gezeigt wird, daraus, wenn auch unvollständig, abscheidbar.

3. Die Einheitlichkeit und die physikalischen Konstanten des Camphens

wurden durch Oxydation folgender Camphenproben von verschiedener Herkunft festgestellt.[1]) Aus dieser eingehenden Untersuchung ging hervor, daß nur ein einziges strukturell einheitliches Camphen vorliegt. Dagegen existieren, wegen der Aymmetrie des Camphenmoleküls, d-,l- und d,l-Camphen.

Die Oxydation der sieben sorgfältig gereinigten Proben wurde mit alkalischer Kaliumpermanganatlösung ausgeführt. Diese Proben waren: I. Technisches, bei der Campherdarstellung angewandtes Camphen; II. und III. Camphen aus Isoborneol und aus natürlichem l-Borneol; IV. ein Präparat einer chemischen Firma; V. Camphen aus sibirischem Fichtennadelöl (s. oben); VI. umkrystallisiertes technisches Camphen; VII. Camphen aus dem festen im großen dargestellten Pinenhydrochlorid von griechischem Pinen.

Die folgende Tabelle zeigt einige physikalische Eigenschaften der Proben sowie die Resultate der Oxydation, wobei Camphensäure das Hauptprodukt ist, während Camphenglykol und Camphenylsäure regelmäßig in kleinerer Menge auftreten (Kap. 8, S. 96); die Zahlen bedeuten Gramm aus 100 g der Camphene:

Camphen	Schmelzpunkt der Camphensäure	$[\alpha]_D$ bei den Camphenen	Camphensäure	Camphenglykol	Camphenylsäure	Andere wasserlösliche Säuren	Camphenilon
I	134—135°	+ 11,37	64,0	8,0	5,8	5,0	1,20
II	134,5—135,5°	0	65,0	6,7	5,6	6,5	1,68
III	131,5—132,5°	— 63,70	71,6	6,6	6,8	4,6	1,60
IV	135—136°	0	70,4	10,4	5,4	6,8	Spuren
V	136°	0	81,7	5,4	6,3	9,1	2,60
VI	134,5—135,5°	+ 9,37	64,2	8,4	6,8	5,7	1,40
VII	135,5—138°	+ 59,27	81,1	10,4	6,9	6,5	Spuren

Wie ersichtlich, ist die Variation der Camphensäuremenge unbedeutend, dagegen für die anderen Reaktionsprodukte im allgemeinen gering, was in Anbetracht der Bestimmungsmethode für die vielen ungleichartigen Produkte zufriedenstellend ist.

Vollständig reines Camphen[2]) wurde durch wiederholtes Umkrystallisieren aus Pyridin- und acetonfreiem Methylalkohol erhalten, und zwar stellte das eine technisches Camphen (A) aus wenig aktivem Pinenhydrochlorid von amerika-

[1]) Aschan, Ann. 383, 39, 49 (1911). — [2]) Ann. 398, 299 (1913).

nischem Terpentinöl, das andere (B) von dem Hydrochlorid aus stark aktivem griechischen Terpentinöl ($[\alpha]_D = + 43{,}8^0$) dar. Ihre Konstanten waren:

A. Siedep. 159,5—160⁰ (unkorr.); Schmelzp. 41,5⁰ $[\alpha]_D^{20} = + 12{,}85^0$ (in 10,2%iger Benzollösung).

B. Siedep. 158—159⁰; Schmelzp. 42,5⁰; $[\alpha]_D^{20} = + 72{,}61^0$ (in 50%iger Benzollösung).

Die beim Umkrystallisieren bei etwa + 6⁰ erhaltenen Proben stellten federförmige Krystalle dar, deren Schmelzpunkte bei einer neuen Operation nicht verändert wurden. Bei erneuter Destillation wurde der bei 158—159⁰ siedende Teil aufgenommen, der dann über Natrium im Vakuum rektifiziert wurde, was nötig war, weil ein an der Luft destilliertes Camphen viel Gas aufnimmt, das beim Erstarren den zentralen Teil auftreibt und z. T. als Perlen in der zähen Schmelze zurückbleibt; diese brauchten sogar 6 Jahre, bevor sie durch die 12 cm hohe Schicht bis auf die Oberfläche gelangten.

Aus reinem Camphen sublimierten, unter jahrelangem Aufbewahren, große, wohlausgebildete Krystalle, bis auf eine Länge von 1½ cm; sie lassen sich zwischen den Fingern leicht zerdrücken, ohne daran zu kleben.

Die durch erneutes Krystallisieren und Umdestillieren über Natrium gereinigten Proben zeigten folgende Eigenschaften:

A. Siedep. 158—158,5⁰; Schmelzp. 43—43,5⁰; $\alpha_D^{16} = +3{,}16^0$; $[\alpha]_D^{16} = +17{,}95^0$; ($p = 20{,}025\%$ in Benzol, mit $\alpha_{16} = 0{,}8791$); d_4^{50} für das Camphen selbst $= 0{,}8486$; $n_D^{50} = 1{,}146048$, woraus $MR_D^{50} = 43{,}98$.

B. Siedep. 157,2—157,9⁰ (742 mm); Schmelzp. 46—47⁰; $\alpha_D^{20} = + 32{,}50^0$ ($p = 50{,}065\%$ in Benzol, mit $d_{18} = 0{,}8708$), woraus $[\alpha]_D^{20} = +74{,}55^0$; d_4^{50} für das Camphen selbst $= 0{,}8446$; $n_D^{50} = 1{,}4564$), woraus $MR_D^{50} = 43{,}85$; berechnet für Camphen mit semicyclischer Bindung 43,91.

Diese Untersuchung war also der Beweis für die Wagnersche Formel II (s. oben, S. 203).

4. Die Campherbereitung aus Camphen

Diese technisch wichtige Operation wurde schon mehrmals im vorigen behandelt (Kap. 11, S. 151, sowie in dem technischen Kap. 12, S. 163ff.), worauf hingewiesen wird.

Für die Campherbildung aus Camphen im kleinen, die zur analytischen Bestimmung für die Arbeit im großen verwendet wird, sei folgendes, in der Praxis angewandtes genaues Verfahren empfohlen: 133 g $Na_2Cr_2O_7$, 317 g als 100%ig berechnete Schwefelsäure und 2220 g Wasser werden aufgelöst, und daraus 1800 ccm auf 100 g Camphen gebraucht. Die Oxydation wird in einem 3-Liter-Kolben aus Jenaer Glas auf dem Wasserbade ausgeführt. Wenn eine Temperatur von 90⁰ erreicht ist, wird das geschmolzene Camphen zugegeben und nunmehr kräftig umgerührt. Nach einigen Stunden setzt sich fester Campher ab; die eventuell in den Kolbenhals sublimierten Anteile werden mittels des Thermometers mit dem Oxydationsmittel in Berührung gebracht. Man prüft mit Wasserstoffperoxyd und Äther auf Chromsäure und gibt gegebenenfalls noch eine kleine Menge von derselben hinzu, damit sie noch nach 6—8 Stunden, wenn die Oxydation als beendigt betrachtet werden kann, vorhanden ist. Der Rohcampher wird abgesaugt und in Sodalösung aufgeschlämmt. Nach Waschen auf dem Filter saugt man die Masse möglichst trocken ab. In der grünen Mutterlauge wird die Chromsäuremenge titriert, um den Verbrauch von Sauerstoff festzustellen.

Um die Rolle der Chromsäure zu ermitteln, habe ich die früher nicht publizierten Versuche in folgender Richtung ausgeführt.

Übergießt man trockenes Chromtrioxyd mit wasserfreiem Äther, so löst es sich ohne Dunkelfärbung auf. Hat man aber vorher in den Äther eine dem Molgewicht genau entsprechende Wassermenge zugegeben (1 g CrO_3, 0,18 g Wasser und 10 g absoluter Äther wird angewandt), abgekühlt und nachher das Camphen allmählich eingeführt, so entsteht jedesmal eine dunkelbraune Flüssigkeit, die jetzt in dem Äther aufgelöst wird; daß dieser eine gelbbraune und nicht die hellgelbrötliche Farbe der Chromsäure annimmt, scheint mir eine Andeutung für die Bildung einer Oxoniumverbindung (vgl. unten S. 208) zu sein. Diese setzt sich sogar bei den späteren Zusätzen an den Gefäßwänden unter dem Äther ab. In der Kälte scheint die dunkelbraune Camphenverbindung unbegrenzt haltbar zu sein. Bei der Analyse konnten jedoch Zahlen, die auf eine einfache Additionsverbindung der Komponenten hindeuteten, bisher nicht erhalten werden. Der Körper wird nur teilweise in Soda gelöst, während der größere Teil in Camphen und Chromsäure zerfällt. Wird er längere Zeit mit Schwefelsäure gekocht, so tritt Campher auf, was folglich als ein Oxydationsvorgang aufgefaßt werden muß. Unmöglich ist es nicht, daß eine derartige Chromsäureverbindung vorübergehend in der sauren Chromlauge bei der älteren Methode der Campherfabrikation entstehen könnte. Eine ähnliche Substanz aus Camphen und Chromsäure tritt auch in Eisessig auf.

Auch bei dem Zusatz von in Äther aufgelöstem Isoborneol zu der obigen Lösung von Diäthyloxoniumchromat, $\genfrac{}{}{0pt}{}{C_2H_5}{C_2H_5}{>}O{<}\genfrac{}{}{0pt}{}{H}{O\cdot CrO_2\cdot OH}$ (vgl. auch unten das entsprechende Sulfat, S. 208 sowie 159), fällt sofort ein brauner, fast krystallinischer Niederschlag aus, der sich in Sodalösung mit gelber Farbe auflöst. Der Körper wäre vielleicht als Diäthyloxonium-bornyl-chromat, $\genfrac{}{}{0pt}{}{C_2H_5}{C_2H_5}{>}O{<}\genfrac{}{}{0pt}{}{H}{O\cdot CrO_2\cdot O\cdot C_{10}H_{17}}$, aufzufassen. Auch könnte es mit der obigen Camphenverbindung identisch sein.

B. Allgemeine Methode zur Hydroxylierung ungesättigter Kohlenwasserstoffe vermittelst einer Diäthyloxoniumverbindung

Schon längere Zeit habe ich Äther als Katalysator bei der Chlorwasserstoffaddition an Terpenen und anderen ungesättigten Kohlenwasserstoffen benutzt, u. a. bei der Darstellung von tertiärem Pinenhydrochlorid[1]) sowie den mono- und di-Hydrochloriden des Dipentens, von Sylvestrendihydrochlorid[2]), von Camphen-[3]) Isopinen-[4]), Cyclofenchen-[5]), α-Pinolen-[6]), Santen-[7]), Trimethyläthylen-[8]), Isopren- (Mono- und Di-)[9]) -hydrochloriden usw.

Im Jahre 1918—1919 fand ich eine neue Methode für Anlagerung von Wasser an ungesättigte Kohlenwasserstoffe auf, nach welcher man Alkohole, ohne Umlagerung des Kerns, erhalten ~~konnte~~, was aber bei der Methode

[1]) F. Vet.-Soc. ns Förh. 57 A, Nr. 1, S. 7, 8 (1914—1915). — [2]) Bisher unveröffentlicht. — [3]) Ann. 410, 229 (1914). — [4]) F. Vet.-Soc. ns Förh. 51 A, Nr. 9, S. 7 (1908 bis 1909). — [5]) Ann. 387, 37 (1911). — [6]) Ibid., S. 38. — [7]) Ber. 40, 4922 (1907); F. Vet.-Soc. ns Förh. 53 A, Nr. 8, S. 7 (1910—1911). — [8]) Ibid. 58 A, Nr. 1, S. 25 (1915—1916). — [9]) Ber. 41, 1303 (1918).

von BERTRAM-VALBAUM stattfindet. Dies ist nämlich durch Anwendung des bis dahin unbekannten Diäthyloxoniumsulfats, $\begin{matrix}C_2H_5\\C_2H_5\end{matrix}\!>O<\!\begin{matrix}H\\O\cdot SO_2\cdot OH\end{matrix}$, als Wasserüberführer[1]) realisierbar, und dessen Verwendung schon im Kap. 11 kurz erwähnt wurde (vgl. unten u. S. 158). Es konnte nachgewiesen werden, daß eine wirkliche Verbindung, ein dickes Öl mit der oben angegebenen Zusammensetzung mehrere Wochen lang existiert, obwohl sie im Vakuum über konz. Schwefelsäure, teils Äther abgibt, teils in Äthylalkohol und Äthylschwefelsäure sehr langsam zerfällt.

Zur Hydratisierung werden die Äthylenkohlenwasserstoffe in das aus Schwefelsäure-Monohydrat und Äther frisch dargestellte Reaktionsprodukt eingeführt. Überschüssiger Äther läßt sich auch zur Verminderung der Viskosität in einigem Überschuß unter Kühlen und Schütteln anwenden. Nach einiger Zeit, eventuell unter Kühlung mit Eiswasser, falls die Temperatur, wie bei Pinen und Nopinen u. a. exothermischen Körpern, gesteigert würde, wird das Produkt in überschüssige Sodalösung eingetröpfelt. Es löst sich dabei — ein Zeichen auf die Umsetzung — mit Ausnahme des Äthers, worin ein Teil des zugesetzten Kohlenwasserstoffs und Kondensationsprodukte aus diesem (wie Diterpene) gelöst bleiben. Die Reaktion läßt sich durch folgendes Schema darstellen:

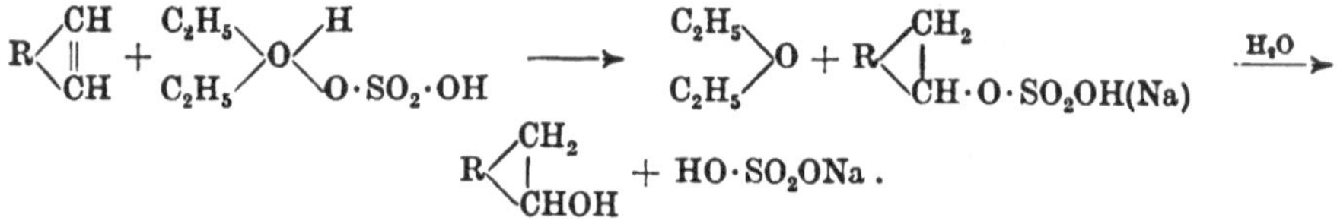

Diese normale Umsetzung ist nicht selten unvollständig. Zuweilen findet eine Wasserabspaltung bei der Sodabehandlung wieder statt. Entweder wird der Kohlenwasserstoff zurückgebildet, wenn die entsprechenden Alkohole leicht Wasser abspalten, oder ein Isomeres entsteht, wie beim Dipenten bzw. anderen Inversionsprodukten des Pinens und Nopinens, und außerdem Di- und Polyterpene. Bei den beständigen Alkoholen, wie Camphenhydrat aus Camphen oder Santenol aus Santen, treten diese in größerer Menge auf, auch hier neben kleinen Mengen Camphen, Santen oder Diterpenen. Aus Terpineol bildet sich Dipenten usw. Beim Trimethylenäthylen tritt aber das dimere Diamylen in fast reiner Form auf.

Auch bezüglich Pinen und Nopinen dürfte wegen der Analogie die intermediäre Bildung von oxoniumartigen Körpern bzw. von Alkoholen kaum zweifelhaft sein, weil der Versuch, das auf anderem Wege aus Pinen entstehende Terpineol in ähnlicher Weise zu behandeln, zu denselben Endprodukten führte: Dipenten und analoge Terpene sowie viel Diterpene.

In der Diäthyloxoniumaddition hat man wahrscheinlich mit einer Methode von allgemeiner Verwendung zu tun.

Versuche mit Camphen

Um in einem Falle die Anwendbarkeit der Methode vorzuführen, sei hier das eingehend untersuchte Verhalten des Camphens angeführt.

[1]) ASCHAN, „Über Additionskatalysen mittels Diäthyloxoniumsalzen", ARRHENIUS-Festschrift. Medd. fr. Vetensk.-Akadem:s Nobelinstitut 5, Nr. 8 (1919).

a) Die Versuche mit **wasserfreiem Oxoniumreagens** fielen am besten aus. Es kam etwas mehr als 1 Molekül Schwefelsäuremonohydrat zur Anwendung. Das Camphen wurde in drei Portionen eingeführt, nachdem die Reaktionsflüssigkeit aus der Kältemischung entfernt und an der Luft etwas wärmer wurde. Da es nicht über 20° steigen darf, so kühlte man eventuell vor dem neuen Zusatz ab. Nach der letzten Zugabe von Camphen ließ man die Flüssigkeit bei gewöhnlicher Temperatur bis auf ein paar Stunden stehen, wobei keine Erhöhung entstand, und ließ sich dann in die mit fester Soda versetzte Sodalösung eintropfen. Äther und unverändertes Camphen wurden durch Erwärmen und weiterhin durch Dampfdestillation entfernt, wobei ein flüssiges Destillat (Fraktion 1) entstand. Wenn feste Produkte im Kühler erscheinen, nahm man Fraktion 2 auf, bis diese hart geworden waren; danach wurde Fraktion 3, solange noch etwas überging, aufgenommen. Die zwei letzten Fraktionen hatten den für Camphenhydrat eigenen schimmel- und fischartigen Geruch. Das Resultat war folgendes:

Tabelle 1

Versuch	Camphen-Oxonium-gemisch, gestanden	Fraktion 1 %	Fraktion 2 %	Fraktion 3 %	Schmelzpunkt der Rohprodukte	
					Fraktion 2	Fraktion 3
1	1/2 St.	13,8	41,4	44,8	88— 93°	125—126°
2	1	13,6	50,9	32,7	87— 92	134—135
3	1/4	28,3	61,9	9,1	97— 99	97— 99
4	1/4	28,0	63,3	7,9	105—110	110—115
5	2	41,2	43,6	15,3	77— 82	97—102

Auch bei den früheren Darstellungen des Camphenhydrats fiel sein Schmelzpunkt ziemlich variierend aus, wegen des Gehaltes von etwas Camphen, Isoborneol bzw. des stereomeren Methylcamphenilols (?). Schon Spuren von Feuchtigkeit erniedrigen denselben und er steigt erst durch Sublimieren auf etwa 150°. — Obwohl das Camphen aktiv war, erschien das Camphenhydrat als inaktiv.

b) Das Resultat einiger weiteren Versuche, worin die Menge des Schwefelsäuremonohydrats und die Reaktionszeit variiert wurden, ist in der Tabelle 2 angegeben:

Tabelle 2

Versuch	Angewandt: Camphen	Angewandt: Schwefelsäure	Gemisch stehen geblieben	Temperatur	Menge des Ätherextraktes	Menge des Produktes	Die Fraktionen in g: vor 156°	Die Fraktionen in g: 156 bis 190°	Die Fraktionen in g: Über 190°	Fraktionen in %: 156 bis 190°	Fraktionen in %: über 190°
6	150 g	1 Mol.	1 St.	unter 20°	15,5 g	90,0 g	9,5	29,1	42,3	32,4	47,0
7	150	2	1	„	69,3	63,5	17,8	7,7	26,5	12,1	41,7
8	23	1	1	unter 8°	3,2	11,0	1,2	5,3	3,6	48,2	32,7
9	23	2	1	„	1,9	8,5	0,15	3,75	3,4	44,5	40,0
10	23	1	8	— 15°	3,7	13,2	3,8	3,4	4,3	25,7	32,6
11	23	2	8	— 15°	5,4	9,0	0,25	5,15	2,6	56,9	28,0
12	23	3	8	— 15°	10,0	7,0	3,7	2,7	0	38,6	0

Die beste Ausbeute wurde bei gleichen Molekülen Schwefelsäure und Äther erhalten. Bei Temperaturen unter der Zimmerwärme ist die Ausbeute an dem Alkohol nach längerer Zeit kleiner.

c) **Versuche mit wasserhaltigem Oxoniumreagens.** Dieses wurde mit englischer Schwefelsäure bereitet (Versuch 13, s. unten), deren eigener Wassergehalt 1 mol etwas übersteigt, (Versuch 14) unter genauem Zusatz von noch 1 mol Wasser zu dieser Säure, sowie im Versuch 15 mit einer weiteren Zugabe von Wasser zu derselben, so daß etwas mehr als 2 mol Wasser zugegen waren. Sonst wurde gleich gearbeitet. Das Resultat geht aus der Tabelle 3 hervor.

Tabelle 3

Versuch	Fraktion 1	Fraktion 2	Fraktion 3
13	25,3%	30,0%	44,9%
14	25,5	30,0	44,5
15	23,8	29,2	47,0

Ein Wasserzusatz zum Diäthyloxoniumsulfat, bevor das Camphen zugegeben wird, vermehrt offenbar in diesen Falle die Menge des Alkohols (des Camphenhydrats).

d) Isobornylesterbildung mittels des Oxoniumreagenses (Versuch 16). 32,6 g absoluter Äther wurde unter Eis-Kochsalzabkühlung zu 43,0 g Schwefelsäure-monohydrat zugetröpfelt und 20 g Camphen in drei Portionen eingeführt. Sonst wie vorher. Nach der Auflösung des Kohlenwasserstoffs wurden 47 g Ameisensäure (95%) allmählich zugegeben. Nach 12 Stunden goß man die Flüssigkeit auf Eis, die ölige Schicht wurde etwas mehr mit Äther isoliert und in gewöhnlicher Weise gereinigt, zuletzt durch Vakuumdestillation (12 mm), wobei folgende Fraktionen erhalten wurden: bis 96° 3,1 g (15%); 96—98° 14,9 g (74,5%); Rückstand 1,4%. Die größte Fraktion bestand aus reinem Isobornylformiat.

Versuch 17, wie der vorangehende, nur war die Ameisensäure durch Eisessig (116 g) ersetzt, dessen Menge wie vorher so bemessen wurde, daß er als wasserhaltig 1 mol Wasser auf die Camphenmenge enthielt. Bei 20 mm von dem gereinigten Produkt: bis 111° 2,7 g (13,6%), bei 111—113° 14,7 g (75,5%); der Rest 1,86 g (9,3%).

Man findet, daß die Oxoniummethode, bei welcher wohl durch weitere Versuche noch vorteilhaftere Ausbeuten zu gewinnen wären, auch bezüglich der Esterbildung positive Resultate gibt.

Anhang: Homologe Camphene. Hierher gehören die früher (Kap. 10, S. 143) durch Grignardierung von Camphenilon mit Alkylmagnesiumbromiden erhaltenen Kohlenwasserstoffe.

C. Anregungen und Ergänzungen zum Kapitel 16

Das gesättigte Hydrierungsprodukt des Camphens, Hydrocamphen, $C_{10}H_{18}$, ist wenig bekannt; es sollten geeignete Substitutionsprodukte desselben untersucht werden, und ferner auch sein optisches Verhalten, durch Hydrieren der stark aktiven Camphenmodifikationen. Auch der Übergang des Camphens in Benzolkohlenwasserstoffe ist nicht bearbeitet. Von Interesse wäre eine Zersetzung unter Leiten der Dämpfe durch erhitzte Röhren.

Die Chromsäureverbindungen des Camphens bzw. der Terpenalkohole und anderer Alkohole der alicyclischen und aromatischen Reihe wären gemäß den obigen (S. 209) Andeutungen über die Oxoniummethode bereitet, was ein nicht unerhebliches Interesse darbietet.

Die im Mom. B behandelte Methode könnte weiterhin auch zur Darstellung anderer Körper als Alkohole, wie Amine, Mercaptane, Sulfonsäuren usw.

benutzt werden. Besonders dürfte die Oxoniummethode zur Darstellung von Estern derartiger, z. B. tertiärer Alkohole anwendbar sein, die Wasseradditionsprodukte leicht reagierender Kohlenwasserstoffe sind und selbst Wasser leicht abspalten. Vielleicht würden auch z. B. Sulfonsäuren und sogar gewisse unorganische Säuren für diese Esterbildung geeignet sein.

Auch die Untersuchung der Anwendbarkeit dieser Methode für ungesättigte aliphatische und aromatische Verbindungen könnte weiteres Interesse beanspruchen.

Kapitel 17. Terpene der Pinengruppe

Zu dieser Gruppe, deren Glieder hauptsächlich durch die mittels trocknen Chlorwasserstoffs bewirkten Bildung des altbekannten Pinenhydrochlorids (Bornylchlorids) charakterisiert werden, dieses zur Camphergruppe gehörigen Umlagerungsproduktes, gehören am nächsten Pinen selbst und Nopinen:

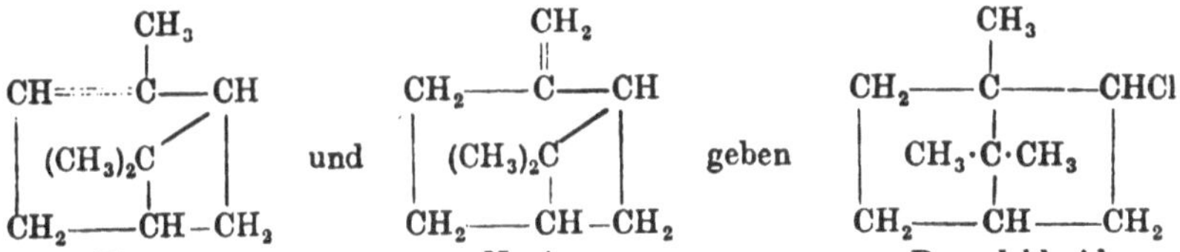

Pinen Nopinen Bornylchlorid

Sämtliche Pinusarten enthalten Pinen, das wegen seiner riesig großen Bildung im Pflanzenreich das wichtigste Terpen darstellt. Nopinen wird nur in einigen Arten dieser Gattung erzeugt.

Das als Sekret in dem ausgeflossenen Balsam neben großen Mengen von Harzsäuren vorhandene Terpentinöl siedet hauptsächlich zwischen 154—180°. Der über 170° siedende Teil enthält monocyclische Terpene, mit Dipenten (den Limonenen) als gewöhnlichsten Vertreter. Am niedrigsten siedet die Hauptmenge, das eigentliche Pinen zum größten Teil bei 154,5 bis 157°. Zwischen 157 und 170° gehen weiterhin bedeutende Mengen über, die in einigen Fällen, z. B. in den nordeuropäischen Terpentinölen und den daraus in den Destillationsöfen für das kienige Holz durch Überhitzung veränderte Kienöl mehr als die Hälfte des Terpentinöls betragen; von der Mitte der 90er Jahre an, als ich meine ersten systematischen Fraktionierungen ausführte, hatte die Natur der darin vorhandenen Terpene ein schwer erklärliches Rätsel dargestellt, das erst jetzt völlig aufgeklärt wurde. Während Nopinen darin vollständig fehlte, waren nicht weniger als drei weitere Terpene vorhanden, die nicht bei fortgesetzter Fraktionierung zum Verschwinden gebracht werden konnten.

Wie sich herausgestellt hat und schon im Kap. 9, S. 121 ff., angegeben, enthält das als Nebenprodukt bei der Sulfatcellulosebereitung auftretende „Sulfatterpentinöl" ein bei etwa 163—166° siedendes, von mir später als „Pinonen" bezeichnetes Terpen[1]), während das gleich siedende Nopinen hier und überhaupt in dem „nordischen" Terpentinöl völlig fehlte. Das Pinonen

[1]) Vgl. Teknikern 25, 311 (Helsingfors 1915).

ist nunmehr mit dem von SIMONSEN[1]) in Andropogon Iwarancusa Jones zunächst aufgefundenen, mit Sylvestren verwandten Δ^4-Caren als identisch (vgl. S. 132 u. 123) festgestellt.[2])

Bezüglich der Klarstellung der ebenfalls ziemlich reichlichen Fraktionen, 158—160° und 167—170°, desselben Terpentinöls (die Fraktion 160—163° scheint ein Gemisch von dieser erstgenannten, mit dem Δ^4-Caren zu sein) war die Möglichkeit vorhanden, daß die Fraktion 158—160° aus Camphen bestände; eine frühere sowie eine jetzige Untersuchung hat dies konsequenterweise verneint. Dies geht übrigens daraus hervor, daß die fragliche Fraktion bei der Einwirkung trockenen Chlorwasserstoffs hauptsächlich Pinenhydrochlorid liefert. Da ihr Gewicht bei wiederholtem Fraktionieren nicht wesentlich vermindert wird, so ist der Schluß berechtigt, daß hierin ein mit gewöhnlichem Pinen nahe verwandtes Terpen vorliegt, das ich schon vor längerer Zeit[3]) Isopinen genannt habe. Die Feststellung seiner Konstitution war bisher nicht aufgeklärt worden; mit Chlorwasserstoff habe ich daraus Pinenhydrochlorid (Bornylchlorid), aber daneben flüssige Hydrochloride erhalten. Welche diese sind, wird eben eingehender untersucht. Schließlich stand auch die Fraktion 167—170° längere Zeit auf meinem Arbeitsprogramm und wurde Isodipren genannt. Nach einer von uns ausgeführten, neulich veröffentlichten Arbeit[2]) hat sich auch dieses als ein mit Sylvestren nahestehendes Terpen gezeigt. Es wurde mit SIMONSENS[4]) Δ^3-Caren als identisch gefunden[5]). Ich weise auch hierüber auf Kap. 9, S. 121 hin.

Da die beiden Carene gegen mäßig erhöhte Temperatur ziemlich unempfindlich sind, so sind sie auch in den Kienölen vorhanden. Daß das Balsamterpentinöl sie enthalten, ist selbstverständlich.

A. Pinen und Nopinen

1. Pinen

Dieses Terpen war oft ein Gegenstand unserer Arbeiten, die jedoch zum erheblichen Teil technischer Natur waren, weil es das Rohmaterial für die Camphersynthese darstellt.

a) Die Charakteristik des Pinens. Weil die Angaben über die beiden für seinen Nachweis wichtigsten, leicht zugänglichen Derivate, das Hydrochlorid (Bornylchlorid) und das Nitrosochlorid verschieden angegeben werden, so war es bei unseren oft umfassenden Untersuchungen nötig, sie aus den wirklichen, bei etwa 154—157° siedenden Pinenfraktionen der zugänglichen Terpentinöle darzustellen, und zwar nach der folgenden, als am meisten auch für kleinere Mengen geeigneten Verfahren:

1. Darstellung des Hydrochlorids. In 10 g mit absolutem Äther versetztem, vorher über Natrium destilliertem, Pinen wird unter Eiskühlung Chlorwasserstoff, der zwei mit konz. Schwefelsäure beschickte Waschflaschen passiert hat,

[1]) Journ. chem. Soc. **119**, 1649 (1921); **121**, 2295 (1922). — [2]) ASCHAN, Ann. **461**, 8, 21 (1928). — [3]) HJELT-ASCHAN, Lärobok i organisk kemi, 3. Aufl., S. 414 (1912); ASCHAN, 4. Aufl., S. 330 (1922). — [4]) Journ. chem. Soc. **117**, 570 (1920); **123**, 549 (1923); vgl. **121**, 2292 (1922). — [5]) ASCHAN, F. Vet.-Soc. ns Bidrag 80, Nr. 6, S. 6 (1926); Ann. **461**, 4, 17 (1928).

eingeleitet, bis das Gewicht mit 3,1 g (theoretisch 2,7 g) zugenommen hat. Nachher läßt man den Äther und überschüssigen Chlorwasserstoff über Nacht im Abzug oder Vakuum über Kalk verdunsten. Das abgeschiedene Hydrochlorid wird dreimal aus siedendem 86-proz. Alkohol umkrystallisiert und im Kalkexiccator getrocknet.

2. Darstellung des Nitrosochlorids. Je 10 g Pinen, Eisessig und Äthylnitrit werden gemischt und etwa 1,7 g Chlorwasserstoff unter Abkühlung mit Eiskochsalz eingeleitet. Die nach einigen Stunden abgeschiedenen Krystalle werden viermal durch Auflösung in wenig Chloroform und Ausfällen mit Aceton oder Methylalkohol umkrystallisiert. Bestenfalls erhält man nach dieser neuen Methode aus 100 g Pinen etwa 50 g Nitrosochlorid, während die ältere mit wäßriger Salzsäure nur 20—33 g gibt. Eigentümlicherweise liefert inaktives Pinen eine bessere Ausbeute als die stark aktiven Pinene.

Zu den Versuchen wurden Pinene aus finnischem, spanischem (stark linksdrehendem), sowie inaktiven Mischungen aus spanischem und stark rechtsdrehendem griechischem bzw. aus amerikanischem und spanischem Terpentinöl angewandt. Außerdem kam gut gereinigtes, synthetisches, inaktives Pinen nach Wallach zur Anwendung, das durch Erwärmen von 125 g Nitrosochlorid, 375 ccm Anilin und 1 Liter Alkohol im Wasserbade, in einer Ausbeute von 27 g bereitet worden war.

b) Das Resultat war folgendes:

Für 1: Sämtliche dreimal umkrystallisierten Hydrochloride schmolzen, statt der gewöhnlichen Angaben bei 125°, bei 129 bis 130°. Die Schmelztemperatur von 125 bis 126° genügt jedoch im allgemeinen.

Für 2: Sämtliche Nitrosochloride zeigten nach dem viermaligem Umkrystallisieren den Schmelzp. 113° bzw. 113—114°.

Diese Schmelzpunkte sind also für Pinen charakteristisch. Ein bloß mit Methylalkohol gut ausgewaschenes Nitrosochlorid schmilzt immer höher als 110°.

Reines synthetisches Pinen, in obiger Weise dargestellt und von Anilin gereinigt, siedet bei Anwendung von Normalthermometer und 762 mm Druck bei 154—155°, die Hauptmenge bei 155° (d_{20}^{20} = 0,8573, d_{4}^{20} = 0,8558.[1]) Das Hydrochlorid schmolz bei 130°, die Mischprobe mit einem sehr reinen Präparat aus finnischem Terpentinöl behielt diesen Schmelzpunkt.

Das reinste, von mir untersuchte Pinen war ein amerikanisches von mittlerer Rechtsdrehung. Es war an einer großen Kolonne fabrikatorisch destilliert worden: Siedepunkt in einem 0,80 cm hohen Fagerlindschen Glasperlensiederohr 154,5—156°, d_{20}^{20} = 0,8584, d_{4}^{20} = 0,8569, d_{4}^{18} = 0,8567; n_{20}^{D} = 1,466424, woraus MR = 43,91; für ein bicyclisches Terpen mit Doppelbindung und Cyclobutanring berechnet sich 43,91.

2. Nopinen

Dieses Terpen (Formel s. oben S. 211), das besonders reichlich in Ysopöl und sonst in einigen anderen ätherischen Ölen sowie im amerikanischen Terpentinöl vorkommt, ist von uns nur in bezug auf seinen Übergang in Nopinsäure untersucht worden, deren Natriumsalz in kaltem Wasser schwer löslich ist. Der Siedepunkt des Nopinens scheint etwas höher zu liegen (163—166°) als früher angegeben worden ist.

---

[1]) Der Unterschied im spez. Gewicht bei d_{20}^{20} und d_{4}^{20} bei den Pinenen beträgt bei reinen Präparaten fast immer nur etwa 0,0015, auch bei anderen Terpenen.

B. Vorlauf und Nachlauf (Isopinen) vom Pinen

1. Vorlauf

Die darin vorhandenen Kohlenwasserstoffe haben seit längerer Zeit meine Aufmerksamkeit geweckt. Beim Fraktionieren einer größeren Menge (6,700 g) von finnischem Sulfatterpentinöl (vgl. S. 130) mit der FAGERLINDschen Perlenkolonne ging vor der gewöhnlichen Pinenfraktion ein geringer, niedriger siedender Teil (252 g) über, während die Fraktion 155—157° aus 2,334 g bestand. Nach dem dritten Gang betrug die Fraktion 152,5—154° dieses Vorlaufs 265 g. Nachher wurden die niedrigsten kleinen Fraktionen weggelassen und im vierten, fünften und sechsten Gange folgende Anteile erhalten:

	4. Gang:	5. Gang:	6. Gang:
152,5—154°	50 g	60 g	68 g
154—155	89	72	31
155—160	55	58,5	91

Bei siebenmaligem Fraktionieren wurden wieder die niedrigeren Anteile mitgenommen; schließlich resultierten folgende Zahlen, die neben den gewöhnlichen physikalischen Eigenschaften (bei der Polarisation wurden 2-dm-Röhren angewandt) in folgender Tabelle angeführt werden:

Tabelle 1

Nr.	Fraktion	Gewicht in g	%	d_4^{20}	α_D	$[\alpha]_D$
1	Bis 145°	5,5	2,11	—	+ 3,5	—
2	145—151	7,5	3,50	0,8617	4,31	+ 19,97
3	151—152,5	8,5	3,98	0,8594	4,50	20,91
4	152,5—154	75,0	35,08	0,8579	4,87	22,67
5	154—155	21,0	9,83	0,8580	4,85	22,56
6	155—160	96,0	44,96	0,8586	21,88	21,58

Folglich enthält die bei 152,5—154° übergehende Fraktion einen konstant siedenden Bestandteil, dessen Menge bei fortgesetztem Fraktionieren zunahm. Die Konstante $[\alpha]_D$ zeigte ein kleines Maximum, während die Dichte ein kleines Minimum aufwies. Der Geruch war auch ein anderer als der des Pinens und erinnerte an den der tricyclischen Terpene, wie des Cyclofenchens und Cyclens. Für den Brechungsexponent und die Molrefraktion wurden die Zahlen 1,46456 und 43,76 erhalten, während MR für ein Terpen mit einer Doppelbindung und dem Cyclobutanring auf 43,91 berechnet wird.

Das Hydrochlorid schmolz nach mehrmaliger Umkrystallisierung bei 130° und das Nitrosochlorid bei 113°. Ersteres war in Chloroformlösung optisch aktiv. Der Schmelzpunkt lag etwas höher als beim gewöhnlichen Pinenhydrochlorid. Das Nitrosochlorid zeigte in Chloroform keine Drehung und hatte den von uns für den reinen Körper erhaltenen Schmelzpunkt. Ob hier nun eine weitere Modifikation des Pinens vorliegt, konnte indes nicht festgestellt werden, weil die Fraktion wahrscheinlich auch Pinen enthielt, dessen Derivate, der eventuell größeren Schwerlöslichkeit wegen, bei der Umkrystallisation vielleicht resultiert hätten.

Auch der Vorlauf des amerikanischen Terpentinöls enthält, wie ich mehrmals gefunden habe, kleine Mengen eines Kohlenwasserstoffs von demselben charakteristischen Geruch und dem zwischen 150—154° liegenden Siedepunkt. Eine systematische Untersuchung dieser Anteile fehlt bis auf weiteres, da die Isolierung des Fremdkörpers ziemlich aussichtslos ist.

2. Isopinen

Im vorliegenden Kapitel (S. 212) wurde eingangs u. a. hervorgehoben, daß die Fraktion vom Siedep. 158—160° fast aller Terpentinöle Terpene enthält, den ich schon vor geraumer Zeit[1]) den Sammelnamen **Isopinen** zuerteilt habe. Besonders wurde gefunden, daß das amerikanische Holzterpentinöl (Wood-Turpentine) bedeutende Anteile von dem obigen Siedepunkt enthalten, die bei der Einwirkung von trockenem Chlorwasserstoff zuweilen sogar mehr Pinenhydrochlorid geben konnten, als die Pinenfraktion selbst. Dies führte zu der genannten Annahme, daß ein besonderes Terpen hier vorhanden sei. Aus den Resultaten mehrerer Destillationen kann man für dieses Terpen die Konstanten d_4^{18} = auf etwa 0,8590 und MR = 43,81 extrapolieren. Für die letzteren gelangt man zu der Zahl 43,91, wenn man sie für ein Terpen mit Cyclobutanring und einer Doppelbindung berechnet.

Dem höheren Siedepunkt nach könnten in dieser Fraktion etwas größere Mengen von Camphen vorkommen. Um dies zu entscheiden, wurden 50 g der Isopinenfraktion (hier also 157—160°) nach der früher (S. 204) beschriebenen Camphenprobe mit 100 ccm 60%iger Schwefelsäure behandelt. Es wurden 14,56 g einer Fraktion 157 bis 160° wiedergewonnen, die noch nicht bei —15° bis —20° erstarrte, und folglich kein Camphen war. Dasselbe wurde ferner in der Weise bewiesen, daß der flüssige Teil, der beim Sättigen der ursprünglichen Fraktion 157—160° mit Chlorwasserstoff nach Abfiltrieren des festen Pinenhydrochlorids resultierte, 6 Stunden lang mit einem Überschuß von alkoholischem Kali gekocht wurde. Die mit Wasser ausgefällte und mit Dampf überdestillierte Menge (52 g), die nach dem zweiten Gang des Fraktionierens nur zu einer Menge von 3,45 g vor 181° überging, enthielt kein Camphen (Siedep. dieser Menge 165—181°). Die größeren über 200° siedenden Anteile erstarrten und stellten Pinenhydrochlorid dar.

Folglich scheint die Fraktion 157—160° ein Terpen zu erhalten, das zum bedeutenden Teil Pinenhydrochlorid gibt. Am nächsten würde nun die Annahme liegen, daß diesem Terpen die Formel I zukäme, während II die Pinenformel darstellt:

I. 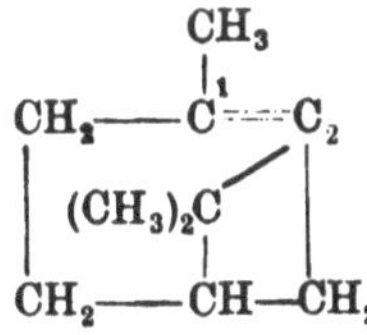 ; II. 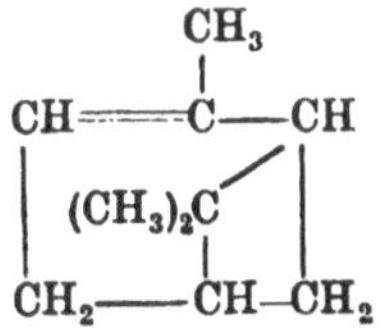 .

Ein Terpen mit quaternärem und zugleich doppelt gebundenem C-Atom erscheint a priori unbeständig. An einem Modelle tritt indes die **Spannung anscheinend nicht größer als in einem Fünfring mit einer Doppelbindung auf.** Der Vierring, dessen Ebene senkrecht gegen die Ebene des Fünfringes orientiert gedacht ist, kann für sich kaum einen größeren Spannungseffekt als eine einfache Cyclopentanbindung hervorrufen. Ein derartiges Terpen

[1]) Hjelt-Aschan, Lärobok i organisk kemi, 3. Aufl., S. 414 (1912); 4. Aufl., S. 330 (1922).

würde also eine nicht unbedeutende Beständigkeit aufweisen. Anders liegt die Sache, wenn eine, unter Einwirkung von verdünnten Säuren hervorgerufene Anlagerung von Wasser an die Doppelbindung, und eine spätere Abspaltung stattfinden würde. WALLACH[1]) hat in dem Methylnopinol einen solchen Fall behandelt und die Aufspaltung des bicyclischen Kerns festgestellt. Wenn aber das betreffende Terpenmolekül unter enzymatischer Einwirkung im Pflanzenorganismus entstanden ist, so könnte es vielleicht Beständigkeit zeigen, obwohl später die Addition von Chlorwasserstoff unter gleichzeitiger Umlagerung stattfindet.

Allerdings hat die obige Erörterung über die Formel I für das Isopinen bisher keine experimentelle Unterlage. Wir werden aber, wie auch oben angegeben, die Isopinenfraktionen noch weiter untersuchen.

C. Resultate der Destillation verschiedener Terpentinöle

Im folgenden wird das wichtigste bezüglich der durch wiederholtes Fraktionieren untersuchten Terpentinöle verschiedener Herstammung und optischer Aktivität mitgeteilt.

Es gibt eigentlich nur vier im Handel vorhandene Terpentinöle, nämlich: I. das aus dem ausgeflossenen Balsam von Pinusarten mit Dampf bereitete: Balsamterpentinöl (Gumspirits); II. amerikanisches Holzterpentinöl (Wood-Turpentine), das zurzeit in bedeutender Menge mit Dampf aus Stubben und Wurzeln ausdestilliert wird; III. Kienöl (s. oben) oder Ofenterpentinöl, das mehr oder weniger Destillationsprodukte der zerlegten Holzsubstanz und die Terpene z. T. verändert enthält; IV. Sulfatterpentinöl, das als Nebenprodukt bei der nach der Sulfatmethode dargestellten Cellulose abfällt; eine Modifikation derselben wird nach der entsprechenden Natronmethode erhalten. Die beiden letztgenannten gleichen, da sie nur mit alkalischen Flüssigkeiten in Kontakt gewesen sind, dem Balsamterpentinöl sehr. Das Sulfatterpentinöl hat jedoch ungereinigt einen unbehaglichen Geruch nach Mercaptanen und organischen Sulfiden, von denen es jedoch befreit werden kann.

1. Amerikanisches Balsamterpentinöl

Von den von uns eingehender untersuchten Terpentinölen bieten die amerikanischen erhebliches Interesse wegen ihrer großen Produktion und da es schon seit geraumer Zeit den Weltmarkt beherrscht hat. Die Resultate der Fraktionierung derselben sind in den folgenden Tabellen 2 und 3 veranschaulicht.

Hieraus ergibt sich, daß auch das direkte aus dem Balsam dampfdestillierte amerikanische Terpentinöl zum großen Teil (vgl. S. 215) bei einer Temperatur destilliert, die erheblich den Siedepunkt des Pinens übersteigt. Dies beruht selbstverständlich nicht, wie LONG vermutet, auf zugemischtem l-Pinen, sondern auf der Gegenwart eines anderen, oben als „Isopinen" bezeichneten, bei etwa 159° siedendes Terpens (S. 212). Daß eine Beimengung etwa z. T. auf

[1]) Ann. 387, 29 (1912).

Tabelle 2

Balsamterpentinöl von Schimmel & Co.
(die Probe mehrmals fraktioniert, Barometerstand 760 mm).

Fraktion in °C	Gewicht in g	d_4^{15}	$[\alpha]_D$
Terpentinöl selbst	1900	0,8673	+ 6,9
155—156	80	0,8628	+ 11,8
156—156,5	210	0,8647	+ 10,7
156,5—157	460	0,8654	+ 9,8
157—158	325	0,8662	+ 6,9
158—159	250	0,8669	+ 4,5
159—160	230	0,8677	+ 1,2
160—162	85	0,8694	− 3,6
162—165	40	0,8716	− 8,2
Rückstand	220	—	—

einer Beimischung des höher, bei etwa 164° siedenden Nopinens beruht, ist in Anbetracht der Größe (230 g) der bei 159—160° siedenden Fraktion (Tab. 2) im Verhältnis zu der des Nopinens (40 g), nicht anzunehmen.

Tabelle 3

Fraktionierungsresultate eines später untersuchten amerikanischen Balsamterpentins

Fraktion in °C	Gewicht in g	d_4^{15}	Differenz	$[\alpha]_D$	Differenz	$[\alpha]_D$ für $C_{10}H_{17}Cl$	Differenz
153—155	64	0,8635		+ 14,61		+ 4,36	
155—156	323	0,8643	0,0008	+ 13,72	0,89	+ 2,63	+ 1,73
156—157	243	0,8652	0,0009	+ 10,67	3,05	+ 3,81	+ 1,18
157—158	92	0,8663	0,0011	+ 7,07	3,60	+ 1,29	+ 2,52
158—159	225	0,8655	0,0008	+ 3,58	3,49	− 4,26	+ 5,55
159—160	275	0,8686	0,0031	− 0,36	3,94	− 8,62	+ 4,36
160—161	217	0,8700	0,0014	− 4,60	4,24	− 10,62	+ 2,00
161—162	{ verloren gegangen }	0,8707	0,0007	—	—	—	—
162—163	112	0,8715	0,0008	− 10,58	—	− 19,92	—
163—164	49	0,8722	0,0007	− 13,38	− 2,80	− 24,33	+ 4,41
164—175	134	0,8745	0,0023	− 13,17	− 0,29	—	—

Auch hieraus ergibt sich, daß in dem Terpentinöl, außer Pinen, wenigstens ein anderes Terpen vorhanden ist (falls nicht etwa hierbei zwei unbekannte Terpene vorliegen), das einen weit höheren Siedepunkt, jedoch etwas unterhalb 160°, und eine Drehungsrichtung vom entgegengesetzten Zeichen hat als die des Pinens. Die Drehung der erhaltenen Pinenhydrochloride tauscht ihr Zeichen bei etwa derselben Temperatur und erhält in der Fraktion 163—164° den Wert von etwa — 24°. Mit 1%iger Kaliumpermanganatlösung wurden indes nur kleine Mengen von Nopinen in sämtlichen Fraktionen angezeigt.

2. Amerikanisches Terpentinöl aus Stubben und Wurzeln (Wood-Turpentine)

Über 80% aller „Naval Stores" — eine in Amerika angewandte Bezeichnung für Terpentinöl, Kolophonium, Pine Oil (die etwa oberhalb 200° flüchtigen Öle), Pech für Schiffe, sowie Teer — werden aus den Vereinigten Staaten von Nordamerika geliefert. Die Herstellung und der Verkauf dieser Produkte ist dort einer der größten Industriezweige. Nachdem die vorher gewaltigen Wälder nach offiziellen Quellen bald zum großen Teil abgeholzt sind, hat man angefangen, in immer größerem Maßstabe Stubben (down wood) und Wurzeln in diesen Gegenden zu bearbeiten, worüber man auch in Finnland sowie in Zentraleuropa Versuche ausgeführt hat. Die genannten Reste der früheren Bäume werden mit Sprengmitteln aus dem Boden geholt und zugleich auch zersplittert, nach den Fabriken gebracht und dort vor der Extraktion in Späne zerteilt. Das Terpentin treibt man mit Dampf aus den Extraktoren aus. Die flüchtigen Bestandteile werden durch Destillation in Terpentinöl und das oberhalb etwa 200° siedende Pine Oil geschieden. Als mit Dampf undestillierbar bleibt in den Spänen der Harzgehalt zurück und wird auf Kolophonium verarbeitet. Der Gehalt an Terpenen beträgt nur einige Prozente, wogegen die in den Wurzeln vorhandene Harzmenge bis auf 30% und mehr angegeben wird.

Das Rohterpentinöl wird aus geeigneten Behältern mit indirektem Dampf destilliert, wobei das reinste Produkt (A) besonders aufgenommen wird. Folgende Tabelle 4 zeigt die von uns bei dem Fraktionieren vom A erhaltenen Mengen (Druck 760 mm) an:

Tabelle 4

Angewandt 1 kg Terpentinöl: $d_4^{20} = 0{,}8736$; $\alpha_D = +22{,}0°$, $[\alpha]_D = +25{,}2°$

Fraktion in °C	Gewicht in g	%	d_4^{20}	Rohrlänge	α_D	$[\alpha]_D^{20}$
Bis 146	3,9	0,39	—	0,25 dm	+ 4,25°	
146—156	66,3	6,63	0,8447	1,0	+ 25,00	+ 29,58
156—158	422,5	42,25	0,8456	1,0	+ 24,75	+ 29,27
158—160	263,7	26,37	0,8459	1,0	+ 23,50	+ 27,78
160—163	67,2	6,72	0,8472	1,0	+ 19,33	+ 22,81
163—166	42,6	4,26	0,8489	1,0	+ 16,75	+ 19,73
166—170	27,2	2,72	0,8451	1,0	+ 14,00	+ 16,56
170—180	70,2	7,02	0,8455	1,0	+ 5,25	+ 6,00
180—182	2,6	0,26	0,8742	—	—	—
Rückstand	22,4	2,24	—	—	—	—

Beim Vergleich mit den Tabellen 2 und 3 für das amerikanische Balsamterpentinöl findet man, daß dieses ebenfalls mit Wasserdampf destillierte Terpentinöl aus den Wurzeln und Stubben einen ganz anderen Charakter bezüglich Siedepunkt, Dichte und Drehungsvermögen hat. Die eigentliche Pinenfraktion 154,5—156° beträgt hier, wie eine ergänzende Fraktionierung ergab, in runder Zahl nur die Hälfte der obigen Rohfraktion 146—156° der Tabelle, also 3,2% der ganzen Menge. Das spezifische Gewicht ist auffallend niedrig, wogegen das Terpentinöl auch in den Fraktionen 160—170° stark rechtsdrehend auftritt, welche letztere die dipenten- (event. Caren-?) artigen Terpene enthalten. p-Cymol, das sonst in dem Terpentin aus den Wurzeln und Stubben sowie in Ofenterpentinöl (Kienöl) vorkommt, fehlt hier, aus der niedrigen Dichte zu schließen völlig.

Wenn man das Terpentinöl A (s. oben) sorgfältig und vorsichtig fraktioniert, so wird ein mit reinem Pinen sehr reiches Produkt erhalten (Tabelle 5):

Tabelle 5

Angewandt 1 kg: $d_4^{20} = 0{,}8586$; $[\alpha]_D = +26{,}9^0$; $[\alpha]_D^{20} = +31{,}38^0$ (Druck 760 mm)

Fraktion in °C	Gewicht in g	%	d_4^{20}	Rohrlänge l	α_D	$[\alpha]_D^{20}$
Bis 150	0,3	0,03	—	—	—	—
150—154	8,7	0,87	0,8535	0,5 dm	+ 25,66°	+ 30,07
154—156	978,0	97,80	0,8575	0,5 dm	+ 26,84°	+ 31,30
Rückstand	19,9	1,99	—	—	—	—

Hieraus ist ersichtlich, daß aus dem Terpentinöl A durch wirksame Fraktionierung **ein Pinen erhalten werden kann, das als chemisch rein zu bezeichnen ist.** Dies dürfte das erstemal sein, als ein solches Produkt an Wood-Turpentine fabrikatorisch hergestellt wurde.[1]) Auch bei der Einwirkung von trocknem Chlorwasserstoff wurde eine Ausbeute erhalten, die früher nicht erreicht worden war.

3. Französisches Balsamterpentinöl

Dieses allgemein in dem Handel vorhandene, besonders für medizinische Zwecke gebrauchte Produkt, ist auch ein Balsamterpentinöl. Unsere Untersuchung[2]) vor längerer Zeit ergab folgendes Resultat:

Tabelle 6

Fraktion in °C	Gewicht in g	d_4^{15}	Differenz	α_D	Differenz	$[\alpha_D]$ für $C_{10}H_{17}Cl$	Differenz
153—155	—	0,8637		— 42,30	—	— 30,32	
155—156	983	0,8654	+ 0,0017	— 40,51	1,79	— 28,39	+ 1,93
156—157	757	0,8649	— 0,0005	— 39,49	1,02	— 28,88	— 0,49
157—158	284	0,8663	+ 0,0014	— 37,38	2,11	— 28 64	+ 0,24
158—159	297	0,8674	+ 0,0011	— 35,14	2,24	— 30,16	— 1,52
159—160	280	0,8692	+ 0,0018	— 31,94	3,20	— 29,28	+ 0,88
160—161	180	0,8702	+ 0,0010	— 29,89	2,05	— 30,37	— 1,09
161—162	123	0,8716	+ 0,0014	— 26,88	3,01	— 29,68	+ 0,69
162—163	58	0,8730	+ 0,0014	— 23,92	2,96	— 29,43	+ 0,25
163—173	197	0,8842	+ 0,0108	— 18,34	5,58	—	—

In diesem Falle wird die Linksdrehung allmählich vermindert. Eigentümlicherweise ist die Drehung $[\alpha]_D$ ziemlich konstant mit etwa — 29°. Die Ungleichheit zwischen diesem und dem gleichzeitig untersuchten amerikanischen Terpentinöl (s. oben Tabellen 2 und 3) ist augenscheinlich; beide sind teilweise von verschiedenen Begleit-Terpenen zusammengesetzt. Als nämlich die bezüglich der entgegengesetzten Drehung äquivalenten Mengen der Pinenfraktionen 155—156° der beiden Terpentinöle zusammengemischt wurden, hätte das daraus dargestellte Pinenhydrochlorid inaktiv sein müssen. Es zeigte jedoch ein $[\alpha]_D = -2{,}92^0$.

[1]) In dem Betrieb von Hercules Powder Company, Wilmington-Delaware. — [2]) Ahlström und Aschan, Ber. 39, 1444 (1906).

4. Finnisches Balsamterpentinöl

a) Unter Hinweis auf das oben (S. 130) über die Gewinnung des Terpentinöls angeführte, werden in der Tabelle 7 die Destillationsresultate wieder angegeben. Das aus dem Kuortane Kirchspiel erhaltene Produkt war, schon in seinen äußeren Eigenschaften, Farblosigkeit und angenehmem Geruch, von dem gewöhnlichen Kienöl verschieden. Nach dem fünften Gang des Fraktionierens traten folgende Anteile auf:

Tabelle 7

Finnisches Balsamterpentinöl[1])

Fraktion in °C	Gewicht in g	%	d_4^{20}	$[\alpha]_j$
Vor 155	152	7,6	—	—
155—160	995	50,0	0,8596	+ 17,3
160—165	253	12,7	—	—
165—170	210	10,6	—	—
170—175	165	8,3	—	—
Rückstand	215	10,8	—	—
Summe	1990	—	—	—

Da die Dichte nach WALLACH für reines Pinen $d_4^{20} = 0{,}858$, und nach FLAVITZKY für dasjenige aus russischem Terpentinöl 0,8587 beträgt, so geht aus den obigen Zahlen der Tabelle hervor, daß das finnische Balsamterpentinöl bis auf etwa 50% ein ziemlich schwach rechtsstehendes Pinen bzw. eine gleichartige Mischung mit Isopinen enthält. Auch das daraus hergestellte Pinenhydrochlorid (Schmelzp. 126°) war rechtsdrehend. Dies sowie die gleiche angegebene relative Menge wurde von mir auch später erhalten.

b. Finnisches Terpentinöl aus dem Harze (Balsam) der Kiefer (Pinus silvestris L.) und Fichte (Pinus Abies L.).[2])

Weil für das finnische Balsamterpentinöl, wie es vor etwa 40 Jahren verarbeitet wurde[3]), diese beiden Pinusarten als Urquelle angewandt wurden, so habe ich in einer diesbezüglichen Untersuchung, deren Rohmaterial aus den getrenntem ausgeflossenen Harzen mit Dampf herausdestilliert, um dieser recht interessanten Frage näher zu treten. Die erhaltenen Proben von Terpentinölen wurden viermal mit einem kleinen Siederohr fraktioniert, wobei folgendes Resultat erhalten wurde (Tabelle 8).

Es ergibt sich, daß die Pinenfraktion, hier bei 155—157° aufgenommen, sehr klein, aus der Fichte fast verschwindend ist. Außerdem siedete die größte Fraktion[4]) bei 157—159°, und auch die bei 159—161° war fast ebenso groß. Wahrscheinlich liegt auch hier das sogenannte Isopinen (vgl. S. 212) vor. In den größeren Fraktionen 163—168° haben wir wohl wieder ein Gemisch von Δ^4-Caren (Pinonen) und Δ^3-Caren (vgl. S. 121, 123) zu verzeichnen.

Aus den beiden ursprünglichen Terpentinölen dieser Untersuchung war nach der ersten Fraktionierung aus den Fraktionen zwischen 155—159° eine gewisse Menge herausgenommen, die auf Pinenhydrochlorid bearbeitet wurden.

---

[1]) HJELT und ASCHAN, F. Vet.-Soc. ns Bidrag 54, 459 (1894). — [2]) Ber. 39, 1447 (1906); vgl. auch ibid., S. 2596. — [3]) Jetzt wird es nicht mehr dargestellt. — [4]) Der Kiefer.

Tabelle 8

Terpentinöl aus der Kiefer und Fichte

Terpentinöl aus der Kiefer					Terpentinöl aus der Fichte				
Fraktion in °C	Gewicht in g	d_{20}^{20}	α_D ($l = 5$ cm)	$[\alpha]_D$	Fraktion °C	Gewicht in g	d_{20}^{20}	$\alpha_D =$ ($l = 5$ cm)	$[\alpha]_D$
155—157	5,0	0,8650	+ 10,3°	+ 23,81	155—157	1,0	0,8650	— 0,45°	— 1,03
157—159	26,0	0,8660	9,7	22,47	157—159	13,0	0,8660	— 1,19	— 2,74
159—161	19,0	0,8676	8,2	18,87	159—161	10,0	0,8676	— 2,73	— 6,29
161—163	7,0	0,8698	7,3	16,79	161—163	4,5	0,8698	— 4,68	— 10,76
163—168	18,0	0,8736	5,6	12,93	163—168	7,0	0,8736	— 6,23	— 14,26
168—173	7,0	—	3,2	—	168—173	4,0	—	— 9,40	—
173—178	2,0	—	1,7	—	173—178	1,5	—	— 11,44	—

Diese zeigten den gewöhnlichen Schmelzpunkt und waren optisch aktiv von entgegengesetzter Drehung, wohl aber mit demselben Zeichen als die Terpentinöle, wie unten dargelegt wird:

Pinenhydrochlorid	Schmelzp.	α_D in 5% alkoholischer Lösung mit $l = 0,5$ dm und d = 0,7967	$[\alpha]_D$
aus der Kiefer	126°	+ 0,377°	+ 18,93
aus der Fichte	125—126	— 0,182	— 9,14

Dadurch wurde zum erstenmal festgestellt, daß das Pinen aus dem Fichtenharz (-Balsam) linksdrehend ist. Dagegen entstammt das weit stärker rechtsdrehende Pinen im finnischen, und wahrscheinlich auch in anderem nordeuropäischen (schwedischem, norwegischem und nordrussischem) Terpentinöl, soweit sie aus Pinus silvestris L. erhalten wird, aus dem Harz dieser Pinusart.

Die Nitrosochloride bzw. Nitrosopinene aus den beiden Terpentinölen schmolzen bei 112—113° und 113—114° und die beiden letztgenannten Derivate bei 132—133°.

Bezüglich des unbedeutenden Vorkommens von Sylvestren in dem obigen Terpentinöl der Kiefer vgl. eine spätere Untersuchung.[1])

5. Finnisches Ofenterpentinöl (Kienöl)

Über dieses, das gewöhnlichste Terpentinöl in Finnland habe ich während längerer Zeit mehrere Untersuchungen[2]) ausgeführt, die indes nicht hier sämtlich angeführt werden können. Ich stelle nur zunächst in der untenstehendien Tabelle 9 einen Vergleich zwischen zwei Mustern von Kienöl (1) aus Süd- bzw. (3) von Nordfinnland) und dem in der obigen Tabelle 7 angeführten finnischen Balsamterpentinöl an. Der besseren Übersicht wegen wurden die drei Muster auf etwas größere 5-Grad-Fraktionen verteilt. Die Resultate

[1]) ASCHAN, Ann. 461, 6, Fußnote 2 (1928). — [2]) F. Vet.-Soc. ns Bidrag 54, 459 (zusammen mit EDV. HJELT) (1894); 64, 233 (1905); 66, 177 (1906); 76, Nr. 4 (1914); 77, Nr. 1 (1915); 77, Nr. 2 (1916); 80, Nr. 6 (1926).

sind indes nicht völlig vergleichbar, weil fast jedes in Finnland erzeugte Terpentinöl, wie schon angedeutet, ein Gemisch von Terpenen aus Kiefer und Fichte darstellt. Das Resultat wird auch dadurch in wissenschaftlicher Hinsicht komplizierter, daß die Mehrzahl der Holzteeröfen, bei denen das Kienöl als Nebenprodukt auftritt, Stubben und Wurzeln bearbeiten, deren Alter variiert; es ist nämlich nicht unmöglich, und sogar anzunehmen, daß sich die Terpene in z. B. 20—50jährigen Wurzeln mit der Zeit zu ihrer Natur der Art verändert worden sind, daß das Pinen z. T. in Dipenten übergegangen ist. Nur selten ist somit das Rohmaterial für das Kienöl botanisch einheitlich und seine Terpene qualitativ und quantitativ gleichartig. Schließlich wirkt auch die Temperatur des Ofens insoweit ein, daß das Pinen und seine Analogen (Siedep. 154,5° bis etwa 160°) bei Überhitzung Dipenten und Analoge bildet.

Tabelle 9

1. Südfinnisches Kienöl			2. Finnisches Balsamterpentinöl			3. Nordfinnisches Kienöl		
Fraktion in °C	Gewicht in g	%	Fraktion in °C	Gewicht in g	%	Fraktion in °C	Gewicht in g	%
Bis 155	129	4,1	Bis 155	152	7,6	Bis 155	285	4,2
155—160	222	7,1	155—160	995	50,0	155—160	508	7,6
160—165	945	30,2	160—165	253	12,7	160—165	657	9,8
165—170	705	22,6	165—170	210	10,6	165—170	973	14,5
170—175	645	20,6	170—175	165	8,3	170—174	2175	32,2
175—180	197	6,3	175—180	—	—	174—178	1445	21,5
180—185	112	3,6	180—185	—	—	178—180	206	3,1
Rückstand	170	5,4	Rückstand	215	10,8	180—185	277	4,1
						Rückstand	202	3,0
Summe	3125 g		Summe	1990 g		Summe	6728 g	

Der Gehalt an Pinen und Analogen (die pinenähnlichen Terpene bis etwa 160°) ist im Balsamterpentinöl[1]) weit größer als in den beiden Kienölen, was schon wegen der geringeren Resistenz des Pinens bei den hohen Temperaturen der Öfen vorauszusehen war. Statt dessen sind die Fraktionen 160—165° und 165—170° im allgemeinen größer als im Balsamterpentinöl. Daß diese Fraktionen etwa beständiger wären, trifft eigentlich nur beim Kienöl 1 zu, während sich das andere Terpentinöl 3 derselben Art in dieser Hinsicht ganz anders verhält. Die Fraktionen 170—175° und z. T. auch 175—180°, sind viel größer, besonders im nordfinnischen Kienöl, das offenbar ziemlich stark erhitzt worden ist.

Das in der folgenden Tabelle 10 viel später festgestellte Destillationsresultat gibt, da eine größere Zahl von Fraktionen aufgenommen ist, ein umfassenderes Bild für das angewandte Ofenterpentinöl. Es stellt ein gereinigtes Kienöl dar, das in der betreffenden finnländischen Fabrik einer Kolonnenfraktionierung unterzogen wurde, und es war eigentlich keiner höheren Temperatur ausgesetzt worden, wie auch die reichliche Pinenmenge zeigt, sondern es ging beim Anfang des Erhitzens der Öfen vorzeitig mit dem Dampf des Feuchtigkeits-

[1]) F. Vet.-Soc. ns Bidrag 54, 459; 64, 233 (1907).

gehaltes des Holzes über. Die Angaben beanspruchen auch ein allgemeineres Interesse, weil auch die Brechungsexponenten der Fraktionen bestimmt wurden, woraus dann die Molrefraktion, diese für die Konstitutionsbestimmung der Terpene so wichtige Konstante, berechnet werden könnten:

Tabelle 10

Nr.	Fraktion °C	Gewicht in g	%	d_{20}^{20}	d_4^{18}	n_D^{18}	MR_D^{18}
1	Bis 155	20,9	3,48	—	—	—	—
2	155—156	18,5	3,08	0,8584	0,8567	1,46642	43,91
3	156—159	183,1	30,52	8630	8613	46701	43,81
4	159—162	76,5	12,75	8590	8573	46799	43,82
5	162—166	112,0	18,67	8590	8610	47009	44,04
6	166—169	60,0	10,00	8582	8565	47134	44,41
7	169—172	109,0	18,17	8573	8556	47291	44,58
Rest und Verlust		20,0	3,33	—	—	—	—

Die MR-Zahlen betragen für ein bicyclisches Terpen mit einer Doppelbindung und Vierring (Pinen) 43,91[1]), für die Carene (in den Fraktionen 5 und 6) mit Doppelbindung und Dreiring 44,21; für ein monocyclisches Terpen mit zwei Doppelbindungen 45,24.

6. Sulfatterpentinöl

Wie schon erwähnt (S. 129, 130), wurden in einem derartigen, gereinigten Terpentinöl, das seines Ursprungs wegen die Terpene in unveränderter, ursprünglicher Form enthält und dem Balsamterpentinöl gleicht, außer Pinen drei andere Terpene aufgefunden, nämlich die schon erwähnten Isopinene (Siedep. 158—160°; vgl. S. 212), Δ^4-Caren (Pinonen) vom Siedep. 162 bis 166°) und Δ^3-Caren (Isodipren), Siedep. 167—170° (vgl. Kap. 9, S. 121 u. 123).

Bezüglich der Zusammensetzung des Sulfatterpentinöls teile ich hier zunächst dafür zwei typische Destillationsresultate in der Tabelle 11a und b mit. Das Material für die erstere (6,700 g) wurde mit Dampf nach Zusatz von wenig Soda überdestilliert, getrocknet und dreimal mit folgendem Resultat nach dem dritten Gang fraktioniert:

Tabelle 11a

Fraktion °C	Gewicht in g	%	d_{20}^{20}	d_4^{20}
Bis 155	281	4,20	0,8598	0,8583
155—157	2397	35,77	0,8602	0,8587
157—159	762	11,37	0,8607	0,8592
159—162	436	5,61	0,8607	0,8592
162 —163,5	408	6,10	0,8614	0,8599
163,5—165	106	1,58	0,8619	0,8604
165—167	290	4,33	0,8588	0,8573
167—170	595	8,88	0,8594	0,8579
170—174	650	9,70	0,8596	0,8581
Rückstand	340	5,06	—	—

[1]) In einer anderen Probe derselben Terpentinölart wurden für eine engere Pinenfraktion folgende Konstanten festgestellt: $d_4^{18} = 0,8603$; $d_{20}^{20} = 0,8602$; $MR_D^{18} = 43,84$.

Darauf wurden die bis 162° übergehenden Fraktionen von neuem umdestilliert:

Tabelle 11b

Fraktion °C	Gewicht in g	%	d_{20}^{20}	d_4^{20}
151—153	28	0,42	0,8604	0,8589
153—155	232	3,46	0,8592	0,8577
155—157	2334	34,84	0,8608	0,8593
157—159	487	7,27	0,8609	0,8594
159—162	89	1,33	0,8612	0,8597
162—167	167	2,34	0,8597	0,8582
167—169	83	1,24	0,8616	0,8601
Rückstand	50	—	—	—

Hieraus ergibt sich, daß das Sulfatterpentinöl, mit seinem fast aus Kiefernholz bestehendem Rohmaterial (Abfälle beim Versägen desselben bzw. auch von kleinerem Holz), gewöhnliches Pinen in jeder Fraktion 155—157° in überwiegender Menge enthält. Ferner findet man die schon obenerwähnte Erfahrung bestätigt, daß das Sulfatterpentinöl obwohl es in Gegenwart von Alkalisulfid bzw. Alkalihydroxyd erzeugt wird, mit dem Balsamterpentinöl sehr gleichartig ist.

Für die Kenntnis des finnischen Sulfatterpentinöls ist ferner die oben im Kap. 9, Moment D, S. 130, angegebene Tabelle III[1]) aufklärend, worauf wir, auch bezüglich der daraus erhältlichen Resultate, hinweisen möchten.

D. Anregungen und Ergänzungen zum Kapitel 17

Einige von den vorher erwähnten Resultaten führten zu der wahrscheinlichen Annahme, daß die gewöhnlichen Terpentinöle, wenigstens die von Nordeuropa, und zwar sowohl die Balsamterpentinöle und Sulfatterpentinöle, wie auch die Kienöle noch bisher nicht bekannte Terpene enthalten; diese Resultate gaben Anlaß zu weiteren Arbeiten, die besonders auf die Isolierung und Untersuchung ihrer physikalischen Eigenschaften sowie Derivate und die mögliche Verwandtschaft mit den bekannten Terpenen gerichtet wurden. Damit waren wir unter den letzten Jahren beschäftigt.

Auch die biochemisch-synthetischen, hypothetischen Gesichtspunkte für die Bildung der vielen in den Pinusarten vorkommenden Terpenen sollten dabei soweit wie möglich beleuchtet werden.

Dies sowie die obigen Angaben sollten ferner mit eingehenden neuen Arbeiten über andere Terpentinöle ergänzt werden, die von uns bisher nicht berührt wurden, oder deren Untersuchung vor 10—15 Jahren, als die hier nunmehr beobachteten Tatsachen noch unbekannt waren und eine geeignete Einteilung für die speziellen Terpene folglich nicht durchgeführt werden konnte, unmöglich war.

[1]) Vgl. Ann. **461**, 17 (1928), worin diese Tabelle auch vorkommt.

Da man in den nordeuropäischen Terpentinölen und besonders in dem Sulfatterpentinöl ein sehr reichliches Rohmaterial für die Carene (Pinonen und Isodipren) hat, könnte man energischer zu ihrer weiteren Untersuchung schreiten. Außerdem wären weitere neue vergleichende Untersuchungen[1]), speziell über das Terpentinöl von der Kiefer (Pinus sylvestris L.) und der Fichte (Pinus abies) auszuführen, auch bezüglich der quantitativen Verteilung der Terpene und um die optischen Verhältnisse derselben weiterhin klarzulegen. Da das finnische Sulfatterpentinöl technisch fast ausschließlich aus der nordischen Kiefer stammt und wegen seiner Gewinnungsart in Gegenwart von alkalischen Flüssigkeiten das Intaktbleiben gewährleistet, so bildet es ein geeignetes Rohmaterial dafür. Der Balsam der Fichte ist seinerseits, wenn er nicht zu alt und schon an der Luft fest bzw. verharzt worden ist, ziemlich leicht zugänglich; dabei wählt man aus forstlicher Rücksicht nur schon beschädigte oder sonst minderwertige Bäume — die man ein Jahr vorher beschnitten hat. Der Terpengehalt des Terpentins ist allerdings unter allen Umständen gering.

Die beiden nach ihrem Ursprung sicher einheitlichen Terpentinöle sollen dann auch auf die im Moment B genannten und anderen Terpene untersucht werden.

Als neue Frage erscheint die Aufgabe, festzustellen, warum die Schmelzpunkte des Pinenhydrochlorids und -nitrosochlorids aus finnländischem Terpentinöl so hoch liegt, für ersteres ist manchmal sogar 130°, für das letztere gewöhnlich 113—114° gefunden worden; vielleicht gilt dies den racemischen Formen der Körper.

Das bei der Fraktion von Natroncellulose als Nebenprodukt auftretende nordische Terpentinöl sollte auch einer gleichen Fraktionierung vergleichsweise mit dem ähnlichen Balsam- bzw. Sulfatterpentinöl unterzogen werden.

Hier sei noch angegeben, daß ich jedesmal bei der Oxydation der Isopinen- und auch der Pinenfraktion (158—160°) aus dem gereinigten finnländischen Kienöl mit alkalischer Kaliumpermanganatlösung, um etwa darin ein isomeres Pinen von der (S. 215) angegebenen Formel I (vgl. S. 195 u. 197) festzustellen, ein Neutralöl erhalten habe, dessen Analyse auf die Zusammensetzung $C_{10}H_{16}O_2$ hinwies. Dieses Öl trat auch bei der Oxydation der Pinonenfraktion (S. 123) auf. Für diesen Fall könnte es ein Diketon (II) sein, das in der gewöhnlichen Weise, wie bei der Oxydation einer cyclischen Verbindung, mit zwei quaternär gebundenen Kohlenstoffatomen, unter Anlagerung von Carbonylsauerstoff an denselben, entstanden wäre. Tatsächlich wurde daraus ein Disemicarbazon vom Schmelzp. 217—219° erhalten. Wenn sich die Formel II bei weiterer Untersuchung betätigen würde, so wäre für das Neutralöl mit dem Siedepunkt von 105 bis 109° (Druck 6 mm) die Formel I sichergestellt. Ein Diketon von der genannten Struktur dürfte zu einer Säure III oxydierbar sein, die dann in der alkalischen Lösung bleiben sollte. Weitere Versuche sollen ergeben, ob diese mit aller Reserve angegebene Vermutung richtig sei:

[1]) Aschan, Ber. 39, 1447 (1906).

Daß der flüssige Teil der sauren Oxydationsprodukte der Terpenfraktion (163—167°) des finnländischen Terpentinöls eine Ketonsäure enthält, wurde beim Stehenlassen desselben festgestellt. Es schieden sich allmählich Krystalle ab, die ein bei 207° schmelzendes Semicarbazon lieferten. Nachdem SIMONSEN bei der Oxydation des einen Carens eine Säure erhalten hat, dessen Semicarbazon dieselben Schmelzpunkte zeigte, und die beiden Carene, wie erwähnt, auch in den finnischen Terpentinölen vorhanden sind, so ist die Identität

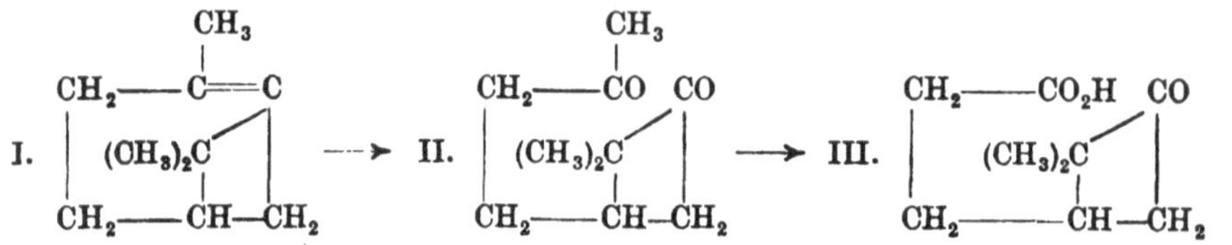

der beiden Säuren noch wahrscheinlicher geworden, was noch in anderer Weise definitiv nachzuweisen ist. Das Semicarbazon der Pinonsäure schmilzt in reinem Zustand bei 203° und kann hier nicht vorliegen.

Wahrscheinlich treten noch weitere Fragen bei der eingehenden Prüfung unserer hauptsächlich im Jahre 1915 und z. T. noch früher ausgeführten Untersuchungen über die Terpene der Pinenfraktion hervor; dies bildet eine auch noch zurzeit ziemlich wichtige Aufgabe für den vorliegenden Teil der Chemie der alicyclischen Verbindungen.

Bei der Behandlung des Sylvestrengebietes im Kap. 9, Moment C, wurden schon die Konstitutionsfragen und die genetischen Beziehungen in der Sylvestrengruppe behandelt, die auch zum erheblichen Teil auf dem Gebiete der Terpentinöle liegen.

Kapitel 18. Über den Vorlauf des Kienöls und einige Gesichtspunkte bezüglich der Holzdestillation

Der Vorlauf der destillierten oder sonst gereinigten Terpentinöle des Handels sind unbedeutend und betragen meistens nur einige Prozente (vgl. z. B. die Tabellen 1 und 3). Die obige Tabelle 4 (S. 218) enthält etwas nähere Angaben über ein amerikanisches Handelsprodukt vom Holzterpentinöl, woraus hervorgegangen ist, daß die zuerst übergehenden Anteile ungesättigte Kohlenwasserstoffe von nicht terpenartiger Natur enthalten, die bei etwa 105°, 120—125° und 140° sieden, die aber nicht in reinem Zustand erhalten worden sind.

A. Der Vorlauf des finnischen Kienöls

Dieses Produkt, das bekanntlich beim Überhitzen von kienigem Holz oder von Stubben bzw. Wurzeln der einheimischen Kiefer und Fichte, in Öfen neben der früher als „Stockholmer Teer" genannten Handelsware und Holzkohle gewonnen wird, enthält im rohen Zustand beträchtliche Mengen vom Vorlauf, der die Terpenfraktionen verunreinigt. Sie bestehen selbst zum größten Teil aus den Produkten der trocknen Destillation.

Über diesen Vorlauf haben wir zwei eingehende Untersuchungen[1]) ausgeführt, die unten mit A bezeichnet werden. Diese wie auch eine spätere Arbeit B[2]) über den rohen Holzgeist aus einer finnischen Fabrik, die die Stubben und Wurzeln der gewöhnlichen Kiefer bearbeitet, haben die Zusammensetzung derjenigen Produkte der trocknen Destillation zum erheblichen Teil klargelegt, die bei diesem Überhitzen der Holzsubstanz entstehen, und dabei einen gewissen Überblick des Verlaufs bei diesem interressanten, aber sehr komplizierten Vorgang gegeben. Außerdem liegen eine Reihe von Mitteilungen über die trockene Destillation von Birke, Kiefer und Fichte im Vakuum[3]) sowie eine eingehende Arbeit über die Laubholzteere[4]), hauptsächlich des Birkenteers, vor, die jedoch hier nicht behandelt werden sollen.

Aus den Tabellen 9 und 10 des vorigen Kapitels geht hervor, daß die untersuchten finnischen Kienöle etwa 3,5—4% Vorlauf enthalten. Da diese Mengen auch bei der Bearbeitung von sehr großen Mengen des Rohmaterials für eine eingehende Untersuchung nur ungenügend waren, so wurden einige Liter von den zunächst übergehenden, scharf riechenden Vorläufen, die auf unsere Wunsch mit Kalk nicht behandelt worden waren, direkt aus einer Teerfabrik bezogen. 8 Liter desselben destillierten fast vollständig vor 95°, unter Anwendung eines FAGERLINDschen Perlendephlegmotors; die Dämpfe wurden in einem mit Schnee und Kochsalz gekühlten Spiralkühler, mit folgendem Resultat kondensiert:

Tabelle 12

Nr.	Siedepunkt °C	Gewicht in g	d_{15}^{15}	Nr.	Siedepunkt °C	Gewicht in g	d_{15}^{15}
1	Bis 30	403	0,7724	8	60—65	1280	0,8967
2	30- 35	98	0,7950	9	65—70	318	0,8852
3	35—40	93	0,7864	10	70—75	510	0,8615
4	40—45	174	0,7934	11	75—80	449	0,8497
5	45—50	242	0,8155	12	80—85	381	0,8548
6	50—55	883	0,8703	13	85—90	585	0,8583
7	55—60	965	0,8963	14	90 -95	743	0,8644

Bei 95—100° gingen 540 g eines nach einiger Zeit gelbbraunen Öls über. Im Rückstande blieb, über 100°, ein festes, gelbes Kondensationsprodukt zurück.

Bei der Untersuchung zeigte sich die große bis 30° übergehende Fraktion etwa zur Hälfte als aus Acetaldehyd (Siedep. 22—24°), allerdings mit viel Furan gemischt, bestehend. Letzteres wurde mittels der Fichtenspanreaktion erkannt (Grünfärbung eines mit Salzsäure befeuchteten Spanes; mit konz. Salzsäure wurde ein dunkelgrünes Produkt erhalten). Das Acetaldehyd war vorher mit Natriumbisulfit entfernt worden. Nachher konnte

---

[1]) ASCHAN, F. Vet.-Soc. ns Bidrag 66, 177 (1906); 76, Nr. 4 (1914). — [2]) Tredje period. Forskarmötet i Helsingfors, I, 23 (1926). — [3]) ASCHAN, Brennstoff-Chemie 2, 273 (1921); 4, 129, 145, 164 (1923). — [4]) F. Vet.-Soc. ns Bidrag 76, Nr. 5, S. 1—72 (1914).

ein bei 10—14° siedender, wahrscheinlich ungesättigter Kohlenwasserstoff beobachtet werden, dessen Natur jedoch wegen der großen Flüchtigkeit nicht festgestellt wurde. Das Furan erschien größtenteils in den um 30° siedenden Fraktionen; Acetylene von ungefähr gleichem Siedepunkt wurden nicht beobachtet. Furan war hier etwa zur Hälfte, außerdem nicht identifizierte Kohlenwasserstoffe vorhanden, vielleicht Isopenten oder Atterbergs „Valerylen".[1]) Von den übrigen Körpern wurde Propionaldehyd in der Fraktion 45 bis 50° aufgefunden. Früher[2]) habe ich in etwas höher siedenden Vorläufen Sylvan, und wahrscheinlich Dimethylfuran, ferner Furol nachgewiesen; von aromatischen Kohlenwasserstoffen waren Benzol, Toluol, m-Xylol, von aliphatischen Diketonen Diacetyl und Acetylpropionyl (?) zugegen; außerdem scheint in der kleinen Fraktion 120—130° eine gleichartige Substanz vorhanden zu sein; viele Fettsäuremethylester wurden aufgefunden, von denen ich jedoch nur das Methylbutyrat isolierte, und schließlich nicht unbedeutende Mengen von ungesättigten Verbindungen gewöhnlicher Art, deren Natur unerklärt blieb.

Das Resultat der Untersuchung, in praktischem Sinne genommen, führte zu folgenden Schlüssen:

1. Natronlauge (weniger gut Kalk) ist ein für die Reinigung des Kienöls nötiges Agens, indem es aus der Terpenmischung den scharfen Geruch der Aldehyde und α-Diketone beseitigt.

2. Schwefelsäure gemäßigter Konzentration (mit wenigstens 20 bis 30% Wasser) ist ein weiteres empfehlenswertes Mittel. Sie wirkt auf und entfernt durch Verharzung eine größere Menge im Kienöl vorhandener fremder Verbindungen, die auf seine Anwendbarkeit nachteilig wirken, wie Furane, Aldehyde (besonders ungesättigte) und andere Verbindungen von olefinischem Bau.

3. Schweflige Säure, am besten als Natriumsulfitlauge, weniger gut als Sulfitkochsäure für die Zellulosebereitung, löst bzw. verharzt beim Turbinieren Aldehyde und Benzochinone (die bekanntlich als bimolekulare Kondensationsprodukte von α-Diketonen (etwa auch α-Ketoaldehyden) immer vorhanden sind. Die gelben bzw. rötlichen festen Körper, die bei der Reinigung des Holzgeistes in den Kalkkästen zurückbleiben, sind teilweise derartige Produkte.

Die Behandlung des Kienöls mit diesen Agenzien sollten in geeigneter Ordnung und, wie angedeutet, unter wirksamem Emulgieren, vielleicht nach derselben Idee, wie beim Separieren der Milch, stattfinden. Die beste Reihenfolge wäre wohl: Natronlauge-Schwefelsäure, schweflige Säure (bzw. ihre sauren Salze)-Natronlauge. Ein kürzerer Gang wäre: Schwefelsäure-Natronlauge, wenn man sich nicht auf den möglichst wirksamen Erfolg einstellt; die Behandlung mit Kalk bzw. Kalksufitlösungen kann in den Fällen unterbleiben, wenn der Kalk schon beim Reinigen des Kienöls mit Dampf verwendet worden ist.

---

[1]) Ber. 13, 880 (1889). — [2]) F. Vet.-Soc. ns Bidrag 66, S. 1—64 bzw. 177 (1906).

B. Die Bestandteile des rohen Holzgeistes.

Oben sind die wichtigsten Holzdestillationsprodukte unerwähnt geblieben, die neben den Terpenen in den Öfen bei der Verkohlung entstehen, nämlich der Methylalkohol, die Essigsäure bzw. ihre Homologe, das Aceton und die Ameisensäure, welche letztere besonders bei langsamer bzw. Vakuumdestillation des Holzes ziemlich reichlich und in ungefähr gleicher Menge wie Essigsäure auftritt. Die Säuren in den heißen Gasen werden bekanntlich in der Kalkmilch gebunden, während der Holzgeist und das Aceton — ein Zersetzungsprodukt beim Überhitzen der Essigsäuredämpfe im Ofen — weiter gehen und später kondensiert werden.

In einigen Fällen ist der nachher durch Fraktionieren gewonnene Holzgeist[1]), auch nachdem er von Aceton getrennt worden ist, sehr unrein, wie das in folgender Tabelle 13 angegebene Destillationsresultat eines Methylalkohols aus einer finnischen Fabrik zeigt, die Kiefernholz als Rohmaterial bearbeitete:

Tabelle 13

Nr.	Siedepunkt °C	Gewicht in g	%	Bemerkungen
1	30—40	2,3	0,3	Teilweise Acetaldehyd
2	40—50	29,5	4,2	„ Propionaldehyd
3	50—55	54,7	7,8	Isobutyraldehyd
4	55—57	50,1	7,3	Aceton fehlt vollständig
5	57—60	55,8	8,0	Teilweise Butyraldehyd
6	60—63	121,0	17,4	—
7	63—65	95,3	13,6	} 333 g = 47,6% } Methylakohol Siedep. 65—66°
8	65—66	174,6	24,9	
9	66—67	63,1	9,0	
10	67—70	41,6	6,0	—
11	70—72	1,0	0,1	—
	Rest und Verlust	10,0	1,4	
	Summe	700	100	

Folglich enthält das Rohprodukt nur etwa 50% Methylalkohol. Die Destillation wurde noch einigemal wiederholt, wobei die in der Tabelle als individuell vermerkten Fraktionen in engeren Grenzen aufgenommen wurden. Sämtliche Fraktionen reagierten kräftig mit ammoniakalischer Silberlösung und fuchsinschwefliger Säure.

Bei der Untersuchung der Fraktionen wurden Propionyl- und Isobutyraldehyd nachgewiesen. Bei einer Fraktionierung einer anderen Menge desselben Materials wurde in der über 70° siedenden, in der Tabelle jetzt nicht aufgenommenen Fraktion gewisse Anzeichen für das Vorkommen des bisher unbekannten Methylacroleins,

$$\genfrac{}{}{0pt}{}{CH_3}{CH_2}\!\!\geqslant C\cdot CHO\ ,$$

beobachtet. Diese vom Siedep. 72—76° und übrigens auch einige vorangehende Fraktionen, die offenbar dasselbe Material enthielten, wurden in einigen Tagen in eigentümlicher Weise kondensiert. Sie trübten sich und setzten allmählich eine zähe Masse am Boden ab. In der Fabrik zeigte sich diese Erscheinung darin, daß das in längerer Zeit abgesetzte Kondensationsprodukt in Form durchsichtiger, fester und sehr harter, an Elfenbein erinnernden Stücken erschien. Der genannten

[1]) Aschan, Andra periodiska forskarmötets i Helsingfors förh. I, S. 1—10 (1926).

Fraktion und dem angrenzenden ist ein erstickender Geruch eigen; die Dämpfe bewirken auch in verdünnter Form Kopfschmerzen sowie eine intensive Entzündung der Schleimhäute der Nase und sind folglich sehr giftig.

C. Versuch zum Entwurf einer Theorie für die Holzdestillation

Unseren Erfahrungen nach und davon unabhängig, ob man mit den niedriger siedenden Destillaten von Kiefern- und Fichtenholz (dem Terpentinvorlauf, vgl. S. 214), bzw. mit den von Laubholz zu tun hat, wozu die oben (S. 229) genannten Begleiter im rohen Holzgeist gehören, sind die typischen Körpergruppen immer dieselben. Hieraus folgt, daß sich diese Produkte von niederem Siedepunkt entweder von der Cellulose, von den übrigen Kohlenhydraten (Zuckerarten, Pentosanen und, mindestens während gewissen Jahreszeiten, Stärke) oder von den Ligninstoffen, welche drei Arten von Körpern die wesentlichen Bestandteile der Holzsubstanz sind, herleiten.

Am leichtesten läßt sich der Ursprung der aus den Ligninstoffen entstammenden Substanzen nachweisen. Zunächst seien die in größter Menge vorhandenen genannt: Methylalkohol und wenigstens ein bedeutender Teil der Essigsäure, welche durch Hydrolyse der Methyläther- und Acetatgruppen des Lignins entstehen. Auch die Benzolkohlenwasserstoffe sind daraus herzuleiten. Dies gilt auch, im Vorübergehen erwähnt, von dem in allen Kreosotölen und Holzteeren vorhandenen, über 200° siedenden Mono- und Dimethyläther der o-Dioxybenzole (Guajakol, Kreosol usw.)

Dagegen sprechen wichtige Gründe für die Annahme, daß fast alle anderen, in den Vorläufen der Holzdestillate nachgewiesenen typischen Substanzgruppen aus der Cellulose und anderen in der Holzsubstanz vorhandenen Kohlenhydraten ihren Ursprung herleiten. Ein Versuch, eine Vorstellung über die Bildung dieser verschiedenartigen Körper zu geben, bietet ein erhebliches Interesse, da keine Theorie dafür bisher hervorgetreten ist. Meinerseits möchten jedoch nur einige Richtlinien dafür im folgenden gezogen werden.

Erhitzt man Holz bei gewöhnlichem Luftdruck in Behältern, woraus nur Gase bzw. destillierbare Substanzen austreten können, so tritt bekanntlich um 270—280° eine spontane Zerlegung derselben ein, die den Charakter einer Selbstverbrennung hat, weil sie auf eine exothermische Umgruppierung der Atome in stabilere Lagen beruht und unter Abgabe von Wasser und anderen beständigen, flüchtigen Körpern stattfindet. Die spontane Temperaturerhöhung erreicht, wie man sich leicht überzeugen kann, unter Umständen sogar 400°, wobei auch einfacher zusammengesetzte brennbare Gase, wie Wasserstoff und Methan, auftreten. Die Dunkelfärbung der ursprünglichen Masse, welche schon bei 270—300° ziemlich plastisch ist, sowie die Bildungen von brenzlichen Ölen (empyreumatischen Stoffen) zeigen, daß auch Molreste mit freien Valenzen auftreten. Daß die hochmolekularen Kohlenhydrate im Holze zuerst eine Hydrolyse unter Mitwirkung des überhitzten abgespaltenen, gasförmigen Wassers erleiden, ist selbstverständlich, wobei die Moleküle der in erheblicher Menge vorhandenen Cellulose in Dextrosemoleküle übergehen, während andere von jenen in anderer Weise zerlegt werden. Die Dextrosemoleküle werden ferner zerfallen. Dabei kann man folgende, symbolisch gedachte Gleichung aufstellen:

$$\text{I.}\quad n\,C_6H_{12}O_6 = 3\,n\,C_2H_4O_2\ .$$

Damit sei nicht gemeint, daß Essigsäuremoleküle, $C_2H_4O_2$, tatsächlich gebildet würden. Wir nehmen nur an, daß bei dem spontanen Zerfall der Cellulose, wobei wir nicht andere vorhandene Holzsubstanzen bzw. ihre Zersetzungsprodukte in Betracht ziehen, in jedem Augenblick daraus teils gasförmige, teils innerhalb der schmelzenden Holzmasse auftretende Moleküle entstehen würden, deren Summe diejenige Bruttozusammensetzung hätte, daß sie zusammengefügt, qualitativ und restlos Essigsäuremoleküle bilden, die auch zum kleineren Teil auftreten könnten.

Bei der hohen Temperatur könnte aber nur eine kleinere Zahl dieser Molekülreste bestehen, indem sie sich zu verschiedenen anderen Molekülen vereinigen, die im bunten Gemisch auftreten. Einen gewissen Einblick hierüber würde die Betrachtung folgender Bruchstücke gewähren:

$$\text{II.}\quad \text{a)}\ CH_3{\cdot}CO{\cdot}OH = CH_3 + CO_2 + \underset{|}{H};$$

$$\text{b)}\ CH_3{\cdot}CO{\cdot}OH = \underset{|}{CH_3} + \underset{\|}{CO} + \underset{|}{OH};$$

$$\text{c)}\ CH_3{\cdot}CO{\cdot}OH = CH_3{\cdot}\underset{|}{CO} + \underset{|}{OH};$$

$$\text{d)}\ CH_3{\cdot}CO{\cdot}OH = CH_2{:}CO + \underset{|}{OH} + \underset{|}{H};$$

$$\text{e)}\ CH_2{\cdot}CO = {>}CH_2 + {>}CO\ .$$

Wenn diese und ähnliche Teilmoleküle — z. B. auch aus den Pentosanen auf tretenden Pentosen — in Ofenatmosphäre oder in der schmelzenden Holzsubstanz miteinander zusammentreffen, wird es erklärlich, wie die ungleichen Substanztypen, Oxoverbindungen und andere, auftreten können, die wir in den Vorläufen der Holzdestillation nachgewiesen haben oder welche, wie Methan, Äthan, Kohlenmonoxyd und -dioxyd, stetig vorhanden sind und gasförmig allmählich entweichen. Durch folgende Formeln werden wir im Schema III einige Beispiele dieser Art für die Bildung dieser typischen, in den abgehenden Gasen bzw. dem Vorlauf faktisch nachgewiesenen Produkte veranschaulichen, die aus den Teilmolekülen der zersetzten Dextrose (Zellulose) nach Formelschema I und IIa, b, c, d und e entstanden gedacht werden könnten:

$$\text{III.}\quad 1.\ CH_3{\cdot}\underset{|}{CO} + \underset{|}{OH} = \underset{\text{Essigsäure}}{CH_3{\cdot}CO{\cdot}OH};$$

$$2.\ CH_3{\cdot}\underset{|}{CO} + \underset{|}{CH_3} = \underset{\text{Aceton}}{CH_3{\cdot}CO{\cdot}CH_3};$$

$$3.\ CH_3 + \underset{|}{OH} = \underset{\text{Methylalkohol}}{CH_3{\cdot}OH};$$

$$4.\ {>}CH_2 + {>}O = \underset{\text{Formaldehyd}}{CH_2O};\ CH_2O + {>}O = \underset{\text{Ameisensäure}}{CH_2O_2};$$

$$5.\ CH_3{\cdot}\underset{|}{CO} + \underset{|}{H} = \underset{\text{Acetaldehyd}}{CH_3{\cdot}CO{\cdot}H};$$

$$6.\ CH_3{\cdot}\underset{|}{CO} + \underset{|}{CO}{\cdot}CH_3 = \underset{\text{Diacetyl}}{CH_3{\cdot}CO{\cdot}CO{\cdot}CH_3};$$

$$7.\ CH_3\cdot CO\cdot \underset{|}{O} + \underset{|}{CH_3} = \underset{\text{Methylacetat}}{CH_3\cdot CO\cdot O\cdot CH_3};$$

$$8.\ \underset{|}{CH_2}\cdot \underset{|}{CO} = \underset{\text{Keten}}{CH_2:CO};$$

$$9.\ \underset{|}{CH_2}\cdot \underset{|}{CO} + H_2O \rightleftharpoons \underset{\text{Essigsäure}}{CH_3\cdot CO\cdot OH};$$

$$10.\ CH_3\cdot CO\cdot CH_3 = \underset{|}{CH_2}\cdot \underset{|}{CO} + CH_4;$$

$$11.\ \underset{|}{CH_3} + \underset{|}{H} = CH_4;$$

$$12.\ \underset{|}{CH_3} + \underset{|}{CH_3} = CH_3\cdot CH_3 \text{ usw.}$$

In dieser Tabelle erscheinen, wie ersichtlich, die einfachsten Vertreter für die bei der Holzdestillation auftretenden Oxoverbindungen (Mono- und Diketone, Aldehyde, Ketene usw.) sowie die Fettsäuren und ihre Methylester. Es scheint nicht ausgeschlossen, daß die Essigsäure und sogar der Methylalkohol, außer aus den Ligninkörpern[1]) analytisch gebildet, auch bei der kräftigen exothermischen Zersetzung der Kohlenhydrate in der Holzsubstanz synthetisch entstehen könnten. Dieselbe additionelle Bildung wäre für die Ameisensäure, deren Menge, wie oben erwähnt, nicht selten die Essigsäuremenge erreicht und sogar in einigen Fällen übersteigt, in Betracht zu ziehen (vergl. auch gleich unten).

Was die Genese des Acetons betrifft, so wäre sie in der obigen, aber auch in der Weise möglich, daß die Dämpfe der schon teilweise gebildeten Essigsäure auch katalytisch zerfallen, gemäß der bekannten Zersetzungsgleichung

$$\begin{matrix} CH_3\cdot CO\cdot OH \\ CH_3\cdot CO\cdot OH \end{matrix} = H_2O + CO_2 + \begin{matrix} CH_3\cdot CO \\ CH_3-| \end{matrix},$$

die auch im Laboratorium unter Anwendung von Magnesium u. dgl. als vermittelnde Agenzien ausführbar sind; die heißen Wände oder Mauern der in der Praxis angewandten Öfen konnten dabei als Katalyte fungieren.

Die Bildung der in den Vorläufen vorhandenen Homologe der typischen Verbindungen lassen sich durch Reaktionen herleiten, die mit den obigen analog sind und aus gleichartigem Material wie für jene, leicht hergeleitet werden. 1 Mol Dextrose aus der Cellulose des Holzes könnte, statt 3 Mole Essigsäure, wie oben zu geben, nach folgenden schematischen Formeln auch Propionsäure und Buttersäure erzeugen, die neben Ameisensäure auch bei der Destillation vorhanden sind:

$$C_6H_{12}O_6 = CH_3\cdot CH_2\cdot CO\cdot OH + CH_3\cdot CO\cdot OH + CH_2O_2;$$

$$C_6H_{12}O_6 = CH_3\cdot CH_2\cdot CH_2\cdot CO\cdot OH + 2\,CH_2O_2\,.$$

Unter den Voraussetzungen wie oben (s. Formel I) für Essigsäure, nämlich unter Berücksichtigung der für die Bildung der Propionsäure und Buttersäure in Betracht kommenden Bruchstücke aus den Kohlehydraten der Holzsubstanz, wie oben in den Formeln 1—12 angegeben, wäre auch die Entstehung der homologen Körper, die in den Vorläufen nachweisbar sind, erklärlich. Solche sind Methyläthylketon, Propionyl und Butyryl- (Isobutyryl-) aldehyd, Acetylpropionyl, die Methylester der Propionsäure und Buttersäure usw.

---

[1]) Ich wähle bezüglich des „Lignins“ immer die plurale Form, weil dieses Gemenge von Abfallsprodukten der pflanzlichen Lebensprozesse niemals einheitlich sein kann.

Im obigen ist keine Erklärung für den genetischen Ursprung der Furanverbindungen gegeben, von denen Furan, α-Methylfuran und $\alpha\alpha_1$-Dimethylfuran nachgewiesen worden sind. Insoweit dies nicht mit der Zusammensetzung der Ligninkörper zusammenhängt, die in der letzten Zeit von verschiedener Seite als Furankörper aufgefaßt worden sind, was bei der Genese der einfacheren Vertreter kaum in Betracht kommt, läßt sich ihre Bildung unschwer wie folgt erläutern. Daß die Kohlenhydrate und besonders die einfachen Zuckerarten, die teils aus der Cellulose, teils aus den Pentosanen durch Hydrolyse entstehen können, das Rohmaterial darstellt, ist augenscheinlich. Ein Fingerzeig hierauf liegt nämlich in dem stetigen Auftreten des Furols und Methylfurols bei dem Sulfitcelluloseprozeß. Diese Körper werden dann in den Kochern zu den entsprechenden Furanen reduziert.

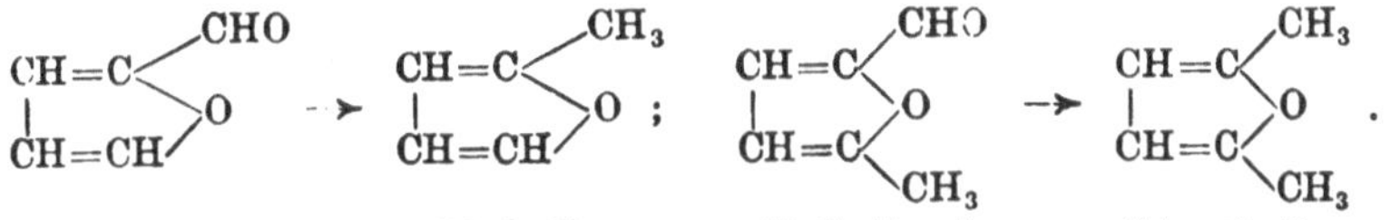

Furol α-Methylfuran Methylfurol αα-Dimethylfuran

Bezüglich der Stammsubstanz des Furans könnte man annehmen, daß entweder Keten, CH_2:CO, oder Acetaldehyd in seiner Enolform (Vinylalkohol) eine Rolle spielen könnte, in der Weise nämlich, daß 2 Mole des einen von beiden zu einem dimeren Komplex zusammengehen würden, also mit Sauerstoff in den Stellungen 1,4:

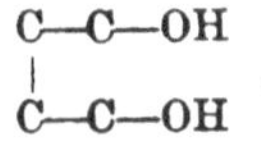

woraus das Furan, eventuell nach Wasserstoffabspaltung bei der hohen Temperatur, hervorgehen könnte.

Die obige Darstellung läßt sich in der folgenden Weise zusammenfassen:

1. Aus den Ligninkörpern des Holzes würden u. a. gebildet: Methylalkohol (teilweise), Essigsäure und Ameisensäure (beide nur teilweise); die Benzolkohlenwasserstoffe; die Methyl- und Dimethyläther aus Brenzcatechin und Homologen.

2. Cellulose und andere Kohlenhydrate sollten erzeugen: Die Fettsäuren (Essigsäure und Ameisensäure teilweise) sowie ihre Methylester; die Aldehyde und Ketone der Fettreihe; die α-Diketone; Ketene (die jedoch weiterer Verwandlungen unterliegen und deswegen nicht immer nachweisbar sind); Methylalkohol (teilweise); der Wasserstoff der Ofengase (sekundäres Produkt); Methan und Äthan (auch sekundär); Kohlenmono- und -dioxyd (in den Gasen).

3. Aus den Terpentinöl- und Harzsäurebestandteilen: Einige Terpene, Reten so wieder größte Teil der Bestandteile des Holzteers.

D. Anregungen und Ergänzungen zum Kapitel 18

Zum Inhalt dieses Kapitels ist, wegen unserer mangelnden Kenntnis der zugehörigen Tatsachen, nicht viel zuzufügen:

Ein Reinfraktionieren des unter 150° übergehenden Vorlaufs irgendeines Balsamterpentinöls (wozu allerdings etwa 100 kg des Rohmaterials nötig wären), von einer reichlich vorhandenen Provenienz, um die Bestandteile desselben festzustellen.

Die Ligninkörper beanspruchen auch in der Richtung erhebliches Interesse, weil man ihre Trockendestillate nur oberflächlich kennt, weshalb deren eingehende Untersuchung in dieser Hinsicht ausgeführt werden sollte, um etwa unsere im Voraus ausgesprochenen Andeutungen in diesem Kapitel zu bestätigen oder zu berichtigen. Wahrscheinlich könnte man auch bisher nicht vorauszusehende neue Resultate erhalten.

Ferner sollte die Destillation sowohl bei gewöhnlichem wie vermindertem Druck ausgeführt werden. Auch die trockene Destillation der Cellulose, die in beliebigen Mengen zu haben ist, wäre zu empfehlen. Die Operation ist schon u. a. von Peter Klason ausgeführt worden, jedoch für sich, wobei eine einheitliche Temperatur, wenigstens bei etwas größeren Mengen, nicht zu erreichen ist und folglich regelmäßige Resultate schwer erhältlich waren. Die Destillation sollte in Gegenwart eines einheitlichen, hochsiedenden, indifferenten Stoffes ausgeführt werden. Als geeignete Substanz dieser Art, die Temperaturen auch oberhalb 300° bzw. 350° ohne Zerlegung zu erhalten, könnten reine Paraffinöle empfohlen werden. Falls diese auch zum geringen Teil zerlegt werden würden, so sind die dabei entstehenden Produkte Kohlenwasserstoffe, die teils gesättigt, teils ungesättigt sind, aber die Deutung des Ganges der eigentlichen trocknen Destillation nicht entstellen würden. Die gasförmigen Destillationsprodukte, die unter diesen Umständen nur aus der Cellulose herühren, sollten ferner beachtet werden.

Auch bei der Zerlegung der Ligninkörper (s. oben) bei einer derartigen „schonenden" Destillation wäre die Gegenwart von Paraffinölen empfehlenswert.

Kapitel 19. Die Terpene der Fenchengruppe

A. Einleitung

Von diesen haben wir eigentlich nur zwei in dem Vorlauf des technischen Camphens beobachtet und behandelt.

Wie wir in Kap. 12 in dieser Arbeit über die synthetische Camphergewinnung hervorgehoben haben, erhält man beim „Saturieren" des Pinens mit Chlorwasserstoff, außer dem festen Pinenhydrochlorid, einen flüssigen Teil („Mutterlauge"), der durch Filtrieren und Abschleudern entfernt wird. Da dieser Teil nicht unerhebliche Mengen von Pinenhydrochlorid enthält, so wird er auch mit alkalischen Mitteln auf Camphen bearbeitet, das, obwohl in viel unreinerer Form, daraus von dem zum größeren Teil flüssigen Gemisch anderer Körper, und zwar durch Destillieren abgeschieden wird. Dabei wird ein bei etwa 140 bis 154° ziemlich reichlicher Vorlauf erhalten. Während unserer langwierigen Arbeit, deren Resultate schon vorher in dieser Monographie behandelt wurden, wurde festgestellt, daß die Entstehung der darin befindlichen Kohlenwasserstoffe auf zwei Arten von Reaktionen zurückgeführt werden könnte. Einerseits leiten sie sich, was ja ohne weiteres hervorgeht, 1. von dem normalen Pinenhydrochlorid, andererseits 2. , und zum kleineren Teil, von der gleichzeitig verlaufenden abnormalen Reaktion, die zum Fenchylchlorid[1]) führt (vgl. S. 150) her. Das Produkt der letzteren ist flüssig und in der „Mutterlauge" vorhanden.

Unsere Versuche haben gezeigt, daß bei der Alkalibehandlung gemäß dem Fall 1 folgende Terpene entstehen:

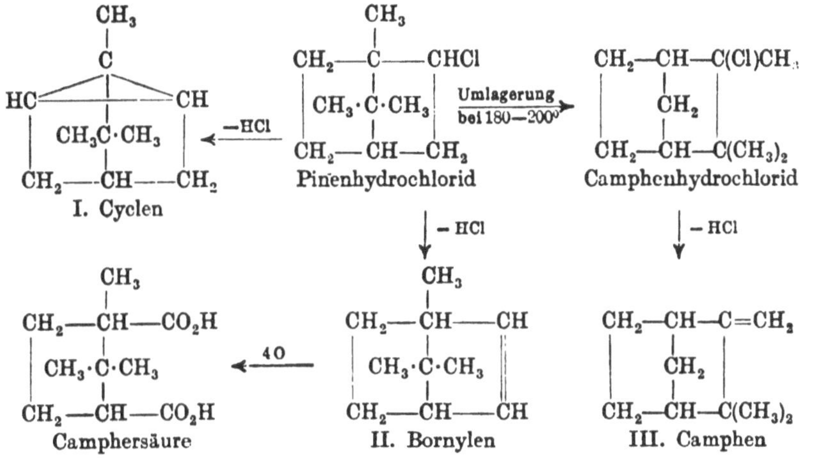

2. Die hier unten angegebene, im kleineren Maßstab verlaufende Umlagerung zum Fenchylchlorid, woraus dann andere zur Fenchengruppe gehörigen Verbindungen entstehen, findet nach folgendem Formelschema statt:

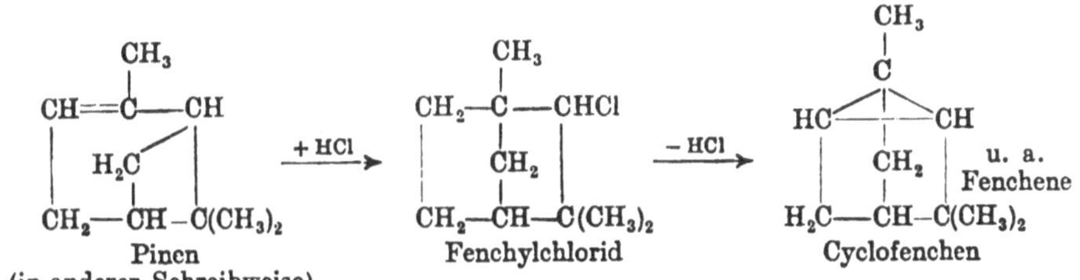

Die im folgenden anzugebenden Arbeitsresultate führten zu dem Beweis für die Formel des Isofenchons und mittelbar zur Bestätigung der SEMMLERschen Formel für Fenchon (vgl. S. 91); dies folgte ohne weiteres durch die von uns geführte Feststellung der Konstitution der Isofenchosäure (S. 87), was wir schon eingehend hervorgehoben haben. Aus unserer früheren Darstellung[2]) läßt sich auch ersehen, welchen Einfluß diese Untersuchungen auf die Reinigung des Camphers bei seiner Darstellung im großen hatte, indem dadurch die Entstehung einer höchst schädlichen Verunreinigung, nämlich des sog. Nebenketons erklärt und daher in einfacher Art vermieden werden konnte.

Unsere diesbezügliche Arbeit wurde mit zwei Anteilen des Vorlaufs ausgeführt, I. mit der vor 150° übergehenden Flüssigkeit und II. mit einer aus der zwischen 150—158° übergehenden Fraktion, nachdem das bei 0° abgeschiedene feste Camphen entfernt worden war.

---

[1]) ASCHAN, Ann. 387, 30 (1911). — [2]) Ber. 40, 2750 (1907).

I. Eine größere Menge wurde sechsmal fraktioniert, wonach der vor 150° übergehende Anteil herausgenommen, und 5 kg desselben weiterhin dreimal destilliert wurden. Das Resultat befindet sich, in Stufen von 50 zu 50 angegeben, in der folgenden Tabelle:

Nr.	Fraktion °C	Gewicht in g	%	α_D	d_4^{20}	n_D	MR
1	Bis 140	200	4	—	—	—	—
2	140—142	300	7	+ 0,36°	0,8554	1,45116	42,82
3	142—144	350	15	0,48	8570	247	42,85
4	144—146	750	40	0,80	8595	518	42,94
5	146—148	2000	16	1,19	8619	698	43,07
6	148—150	800	8	2,20	8637	748	42,92
7	150—151,5	400	4	—	—	—	—
Rückstand und Verlust		200	100	—	—	—	—

Für ein tricyclisches Terpen, ohne Drei- und Vierring, wird MR = 42,50 berechnet, für ein bicyclisches mit Doppelbindung 43,51. Hieraus zu schließen, würden die erhaltenen Fraktionen ein Gemisch von tricyclischen und bicyclischen Terpenen darstellen, das tatsächlich bestätigt wurde. Als z. B. die größte Fraktion 146—148° noch dreimal fraktioniert wurde, verteilte sich das Material in folgender Weise:

1. Bis 144,5°: 23 g
2. 144,5—146°: 137
3. 146—148°: 445
4. 148—150°: 120

Hierauf wurden 200 g einer jeden Fraktion, zur Isolierung des tricyclischen Terpens von den ungesättigten Begleitern, nach Zusatz von $^1/_2$ l Wasser, mit 8%iger Kaliumpermanganatlösung, die allmählich zugegeben wurden, bei 60—80°, bis keine Abfärbung mehr eintrat, oxydiert. In sämtlichen Fraktionen ging ein Teil in Lösung über, aber nachher wurde ein nicht unbedeutender Betrag, der beim Destillieren mit Dampf überging, zurückgewonnen, wie folgende Tabelle zeigt, worin auch die physikalischen Konstanten dieses Anteils angegeben sind:

Ursprüngliche Fraktion (200 g) °C	$KMnO_4$-Verbrauch in g	Zurückerhaltenes Terpen					
		g	d_4^{20}	Siedepunkt °C	α_D (1 dm-Rohr)	n_D	MR
140—142	336	88	0,8574	141,5—143,5	+ 0,35	1,45247	42,85
142—144	320	96	0,8574	141,5—143,5	+ 0,35	247	42,83
144—146	240	110	0,8593	142—144	+ 0,62	518	42,95

Nach Umdestillieren über Natrium betrugen die bei 141,5—143,5° siedenden Teile des somit erhaltenen tricyclischen Terpens 71,84 bzw. 58 g.

Außer Kaliumcarbonat bzw. -oxalat, deren Ursprung ich die Oxydation des bei etwa 142—144,5° siedenden α-Pinolens zuschreiben möchte, wurden beim Einengen der filtrierten wäßerigen Lösung größere Mengen von d,l-Camphersäure erhalten (Schmelzp. 202—203°, der des Anhydrids 220—221°). Die Ausbeute derselben war bei den niederen Fraktionen bedeutend geringer als in den höheren Fraktionen 146 bis 148° und 148—150°. Daraus geht hervor, daß diese einen Terpen mit dem Campherkern enthält. Das einzige derartige Terpen, das in Betracht käme, ist das Bornylen, das fest ist und bei 149—150° siedet. Tatsächlich krystallisierte aus der Fraktion 148—150° nach längerem Stehen ein ziemlich flüchtiges Terpen, $C_{10}H_{16}$, mit dem Schmelzp. 78—80° aus. Das d,l-Bornylen ist unbekannt und hat vielleicht im rohen Zustand diesen Schmelzpunkt, wenn es sich in fester Form aus einer Mischung mit anderen Terpenen abscheidet. In dem Falle wäre die Bildung von d,l-Camphersäure am besten erklärlich:

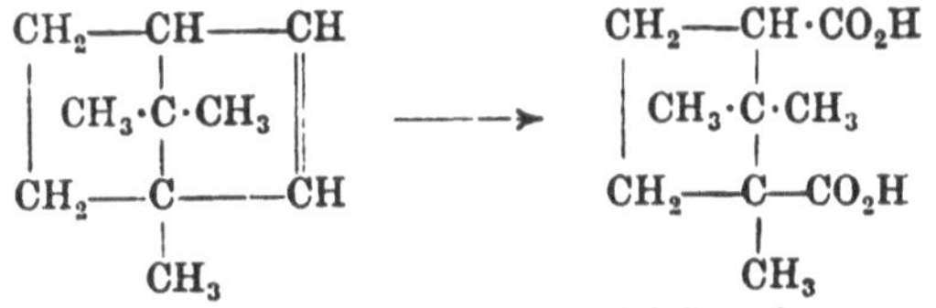

Bornylen — d,l-Camphersäure

Das Bornylen verflüchtigte sich tatsächlich leicht an der Luft, woraus auch erklärt würde, daß die zwischen 140—146° übergehenden Fraktionen auch kleinere Mengen von racemischer Camphersäure bei der Oxydation liefern. Auch die Fraktionen des Rohcamphens, die zwischen 150—158° übergehen, geben bei derselben oxydativen Behandlung der Säure in abnehmender Menge.

Die eigentümliche Oxydationserscheinung unter gleichzeitiger Kondensation, die die bei 144—146° und 146—148° übergehenden Anteile des Camphenvorlaufs zeigen, wenn sie in Gefäßen mit Glaspfropfen 10 Jahre lang oder mehr erleiden, sowie auch im rohen, bei 142—144° siedenden β-Pinolen erscheint, ist bemerkenswert. Sie ist offenbar auch dem von uns als α-Pinolen bezeichneten Terpen zuzuschreiben, das leider nicht isoliert werden konnte, da sein Siedepunkt mit dem des β-Pinolens (Cyclofenchens) so eng zusammenfällt. Es bildet sich nämlich zu einem beträchtlichen Teil eine dickflüssige Schicht, die leichter wie die anderen Terpene, vor allem der des Cyclofenchens unterlagert. Die dicke Schicht zeigt nach der Behandlung mit Sodalösung und nach Verjagen leichter flüchtiger Bestandteile im Vakuum auf Grund zwei stimmender Analysen die Zusammensetzung $C_{20}H_{30}O_5$ und könnte zunächst aus einem entstandenen Diterpen durch Lufteinwirkung entstanden sein:

$$\underset{\alpha\text{-Pinolen}}{2\,C_{10}H_{16}} \longrightarrow \underset{\text{Diterpen}}{C_{20}H_{32}} + 3\,O_2 = H_2O + C_{20}H_{30}O_5\,.$$

Ein Peroxyd ist nicht in dem Körper vorhanden, den man Oxy-α-pinolen (S. 165) bezeichnen könnte.

Am Boden und an den Wänden des Gefäßes hatten sich außerdem, und zwar aus den bei etwa 144—148° siedenden Fraktionen, mit der Zeit eine weiße krystallisierende Substanz abgesetzt, die nach Auflösung in Alkali, Ausfällen mit Salzsäure und Umkrystallisieren aus heißem Wasser den Schmelzp. 200—202° der obengenannten racemischen Camphersäure zeigte. Sie entstammt wohl derselben Quelle wie dieselbe Säure bei der Oxydation mit Permanganat.

B. Cyclofenchen oder β-Pinolen

Der obengenannte, nicht oder sehr schwierig oxydierbare Teil der bei 140 bis 150° siedenden Fraktionen, des Camphenvorlaufs, wurde noch mehrere Stunden lang mit Kaliumpermanganatlösung bei 60—80° geschüttelt, wobei der Kohlenwasserstoff nur wenig reagierte. Daraus tritt die Beständigkeit des tricyclisch gebundenen Dreiringes gegen das Reagenz deutlich hervor. Der wieder abgeschiedene Kohlenwasserstoff, das Cyclofenchen:

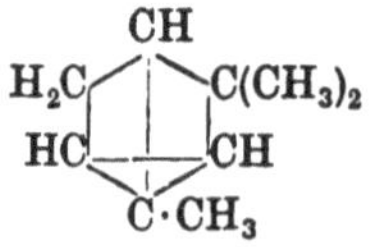

zeigte ~~fortwährend~~ den Siedep. 141,5—143,5°[1]); es war schwach linksdrehend. Die Konstanten waren: $d_4^{20} = 0{,}8588$; $[\alpha]_D =$ (1-dm-Rohr) $-0{,}24°$[2]), woraus $[\alpha]_D^{20} = -0{,}28°$; $n_D^{20} = 1{,}44769$ und daraus MR = 42,37; berechnet 42,50. Der Geruch ist angenehm und erinnert an den des Cyclohexans.

Von einigem Interesse ist, daß kleine Mengen einer festen Säure bei der letzten Oxydation entstanden, die sich als Isophtalsäure[3]) zeigten.

Das Hydrochlorid des Cyclofenchens, $C_{10}H_{16}\cdot HCl$, ist eine unbeständige, an der Luft leicht flüchtige Verbindung vom Schmelzp. 27,5—29°, die offenbar durch Aufspaltung des Cyclopropanringes entsteht. Beim Kochen des Cyclofenchens mit alkoholischer Schwefelsäure von 20% findet keine Einwirkung statt. Bei der BERTRAMschen Reaktion (40 g Terpen, 100 g Eisessig und 4 g Schwefelsäure von 50%) gibt es 40 g eines Acetates, das zum größten Teil bei $93—96_{11}°$ und $106—108_{20}°$ siedet. Beim Verseifen entsteht ein hauptsächlich bei $85—88_8$ siedender, nach dem Erstarren (lange, prismatische Nadeln) bei 42—43° schmelzender Alkohol, der bei gewöhnlichem Druck bei 202—203° siedet; $d_4^{20} = 0{,}9533$, n = 1,47556, woraus MR = 45,51, während die Theorie für einen gesättigten Alkohol, $C_{10}H_{17}\cdot OH$ 45,50 beträgt. Das Urethan schmilzt bei 94—95°.

Es liegt demnach d,l-Isofenchylalkohol vor, was durch seine Oxydation in die d,l-Isofenchensäure vom Schmelzp. 174—175° (das scharf riechende Anhydrid schmolz bei 95°, vgl. S. 88) bestätigt wurde. Gleichzeitig wurde eine kleine Menge eines anderen Ketons erhalten, das sich als ein Gemenge von d,l-Isofenchon mit wenig d,l-Fenchon erwies, dessen Semicarbazone bei 224—225° bzw. 172—174° schmelzen.

Um noch zu dem oben schon erwähnten, als α-Pinolen genannten Terpen zurückzukehren, das nicht rein dargestellt werden konnte, so sei erwähnt, daß seine einzige krystallisierte Verbindung, nämlich α-Pinolenhydrochlorid, $C_{10}H_{17}Cl$, durch Einleiten von Chlorwasserstoff in die mit etwas Äther versetzten Fraktion (143—146°) des Camphenvorlaufs, die davon am reichsten zu sein scheint, entsteht. Nach dem Entfernen des Äthers mit trockener Luft bleibt ein steifer Krystallbrei zurück, der, auf Ton gestrichen und liegen gelassen, an der Luft von dem mitgebildeten, leicht flüchtigen Cyclofenchen-(β-Pinolen-)hydrachlorid befreit werden kann. Das α-Pinolenhydrachlorid,

[1]) ÖSTLING [Spektrochemische und thermochemische Studien in der Cyclopropan- und Cyclobutanreihe (Helsingfors 1911)] gibt den Siedepunkt für mein Präparat etwas höher, 141,6—143,9° (750 mm), an und berechnet MR_D auf 42,69; dies würde zu dem sonst nicht so hoch beobachteten Inkrement 0,91 für den Dreiring führen. — [2]) QVIST hat für mein Präparat eine schwache Linksdrehung beobachtet [Inaug.-Diss. (1917), S. 31]. — [3]) ASCHAN, Ann. 387, 36 (1911).

welches schimmlig riecht, regeneriert (z. B. mit Anilin) das α-Pinolen nicht, sondern liefert dabei das von mir als **Isopinen** genannte Terpen, das bei 154 bis 156° siedet und nicht völlig einheitlich ist. Es gibt aber, seinerseits in der oben angegebenen Weise mit Chlorwasserstoff behandelt, das bei 36—38° schmelzende α-Pinolenhydrochlorid zurück. Bei der Einwirkung von Chlorwasserstoff wird folglich das α-Pinolin umgelagert. Diese Umwandlungen habe ich, jedoch mit allem Vorbehalt, in folgender Weise formuliert:

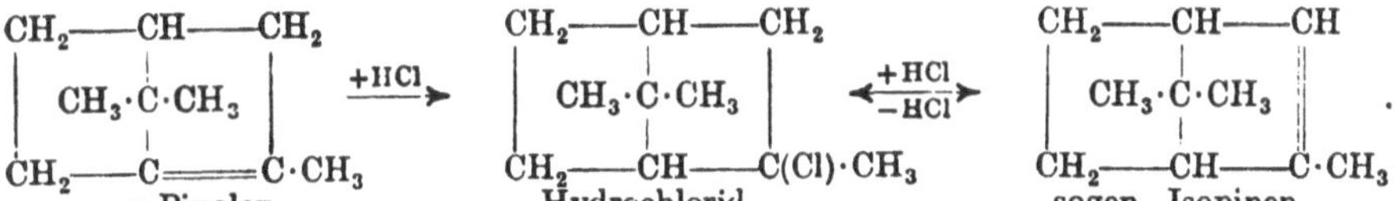

α-Pinolen — Hydrochlorid — sogen. Isopinen

W. Qvist[1]) sowie Komppa und Roschier[2]) haben später einige hierher gehörige Tatsachen festgestellt, in welcher Hinsicht ich auf diese Abhandlungen und eine Mitteilung[3]) von mir selbst hinweise. (Vgl. auch oben S. 91 über meine Auffassung bezüglich der wichtigen Rolle des Cyclofenchens, welche bei dem Übergang die Fenchonderivaten in die Isofenchonderivate und entgegengesetzt spielt.)

In bezug auf die gewohnte Rubrik „Anregungen und Ergänzungen" zu diesem Moment des Kapitels wird auf die entsprechende Rubrik im Kap. 7 (S. 92), worin die gesättigten Fenchonderivate behandelt werden, hingewiesen.

C. Anhang. Substitutionsprodukte des p-Cymols

Da die Benzolkohlenwasserstoffe, ihrer Formel nach, gewissermaßen als cyclische Verbindungen mit drei Doppelbindungen erscheinen, und das p-Cymol, wegen seiner nahen genetischen Verwandtschaft mit den Terpenen eine besondere Stellung unter den Benzolkohlenwasserstoffen einnimmt, worüber sich meine Arbeiten sonst nicht bewegt haben, nehme ich einige Versuche über das genannte Cymol an dieser Stelle anhangsweise auf. Es nimmt eine Sonderstelle unter den Benzolhomologen auch in der Hinsicht ein, daß es einheitlich ist, und zwar als Nebenprodukt bei dem Sulfitcelluloseverfahren einheitlich auftritt und billig ist, wogegen die anderen technisch dargestellten Benzolkohlenwasserstoffe fast immer Gemenge sind. Daraus zu schließen, sollte das Cymol ein wertvolles Rohmaterial, besonders in der Farbstoffindustrie, darstellen. Einige diesbezügliche Versuche wurden u. a. ausgeführt.

1. Cymol als technisches Produkt

a) Darstellung. Cymol kommt bekanntlich in den beim Ausblasen der genannten Cellulosekocher abgehenden Gasen, und zwar, wie ich nach Angabe aus der Technik erfahren habe, darin roh in einer Menge von etwa 1,0 kg pro Tonne der verarbeiteten Holzzellstoff vor[4]). Der rohe Kohlenwasserstoff bildet nachher, neben anderen Substanzen (u. a. Furol und α-Methylfurol) eine dünne obere Schicht auf der aus den genannten Gasen kondensierten Wassermenge. Von sauren Bestand-

[1]) „Undersökningar över Fenchenkolvätenas konstitution", Inaug.-Diss. (Helsingfors 1917). — [2]) Über die Ozonisation des Apobornylens und der verschiedenen Fenchene. Helsingfors (1917). — [3]) Über Isopinen, F. Vet.-Soc. ns Förh. 57 A, Nr. 1 (1914—1915). — [4]) Hägglund, Zeitschr. angew. Chemie, 41, 9 (1928); Aschan, F. Pappers- och Trävarutidskr. 2, 164 (1920).

teilen befreit, läßt sich das Cymol von anderen flüchtigen organischen Körpern den genannten Furolen und schlecht riechenden organischen Schwefelverbindungen, wie wir gefunden haben, durch erneute Destillation leicht trennen. Eine Probe von rohem Cymol ergab dabei folgendes:

Nr.	Fraktion °C	Gewichtsteile	%	Bemerkungen
1	Bis 174	1,8	4,1	Das Sieden fängt bei 170° an. Furolreaktion
2	174—181	9,4	22,2	
3	181—185	9,9	22,4	
4	185—190	6,3	12,0	
5	190—200	7,0	15,7	
6	200—244	3,0	6,1	Siedet größtenteils bei 240—244°
7	Rest	7,9	—	
		45,3		

Fraktion 2 besteht hauptsächlich aus Cymol. Die Fraktionen 3 und 4 scheinen Methylfurol zu enthalten (gelbe, nachher orangerote Anilinreaktion). Fraktion 6 ist wahrscheinlich ein Sesquiterpen. Sämtliche Fraktionen, die unbehaglich riechen, werden durch wenig konz. Schwefelsäure verharzt, die also für die Reinigung vorteilhaft anwendbar ist.

b) Mononitrocymole. In einer Mitteilung[1]) über Nitroprodukte des Cymols wird eine kurze Historik über dieselben gegeben. Die beiden möglichen, damals unbekannten 2- und 3-Monoverbindungen wurden in kleinen Mengen erhalten, wenn Cymol (50 Teile) bei —15° zu einem Gemisch von konz. Salpetersäure (24 Teile) und wenig Essigsäure zugetröpfelt und nachher 4 Stunden umgerührt wurde. Wie in anderen Fällen mit gemäßigten Reagenzmengen, blieb ein beträchtlicher Teil des Cymols intakt, während höher nitrierte Produkte gleichzeitig auftraten. Durch Destillation des mit Eis abgeschiedenen Rohproduktes mit Dampf- und Vakuumdestillation nach der Behandlung mit Soda wurde ein gelbes Öl erhalten, das sich, nachdem unverändertes Cymol übergangen war, bei 10 mm Druck auf die Fraktion 119—122° und 122—125° von der Zusammensetzung $C_{10}H_{13}\cdot NO_2$ verteilte. Die spätere enthielt reines 2-Mononitrocymol, weil sie bei der Reduktion ein Amin ergab, das mit Carbanil in ein Phenylcymylharnstoff vom Schmelzp. 199 bis 200° überging.[2]) Sonst stimmte das Amin mit der von WIDMAN und SÖDERBAUM[3]) dargestellten Substanz, dessen Struktur von ihnen durch Reduktion zu Carvacrylamin und Oxydation zur o-Nitro-p-oxy-isopropylbenzoesäure festgestellt wurde.

c) 2,6 Dinitrocymol tritt als Hauptprodukt unter dem Gemenge von anderen Verbindungen auf, die von mir gleichzeitig mit dem obigen Mononitroverfahren ausgearbeitet wurde. Nach dieser wird 1 Teil Cymol unter Turbinieren zu dem Gemisch von 2 Teilen Salpetersäure (1,52) und 4 Teilen Schwefelsäure (1,84) getröpfelt, das sich in einer weithalsigen Flasche befindet, wobei die Temperatur nicht über 0° steigen darf. In einem geeigneten Kältegemisch und bei gutem Umrühren können 100 g Cymol während 2 bis $2^1/_2$ Stunden nitriert werden. Nach Zugabe der ganzen Cymolmenge läßt

[1]) ASCHAN, Finska Kemistsamsundets Meddelanden 25, 122 (1916). — [2]) GOLDSCHMIDT, Ber. 26, 2086 (1893). — [3]) Ber. 21, 2126 (1888).

man den Rührer noch 1 Stunde wirken, worauf das Produkt auf Eis gegeben wird. Die abgeschiedene, fast weiße Verbindung wird mit kaltem Wasser 5—6 mal gewaschen, mit Soda behandelt, um p-Toluylsäure zu entfernen, abgesaugt, wieder gewaschen und bei gewöhnlicher Temperatur getrocknet. Aus 100 g Cymol konnte ich etwa 160 g Produkt erhalten. Aus den Krystallen, die nachher bei 30—32% schmelzen, wurden etwas mehr als 10 g ölige Substanzen (Mononitroprodukte?) beim Absaugen und nachher allmählich abgeschieden[1]).

Von speziellem Interesse ist, daß dieses Produkt aus einem Gemenge von 2,6-Dinitrocymol und zum kleineren Teil aus Dinitrotoluol besteht[2]), die durch fraktionierte Vakuumdestillation und Umkrystallisieren aus Alkohol getrennt wurden. Die bei 70° schmelzenden Dinitrotoluole sind in Alkohol schwer löslich, werden aber von Petroläther leicht aufgenommen, worin aber das in Tafeln krystallisierende, in reinem Zustand bei 54° schmelzende 2,6-Dinitrocymol schwer löslich ist. Das Dinitrotoluol wird am besten aus Benzol, letzteres aus Alkohol umkrystallisiert. Ihre Formeln sind:

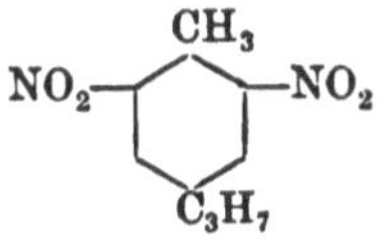
und
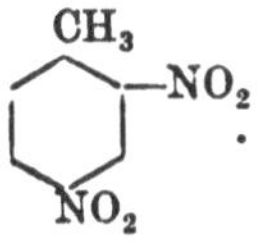
.

Das Dinitrotoluol ist also unter Austritt der Isopropylgruppe und Substitution ~~mit der~~ Nitrogruppe entstanden.

d) Nachdem die anfangs von uns nur mit Schwierigkeit festgestellte Methode zur systematischen Nitrierung von Cymol (s. o.) ausgearbeitet wurde, konnten weitere Versuche angestellt werden, von denen diejenigen zur Reduktion der 2,6-Dinitrocymol zum 2-Nitro-6-aminocymol (I) und 2,6-Diaminocymol (II), wegen ihrer Anwendbarkeit für Darstellung von Farbstoffen, wichtiger waren. Dies gilt auch für das durch Diazotieren von I erhaltene 2-Nitrocarvacrol III:

I. 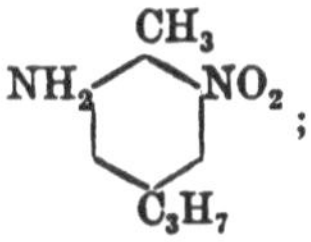 ; II. 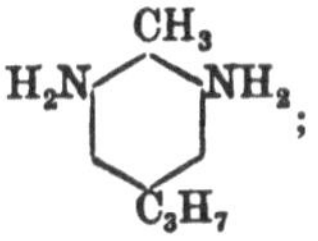 ; III. 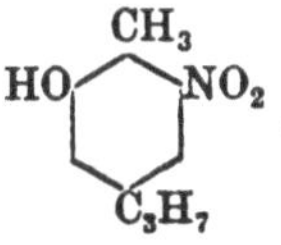 .

In diesen drei Verbindungen finden sich nämlich die auxochromen Gruppen in der für Bildung von Azofarbstoffen geeigneten Metastellung vor. Tatsächlich erhielten wir derartige beständige Farbstoffe sowohl von Chrysoidin- wie von anderen Typen, die sich durch Echtheit und angenehme Nuancen auszeichneten[2]).

Als Nebenprodukt wurde noch eine in kleinerer Menge auftretende Verbindung der Formel $C_{10}H_{12}N_2O_5$ erhalten, die in vierseitigen Prismen oder rektangularen Tafeln vom Schmelzp. 90—91° krystallisieren. Sie könnte eine Oxydinitroverbindung des Cymols sein. Wegen der fehlenden Alkalilöslichkeit stellt sie kein Dinitrotymol oder -carvacrol dar, wohl aber könnte sie ein Dinitroalkohol der Formel $CH_3 \cdot C_6H_2(NO_2)_2 \cdot C(OH)(CH_3)_2$ sein.

[1]) Mitgeteilt in einer Dissertation von J. ALFTHAN (Helsingfors 1919), S. 21, 24ff., sowie Ber. 53, 78 (1920). — [2]) ALFTHAN, l. c.

2. Katalytische Dehydrierung von Terpenen zum Cymol[1])

Wegen der schon hervorgehobenen eventuellen Anwendbarkeit des Cymols als Rohmaterial für Darstellung von Farbstoffen oder andere Zwecke, und da ich erfahren hatte, daß die Sulfitcellulosefabriken die Gewinnung und besonders die Reinigung des Cymols für wenig lohnend hielten, wurden Versuche in Gang gesetzt, um dieses vom einheimischen Sulfatterpentinöl (S. 223) zu erhalten, worin sowohl das Pinen wie Dipenten (Limonen) als Ausgangsmaterial in Betracht kommen kann. Diese Versuche hatten auch aus dem Grunde erhebliches Interesse, daß besonders das Dipenten, ob aus den Terpentinölen oder als Abfallprodukte anderer Industrien — dies bilden die bei etwa 165 bis 180° siedenden sogenannten „Abfallterpene", die relativ reichlich bei der Campherfabrikation auftreten — ein schwer und nur sehr niedrig bewertetes Material darstellt.

Vorbereitende Versuche mit metallischem Natrium und anderen Metallen sowie Kupferoxyd bei ungefähr 200—220° zeigten, daß eine Cymolbildung, wenn auch mit ungünstiger Ausbeute, stattfindet. Besser fielen sie mit Dipenten bei 300—315° aus, während Pinen, das nach einer früheren Beobachtung bei 220—240° in Dipenten umgelagert, aber bei höherer Temperatur verharzt wird[2]), nur zu etwa 20% in einen ebenfalls bei 171—173° siedenden Kohlenwasserstoff übergeht, der gegen Permanganat indifferent war. Sein spezifisches Gewicht (d_4^{20}) war = 0,8527, das also für Cymol zu niedrig (d_4^{20} = 0,865) war.

1. Katalytische Einwirkung. a) Andere Versuche zeigten, daß die Abspaltung von Wasserstoff mit auf gebrannten Tonscherben fein verteiltem Nickel oder Kupfer leichter geht, wenn eine kleine Menge Alkalicarbonat bzw. der Oxyde dieser Metalle außerdem zugegen waren. Beim Erhitzen mit wäßeriger schwefliger Säure auf 140—170° tritt Cymol ferner auf, wohl aber wird das Schwefeldioxyd bis auf Schwefel reduziert, wobei auch hochmolekulare organische Schwefelverbindungen gebildet werden, von denen das Cymol jedoch durch Dampfdestillation entfernt werden kann.

b) Anwendung von kondensiertem, trocknem Schwefeldioxyd. Cymol entsteht, und zwar in viel besserer Ausbeute, durch Erhitzen von Dipenten mit dem Schwefeldioxyd in zugeschmolzenen Röhren auf 160—165°. Diese Methode ergab nämlich folgende Resultate: Aus 20 Teilen Pinen und 15 Teilen SO_2 wurden während 4—6 Stunden 3,3 Teile Cymol, und fast dieselbe Menge wurde schon bei 130° erhalten. Reines l-Limonen (20 Teile) lieferte während 6 Stunden bei 160—165° 8 Teile Cymol (etwa 40%). Das unveränderte Terpen wurde immer vor der Destillation mit etwas konz. Schwefelsäure verharzt und entfernt. Bei 170—175° wurde aus derselben Menge Dipenten während 12 Stunden 9,2 Teile Cymol (etwa 50%) erhalten.

c) Nickelstaub bei 300—320°. Der Katalysator wurde durch Lösen von Nickelnitrat in Wasser und Tränken kleiner Stückchen von unglasierten Tellern damit sowie Eintrocknen derselben auf dem Wasserbade bereitet, worauf das trockene Produkt in einer Nickelschale erhitzt wurde, bis die Entwicklung roter Dämpfe aufhörte. Die Porzellanstückchen wurden in einem Glasrohr bei 350—400° mit gewaschenem und getrocknetem Wasserstoff aus einer Bombe reduziert.

---

[1]) Kurzer Auszug von vorher unpublizierten Versuchen als Manuskript vom Verfasser in den Monatsberichten des „Centrallaboratoriums der Industrie" für 1917 vorhanden. — [2]) Über ähnliche Erfahrungen bei 250—270° hat WALLACH [Ann. 227, 282 (1885)] früher berichtet.

d) Mit einem Kupfer-Natriumnitratkatalysator[1]), aus Kupfernitrat in der obigen Weise dargestellt, entstand Cymol in guter Ausbeute aus Carven (l-Limonen) bei 350—360°, indem aus 20 Teilen Terpen 17,4 Teile (etwa 80%) Cymol erhalten wurden.

Von erheblichem Interesse ist, daß **das in dem Katalysator vorhandene Natriumnitrat vollständig in Ammoniak übergeht**, wobei Natriumhydroxyd als Nebenprodukt erhalten wurde. Weil diese Reaktion auch mit Wasserstoff allein stattfindet, so stellt dies eine Synthese von Ammoniak aus dem Nitration auf katalytischem, trocknem Wege dar und bildet folglich das reziproke Gegenstück zu der bekannten Ostwaldschen Verwandlung von Ammoniak in Salpetersäure. Wird der Nitratgehalt in der Katalysatormasse im Verhältnis zum Kupfergehalt vermehrt, so wird die Ammoniakmenge im entsprechenden Maße größer.

Aus Pinen wurde auch hier eine schlechte Ausbeute erhalten, nur 48 Teile Cymol auf 250 ccm Pinen.

e) Mit einem Cu-Fe_2O_3-$NaNO_3$-Katalysator. Dieser wurde in folgender Weise bereitet:

36 Teile krystallisiertes Kupfernitrat wurde mit 5 Teilen aus Ferrum reductum dargestelltem reinem Ferrinitrat und, da völlig reines Natriumhydroxyd sonst schwer zu haben ist, mit der entsprechenden Menge von 0,5 Teilen Natriumalkoholat gemischt und alles in Wasser gelöst, worauf wieder Stücke von unglasierten Tellern damit imprägniert werden; das Ganze wird wie oben getrocknet, im Nickelgefäß auf 300° erhitzt und wieder reduziert. Der Katalysator zeigte sich als sehr wirksam. Aus 250 Teilen reinem Carven wurden 185 Teile Cymol erhalten. Das Katalysatorrohr war dreimal länger als früher. Pinen ergab auf 25 Teile nur 4,8 Teile Cymol. Aus 100 Teilen finnischen gereinigten Sulfatterpentinöls erhielt man ohne Einteilung in Fraktionen etwa 45 Teile Cymol. Die größere Länge der Katalysatorschicht war nötig, um die organischen schwefelhaltigen Verbindungen aus dem Sulfatterpentinöl zu zersetzen bzw. ihren Schwefelgehalt in dem vorderen Teil der Röhre zu binden, da sie sonst den Katalysator „getötet" hätten. Zunächst ging nur Cymol, aber später auch unverändertes Terpen über.

Die Versuche zeigen, daß eine Cymoldarstellung aus der Dipentenfraktion des wohlfeilen Sulfatterpentinöls möglich ist, wenn nur der Schwefel entfernt wird; dies wird kaum Schwierigkeiten bieten. Im großen können reine bzw. gereinigte Stückchen vom gewöhnlichen Mauerziegeln angewandt werden.

f) Versuche mit den pinenähnlichen Fraktionen der Terpentinöle. Die Fraktion 160—163°, also eine Mischung von Isopinen (Siedep. 158—160°) und Δ^4-Caren (Siedep. 163—166°), wurde bei 300—350° dehydriert. 20% reines Cymol war die ergiebigste Ausbeute, was teils auf der bicyclischen Natur der beiden vorhandenen Terpene, teils wohl darauf beruhte, daß Δ^4-Caren auf Grund seiner abweichenden Struktur nicht reagierte. Als verdünnte Essigsäure versuchsweise zu der Fraktion zugegeben wurde, war sie ohne Einwirkung auf die Cymolausbeute, wohl aber zerfiel die Säure trotz ihres Wassergehalts in Aceton, ein unerwartetes aber interessantes Resultat.

g) Von der reinen Δ^4-Carenfraktion 163—164° dehydrierten wir 94 ccm; es wurde wegen der erheblichen Verharzung nur 9 g Cymol und außerdem 12 g eines polymerisierten Terpens erhalten.

h) Die Fraktion 166—170° (Δ^3-Karen) ließ man in einer Menge von 60 g in den Apparat allmählich eintropfen, das jetzt nur einer Rohrlänge entsprach. Das Produkt siedete bis zum letzten Tropfen bei etwa 170—180°. Es erschien also die Cymol-

[1]) Über die Wirkung kleiner Mengen Alkalis bzw. Alkalisalzen vgl. die katalytische Dehydrierung von Isoborneol zum Campher (S. 171).

bildung als vollständig.[1]) Als aber die gewöhnliche Behandlung mit konz. Schwefelsäure ausgeführt wurde, resultierten nur 12 g eines über 170° siedenden Kohlenwasserstoffs und außerdem 26 g dicker Di- oder Polyterpene.

Die ungenügende Ausbeute in den beiden letzten Fällen ist wohl auf die abweichende innere Struktur der beteiligten Terpene (Carene) zurückzuführen.

D. Anregungen und Zusätze zum Moment 3 des Kapitels 19

Da Schwefeldioxyd, schweflige Säure und Bisulfitlösungen nach obigem schon bei der in den Cellulosekochern herrschenden Temperatur die Cymolbildung bewirkt, so ist wohl anzunehmen, daß diese Cymolbildung aus den in der Holzmasse vorhandenen Terpenen auch bei diesem technischem Prozeß auf einer Dehydrierung beruht. Es wäre daher erwünscht, daß die Reaktion weiterhin untersucht würde, einerseits außerhalb der Kocher mit den genannten Agenzien, außerdem aber beim normalen Gange im Betrieb, um im letzten Falle nach beendigtem Kochen festzustellen, ob bei der Zugabe genügender Mengen Terpentinöl zum Inhalt der Kocher vor dem Erhitzen, die Cymolmenge merklich zugenommen hat. Dies wäre ein praktisches Verfahren für die Cymolbildung, dessen Anwendbarkeit noch in der Weise zu entwickeln wäre, daß lauter Terpentinöl, ohne Holzmasse, mit Kochsäure erhitzt, und dazu das Cymol beim Ausblasen vollständiger wie jetzt aufgehoben würde.

Bemerkenswert ist noch die relative Leichtigkeit, womit gewisse Agenzien die Isopropylgruppe unter Bildung von Tuluolverbindungen abspalten. So hat Hintikka[2]) gezeigt, daß beim Nitrieren der 2-Cymolsulfonsäure diese Seitenkette gegen die Nitrogruppe ersetzt wird. Auch die erwähnte Entstehung des 1,2,4-Dinitrotoluols unter Abspaltung des Isopropyls in der Stellung 4[3]) gehört hierher.

Ferner führen unsere, bei der Nitrierung des Cymols, nach meiner Methode (s. oben) erhaltenen Mono- und Dinitroverbindungen zu weiteren Versuchen. Ihre Substitutionsprodukte durch Halogen und die Sulfonsäuren usw. sind bisher unbekannt. Die Azofarbstoffe aus den genannten 2,6-Diamino-, 2,6-Nitroamino- und 2,6-Aminophenolkörpern sind theoretisch recht viele, und die weiteren Substitutionsmöglichkeiten dieser Körper ganz erheblich.

Vom praktischen Wert könnte Cymol außerdem als Ausgangsmaterial für das Trotil (2,4,6-Trinitrotoluol), in Anbetracht der Wichtigkeit dieses Sprengmittels, sein. Eigentümlicherweise läßt sich das obengenannte, aus Cymol erhältliche 1,2,4-Dinitrotoluol bis jetzt nicht durch weitere Nitrierung in Trotil überführen (Alfthan), worüber noch eine eingehendere Ermittelung nötig ist.

Ein Gebiet für fortgesetzte Arbeit stellen die Mono- und Disulfonsäuren dar, weil die Angaben, besonders bezüglich der quantitativen Bildung der verschiedenen Isomeren, streitig sind, u. a. bezüglich der Einwirkung der Chlorsulfonsäure auf Cymol sowie über die Verwandlung der Monosulfonsäuren in die entsprechenden

---

[1]) Es ist fraglich, ob nicht aus den Carenfraktionen 163—166° und 167—170° außer para-Cymol auch meta-Cymol entstehen könnte (s. das Kapitel 9, C über die Sylvestrengruppe, sowie Aschan, Finska Kemistsamfundets Medd. **37**, 123 (1927); Ann. **461**, 1 (1928). — [2]) Teknillinen Aikakauslehti **7**, 27 (1917). — [3]) J. Alfthan, Inaug.-Diss., S. 21, 24ff. (Helsingfors 1919); Ber. **53**, 78 (1920).

Phenole[1]); sie findet erst bei etwa 300° und auch dann nur schwierig statt, ein Temperaturgebiet, worin die Hydroxylierung kaum mehr regelrecht verläuft. Bei unseren Versuchen mit Chlorsulfonsäure, zunächst etwa 2 Stunden lang bei gewöhnlicher, und dann während einer kürzeren Zeit bei der Temperatur des Wasserbades, wurde ein bei 153—155$_{13}$° siedendes Chlorid, $C_{10}H_{13}\cdot SO_3Cl$ ($d_4^{20} = 1{,}1929$) erhalten, das sich durch Verwandlung in das bei 115° schmelzende Amid, $C_{10}H_{13}\cdot SO_2\cdot NH_2$, als die 2-Sulfonsäure (CH_3 in 1) zeigte. Beim Schmelzen mit Kali wurde Carvacrol erhalten. Das gleichzeitig bei der Sulfonierung mit Chlorsulfonsäure als Hauptprodukt entstehende Gemisch von Sulfonsäuren konnte, wegen der Gegenwart von Disulfonsäure, mittels der Calcium- bzw. Bleisalze nicht entwirrt werden. Das in Eiswasser aufgelöste Gemisch ergab dagegen, mit kochender, gesättigter Kochsalzlösung nach GATTERMANN[2]) behandelt, beim Erkalten glänzende Blätter eines Natriumsalzes, das bisher nicht untersucht wurde.

Innerhalb des Momentes C treten ferner neue Arbeitsrichtungen bezüglich der Wahl von weiteren und vielleicht effektiveren Dehydrierungsmitteln bei den von uns geprüften Darstellungsmöglichkeiten des Cymols hervor. Es wäre besonders in den nordischen Ländern, wo der Balsam für die Darstellung des Terpentinöls spärlich ausfließt und es daher nötig ist, Kienöl als billiges Material anzuwenden, eine einfache Veredelung der oberhalb 160° siedenden, bedeutenden Mengen von Terpengemischen, nämlich durch eine technisch ausgiebige Methode für ihre Verwandlung in Cymol sehr wünschenswert; zugleich wären auch andere Methoden zur Nutzanwendung dieses anwendbaren Rohmaterials sehr erwünscht.

Kapitel 20. Zwei Sesquiterpene in dem hochsiedenden Öl aus den Wurzeln und Stümpfen des nordischen Kiefernholzes

In der Reihe der Sesquiterpene, die gewöhnlich einen doppelten Ringkern enthalten, sind nur zwei Vertreter der Gegenstand unserer Arbeiten gewesen[3]), nämlich aus einem öligen Rückstand, der eine Art „Pine-Oil" darstellte; das obige Rohmaterial aus der gewöhnlichen Kiefer (Pinus silvestris L.) in Lappland (Nordfinnland) war teilweise Jahrzehnte alt. Außerdem wurden auch an andere Substanzen, nämlich Terpenalkohole, isoliert.

Über die höhersiedenden Anteile des Kienöls, und zwar über ein mit Wasserdampf daraus gewonnenes Destillat, haben BERGSTRÖM und FAGERLIND[4]) eine eingehende Untersuchung ausgeführt. Unsere Versuche ergänzen nun wichtige Teile dieser Arbeit.

Nach den Angaben von der betreffenden Muurola Terpentinfabrik in Rovaniemi in Finnland, woraus wir das Rohmaterial erhalten haben, war die Arbeitsweise die folgende dabei: die Wurzeln und Stümpfe wurden in Späne gehackt, die in vier Extraktoren, jeder für 1700 kg der Späne bestimmt, angefüllt wurden, worauf überhitzter Dampf eingeleitet wurde. Das damit gewonnene rohe Terpentin das dem Balsamterpentinöl ähnlich war, wurde mit Natronlauge gereinigt und auf „prima Qualität" umdestilliert. Die Späne wurden nacher mit Benzin (gewöhnliches Motorbenzin, Siedep. etwa 30—170°) extrahiert. Nach Entfernen des Benzins

[1]) Vgl. SPICA, Ber. 14, 653 (1881); CLAUS, ibid., S. 2139. — [2]) Ber. 24, 2121 (1891). — [3]) ASCHAN, Finska Kemistsamfundets Meddel. 25, 26 (1916); F. Vet.-Soc. ns Bidrag 77, Nr. 2 (1916); sowie, mit BERTEL ASCHAN, F. Kemistsamfundets Meddel. 26, 109 (1917). — [4]) KLASON-Festschrift, S. 491 (1910).

wurde der Rückstand, der auch das Kolophonium enthält, wieder mit gespanntem Dampf destilliert, wobei zunächst „secunda Terpentinöl“ und bei noch höherer Temperatur des Dampfes „tertia Terpentinöl“ (Probe I unten) erhalten wurden. Als flüchtiges Endprodukt resultierten schließlich, beim weiteren Erhitzen harzreiche Rückstände, das Destillat II unten, sowie ein verhältnismäßig helles Kolophonium.[1])

Hieraus ergibt sich, daß das Verfahren bei der Darstellung der von uns untersuchten, hochsiedenden Öle ein anderes als das von Bergström und Fagerlind angewandte Rohmaterial war.

1. Die Fraktionierung

Tabelle I. Terpentinöl (tertia); Menge etwa 3,200 g; Druck 10 mm.
Tabelle II. Destillat (etwa 380 g) von dem Harzkochen; Druck 9 mm.

Tabelle I

Fraktion °C	g	%	d_4^{20}
30—70	125	4,0	0,9090
70—80	81	2,6	9127
80—90	69	2,2	9105
90—92	176	5,6	9285
92—94	235	7,5	9356
94—96	390	12,4	9380
96—98	401	12,8	9340
98—100	380	12,1	9330
100—105	304	9,7	9311
105—110	335	10,7	9302
110—125	131	4,2	9268
123—130	159	5,1	9253
130—140	266	8,5	9281
Rückstand	43		
Verlust	42		

Tabelle II

Fraktion °C	g	%	d_4^{20}
30—45	10,5	3,8	0,8010
45—70	15,0	4,0	8557
70—75	8,0	2,1	8705
75—80	21,5	5,8	8941
80—85	13,5	3,7	9255
85—90	62,5	16,5	9361
90—95	45,9	12,2	9353
95—100	21,5	5,8	9344
100—110	16,5	4,4	9342
110—120	14,1	3,7	9340
120—125	9,0	2,4	9412
125—130	19,1	5,1	9438
Rückstand	100,9		
Verlust .	19,0		

Aus der Tabelle I ergibt sich, daß die Fraktion der Terpenalkohole, deren Gegenwart vorher qualitativ festgestellt worden war, nicht einheitlich, sondern wenigstens aus zwei Komponenten (von den Siedep. 96—100° und 105—110° bei 10 mm Druck) besteht. Ferner wurde gezeigt, daß das Sesquiterpen, das als Cadinen nachgewiesen wurde, in dem etwa 130° siedenden Anteil vorhanden war.

Die Tabelle II zeigt bei 85—90° eine größere Fraktion an, die, wie später gefunden wurde, hauptsächlich die Terpenalkohole enthält. Außerdem war auch hier die Sesquiterpenfraktion 125—130° vorhanden.

2. Die Abscheidung und Strukturbestimmung der Terpenalkohole

Die unter 9 bzw. 10 mm Druck bei 92—110° übergehenden Fraktionen (2830 g), die dem amerikanischen Pine-Oil entsprechen, wurden von neuem sorgfältig destilliert, zunächst bei gewöhnlichem Druck (Tabelle III).

Die nachstehenden größten Fraktionen 6 und 8 gaben auf die Formel $C_{10}H_{17}\cdot OH$ stimmende Analysenzahlen. Beide wurden von $KHSO_4$ in Wasser und bei 173—178° siedenden Terpenen gespalten, die mit Brom das Dipententetrabromid $C_{10}H_{16}Br_4$, vom Schmelzp. 123—123,5° bildeten, weshalb 2 Terpineole vom Siedep. 208 bis 212° und 214—218° vorhanden waren. Zur weiteren Reinigung wurden die

[1]) Dieses wurde während des Weltkrieges zur Füllung für russische Schrapnells benutzt.

Tabelle III

Nr.	Fraktion °C	g	%
1	Bis 95	50,9	1,8
2	95—190	96,0	3,4
3	190—200	90,5	3,2
4	200—204	61,0	2,2
5	204—208	78,0	2,7
6	208—212	890,0	31,5
7	212—214	435,0	15,4
8	214—218	448,0	15,9
9	218—225	45,0	1,6
	Rest	635,0	22,5

Fraktionen 5, 6, und 7 im Vakuum (10 mm) destilliert und die erhaltenen Fraktionen mit den betreffenden früheren zusammengegeben (Tabelle IV):

Tabelle IV

Fraktion °C	204 bis 208° g	d_4^{20}	Fraktion °C	208 bis 212° g	d_4^{20}	Fraktion °C	212 bis 214° g	d_4^{20}
84—86	27,5	0,9089	85—87	20,5	0,9159	—	—	—
86—88	27,0	9158	87—89	37,5	9359	—	—	—
88—91	18,0	9289	89—91	92,5	9363	—	—	—
91—93	50,5	9342	91—93	119,5	9336	—	—	—
93—95	114,0	9344	93—95	184,5	9338	93— 95	28,0	0,9397
95—97	14,5	9349	95—97	165,0	9348	95— 97	182,0	9416
97—98	49,0	9423	97—98	144,0	9348	97—100	28,0	9491
Rückstand	10,8		Rückstand	5,0				

Die ersten Fraktionen enthalten in kleinen Mengen gewisse Verunreinigungen (Terpene oder einen dritten Terpenalkohol). Für die ~~zusammengeführten~~ Vakuumfraktionen 93—95° und 97—98° wurden folgende Konstanten von neuem bestimmt:

Fraktion	d_4^{20}	α_D	$[\alpha]_D$	MR
93—95°	0,9346	+ 43,25°	+ 46,3	47,30
97—98°	0,9348	+ 52,74°	+ 56,42	47,37

In diesen bei gewöhnlichem Druck bei 210—212° und 216—218° siedenden Fraktionen sind also die beiden ungesättigten Terpenalkohole, $C_{10}H_{17}\cdot OH$, enthalten. Der höher siedende konnte gewöhnlicher α-Terpineol (Siedep. 217—218° bei normalem Druck und $d_{15}^{15} = 0,939$[1]), der andere vom Siedepunkt zu urteilen, β-Terpineol (Siedep. 209—210° bei 752 mm, $d_{15}^{15} = 0,923$) sein. Beide Fraktionen wurden nach starkem Abkühlen mit Krystallen von α-Terpineol (Schmelzp. 35°) und β-Terpineol (Schmelzp. 32°)[2]) geimpft, erstarrten aber nicht, ebensowenig wie es BERGSTRÖM und FAGERLIND gelang, das α-Terpineol in dieser Weise festzustellen. Wahrscheinlich enthalten sie irgend einen fremden Anteil.

Daß die genannten Terpineole wahrscheinlich zugegen waren, konnte indirekt durch Hydratationsversuche mit verdünnter Schwefelsäure bestimmter Stärke nachgewiesen werden.[3]) Ein Teil der betreffenden Fraktionen wurde 5 Stunden lang mit 47%iger Schwefelsäure bei — 6° sehr stark umgerührt. Beim Versetzen mit

[1]) ASCHAN, Chemie d. alicycl. Verbb., S. 730 (1905). — [2]) Dieses Originalpräparat wurde mir von dem Entdecker, Dr. HELLE in Berlin, zur Verfügung gestellt. — [3]) ASCHAN, Versuche über Terpinhydrat- und Terpineolbildung, F. Vet.-Soc. ns Bidrag 77, Nr. 1, S. 24 (1915).

Eisstückchen wurde in beiden Fällen ein bald krystallisierendes Öl erhalten; die abgesaugten und gewaschenen Krystalle wurden aus verdünntem Alkohol umkrystallisiert. Der Schmelzp. 119° wurde auch bei einer Mischprobe mit neuerlich krystallisiertem Terpinhydrat nicht verändert, und die Analyse stimmte auf die Formel $C_{10}H_{18}(OH)_2 \cdot H_2O$. Die sehr reichliche Ausbeute in beiden Fällen widerspricht dem Einwand, daß in den niederen Fraktionen ein gewisser Anteil des höher siedenden α-Terpineols vorhanden gewesen wäre, denn auch das β-Terpineol gibt in ähnlicher Weise Terpinhydrat.

Aus der Arbeit geht also hervor, daß die große Hauptfraktion 210—218° in den mit Dampf destillierten Spänen von restierenden Kiefernstümpfen bzw. -wurzeln die genannten Terpineole enthalten. Über die Natur der Nebenprodukte konnte nichts Bestimmtes behauptet werden. Das ölige Filtrat aus der Terpinhydratdarstellung wurde mit Dampf von neuem destilliert und nachher wurde festgestellt, daß das wiedergewonnene Öl bei 200—210°, hauptsächlich bei 206° siedete. Der Geruch war eigenartig aromatisch. Wahrscheinlich liegen auch hier Terpenalkohole vor.

3. Der Nachweis des Cadinens und eines Isomeren desselben

Als die obige Untersuchung ausgeführt wurde, war mir die obengenannte Arbeit von Bergström und Fagerlind unbekannt, weil sie in einer zufälligen Publikation vorhanden ist. Da eine Sesquiterpenfraktion erhalten worden war (Siedep. 125—130° bei 10 mm Druck), wurde diese nach Zusatz von Äther[1]) mit Chlorwasserstoff gesättigt. Es wurden 2 Mole desselben aufgenommen und ein festes Hydrochlorid von der Zusammensetzung $C_{15}H_{26}Cl_2$ schied sich in Nadeln ab. Nach Umkrystallisieren aus kochendem Alkohol wurde der Schmelzp. 118° erhalten, während Cadinenhydrochlorid, aus Cadéöl und anderen ätherischen Ölen, bei 117—118° schmilzt.

Als die Vakuumfraktion 125—130° in einem mit Kohlensäure gefüllten Einschmelzrohr aufbewahrt wurde, nahm sie eine dickliche Konsistenz an. Der größte Teil ging nun unter 125° über. Wahrscheinlich hatte eine Umlagerung stattgefunden. Das Produkt wurde nun von neuem untersucht. Bei der Vakuumdestillation unter 10 mm gingen folgende Fraktionen über:

Fraktion	g	d_4^{20}
100—115°	7,9	0,9274
115—119°	20,1	0,9283
119—122°	35,6	0,9265
122—125°	28,7	0,9205
125—130°	24,4	0,9135
Rückstand	13,8	—

Etwa 60% siedeten jetzt unter 125° und das spezifische Gewicht für die Fraktion 125—130° war jetzt niedriger. Der Rückstand war balsamartig. Beim Einleiten von Chlorwasserstoff in die mit 1/5 von Äther versetzten Fraktionen trat, außer dem durch die bei 118° schmelzenden Nadeln aus der gewöhnlichen Cadinenfraktion, ein isomeres neues Dihydrochlorid, $C_{15}H_{26}Cl_2$, auf, das in bis auf 3 cm langen und 1,5 cm breiten glänzenden Platten abgeschieden

[1]) Wie ich an anderer Stelle oben (S. 208) angegeben habe [Mitt. aus d. K. Vet.-Akad. ns Nobelinstitut 5, Nr. 8, S. 7 (1919) (Arrhenius-Festschrift)], ist Äther ein wirksamer Katalysator für die sonst langsam verlaufende HCl-Addition an ungesättigten Kohlenwasserstoffen, worüber dies ein neues Beispiel liefert.

wurde, die nach Umkrystallisieren aus kochendem Alkohol scharf bei 85—86° schmolzen.

Magister J. ARTUR CLOPATT untersuchte die Krystallform der schönen Krystalle und teilte darüber folgendes mit:

„Auf dem Krystall wurden folgende Formen beobachtet: (001) (011) (111) (101).

Achselverhältnis: $a:b:c = 0{,}8536:1:1{,}1482;\ \beta = 96^\circ\,28'$.

Das Achselverhältnis ist nach folgender zweikreisiger Goniometermessung ausgerechnet, worin 001 als Pol bestimmt wurde. Die Abweichung vom Durchschnitt ist im allgemeinen kleiner als 0,5, nur selten größer:

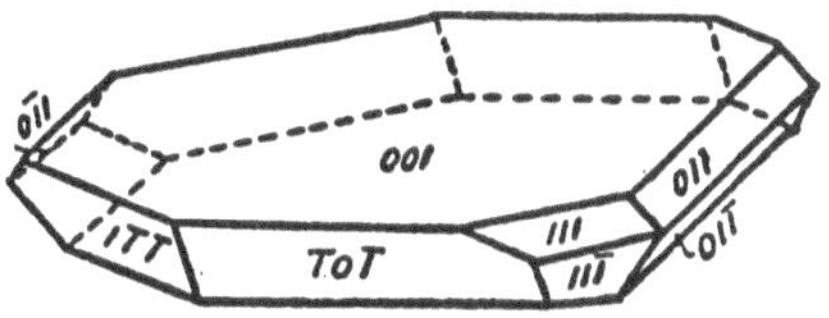

Fig. 2

		Im Durchschnitt ϱ	Im Durchschnitt φ
001	c	60°	—
111	h	64° 14′	49° 3′
101	g	57° 21′	(etwa 90°)
011	d	40° 12′	(etwa 0°)
111	i	56° 46′	49° 3′

Mittels der THOULETschen Lösung wurden zwei Brechungsexponenten bestimmt, unter denen β das wirkliche β des Krystalles, während α' ein Brechungsexponent zwischen α und β ist:

$$\alpha' = 1{,}543, \qquad \beta = 1{,}573\,.$$

Die Doppelbrechung ist stärker als 0,035. Die Ebene der optischen Achseln liegt in der Symmetrieebene."

Das neue Sesquiterpen wurde Muurolen genannt. Sein Dihydrochlorid (s. S. 248) zeigte sich nach der BAEYERschenPermanganatreaktion als gesättigt und gehört demnach derselben Klasse von bicyclischen Sesquiterpenen mit 2 Doppelbindungen, wie das Cadinen, an. Das Muurolen ist offenbar niedriger siedend als dieses, weil es in größerer Menge in den bei 115—122° (bei 10 mm) übergehenden Fraktion vorkommt, während die darauffolgenden mehr Cadinendihydrochlorid geben. Inwiefern Muurolen zu einigen Teilen auch schon in dem Naturprodukt vorhanden ist, oder aber bei der Temperatur des Fraktionierens bzw. der Aufbewahrung entsteht, konnte nicht festgestellt werden; ersteres scheint wahrscheinlicher zu sein.

Die Löslichkeit der Dihydrochloride der beiden Sesquiterpene ist in vielen Solvenzien ziemlich gleich, so daß ihre Trennung schwierig ist. Methylalkohol ist in dieser Hinsicht das beste Krystallisationsmittel. Sein Lösungsvermögen wurde nach dreistündigem Schütteln bei 18° in gewöhnlicher Weise bestimmt:

100 g gesättigter Methylalkohollösung enthielten 2,43 g Muurolendihydrochlorid (Schmelzp. 86°);

100 g gesättigter Methylalkohollösung enthielten 1,05 g Cadinendihydrochlorid (Schmelzp. 117°).

Beim Erhitzen mit 5 g Anilin gibt 3,5 g Muurolendihydrochlorid 2 Mole Chlorwasserstoff ab, wobei nach Reinigung 2,5 g Sesquiterpen zurückerhalten wurden. Diese Menge wurde wieder mit Chlorwasserstoff gesättigt, wobei ein bei 75° schmelzendes Dihydrochlorid erhalten wurde, das wieder ein Gemisch der beiden Hydrochloride (Schmelzp. 86° und 117°) darstellte. Folglich gehen die beiden Sesquiterpene leicht ineinander über.

4. Anregungen und Ergänzungen zum Kapitel 20

Durch die mit unseren obigen Beobachtungen ergänzten Arbeiten von BERGSTRÖM und FAGERLIND hat die Untersuchung der Terpene und Terpenalkohole in den höheren Destillaten von dem Kiefernöl noch keineswegs ihr wissenschaftliches Interesse eingebüßt. Vielleicht könnte ein eingehendes Studium der anderen Terpenalkohole, die vor und nach den Terpineolen übergehen, neue befriedigende Resultate ergeben; außerdem wäre die Prüfung des Öls auf gesättigte Alkohole wünschenswert. Wie das amerikanische „Pine-Oil", könnten gewiß diese in reichlicher Menge vorhandenen Körper, die in verdünnter Form, zusammen mit den beiden oben beschriebenen Sesquiterpenen zu dem charakteristischen Wohlgeruch des Kiefernöls beitragen, technische Anwendung gewinnen. Außerdem sind die Terpineole ausgezeichnete Lösungsmittel auch für hochmolekulare und sonst schwer lösliche Verbindungen. Unsere gesamte Terpineolfraktion mit dem Siedepunkt von etwa 200—220° hat dies auch bestätigt. So löst sie sogar Indigo beim Erhitzen auf und scheidet es wieder krystallinisch ab.

Das obige Resultat unserer Arbeit regt zu weiteren Versuchen über die Beziehungen zwischen Cadinen und Muurolen, die ohne jeden Zweifel wissenschaftliches Interesse darbieten, an. Der Möglichkeit ungeachtet, daß die Kenntnis des Muurolens auch in struktureller Hinsicht erweitert werden müßte, käme hier eine andere Frage auf, nämlich diejenige, ob das jetzt als Cadinen bezeichnete Sesquiterpen, das unserer Kenntnis nach immer nur über seinem Dihydrochlorid dargestellt wurde, als solches faktisch in der Natur vorkommt. Wenigstens läßt sich aus dem Schrifttum ersehen, daß der Siedepunkt ihrer ursprünglichen Fraktionen in ätherischen Ölen, woraus das Hydrochlorid dieses Sesquiterpens (Schmelzp. 117—118°) erhalten worden ist, viel niedriger liegt, als der des nachher isolierten Cadinens. Der Unterschied der Konstanten der beiden Produkte kann bis auf 10° und mehr abweichen. Es liegt vielleicht etwas Ähnliches vor, das ich neulich bezüglich des Sylvestrens nachgewiesen habe[1]) (vgl. Kap. 9, C, S. 119ff.); das Sylvestren kommt wahrscheinlich nicht als fertig gebildet in den nativen Terpentinölen vor, sondern entsteht erst über sein Hydrochlorid bei der Abspaltung von Chlorwasserstoff.

Da Cadinen wegen seines weiten Vorkommens in den ätherischen Ölen eines der wichtigsten Sesquiterpene ist, so wäre auch dieser Umstand durch geeignete Untersuchungen festzustellen.

Unsere langjährigen Arbeiten haben nicht die Diterpene berührt. Dagegen sind die sehr wichtigen Harzsäuren, die zu derselben Gruppe unzweifelhaft gehören, obwohl sie Monocarbonsäuren darstellen, der Gegenstand vieljähriger Arbeit gewesen. Sie sollen daher in diesem Zusammenhang, und zwar wegen der Umfassung des experimentellen Materials, in einer besonderen dritten Hauptabteilung behandelt werden.

[1]) ASCHAN, Ann. 461, 1—26 (1928).

Dritte Abteilung

Alicyclische Verbindungen mit dreifachem Ringkern

Arbeiten über Pinusharzsäuren, $C_{20}H_{30}O_2$

Kapitel 21. Allgemeines über die Coniferenharzsäuregruppe

A. Einleitung und Übersicht über unsere früheren Arbeiten

Als diese Untersuchungen vor etwa einem Dezennium in Gang gesetzt wurden, waren die Harzsäuren schon etwa ein Jahrhundert der Gegenstand zahlreicher Abhandlungen gewesen, nämlich seitdem UNVERDORBEN 1924 nachgewiesen hatte, daß das Coniferenharz auch Säuren enthielt. Diese wurden Sylvin- und Pininsäure genannt, von denen die erstgenannte krystallinisch war und oberhalb 100° schmolz. Trotz der vielen, nachher ausgeführten Arbeiten waren nur wenige zu einer eingehenden Kenntnis über diese hochmolekularen Körper geeignet. Ausnahmen sind eigentlich nur die Untersuchungen von VESTERBERG, PAUL LEVY sowie von KLASON und KÖHLER, von denen die empirische Zusammensetzung $C_{20}H_{30}O_2$ für die Pimarsäuren und die gewöhnliche Abietinsäure endgültig festgestellt und nachher allen Coniferenharzsäuren beigelegt wurde. Besonders aber war VESTERBERG durch seine exakten Arbeiten während einer längeren Zeit auf dem Gebiete tätig.

Bezüglich der älteren, sehr umfangreichen Literatur sei hier nur auf eine Abhandlung von A. J. VIRTANEN hingewiesen, die mit einer Zusammenstellung über die diesbezüglichen wichtigsten Arbeiten eingeleitet wird[1]) (vgl. S. 253).

Während der letzten Jahre hat sich auch das Bestreben zur Feststellung der Struktur der Harzsäuren geltend gemacht. Dies wird aber dadurch erschwert, daß in vielen Fällen, außer der Dextropinarsäure, der Abietinsäure von LEVY sowie der von mir 1916 aus dem finnischen „Tallöl" (s. S. 253) isolierten Pinabietinsäure, die nötigen Bedingungen für die Einheitlichkeit nicht vorliegen. Man ist sogar noch gewissermaßen in derselben Lage wie WALLACH, als er vor etwa 40 Jahren seine grundlegenden Arbeiten auf dem Terpengebiet begonnen hatte. Dieser Vergleich ist auch

---

[1]) Inaug.-Diss. (Helsingfors 1919) (in finnischer Sprache), sowie Ann. 424, 150 (1920).

von dem Gesichtspunkte aus in gewisser Hinsicht richtig, daß die Harzsäuren mit den Terpenen verwandt sind. Es gelang mir nämlich festzustellen[1]), daß sogar die spezielleren Terpenreagenzien bei den Harzsäuren anwendbar sind, und daß die Pinabietinsäure und die reine Abietinsäure[2]) LEVYS Nitrosochloride, Nitrosoverbindungen, Nitrosite und Nitrosate vom gleichen Typus wie die Terpene liefern (Reihe I), wie die untenstehenden Zusammenstellung der Formeln zeigt, worin Reihe II den Harzsäuren zukommt:

	Nitrosochloride	Nitrosoverbindungen	Nitrosite	Nitrosate
I.	$C_{10}H_{16}<{NO \atop Cl}$;	$C_{10}H_{14}:NOH$;	$C_{10}H_{16}<{NO \atop O\cdot NO}$;	$C_{10}H_{16}<{NO \atop O\cdot NO_2}$.
II.	$C_{20}H_{30}O_2<{NO \atop Cl}$;	$C_{20}H_{28}O_2:NOH$;	$C_{20}H_{30}O_2<{NO \atop O\cdot NO}$;	$C_{20}H_{30}O_2<{NO \atop O\cdot NO_2}$.

Dieser Parallelismus wird erklärlich, da die Harzsäuren in einfacher Weise aus den Diterpenen herleitbar sind, nämlich durch Austausch einer Methylgruppe gegen Carboxyl:

$$\text{Diterpen, } C_{19}H_{29}\cdot CH_3; \qquad \text{Harzsäure, } C_{19}H_{29}\cdot CO_2H .$$

Diese schon anfangs bei unseren Harzsäurearbeiten ausgesprochene Analogie hat den Ausgangspunkt derselben gebildet.

Als ich vor einigen Jahren die systematische Untersuchung der wichtigsten Coniferenharzsäuren in mein Arbeitsprogramm aufnahm, war ich den erheblichen Schwierigkeiten dieser Aufgabe wohlbewußt. Wie schon oben angedeutet, kommen dieselben teils miteinander, teils mit anderen, meistens hochmolekularen Stoffen, in den sie erzeugenden Pflanzen gemengt vor. Außerdem hatte man bei ihrer bisherigen Erforschung recht wenig auf die allgemeine Methodik bezüglich ihrer individuellen Reindarstellung aus diesen Gemengen sowie auf der Bestimmung ihrer physikalischen Eigenschaften in reinem Zustande, vor allem auf die Löslichkeit derselben Gewicht gelegt. Dies mußte indessen geschehen, bevor man die Hoffnung, Resultate von bestehendem Werte zu erzielen, hegen konnte. Von den OSTWALDschen drei Hauptstufen der naturwissenschaftlichen Forschung waren „das Sammeln“ und „das Ordnen“ bisher in der Harzsäurereihe entschieden mangelhaft gewesen, sowie „das Erklären“ daher in gewöhnlicher struktureller Hinsicht fast unmöglich bzw. sehr erschwert geblieben.

Es ist unter diesen Umständen begreiflich, daß manches von dem, was in den folgenden Kapiteln beschrieben wird, kein geschlossenes diesbezügliches Ganzes darstellt. Dies zu erreichen, ist für einen einzelnen Bearbeiter auf dem weiten Felde unmöglich. Das einzige, was den heutigen Kenntnissen über die Harzsäuren einigermaßen vollständig entspricht, ist die Einteilung der großen Gruppe (s. unten), obwohl auch in dieser Beziehung gewisse Merkmale vielleicht zu ergänzen sind.

Die Richtlinien unseres bishergien Arbeitsprogramms in der Harzsäurereihe werden unter 2. (S. 259) angedeutet.

---

[1]) Ber. 55, 2944 (1922). — [2]) Die beiden Säuren sind später endgültig als identisch festgestellt worden [LEVY und ASCHAN, Ber. 60, 1923 (1927)].

1. Übersicht unserer älteren Arbeiten

Bei einer im technischen Maßstab in der GUTZEITschen Fabrik in Kotka (Finnland) ausgeführten Wasserdampfdestillation eines rohen „flüssigen Harzes", schwedisch „Tallolja" (Kiefernöl) genannt, das aus der beim Eindampfen der „Schwarzlauge" aus der Sulfatcellulosefabrikation abgeschiedenen Rohseife mit Schwefelsäure bzw. Natriumbisulfat resultiert, wurde mir von dem bekannten Chemiker der Fabrik, Herrn Ing. ALFONS HELLSTRÖM, eine Probe zur Untersuchung gesandt. Aus den festen Abscheidungen des Destillates wurden, außer etwas Palmitinsäure und viel flüssiger „Sulfatölsäure", eine feste Säure[1]) von der Zusammensetzung $C_{20}H_{30}O_2$ und Schmelzp. 182°, nach mehrmaligem Umkrystallisieren aufgefunden. Diese wurde als Pinabietinsäure bezeichnet, weil sie mit der gewöhnlichen reinen Abietinsäure aus Kolophonium von LEVY[2]), die später auch von JOHANSSON[3]) in Stockholm, einem Schüler von K. A. VESTERBERG, aus amerikanischem Kolophonium durch Destillation mit gespanntem Dampf abgeschieden und gereinigt wurde.

In zwei Abhandlungen — die erste und zweite dieser Reihe — wurden dann[4]) die Reindarstellung der Pinabietinsäure, das analytische Material, die Molgewichtsbestimmung, einige Reaktionen zur Erläuterung des chemischen Charakters, sowie das eigentümliche Verhalten der in verschiedenen Solvenzien gelösten Säure gegen polarisiertes Licht genauer beschrieben.

Die dritte, schon erwähnte Abhandlung von A. J. VIRTANEN[4]), enthielt eine ausführliche Untersuchung des Verhaltens der Pinabietinsäure, welche Arbeit in der Bestimmung der Konstitution derselben resultierte. Darin wurde zum erstenmal eine detaillierte, experimentell begründete Strukturformel (I) für eine Harzsäure aufgestellt. Das Chlorid der Säure lieferte unter Kohlendioxyd- und Chlorwasserstoffabspaltung den Kohlenwasserstoff Pinabietin, $C_{19}H_{28}$ (II), der mit Schwefel erhitzt in Reten überging, für welches BUCHER[5]) die Formel III endgültig festgestellt hatte, und bei der Oxydation mit Braunstein und Schwefelsäure Trimellitsäure (IV) gibt:

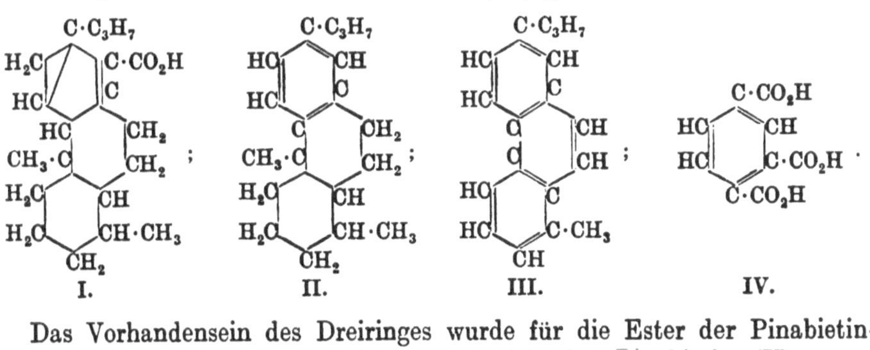

I. ; II. ; III. ; IV.

Das Vorhandensein des Dreiringes wurde für die Ester der Pinabietinsäure refraktometrisch nachgewiesen. Da sich das Pinabietin (II) gegen

[1]) Hierüber wurde vorläufig im April 1917 in Finska Kemistsamfundet (Helsingfors) berichtet. — [2]) Zeitschr. angew. Chem. 18, 1739 (1905); Zeitschr. anorgan. Chem. 81, 147 (1913). — [3]) Arch. f. Kemi usw. (Stockholm) 5, Nr. 6 (1917). Diese Arbeit war 1916, als meine Untersuchung begonnen worden war, noch nicht publiziert. — [4]) Ann. 424, 117 u. 133 (1921), die zweite mit K. E. EKHOLM publiziert. — [5]) Am. chem. Soc. 32, 374 (1910).

alkalische Permanganatlösung gesättigt erwies und andererseits als nitrierbar und sulfurierbar, wie ein aromatischer Kohlenwasserstoff zeigte, ferner das Carboxyl relativ leicht abspaltbar ist und sich nicht direkt esterifizieren läßt, so schien es VIRTANEN als festgestellt, daß das Carboxyl, der Dreiring und eine Doppelbindung in der Pinabietinsäure in jenem Sechsring liegt, an dem viertens auch die Isopropylgruppe haftet. Dagegen fehlen meiner Ansicht nach völlig genügende Beweise für die gegenseitige Lage der drei Gruppen zum Isopropyl, dessen Stellung festgestellt ist, sowie für die Stellung desjenigen Methyls, das bei der Bildung des Retens (III) abgespalten wird.

Die vierte Abhandlung[1]) über die Coniferenharzsäuren behandelt einige einbasische Begleitsäuren, teils der Pinabietinsäure, teils anderer Harzsäuren, welche als Nebenprodukte in der technischen Rohsäure sowie in den Kolophoniumsorten des Handels vorkommen und von mir als Kolophensäuren bezeichnet worden sind. Einige derselben entstehen ferner in der alkalischen Lösung der Pinabietinsäure und wahrscheinlich auch in derjenigen von anderen Harzsäuren bei Behandlung mit Wasserstoffperoxyd und beim Durchleiten von Luft. Ihre Untersuchung ist bis auf weiteres nicht weitergeführt. Da sie mehr Sauerstoff und zum Teil auch weniger Kohlenstoff als die Harzsäuren enthalten, so sind sie wohl, als Oxydationsprodukte dieser, von nicht unerheblichem Interesse für die künftige Aufklärung der Konstitution derselben.

In der fünften Abhandlung[2]) wird eine Zusammenstellung über die Resultate der obengenannten neueren Arbeiten gegeben und die Harzsäuren auch sonst von neuen Gesichtspunkten aus charakterisiert. Außerdem wird schon die Identität der Pinabietinsäure mit der Abietinsäure von LEVY völlig wahrscheinlich gemacht.

Die sechste Abhandlung[3]) behandelt dann die Prinzipien der für eine mehr zeitgemäße Klassifikation der Harzsäuren, die außerdem später entwickelt worden ist[4]) und hier eingefügt wird (Tabelle 1).

Zunächst wird doch folgendes über einen früher von P. KLASON und KÖHLER[5]) 1904 dargestellten und von KÖHLER später[6]) durch einige Zusätze entwickelten Vorschlag in derselben Richtung mitgeteilt, der der damaligen Kenntnis entspricht.

A. Natürliche Harzsäuren: I. Säuren, die aus der Luft nicht oxydiert werden und relativ beständig sind; II. Säuren, die von der Luft leicht oxydiert werden und eine erhebliche Empfindlichkeit gegen Erhitzen zeigen. Zu jenen gehören die beiden Pimarsäuren und zu diesen die Sapinsäuren. Beide Arten gehen beim Erhitzen in

B. Kolophonsäuren über: I. α-Kolophonsäuren, linksdrehend; II. β-Kolophonsäuren, rechtsdrehend; III. inaktive Kolophonsäuren.

I., II. und III. sind an der Luft leicht oxydabel und gehen durch Erhitzen in derselben Gruppe zugehörige Säuren über. Die Säuren der A- und B-Gruppe sind durch ihr Verhalten zum Ammoniak charakterisiert.

Die während der letzten 10 Jahre seitdem ausgeführten Untersuchungen (vgl. S. 253 ff.) sowie die eigenen, seit 1916, verlangten jedoch eine andere Klassifikation, die hier angegeben wird.

---

[1]) Ber. 54, 867 (1921); 55, 1 (1922). — [2]) Ber. 55, 2944 (1922). — [3]) Chem.-Zeitg. 1924, 149; vgl. Finska Kemistsamfundets Meddel. 32, 32 (1922); 33, Nr. 4 (1923). — [4]) ASCHAN, „Naftenföreningar, Terpener och Kamferarter", S. 357 (Helsingfors 1926). — [5]) Arkiv f. Chemie usw. 2, Nr. 3, S. 12ff. (1904). — [6]) Ibid., 4, Nr. 5, S. 10ff. (1910).

Schema für die Einteilung der Coniferen-Harzsäuren

Tabelle 1

Bezeichnung der Gruppen	Luftbeständigkeit	Katalytisches Additionsvermögen für Wasserstoff	Relative Löslichkeit in organischen Solvenzien	Schmelzpunkt
A. **Native Harzsäuren** (von KÖHLER „natürliche Harzsäuren“ genannt):				
I. Pimarsäuren (VESTERBERG) und	beständig	nehmen nur 2 H auf (Pt-schwarz-Katalyse)	schwer löslich	hochliegend
II. Sapinsäuren; dazu gehören die				
1. Pininsäuren (im nicht erhitzten Pinusharz)	sehr unbeständig	unbekannt	leicht löslich	niedrig
2. Isopininsäuren (im gelinde erhitzten Pinusharz)	sehr unbeständig	unbekannt	leicht löslich	niedrig
B. **Kolophonsäuren** (werden beim Erhitzen der Sapinsäuren gebildet), eingeteilt in:				
I. Isopimarsäuren (unter 200° gebildet). Lagern sich bei starkem Erhitzen leicht um	unbeständig	nehmen 2 H und 4 H sukzessive auf	ziemlich löslich, leicht beim Kochen	bei etwa 150—160°
II. Abietinsäuren (von etwa 250° ab gebildet). Lagern sich nicht weiter um, können aber durch Erhitzen optisch verändert werden.	unbeständig	nur 2 H bzw. Br_2, dagegen 2 HBr und 4 OH (Levy)	schwer löslich, auch beim Kochen	hochliegend
C. **Sylvinsäuren** (werden aus anderen Harzsäuren durch chemische Umlagerung gebildet); eingeteilt in				
I. Eigentliche Sylvinsäuren [bei Einwirkung von Mineralsäuren (WIENHAUS)]	beständig	4 H bzw. 4 (OH)	ziemlich schwer löslich	ziemlich hochliegend
II. Isosylvinsäuren (bei Abspaltung von Halogenwasserstoff oder Wasser aus den entsprechenden Additionsprodukten anderer Harzsäuren)	weit beständiger als die Kolophonsäuren	unbekannt	leicht löslich	niedrigliegend

Die Bezeichnungen sind den älteren Namen in der Literatur möglichst nachgebildet, es mußte ihnen aber nunmehr z. T. eine andere Bedeutung beigelegt werden.

Folgende speziellere Angaben erleichtern die Übersicht des Systems. Die Einteilung geht von der feststehenden Tatsache aus, daß es drei unzweifelhaft verschiedene Harzsäuregruppen gibt, nämlich:

Native, in der Natur direkt erzeugte Harzsäuren, die den „natürlichen“ Harzsäuren von KLASON und KÖHLER entsprechen.

Kolophonsäuren, die aus den A-Säuren durch mehr oder weniger starkes Erhitzen entstehen.

Sylvinsäuren, die durch chemische Einwirkung erhalten werden.

Gruppe A: Native Harzsäuren. Sie werden eingeteilt in:

I. Pimarsäuren: zu diesen werden die Dextro- und Lävopimarsäuren VESTERBERGS, die trotz der Namen miteinander nicht optisch isomer sind, sowie ihre bisher unbekannten Spiegelbildisomeren gerechnet, nicht aber die von KNECHT und HIBBERT[1]) erwähnten Isopimarsäuren. Die Ammoniumsalze der erstgenannten sind praktisch in verdünntem Ammoniak unlöslich, die Natriumsalze schwer löslich. Nach TSCHUGAEW und TEARU[2]) nimmt die obige Dextropimarsäure (VESTERBERG) bei der Katalyse mit wäßrigem Platinschwarz nur zwei Wasserstoffatome auf. Das diesbezügliche Verhalten der sicher struktur- bzw. geometrisch-isomeren der Lävopimarsäure ist unbekannt.

II. Die Sapinsäuren sind in organischen Solvenzien sehr löslich und niedrig schmelzend. Ihre Oxydation bzw. Verharzung erfolgt, meiner Erfahrung nach, in alkalischer Lösung an der Luft schon in einigen Stunden. Die Ammoniumsalze sind auch in ziemlich verdünnten Lösungen Gele; die Natriumsalze zeigen stärkere Wasserlöslichkeit als die Kolophonsäuren (Abietinsäuren).

Von den nativen Sapinsäuren, die wenigstens in den nordeuropäischen ziemlich festen Balsam (Scharrharz, schwedisch Kåda) den Hauptbestandteil bilden, habe ich einige in fast reiner Form isoliert, obwohl ihre leichte Oxydierbarkeit dies ziemlich stark erschwert. Es konnte sogar die Zusammensetzung $C_{20}H_{30}O_2$ für eine im südlichen Finnland gefundene, bei 137—139° schmelzende Säure[3]) festgestellt werden, die nach dem Fundort Sondarsapinsäure genannt und aus einem ziemlich festen paraffinähnlichen Balsam isoliert wurde; sie gleicht allem Anschein nach der „Winterkåda“ (dem Winterharz) KÖHLERS. Wegen ihrer großen Veränderlichkeit gelang es jedoch nicht, in völlig reinem Zustand darzustellen bzw. nicht einmal eine kürzere Zeit sie aufzubewahren.

Die Isomerie der Sapinsäuren beruht wahrscheinlich teils auf einer verschiedenen Bildungsart im Pflanzenorganismus, teils auf einer Isomerisierung in dem ausgeflossenen, oft zähen Balsam. Diese ist der in der Terpenreihe auftretenden, von Säuren (Ameisensäure, Essigsäure) bedingten Erscheinung (z. B. die Verwandlung des Pinens in Dipenten usw.) ähnlich. Die Hydrierung der Sapinsäuren wurde ihrer Unbeständigkeit wegen nicht ausgeführt.

Die Sapinsäuren lassen sich einteilen: 1. in Pininsäuren, die mehr oder weniger vollständig in dem luftoxydierten festen Balsam (schwedisch „Kåda“) vorkommen, und 2. in Isopinensäuren, die, obwohl sie in den hell gefärbten,

---

[1]) Journ. of Dyers and Colorists 35, 148 (1919); 38, 221 (1922). — [2]) Ber. 46, 1769 (1913). — [3]) Finska Kemistsamfundets Meddel. 31, 71 (1922).

nur gelinde erhitzten Kolophoniumsorten vorkommen, fortwährend nativer Natur, und nicht in Kolophonsäuren umgewandelt sind.

Unter den bei der Oxydation an der Luft gebildeten Produkten, die also noch mit den Sapinsäuren gemengt sind, habe ich als Begleiter der genannten Sondarsapinsäure eine Säure, $C_{20}H_{30}O_3$, sowie ein höheres Oxydationsprodukt, $C_{20}H_{28}O_4$, isoliert (vgl. Kap. 22, A und B). Aus einem lichtgelben amerikanischem Kolophonium (Marke H) wurde ferner als Begleiter einer Sapinsäure zwei Säuren $C_{20}H_{30}O_3$ und $C_{20}H_{30}O_4$, abgeschieden (Kap. 21, D, Beisp. 10). Es wäre jedoch nicht unmöglich, obwohl damals wegen Mangel an Material nicht festzustellen, daß dieses Paar schließlich mit der erstgenannten identisch wäre.

Gruppe B: Kolophonsäuren. Diese sind im Kolophonium vorhanden und entstehen beim fortgesetzten, milderen oder stärkeren Erhitzen. Sie sind einzuteilen in Isopimarsäuren[1]) und Abietinsäuren.[2])

I. Die Isopimarsäuren kommen in allen Kolophoniummarken vor und bilden, neben den zur Gruppe A gehörigen Isopininsäuren, die Hauptmenge des Kolophoniums. Sie entstehen aus den Sapinsäuren unter etwa 200°, also einer noch nicht erreichten Temperatur, die bei der Kolophoniumbildung angewandt wird.

Hierher gehört offenbar die von RUZICKA und MEYER[3]) aus amerikanischem Handelskolophonium[4]) durch Destillation im Hochvakuum dargestellte Harzsäure[4]) (Druck als unter 1 mm angegeben); α_D in Alkohol = — 68° bis — 69°. Sie nimmt allmählich 2 und 4 Atome Wasser auf. Dieselbe Säure habe ich wahrscheinlich durch direktes Umkrystallisieren aus amerikanischem Kolophonium und französischem Galipot erhalten.

Der Drehungswinkel wird vermindert bzw. verschwindet beim Destillieren oder Erhitzen auf eine 200° übersteigende Temperatur. Die Säuren von KNECHT und HIBBERT werden an der Luft oxydiert.

II. Die Abietinsäuren entstehen beim Erhitzen der Sapinsäuren (und wahrscheinlich auch der Isopimarsäuren) auf eine Temperatur, die höher ist als die für diese Säuren angewandte, also z. B. schon beim Destillieren in einem Vakuum von 10—12 mm oder mit gespanntem Dampf (JOHANSSON).

Hierher gehören die Abietinsäuren von LEVY[5]), also auch die damit identische Pinabietinsäure von ASCHAN[6]), sowie die von JOHANSSON.[7]) Der Schmelzpunkt liegt hoch, oft über 180°. Die Natriumsalze sind in kaltem Wasser schwer löslich, in Sodalösung fast unlöslich, und bilden in kalter, ver-

---

[1]) Diese Bezeichnung wurde angewandt, weil KNECHT und HIBBERT [Journ. Soc. of Dyers and Colorists 35, 148 (1919); 38, 221 (1922)] aus amerikanischem und französischem Harz zwei sogenannte „Pimarsäuren" (l- und d-) mit demselben Drehungswinkel α_D = — 80° und + 80° sowie Schmelzp. 161° isolierten, die mit den von VESTERBERG abgeschiedenen isomer sein sollten. — [2]) Diese Bezeichnung ist ohne weiteres leicht verständlich. — [3]) Helv. chim. Acta 3, S. 315 (1922); die Verfasser bezeichnen sie schlechtweg „Abietinsäure", obwohl der Schmelzpunkt etwa 20° niedriger wie die reine Abietinsäure von LEVY bzw. Pinabietinsäure (ASCHAN) ist. — [4]) Weil verschiedene Harzsäuren in dem amerikanischen bzw. französischen Kolophonium vorliegen, wäre es eventuell nötig, die Handels-Marke anzugeben. — [5]) Zeitschr. angew. Chem. 18, 1739 (1905); Zeitschr. anorgan. Chem. 81, 147 (1913). — [6]) Ann. 424, 118 (1921); Ber. 54, 867 (1921); 55, 51 und 2044 (1922). — [7]) Arkiv f. kemi usw. 5, Nr. 6 (1917).

dünnter Lösung Gele, die sogar beim Umwerfen des Probierröhrchens nicht ausfließen. Auch die Ammonsalze sind Gele.

Die Abietinsäuren nehmen, wie ich oft gefunden habe, bei katalytischer Hydrierung, sogar bei 70—80°, nur 2 Atome Wasserstoff auf; inwieweit dies genügt, um die beiden Gruppen von Kolophonsäuren (die letzteren und die Isopimarsäuren, die successive 2 und 4 Atome aufnehmen) zu unterscheiden, ist vorläufig nicht festgestellt.

Gruppe C: Sylvinsäuren. Bei diesen in der Natur nicht vorhandenen Säuren, die Produkte einer experimentellen Verwandlung der Harzsäuren von den Gruppen A und B sind, lassen sich auch zwei Gruppen, nämlich die eigentlichen Sylvinsäuren und Isosylvinsäuren unterscheiden.

I. Die eigentlichen Sylvinsäuren, deren Bildung etwa dem Übergang von Pinen in Dipenten, Terpinen usw. entsprechen, entstehen nach Wienhaus bei Einwirkung von Säuren, wie Salzsäure und verdünnter Schwefelsäure auf Pimarsäuren (Vesterberg), Abietinsäuren[1]) u. a., wobei diese in Isomere übergehen sollen, die zwei Doppelbindungen enthalten. Diese letzteren seien hochschmelzend und nehmen nach dem erstgenannten Forscher bei Permanganateinwirkung in alkalischer Lösung vier Hydroxylgruppen auf, wobei tetrahydroxylierte Harzsäuren der Formel $C_{20}H_{30}(OH)_4O_2$ entstehen sollen (vgl. unter Kap. 23, A, 3).

II. Die Isosylvinsäuren, die bei der Abspaltung von Halogenwasserstoff oder Wasser aus den entsprechenden halogen- und hydroxylhaltigen gesättigten Additionsprodukten der Harzsäuren entstehen, sind bisher nur wenig untersucht. Wir haben indessen eine in reinem Zustand erhalten, worüber weiter unten berichtet werden soll.[2])

Um nun zu unseren später veröffentlichten Arbeiten überzugehen, seien noch folgende erwähnt.

Die siebente Abhandlung wurde in der 17. skandinavischen Naturforscherversammlung in Gotenburg[3]) vorgetragen und ist wesentlich von biologischem Inhalt, indem sie einen Versuch darstellt, den genetischen Bildungsmöglichkeiten der Harzsäuren innerhalb des pflanzlichen Organismus nachzugehen, in ähnlicher Art, als unserer Ansicht nach die Terpene, Sesquiterpene und Diterpene mit Isopren als zentraler synthetischer Faktor entstehen (vgl. S. 126 und 128).

Die achte Abhandlung[4]) bringt eine Zusammenstellung über die wichtigsten Kolophoniumsorten des Handels, bezüglich ihrer Drehungsvermögen in Alkohol und Benzol, eine für die weitere Untersuchung der Harzsäuren nützliche Übersicht.

---

[1]) Unsere Beobachtungen über Pinabietinsäure zeigen diese Umwandlung nicht. — [2]) Nach bisher unpublizierten Versuchen (s. unten, S. 285). — [3]) Siehe die Verhandlungen der Versammlung, S. 42 (1925); eine vorläufige Mitteilung vgl. F. Kemistsamfundets Meddel. 52, 29 (1923); mitbearbeitet von Karström. — [4]) Chem.-Zeitg. 1924, S. 149; Brennstoffchemie 4, 246 (1923).

Eine neunte Mitteilung[1]) beschreibt orientierende Versuche über die Abscheidung von nativen Harzsäuren (vgl. bezüglich der Bezeichnung die obige Tabelle 1), aus einem ausgeflossenen, krystallinischen Harzbalsam aus der in Finnland einheimischen Fichte (Pinus abies L.).

2. Einige Richtlinien für die Harzsäurearbeit

Zur Orientierung über unsere, im folgenden, meistens unpublizierten Untersuchungen sei hier im voraus folgendes angegeben.

Für die Kenntnisse des weiten Gebietes sollten fünf Sätze maßgebend sein, nämlich:

I. Methoden zur Isolierung der Harzsäuren aus dem in der Natur oder technisch als Kolophonium vorhandenen Material;

II. experimentelle Beiträge zur Charakteristik der früher bekannten sowie in der folgenden Zusammenstellung zu beschreibenden neuen Harzsäuren zu geben;

III. Prüfung der Angemessenheit der in der Tabelle 1 dargestellten Einteilung;

IV. neue, während der letzten Zeit gemachte Beobachtungen sowie

V. programmäßige Angaben weiterer Untersuchungen in der Gruppe.

Für einen jeden, der das Harzsäuregebiet bearbeitet, worin das Material zum größten Teil in unbegrenzter Menge in der Natur erzeugt wird, dürfte sowohl die Bedeutung der Aufgabe, wie auch ihre besondere Schwierigkeit im voraus klar sein. In Anbetracht der Entwicklung der nahe verwandten Terpenchemie seit den ersten Arbeiten Otto Wallachs vor 45 Jahren sowie die viel einfachere Zusammensetzung der Terpene könnte man eigentlich in Anbetracht der doppelten Anzahl der Kohlenstoffatome in dem Molekül der Harzsäuren eine noch größere Mehrzahl von Derivaten voraussehen, wenn nicht etwa der kompliziertere Bau bei diesen eine auf experimentellen Schwierigkeiten beruhende Begrenzung herbeiführen sollte. Unter allen Umständen kann, wie auch eingangs hervorgehoben, unsere vorliegende Darstellung kein geschlossenes Ganzes auf den von uns berührten Teilen des Gebietes bringen.

B. Methoden zur Trennung und Reinigung der Harzsäuren

Ein Hauptgrund für die in der in Rubrik angegebenen Aufgaben liegt darin, daß die Harzsäuren gewisse, sonst nicht beobachtete Eigentümlichkeiten zeigen, die ihre Darstellung in reiner Form erheblich erschweren. Die wichtigsten seien hier besprochen.

a) Die Salze sind amorph.

Dieser Umstand beruht besonders auf dem hohen Molekülgewicht der Harzsäuren, sowie daß die Salze leicht hydrolisierbar sind.[2]) Die Alkalisalze

[1]) F. Kemistsamfundets Meddel. 31, 71 (1922), — [2]) Dies spielt u. a. bei der Papierleimung eine wichtige Rolle.

bilden, wie die der Fettsäuren, fast immer kolloidale Lösungen. Die Salze lassen sich nur selten zur Trennung der Harzsäuren brauchen.

b) Die freien Harzsäuren bilden leicht feste Lösungen miteinander und sind selbst gute feste Lösungsmittel für fremde Stoffe.

Beim Krystallisieren assoziieren sie sich gern und nehmen Verunreinigungen leicht auf, teils in Form der in den Rohmaterialien vorkommenden anderen Harzsäuren, teils andere Körper, sogar fremde hochmolekulare Kohlenwasserstoffe und Alkohole. Ihre löslichen Salze nehmen noch in erheblicher Menge die in den Naturharzen (Balsamen und Terpentinen) vorkommenden Neutralstoffe auf. Diese gehen beim Ausfällen mit stärkeren Säuren in die Harzsäureniederschläge über, die gewöhnlich zunächst als ein voluminöses Gel (s. S. 261) abgeschieden und oft erst nach mehreren Stunden körnig werden. Aber auch in dieser festen Form halten die meisten Harzsäuren sogar an einem Teil des zunächst kolloidal gelösten Wassers hartnäckig fest.[1]) Unter dem Mikroskop erscheinen die Niederschläge als mikroskopisches Pulver und zeigen auf Grund des Wassergehaltes einen weit niedrigeren Sinterungs- bzw. Schmelzpunkt, als wenn sie aus geeigneten Lösungsmitteln krystallisiert werden.

In gewissen Fällen sintern die aus ihren Salzlösungen ausgefällten Säuren, bevor sie schmelzen, schon unterhalb 100° bzw. bei etwas höherer Temperatur zu zähen, nur selten klaren Tropfen. Bei langsam erhöhter Temperatur tritt, oft zwischen 120—130°, eine Gasentwicklung ein, wobei das gebundene Wasser entweicht. Der Wassergehalt geht auch, bei gewöhnlicher Temperatur an trockener Luft oder im Vakuum, jedoch selten bei unreinen Harzsäuren vollständig ab. Aus demselben Grunde gibt das Handelskolophonium, auch bei dem Schmelzen und oft bei der genannten Temperatur, gebundenes (kolloidal aufgelöstes) Wasser ab, welcher Prozeß als Gasentwicklung erscheint.[2])

Bei nativen Harzsäuren wird das Wasser, sogar im Vakuum, nur sehr schwierig abgegeben. Auffallend ist unter allen Umständen, daß der Wassergehalt das Schmelzen, besonders bei den aus den Salzen ausgefällten Säuren, erniedrigt. Auch bei gewissen Derivaten, z. B. Substitutionsprodukten, findet dies statt. Sogar die hochschmelzenden Harzsäuren, wie Abietinsäure und Dextropimarsäure, weisen diese Erscheinungen beim Ausfällen, wenn auch nicht so prägnant, auf. Eine nicht völlig reine, getrocknete Dextropimarsäure (Schmelzp. 180—185°) sinterte im getrockneten Zustand nach dem Ausfällen aus ihrer Lösung in verdünnter Kalilauge, bei 70° und schmolz langsam bei 175—185°, aber nach Umkrystallisieren aus Aceton scharf bei 198°. Die von uns aus dem Tallöl mit gespanntem Dampf abgeschiedene Abietinsäure

---

[1]) Vgl. auch H. Wolff: Die natürlichen Harze, S. 47 (Stuttgart 1928). — [2]) Wegen gewissen Literaturangaben [vgl. Knecht und Hibbert, Journ. Soc. Dyers and Colourists **35**, 151, 153 (1919); **39**, 338 (1923) und ferner Ruzicka und Schinz, Chem. Zentralbl. **1924**, I, 41], nach denen ein Teil von Harzsäuren beim Erhitzen auf verhältnismäßig niedriger Temperatur (bei etwa 180°) anhydrisiert werden sollen, wäre die Feststellung, ob nicht die abgegebene Wassermenge (nach Knecht und Hibbert genau ein halbes Mol?) auf derartig lose gebundenem Wasser beruhen könnte, von Interesse.

(„Pinabietinsäure“) fiel auch zunächst als Gel aus, das nach einiger Zeit in Krystalle überging.

Beispiel 1.[1]) Pinabietinsäure von unter gewöhnlichen Umständen genügender Reinheit (Schmelzp. 176°), wurde unter Erwärmen in etwas mehr als der erforderlichen Menge Sodalösung und viel Wasser (0,5 g Säure : 100 ccm Wasser) aufgelöst. Ein Teil der kalten Lösung wurde mit Salzsäure gefällt, die abgeschiedenen Flocken abfiltriert und auf dem Filter gut ausgewaschen sowie an der Luft getrocknet. Die Substanz sinterte von etwa 80° ab und ging bei 120—130° langsam zu einem zähen Tropfen zusammen, der erst bei 155° klar wurde. Die ausgefüllte Säure löste sich in der Wärme in reinem Methylalkohol (98%) leicht auf. Beim Erkalten wurde sie zunächst in Tropfen abgeschieden, die bald in großen, klaren Krystallen von 175—176° übergingen. Dieselbe, aber nicht ausgefällte, sondern krystallisierte Probe der Säure war dagegen in Methylalkohol, sogar beim Kochen, schwer löslich.

Hieraus ergibt sich, daß auch die hochschmelzende Pinabietinsäure (Abietinsäure Levys), ihrer in völlig trocknem Zustande erprobten Schwerlöslichkeit in Methylalkohol ungeachtet, beim Ausfällen aus der Lösung ihres Natronsalzes in eine, wahrscheinlich amorphe, wasserhaltige, ziemlich beständige Modifikation übergeht, die niedrig schmilzt und das kolloidal assoziierte Wasser nur schwierig abgibt.

c) Die Krystallisation der Harzsäuren

Durch Umkrystallisieren von Gemischen verschiedener Harzsäuren gelingt es nur schwierig, die Komponenten abzuscheiden. Dies beruht offensichtig darauf, daß viele Harzsäuren in demselben Krystallsystem bzw. der gleichen Krystallform vorkommen und daher leicht Gemischkrystalle bilden. Auf demselben Grund beruht wohl auch die von mir öfters beobachtete Tatsache, daß Gemischproben verschiedener, wie bei anderen organischen Verbindungen, nicht unterhalb des Schmelzpunktes der am niedrigsten schmelzenden Komponente, sondern etwa in der Mitte beider, schmelzen.

Auf das Auftreten von Gemischkrystallen dürfte auch zurückzuführen sein, daß man bei wiederholtem Umkrystallisieren von Harzsäuregemischen aus demselben Lösungsmittel selten ein einheitliches Krystallprodukt schließlich erhält. Bei einem gewissen Punkt dieser Operationen, unter Anwendung von einem gewissen Lösungsmittel, bleibt der Schmelzpunkt scheinbar fast unverändert, was leicht zu der Annahme führt, daß ein einheitliches Individuum vorliegt, besonders da manchmal große, wohlausgebildete Krystalle auftreten; und dies wiederholt sich, wie gesagt, mehrmals mit demselben Resultat. Geht man aber zu einem anderen Lösungsmittel über, z. B. von Aceton oder Essigester zum Methylalkohol oder gewöhnlichen Alkohol in bestimmter Verdünnung oder umgekehrt, so steigt der Schmelzpunkt desselben Materials sofort, sogar recht beträchtlich, und bleibt von neuem, vielleicht nach erneutem Wechsel des Lösungsmittels, bei einem neuen höheren Schmelzpunkt stehen.

---

[1]) Aus den vielen, von uns ausgeführten Versuchen greifen wir, da nicht alle angeführt werden können, die am meisten charakteristischen in den ähnlichen Versuchsreihen als Beispiele heraus.

Beispiel 2. Die angewandte Pinabietinsäure schmolz bei 171—173° und war nach mehrfacher Krystallisation aus Methylalkohol (98%) bei dieser Temperatur stehen geblieben. Darauf wurde mit Aceton bzw. Essigester angegangen. Der letztgenannte erhöhte den Schmelzpunkt nur von 171—173° auf 171—174°, wogegen das Aceton denselben sofort auf 177—179° brachte.

Nach dieser Erfahrung wurde eine etwas größere Menge (85 g) Pinabietinsäure, deren Schmelzpunkt an der Luft auf 167—170° erniedrigt, und die vorher mit kaltem 98%igem Methylalkohol ausgelaugt worden war, mit ebensoviel Aceton unter Rückfluß gekocht. Es schieden sich dabei auf dem Boden des Kolbens größere Krystalle (a) ab, die abdekantiert und nach Umkrystallisieren aus einer neuen Acetonmenge bei 177° sinterten und bei 180° schmolzen. In den geschmolzenen Proben waren jedoch bei dieser Temperatur einzelne Krystalle ersichtlich, die erst zwischen 180 und 183° verflüssigt wurden. Aus der ersten Acetonlösung wurde beim Erkalten eine zweite Menge (b) abgeschieden, die beim erneuten Umkrystallisieren aus Aceton (c) dasselbe Verhalten wie (a) zeigten. Es wurden nun (a) und (c) vereinigt; nach der Umkrystallisation der Mischung aus Aceton (also zum dritten Male) sinterten die Krystalle bei 181° und schmolzen bei 185°, jedoch verflüssigten sich die letzten Krystallfragmente erst bei 189°. Jetzt wurde die Operation mit Essigester unter Kochen fortgesetzt. Beim ersten Auflösen fand keine Veränderung statt, wohl aber bei dem zweiten (2). Danach wurde wieder auf Aceton zurückgegangen, und zwar mit folgendem Resultat:

	Sintern:	Schmelzpunkt:	Die Schmelze klar flüssig:
Essigester (2) . . .	185°	188°	190°
Aceton (1)	186	189	191
,, (2)	189	191	192
,, (3)	189	191	191,5

Nunmehr war nur ein kleiner Rest zurückgeblieben. Die letzte Operation zeigte indes, daß man jetzt zu der aus Aceton erhältlichen, höchst schmelzenden, immer schwerer schmelzbaren, als Krystallfragmente auftretenden Harzsäure gelangt war, deren Formel, $C_{10}H_{30}O_2$, auch durch die Analyse festgestellt wurde. Diese konnte nicht etwa aus Dextropimarsäure bestehen, weil ich diese, die ich mehrmals aus französischem und amerikanischem Kolophonium erhalten hatte, unter Anwendung von Aceton leicht, schon nach einigen Krystallisationen auf 210°, in einem Fall sogar auf 212° aufbringen konnte. Um die Sache endgültig festzustellen, wurde die obige Säure (Schmelzp. 191,5—192°) mit Ammoniak behandelt. Es schied sich in der Tat kein in charakteristischen Nadeln krystallisierendes Ammonpimarat ab. Es lag also keine Dextropimarsäure vor.

Welcher Harzsäuretypus hier vorlag, mußte wegen Mangel an Material unentschieden bleiben. Vielleicht lag hierbei die racemische Form der Pinabietinsäure vor. Daß eine strukturisomere andere Harzsäure vorliegen würde, scheint mir gegen jede Erfahrung innerhalb der Harzsäuregruppe zu sprechen. Wohl aber erinnert mich dieser Fall an gleichartige Erscheinungen in anderen Fällen, z. B. bei der cis-Camphensäure (S. 76). Als Mischungen von einer aktiven und der racemischen Form bei dieser vorlagen, konnte man nämlich bei der Schmelzpunktsbestimmung zuerst das Schmelzen der inaktiven Komponenten bei 135,5—136,5° beobachten; in der Schmelze blieben aber unveränderte Krystalle zurück, die sich erst höher, als der Schmelzpunkt der aktiven Säure (etwa 144°) erreicht worden war, verflüssigten. Hier war nun allerdings die racemische Form die niedriger schmelzende. Leider konnte bei der kleinen zurückgebliebenen Menge bei dem obigen Versuche mit Pinabietinsäure die Drehung nicht gemessen werden.

d) Über die strukturelle Identität der Pinabietinsäure mit der Abietinsäure (LEVY)

Oben (S. 252) wurde schon hervorgehoben, daß das Verhalten der beiden Säuren gegen die WALLACHschen Terpenreagenzien ihre Identität aufwies. Nach einer Arbeit vom Jahre 1920 aus unserem Laboratorium seitens Dr. Phil. ELIAS HOLLO wurde dasselbe Resultat erzielt.[1]) Bezüglich der von ihm angewandten und den obigen, im Beispiel 2, ergänzenden Reinigungsverfahren für Abietinsäure aus amerikanischem Kolophonium (der Marke G. & H.), sei folgendes hier angeführt.

Beispiel 3. Das Kolophonium wurde im Vakuum (13 mm) destilliert, wobei etwas mehr als die Hälfte bei 255—258° überging. Das weiße Produkt wurde mehrmals aus 96%igem Methylalkohol (98 Vol. Methylalkohol mit Wasser auf 100 Vol. verdünnt) krystallisiert. Nach dem elften Mal schmolz die Säure bei 181—183° (LEVY gibt den Schmelzp. 182° für seine Säure). Vier weitere Krystallisationen aus demselben Solvenz brachte den Schmelzpunkt auf 190—192°; die Menge war aber auch jetzt sehr gering.

Zum Vergleich wurde wegen der obigen Resultate (Beisp. 2), auch reine, bei 181—182° schmelzende Pinabietinsäure mehrmals aus 96%igem Methylalkohol umkrystallisiert. Nach dem vierten Male sinterte die zu ihrer Menge stark verminderte Säure bei 191° und schmolz bei 192—193°. Eine Mischprobe von dieser (Schmelzpunkt 182°) und der Abietinsäure (180—182°) schmolz bei 182° und eine zusammenkrystallisierte Probe der beiden Säuren bei 181—183°.

Das Resultat war also, auch bezüglich der Identität der beiden Säuren, mit dem im Beispiel 2 identisch. Dasselbe ging auch aus den von HOLLO angestellten, vergleichenden Untersuchungen über die spezifischen Gewichte und Molrefraktionen hervor.

Nur die Drehung zeigte gewisse Unähnlichkeiten, was aber nicht gegen die Strukturidentität angeführt werden kann. Wir führen hier die Bestimmung der Drehung in absolutem Alkohol und in Benzol für Pinabietinsäure (ASCHAN) und Abietinsäure (LEVY), nach HOLLOS exakten Untersuchungen beider an:

Tabelle 2

Pinabietinsäure			Abietinsäure		
Schmelzpunkt	$[\alpha]_D$ in Benzol	$[\alpha]_D$ in absolutem Alkohol	Schmelzpunkt	$[\alpha]_D$ in Benzol	$[\alpha]_D$ in absolutem Alkohol
—	—	—	157—159°	+ 39,27 (bei 24°)	— 18,49° (24°)
—	—	—	166—169	+ 29,76 (23,5°)	— 37,20 (23,2°)
—	—	—	175—177	+ 22,96 (21°)	— 45,50 (21°)
—	—	—	181—183	+ 11,24 (21°)	— 59,57 (21°)
188—189,5°	+ 20,19 (21°)	— 31,50 (19,5°)	186—188	± 0 (21,5°)	— 68,68 (21,5°)

Das Diagramm unten (S. 262) zeigt, in welcher Weise das Verhalten zwischen dem Schmelzpunkt und spezifischem Drehungsvermögen der Abietinsäure, bei fortschreitendem Umkrystallisieren successive verändert wird. Die beiden Kurven nähern sich zu geraden Linien. HOLLO ist der Ansicht, daß man es hier mit einer Mischung von zwei Säuren zu tun hat, von denen die eine in absolutem

[1]) Jüngst wurde dies in anderer Weise festgestellt; vgl. O. ASCHAN und PAUL LEVY, Ber. 60, 1923 (1927).

Alkohol nach links in Benzol aber gar nicht bzw. weit weniger nach links dreht. Die zweite sollte in Benzol rechtsdrehend, in absolutem Alkohol aber gar nicht oder weit weniger nach rechts drehend sein. Wie es sich damit tatsächlich verhält, läßt sich nicht entscheiden, besonders wenn man das eigentümliche Verhalten der Pinabietinsäure in polarimetrischer Hinsicht in den beiden Lösungsmitteln in Betracht zieht.[1]) Es scheint mir indes nicht ausgeschlossen, daß man auch hier mit einer Mischung einer racemischen Form und ihrer einen Komponente zu tun hätte.

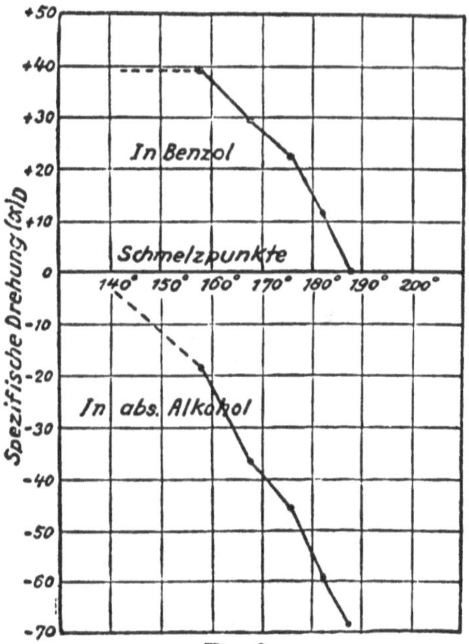

Fig. 3

e) Weitere Beispiele

Beispiel 4 bestätigt die Erfahrung über den für die Reinigung nützlichen Wechsel der Lösungsmittel. Zugleich geht aus dem Folgenden hervor, wie man aus amerikanischem (undestilliertem) H-Kolophonium Dextropimarsäure darstellt. Für die Kenntnis des Rohmaterials wurde seine Drehung im 0,5-dm-Rohr in Benzol (A) und in absolutem Alkohol (B) bestimmt:

A. Mit 0,2603 g in 10 ccm Benzol ergab $\alpha_D = + 0{,}53^0$; $[\alpha]_D^{20} = + 40{,}07$.

B. Mit 0,3013 g in 10 ccm absolutem Alkohol ergab $\alpha_D = + 0{,}07^0$; $[\alpha]_D^{20} = + 4{,}6$.

500 g von diesem Kolophonium wurden in fein gepulverter Form mit 200 g Methylalkohol (92%) übergossen und 4 Stunden in der Schüttelmaschine gleichmäßig verteilt. Nach 24—48 Stunden wurde die lichtgelbe Krystallmasse in einer kleinen Filterpresse von der klebrigen, rotbraunen Mutterlauge befreit, nochmals mit dem 92%igem Methylalkohol zum Brei ausgerührt und wieder in der Maschine geschüttelt. Nach weiterem 48stündigem Stehen und Auspressen wusch man auf der Stutze mit 98%igem Methylalkohol aus. Da eine Probe mit verdünntem Ammoniak nur noch ein Gel ergab, wurde die Masse in folgender Weise dreimal umkrystallisiert:

	Schmelzp.:	Ammoniakbehandlung:
1. Aus 98%igem Methylalkohol .	137—146°	Undeutliche Pimaratnadeln
2. Aus Aceton.	148°	Ziemlich deutliche Pimaratnadeln
3. ,, ,, ...	155°	Deutliche Pimaratnadeln

Dadurch wurden die leicht löslichen Harzsäuren entfernt.

Die, wie oben umkrystallisierte, noch unreine Pimarsäure (etwa 60 g) wurde in 4,5 Liter siedende, ziemlich verdünnter Ammoniaklösung, unter Zusatz von weiteren Mengen Ammoniak, statt der weggekochten, aufgelöst. Nach 12—18 Stunden wurde das in glänzenden Nadeln abgeschiedene Ammoniumsalz koliert, in einer Porzellanstutze abgesaugt, und von neuem in Ammoniakflüssigkeit umkrystallisiert, worauf

[1]) Aschan und Ekholm, Ann. 324, 133 (1922).

die Pimarsäure in der Art abgeschieden wurde, daß das Salz im Mörser mit 20%iger Salzsäure zermahlen, die Masse unter Zusatz von 50%iger Essigsäure auf dem Wasserbade digeriert, filtriert und gewaschen wurde. Die Harzsäure, die z. T. amorph ausfiel (vgl. oben unter b), schmolz bei 180—185°.

Zum Umkrystallisieren ist Aceton wegen der Schwerlöslichkeit der Säure nicht gut geeignet, weil man die zehnmalige Menge dazu gebraucht, wobei eine beträchtliche Substanzmenge in der Mutterlauge bleibt; allerdings steigt der Schmelzpunkt dabei auf 205—206°. Deshalb wird Essigester angewandt. Nach zweimaligem Krystallisieren wurde der Schmelzp. 209—210° erreicht, bei einer Wiederholung der Operation sogar 210—211°. Die Ausbeute 1% reiner Säure.[1]) Nachher zeigten

0,2406 g Pimarsäure in 10 ccm Benzol $\alpha_D^{20} = + 1{,}70°$; $[\alpha]_D^{20} = + 70{,}9$.

0,2182 g Pimarsäure in 10 ccm absolutem Alkohol $\alpha_D^{20} = + 1{,}37°$; $[\alpha]_D^{20} = + 63{,}0$.

Nach Vesterberg ist $[\alpha]_D = + 72{,}5$ in 98%igem Alkohol; Schmelzp. 210—211°.

Nach Rimbach ist $[\alpha]_D = + 73{,}36$ in Chloroform; Schmelzp. 210—211°.

Nach Tschugaew u. Tearu ist $[\alpha]_D = + 75{,}5$ in Methylalkohol; Schmelzp. 211—212°.

Es scheint hiernach, als ob das untersuchte Kolophonium außer der d-Form auch die racemische Form der Dextropimarsäure enthalten hätte.

Beispiel 5 enthält noch weitere Angaben über die Wirkung von successive angewandten verschiedenen Lösungsmitteln, sowie über die Schwierigkeit, die Harzsäuren von einander zu scheiden. Die Arbeit führte hier zur Isolierung einer neuen Harzsäure aus einem amerikanischem Kolophonium, nämlich einem W.-W.-Harz mit folgenden Werten der Polarisation:

A. 0,2682 g, in 10 ccm Benzol gelöst, ergab $\alpha_D^{20} = + 0{,}59°$; $[\alpha]_D^{20} = + 67{,}1$.

B. 0,2775 g, in 10 ccm absolutem Alkohol gelöst, ergab $\alpha_D^{20} = + 0{,}03°$; $[\alpha]_D^{20} = + 2{,}2$.

Nachdem eine gepulverte kleinere Probe 24 Stunden mit 92%igem Methylalkohol stehen gelassen, und nachher einigemal aus Aceton bzw. 85%igem Alkohol umkrystallisiert worden war, welcher letztere für dieses Harz sich besonders geeignet zeigte, wurden aus kochendem Acetessigester kahnförmige, bei 147° schmelzende Krystalle erhalten, eine bei vielen anderen Harzsäuren oft auftretende Form. Eine erneute Krystallisation ergab denselben Schmelzpunkt. Ohne die oben angegebenen Erfahrungen wäre man wahrscheinlich — so wie mancher andere Bearbeiter der Harzsäuren — geneigt gewesen, anzunehmen, daß ein neuer derartiger Körper vorläge. Bei erneutem Krystallisieren aus 82%igem Alkohol stieg der Schmelzpunkt indes auf 154—156°. Die Krystalle traten jetzt unterm Mikroskop als rechtwinklige, gleichschenklige Triangel auf. Der Schmelzpunkt stieg nicht weiter und die Analyse zeigte eine Harzsäure an.

Eine nachher systematischer bearbeitete größere Menge (760 g) desselben Kolophoniums ergab dasselbe Endresultat. Wie schwierig es war, die Säure völlig zu reinigen, wird in Tabelle 3 als Gesamtresultat der vielen Krystallisationen des zunächst mit 92%igem Alkohol extrahierten Harzes angegeben. Als Lösungsmittel wurde auch hier Acetessigester einmal angewandt.

---

[1]) Die Mutterlaugen können allerdings vorteilhaft aufgearbeitet werden.

Tabelle 8

Ordnungszahl der Krystallisationen	Lösungsmittel	Sinterung °C	Schmelzpunkt °C	Ordnungszahl der Krystallisationen	Lösungsmittel	Sinterung °C	Schmelzpunkt °C
1.	Methylalkohol (98%)	—	—	7.	Alkohol (85%)	134	137
				8.	Acetessigester	(nicht	bestimmt)
2.	Aceton	—	134—136	9.	,,	145	149—150
3.	,,	—	135—137	10.[1])	Alkohol (82%)	148	151
4.	Alkohol (85%)	—	136—137	11.	,,	152	155—156
5.	,,	—	136—137	12.[2])	,,	154	156—157
6.	Aceton	—	136—137				

C. Weitere Angaben zur Charakteristik und Isolierung der Harzsäure

1. Destillation im Vakuum und mit gespanntem Dampf

Die gewöhnlichen Mittel für die Reinigung der Harzsäuren lassen sich im allgemeinen nicht anwenden, und zwar nicht nur wegen des hohen Siedepunktes, sondern weil auch leichter destillierbare Derivate, wie Chloride, Ester usw., die auch bei den höheren Fettsäuren anwendbar sind, nur schwierig darstellbar und des hohen Siedepunktes ungeachtet, flüssig sind. U. a. lassen sich bekanntlich die Ester durch Einwirkung von Chlorwasserstoff bzw. konz. Schwefelsäure, ihrer tertiären Natur wegen, hier nicht darstellen. Auch die ungesättigte Natur der Harzsäuren verhindert diese und andere Umwandlungen, weil Addition bzw. Verharzung eintreten. Die Ester, die nur aus den Silbersalzen mit Halogenenalkylen erhalten werden, sind dicke Flüssigkeiten und wenig charakterisierend. Auch Amide, Anilide usw. sind schwer zugängliche Körper und nur unter Umständen darstellbar, die keine sichere Auffassung über den molekularen Bau gewähren.

Außerdem treten molekulare Umwandlungen, besonders sterischer Art, schon beim Destillieren unter gewöhnlichem Druck ein. Ruzicka und J. Meyer[3]) haben zwar angegeben, daß ihre sogenannte Abietinsäure im Hochvakuum auch in dieser Hinsicht unverändert übergeht. Ob nun allgemein der Fall bei den bei höherer Temperatur leichter veränderlichen Harzsäuren zutrifft, ist ungewiß. Nach Vesterberg[4]) erleidet Dextropimarsäure, die als die beständigste dieser Körper ist, beim Destillieren, nicht einmal zur Drehung eine Veränderung. Jedenfalls hat die Vakuumdestillation für die Trennung der verschiedenen Säuren bisher nicht Anwendung gefunden, was ja bei ihrer Isomerie leicht verständlich ist. Wenigstens dürften die nativen Harzsäuren dabei nicht beständig sein.

---

[1]) Ammonsalz ein Gel; die Krystalle rechtwinklige, gleichschenklige Triangel. — [2]) Die Krystalle nach einer Woche abgeschieden. Analyse ergab die Formel $C_{20}H_{30}O_2$. Obwohl der Schmelzpunkt und $[\alpha]_D^{20} = + 46,36^0$ etwas niedriger war, halten wir die Säure mit einer bei 160—161° schmelzenden Harzsäure von $[\alpha]_D = - 55,94^0$ identisch, die wir aus amerikanischem F. G. H.-Kolophonium erhielten, aber wegen der kleinen Menge nicht weiter umkrystallisierten und als „l-Isopimarsäure" bezeichneten (s. u.). — [3]) Helv. chim. Acta 4, 505 (1921); 5, 315 (1922). — [4]) Ber. 40, 122 (1907); vgl. Klason und Köhler, Arkiv f. kemi usw. 2, 10 (1905).

Beispiel 6. Eine gewisse Auffassung hierüber liefern folgende Drehungsbestimmungen zweier Kolophoniummuster 1 und 2, vor (1a und 2a) und nach (1b und 2b) einer Vakuumdestillation. Sämtliche Proben wurden zur angegebenen Menge in 10 ccm Benzol (1a und 2a) und in 10 ccm absolutem Alkohol (1b und 2b) aufgelöst.

Muster 1 war amerikanisches H-Kolophonium, eine schön lichte Probe, die neben anderen Harzsäuren Dextropimarsäure enthielt.

Muster 2 war ein dunkleres Handelskolophonium, dessen Ursprung nicht festgestellt werden konnte.

Tabelle 4

Kolophoniumsorte	Menge in 10 ccm Benzol	α_D^{20}	$[\alpha]_D^{20}$	Menge in 10 ccm absoluten Alkohols	α_D^{20}	$[\alpha]_D^{20}$
1a) Undestilliert .	0,2603 g	+ 0,53°	+ 40,7	0,3013 g	+ 0,07°	+ 4,6
1b) Destilliert . .	0,2788	+ 0,44	+ 31,6	0,3910	− 0,22	− 11,2
2a) Undestilliert .	0,2100	+ 0,35	+ 33,3	0,1631	+ 0,05	+ 6,1
2b) Destilliert . .	0,4188	+ 0,95	+ 45,4	0,4343	+ 0,71	+ 32,7

Daraus ist ersichtlich, daß schon eine Vakuumdestillation ziemlich bedeutende Veränderungen bewirkt.

Wie ungleich sich ein Kolophonium vor und nach einer Destillation verhält, wird im folgenden gezeigt:

Beispiel 7, das sich auch auf das in den Beispielen 4 und 6 behandelte H-Kolophonium bezieht, das für die Isolierung der Dextropimarsäure sowie die Einwirkung der Destillation angewandt wurde, gibt unter Hinweis bezüglich des Umkrystallisierens weiteren Einblick über die Veränderung beim Destillieren an.

200 g des lichtgelben Kolophoniums wurden destilliert. Unter dem Druck von 20 mm und 190° traten Dämpfe auf und gingen dunkle Tropfen über. Bei 286° (Druck 26 mm) beginnt ein helles Harz überzugehen. Nach dem Umtausch der Vorlage fand eine regelmäßige Destillation, nunmehr ohne Gasentwicklung, statt. Fast nichts blieb im Kolben zurück. Ausbeute etwa 150 g.

120 g des feingepulverten Destillates wurden 5 Stunden mit kaltem absolutem Methylalkohol extrahiert. Der feinkrystallinische, weiße Brei wurde scharf abgesaugt, ein paarmal mit dem Lösungsmittel gewaschen, im Vakuum getrocknet und dreimal aus demselben umkrystallisiert, wobei der Schmelzp. auf 158—160° bzw. 164—166° und zuletzt auf 169—171° stieg.

Nach einem Monat war das in einer Flasche mit eingeschliffenem Pfropfen aufbewahrte trockne Präparat jedoch oxydiert worden. Nach erneutem Umkrystallisieren aus Aceton schmolz es bei 173—174°. Die Drehung wurde bestimmt. Unter der dabei erhaltenen Zahl A wird in der Tabelle 5 die gleiche Konstante B für das ursprüngliche Kolophonium sowie die Drehung C für das destillierte Rohprodukt angereiht:

Tabelle 5

Probe	Angewandte Menge		α_D^{20}	$[\alpha]_D^{20}$	Angewandte Menge		α_D^{20}	$[\alpha]_D^{20}$
	Substanz	Benzol			Substanz	absol. Alkohol		
A	0,1643 g	16 ccm	+ 0,13°	+ 6,6	0,1244 g	16 ccm	− 1,01°	− 66,3
B	0,2603	10	+ 0,53	+ 40,7	0,3013	10	+ 0,07	+ 4,6
C	0,2788	10	+ 0,44	+ 31,6	0,3910	10	− 0,22	− 11,2

Es geht wieder hervor, daß der Wert der Drehung, sowohl in Benzol- wie in Alkohollösung, durch die Destillation und Umkrystallisation beträchtlich abgenommen hat; in der Alkohollösung ist das Zeichen negativ geworden. Auch die leichte Oxydierbarkeit des Präparates (A) deutet sicher auf die Bildung einer typischen Abietinsäure bei der Destillation. Dies bietet besonderes Interesse, weil eine aus einem nativen Balsamharz durch Destillation erhaltene Harzsäure vorher nicht in dieser Hinsicht untersucht worden sein dürfte.

Bezüglich der Destillation mit gespanntem (überhitztem) Dampf sind die Verhältnisse wahrscheinlich dieselben, wenn auch vielleicht weniger ausgeprägt; dies ist daraus zu schließen, daß JOHANSSON[1]) bei der Reinigung seines Präparates, das sich auch abietinsäureartig verhielt, diese Art der Destillation angewandt hat. Die in der Literatur häufig auftretende und als selbstverständlich hingestellte Annahme, daß die in jedem Kolophonium vorhandenen oder durch Destillation im Vakuum (sei es im Hochvakuum[2]) bzw. mittels überhitzten Dampfes erhaltenen Harzsäuren in den Pflanzenexsudaten präformiert seien, ist sicher nicht richtig.

Auch über die Natur der diesbezüglichen Umlagerungen ist die Kenntnis vollständig unklar, woraus hervorgeht, wie wenig die Chemie der Harzsäuren entwickelt ist, obwohl ihre Bearbeitung schon ein Jahrhundert hindurch gedauert hat. Es ist wahrscheinlich, daß diese Umwandlungen nicht nur sterischer (mit veränderten Drehwerten), sondern auch struktureller Art sind, wie schon hervorgehoben. Hierbei kommen am nächsten in Betracht: 1. eine Verwandlung von Cyclopropanbindung in Äthylenbindung, und 2. Verschiebung der letztgenannten innerhalb des Moleküls. Erst als man in der nahe verwandten Terpenchemie die Kenntnis derartiger Umwandlungen erworben hatte, konnte die mächtige Entwicklung derselben stattfinden. Durch diesen Vergleich wird die obige Äußerung bezüglich des Mangels an ähnlichen Kenntnissen in der weit komplizierten Harzsäurereihe erhärtet.

2. Weitere Versuche über die Krystallisierung der Harzsäuren aus amerikanischem und französischem Kolophonium

I. Als Zusatz zu den obigen Versuchen mit dem amerikanischen H-Kolophonium (vgl. S. 264, 267), wird ihre weitere Bearbeitung, die zu einer neuen Harzsäure, H-Isopimarsäure, führte, hier erwähnt.

Beispiel 8. Die Mutterlauge des Ammoniumsalzes der Dextropimarsäure (s. S. 267) war kolloidal opaleszent und erstarrte im Eiswasser, ohne Krystalle des Pimarats, zu einem Gel. Es klärte sich bei gewöhnlicher Wärme wieder auf, was z. B. für die Gele der Ammoniumsalze der Abietinsäuren ungewöhnlich war. Schon hieraus schien es, daß eine mit dieser ungleichen Harzsäure[3]) zu erwarten wäre. Diese Vermutung zeigte sich richtig. Aus der ziemlich verdünnten Wasserlösung wurde mit Kohlensäure eine etwas gefärbtes Gemenge von Säuren mit niedrigem Schmelzpunkt ausgefällt, von denen ein Teil (H_2) in 85%igem Alkohol löslich war; sogar im 60%igen Alkohol wurde eine gewisse Menge gelöst. Der Rückstand (etwa

[1]) Arkiv f. Kemi usw. (Stockholm) 5, Nr. 6 (1917). — [2]) Vgl. u. a. RUZICKA und J. MEYER, Helv. chim. Acta 4, 505 (1921); 5, 315 (1922). — [3]) Dies ohne Bestätigung, daß diese, wie es schien, eigenartige Eigenschaft der beiden Gruppen allgemein sein würde. In der Reihe der Harzsäuren ist eine gebührende Vorsicht nötig, Schlüsse auszusprechen und mindestens, wenn es sich um die kolloidalen Lösungen ihrer Salze handelt.

ein Drittel) war ein sandiges Pulver (H_1), das bei 131° sintert und bei 139° schmilzt. H_2 bleibt beim Verdampfen der alkoholischen Lösung als eine durchsichtige, weiche Masse zurück, die in Petroläther z. T. löslich ist und ein schwerlösliches Natriumsalz gibt. Die Reinigung der H_2-Säure gelang, ebensowenig wie bei anderen nativen Säuren, nicht.

Die rohe H_1-Säure (20 g) wurde aus kochendem 85%igen Alkohol umkrystallisiert, worin sie bei gewöhnlicher Temperatur fast unlöslich war. Bei erneutem Krystallisieren aus Alkohol von der angegebenen Stärke wurden eigentümliche unter dem Mikroskop von vier Krystallaggregaten mit ringförmiger zentraler Lochbildung in der Mitte (Schmelzp. 145—147°), beim dritten etwas undeutliche Blätter erhalten. Das Ammonsalz war ein Gel. Nach vier weiteren Umkrystallisationen aus Aceton stieg der Schmelzp. auf 162°, und nach Auflösen dieser Säure in Ammoniak trat das leicht erkenntliche Dextropimarat auf. Die entsprechende abgeschiedene Säure schmolz nach fünfmaligem Umlösen in Essigester oberhalb 200° und zeigte die viereckigen Blätter der genannten Pimarsäure, die also in diesem Kolophonium nachgewiesen war.

Um noch eventuell zu einer dritten Harzsäure hierin (H_3) zu gelangen, wurden sämtliche Acetonmutterlaugen eingedampft, und der deutlich krystallinische Rückstand, in der Kälte mit 82%igem Alkohol behandelt. Dieser Rückstand, den ich als Am-Sapinsäure[1]) bezeichne, zeigte beim Umkrystallisieren aus wenig Alkohol der genannten Konzentration den Schmelzp. 146—147°. Dieselbe Säure dürfte auch ziemlich rein in den Präparaten vorliegen, die aus demselben Produkt mittels 98%igem Methylalkohol bzw. Aceton vom Schmelzp. 149—150° erhalten wurden. Indes enthalten noch diese Fraktionen Spuren von Dextropimarsäure, die den Schmelzpunkt etwas erhöht; darum ist wohl 146—147° der richtige Schmelzpunkt der reinen Am-Säure.

Amerikanisches H-Kolophonium enthält also etwas Dextropimarsäure, ferner die letztgenannte am-Sapinsäure und eine an der Luft leicht veränderliche native Harzsäure mit niederem Schmelzpunkt.

am-Sapinsäure zeigte bei der Analyse die richtige Zusammensetzung und folgende Drehung:

0,2445 g in 15 ccm Benzol ergab für $\alpha_D^{19} = + 2,13°$, woraus $[\alpha]_D^{19} = + 65,6$.
0,2541 g in 15 ccm absol. Alkohol ergab für $\alpha_D^{19} = + 1,44°$, woraus $[\alpha]_D^{19} = + 42,67$.

Beispiel 9. Wegen der recht erheblichen Übereinstimmung des französischen H-Kolophoniums mit dem untersuchten amerikanischen H-Harz (beide in undestilliertem Zustand) (vgl. unten Tabelle 6) z. B.:

amerikanisches H-Harz: in Benzol $[\alpha]_D^{20} = + 40,7°$; in absol. Alkohol $\alpha_D^{17} = + 4,6$,
französisches H-Harz: in Benzol $[\alpha]_D^{20} = + 50,0°$; in absol. Alkohol $\alpha_D^{17} = + 16,2$,

hatte die Bearbeitung des letztgenannten auf ihre Harzsäuren Interesse, wenn nämlich die Säuren in derselben Weise isolierbar waren, wie oben in dem amerikanischen Kolophonium. Dies wurde mit folgendem Resultat untersucht.

500 g dieses Kolophoniums (Galipot lichtester Qualität) wurde, ziemlich grob gepulvert, mit 260 g etwa 80%igem Alkohol einige Zeit umgerührt und nachher 48 Stunden bei 17° stehen gelassen. Das Krystallpulver, das keine Harzklumpen enthalten soll, war rein weiß und konnte leicht abgesaugt werden; auch das Filtrat war farblos und ergab beim Verdampfen einen Rückstand von 163 g, worin hauptsächlich nur native Harzsäuren vorhanden waren. Das Krystallpulver wog, zweimal mit 80% Sprit gewaschen, 335 g, und wurde in 200 g des Alkohols in der Wärme aufgelöst, sowie 5 Tage bei 8—10° stehen gelassen. Der dabei erhaltene Krystallkuchen ($E 4_{1a}$) wurde gepulvert und zweimal gewaschen (Schmelzp. 134°); die letzten Krystalle

[1]) Am- ist aus „amerikanisch" hergeleitet.

schmolzen erst bei 139°, also wie das entsprechende Produkt aus dem amerikanischen Material. Aus der Mutterlauge schied sich, zunächst nach 15 Stunden, eine größere Menge (91 g) eines leichteren Krystallpulvers ($E\,4_{1b}$) ab, das bei 135° schmolz und nachher bei 6—8° 15 g Krystalle ($E\,4_{1c}$) ergab, die, aus Methylalkohol umgelöst, bei 128—131° schmolzen; aus Aceton traten große, sehr schöne, fast quadratische Tafeln mit einer kleinen Abstumpfung zweier diametral liegenden Ecken auf. Schließlich blieb beim Eindampfen an der Luft eine körnige Krystallmasse ($E\,4_{1d}$) zurück, die von der dicken Mutterlauge leicht abtrennbar war. Das Natronsalz war schwerer löslich als das der Abietinsäure, das Ammonsalz gelartig.

Das ursprüngliche Galipot (HE 4) enthielt folglich nur wenig indifferente Stoffe und Zersetzungsprodukte. Die Harzsäuren darin hatten ein auffallendes Krystallisationsvermögen.

Die nach Wacholder riechenden Neutralstoffe in der letzten Mutterlauge konnten nur unvollständig mittels Äther von den Lösungen der nativen Harzsäure im Wasser getrennt werden. Diese verharzen schnell an der Luft, Salzsäure fällt lediglich zähe Produkte aus.

Wenn die Krystallfraktion $E\,4_{1b}$ (91 g) aus 55 g Aceton krystallisiert wurde, schmolzen die Krystalle, nach Sintern bei etwa 138°, bei 144° zu einem zähen Tropfen, der erst bei 147° klar wurde.

Nach einigen Vorversuchen wurden 174 g der ersten Krystallfraktion in 110 g Aceton gelöst, 30 g des Lösungsmittels wurden abdestilliert, worauf die Lösung 8 Tage bei etwa 6—8° stehen blieb. Ferner wurden fortlaufende Krystallisationen der Fraktionen $E\,4_{1a}$, $E\,4_{1b}$ und $E\,4_{1c}$, teils für sich, teils nach Zusammenmischen gleicher Fraktionen vorgenommen. Die Resultate sind in der Tabelle 6 verzeichnet (die kleinen Ziffern in den Fraktionen geben die Ordnungszahl der betreffenden Krystallisationen, die außerdem mit römischen Ziffern in der Spalte 6 angeführt sind) an:

Tabelle 6

Krystall-fraktion	Lösungsmittel	Sintern bei	Schmelzen bei	Klares Schmelzen bei	Ordnungs-zahl der Fraktion
$E\,4_{1a1}$	Aceton	142°	148°	152°	I
$E\,4_{1a2}$	,,	146	151	153	II
$E\,4_{1a3}$	,,	—	—	—	III
$E\,4_{1a4}$	Essigester	155	161	169	IV
$E\,4_{1b1}$	Aceton	138,5	144	147	I
$E\,4_{1b2}$	,,	140	142	143	II
,,	Aceton + 80%iger Alkohol 1 : 1	142	147	147	II
,,	Essigester	143	147	149	II
$E\,4_{1b3}$	Aceton	141	144	145	III
$E\,4_{1b3}$ $1\,4_{1c3}$	,,	143	147	149	—
$E\,4_{1c1}$	Methylalkohol	126	128	131	I
$E\,4_{1c2}$	Aceton	137	141	141	II

Hieraus geht hervor, daß das Krystallisieren zwar mühselig ist, daß man aber schließlich mit genügender Ausdauer, wie es scheint zu einheitlichen Produkten gelangt. Daß auch in dem französischen Kolophonium, wie in dem nicht destillierten (s. oben über am-Sapinsäure) amerikanischen, eine schließlich bei 147—149° schmelzende und wahrscheinlich native Harzsäure, die ich ihres Ursprungs wegen (im Galipot) als gal-Sapinsäure bezeichne, scheint mir sehr wahrscheinlich. Die (vorher schon von VESTERBERG erwiesene)

Gegenwart von Dextropimarsäure gibt sich wieder in den höher schmelzenden Fraktionen kund. Dies geht aus dem Verhalten der mit IV bezeichneten Fraktion (47 g) zu Ammoniak hervor, wobei eine filzartige Fällung des NH_4-Pimarates das Probierröhrchen förmlich erfüllt; beim Ausfällen des abfiltrierten Salzes mit Salzsäure und Umkrystallisieren wurde eine hoch über 200° schmelzende und rechtsdrehende Säure erhalten, die die viereckigen Blätter der Pimarsäure zeigte.

Die Gal-Sapinsäure ergab bei der Analyse die Formel $C_{20}H_{30}O_2$.

D. Die Trennung der Harzsäuren von ihren Oxydationsprodukten

Die Anwendung von Kohlensäure und Neutralsalzen

An dieser Stelle werden die von uns angewandten neuen Methoden, durch Beispiele beleuchtet, über die Anwendung der fraktionierten Fällung mittels Kohlensäure, mit Neutralsalzen sowie gewissen Lösungsmitteln erörtert, wodurch teils verschiedene Harzsäurefraktionen gewonnen, teils auch das Entfernen fester Oxydationsprodukte saurer Natur erzielt wurden.

Diese Reinigungsmethode wurde schon oben vorübergehend erwähnt. Ihre praktische Anwendung bezieht sich teils auf

a) die Ermittelung der Möglichkeit, die nativen Harzsäuren von ihren durch Erhitzen entstandenen Umwandlungsprodukten, wie den Abietinsäuren, sowie von den leicht löslichen, meistens nicht farblosen Oxydationsprodukten abzutrennen; teils auch

b) die Feststellung der Einheitlichkeit der letztgenannten.

Als Rohmaterial wurde 1. das obengenannte amerikanische Kolophonium H (Beispiel 10), teils ein finnisches Kolophonium aus der Fabrik Pihka in Tammerfors (Beispiel 11) angewandt.

a) Beispiel 10

1 kg fein gepulvertes amerikanisches H-Kolophonium wurde während einigen Tagen mit 500 g 92%igem kaltem Methylalkohol extrahiert und das Lösungsmittel nach Abfiltrieren der krystallinischen, schwer löslichen Harzsäure aus dem Filtrat abdestilliert. Der erhaltene Rückstand (550 g) wurde dann mit einer Lösung von etwa der äquivalenten Menge calcinierter Soda (93 g) in 3 Liter Wasser 10—12 Stunden gekocht und die gelb gefärbte Lösung nach dem Erkalten von ungelösten, klebrigen Verunreinigungen abfiltriert, worauf die aufgelösten Neutralkörper aus der Lösung mit Äther entfernt wurden. Nach Absieden des gelösten Äthers wurde die Wasserlösung in zwei gleiche Teile (c) und (d) geteilt.

Aus der einen Hälfte der kalten Lösung fällte man die Natriumsalze mit reinem Kochsalz aus, die darin aufgelöst waren, bis eine kleine abfiltrierte Probe beim Einleiten von Kohlendioxyd zur Sättigung (10 bis 20 Minuten) nicht mehr getrübt wurde. Die mit Kochsalz ausgefällten Natriumsalze wurden dann in Wasser aufgelöst und mit Soda von neuem ausgefällt. Der Niederschlag (I) (von somit gereinigten Natriumresinaten) wurde abermals in Wasser gelöst und die Harzsäure (A) mit Salzsäure abgeschieden (Gewicht nach dem Trocknen 58,5 g). Zur Mutterlauge von (1) wurde auch Salzsäure gegeben; die Fällung (B) wog nach dem Trocknen 15,5 g.

In den zweiten Teil (d) der ursprünglichen alkalischen Lösung wurde Kohlendioxyd eingeleitet, bis eine abfiltrierte Probe von Kochsalz nicht gefällt wurde. Den Niederschlag (1) mit Kohlensäure (C) ließ man 2 Tage mit 10%iger Salzsäure in kleinem Überschuß unter mechanischem Zerdrücken und Umrühren stehen. Abfiltriert und getrocknet im Vakuumexsiccator wog er 63 g.

Das Filtrat nach dem Niederschlag (I) mit Soda ergab auf Zusatz von Salzsäure eine Säure (D), die trocken nur 4,5 g wog.

Schließlich wurde aus der Mutterlauge des mit Kohlensäure erhaltenen Niederschlags (C) eine Säure (E) erhalten (Trockengewicht 7 g).

Diese fünf Säuren A bis E ergaben, nach Abzug des kleinen Aschengehalts, folgende, in der Tabelle 7 für Kohlenstoff, Wasserstoff und Sauerstoff angegebenen Analysenzahlen. Außerdem enthält diese Tabelle die den erhaltenen Säuren schätzungsweise beigelegten Zahlen 1—3, von denen 1 die Bezeichnung (sehr leicht löslich), 2 (ziemlich leicht löslich) und 3 (unlöslich oder sehr wenig löslich) bedeuten.

In der zweiten Tabelle 7a) sind die theoretischen Prozente für die Zusammensetzung einiger von den Harzsäuren, $C_{20}H_{30}O_2$, abgeleiteten einfachsten Oxydationsprodukte an der Luft, die durch oxydative Addition von Sauerstoff, event. unter Abspaltung von zwei Wasserstoffatomen entstanden gedacht werden, angeführt.

Tabelle 7

Analysenzahlen und etwaige Löslichkeitszahlen aus den im Beispiel 10 erhaltenen Säuren bzw. Säuremischungen

Analysenzahlen und Lösungsmittel	A	B	C	D	E
Kohlenstoff in %	77,87	77,82	76,14	70,09	72,04
Wasserstoff in %	9,49	9,59	9,39	8,68	8,62
Sauerstoff in %	12,64	12,59	14,47	21,23	19,34
Äthylalkohol (95%)	2	2	2	1	1
Methylalkohol (98%)	2	2	2	1	1
Aceton	2	2	2	1	1
Chloroform	2	2	2	1	1
Essigester	2	2	2	1	1
Benzol	Lösung von Petroläther nicht gefällt	Geringe Fällung mit Petroläther	Keine Fällung mit Petroläther	2	2
Äther	3	3	3	2	2
Petroläther (Siedepunkt unter 70°)	Teilweise auflösbar				

Tabelle 7a

	$C_{20}H_{30}O_2$	$C_{20}H_{30}O_3$	$C_{20}H_{30}O_4$	$C_{20}H_{28}O_2$	$C_{20}H_{28}O_3$	$C_{20}H_{28}O_4$
	I	II	III	IV	V	VI
C	79,47	75,47	71,85	80,00	75,95	72,29
H	9,93	9,43	8,98	9,33	8,86	8,43
O	10,60	15,10	19,17	10,67	15,19	19,28
Molgewicht	302	318	334	300	316	332

Beim Vergleich zwischen diesen Zahlen und den in der Tabelle 7 angegebenen ist anzunehmen, daß C wenigstens zum erheblichen Teil aus einer Säure $C_{20}H_{30}O_3$ (II) besteht und E eine fast reine Säure $C_{20}H_{28}O_4$ (VI) darstellt, obwohl auch $C_{20}H_{30}O_3$ (III) hier in Frage käme. Die Harzsäuren selbst scheinen in größerer Menge in Probe A und B vorhanden zu sein; jedoch könnte auch hier Säure (IV), wenigstens teilweise, in Betracht kommen.

Daher war es nötig, diese direkt erhaltenen Präparate von neuem zu zerteilen. Dies fand in der Weise statt, daß 10 g der Säuren A, B und C, sowie 5 g von E in derselben Menge Essigester aufgelöst wurden und, nachdem die Lösungen durch Verdunsten dick geworden waren, die Säuren zweimal nacheinander mit Petroläther (Siedep. unter 70°) ausgefällt. Die gefällten Anteile nennen wir a) bzw. b), und den Rückstand c), der nach Verdampfen der zuletzt abfiltrierten Petrolätheressigesterlösung auf dem Wasserbade zurückbleibt. Nachher werden a), b) und c) in verdünnter Sodalösung gelöst. Nachdem etwa anhängende Reste der Lösungsmittel durch Kochen entfernt wurden, fällte man die Säuren a), b) und c) aus ihren alkalischen Lösungen mit Salzsäure aus, filtrierte, trocknete und analysierte dieselben. — Die Säure D wurde wegen ihrer kleinen Menge nicht in der Weise behandelt, sondern einfach in Soda aufgelöst und ausgefällt. Sämtliche 13 Proben wurden von neuem analysiert mit folgendem Resultat, wozu ihr Molgewicht und Schmelzpunkt[1]) bestimmt wurden:

Tabelle 8

	Aa)	Ab)	Ac)	Ba)	Bb)	Bc)
Kohlenstoff in %.	75,23	75,88	78,91	74,90	73,66	77,51
Wasserstof in %.	9,02	9,11	9,64	9,01	9,08	9,75
Sauerstoff in % .	15,75	15,01	11,45	16,09	17,26	12,74
Molgewicht. . . .	348	329	316	329	312	346
Schmelzpunkt . .	110—115°	115—120°	100—105°	125—130°	120—123°	85—90°

	Ca)	Cb)	Cc)	D	Ea)	Eb)	Ec)
Kohlenstoff in %.	77,41	77,87	78,19	72,72	71,82	71,26	73,75
Wasserstoff in %.	9,47	9,40	9,74	8,51	8,37	8,42	8,86
Sauerstoff in % .	13,12	12,73	12,07	18,77	19,81	20,32	17,39
Molgewicht. . . .	343	324	320	310	328	304	314
Schmelzpunkt . .	90—95°	105—110°	85—90°	115—120°	115—120°	130—135°	120—125°

Hieraus geht, im Vergleich mit den in der Tabelle 7a) berechneten Zahlen hervor, daß eine Zerteilung der früheren Produkte zwar herbeigeführt worden ist, daß aber in vielen Fällen jedoch keine reinen Substanzen erhalten wurden. Dies war allerdings auch zu erwarten, weil man bei der Bemessung der zum Ausfällen gebrauchten Petroläther ohne einen Leitfaden zur Erhaltung der reinsten Fraktionen arbeiten mußte. So viel geht doch hervor, daß die Harzsäuren, obwohl nicht in völlig reinem Zustande, erst bei der letzten Ausfällung zum Vorschein gelangten. D sowie Ea), Eb) und Ec) enthalten keine Harzsäure. Dies wird verständlich wegen der Isolierungsweise der ursprünglichen Fraktionen D und E, die aus den letzten Lösungen erhalten wurden, nachdem die Alkalisalze der Harzsäuren, nämlich D aus der Mutterlauge n a c h h e r mit K o c h s a l z, E aus der Mutterlauge mit K o h l e n s ä u r e, abgeschieden wurden. Diese beiden Verfahren geben uns also die Mittel in die Hand, u m d i e H a r z s ä u r e n i n e i n e m d u r c h e i n m i l d e r e s E r h i t z e n g e w o n n e n e s K o l o p h o n i u m v o n i h r e n a m m e i s t e n S a u e r s t o f f e n t h a l t e n d e n P r o d u k t e n b e i d e r O x y d a t i o n a n d e r L u f t s i c h e r z u b e f r e i e n.

[1]) Sintern trat oft früher als bei dem angegebenen Schmelzpunkt ein; letzterer war nicht selten schwer zu beobachten und ist deswegen zwischen 5° aufgenommen (vgl. auch unten, S. 274) worden.

In dem vorliegenden Falle geben die Analysen keinen Bescheid darüber, welche von den beiden Säuren $C_{20}H_{30}O_4$ (III) und $C_{20}H_{28}O_4$ (VI) vorliegt. Leider gewähren auch die Bestimmungen der Molgewichte keinen Fingerzeig hierüber, da sich ihre Formeln nur durch zwei Wasserstoffatome unterscheiden, sowie wegen der Schwierigkeit, so hochmolekulare Säuren zu titrieren, deren Natriumsalze in verdünnter Wasserlösung durch Hydrolyse in schwer lösliche saure Salze übergehen.

Eine zweite Gruppe ausgefällter Oxydationsprodukte bilden diejenigen, deren Analysen zu den Formeln $C_{20}H_{30}O_3$ und $C_{20}H_{28}O_3$ bzw. deren jetzt ausgefälltem Teilprodukte Aa), Ab), Ba) sowie Bb) und Ec) führen. Auch in diesen Fällen läßt es sich schwer feststellen, welche von diesen beiden Säuren vorliegt. Weil ich in anderen Fällen für die Zusammensetzung $C_{20}H_{28}O_3$ stimmende Zahlen erhalten habe, so liegt ein Plus für die zweite vor. Sie wäre dann nach der Gleichung:

$$C_{20}H_{30}O_2 + 2\,O = C_{20}H_{28}O_3 + H_2O$$

entstanden. Nach der Harzsäureformel von VIRTANEN (S. 253) könnte dies in der Weise erklärt werden, daß dem carboxylierten Dihydrobenzolring zwei Wasserstoffatome entnommen sein würden, und außerdem eine Hydroxylierung eines quartären Kohlenstoffatoms stattgefunden hätte. Ein derartiger Körper sollte tatsächlich sehr beständig sein. Diese Annahmen, die leicht verifiziert werden könnten, habe ich noch nicht geprüft.

Da die obengenannten Oxydations- bzw. Dehydrierungsformen $C_{20}H_{30}O_4$ (III) bzw. $C_{20}H_{28}O_4$ außerdem aufzutreten scheinen, nämlich in den Fällen D und Ea) bzw. Eb), so könnte man annehmen, daß die erstgenannte eine an der Doppelbindung bihydroxylierte Dioxysäure wäre, wobei wieder zwei Wasserstoffatome in der ursprünglichen Harzsäure aboxydiert wären. Für eine Säure $C_{20}H_{28}O_4$ kämen so viel Möglichkeiten in Betracht, z. B. eine Diketonsäure, eine aromatische Dioxycarbonsäure usw., daß es nicht geraten ist, den unsicheren Boden der Hypothesen weiter zu betreten. Was hier in dieser Beziehung hervorgehoben wurde, hatte nur den Zweck, anzudeuten, daß die Bildung der genannten Oxydationsprodukte nicht unmöglich bzw. schwer verständlich wäre.

Die in der Tabelle 8 angegebenen Schmelzpunkte (vgl. auch die Note S. 273) sind wenig charakteristisch, sondern im Gegenteil recht unbestimmt, weil die aus den Alkalisalzen ausgefällten Säuren der Harzsäuregruppe kolloidal gebundenes Wasser enthalten (vgl. S. 260). Es ist in den Fällen nicht ungewöhnlich, daß ein Sintern, unter Bildung zäher Tropfen, und sogar Schmelzen schon unter 100° eintreten kann, auch wenn der wirkliche Schmelzpunkt merklich höher liegt.

Das obige Material wurde nach dreijährigem Liegen nochmals untersucht. Dafür wurden die Proben Ea) und Ec) gewählt, weil in diesen, der Vorbehandlung nach (s. oben), nur Oxydationsprodukte der ursprünglichen Harzsäuren vorhanden waren. Sie wurden folgender Vorbehandlung unterzogen.

Ea) wurde mit kaltem Benzol behandelt, die filtrierte Lösung zum kleinen Volumen eingedampft und mit Petroläther ausgefällt, bis kein weiterer bräunlicher Niederschlag entstand. Nach dem Waschen mit diesem Lösungsmittel wurde derselbe in Soda aufgelöst, Kohlensäure eingeleitet und der Niederschlag, nachdem damit in kleinen abfiltrierten Proben keine weitere Trübung mehr entstand, abfiltriert. Aus dem klaren Filtrat wurde mit Salzsäure eine gelatinöse Abscheidung erhalten, die nach dem Trocknen im Vakuum folgende Analysenzahlen ergab: C = 70,11, 70,34%; H = 8,41, 8,44%. Die Zahlen liegen zwischen den für die Formeln $C_{20}H_{30}O_4$ (Theorie: C = 71,85%, H = 8,98%) und $C_{20}H_{28}O_5$ (Theorie: C = 68,97% und H = 8,57%).

Ec). Das Rohprodukt wurde in etwa 3%iger Sodalösung aufgenommen und Kohlendioxyd in die rotbraune Flüssigkeit eingeleitet, bis kein weiterer zäher Niederschlag erschien. Salzsäure ergab eine weiße gelatinöse Fällung: Schmelzpunkt nach Waschen und Trocknen 106°, nach zweimaligem Auflösen in Soda und Ausfällen sowie Trocknen. Die Schmelzpunkte (108—118° bzw. 109—118°) ergaben im Durchschnitt zweier Analysen C = 71,88% und H = 8,36%, was mit den in der Tabelle 8 für die Säure Ea) angegebenen Zahlen C = 71,82% und H = 8,37% übereinstimmt. Für die Formel $C_{20}H_{30}O_4$ berechnen sich 71,85% und 8,98%, und für $C_{20}H_{28}O_4$ 72,29% und 8,43%, von denen die Zahlen der letzteren Formel mit den erhaltenen leidlich übereinstimmen.

Diese für das Beispiel 10 ausgeführte, sehr langwierige Untersuchung ergibt, daß es fast völlig unmöglich ist, aus den Mutterlaugen der schwer löslichen Harzsäuren derartige leichter lösliche Säuren vom niedrigeren Schmelzpunkt völlig rein abzuscheiden, auch wenn man Kochsalz oder Kohlensäure als Fällungsmittel anwendet. Es tritt uns auch hier die mehrmals hervorgehobene leichte Veränderlichkeit durch den Luftsauerstoff entgegen. Folglich läßt sich auch nicht sagen, ob die oben angegebenen sauerstoffhaltigen Monocarbonsäuren mit 3 bzw. 4 Sauerstoffatomen schon sogar in dem hellen Kolophonium vorliegen, oder ob sie während des nötigen, langen Reinigungsprozesses gebildet werden. Dazu sind weitere Untersuchungen nötig.

In dem im folgenden Beispiel behandelten Fall gelang es indessen, die Säure $C_{20}H_{28}O_3$ in größeren Mengen nachzuweisen.

b) Beispiel 11

Es wurden zwei Muster, 1 und 2, eines in Finnland in der Fabrik O. Y. Pihka bereiteten Kolophoniums angewandt, die von mir mit einer Zwischenzeit von einem Jahr gekauft wurden.

1. 200 g wurden gepulvert mit einer Lösung von 45 g Soda in 4 Liter Wasser, bis fast alles aufgelöst war, gekocht. Zu der nach dem Erkalten abdekantierten Lösung wurden 90 g reines Kochsalz zugegeben, wobei das Natriumsalz der Abietinsäure als eine bräunliche, klebrige Masse in unreiner Form abgeschieden und nachher abfiltriert wurde. In das Filtrat wurde Kohlendioxyd eingeleitet, wobei das Na-Salz der gelösten Harzsäure als graugefärbter Niederschlag ausfällt. In diesem zweiten Filtrat waren nunmehr die noch resultierenden Natriumsalze der oxydierten, stärker sauren Körper (Säuren A) vorhanden. Sie wurden mit Salzsäure ausgefällt (4,2 g). In derselben Weise wurden noch weitere 800 g verarbeitet, und etwa 35 g der Säure A weiterhin erhalten. Zusammen also aus 1 kg des Harzes 1 etwa 40 g (4%) von A. Die Natronsalze dieser Säuren waren immer in Wasser leicht löslich.

Um das anfänglich mit Kochsalz ausgefällte Natriumsalz weiterhin zu reinigen, wurde die angegebene Menge von A noch zweimal wie oben behandelt. Schließlich resultierte eine Menge von 11 g dieser Säure.

2. Aus dem später erhaltenen finnländischen Kolophoniummuster (O. Y. Pihka) wurde 1 kg in gleicher Weise bearbeitet, wobei eine weitere Menge (42 g) der resultierenden gereinigten Säure (B) gewonnen wurde.

Die Säuren A und B waren zum kleinen Teil in Benzol löslich. Um diese und im übrigen etwaige ungleichartige Bestandteile abzutrennen, wurden sie getrennt damit behandelt; ungelöst blieb das Produkt a). Zu der teilweise eingeengten Benzollösung wurde Petroläther zugegeben, bis keine Fällung (diese wurde b) genannt) mehr entstand; jene enthielten die größte Menge der ursprünglichen Säure (A bzw. B), während die in das Filtrat von b) gelöst gebliebene Menge c) viel kleiner war. In dieser Weise wurden die drei Fraktionen a), b) und c) in die beiden Säuremengen A und B getrennt.

Diese Arbeitsweise bei der Trennung war, ausführlicher dargestellt, die folgende:

Für a): Die Rohsäuren wurden mit der 10maligen Menge Benzol gekocht. Für b): Die Benzollösung wurde zum halben Volumen eingeengt und Petroläther zugegeben, bis nichts mehr herausfiel, und über Nacht stehen gelassen, bevor der Niederschlag abfiltriert wurde. Für c): Aus dem Filtrat nach b) destillierte man den Petroläther ab, und den Rückstand ließ man im Abzug verdunsten, bis eine Gewichtsabnahme nicht mehr zu beobachten war.

Nachher wurden a), b) und c) in Sodalösung (1 Teil Krystallsoda auf 10 Teile Wasser) aufgelöst, und die Spuren von Benzol und Petroläther weggekocht, worauf die Säuren mit verdünnter Salzsäure in kleinem Überschuß ausgefällt, filtriert, gewaschen und getrocknet wurden. Dabei wurden erhalten:

Aus der Rohsäure A: 3,1% von a), 53,7% von b) und 27,9% von c). Aus einer zweiten Probe von A erhielt man völlig übereinstimmende Mengen.

Aus der Rohsäure B: 3,3% a), 53,4% b), 25,3% c). Die Proben a) und c), von denen die a)-Proben in Benzol unlöslich waren, während die c)-Proben Abietinsäure enthielten, weil sie ein in verdünnter Soda schwer lösliches Natronsalz gaben, wurden nicht analysiert. Die Analysen bezogen sich diesmal nur auf die großen Fraktionen b), die also aus Benzol mit Petroläther ausgefällt worden waren.

Säure b) aus der Rohsäure A schmolz, nach Sinterung bei etwa 100°, zwischen 108—120°. Zwei Analysen ergaben nach Abzug des kleinen Gehalts an Asche (0,18%): C 72,99%, 73,07%; H 8,53%, 8,76%; berechnet für $C_{20}H_{28}O_4$: C 72,29%, H 8,43%. Molgewicht bei zwei Titrierungen betrug im Mittel 347 (berechnet 332).

Säure b) aus der Rohsäure B schmolz (nach Sintern bei etwa 100°) bei 110—120°. Aus zwei Analysen wurden erhalten: C 72,49%, 72,21%; H 8,27%, 8,49%. Molgewicht aus zwei Bestimmungen 330.

Daraus ergibt sich, daß die Säure b) aus A noch unbedeutend unrein, die aus B aber gut stimmende Zahlen ergab. Die Bestimmung des Molgewichts fiel aber etwas ungenau aus, was jedoch aus oben angegebenen Gründen erklärlich ist. Die Säure b) bildete ein weißes, lockeres Pulver.

Beim Kochen mit Acetanhydrid und geschmolzenem Natriumacetat nahm diese Säure b) fast zwei Acetylgruppen auf. Bei Addition von Brom in Chloroformlösung, wobei molare Mengen zur Anwendung kamen, wurde nach Verdunsten des Lösungsmittels ein harziger Rückstand erhalten. Das Produkt war nachher nicht in Soda löslich (Lactonbildung?); wahrscheinlich hatte das Alkali zum Teil das Brom abgespaltet.

E. Schlüsse

Durch die Beispiele 10 und 11 wurde also u. a. nachgewiesen, daß die Harzsäuren von den im Kolophonium vorhandenen Oxydationsprodukten befreit werden können, die teils ein, teils zwei Sauerstoffatome mehr als die Harzsäuren enthalten, nämlich durch Ausfällung (evtl. mehrmals) der gelösten Natriumsalze mit Kochsalz unter Erwärmen oder mit Kohlensäure bei gewöhnlicher Temperatur. Mit Kochsalz wird ein weniger reines, mit Kohlensäure offenbar ein reineres Produkt erhalten. Außerdem kann man in letzterem Falle eine fraktionierte Fällung erzielen, weil diese Einwirkung stundenlang dauert.

In beiden Fällen werden mit dem Niederschlag auch Verunreinigungen mitgefällt. Sollte mit Kohlensäure, wegen zu großer Verdünnung der Lösungen, nur eine kolloidale Trübung entstehen, so kann man mit einer kleinen Menge Kochsalz eine Koagulierung herbeiführen. Ich habe die unreinen Niederschläge auf den Natriumgehalt nicht analysiert. Mit Kohlensäure fallen aber aus den Lösungen der Pinabietinsäure „übersaure" Natriumsalze aus, wie $C_{20}H_{29}O_2Na + 3\,C_{20}H_{30}O_2$, was ich zweimal festgestellt habe.

Wie mit Kochsalz werden die löslichen Natriumsalze auch mit den Natriumsalzen anderer unorganischer Säuren, wie Natriumnitrat, -phosphat, -sulfat usw. ausgefällt. Natriumbicarbonat verhält sich ähnlich.

Kapitel 22. Beiträge zur Kenntnis der physikalischen Eigenschaften der Harzsäuren

A. Die relative Löslichkeit verschiedener Harzsäuren

Die Tabelle 1, S. 255 gibt schon einen, allerdings sehr allgemeinen, Überblick darüber. Hier sei nur noch eine mehr ausführliche Übersicht eingefügt.

1. In den gewöhnlichen Lösungsmitteln, wie Äthyl- und Methylalkohol, Aceton, Benzol, Essigester und Petroläther sind die nativen Harzsäuren leicht löslich. Sogar 60%iger Alkohol nimmt die nicht über etwa 100° erhitzten Pininsäuren ohne Schwierigkeit auf.

2. Nach ihnen in der Reihe, bezüglich der relativen Schwerlöslichkeit, kommen die nativen Isopininsäuren und Isopimarsäuren.

3. In den genannten Solvenzien, z. B. in siedendem Methylalkohol und Petroläther, sind die reinen Abietinsäuren sogar beim Erhitzen schwer löslich.

4. Die echten Pimarsäuren — die Dextropimarsäure (und wohl auch ihre unbekannte l- und d,l-Form) — sind in vielen Solvenzien, mit Ausnahme des Acetons, löslicher als die Abietinsäuren.

Exakte Zahlenwerte hierüber liegen allerdings nicht vor.

Es kann nicht genügend ausdrücklich darauf hingewiesen werden (vgl. auch S. 260 ff.), daß sogar etwas unreine, mit anderen Isomeren beigemengten Harzsäuren, eine ungewöhnliche, größere Löslichkeit als die völlig reinen Substanzen zeigen. Dies ist z. B. mit der Dextropimarsäure und der Pinabietinsäure (Abietinsäure) der Fall, die in reinem Zustand sogar in Aceton auffallend schwer löslich sind. Vermutlich ist dies darauf zurückzuführen, daß die Harzsäuren miteinander „komplexe Moleküle" bilden, die eine andere Löslichkeit als die Komponenten haben. Sie „lösen sich dabei sozusagen ineinander". Zu dieser Erscheinung dürfte auch das abnorme Molgewicht sowie die eigentümlichen Veränderungen im Drehungsvermögen zu rechnen sein, wenn sie in gewissen Solvenzien aufgelöst sind.[1])

5. Behandlung harzsäurereicher Naturstoffe mit Petroläther. Zu den in obigem genannten Erfahrungen über das Entfernen der natürlichen Oxydationsprodukte aus den Harzsäuren wird hier noch folgendes über die Anwendung des Petroläthers in dieser Hinsicht angegeben.

---

[1]) Vgl. Aschan und Ekholm, Ann. 424, 133 (1921).

Es dürfte allgemein bekannt sein, daß die Bestandteile des bei der Verletzung der Rinde an den Pinusarten frisch ausfließenden Balsams im Petroläther völlig löslich sind, wogegen sie beim Eintrocknen an der Luft immer schwer löslicher werden. In dem Petroläther hat man daher ein unschätzbares Mittel zur verhältnismäßig leichteren Trennung der unveränderten Harzsäuren (vgl. Tabelle 1, S. 255) von ihren Oxydationsprodukten; gleichzeitig werden auch beigemengte Nadeln, Rinden- und andere trockne Pflanzenteile abgeschieden.

Auf die Anwendbarkeit des Petroläthers in genannter Hinsicht haben früher KLASON und KÖHLER in ihrer ausführlichen Abhandlung[1]) von 1904 hingewiesen. Indes ist hier hervorzuheben, daß dieses Lösungsmittel ein ungleiches Auflösungsvermögen zeigt, je nachdem es amerikanischen oder kaukasischen Ursprungs ist. Der letztgenannte Petroläther, und besonders der bei 70 – 100° siedende Teil, der zum größten Teil aus Naphtenen besteht, löst die rohen Harzsäuren leicht. Die vor 70° siedenden, fast aus niederen Paraffinen (Pentanen und Hexanen) bestehenden Anteile, wie auch der amerikanische Petroläther von demselben Siedepunkt und der ähnlichen Zusammensetzung, worin die Produkte der Luftoxydation nicht oder wenig löslich sind, eignen sich dagegen für Ausfällen dieser und anderer Verunreinigungen vorzüglich. Je länger die Oxydation fortgeschritten ist, desto größer wird die Unlöslichkeit in den paraffinreichen Benzinen.

Gewisse, insbesondere die höher schmelzenden Harzsäuren, wie die Abietinsäuren und Pimarsäuren, sind im Petroläther und besonders in den unter 70° siedenden Anteilen erheblich schwer löslich.

Beispiel 12 gibt einen weiteren (vgl. auch S. 273) Einblick in die Anwendung des Petroläthers bei der Bearbeitung eines krystallinischen Balsams (s. unten S. 280) aus der nordeuropäischen Fichte (Pinus abies).

An zwei Fichten mit beschädigter Rinde auf einer Insel im Finnischen Meerbusen wurden im Sommer 2—5 cm lange, ganz weiße und frisch duftende, an Eiszapfen erinnernde Kienharzansammlungen, aus flimmernden, von wohlriechenden Terpenen usw. durchgetränkte Kryställchen bestehend, aufgefunden. Dieselbe weiße Masse, die ich als „Eisharz"[2]) (das mit dem von KÖHLER beschriebenen „Winterharz" vielleicht identisch war), wurde auch am Boden unterhalb der Zapfen aufgefunden, wo sie auf abgefallenen Zweigen und Rindenteilen auftrat und folglich nicht auf den Schnee ausgeflossen war.

50 g von diesem Exsudat wurde erhalten und in 50 g Essigester aufgelöst. Nachdem etwa 25 g an Unlöslichem abfiltriert und das Filtrat etwa zur Hälfte eingeengt worden war, wurde der etwas dickliche Rückstand mit der 2- bis 3fachen Menge von unter 70° siedendem Petroläther versetzt. Ein anfangs zäher Niederschlag (I) von 2—3 g wurde erhalten, und nach Zusatz von weiteren 5—6 Teilen entstanden 3 g einer zweiten, leicht in feste Form übergehenden Fällung (II), die bald krystallisierte und dem ursprünglichen Harz ähnlich war. Das Filtrat wurde von neuem eingeengt. Mit viel Petroläther fiel noch ein flockiger Körper aus (III), der nach mehrfachem Waschen mit dem Lösungsmittel 1,4 g wog.

---

[1]) Arkiv f. Kemi usw. 2, Nr. 3 (1904); Journ. prakt. Chem. [2] 73, 337 (1906). —
[2]) „Kåda" (schwedisch) bedeutet etwa dasselbe wie „fester Kienbalsam" (Scharrharz).

Der Rückstand von dem im Abzug eingedampften Filtrat müßte nun das aus Harzsäuren bestehende Hauptprodukt enthalten. Er wurde unter Umschütteln mit 1%iger Sodalösung behandelt, worin er sich leicht und vollständig auflöste, ein Zeichen, daß darin keine Harzsäure vom Abietinsäure- bzw. Pimarsäuretypus vorhanden war, deren Natriumsalze schwer löslich und zum Teil opalisierend aufgelöst werden. Zunächst wurde vermutet, daß keine Neutralsubstanz in der Lösung enthalten wäre, was jedoch der Fall war. Bei achtmaligem Umschütteln mit absolutem Äther lösten sich jedesmal, und anfangs in nicht unerheblichen Mengen, schwer flüssige und, wie es erschien, indifferente Produkte auf, die auf Platinblech ohne merkbare Zersetzung flüchtig waren.

Die mit Äther behandelte Lösung des Natriumsalzes der Sapinsäure, die ihrerseits dabei Äther aufgenommen hatte, schäumt stark und zeigt das eigentümliche Verhalten, daß sie, in eine Glasschale gebracht, das Glas nicht ebenmäßig befeuchtet, sondern darauf kaum adhärente Streifen bildet. Auf einem Uhrglas bildet sie sogleich oberflächlich ein weißes Häutchen, das sich jedoch auf Wasserzusatz leicht auflöst. Kochsalz scheidet, wie eine Probe zeigte, die ganze Resinatmenge als weißen Niederschlag ab, der unter dem Mikroskop aus feinen Ölperlen, wie die Natriumsalze der meisten Harzsäuren, bestand. Nach der Ätherbehandlung fiel beim Einleiten von Kohlensäure der größte Teil als gelartiges Natronsalz aus.[1]) Das Resultat beider Operationen kennzeichnet dieses, nach den Beispielen 9 und 10, als ein harzsaures Salz. Es wird von stark verdünnten Natriumhydroxyd- bzw. -carbonatlösungen opalisierend aufgenommen. Bei der Behandlung mit Salzsäure fällt ein festes Produkt aus, das einzelne zähe Klumpen enthält, die leicht ausgelesen werden können. Nach erneuter Auflösung in sehr verdünnter Sodalösung scheidet Salzsäure die ungefärbte Säure in ziemlich erheblicher Menge aus. Mit 85%igem Alkohol behandelt, blieb ein krystallinisches Produkt (IV) zurück, das auch eine Harzsäure ist (vgl. unten die Molgewichtsbestimmung). Beim Umkrystallisieren aus 85%igem Alkohol traten körnige Krystalle auf, die den Boden mit einer festen, krystallinischen Schicht bedeckten. Sie sinterten bei 139°, aber erst bei 149° fand vollständiges Schmelzen statt. Wahrscheinlich enthielt dieses Hauptprodukt eine zweite native Harzsäure (Isopimarsäure?). Dies scheint daraus hervorzugehen, daß daraus aus Aceton eine Säure von höherem Schmelzpunkt erhalten wurde, die Spuren eines schwer löslichen Ammonsalzes ergab.

Bezüglich der Natur der in die Ätherextrakte übergehenden Produkte (s. o.) konnte nicht sicher festgestellt werden, ob die festen Körper Harzsäuren waren; wahrscheinlich sind sie wohl Sapinsäuren. Denn, wie aus Versuchen mit anderen Säuren, z. B. der Abietinsäure, hervorgeht, nimmt Äther auch aus der Lösung des reinen Natriumsalzes desselben freie Säure auf; es kommt also darin immer zum kleineren Teil hydrolysiert vor, wie weiter unten (Kap. 23, A. 4) gezeigt wird. Leider war die Menge des vorliegenden Rohmaterials allzu gering, um eine Entscheidung herbeizuführen.

Von den drei ersten obigen Ätherextrakten wurden 4 g (1), von den vier folgenden (2) 1,35 g, und von dem achten (3) 0,8 g erhalten. Substanz 1 war ein dickflüssiger Balsam, der nicht krystallisierte und zum größten Teil in Sodalösung unlöslich war; hier waren indifferente Körper sicher vorhanden. (2) erstarrte vollständig zu prachtvoll glänzenden, großen, vierseitigen Blättchen; mittels 85%igem Alkohol und Pressen zwischen Filtrierpapier gelang es, die Mutterlauge von dieser bei 136° nach vorherigem Sintern schmelzenden Verbindung zu entfernen. Sie löste sich leicht in Ameisensäure, etwas schwerer in Eisessig. Auf Zusatz von Soda-

---

[1]) In der Lösung bleiben geringe Mengen fester Säuren, wahrscheinlich Kolophensäuren, zurück.

lösung zu der mit Wasser in ihrer Alkohollösung erzeugten Emulsion zeigte er sich als eine allerdings schwache Säure, deren Natriumsalz in Soda schwer löslich ist.

Hier sei folgendes über die oben (S. 279) angegebenen Körper I—IV angegeben; die Analysen folgen dann nachher.

Substanz I wurde in verdünnter Sodalösung und so viel Wasser behandelt, daß eine Lösung entstand, und nachher mit Salzsäure ausgefällt. Die etwas graugelbe Substanz sinterte von etwa 132° an und schmolz vollständig bei 150—151°.

Substanz II ist auch eine Säure. Sie scheidet sich aus ihren Lösungen in Essigester oder Benzol mit Petroläther in undeutlichen, in Soda löslichen Krystallen aus.

Substanz III zeigte sich als ein Gemenge. Wie bei Körper II ausgefällt und an der Luft getrocknet, sinterte sie bei 82° und schwoll im Schmelzpunktrohr unter Abgabe eines Gases (wahrscheinlich aus verdampfendem noch aufgelöstem Petroläther) bis auf das 10—15fache Volumen auf. Bei 120° wurde die Schmelze durchsichtig und kolophoniumartig.

Substanz IV wurde schon oben teilweise, inklusive der Ätherextrakte, von ihrer Lösung des Natriumsalzes beschrieben. Hier sei hinzugefügt, daß sie in absoluter alkoholischer Lösung linksdrehend mit $[\alpha]_D^{16} = -35,2$ war.

Die Analysen ergaben:

I:	0,1397 g	gaben	0,3824 g CO_2	und	0,1100 g H_2O.	C 74,63%;	H 8,75%.
II:	0,1622 „	„	0,4324 g „	„	0,1200 „ „	C 72,70 „ ;	H 8,10 „ .
III:	0,0934 „	„	0,2540 „ „	„	0,0700 „ „	C 73,73 „ ;	H 8,33 „ .
„	0,1100 „	„	0,2979 „ „	„	0,0834 „ „	C 73,78 „ ;	H 8,42 „ .
„	0,1913 „	„	0,5226 „ „	„	0,1485 „ „	C 74,46 „ ;	H 8,65 „ .
IV:	0,0750 „	(ging verloren[1])		„	0,0668 „ „	C — ;	H 9,89 „ .

Die Analysen ergaben, daß die wegen ihrer geringen Menge nicht völlig gereinigten Substanzen nicht genügend einheitlich waren. I und III sind wahrscheinlich mit den bei den Pinusharzen oft auftretenden drei und vier Sauerstoffatome enthaltenden Oxydationsprodukten $C_{20}H_{28}O_3$ (mit C 75,95%, H 8,86%) und $C_{20}H_{28}O_4$ (mit C 72,29%, H 8,43%) verunreinigt (vgl. auch oben S. 272). Die Säure II stellt, wie es scheint, eine ziemlich reine Substanz von der Zusammensetzung $C_{20}H_{28}O_4$ dar. In IV liegt wahrscheinlich eine reine Harzsäure der Sapinsäurereihe vor, die nach dem Fundort (Sondarö) Sondar-sapinsäure genannt werden mag. Sie ist in 85%igem Alkohol unlöslich.

Oxydationsprodukte von der Formel $C_{20}H_{28}O_3$ (event. in einigen Fällen $C_{20}H_{30}O_3$) sowie $C_{20}H_{28}O_4$ (event. $C_{20}H_{30}O_4$) treten, wie angegeben, auch unter anderen Bedingungen, nämlich bei der Einwirkung von alkalischen Kaliumpermanganat- bzw. Ferricyankaliumlösungen auf Harzsäuren, wie Abietinsäure, Dextropimarsäure, auf. Auch im amerikanischen Kolophonium liegt eine Säure $C_{20}H_{28}O_4$ vor. Inwieweit diese in verschiedener Weise erhaltenen Substanzen identisch sind, bleibt vorläufig unmöglich zu entscheiden; es erscheint aber kaum wahrscheinlich. In Anbetracht ihrer amorphen Natur und unsicherem Schmelzpunkt ist der Nachweis sehr erschwert.

Die Säure III ist wohl, ihrer Reihenfolge bei der Isolierung nach, ein Gemisch von I bzw. II mit der Harzsäure IV. Bezüglich der Drehung der letztgenannten vgl. oben und die nachstehende Tabelle 11.

Auf welcher Substanz die sehr starke Drehung (s. Tabelle 11, S. 285, Nr. 17) des Rohmaterials, nämlich des krystallinischen „Eisharzes" (S. 278), beruht, läßt sich nicht erraten; die isolierte Harzsäure IV zeigt, wie erwähnt, eine viel geringere Drehung.

Beispiel 13. Eine mit der Sondarsapinsäure (s. oben) nahe verwandte Sapinsäure wurde in folgender Weise aus einem unter 105° siedenden Petroläther leicht löslichen, käuflichen amerikanischen Balsamharz erhalten.

---

[1]) Die Substanzmenge reichte zu einer zweiten Analyse nicht aus.

Dieses Kolophonium (200 g) wurde gepulvert mit 2 Liter einer Wasserlösung in einem größeren Siedekolben gekocht, die etwas mehr als diejenige Menge calcinierter Soda enthielt, welche dem als Harzsäure berechneten Kolophonium entspricht. Die kalte, von einem geringen Rückstand abfiltrierte, opalisierende Lösung wurde dreimal mit Äther ausgeschüttelt und nach Abdestillieren des gelösten Äthers mit reinem Kochsalz versetzt, bis eine filtrierte Probe damit keinen Niederschlag ergab. Das abfiltrierte Natriumresinat löste man in Wasser und schied die Säure mit Salzsäure als rein weiße, nach dem Trocknen bei 80° schmelzende körnige Fällung ab. Erst nach mehreren Tagen wurde Gewichtskonstanz in evakuiertem Exsiccator über Schwefelsäure erreicht. Beim Lösen in Petroläther trat eine Trübung durch Wasser ein. Dies bestätigte meine Ansicht (S. 260), daß die Harzsäuren nicht unerhebliche Wassermengen in sehr fester Bindung enthalten können.

Die Hauptmenge dieser Säuregemenge war sogar in 65—70%igem Alkohol und in Petroläther bzw. Aceton leicht löslich. Sie wurde viermal mit kleinen Mengen 60%igem Alkohol extrahiert, und die dabei rückständige überwiegende Menge der Sapinsäure vom Schmelzp. 127° nach dem Trocknen in unter 65° siedendem, also nur von den niederen Paraffinen bestehendem Petroläther aufgelöst und von etwas unlöslichem abfiltriert, worauf das Lösungsmittel, und zwar schließlich durch Aufkochen des zähen Rückstandes mit Wasser abgetrieben wurde.

Die spröde, leicht pulverisierbare, rückständige Säure schmolz wieder bei 80°. Sie wurde nun unter gelinder Erwärmung in Methylalkohol gelöst, worauf man Wasser bis zur Trübung zutröpfelte, und diese wieder mit einigen Tropfen des Alkohols beseitigt, so daß die Lösung bei etwa 25° klar blieb. Daraus krystallisieren im Vakuum 59,5 g einer Säure (Schmelzpunkt nach dem Trocknen im Vakuum bei 148°, nach Sintern bei 125°) aus; die Hauptmenge desselben (53 g) wurde in 80 g Aceton gelöst, worauf man wieder 22,5 g Wasser zutröpfelte und die Krystallisation wie oben mit Methylalkohol bewirkte (Ausbeute 30,2 g). Nach zwei weiteren Umkrystallisierungen aus Methylalkohol in derselben Weise resultierte eine in hübschen, gleichseitigen Triangeln krystallisierende Säure, die ohne Sintern bei 152—155° schmolz. Die Analyse ergab C 79,23% und H 10,09%. Danach lag eine Harzsäure $C_{20}H_{30}O_2$ (berechnet 79,47% und 9,93%) vor. Über die Drehung vgl. Tabelle 13 (S. 286), Nr. 8.

B. Löslichkeit einiger Kolophoniumsorten des Handels in Benzol bzw. Alkohol

Weil die Ansicht ziemlich allgemein sein dürfte, daß Kolophonium, es mag a) genannt werden, aus dem ausgeflossenen Balsam der Pinusarten, wie amerikanisches Balsamharz und französisches Galipot, überhaupt erheblich leichter löslich sei als b), das aus zerkleinerten Wurzeln oder Stubben abgestorbener Bäume derselben Arten erhaltene Kolophonium (Holzharz, Wood-Rosin), so wurden einige Muster dieser beiden Handelsprodukte auf ihre relative Löslichkeit in den genannten, von uns auch für die daraus erhaltenen Harzsäuren angewandten Lösungsmitteln, untersucht.

Die betreffenden Kolophoniumsorten waren folgende:

1. Amerikanisches Holzharz, Qualität b); 2. französisches Galipot, Qualität a); 3. amerikanisches F. G. H.-Harz, Qualität a); 4. amerikanisches Balsamharz aus einer Spezialfirma in Rotterdam, Qualität a); 5. das gleiche, Qualität a) aus einer Firma in Amerika; 6. chemisch gereinigtes amerikanisches Holzharz (1),

Qualität b); 7. von mir bei niedriger Temperatur zusammengeschmolzenes Gemisch der Harze (1) und (4).[1])

Als Lösungsmittel wurden angewandt: A. Gewöhnlicher Alkohol in neun verschiedenen Stärken zwischen 95% und 55%, mit 5% niedrigerem Wassergehalt für jede Probe (vgl. die Diagramme A und B). B. Petroläther aus einem „Avigationsbenzin" herausfraktioniert, von drei verschiedenen Siedepunkten: 20—50°, 50—65° und 65—105°. Diese Fraktionen wurden gewählt, weil die beiden ersten Fraktionen nur aus den niedrig siedenden Pentanen, C_5H_{12}, und Hexanen, C_6H_{14}, der Paraffinreihe, während die Fraktion 65—105° zum erheblichen Teil aus den einfachsten Naphtenen bestehen; beide Reihen treten in den Benzinen aller Erdöle auf.

Die Bestimmungen, die aus etwa 190 Versuchen herrühren, wurden für die beiden Lösungsmittel in der Weise ausgeführt, daß von den klaren Lösungen, nach periodischem Schütteln während mehrerer Tage, den fein gepulverten Harzen mit den Lösungsmitteln, bestimmte Volume in tarierte Schalen abpipettiert, sowie zunächst auf dem Wasserbade verdampft und nachher im Vakuum zum konstanten Gewicht liegen gelassen wurden.

a) Versuchsresultate mit Alkohol. Es wurde gefunden, daß für die meisten Harze die Löslichkeit erst in 70%igem Alkohol etwas größer wurde, nämlich 1 Teil Harz in etwa 10 Teilen des Lösungsmittels von dieser Stärke. Erst darüber trat eine ungleiche Löslichkeit bei den verschiedenen Mustern hervor.

Die Resultate werden in der folgenden Tabelle 9 in Volumprozenten angegeben, worin also die Zahlen diejenigen Harzmengen bedeuten, die bei den Versuchen zu je 10 Volumen der Alkohollösungen verschiedener Stärke zugesetzt werden müßten, um zu gesättigten Lösungen zu gelangen. Der Überblick wird ferner durch das zu dieser Tabelle gehörige Diagramm A erleichtert.

Tabelle 9

Konzentration des Alkohols	Volumprozente Harz in den gesättigten Alkohollösungen						
	Amerikanisches Holzharz (1)	Galipotharz (2)	F. G. H.-Harz (3)	Balsamharz (4)	Balsamharz (5)	Gereinigtes Holzharz (6)	Gemischtes Harz (1+4)(7)
95%	47,4	44,1	54,3	52,0	63,4	31,8	46,8
90	45,4	38,1	51,3	42,9	62,9	22,3	43,9
85	34,2	28,7	46,7	33,3	57,9	16,1	36,3
80	23,1	21,5	36,6	20,0	49,2	8,6	27,3
75	15,9	14,9	22,6	15,5	32,3	7,2	20,3
70	5,2	7,2	11,9	6,8	8,5	5,7	11,4
65	3,5	3,3	6,9	4,2	4,8	4,7	5,3
60	1,7	2,1	6,6	3,9	3,5	3,4	3,8
55	0,8	0,8	5,6	3,2	2,9	2,9	2,9

b) Versuchsresultate mit niedrig siedendem Petroläther. Diese sind wie die unter a) in der folgenden Tabelle 10 als Volumprozente angeordnet, deren Zahlen wieder in dem Diagramm B veranschaulicht werden.

[1]) Dieses Muster wurde von mir bereitet, um festzustellen, ob ein solches Gemisch der beiden Qualitäten a) und b), wenn sie gleichzeitig in einer Lösung zugegen sind, aufeinander bezüglich der Löslichkeit einwirken. Das Harz war tatsächlich, besonders in stärkeren Alkohollösungen, etwas leichter aber nur wenig löslich als die Komponenten allein.

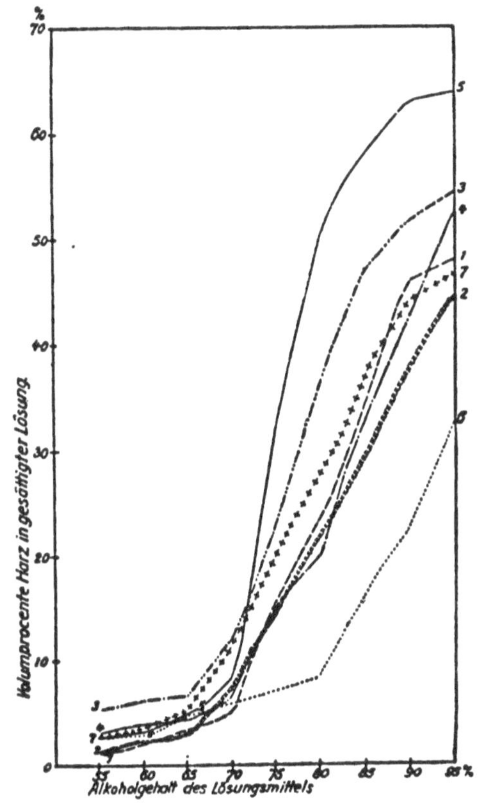

Fig. 4. Diagramm A

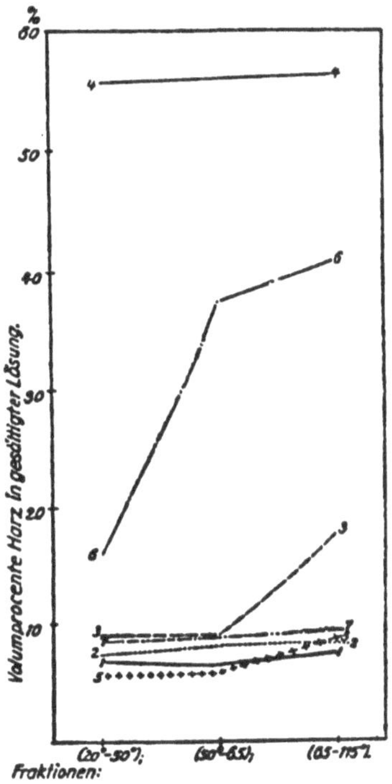

Fig. 5. Diagramm B

Tabelle 10

Petroläther-fraktionen	Volumprozente Harz in gesättigten Petrolätherlösungen						
	Amerikanisches Holzharz (1)	Galipotharz (2)	F. G. H.-Harz (3)	Balsamharz (4)	Balsamharz (5)	Gereinigtes Holzharz (6)	Gemischtes Harz (1 + 4) (7)
20— 50°	7,6	7,8	9,2	56,2	6,3	16,0	8,4
50— 65	7,5	8,2	9,2	56,3	6,5	36,9	9,0
65—105	7,8	8,3	17,8	56,4	8,8	40,7	9,4

c) Die Resultate gehen aus den Diagrammen am besten hervor. Es zeigt sich, daß eine erhebliche Ungleichheit in der Alkohollöslichkeit der verschiedenen Balsamharze herrscht. Das amerikanische Balsamharzmuster (5) ist ungemein löslicher als (4) und als das Galipot (2). Man kann daher nicht ohne weiteres von einem allgemeinen größeren Lösungsvermögen der Harze dieser Gattung im Alkohol sprechen. Andererseits zeigt das Diagramm A, daß das Holzharz (1) mit dem Balsamharz (4) und dem Galipot hierin gleichgestellt ist und in den Alkohollösungen höherer Konzentration sogar den Galipot nicht unerheblich übertrifft. Das gereinigte Holzharz (6) bleibt aber hinter allen anderen Harzen in den Lösungen dieser Art zurück.

Gehen wir zu dem Diagramm B über die Petrolätherlösungen über, so zeigt das Balsamharz (4) hierin eine ungemein stärkere Löslichkeit als sämtliche andere Balsamharze [(2), (3), (5) und (7)] inklusive dem Holzharz (1). Diesem kommt andererseits eine erhebliche Ähnlichkeit bezüglich der Petrolätherlöslichkeit mit den genannten vier Balsamharzen zu. Das gereinigte amerikanische Holzharz (6) weist aber eine viel größere Löslichkeit als die meisten amerikanischen Balsamharze inklusive Galipot auf.

Eine allgemeine Schwerlöslichkeit kommt dem Holzharz aus Wurzeln und Stubben, im Vergleich mit den Balsamharzen, nach dieser Untersuchung nicht zu.

C. Drehungsvermögen und Zusammensetzung des Kolophoniums

Diese Konstante eignet sich nicht selten, wie oben mehrmals hervorgehoben, zum Charakterisieren und zur Unterscheidung der Harzsäuren. Für den Vergleich sollte sie stets für die Lösungen in Benzol- und in absolutem Alkohol angegeben werden, die sich meinen Erfahrungen nach einander gut ergänzen. Dieses Kapitel bringt, um diese Kenntnis hierüber zu ergänzen, in den Tabellen 11[1]) und 12 weitere Angaben hierüber.

Die in der folgenden Tabelle 11 angeführten Kolophoniumsorten sind teilweise auf die darin vorhandenen Harzsäuren untersucht worden; die Resultate sind teils oben, teils weiter unten zu finden.

Aus dieser Tabelle geht die interessante Tatsache hervor, daß sämtliche wirkliche Kolophoniumsorten in Benzollösung rechtsdrehend sind, auch die französischen, obwohl die hier zugehörigen Pinene stark linksdrehend sind; in absolutem Alkohol ist die Drehung kleiner, oder das Zeichen geht in ein Minus über. Ferner erleiden die Kolophoniumproben bei der Destillation z. T. recht starke Veränderungen bezüglich des Drehvermögens. In 18. schlägt dabei die Rechtsdrehung in der Alkohollösung in Linksdrehung um; in 20., einem dunklen amerikanischen Kolophonium, nimmt dagegen (21) die Rechtsdrehung zu. Das native, nicht erhitzte, finnische „Eisharz" zeigt sowohl in Benzol- wie Alkohollösung starke Linksdrehung.

Da Elementaranalysen meines Wissens nach nicht an Kolophonium ausgeführt worden sind, so wurden folgende, in der Tabelle 12 angegebenen Sorten analysiert. Jede Probe war vorher pulverisiert und im niederen Vakuum über Schwefelsäure bis zum konstanten Gewicht gebracht. Die analysierten Nummern in der folgenden Tabelle entsprechen denen in der Tabelle 11; die Prozentzahlen sind auf aschefreie Substanz reduziert (Tabelle 12).

Unter Ausschluß von 1., das wegen bekannter Umstände und als damaliges Kriegsprodukt in seiner Qualität geringhaltig war, erhält man

---

[1]) Diese Tabelle, woran H. Karström mitgearbeitet hat, ist in Brennstoff-Chemie 4, 246 (1923) veröffentlicht worden.

Tabelle 11

Nummer	Die untersuchten Kolophoniummuster nebst Herkunft und Bezeichnung (Rohrlänge für $\alpha_D = 0{,}5$ dm)	Benzol			Absol. Alkohol		
		Milligr. in 10 ccm gelöst	α_D^{20}	$[\alpha]_D^{20}$	Milligr. in 10 ccm gelöst	α_D^{20}	$[\alpha]_D^{20}$
1	Finnisches von O.-Y. Pihka	198,5	+ 0,37°	+ 37,2	211,6	+ 0,13°	+ 12,2
2	Helles von Mänttä A.-G. (Gemenge von hellen und spröden Harzen)	214,5	+ 0,35	+ 32,6	285,4	+ 0,09	+ 6,3
3	Dunkles aus einer Apotheke in Helsingfors	209,5	+ 0,45	+ 42,9	205,2	+ 0,22	+ 21,4
4	Helles ,, ,, ,, ,, ,,	280,5	+ 0,65	+ 46,3	296,9	+ 0,22	+ 14,8
5	,, ,, ,, ,, ,, ,, (Res. pini flav.)	258,6	+ 0,47	+ 36,3	202,7	+ 0,09	+ 8,8
6	Dunkles ,, ,, ,, ,, ,, ,, ,, ,,	225,0	+ 0,33	+ 29,3	203,3	+ 0,13	+ 12,8
7	Helles Importkolophonium	282,4	+ 0,70	+ 49,5	273,2	+ 0,14	+ 10,2
8	Amerikanisches G-Kolophonium	217,7	+ 0,53	+ 48,7	279,1	+ 0,21	+ 15,0
9	,, F-Herculeskolophonium (A.-G. Mercantile), Helsingfors	213,0	+ 0,40	+ 37,5	213,9	± 0,0	± 0,0
10	,, I-Kolophonium (A.-G. Mercantile), Helsingfors	293,0	+ 0,67	+ 45,7	292,6	+ 0,25	+ 17,1
11	Deutsches Brauerharz, dunkles, zähes	152,2	+ 0,35	+ 46,0	151,3	+ 0,11	+ 14,5
12	,, ,, helles, nicht zähes	275,3	+ 0,56	+ 40,7	279,5	+ 0,11	+ 7,8
13	Französisches H-Kolophonium (A.-G. Mercantile)	528,5	+ 1,32	+ 50,0	519,6	+ 0,42	+ 16,2
14	,, W. W.-Kolophonium (A.-G. Mercantile)	501,7	+ 0,71	+ 28,3	492,2	− 0,07	− 2,8
15	,, G-Kolophonium (A.-G. Mercantile)	500,2	+ 0,95	+ 37,98	499,5	+ 0,20	+ 8,01
16	Natives „Eisharz“ (unbearb.), Sondarö (Pernå), Finnland	204,3	− 0,98	− 95,9	208,5	− 1,26	−120,6
17	Neutralstoffe aus demselben „Eisharz“	443,5	+ 0,11	+ 5,4	381,2	− 0,12	− 6,3
18	Amerikanisches H-Kolophonium (A. B. Allmänna lagret)	260,3	+ 0,53	+ 40,7	301,3	+ 0,07	+ 4,6
19	Dasselbe, im Vakuum destilliert	278,8	+ 0,44	+ 31,6	391,0	− 0,22	− 11,2
20	Dunkles amerikanisches Kolophonium (A.-G. Stockmann)	210,0	+ 0,35	+ 33,3	163,1	+ 0,05	+ 6,1
21	Dasselbe, im Vakuum destilliert	418,8	+ 0,95	+ 45,4	434,3	+ 0,71	+ 32,7
22	Anderes amerikanisches Kolophonium, im Vakuum destilliert	270,9	+ 0,44	+ 32,5	262,6	± 0,0	± 0,0
23	Amerikanisches W. W.-Kolophonium (A.-G. Mercantile)	268,2	+ 0,59	+ 67,1	277,5	+ 0,03	+ 2,2
24	,, F. G. H.-Kolophonium (A.-G. Mercantile)	371,5	+ 0,90	+ 48,4	374,2	+ 0,30	+ 16,0

folgende Durchschnittszahlen, die für das auf dem Weltmarkt zu findende Kolophonium maßgebend sein dürften:

C 79.35%; H 9,08%; O 11,57%;

berechnet für die Harzsäureformel $C_{20}H_{30}O_2$: C 79,47%, H 9,93%; O 10,60%.

Tabelle 12

Nr.	Bezeichnung	C %	H %	O %	Asche
1	Finnisches	78,34	9,25	12,41	0,09
9	Amerikanisches F. Hercules.	79,65	8,80	11,55	0,09
14	Französisches W.-W.	79,31	9,30	11,39	0,00
19	Amerikanisches H., im Vakuum destilliert	79,32	9,05	11,63	0,004
20	Amerikanisches H.	79,32	9,05	11,63	0,004
24	,, F. G. H. . .	79,15	9,19	11,66	0,023

Das Kolophonium scheint also ein zum kleineren Teil anhydrisiertes Produkt zu sein.

D. Das Drehungsvermögen einiger z. T. neuer Harzsäuren

Tabelle 13

Harzsäuren (l = 1,992 dm)	Lösung in Benzol			Lösung in absol. Alkohol		
	Substanz pro ccm Benzol	α_D	$[\alpha]_D$	Substanz pro ccm absol. Alkohol	α_D	$[\alpha]_D$
1. Dextropimarsäure (Schmelzp. 210—211°) aus amerikanischem H-Kolophonium	0,2406 g in 20 ccm Benzol	+ 1,70° 21°	+ 70,9	0,2182 g in 20 ccm Alkohol	+ 1,37°	+ 63,0 21°
2. d-Am-Sapinsäure (Schmelzp. 146—147°) aus demselben	0,2245 g in 15 ccm Benzol	+ 2,13° 19°	+ 65,6	0,2541 g in 15 ccm Alkohol	+ 1,44°	+ 42,67 19°
3. d-Abietinsäure (Levy) (Schmelzp. 176—178°) aus im Vakuum dest. amerikanischem Kolophonium	0,1643 g in 16 ccm Benzol	+ 0,13° 21°	+ 6,6	0,1224 g in 16 ccm Alkohol	— 1,01°	— 66,3 21°
4. l-Gal-Sapinsäure (Schmelzp. 156—157°) aus amerikanischem W. W.-Kolophonium	0,4291 g in 15 ccm Benzol	+ 0,96° 20°	+ 16,85	0,4969 g in 15 ccm Alkohol	— 3,06°	— 46,36 20°
5. l-Am-Isopimarsäure (Schmelzp. 160—161°) aus amerikanischem F. G. H.-Kolophonium	0,5051 g in 15 ccm Benzol	+ 0,83° 20°	+ 12,37	0,5088 g in 15 ccm Alkohol	— 3,78°	— 55,94 20°
6. l-Abietinsäure aus l-Am-Isopimarsäure beim Destillieren	—	—	—	0,5360 g in 17 ccm Alkohol	— 1,76°	— 28,2 20°
7. Sondarsapinsäure (Sintern bei 139°, Schmelzp. 149°) aus ,,Eisharz" aus Fichte von Sondarö (Finnland) (s. oben, S. 278)	—	—	—	0,1589 g in 10 ccm Alkohol	— 0,28°	— 35,2 16°
8. Sapinsäure aus amerikanischem Balsamharz	0,2071 g in 10 ccm Benzol	+ 0,55° 17°	+ 13,6	0,1800 g in 10 ccm Alkohol	— 1,37°	— 38,1 17°

Wie aus den Tabellen 11 und 13 hervorgeht, übt die Natur der Lösungsmittel einen beträchtlichen Einfluß auf das Drehungsvermögen aus. Dies steht in Übereinstimmung mit unseren früheren Resultaten.[1]) Bis auf weiteres läßt sich keine andere gültige Ursache auffinden, als daß die Harzsäuren, und oft bei einem stärker erhitzten bzw. destillierten Material, mit einigen Solvenzien leicht assoziiert werden.

Kapitel 23. Experimentelle Beiträge zur Charakterisierung früher dargestellter bzw. neu gewonnener Harzsäuren

In diesem Kapitel werden diejenigen, früher nicht mitgeteilten Erfahrungen angegeben, die bei unseren Arbeiten bezüglich der Coniferenharzsäuren hervorgegangen sind. Daß sich das Experimentelle in dieser Hinsicht vorzugsweise auf die leichter zugänglichen Säuren vom Abietinsäure- und Pimarsäuretypus beziehen, ist verständlich. Teils waren die Methoden für die Isolierung dieser leichter ausexperimentiert, und sie lagen daher in größeren Mengen als reines Material vor; teils gehören sie, im Vergleich mit der Mehrzahl nativer Harzsäuren, zu den beständigsten Körpern dieser Gruppe. Ferner hatte man schon einen gewissen Einblick in ihren molekularen Bau. Schließlich bot das immer richtige Prinzip, die Forschung auf eine kleinere Zahl von Versuchsobjekten zu konzentrieren, eine Gewährleistung für ein erfolgreicheres Studium.

Unsere Versuche waren längere Zeit hauptsächlich auf die Pinabietinsäure, von mir in dem „Tallöl" aufgefundenen und die Abietinsäure von Levy[2]) gerichtet, und zwar wurde meinerseits ein zeitraubender experimenteller Vergleich dieser Säure mit jener ausgeführt, die schon vor einigen Jahren zu dem Nachweis ihrer völligen strukturellen Identität führte; sie wurde noch vor kurzer Zeit[3]) in einigen Details bestätigt. Aus dem Grunde wird hier eigentlich nur die Arbeit über die Pinabietinsäure angeführt. Repräsentanten für andere Säuretypen sind von mir, wegen Mangel an Material, weniger vollständig untersucht worden. Sie werden hier nur kurz behandelt.

A. Versuche mit Pinabietinsäure

Bezüglich der Gruppenbezeichnung „Abietinsäuren" wird auf die Tabelle 1 (S. 255) hingewiesen. Gleichzeitig sei an dieser Stelle eindringlich betont werden, daß diese Bezeichnung nicht, was leider der Fall ist, für Harzsäuren anderer Art angewandt werden soll.

So haben sich z. B. Ruzicka und seine Mitarbeiter auf dem Gebiete[4]) gegen die von Virtanen[5]) aufgestellten und von mir außer in einigen Details als in größeren Zügen annehmbaren Formel für die Pinabietinsäure vom Schmelzp. 182 bis 183° ausgesprochen, obwohl jene Autoren ihre Kritik mit einer im Hochvakuum aus amerikanischem Kolophonium ungenannter Qualität ausdestillierten, bei 158° schmelzenden Säure gearbeitet haben, die sie Abietinsäure nennen und offenbar

---

[1]) Aschan und Ekholm, Ann. 424, 133 (1921). — [2]) Vgl. die diesbezüglichen Literaturstellen im Kap. 21. — [3]) Paul Levy und Aschan, Ber. 60, 1923 (1927). — [4]) Ruzicka, Schinz und J. Meyer, Helv. chim. Acta 6, 1077 (1923). — [5]) Ann. 424, 150 (1921); Inaug.-Diss. (Helsingfors 1918).

als mit der Pinabietinsäure (Abietinsäure LEVY) identisch halten; fest steht, daß jene Säure (vgl. unten), aus ihrer katalytischen Wasserstoffannahme zu schließen, den Abietinsäuren in unserem Sinne nicht zugehörig ist. Auch aus der Tatsache geht hervor, daß die beiden Säuren RUZICKAS und unsere zu verschiedenen Typen zu rechnen sind, daß die genannten Forscher angeben, daß die bei 158° schmelzende Säure beim Erhitzen auf 300° bedeutend verändert wird.[1]) Sie schmilzt, nach dreimaligem Umkrystallisieren aus Aceton, nunmehr bei 170—172° und zeigt jetzt eine Drehung von +46° in 5%iger alkoholischer Lösung, nachdem sie vor dem Erhitzen in 2- bzw. 4%iger Alkohollösung die Zahlen $\alpha_D = -68$ bis 69° ergab. Das Zeichen der Drehung ist also schroff umgetauscht worden. Diese Erscheinung ist für die von uns als Isopimarsäuren genannten Harzsäuren (vgl. KNECHT und HIBBERT[2]) nicht ungewöhnlich. Diese umgewandelte Säure ist nach unserer Nomenklatur (S. 256) eine Sapinsäure, und die von RUZICKA gehört offenbar zu diesem Typus hin; sie hat sogar fast denselben Schmelzpunkt und die gleiche Drehung wie die von den letztgenannten Forschern. Es ist ferner nicht ausgeschlossen, daß die durch Erhitzen umgewandelte Säure von RUZICKA und J. MEYER eine Abietinsäure wäre.

1. Hydrierung der Pinabietinsäure

Über die Hydrierung von Harzsäuren des Abietinsäuretypus liegen einige frühere Angaben vor. JOHANSSON[3]) wandte für sein Material Platinschwarz unter Druck an und erhielt dabei eine Dihydrosäure, $C_{20}H_{32}O_2$, vom Schmelzp. 173—178°; mehr Wasserstoff konnte nicht eingeführt werden. VIRTANEN[4]) untersuchte die Pinabietinsäure, die in Eisessig- oder Ätherlösung auch nicht mehr als 2 Atome aufnahm. Wie schon erwähnt, konnten RUZICKA und Mitarbeiter[5]), und zwar auch mit Platinschwarz, sogar 4 Wasserstoffatome an ihre bei 158—160° schmelzende „Abietinsäure" in der Lösung, nämlich 2H bei gewöhnlicher, und darauf noch 2H bei 60° hinzuaddieren, was unter Bezugnahme auf die unten angegebenen Tatsachen auf ihre Natur als Sapinsäure hinweist.

Zum endgültigen Nachweis des richtigen Additionsvermögens, und da sowohl JOHANSSON wie VIRTANEN nur bei gewöhnlicher Temperatur gearbeitet hatten, war es nötig, die Pinabietinsäure auch auf ihre Additionsfähigkeit hin bei erhöhter Temperatur zu untersuchen. Nach den hierauf gerichteten Versuchen teilen wir den Gang unserer oben erwähnten Arbeiten bei gewöhnlicher Temperatur zunächst mit. Sie wurden auch mit der Abietinsäure von LEVY ausgeführt (s. unten).

a) Isolierung und Reindarstellung der Pinabietinsäure.

Zur Ergänzung früherer Angaben[6]) sei hier ein nunmehr angewandtes Schnellverfahren mitgeteilt.

1 kg des rohen, mit gespanntem Dampf aus rohem „Tallöl" von der finnischen Fabrik Gutzeit in Kotka erhaltenen krystallinischen Produktes wurde im Mörser zerdrückt und mit 80%igem Alkohol zu einem Brei angerührt. Nach Stehen über Nacht wurde der Brei im BUCHNER-Trichter abgesaugt und zweimal mit dem gleichen Alkohol in der Weise nachgewaschen, daß man die Masse nach Einstellen der Wasserstrahlpumpe damit vollständig anfeuchtete und 5—10 Min. stehen ließ, wieder bis zum Aufhören des Abtropfens absaugte und dies nochmals wiederholte.

---

[1]) RUZICKA und J. MEYER, Helv. chim. Acta 5, 315 (1922). — [2]) Soc. of Dyers and Colorists 1919, 1488 1922, 221. — [3]) Arkiv f. Kemi usw. 6, Nr. 19, S. 4 (1917). — [4]) Ann. 424, 150 (1921). — [5]) Loc. cit. (1922). — [6]) Ann. 424, 120 (1921).

Die lufttrockne Masse, die jetzt etwa 500 g wog, wurde zweimal in kochendem 98%igen Methylalkohol aufgelöst, und die heiß filtrierte Lösung über Nacht auskrystallisieren gelassen (Schmelzp. 166° bzw. 170°). Nachher genügte ein einziges Umkrystallisieren aus heißem Aceton, um den Schmelzpunkt der für alle Zwecke genügend reinen Pinabietinsäure (175—176°) zu erreichen.

In einer heißen Lösung in absolutem Alkohol, die man auf überschüssiges Natrium fließen und später kochen ließ, fand ich später die Säure unverändert vor.

b) Behandlung mit Wasserstoff nach Löw-Willstätter.[1])

Die Darstellung des Katalysators wurde mit folgender Modifikation bereitet:

1 g Platinchlorid wurde in 1 ccm Wasser gelöst, und die Lösung nach der Zugabe von 1,4 ccm 40%igem Formaldehyd tropfenweise, unter Kühlung mit Schnee und Kochsalz und fleißigem Umrühren, mit einer Lösung von 1 g NaOH und 1 ccm Wasser versetzt. Nachher hielt man die alkalische Lösung 1/4 Stunde bei 50°. Das Platinschwarz wurde mehrmals bis zum Verschwinden der Chlorreaktion mit Wasser dekantiert, schnell abgesaugt sowie über Nacht im Vakuum getrocknet. Nach dem Trocknen ließ es sich vom Filtrierpapier leicht entfernen.

Dihydropinabietinsäure. Die Hydrierung fand, wie erwähnt, zunächst in der Kälte statt, wobei mehrere Versuche in folgender Weise ausgeführt wurden.

7 Teile Pinabietinsäure wurden in 105 g Eisessig gelöst und mit dem aus 1 g H_2PtCl_4 erhaltenem Platinschwarz versetzt, worauf Wasserstoff, der erst mit Kalilösung, dann mit Kaliumpermanganatlösung und schließlich mit Schwefelsäure gereinigt worden war, bei gewöhnlicher Temperatur während 8 Stunden unter fleißigem Umrühren in eine schräg gestellte Pulverflasche eingeleitet wurde. Nachdem eine ausgefällte Probe der gelösten Säure sich gegen die Permanganatprobe als gesättigt gezeigt hatte, ließ man den Katalysator absitzen, gab Wasser hinzu und nachdem die anfangs zähe Säure nach einigen Stunden fest geworden war, wurde sie abgesaugt, mit Wasser gewaschen und im Vakuum getrocknet. Sie wurde so in quantitativer Menge zurückerhalten. Nach Umkrystallisieren aus heißem Eisessig wurden quadratische Platten erhalten. Über Kalk im Vakuum getrocknet, schmolz die Rohsäure bei 169°.

Nach dreimaligem Umkrystallisieren aus 80%igem Alkohol, worin sie (wie auch in Petroläther) schwer löslich war, schmolz sie, aus drei Darstellungen erhalten, bei 168—169° bzw. 169—170° und 170°. In Aceton war die Säure leicht löslich. Die daraus nach einmaligem Umlösen erhaltenen Krystalle schmolzen bei 172—173°: die Mischprobe mit der angewandten Pinabietinsäure bei 172—173°.

Die Säure ist schwer verbrennlich, so daß man bei ihrer Analyse Bleichromat anwenden muß. Bei der Analyse wurde erhalten: C 79,11%, H 10,03%; berechnet für $C_{20}H_{32}O_2$: 78,95% und 10,53%, sowie für $C_{20}H_{30}O_2$: 79,47% und H 9,93%. Danach war die Einwirkung noch ungenügend, weshalb die Hydrierung wiederholt wurde. Zwei Analysen des jetzt erhaltenen Materials, das gegen die Baeyersche Permanganatprobe beständig war, ergaben nunmehr: C 79,09%, 78,82% und H 10,05%, 10,22%, im Durchschnitt C 78,96%, H 10,14%.

Die Säure schmolz, zweimal umkrystallisiert, bei 171°.

---

[1]) Vgl. Virtanen, Ann. 424, 198 (1921).

Die durch den gesättigten Zustand der Substanz angezeigte, veränderte Natur ging auch aus der Cholestolprobe hervor, worüber ich früher bezüglich der Pinabietinsäure mitgeteilt habe.[1])

Die LIEBERMANNsche Probe[2]), die mit Pinabietinsäure eine schön violette Farbe gibt, die über Blau in Grün übergeht, zeigte hier eine schwach rötliche Nuance, dann Gelbrot und schließlich Gelb.

Die MACHsche Probe[3]) gibt eine schwach rosenrote, nachher gelbliche Färbung, an Stelle der gelben, roten, violetten und blauen für Pinabietinsäure.

Das Drehungsvermögen der erhaltenen Dihydrosäure beträgt:

für eine Lösung von 0,3540 g in 17 ccm absolutem Alkohol: $[\alpha]_D^{20} = + 29,3$.
" " " " 0,3578 g " 17 ccm Benzol: $[\alpha]_D^{20} = + 39,2$.

Für reinste Pinabietinsäure (188—189,5°) wurde früher erhalten:

in Alkohol (bei 19,5°): $[\alpha]_D^{20} = - 31,50$,
in Benzol (bei 21°): $[\alpha]_D^{20} = + 20,19$.

Ein Versuch, mit der Dihydrosäure die BERTRAM-VALBAUMsche Reaktion auszuführen, ergab folgendes: 1 g derselben wurde mit 2,5 g Eisessig und 0,1 g 50%iger Schwefelsäure 2—3 Stunden auf dem Wasserbade erhitzt; nachher wurde sie noch 4 Stunden mit der doppelten Menge Eisessig und 3 Tropfen der Schwefelsäure gleich behandelt. Wasser erzeugte aus einer Probe eine Fällung, die jedoch aus Dihydrosäure bestand. Schließlich wurde noch einige Zeit gekocht. Nachher wurde auf Wasserzusatz ein bald erstarrendes Öl erhalten, das nach Umkrystallisieren den Schmelzp. 170—171° zeigte, sowie gesättigt war und daher wieder die Dihydrosäure darstellte.

Um ferner zu zeigen, daß die Pinabietinsäure nicht etwa durch den Katalysator einfach umgelagert und deshalb gesättigt worden wäre, wurde sie 8 Stunden in Eisessiglösung, nach Zusatz des frisch dargestellten Katalysators — wohl aber ohne Einleitung von Wasserstoff — wie oben (bei der Hydrierung) behandelt. Die aus 80%igem Alkohol nachher umkrystallisierte Säure schmolz bei 171—170°, war aber gegen Permanganat ungesättigt und zeigte die Cholestolreaktion LIEBERMANNS und war folglich unveränderte Pinabietinsäure. Dasselbe Resultat wurde auch bei 75° in Kohlensäureatmosphäre erhalten. Nach Umkrystallisieren aus Alkohol (80%) war die Säure wieder ungesättigt geblieben.

Aus obigem ist also ersichtlich, daß Pinabietinsäure bei gewöhnlicher Temperatur nur 2 Atome Wasserstoff aufnimmt.

c) Die Einwirkung von Bromwasserstoff auf die Dihydrosäure.

Beim 12stündigen Erhitzen mit 8—10%igem Bromwasserstoff-Eisessig im Wasserbade fand keine vollständige Einwirkung statt. Aus der erhaltenen, bromhaltigen, halbfesten Masse konnte weder durch Umkrystallisieren noch durch Umlösen in Soda ein durchsichtiges Resultat erhalten werden. Nach Erhitzen im Wasserbade mit Kaliumcarbonat fiel beim Ansäuern ein festes Produkt aus, das nach Umkrystallisieren aus warmem Methylalkohol bei 171° schmolz, gesättigt war und sich als mit dem Ausgangsmaterial identisch zeigte (Schmelzpunkt der

[1]) Ber. 55, 2958 (1922). — [2]) Ber. 18, 1804 (1885); BURCKARD, Inaug.-Diss. (Rostock 1889). — [3]) BEILSTEINS Handbuch 2, 2. Aufl., S. 1436.

Mischprobe 170—171°). Ein sirupartiges Nebenprodukt war bromhaltig (Br = 8,18%, während $C_{20}H_{33}BrO_2$ 20,76% erfordert).

Wegen des für die Konstitutionsbestimmung wichtigen Nachweises des event. Additionsvermögens wurden noch folgende Versuche mit konzentriertem Bromwasserstoff-Eisessig, und zunächst nach dem von VIRTANEN[1]) für Pinabietinsäure angewandten Verfahren mit Bromwasserstoff-Eisessig ausgeführt. 1 g Dihydrosäure wurde in 20 g Eisessig gelöst, die Lösung mit 10 ccm 40%iger Bromwasserstoffsäure versetzt und 3 Tage lang stehen gelassen, wobei Krystalle auf der Oberfläche auftraten. Sie schmolzen nach der Reinigung bei 170—171°, enthielten aber gemäß zweier Analysen nur unbedeutende Brommengen. Auch bei 3tägigem Stehen mit 40%iger, wäßriger Bromwasserstofflösung konnte in den sonst unveränderten, bei 173° schmelzenden Krystallen (die Mischprobe mit ursprünglicher Dihydrosäure schmolz bei 171°) nur Spuren von Brom nachgewiesen werden.

Aus diesen Versuchen geht hervor, daß keine Aufspaltung einer Äthylen- oder anderweitigen leicht reagierenden Bindung in der Dihydropinabietinsäure festgestellt werden konnte.

Für die später mit der Pinabietinsäure als strukturidentische Abietinsäure (LEVY, S. 263) zeigten die ähnlich ausgeführten Versuche dasselbe Resultat.

d) Das Additionsvermögen von Brom

wurde in der Art untersucht, daß man eine Lösung von trocknem Brom in Chlorkohlenstoff in die Lösung der Dihydrosäure in dasselbe Lösungsmittel zutropfen ließ. Die Farbe verschwand, und zwar unter Bromwasserstoffentwicklung nur allmählich; die verbrauchte Menge von Brom erlangte trotzdem bei zwei Proben nur die prozentigen Mengen von 8,11% und 8,44% (statt 34,46% für $C_{20}H_{32}Br_2O_2$). Wie VIRTANEN früher fand[2]), zeigt sich auch die Dihydropinabietinsäure hierbei als gesättigt.

e) Versuche zur Darstellung einer Tetrahydropinabietinsäure

Ein besonderes Interesse boten diese Versuche, weil RUZICKA und J. MEYER[3]) angegeben hatten, daß ihre von amerikanischem Kolophonium im Hochvakuum herausdestillierte, in Eisessig gelöste „Abietinsäure" vom Schmelzp. 158° (vgl. S. 257) bei etwas erhöhter Temperatur in Gegenwart von Platinschwarz 4 H aufnehmen soll, wobei eine bei 137—139° schmelzende Tetrahydrosäure entstehen soll.

Als in 105 g Eisessig aufgelöste 7 g Pinabietinsäure nach Zusatz von 1 g des Katalysators bei 70—80° 4 Stunden lang mit reinem Wasserstoff behandelt wurden, erhielten wir für das zunächst von Methylalkohol, und dann aus Aceton umkrystallisierte, nach BAEYER gesättigte Probe den Schmelzp. 171—172°. Die Einwirkung wurde darauf noch 8 Stunden bei 70—80° fortgesetzt. Das direkte ausgefällte Rohprodukt löste sich, obwohl schwierig, in 80%igem Alkohol bzw. Aceton und krystallisierte aus diesen Solvenzien, das erstemal bei 168—169°, das zweitemal bei 170—171° (Schmelzpunkt der Mischprobe mit Dihydrosäure 171°). Sechs Analysen ergaben im Mittel: C 79,04%, H 10,03%. Berechnet für eine Tetrahydrosäure C 78,43%, H 10,03%, für eine Dihydrosäure C 78,95%, H 10,53%.

f) Die Ergebnisse

Das Resultat der Hydrierungsversuche bei der Pinabietinsäure zeigt, daß sie bei der Einwirkung von Natrium und Alkohol bzw. Wasserstoff in Gegenwart von sehr aktivem Platinschwarz nur schwierig reagiert, im ersten

[1]) Ann. 424, 193 (1921). — [2]) l. c. — [3]) Helv. chim. Acta 6, 1077 (1923).

Fall gar nicht, im zweiten Fall, auch bei 70—80°, unter Aufnahme von nur 2 Atomen Wasserstoff. Dadurch unterscheidet sich die Pinabietinsäure scharf von der „Abietinsäure" von RUZICKA und J. MEYER (l. c.), welcher Körper ihren Angaben nach bei der genannten Temperatur ohne Schwierigkeit 4 Atome Wasserstoff addiert.

Da auch die Abietinsäure von LEVY, die sich, wie schon angegeben, mit der Pinabietinsäure strukturidentisch gezeigt hat, unseren Versuchen nach bezüglich der Addition von Wasserstoff mit Platinschwarz nur bis zu der Dihydrostufe hydrierbar ist, und da auch JOHANSSON[1]) für seine aus amerikanischem Kolophonium mit überhitztem Wasserdampf erhaltene Abietinsäure dasselbe Resultat erhielt, so liegt offenbar hierin ein für die wirklichen Abietinsäuren, wie wir sie oben (siehe die Tabelle 1, S. 255) bei der Einteilung der Coniferenharzsäuren aufgefaßt haben, ein spezielles Kennzeichen für diesen Typus vor.

2. Einwirkung von konzentriertem Bromwasserstoff-Eisessig auf Pinabietinsäure

Diese Reaktion wurde zunächst von VIRTANEN[2]) untersucht; er erhielt dabei eine bei 188—192° schmelzende additionelle Verbindung, $C_{20}H_{32}Br_2O_2$.

Bei der Wiederholung dieser Reaktion, die vorgenommen wurde, um daraus nachher mittels alkoholischen Kalis eine Säure vom Isosylvintypus (s. Tabelle 1) darzustellen, wurde die beste Ausbeute in folgender Weise erhalten.

6 g der Säure wurden in 20 g Eisessig gelöst und 100 g einer bei 0° gesättigten Lösung von Bromwasserstoff in Eisessig zugegeben, worauf das Ganze eine Woche lang stehen gelassen wurde. Das gebildete Produkt wurde abfiltriert, zunächst mit Eisessig und dann mit Äther gewaschen; Ausbeute 3,2 g. Durch Umkrystallisieren aus Essigester zeigte das Produkt den Schmelzp. 187—190°, also etwas höher als das Präparat von VIRTANEN. Der Bromgehalt (31,92%) ließ eine kleinere Dissoziation vermuten, jedoch war kein Zweifel über die Aufnahme von 2 Molen Bromwasserstoff vorhanden.

Bei der Behandlung mit alkoholischem Kali wurde tatsächlich eine Isosylvinsäure erhalten; darüber später (vgl. Kap. 23, D.).

Daß die Ausbeute unbefriedigend war, beruht anscheinend darauf, daß außer der erhaltenen wohlcharakterisierten Verbindung auch Struktur- bzw. stereomere Formen entstanden sind. Tatsächlich wurde bei unseren Versuchen eine beträchtliche Menge eines in Eisessig und anderen Solvenzien leichter löslichen Nebenproduktes erhalten.

Beim Auskochen mit absolutem Äther ging der Bromgehalt auf 33,34% hinauf. Dieses Dihydrobromid (Schmelzp. 192—194°) ist in Methylalkohol schwer, etwas in Äther und Aceton löslich. Als das Rohprodukt (Br = 30,33%) direkt mit Aceton ausgekocht wurde, blieb die Hälfte ungelöst (Schmelzpunkt 188°) und enthielt 32,11% Brom. Aus der heißen Lösung fiel dann das bisher unbekannte Monohydrobromid der Pinabietinsäure, $C_{20}H_{30}Br \cdot CO_2H$, vom Schmelzp. 186° aus (Brom 20,90% gefunden, berechnet 20,88%). Aceton scheint demnach 1 Mol Bromwasserstoff abzuspalten. Wie

---

[1]) Arkiv f. Kemi usw. 6, Nr. 19 (1917). — [2]) Ann. 424, 193 (1921).

zu erwarten, war dieser Körper ungesättigt. Er reagierte mit sodaalkalischer Permanganatlösung und nahm 1 Mol Brom zu einem Tribromid, $C_{20}H_{29}Br_3 \cdot CO_2H$, vom Schmelzp. 112° auf.

3. Einwirkung von Mineralsäuren auf Pinabietinsäure

Diese Versuche wurden aus dem Grunde vorgenommen, weil WIENHAUS[1]) angegeben hatte, daß bei der Einwirkung von Salzsäure oder Schwefelsäure auf die ursprünglichen oder im Vakuum destillierten Harzsäuren aus deutschem Fichtenharz, im Galipot oder in dem amerikanischen und französischen Kolophonium eine Isomerisation zu doppelt ungesättigten Säuren (Sylvinsäuren, s. Kap. 21, S. 258) geschieht, die als sehr gut krystallisierend und zwar in dreieckigen Blättern auftretend, angegeben wurde.

Die von uns angestellten Versuche waren lediglich von vorbereitender Art, wie aus den folgenden Beispielen (a bis f) hervorgeht.

a) Beim Kochen der Säure (2 g) mit 40%iger alkoholischer Schwefelsäure trat eine Erniedrigung des Schmelzpunktes nicht ein.

b) Dagegen wurde eine merkbare Veränderung beim Erhitzen der Säure im Wasserbade mit einer 20%igen Eisessig-Schwefelsäure beobachtet. Beim Ausfällen mit Wasser wurde eine Substanz von unbestimmtem, bei 140° liegendem Schmelzpunkt erhalten, deren Gemisch mit Pinabietinsäure bei 160° schmolz. Daß bei dieser Einwirkung (der BERTRAMschen Reaktion) eine Veränderung eintritt, ist bei der ungesättigten Natur der Pinabietinsäure erklärlich.

c) Bei einem weiteren, mit jener Reaktion noch mehr übereinstimmenden Versuch, jedoch mit mehr Eisessig und kleinerer Konzentration der Schwefelsäure, wurde allerdings bei 75° auf dem Wasserbade, wie früher angegeben[2]), ein Produkt erhalten, dessen Zusammensetzung mit den zu erwartenden Formeln: $C_{20}H_{31}(OC_2H_3O)O_2$ bzw. $C_{20}H_{32}(OC_2H_3O)_2O_2$, nicht übereinstimmte.

d) Die BERTRAMsche Reaktion wurde auch mit Ameisensäure (95%) ausgeführt, wobei 10 g Pinabietinsäure mit 220 g dieser Säure, 3 Stunden im Ölbade gekocht, 1 ccm 50%ige Schwefelsäure zugegeben und darauf noch 3 Stunden gekocht wurde. Nach Stehen über Nacht wurde die ausgefällte feste Substanz abfiltriert, mit Ameisensäure ausgerührt und einige Zeit damit stehen gelassen. Nach dem Trocknen im Vakuum über Kalk, bis kein Geruch nach Ameisensäure mehr vorhanden war, schmolz sie bei 75° und war gegen Permanganat gesättigt. Sie löste sich in Äthyl- und Methylalkohol, Petroläther und Aceton leicht.

Beim Kochen desselben 2 Stunden mit 6,9 ccm n-Natronlauge fiel mit verdünnter Schwefelsäure eine feste, gesättigte Substanz vom Schmelzp. 79—80° aus. Die Analyse ergab C 80,45%, H 8,95%. Für eine Verbindung $C_{20}H_{28}O_2$ berechnen sich C 80,0%, H 9,0%. Sie soll später, besonders der unerwarteten Zusammensetzung wegen, untersucht werden.

e) Inaktivierungsversuche mit der Pinabietinsäure. Um die Veränderung nach WIENHAUS (s. oben) zu studieren, wurde nunmehr Chlorwasserstoff angewandt. In eine Lösung von 5 g der Ausgangssäure in 50 ccm Eisessig wurde auf dem Wasserbade Chlorwasserstoff 4 Stunden lang eingeleitet. Das auf Zusatz von Wasser zu der im Rot fluorescierenden Lösung als käsiger Niederschlag ausgefällte Reaktionsprodukt wurde, nach dem Festwerden, aus Aceton umkrystallisiert und schmolz bei 168°. Der Körper war jedoch chlorhaltig (mit 3,14% Cl) und das Chlor war auch nach

[1]) Nach einem Vortrag in dem Verein Deutscher Chemiker 1921; Autoreferat in der Cellulosechemie, einer Beilage zu dem „Papierfabrikant". — [2]) Ann. 424, 131 (1921).

erneutem Umkrystallisieren aus Aceton zum gleichen Betrag (3,16 g) vorhanden (Schmelzp. 170°). Bei erneuter Darstellung wurde das Halogen mit Zinkstaub entfernt; zwei Analysen der ausgefällten Substanz (Schmelzp. 155°) ergaben im Mittel C 78,80%, H 10,10%. Nach Umkrystallisieren aus 96% Alkohol schmolz sie bei 167° und zeigte sich in Essigester und in Aceton schwer löslich. Beim Umkrystallisieren aus letzterem wurde beobachtet, daß sie aus zwei Komponenten, einer hierin schwerer und einer leichter löslichen, bestand (s. unten). Ersterer sinterte bei 172° und schmolz nunmehr bei 174°, eine Mischprobe mit Pinabietinsäure (Schmelzp. 176°) bei 175°. Die Analyse (C = 79,03, H = 10,03%) ergab die Zusammensetzung einer Harzsäure (C 79,47%, H 9,93%); doch fiel die C-Bestimmung etwas zu hoch aus. Dieses Produkt war indes (in 5%iger Alkohollösung und 3,3%iger Benzollösung) inaktiv. Ob die inaktivierte Pinabietinsäure tatsächlich vorliegt, kann nur durch weitere Versuche entschieden werden. Eine Umlagerung fand jedoch statt.

Bei einem mit dem vorangehenden, sonst übereinstimmenden Versuch wurde das Produkt nicht mit Wasser ausgefällt, sondern die Entchlorung mit Zinkstaub fand direkt in der nach dem vierstündigen Erhitzen resultierenden Eisessiglösung statt. Auf 10 g ursprünglicher Pinabietinsäure kamen zunächst 1,7 g Zinkstaub unter Erwärmen auf dem Wasserbade zur Anwendung; zur völligen Entchlorung wurde nach 4 Stunden unter Zugabe von 0,8 g Zinkstaub weiter erhitzt. Nach Filtrieren und Ausfällen mit Wasser betrug die Ausbeute 8,5 g der bei 156° schmelzenden Substanz, worauf der Versuch wie oben beendigt wurde.

α-Säure. Nach zweimaligem Umkrystallisieren aus Aceton und einmal aus 80%igem Äthyl- oder 98%igem Methylalkohol wurde eine bei 172—174° schmelzende Säure erhalten, die, mit Pinabietinsäure gemischt, keine Erniedrigung zeigte. Das Produkt war wieder sowohl im absoluten Alkohol wie in Benzol inaktiv. Eine Titrierung in Chloroformlösung mit Brom ergab kein sicheres Resultat, weil 1 mol offenbar unter Abfärbung aufgenommen wurde; aber auch weitere Zusätze des Broms reagierten, obwohl langsamer. Die Bromide waren in beiden Fällen harzartig.

β-Säure. Beim Umkrystallisieren des mit Zinkstaub entchlorten Produktes aus Aceton (s. oben) blieb diese Säure in der Mutterlauge. Nach Verdunsten des Acetons wurde der feste Rückstand, auch auf dem Filter, mehrmals mit 80%igem Alkohol gewaschen und zweimal aus der gleichen Menge 80%igen Alkohols umkrystallisiert. Der Schmelzpunkt lag beim ersten Male bei 162°, beim zweiten bei 164°. Die erhaltene Säure zeigte die Zusammensetzung der Harzsäuren: C 79,25%, H 9,93% (ber. C 79,47%, H 9,93%).

f) 10 g Pinabietinsäure wurden in 80 ccm 95%igem Alkohol gelöst, 20 ccm konzentrierte Salzsäure (d = 1,19) zugegeben und 6 Stunden auf dem Wasserbade unter guter Kühlung der Dämpfe erhitzt. Die beim Stehen auskrystallisierte Säure (5 g) schmolz bei 167°. Das in diesem Falle nur wenig Chlor enthaltende Produkt schmolz nach Umkrystallisieren aus Aceton bei 177°, und eine Mischprobe desselben mit Pinabietinsäure (176°) bei 176°. Die Analyse ergab die Zahlen (C 79,65%, H 9,70%); eine Harzsäure lag also vor. Bei wiederholtem Umkrystallisieren aus Aceton stieg der Schmelzpunkt auf 184—185°. Auch in diesem Falle war die Säure inaktiv, und eine Veränderung im Molekül war also eingetreten.

Inwieweit diese nur auf eine Racemisierung der Pinabietinsäure beruht oder ob sie auf einer tieferliegenden Umwandlung beruht, muß durch weitere Versuche ermittelt werden.

g) Einwirkung von konzentrierter Salzsäure auf Pinabietinsäure unter Druck und erhöhter Temperatur. Folgende vorläufigen Versuche haben einiges Interesse.

1. Als 1 Teil Pinabietinsäure und 8 Teile Salzsäure (1,38) im zugeschmolzenen Rohr 12 Stunden auf 130—140° erhitzt wurden, entstand ein glasartiges Produkt. Im Rohre war ein gewisser Druck vorhanden und auch die Salzsäure gab Gasperlen von Kohlendioxyd ab. Das leicht pulverisierbare Produkt zerteilt sich in einer nicht überschüssigen, verdünnten Sodalösung zu einer opalisierenden Flüssigkeit, worin unter dem Mikroskop zähe Ölpartikelchen sichtbar sind; außerdem sind schwer lösliche, seifenartige Flocken (wahrscheinlich von pinabietinsaurem oder anderem harzsaurem Salz) vorhanden. Nach dem Trocknen im Vakuum zum konstanten Gewicht enthielt die ursprüngliche amorphe Substanz 2,88% Cl.

2. 5 g Pinabietinsäure wurden ebenso 10 Stunden lang mit 30 ccm konzentrierter Salzsäure auf 150—160° erhitzt. Die Substanz war der in 1. ähnlich; im Rohr ziemlich starker Druck. Das Gas wurde wieder durch Barytwasser geleitet und erzeugte eine bedeutende Carbonatfällung. Gegen überschüssige Sodalösung verhielt sich die gepulverte glasartige Masse wie oben. Die emulgierte Lösung trübte sich schon bei Zimmerwärme und setzte an die Wände trägflüssige Öltropfen ab, die denselben Geruch verbreiteten wie bei der Auflösung von β-halogenisierten höheren in alkalische Flüssigkeiten aufgelösten Fettsäuren, zugleich wurden die Augen angegriffen. Die Baeyersche Reaktion fiel positiv aus. Die Öltropfen wurden mit Äther entfernt; nachher erhielt man mit Schwefelsäure amorphe Flocken einer etwas chlorhaltigen Säure (Cl = 3,25%). Wenn das ursprüngliche feste Produkt mit alkoholischem Kali gekocht wurde, so schied sich Kaliumchlorid ab. Auch Ammoniak erzeugte eine milchig getrübte Lösung.

Aus den Versuchen geht hervor, daß Chlorwasserstoff aus der konzentrierten Salzsäure bei etwa 150° an Pinabietinsäure teilweise addiert wird, worauf das Produkt nur $^1/_3$ der für eine Addition von 1 Mol Chlorwasserstoff betragenden Menge von Chlor (10,43%) enthält. Es tritt wohl das Chloratom wenigstens zum Teil in die β-Stellung ein, weil die Kohlendioxydabspaltung stattfindet und ein chlorierter indifferenter Neutralkörper entsteht, der die Augen angreift.

Ich habe außerdem beobachtet, daß der Niederschlag, der beim Einleiten von Chlorwasserstoff in eine absolut-alkoholische Lösung der Pinabietinsäure entsteht, auch nur etwa 3% Chlor enthält.

h) Eine Addition von unterchloriger Säure, die aus ihrem Natronsalz (aus Chlorkalk und Soda) mit Borsäure entwickelt worden ist, findet an die in Chloroform gelöste Pinabietinsäure beim Umschütteln statt. Die Produkte enthalten ebenfalls viel weniger Chlor — es wurden 3,17% und 3,28% bei zwei Darstellungen erhalten — als die äquivalente theoretische Menge, obwohl sogar 3 Mole ClOH zur Reaktion kamen.

4. Die Hydrolyse des normalen Natriumsalzes der Pinabietinsäure

Diesen Versuchen kommt ein besonderes Interesse zu, weil dabei zum erstenmal ein reines Natriumresinat in dieser Hinsicht untersucht wurde, eine Umsetzung, die bei dem gewöhnlichen Leimen des Papiers eine wichtige Rolle spielt.

Die Darstellung des normalen Natriumsalzes der Säure habe ich schon früher beschrieben.[1] Bei der vorliegenden Untersuchung erschien es aber

[1] Ann. 424, 128 (1921).

geeignet, ein vorher nicht hydrolysiertes Salz anzuwenden, das wie unten dargestellt wurde:

0,6088 g Natrium wurden in einem mit Steigrohr versehenen Erlenmeyer in der 10—12fachen Menge absoluten Alkohols, und nachher die äquivalente Menge Pinabietinsäure (Schmelzp. 175°) in der Wärme aufgelöst. Nach Abdestillieren des Alkohols wurde im Vakuum zum konstanten Gewicht getrocknet. Bei der Analyse wurden 6,96% Natrium statt der berechneten Menge 7,07% erhalten.

1 g des Salzes wurde in 10 ccm Wasser gelöst und die in einer dicht verschlossenen Flasche befindliche Lösung, nach dem Stehen über Nacht, mit etwa 5 ccm absolutem Äther 5 Min. lang kräftig geschüttelt. Nach 15 Min. wurde wieder geschüttelt und dies während 2 Stunden in derselben Art wiederholt. Die abgeschiedene Ätherschicht wurde nachher auf einem Uhrglas verdunstet und der Rückstand im Vakuum zum konstanten Gewicht gebracht. Die abseparierte ursprüngliche Wasserlösung wurde wieder mit dem halben Volumen Äther von neuem geschüttelt usw., und die Produkte der Extraktion wieder wie oben behandelt.

In dieser Weise wurde dann 26mal verfahren. Es war allerdings während gewisser Stunden des Nachts nicht möglich, diese Zeitabschnitte zwischen Extraktionen einzuhalten, weshalb die bei der Hydrolyse auftretenden Mengen des ätherlöslichen Teils, d. h. der in den Äther gehenden Pinabietinsäure, etwas variierten. Besonders waren die Zeiten zwischen den Extraktionen 5 und 6 sowie 9 und 10 in der Tabelle 14 erheblich länger. Um zu erfahren, welchen Einfluß die Erhöhung der Temperatur bewirken könnte, wurde die Lösung vor der 26. Extrahierung 2 Stunden auf dem Wasserbade erhitzt. Dabei ließ sich indes keine im voraus erwartete, relativ weit größere Pinabietinsäuremenge beobachten. In der dritten Spalte sind die stets bestimmten Schmelzpunkte der extrahierten Substanzen angegeben. Weil die Ätherextrakte beim Einaschen und Glühen keinen Rückstand zurückließen, so müssen jene nur aus der freien Pinabietinsäure bestehen. Dies zeigen auch die Schmelzpunkte, die als identisch mit der ursprünglichen Säure vom Schmelzp. 175° aufgefaßt werden können, weil kein Umkrystallisieren jetzt vorgenommen worden war.

Tabelle 14

Versuch	Gewicht des extrahierten Produktes in mg	Schmelzpunkt des Extraktes	Versuch	Gewicht des extrahierten Produktes in mg	Schmelzpunkt des Extraktes	Versuch	Gewicht des extrahierten Produktes in mg	Schmelzpunkt des Extraktes
1	31,6	165—169°	10	22,5	163—166°	19	14,0	154—158°
2	26,3	159—165	11	25,3	166—170	20	9,0	158—164
3	10,5	163—168	12	15,4	166—171	21	11,0	156—159
4	10,9	160—165	13	17,5	165—170	22	9,0	153—157
5	11,5	159—164	14	12,0	164—168	23	8,0	154—158
6	39,9	164—168	15	7,8	164—169	24	7,4	155—158
7	20,3	165—168	16	10,9	163—168	25	6,0	154—157
8	10,6	166—170	17	14,2	160—163	26	10,5	156—158
9	12,6	167—171	18	12,6	156—158			

Setzt man auf die Abszisse eines Koordinatensystems die Menge des erhaltenen Reaktionsproduktes, in Prozenten des angewandten Natriumsalzes (X) ausgedrückt, und auf die Ordinate das Gewicht der erhaltenen Substanz bei einer jeden Extraktion, ebenfalls nach dem Prozentgehalt derselben Menge des Natriumsalzes (Y) ab, so wird eine, auf Grund der oben angegebenen Unebenheiten in den Zeitangaben, undulierende Kurve erhalten.[1]) Die für X und Y berechneten Werte finden sich in folgender Tabelle 15:

Tabelle 15

Versuchs-Nr.	X	Y	Versuchs-Nr.	X	Y	Versuchs-Nr.	X	Y
1	3,2	3,2	10	19,7	2,2	19	32,6	1,4
2	5,8	2,6	11	22,2	2,5	20	33,5	0,9
3	6,8	1,1	12	23,7	1,5	21	34,6	1,1
4	7,9	1,1	13	25,5	1,7	22	35,5	0,9
5	9,1	1,2	14	26,7	1,2	23	36,3	0,8
6	13,1	4,0	15	27,5	0,8	24	37,1	0,7
7	15,1	2,0	16	28,6	1,1	25	37,7	0,6
8	16,2	1,1	17	30,0	1,4			
9	17,4	1,3	18	31,2	1,3			

Wenn man eine gerade Linie zeichnet, die die Mittellinie der Kurve darstellen würde, so schneidet diese die Ordinate bei $X = 50\%$. Hätte man also die Extraktion fortgesetzt, bis X diesen Wert erhalten hätte, so wäre der Wert für Y Null gewesen. Dies ließe sich, wegen der relativ kleinen Natriummenge des Salzes, derartig ausdrücken, daß bei der Hydrolyse nur die halbe Harzsäuremenge des normalen Salzes nach folgender Formel abgespalten werden könnte:

$$2\,C_{19}H_{29}\cdot CO_2Na + H_2O = C_{19}H_{29}\cdot CO_2H + C_{19}H_{29}\cdot CO_2Na + NaOH\ .$$

Daß die Hydrolyse stattfindet, zeigt schon die immer auftretende alkalische Reaktion beim Auflösen des Natriumsalzes in Wasser; daß sie dabei zu der Zusammensetzung eines nicht weiter unter den bei den Versuchen obwaltenden Bedingungen führt, nämlich zu einem in Gegenwart von Wasser nicht weiter hydrolysierbaren „Salz", $C_{19}H_{29}\cdot CO_2H\cdot C_{19}H_{29}\cdot CO_2Na$, steht in interessanter Übereinstimmung mit der von F. Krafft und Stern seiner Zeit beobachteten Hydrolyse des Natriumstearats[2]), beim Kochen desselben mit Wasser; letzteren Gang der Hydrolyse kann ich, auf Grund eigener, durch die obigen Resultate angeregter Versuche mit dem fettsauren Salze, völlig bestätigen. Als 2 g normales Stearat in 100 ccm kochendem Wasser aufgelöst und 200 ccm Wasser nach dem Erkalten zugegeben wurden, entstand nämlich ein Salz von der Zusammensetzung $C_{17}H_{35}\cdot CO_2H\cdot C_{17}H_{35}\cdot CO_2Na$, dessen Natriumgehalt 6,44% betrug, während die Formel 6,45% entspricht.

Daß freie Harzsäure bei gewöhnlicher Harzleimung des Papiers entsteht, erhält also hier eine theoretische Unterlage, die meines Wissens früher nicht direkt exakt nachgewiesen worden ist. Der Gang der Reaktion bei der Hydrolyse des von Natriumresinat bestehenden Harzleimes ist, unter Anwendung von Äther als extrahierendes Agens, bei früheren in der Literatur an-

[1]) Diese kann wegen der bedeutenden länglichen Ausdehnung hier nicht abgebildet werden. — [2]) Ber. 27, 1747 (1894); 32, 1584 (1899); Krafft und Wiglow, Ber. 28, 2566 (1895); 32, 1596 (1899).

geführten Versuchen mit der Harzmilch, u. a. darauf zurückgeführt worden, daß der Äther beim Umschütteln von harzsaurem Natrium diese Salze aufspalten sollte. Wir sehen jetzt, daß es nicht der Äther ist, der dies bewirkt, sondern die Salze sind schon im voraus gespalten, worauf der Äther hier wie sonst, wenn er mit freier Harzsäure in Berührung kommt, diese einfach auflöst. Wenn Äther als spaltendes Agens aufträte, so sollte seine Einwirkung nicht allmählich vermindert werden und schließlich beendigt sein, wenn die halbe Harzsäuremenge abgegeben worden ist, sondern diese sollte fortgesetzt werden, bis die ganze Menge der Harzsäure von dem Lösungsmittel aufgenommen, und die Lösung lediglich Natriumhydroxyd enthalten würde.

Daraus folgt aber nicht, daß irgendein in der dissoziierten Natriumresinatlösung vorhandenes Agens, das Harzsäuren adsorbiert, z. B. die Cellulose, nicht die Aufspaltung des Teiles von dem Resinat etwa beschleunigen, und die Harzsäure mit sich additionell vereinigen könnte, die unverändert in der Lösung vorhanden ist. Dadurch würde event. auch der sonst abdissoziierte Anteil der Harzsäure an der Papierleimung teilnehmen. Außerdem käme derselbe als unlösliches Aluminiumresinat bei diesem technischen Prozesse zur Wirkung.

Um die obigen Resultate einigermaßen zu kontrollieren, wurden 3 g des Natriumsalzes in 30 ccm Wasser aufgelöst. Nach dem Stehen über Nacht wurden 3 Extraktionen wie oben ausgeführt, nunmehr also mit der dreifachen Menge. Das Resultat geht aus der Tabelle 16 (Reihe I) hervor. Danach wurde die Wasserlösung 2 Stunden lang auf dem Wasserbade unter Rückfluß erhitzt, und 3 Extraktionen wurden wieder ausgeführt (Reihe II). Das Erhitzen wurde schließlich 3 mal 1 Stunde lang wiederholt (Reihe III).

Tabelle 16

Reihe I	Gewicht des Extraktes in mg	Schmelzpunkt des Extraktes in °C	Reihe II	Gewicht des Extraktes in mg	Schmelzpunkt des Extraktes in °C	Reihe III	Gewicht des Extraktes in mg	Schmelzpunkt des Extraktes in °C
1.	74,1	166—171	1.	101,9	170—173	1.	57,0	166—169
2.	37,0	164—168	2.	72,3	168—170	2.	24,6	165—169
3.	27,5	167—169	3.	29,4	167—169			

Wie in den früheren Fällen (Tabelle 14) ließen die Ätherextrakte keinen Rückstand beim Einaschen und Glühen zurück.

Wenn die Prozentzahlen berechnet und wie gemäß der Tabelle 14 projiziert werden, so werden folgende Zahlen erhalten:

Tabelle 17

X	*Y*	*X*	*Y*	*X*	*Y*
2,5	2,5	8,0	3,4	13,3	1,9
3,7	1,2	10,4	2,4	14,1	0,8
4,6	0,9	11,4	1,0	—	—

Die entsprechende Kurve, die hier aus demselben Grunde wie S. 297 Fußnote 1) nicht abgebildet wird, gleicht der daraus hergeleiteten bzw. der interpolierten Hauptrichtung sehr; sie schneidet die Koordinatenachse etwas früher als den Punkt der Prozentzahl 50. Die nach der Tabelle 15 ausgesprochenen Gesichtspunkte erleiden also keine wesentliche Veränderung.

5. Nitrosochlorid, Nitrosoverbindung, Nitrosit und Nitrosat der Pinabietinsäure[1])

a) Nitrosochlorid und Nitrosoverbindung.

Das Nitrosochlorid, $HO_2C \cdot C_{19}H_{28}Cl : N \cdot OH$, entsteht unter Anwendung von Äthyl- und Amylnitrit. Mit Äthylnitrit ergab folgende Arbeitsweise die beste Ausbeute:

25 g Pinabietinsäure wurden in einer Mischung von 50 g Äthylnitrit und 22 g Eisessig aufgelöst und gasförmiger Chlorwasserstoff eingeleitet, bis eine kleinere Probe keine Krystalle weiter abschied. Diese wurden abfiltriert und mit etwas Methylalkohol gewaschen; Ausbeute 19%. Der erhaltene Körper krystallisierte aus Chloroform auf Zusatz von Petroläther in glänzenden Krystallen. Schmelzpunkt der völlig reinen Substanz bei 144—145° unter Gasbildung. Das Natriumsalz ist in Soda leichter löslich als das der Pinabietinsäure. Die Lösung entfärbt sodaalkalische Permanganatlösung.

b) Die Nitrosoverbindung, $HO_2C \cdot C_{19}H_{27}:NOH$, entsteht durch 3stündiges Kochen des Nitrosochlorids (10 g) mit Natriumalkoholat (aus 1,4 g Natrium und 35 ccm 90%igem Alkohol). Sie fällt mit Schwefelsäure von der alkalischen Lösung in amorpher Form aus, wird aber beim Reiben mit dem Glasstabe krystallinisch. Nach Umkrystallisieren aus der Benzollösung, auf Zugabe von Petroläther, schmilzt sie nach Sinterung von 120° ab, bei 130°. Auch dieser Körper entfärbt sodaalkalische Kaliumpermanganatlösung.

c) Das Nitrosit der Pinabietinsäure, $HO_2C \cdot C_{19}H_{28} \lessdot \begin{matrix} N \cdot OH \\ O \cdot NO \end{matrix}$, wird in besserer Ausbeute als das Nitrosochlorid erhalten, ist aber weniger gut charakterisiert.

Man schichtet eine Lösung von 50 g Pinabietinsäure in 300 g Benzol über eine Wasserlösung von 50 g Natriumnitrit in 200 ccm Wasser, worauf man die der Nitritmenge entsprechende Quantität (70 g) konz. Salzsäure (1,19) während mehreren Stunden und mit guter Kühlung mit Eiswasser in die untere Schicht allmählich einfließen läßt. Nach dem Stehen über Nacht bei etwa 0° wird dieselbe Menge (50 g) Natriumnitrit in 200 ccm Wasser und 70 g der Salzsäure, wie früher zugegeben (Stehenlassen bei 0° über Nacht). Die separierte Benzollösung wird dann im Abzug verdunstet und der sirupartige Rückstand mit unter 80° siedendem Petroläther ausgefällt. Das Produkt wird beim Bearbeiten mit dem Glasstab fest. Es wird in wenig Benzol aufgelöst, mit Petroläther von neuem ausgefällt, und ist dann rein. Es stellt ein leichtes Krystallmehl mit deutlich grünlicher Nuance dar, sintert bei etwa 70° und schmilzt nach Gasentwicklung zwischen 120° und 130°. In Soda wird es schwerer als das Nitrosochlorid und die Nitrosoverbindung, und zwar unter Bildung einer dunkelroten Lösung aufgelöst, die Kaliumpermanganat abfärbt und mit Schwefelsäure das Nitrosit regeneriert.

d) Das Nitrosat, $HO_2C \cdot C_{19}H_{29}N_2O_4$, entsteht, wenn 44 g konz. Salpetersäure (1,40) in eine Lösung von 50 g Pinabietinsäure zu einem Gemisch von 50 g Isoamylnitrit und 65 g Eisessig unter Kühlung mit Eis und Kochsalz eingetröpfelt wird. Nachdem die nachher in zwei Schichten zerteilte Lösung 3 Stunden in der Kältemischung umgeschüttelt worden ist, läßt man sie über Nacht bei 0° stehen, worauf 50 g Eisessig zugegeben werden. Dann steht die Lösung 24 Stunden wieder bei 0°, wobei die beiden Schichten verschwinden. Nach Zusatz von 200 ccm Wasser, und nachdem die von neuem ausgefällte dickliche Schicht mit Wasser bearbeitet und nachher mit Chlorcalcium getrocknet worden ist, scheidet Petroläther eine klebrige Substanz ab, die zwei- bzw. dreimal in Benzol aufgelöst und mit Petroläther ausgefällt, in ein krystallinisches Pulver übergeht, das sich bei 72—73° zersetzt. — Das Nitrosat stellt ein leichtes, deutlich gelbliches Pulver dar, das in verdünnter Sodalösung unter Salzbildung löslich ist. Die Lösung entfärbt Kaliumpermanganat.

---

[1]) Ber. 55, 2944 (1922).

6. Oxydationsprodukte der Pinabietinsäure

Die Versuche, durch Oxydation einen Einblick in die Konstitution dieser Säure zu gewinnen, sind mit Ausnahme eines einzigen gescheitert. Nur VIRTANEN gelang es[1]), in unserem Laboratorium nach einer Menge anderer negativer Oxydationsversuche mit Chromsäure, Kaliumpermanganat, Ozon und Salpetersäure, auf einem Umweg über das Pinabietinsäurechlorid, durch Oxydation mit Salpetersäure oder Braunstein und Schwefelsäure aus dem, nach folgender Gleichung:

$$C_{19}H_{29}\cdot COCl = HCl + CO + C_{19}H_{28}\ ,$$

bei Vakuumdestillation erhaltenen Kohlenwasserstoffe Pinabietin, zu der Trimellithsäure (1,3,4-Benzoltricarbonsäure) zu gelangen.[2]) Daraus konnten dann gewisse Schlüsse bezüglich der Konstitution der ursprünglichen Pinabietinsäure gezogen werden.

Bei späteren, bisher unpublizierten Versuchen, suchte ich anfangs durch weniger durchgreifende, oxydative Eingriffe zu Resultaten zu gelangen, bei denen der ursprüngliche Kohlenstoffkern intakt geblieben war. Einiges wurde auch erzielt, aber diese führten, obgleich sie in verschiedener Weise wiederholt wurden, zu keinen anwendbaren Schlüssen. Zunächst sollten zwei Wasserstoffatome abgespalten werden, um zu einer gesättigten Säure mit einem wirklichen Benzolkern, der mit einem völlig hydrierten Naphtalinkern kondensiert war, zu gelangen. Dies könnte (II) unter Anwendung der von VIRTANEN aufgestellten Pinabietinsäureformel (I)[3]) in folgender Weise einen schematischen Ausdruck finden:

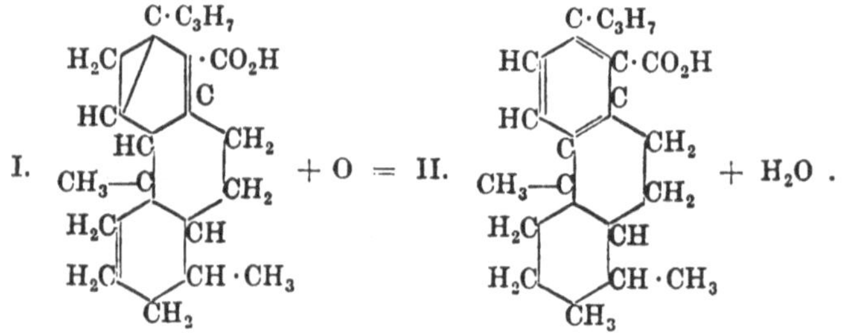

Die hierbei auftretenden Schwierigkeiten sind größtenteils darauf zurückzuführen, daß die entstandenen sauren Oxydationsprodukte, die außerdem mehr Sauerstoff als die theoretische Menge erforderten, beim Ansäuern der resultierenden alkalischen Oxydationsflüssigkeit zusammen mit der nichtoxydierten Pinabietinsäure ausfielen. Die vielen Analysen gaben daher selten vollständig stimmende Zahlen (vgl. auch S. 272ff.), die wohl Andeutungen über den hauptsächlichen Reaktionsgang ergaben, aber auf keine einheitlichen Reaktionsprodukte hinwiesen. Diese waren außerdem oft so leicht löslich und niedrig schmelzend, daß sie nicht durch Umkrystallisieren voneinander getrennt bzw. gereinigt werden konnten. Einige Beispiele sollen nachstehend angegeben werden:

---

[1]) Inaug.-Diss., S. 90 (Helsingfors 1918); Ann. 424, S. 200—204 (1921). — [2]) Ibid., S. 214, 215. — [3]) Ibid., S. 178.

a) Dehydropinabietinsäure, $C_{20}H_{28}O_2$.

10 g Pinabietinsäure wurden in einer Lösung von 2,3 g Kaliumcarbonat in 300 ccm Wasser gelöst und allmählich, unter Abkühlen mit Eiswasser, mit 2%iger Kaliumpermanganatlösung bis zur Rotfärbung versetzt (780 ccm). Der Manganschlamm wurde abfiltriert und zweimal mit Wasser ausgekocht. In die vereinigten Lösungen wurde Kohlensäure eingeleitet, bis eine abfiltrierte Probe nicht getrübt wurde. Um die kolloidale Lösung zu koagulieren, wurde gesättigte Kaliumchloridlösung zugegeben. Der Niederschlag, der teilweise aus dem sauren Kaliumabietinat besteht, wurde filtriert; die mit Salzsäure ausgefällte Säure (A) stellte ein leichtes, weißes Pulver dar, das, getrocknet, bei 90—94° (nach Sinterung bei etwa 70°) schmolz. Nach Eindampfen wurde das Filtrat wieder mit Kohlensäure behandelt. Den amorphen Niederschlag vom Kaliumsalz löste man in wenig heißem Wasser auf. Mit Salzsäure fiel daraus die amorphe, schwach gelbliche Säure (B) aus, die mit sodaalkalischer Permanganatlösung nicht reagierte; nach Umlösen in Kaliumcarbonatlösung und Ausfällen mit Salzsäure sintert sie bei 62° und schmilzt bei 77—79°; sie war demnach nicht einheitlich.

Bei einer gleichen Bearbeitung von 30 g Pinabietinsäure wurden von der gesättigten Säure A 2,8 g, sowie von Säure B 13,0 g erhalten. A schmolz wieder bei 90—94°, nach vorherigem Sintern bei 68—72°, B aber diesmal bei 103—105° (sie sinterte bei 70°). Da B bei der Kohlensäurebehandlung als Kaliumsalz vollständig ausgeschieden war, war jetzt eine dritte Säure C (13,3 g) vorhanden, die mit Salzsäure ausgefällt wurde.

Die Säure A wurde vor der Analyse durch Umlösen in Kaliumcarbonat und nachheriges Ausfällen gereinigt. Zwei Verbrennungen gaben C 79,20%, 79,62% und H 9,61%, 9,64%. Weil die Kohlenstoffbestimmungen abweichende Werte gaben, wurden zwei weitere Analysen, bei denen die Substanz mit Kupferoxyd gemischt worden war, ausgeführt: C 80,42%, 79,83% und H 9,23%, 9,25%. Die vier Analysen ergaben im Durchschnitt:

C 79,77%; H 9,43%. Berechnet für $C_{20}H_{28}O_2$: C 80,00%; H 9,43%.

Die Übereinstimmung ist jetzt besser. Drei für die Molekularbestimmung ausgeführte Titrierungen ergaben die Zahlen: 309, 303 und 308; berechnet 300.

Daß hier eine gesättigte Carbonsäure, $C_{20}H_{28}O_2$, die ich Dehydropinabietinsäure genannt habe, vorliegt, ist nicht zu bezweifeln. Unter Annahme der obigen (S. 300) Strukturformel I für die Pinabietinsäure von VIRTANEN, ist die Formel II daselbst für diese gesättigte Verbindung annehmbar, jedoch unter dem Vorbehalt, daß etwa die Lage des Dreiringes, der Doppelbindung und des Carboxyls in dem oben in der Formel als dehydriert bezeichneten Sechsring, der sich bei der Oxydation in einen Benzolring verwandelt hätte, zueinander andersartig gelegen sein könnten (vgl. S. 254 bzgl. der Pinabietinsäure).

b) Säure $C_{20}H_{28}O_3$ (Oxydehydropinabietinsäure)

Die obigen Säuren B und C waren, obwohl verhältnismäßig wenig, ungesättigt. Um etwas über ihre Natur zu erfahren, wurden 12 g des Gemisches von beiden in Kaliumcarbonat gelöst und bei gewöhnlicher Temperatur mit 2%iger Kaliumpermanganatlösung zur bleibenden Färbung versetzt. Nach Filtrieren des Manganschlammes und Auskochen desselben mit Wasser wurde mittels eingeleiteten Kohlendioxyds ein Niederschlag von einer gesättigten Säure erhalten. Zur Reinigung wurde dieser von neuem in Kaliumcarbonat aufgelöst und die Säure — sie mag als D bezeichnet werden — von neuem mit Salzsäure ausgefällt, gewaschen und getrocknet. Durch die wiederholte Oxydation war nun eine neue Säure, $C_{20}H_{28}O_3$, erhalten worden, jedoch auch diesmal nicht in völlig reinem Zustand, wie zwei Analysen zeigen:

I. C 75,39%; H 8,15%. Im Durchschnitt C 75,47%; H 7,93%.
II. C 75,55%; H 7,70%. Berechnet für $C_{20}H_{28}O_3$ C 75,95%; H 8,43%.

Vielleicht liegt hier eine Säure vor, die mit derjenigen identisch ist, welche auch im Kolophonium vorkommt (vgl. S. 272 u. 273).

Was die Konstitution dieser Säure betrifft, so könnte man sie aus der vorangehenden Dehydropinabietinsäure in der Weise herleiten, daß eine tertiäre Gruppe

$$\geqslant CH \text{ in } \geqslant C \cdot OH$$

oxydiert worden ist. Ich bezeichne sie, wenn sich diese Voraussetzungen später richtig zeigten, als Oxydehydropinabietinsäure. Zugleich soll jedoch hinzugefügt werden, daß man sie auch in anderer Weise auffassen könnte; die obige Herleitung erscheint aber vorläufig als die einfachste.

c) Das Oxydationsprodukt $C_{20}H_{30}O_4$ (Dioxydehydropinabietinsäure)

Weil die alkalische Permanganatoxydation in ihrer ersten Stufe zu der gesättigten Säure, der Dehydropinabietinsäure (S. 301), führte, wobei man annehmen konnte, daß der in der Ausgangssäure nach der Auffassung Virtanens (Formel I, S. 300) vorhandene Dihydrobenzolring unter Abgabe von 2 Atomen Wasserstoff und Umlagerung in einen Benzolkern verwandelt worden wäre, so wurden auch Versuche ausgeführt, um mit alkalischer Ferricyankaliumlösung, die sich in anderen Fällen zur Dehydrierung von Dihydrobenzolkörpern als geeignet gezeigt hat, dieselbe Veränderung durchzuführen. Wir beschreiben nachstehend einige derartige Versuche mit Pinabietinsäure.

a) Eine Vorprobe (2 g) von Pinabietinsäure wurde in 3 Molen Kaliumhydroxydlösung aufgelöst und 2 Mole des Oxydationsmittels zugegeben, gemäß der Gleichung:

$$C_{20}H_{29}O_2K + 2\,KOH + 2\,K_3Fe(CN)_6 = C_{20}H_{27}O_2K + 2\,K_4Fe(CN)_6 + 2\,H_2O\ .$$

Nach kurzem Erhitzen auf dem Wasserbade wurde die Lösung, bis die Ferricyanidreaktion nicht mehr auftrat, gekocht. Die verdünnte Lösung einer Probe gab mit Salzsäure einen weißen Niederschlag, der indes gegen Permanganat ungesättigt war. Die Reaktion war daher nicht in der gewünschten Richtung verlaufen. Hierauf wurde die Lösung unter Zusatz von 2%iger Kaliumpermanganatlösung bis zur bleibenden Rotfärbung weiter oxydiert; es wurden 90 ccm verbraucht. Bei der gewöhnlichen Behandlung des nunmehr gesättigten Oxydationsproduktes ergaben vier übereinstimmende Analysen im Durchschnitt: C 71,98%, H 8,68%; welche Zahlen einer Säure entweder von der Formel $C_{20}H_{30}O_4$ (C 71,85%, H 8,98%) oder $C_{20}H_{28}O_4$ (C 72,29%, H 8,43%) entsprechen. Beim Titrieren wurde ein Molgewicht von 319 gegen 334 bzw. 332 berechnet.

b) Um die Richtigkeit der Formel festzustellen und zur Kontrolle des vorigen Resultates wurden 10 g Pinabietinsäure wieder in 3 Molen wäßrigen Kaliumhydrats mit 2 Molen Kaliumferricyanid wie oben behandelt, bis sie mit Ferrosalz nicht mehr reagierte; bei der Reaktion wurde auch diesmal dichtes schwarzes Ferrioxyd abgeschieden. Nach Filtrieren wurde die halbe Lösung mit Salzsäure direkt ausgefällt und die Säure abfiltriert sowie gewaschen. Zwei Analysen ergaben im Durchschnitt C 77,61% und

H 8,93%, sowie nach Auflösung in Soda, und Ausfällen usw. C 77,63% und H 9,20%. Die Substanz war ungesättigt und schmolz (nach Sintern bei 80°) bei 125°. Folglich lag noch ein Gemisch mit Pinabietinsäure vor. Das Molgewicht wurde titrimetrisch auf 352 bestimmt.

Aus der zweiten Hälfte der obigen, vom Eisenoxyd abfiltrierten Lösung wurde die mit Schwefelsäure ausgefällte Säure, nach Auflösen in Kaliumcarbonat, allmählich mit 2%iger Kaliumpermanganatlösung bis zur Rotfärbung versetzt. Nach Abfiltrieren und Auskochen des Manganschlammes mit Wasser wurde Kohlendioxyd eingeleitet, bis keine Substanz mehr ausfiel. Die abgeschiedene kleine Menge einer Säure, die das Molgewicht 314 zeigte, ergab die Zahlen C 77,10% und H 9,00%. Aus dem Filtrat wurde mit Salzsäure eine gesättigte Säure erhalten, die bei 90° sinterte und bei 135° schmolz. Die Analyse führte zu den Zahlen 72,37% und H 8,42%, die der Formel $C_{20}H_{28}O_4$ (mit C 72,28% und H 8,50%) entsprechen. Als Molgewicht wurde 325 statt 332 für diese Formel erhalten.

Damit identisch könnte eine Säure von derselben Zusammensetzung sein, die bei der Einwirkung von 4 Molen Wasserstoffperoxyd auf die alkalische Lösung der Pinabietinsäure entsteht.[1])

d) Eine Säure $C_{20}H_{28}O_5$ (Trioxydehydropinabietinsäure).

Oxydation mit 4 Molen Kaliumferricyanid und nachher mit Kaliumpermangant zur völligen Entfärbung. 10 g Pinabietinsäure wurden in der doppelten molekularen Menge Kaliumhydroxyd in Wasserlösung aufgelöst, worauf 2 Mole des aufgelösten Oxydationsmittels in zwei Portionen zugegeben wurden. Nachdem diese Menge beim Kochen verbraucht worden war, wurden dieselben Mengen des Oxydationsmittels sowie des Kalis zugeführt und wieder gekocht. Nachher wurde die filtrierte Lösung wie in c) mit 2%igem Kaliumpermanganat bis zur bleibenden Färbung versetzt; verbraucht wurden dabei 350 ccm. In allem waren also vier Atome Sauerstoff verbraucht worden. Nachdem die filtrierte Lösung, insgesamt der beim Auskochen des gebildeten Manganperoxydhydrats erhaltenen Flüssigkeiten, in einem Abzug auf 200 ccm eingedampft worden war, wurde Kohlendioxyd eingeleitet; dabei fiel ein Teil der gelösten Rohsäure aus (Sinterung bei 72°, Schmelzp. 103°); drei fast übereinstimmende Analysen ergaben wie etwa im vorigen Falle, C 78,56% und H 8,90%, welche Zahlen jedoch auf keine fragliche Formel stimmten; nach Auflösen in Soda und erneuter Ausfällung erhielt man ungefähr dieselben Zahlen (C 78,57%, H 8,63%).

Aus dem ursprünglichen Filtrat der mit CO_2 ausgefällten Verunreinigungen fiel mit Salzsäure eine gesättigte Säure aus, die ausgewaschen und getrocknet (nach Sinterung von etwa 100°) bei 145° schmolz. Sie ergab bei der Analyse die Zahlen C 69,45% und H 8,05%, was der Zusammensetzung $C_{20}H_{28}O_5$ mit C 68,97% und H 8,04% entspricht. Folglich war sie, sowohl auf Grund der Analysen wie des gebrauchten Oxydationsmittels, nach der Formel

$$C_{20}H_{30}O_2 + 4\,O = C_{20}H_{28}O_5 + H_2O$$

gebildet.

e) Schlußsätze

Aus der Pinabietinsäure werden also, obwohl nicht quantitativ, bei der alkalischen Oxydation in wäßriger Lösung folgende gesättigte Säuren erhalten, nämlich:

---

[1]) ASCHAN, Ber. 54, 882 (1921).

$$\underset{\text{Pinabietinsäure}}{C_{20}H_{30}O_2} \xrightarrow{-2H} \underset{\text{Dehydropinbietinsäure}}{C_{20}H_{28}O_2} \xrightarrow{+O} \underset{\text{Oxydehydropinbietinsäure}}{C_{20}H_{28}O_3} \xrightarrow{+O}$$

$$\underset{\text{Dioxydehydropinabietinsäure}}{C_{20}H_{28}O_4} \xrightarrow{+O} \underset{\text{Trioxydehydropinabietinsäure}}{C_{20}H_{28}O_5}\,.$$

Von diesen Produkten scheinen einige, wie $C_{20}H_{28}O_3$ und $C_{20}H_{28}O_4$, auch in gewissen Kolophoniumsorten sowie wenn Pinabietinsäure längere Zeit an der Luft stehen bleibt, vorhanden zu sein.

Wie ersichtlich, konnte die ganze Menge der Pinabietinsäure niemals zur Oxydation gebracht werden, obwohl die Permanganatreaktion in den stark verdünnten Lösungen anscheinend negativ ausfällt. Indes gelingt es, durch unsere Kohlensäuremethode, nach genügender Einwirkung des Kohlendioxyds auf die alkalische Lösung, die restierende Harzsäure auszufällen, die aber einen Teil der Oxydationsprodukte, wie etwa die Säure $C_{20}H_{28}O_2$ und vielleicht auch $C_{20}H_{28}O_3$, mitreißt.

Diese gewissenhafte Behandlung mit Kohlendioxyd, die evtl. langwierig ist, sowie die Ausfällung der freien Säuren aus ihren konzentrierten Lösungen in Benzol oder Essigester mit Petroläther (vgl. S. 277 ff.) sind unserer Ansicht nach die wichtigsten Hilfsmittel für die Trennung der Harzsäuren und ihrer Oxydationsprodukte voneinander, sowie von indifferenten Verunreinigungen.

Daß es nicht gelang, die vier oben angegebenen Oxydationsprodukte im krystallisierten Zustand zu gewinnen, dürfte auf ihrer merkwürdigen Neigung, kleine Mengen fremder Stoffe, evtl. sogar Wasser (vgl. S. 260) aufzunehmen, zurückzuführen sein.

Die strukturellen Beziehungen der Oxydationsprodukte zu der Pinabietinsäure festzustellen, war bei unseren obigen Arbeiten nicht möglich. Nur die (S. 301) für die Dehydropinabietinsäure, $C_{20}H_{28}O_2$, in Betracht gezogene Annahme, daß sie sich zu dem Ausgangsmaterial verhält, wie ein Dihydrobenzolkörper zu der entsprechenden Benzolverbindung, scheint uns plausibel. Wenn diese Annahme richtig wäre, so könnte die Dehydrosäure ihrerseits den Stammkörper für die anderen, höher oxydierten und gleichfalls gesättigten Säuren darstellen. Jene würden dann bei allen unseren Oxydationen die primäre Stufe sein.

B. Die Versuche über die Abietinsäure (P. Levy)

sind auch, wie erwähnt, ziemlich eingehend gewesen, und zwar schon, bevor es zunächst nur wahrscheinlich[1]), schließlich aber als feststehend erkannt wurde, daß diese Abietinsäure mit der Pinabietinsäure strukturidentisch ist.[2]) Unter diesen Umständen ist es nicht geboten, sämtliche Ergebnisse hier zu wiederholen, die unsererseits vor der Erkenntnis dieser Tatsache mit denen für die Pinabietinsäure parallel ausgeführt wurden. Es genügt, auf meine diesbezüglichen Angaben in meiner in schwedischer Sprache

[1]) Ber. 55, 2944 (1922). — [2]) Aschan und P. Levy, Ber. 60, 1923 (1927).

herausgegebenen Monographie[1]) hinzuweisen. In folgender Hinsicht seien unsere Erfahrungen jedoch auch hier mitgeteilt.

Darstellung und Drehungsvermögen der Abietinsäure

a) Die ganz reine Säure wurde in folgender Weise[2]) dargestellt. Eine amerikanische Kolophoniumsorte (Marke G. & H.) wurde nach LEVY[3]) im Vakuum (diesmal unter 13 mm) bei 255—258° destilliert. Das fast farblose Destillat wurde wiederholt aus 96%igem Methylalkohol umkrystallisiert. Der Schmelzpunkt stieg hierbei allmählich und erreichte nach 11 Umlösungen 181—183°, wie nach LEVY bei der reinsten Abietinsäure und nach uns bei der Pinabietinsäure[4]) (bei 182—183°) festgestellt wurde. Die Ausbeute betrug nur 1,7% des im Vakuum destillierten Produktes und 0,85% des ursprünglichen Kolophoniums.

b) Ferner wurde die Abietinsäure aus einem amerikanischen W.-W.-Kolophonium mit gespanntem Wasserdampf nach JOHANSSON dargestellt.[5]) Das Kolophonium (400 g) wurde im Ölbade geschmolzen und gespannter Dampf durch die Schmelze geleitet; nach einem geringen Vorlauf ging bei 220—240° die Hauptmenge über, die im Kühlrohr zu einer spröden Masse (etwa 250 g) erstarrte. Sie wurde wie in a) bearbeitet und schließlich zweimal aus siedendem Aceton umkrystallisiert. Ausbeute 2,75% vom ursprünglichen Rohmaterial. Der Schmelzpunkt war indes etwas niedriger wie in a).

c) Eine zweite Vakuumdestillation, deren Behandlung die beste Ausbeute ergab, wurde mit dem in a) angewandten G. & H.-Harz ausgeführt. Das gepulverte Destillat wurde zunächst mit seinem halben Betrag mit 98%igem Methylalkohol „gedeckt", die erhaltenen weißen Krystallklumpen abfiltriert, weiterhin in dem Buchnertrichter zerdrückt, mit dem Methylalkohol wieder zweimal „gedeckt", sowie von neuem mit $^1/_3$ des Gewichtes Methylalkohol stehen gelassen (Schmelzp. 159 bis 160°). Dabei war nur etwa die Hälfte des Harzdestillates aufgelöst worden. Durch zweimaliges Umkrystallisieren aus kochendem, reinem Aceton stieg der Schmelzpunkt auf 163—164° bzw. 168—169°. Die Ausbeute betrug jetzt etwa 15% des destillierten Harzes. Da ein Auswechseln des Lösungsmittels vorteilhaft war (vgl. S. 261), wurde nun wieder der 98%ige Methylalkohol angewandt (Schmelzp. 172 bis 173°; Ausbeute etwa 3%), wobei außerdem die Veränderung vorgenommen worden war, daß die auskrystallisierte Säure nach 4 Stunden statt nach 12 Stunden abfiltriert wurde, weil sie dann reiner auftrat. Die Löslichkeit nahm bei jedem Umkrystallisieren erheblich ab. Beim ersten Auskrystallisieren aus kochendem Aceton z. B. war davon etwa die halbe Menge, auf die Säure berechnet, für die Auflösung nötig, das zweitemal schon die zweifache Menge. Ähnliches habe ich auch bei der Reinigung der Dextropimarsäure beobachtet. Beim Umkrystallisieren der schon ziemlich reinen Säure aus Methylalkohol bleibt weniger von derselben in der Mutterlauge, als in Aceton. Letzteres liefert aber eine etwas reinere Säure.

Das Drehungsvermögen fiel bei der Abietinsäure, im Vergleich mit der strukturisomeren Pinabietinsäure, ungleichartig aus:

Für Substanz a) in absolutem Alkohol: $[\alpha]_D^{21} = -59{,}57$;
„ „ a) in Benzol: $[\alpha]_D^{21} = +11{,}24$.
Für Substanz b) in absolutem Alkohol: $[\alpha]_D^{21} = -66{,}46$;
„ „ b) in Benzol: $[\alpha]_D^{21} = \pm 0$.

[1]) „Naphtene, Terpene und Campherarten", S. 410—416 (Helsingfors 1926). — [2]) Dies wurde von Mag. Phil. E. HOLLO im hiesigen Laboratorium ausgeführt; derselbe führte auch die unten angegebenen Drehungsbestimmungen aus. — [3]) Zeitschr. angew. Chemie 18, 1739 (1905); Zeitschr. anorgan. Chemie 81, 147 (1913). — [4]) ASCHAN, Ann. 424, 117 (1923). — [5]) Arkiv f. Kemi usw. 5, Nr. 6 (Stockholm 1917).

In den folgenden Beziehungen zeigte die Abietinsäure mit der Pinabietinsäure völlige Übereinstimmung:

1. Die Hydrierung nach Löw-Willstätter ergab, daß nur 2 Atome Wasserstoff, entgegen den S. 288 erwähnten Mitteilungen von Ruzicka und J. Meyer[1]), weder in der Kälte noch in der Wärme aufgenommen wurden. Die betreffenden Versuche wurden genau als die mit der später als damit völlig strukturidentisch gefundenen Pinabietinsäure (S. 289) ausgeführt.

2. Bei der völlig ähnlichen Hydrolyse des Natriumsalzes (1 g) der Abietinsäure in 10 ccm Wasser erhielt man folgende, in der Tabelle 18 angegebenen Zahlen, worin X und Y, wie früher bei dem Natriumsalz der Pinabietinsäure (vgl. S. 295ff. und die Tabellen 14 bzw. 15), wieder die Prozentzahlen für die zeitweise bewirkten Extraktionen mit absolutem Äther bezeichnen:

Tabelle 18

Extraktion	Gewicht des Extraktes in mg	Schmelzpunkt in °C	X	Y
1.	33,0	148—152	3,3	3,3
2.	28,4	150—155	6,1	2,8
3.	9,8	150—153	7,1	1,0
4.	8,1	144—148	7,9	0,8
5.	7,2	146—150	8,6	0,7
6.	12,0	150—153	9,8	1,2
7.	11,0	148—151	10,9	1,1
8.	8,5	148—153	11,8	0,8
9.	8,5	—	12,6	0,8
10.	11,1	147—152	13,8	1,1
11.	9,9	—	14,7	1,0
12.	9,0	146—150	15,6	0,9
13.	10,2	—	16,7	1,0
14.	7,7	146—149	17,4	0,8

Sieht man auch diesmal von den Unebenheiten in den Zahlen ab, die auf der Schwierigkeit beruhen, die Extraktionen immer nach den gleichen Zeitintervallen vornehmen zu können, so wird die Hauptrichtung einer den Zahlen X und Y entsprechenden, auf ein Koordinatensytem gezeichneten Kurve, auch in dem vorliegenden Fall die Koordinatenachse etwa bei dem Punkt der Prozentzahl 50 schneiden. Dies bedeutet also, daß die Hälfte der in dem Natriumsalz gebundenen Abietinsäure bei der Hydrolyse frei geworden und allmählich extrahiert worden wäre.

Das Resultat unserer Untersuchungen steht also wieder in Übereinstimmung damit, daß Abietinsäure und Pinabietinsäure, bis auf die Größe des Drehungsvermögens, Identität aufweisen. Sie sind also von gleicher Struktur, wohl aber weisen sie Stereoisomerie auf.

C. Versuche mit Dextropimarsäure

Im vorigen (S. 265 und 267) wurde schon für die gemäß verschiedenen Versuchen festgestellten Verfahren zur Isolierung dieser Säure aus Handels-

[1]) Helv. chim. Acta 5, 335 (1922).

kolophonium sowie für ihre optischen Konstanten Bericht erstattet. Hier sollen nur einige Erfahrungen über ihre Oxydation mit Kaliumpermanganat in alkalischer Lösung mitgeteilt werden.

a) Bei dieser Vorprobe wurden 0,5 g der Pimarsäure (Schmelzp. 208—210°), unter Zusatz von Kaliumcarbonat, in etwa 200 ccm Wasser beim Kochen gelöst, und die Lösung nach dem Erkalten mit 2%iger Kaliumpermanganatlösung zur dauernden Rotfärbung oxydiert. In allem wurden 50 ccm der Lösung, also pro Mol Pimarsäure (302 g) 9,2 g Sauerstoff gebraucht. Der Manganschlamm wurde zweimal mit Wasser ausgekocht und die erhaltenen Filtrate an der Luft bei gewöhnlicher Temperatur auf etwa 20 ccm eingeengt. Mit Kohlendioxyd entstand kaum ein Niederschlag; die filtrierte Lösung wurde mit Salzsäure tropfenweise versetzt, wobei ein Teil des Oxydationsproduktes (0,140 g) ausfiel (*A*). Nach Umlösung in Soda und erneuter Zugabe von Salzsäure wurde die Substanz, die sich jetzt als völlig gesättigt nicht zeigte, gereinigt (Schmelzp. 149°). Das Ätherextrakt der Filtrate stellte einen klebrigen Sirup dar, der im Vakuum zu einer glasartigen Masse erstarrte und nicht weiter untersucht wurde.

b) 2,17 g (etwa 1 Mol) Pimarsäure und die molare Menge Kaliumcarbonat in 200 ccm Wasser wurden gekocht. Da das Kaliumsalz beim Erkalten auskrystallisierte, wurden weitere 400 ccm Wasser zugesetzt. Zu der auf 0° abgekühlten Lösung wurde wieder 2%ige Permanganatlösung zur bleibenden Färbung allmählich zugetröpfelt; sonst wurde die Lösung sowie die später ausgefällte Substanz wie oben bearbeitet. Die abgeschiedene, auch diesmal ungesättigte Säure *A* hatte bitteren Geschmack. Sie war in Aceton sowie in Alkohol und auch in Ammoniak löslich, so daß Pimarsäure nicht mehr vorhanden war. Ihre Lösung in Benzol wurde von Petroläther getrübt. Nachher wurde sie wieder in Soda aufgelöst und tropfenweise mit der Permanganatlösung, bis die Farbe 20 Minuten bestehen blieb, versetzt. Nach Filtrieren und erneuten Ausfällen wurden 0,45 g von der Säure *A* (0,45 g) vom Schmelzp. 149° gewonnen. Bei der Analyse wurden C 65,59% und H 7,90% erhalten; die Formel $C_{20}H_{28}O_6$ entspricht C 65,93% und H 7,69%.

Das Filtrat von *A* wurde mit Äther mehrmals extrahiert, wobei 0,23 g einer zweiten Säure *B* erhalten wurde, die eigentümlicherweise wieder auf Permanganat reagierte und den Schmelzp 98° zeigte. Analyse: C 62,01%, H 8,03%; berechnet für $C_{20}H_{30}O_7$: C 62,83%; H 7,85%.

Diese Resultate sind lediglich von vorbereitender Natur und sollen selbstverständlich später geprüft werden. Daß die Säuren nach Umlösen von neuem schwach ungesättigt reagierten, könnte vielleicht darauf beruhen, daß sie nach der Oxydation Ketoverbindungen wären, die sich später zum Teil in Enole (Phenole) umlagern.

D. Isosylvinsäure, $C_{20}H_{30}O_2$, aus Pinabietinsäure

Diese, die einzige bisher synthetisch dargestellte, zu dem Isosylvintypus zugehörige (s. Tabelle 1, S. 255) Säure wurde mit alkoholischem Kali aus dem Dihydrobromid (S. 292) der Pinabietinsäure erhalten.

1 g des Dihydrobromids (Schmelzp. 192°) wurde, um festzustellen, ob ein „Wandern" von Doppelbindungen stattfindet, mit genau 2 Molen (0,242 g) Kali in 90%igem Alkohol 2 Stunden gekocht; nach späteren Darstellungen bewirkt ein kleiner Überschuß keine Isomerisierung. Nach Verdunsten des Alkohols im Abzug, Aufnehmen des Rückstandes in Wasser sowie Ausfällen mit 1%iger Salpetersäure fielen 0,7 g der erwarteten Säure als weißer Niederschlag aus, der halogenfrei war. Der Schmelzpunkt lag (nach einigem Sintern) bei 80°. Durch Umlösen in etwa 90%igem Methylalkohol und Stehen im Vakuum wurden kleine glitzernde Krystalle vom Schmelzp. 82° erhalten. Ein Gemisch mit Pinabietinsäure schmolz bei 145°.

Die gemäß der Permanganatprobe ungesättigte Säure löst sich in den meisten Solvenzien außer Wasser leicht, in Petroläther, Essigester und Aceton etwas schwieriger auf. Sie ist, zum Unterschied von Pinabietinsäure, in Soda unter Umschütteln leicht löslich, wobei ein seifenähnliches Schäumen stattfindet. Ein beträchtlicher Überschuß von Soda oder Natronlauge bildet einen kolloidalen Niederschlag.

Durch Zugabe der berechneten Menge Natrium in alkoholischer Lösung der Säure wird nach dem Verdunsten das wenig charakteristische Natriumsalz, $C_{20}H_{29}O_2Na$, erhalten, das in Wasser sehr leicht löslich ist. Auf Zusatz der etwa molekularen Menge von Silbernitrat fällt das weiße Silbersalz, $C_{20}H_{29}O_2Ag$, aus. Die Analyse der allmählich dunkel werdenden Salze ergab 26,40% Ag statt der berechneten Menge 26,36%. Nach 3 Jahren wurde eine geringe Luftoxydation beobachtet.

Farbreaktionen. Eine kleine, in Chloroform gelöste Probe wurde mit der etwa $^1/_4$fachen Menge und ein Paar Tropfen konz. Schwefelsäure versetzt (Reaktion von HESSE.[1]) Es trat zunächst eine hellrote, dann immer dunklere (fuchsinartige) Farbe hervor, die allmählich in eine violette Färbung überging.

Auch die Probe von LIEBERMANN[2]) wurde ausgeführt. Während eine zum Vergleich angestellte Probe (0,02 g) der Pinabietinsäure, nach dem Auflösen in einer genügenden Menge Acetanhydrid, mit einem Tropfen Schwefelsäure versetzt, kräftig gefärbt wurde, und zwar zunächst nach etwa 2 Minuten rotviolett, nach 4 Minuten blau und nachher grün, wurde die Lösung der erhaltenen Sylvinsäure zuerst schwach rötlich, dann hellbraun mit grünem Stich, nicht aber violett gefärbt.

Beim Titrieren wurden für die Formel $C_{20}H_{30}O_2$ stimmende Zahlen erhalten. Zwei übereinstimmende Analysen führten im Mittel zu der Zusammensetzung einer Harzsäure mit C 79,84%, H 9,73% statt ber. C 79,44%, H 9,93%.

Um die Zahl der Doppelbindungen in der Isosylvinsäure zu ermitteln, wurde die in Chloroform gelöste Substanz mit Brom in einigem Überschuß versetzt. Beim Eindampfen der Lösung wurde für Analyse 1 mit 0,1 g Substanz eine Zunahme von 0,101 g statt 0,1057 g, für die Analyse 2 mit 0,04 g, die entsprechende Zahl 0,0408 festgestellt, während für 4 Br nach folgender Formel:

$$C_{20}H_{30}O_2 + 4\,Br = C_{20}H_{30}Br_4O_2$$

berechnet werden. Eine Brombestimmung für das nach dem ersten Versuch erhaltene Tetrabromid ergab 51,56% Brom; berechnet 51,40%.

Es besteht also kein Zweifel, daß die erhaltene Harzsäure zweifach ungesättigt ist, und daß also eine wahre Isosylvinsäure vorliegt.

Das Tetrabromid schmolz, nach einigem Sintern von 65° ab bei 87° unter Zersetzung. Es war in allen gewöhnlichen Lösungsmitteln leicht löslich.

Beim Zusatz von überschüssigem Bromwasserstoff-Eisessig (40%) zu der in etwas Äther gelösten Isosylvinsäure (im Verhältnis 1 : 12) im zugeschmolzenen Rohr fand Einwirkung statt. Weil der sofort entstandene feste Brocken sogar nach einer Woche mit Bromwasserstoff nicht völlig gesättigt wurde, zeigte die nachher gereinigte Substanz (vom Schmelzp. 192—196°) einen kleineren Bromgehalt (31,06%) als der berechnete (34,32%). Immerhin wurde ein ähnliches Resultat bezüglich der Sättigung der Isosylvinsäure wie bei der Bromaddition erhalten. Der Schmelzpunkt deckte sich mit dem des Pinabietinsäuredihydrobromids (S. 292). Ob Identität vorliegt, konnte bisher nicht festgestellt werden.

Ein vorläufiger Versuch, die Isosylvinsäure auch aus dem Monohydrobromid der Pinabietinsäure (S. 292) durch Kochen mit alkoholischem Kali zu bereiten, führte zu einer ungesättigten gelblichen Säure vom Schmelzp. 80° (nach Sintern bei 65°). Auch hier ließ sich die eventuelle Identität mit der Isosylvinsäure nicht feststellen.

---

[1]) Ann. 211, 273 (1882). — [2]) Ber. 18, 1804 (1885).

Dihydroisosylvinsäure. Um die relative Stellung der beiden Bromatome in das Pinabietinsäuredihydrobromid (S. 292) zu ermitteln, wurde dieses mit Zink in Eisessiglösung behandelt.

2 g desselben und 40 ccm Eisessig wurden nach dem Erwärmen auf dem Wasserbade, wobei keine Auflösung eintrat, mit 2 Molen Zinkwolle versetzt und etwa 3 Stunden weiter erhitzt; nachher war das Produkt halogenfrei. Dasselbe fand mit 4 Molen Zinkstaub statt. Die mit Wasser ausgefällte Säure (*A*) zeigte den Schmelzp. 92° (Sintern von 65° ab) und war gegen Permanganat ungesättigt. Bei der nachherigen Bromaddition wurde etwas mehr als 2 Atome des Halogens aufgenommen (auf 0,2 g Säure 0,1073 g, statt 0,1044 g). Das feste, etwas bräunliche Produkt schmolz nach dem Verdunsten im Vakuum bei 92°; Bromgehalt 36,37%, gegen den berechneten 34,44%.

Auch bei der Behandlung mit Eisessig-Bromwasserstoff fand Addition an A. statt, und zwar wurde nur 1 Mol des Bromwasserstoffs aufgenommen. Das abfiltrierte und mit Eisessig und Wasser gewaschene, gegen Permanganat gesättigte Produkt enthielt nach dem Trocknen 21,64% Brom (statt 20,75% für ein Mol. berechnet). Die ursprüngliche Säure zeigte folgende am besten für eine Dihydroisosylvinsäure (ber. C 78,88%, H 10,60%) stimmende Zahlen: C 78,78%, H 9,94%, was auch auf eine Äthylenbindung hinweist.

Der niedrige Schmelzpunkt der Dihydrosäure (72°), zeigt die Isomerie mit dem von JOHANSSON[1]) und VIRTANEN[2]) sowie ASCHAN[3]) von Abietinsäure bzw. der damit strukturidentischen (S. 263) Pinabietinsäure erhaltenen Additionsprodukt sicher an. Da jene bei der Einwirkung von Zink und Eisessig, wie oben gezeigt wurde, auf das Abietinsäure- bzw. Pinabietinsäuredihydrobromid entsteht, so enthält dieses Dihydrobromid nach der BAEYERschen Regel seine Bromatome an benachbarten Kohlenstoffatomen. Dies spricht entschieden für die Wahrscheinlichkeit der Harzsäureformel von VIRTANEN (S. 253), in der Hinsicht nämlich, daß die additionsfähigen Momente für Brom und Bromwasserstoff (Doppelbindung und aufspaltbare Ringbindung) in einem und demselben Ringkern vorliegen:

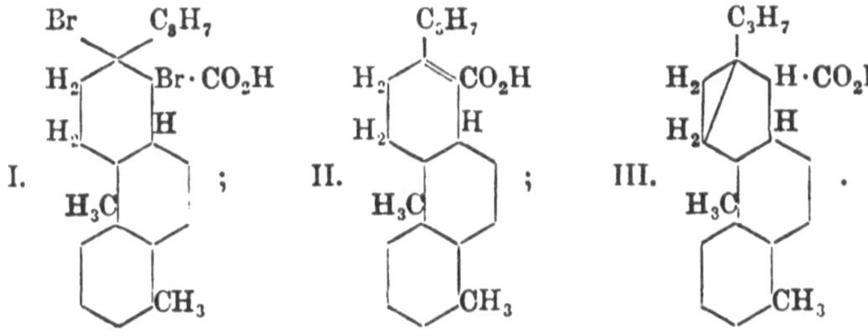

Wenn I. das Dihydrobromid der Pinabietinsäure ist, so wäre II. die Dihydrosylvinsäure (s. oben), während III. die durch direkte Hydrierung der Pinabietinsäure erhaltene Dihydrosäure (S. 289 ff.) darstellen würde.

E. Weitere neue Harzsäuren

Bezüglich der übrigen von uns isolierten und untersuchten, wahrscheinlich neuen fünf Harzsäuren sei hier nur auf die Tabelle 13 (S. 286) sowie unsere

---

[1]) Arkiv f. Kemi usw. 6, Nr. 19, S. 4 (1917). — [2]) Ann. 424, 197 (1921). — [3]) Naftenföreningar, Terpene och Kamferarter, S. 392 (Helsingfors 1926).

obige Darstellung hingewiesen, worin ihre Abscheidung und andere beobachteten Eigenschaften angegeben sind.

Zu den fünf Harzsäuren, die in der genannten Tabelle als 2. d-Am-Sapinsäure, 4. l-Gal-Sapinsäure, 5. l-Am-Isopimarsäure, 6. l-Abietinsäure und 7. Sondarsapinsäure bezeichnet worden sind, kommt außerdem eine als i-Pinabietinsäure genannte, im Laboratorium künstlich erhaltene Harzsäure hinzu, die (vgl. S. 293) beim Einleiten von Chlorwasserstoff in die in Eisessiglösung vorhandene Pinabietinsäure entsteht. Ein relativ wenig chlorhaltiges Produkt wurde dabei erhalten, das mit Zinkstaub eine inaktive Harzsäure gibt. Sie zeigt im gereinigten Zustand den Schmelzp. 177°, und die Mischprobe mit Pinabietinsäure (Schmelzp. 176°) ergab keine Depression.

Ob hier tatsächlich eine racemisierte Pinabietinsäure vorliegt, bleibt noch festzustellen.

Kapitel 24. Allgemeine Erfahrungen, Anregungen sowie Ergänzungen bezüglich der obigen Untersuchungen über die Pinusharzsäuren

A. Allgemeine Übersicht

1. Die in den drei vorangehenden Kapiteln angeführten Resultate der vorliegenden Gruppe zielten nach zwei Richtungen hin. Die eine suchte durch eine zweckmäßige Systematik neue Richtlinien für die Forschung auf diesem wichtigen und in der Pflanzenwelt sehr verbreiteten Gebiete anzubahnen; die andere wieder, das allgemeine Verhalten einer typischen und leicht zugänglichen sowie gut charakterisierten Harzsäure, nämlich der in dem rohen Natriumresinat der eingeengten Sulfatzellulose-Lauge vorhandenen und in beliebiger Menge erhältlichen Pinabietinsäure näher kennenzulernen, sowie einen Einblick in ihren molekularen Bau zu gewinnen. Dieses Programm konnte auch in mehr als einer ziemlich wichtigen Hinsicht verwirklicht werden. Wenn auch unser letzteres Bestreben noch nicht in allen Teilen erfüllt wurde, so liegen jedoch für die Strukturbestimmung der Säure jetzt viele greifbare Resultate, auch neben der von Virtanen[1]) im hiesigen Institut ausgearbeiteten Untersuchung vor. Dadurch, sowie aus anderen Beobachtungen wurde u. a. der früher von K. A. Vesterberg für die Dextropimarsäure festgestellte, hydroretenartige Bau der Harzsäuren auch für andere, vielleicht für sämtliche Coniferenharzsäuren wahrscheinlich, indem bei den durch Erhitzen der nativen Harzsäuren hervortretenden Umwandlungen der hydrierte Kohlenstoffkern allem Anschein nach unverändert bleibt.

2. Weitere theoretisch wichtige Resultate sind durch die Feststellung gewonnen, daß die Harzsäuren durch ihr Verhalten zu den gewöhnlichen Terpenreagenzien den höher molekularen Terpenverbindungen, und am nächsten dem Gebiete der Diterpene angehörig sind. Es wäre daher erwünscht, daß

[1]) Inaug.-Diss. (Helsingfors 1918) sowie Ann. 424, 150 (1921).

die weitere Forschung auch andere Harzsäuren als die Abietinsäure umfassen sollten.

3. Für die Harzsäuren, als hochmolekulare organische Verbindungen, genügt das Umkrystallisieren zur Scheidung der individuellen Verbindungen oder ihrer Gemische mit den Oxydationsprodukten oder anderen, in den Sekreten vorhandenen Fremdsubstanzen, nicht immer. Mehrere neue Methoden sind daher von uns ausgearbeitet worden, die entweder einzeln, oder mit dem Umkrystallisieren kombiniert, zum Ziel geführt haben. Die wichtigsten sind die Ausfällung der Harzsäuren aus ihren Lösungen in Soda oder Kaliumcarbonat mit Kohlensäure (S. 271), wobei zugehörige Salze mit mehr als einem Äquivalent der Harzsäuren ausfallen, sowie die Auflösung der Gemenge dieser Säuren miteinander bzw. mit Neutralkörpern in Benzol oder Essigester und fraktioniertes Ausfällen der nachher eingeengten Lösungen mit niedrig (unter 70°) siedendem Petroläther (S. 277). Im ersten Falle bleiben ihre Oxydationsprodukte in den Sekreten als stärkere Säuren in der Lösung und sind nachher mit Mineralsäuren ausfällbar. Im zweiten werden im Gegenteil die Oxydationsprodukte und andere Fremdkörper zunächst ausgefällt, während die gereinigten Harzsäuren in der Lösung zurückbleiben.

4. Ferner sind im vorigen (Kap. 21 B und C) einige weitere speziellere Isolierungsmethoden eingehend angeführt worden, womit sogar eine Anzahl neue Harzsäuren voneinander bzw. von verschiedenartigen Verunreinigungen abgeschieden werden konnten, besonders von den durch Luftoxydation gebildeten und sehr ungleichartigen sowie schwer charakterisierbaren Produkten.

5. Auch war es in ein paar Fällen möglich, aus einer bekannten Harzsäure (Pinabietinsäure) durch chemische Umsetzung neue Harzsäuren darzustellen, wie man in der Terpengruppe aus einigen Terpenen oder ihren Halogen- bzw. Wasseranlagerungsprodukten andere Terpene darstellen und mittels verdünnten Säuren hydrolytisch umlagern kann.

6. Da sowohl einige der in den Pinus-Exsudaten der Natur auftretenden nativen Harzsäuren von verschiedenen Oxydationsprodukten begleitet werden (vgl. oben Moment 3 und 4), wie auch andere Harzsäuren, z. B. Abietinsäuren, bei gewöhnlicher Temperatur durch den Luftsauerstoff einem langsam verlaufenden Verharzungs- bzw. Oxydationsprozeß unterliegen, so sind durch unsere Trennungsmethoden mehrere Säuren dieser Art isoliert worden, die z. B., was die Pinabietinsäure bzw. die in den verschiedenen Kolophoniumsorten vorhandenen Harzsäuren betrifft, nach der Analyse die Zusammensetzung $C_{20}H_{28}O_3$, $C_{20}H_{28}O_4$ usw. haben (vgl. S. 272).

7. Derartige Säuren, z. T. von derselben Zusammensetzung, treten auch bei vorsichtiger Behandlung der Pinabietinsäure mit alkalischen Oxydationsmitteln, wie Kaliumpermanganat und Ferricyankalium, auf.

Selbstverständlich sind diese Oxydationsderivate, wegen ihrer gewöhnlich amorphen Natur, nur schwierig rein erhältlich; eine sichere Auffassung über die Lage des eingetretenen Sauerstoffs konnte bisher nicht gewonnen werden. Hier liegen also interessante weitere Aufgaben vor.

8. Unsere Einteilung der Harzsäuren sowie die ausgeführten Untersuchungen haben viele neue Gesichtspunkte bezüglich der auch sonst erwünschten weiteren Forschung ergeben. Das vorliegende Kapitel bezweckt, die Richtlinien anzugeben, denen unserer Ansicht nach gefolgt werden könnte. Wir führen dieselben gruppenweise unter der Numerierung der drei vorangehenden Kapitel vor. Zugleich sei aber hervorgehoben, daß, wenn auch das, was wir im folgenden zusammenfügen, tatsächlich ausgeführt werden würde, so stellt es jedoch nur Richtlinien für die Entwickelung der Harzsäurechemie dar. Es sei ex analogia daran erinnert, daß die anfänglichen systematischen Untersuchungen in der Terpenchemie durch Wallach, trotz ihres Reichtums an neuen Beobachtungen, die gewaltige spätere Entwickelung derselben nicht voraussehen ließ. In der komplizierteren Harzsäurereihe sind die zu überwindenden Schwierigkeiten natürlich erheblich größer; die schon bekannten vielen Analogien mit den Terpenverbindungen stellen jedoch nicht zu unterschätzende Gewinnungen in Aussicht.

B. Anregungen und Ergänzungen zum Kapitel 21

Zum Moment A.

1. Die Tabelle 1 (S. 255) über die Einteilung der Harzsäuren baut z. T. auf Analogieschlüssen und könnte an Vollständigkeit mangeln, so daß sogar neue Gruppen bei weiteren Untersuchungen auftreten werden. Es ist folglich nötig, diese Einteilung durch weitere Spezialuntersuchungen zu kontrollieren. Anfangs unter Beachtung der in folgenden verschiedenen Richtungen hin: a) Beständigkeit an der Luft; b) die (evtl. katalytisch unterstützte) Addition von Wasserstoff, ferner die Anlagerung von Hydroxyl, Brom und Bromwasserstoff, wobei gelegentlich die Umlagerungsmöglichkeit bei der Einwirkung der letztgenannten Agenzien beachtet werden sollten; c) die relative Löslichkeit in den wichtigsten Solvenzien; d) die Lage des Schmelzpunktes für die reinen Verbindungen und evtl. ihrer Mischungen mit anderen, leicht zugänglichen Harzsäuren derselben Gattung, wie der gewöhnlichen Abietinsäure (inklusive der Pinabietinsäure).

Es ist selbstverständlich, daß diese Arbeit in den verschiedenen Fällen eine eingehende, auf experimentellen Studien basierte Kenntnis der betreffenden Harzsäuren unter Beteiligung mehrerer Forscher erfordert, weshalb die vorliegenden und nachfolgenden Gesichtspunkte zur Anregung dienen könnten. Diese Studien bieten immer, und besonders, wenn es sich um die in den natürlichen Sekreten vorhandenen Körper (Sapinsäuren), aber auch ihre Umwandlungsprodukte auf chemischem Wege (Sylvinsäuren und Isosylvinsäuren) handelt, bezüglich der Einwirkung von additionellen Agenzien, wie verdünnte Säuren, Brom und Bromwasserstoff unter nachheriger Abspaltung von Wasser bzw. Bromwasserstoff usw., ein so erhebliches Interesse, daß sich wohl die Mühe lohnen würde. Ferner dürften die von mir als Isopimarsäuren (die „Abietinsäure“ von RUZICKA und MEYER sowie KNECHT und HIBBERT) bezeichneten Harzsäuren, die allem Anschein nach in bedeutender Menge sowohl in amerikanischen und französischen Kolophoniumsorten vorkommen, ein geeignetes Rohmaterial darbieten, besonders, da mehrere in der Literatur vorhandenen experimentellen Angaben unsicher und der Kontrolle bedürftig sind.

2. Eine weitere Gruppe stellen die auf thermischem Wege bewirkten Umwandlungen dar, die durch Erhitzen des ursprünglichen Rohmaterials (des Balsams oder des ausgeflossenen Harzes), entweder bei weniger erhöhter (Isopimarsäuren) oder bei einer etwa 200° bis 250° übersteigenden Temperatur (Abietinsäuren) entstehen. Das Erhitzen kann im ersten Falle a) im Ölbade, im zweiten b) bei der Destillation unter etwa 10 mm im Vakuum, bzw. mit gespanntem Dampf, stattfinden.

3. Einen besonders interessanten Gegenstand, dessen Behandlung wir anregen möchten, bildet das mit einem Rohmaterial ausführbare Erhitzen der Harzsäuren mit Schwefel, um festzustellen, ob sie sämtliche Reten bilden und folglich den hydrierten Phenanthrenring enthalten (VESTERBERG, VIRTANEN u. a.), was bis auf weiteres als ziemlich wahrscheinlich erscheint.

4. In engem Zusammenhang damit würde die fortgesetzte Untersuchung des Abietins bzw. Pinabietins usw. stehen, d. h. der Kohlenwasserstoffe der Formel $C_{19}H_{28}$, die I. unter Kohlenoxyd- und Wasserabspaltung beim Erhitzen von Harzsäuren, bzw. II. unter Kohlenoxyd und Chlorwasserstoffabspaltung der Chloride dieser Säuren entstehen:

$$\text{I.}\ C_{19}H_{29}\cdot CO\cdot OH = CO + H_2O + C_{19}H_{28};\quad \text{II.}\ C_{19}H_{29}\cdot CO\cdot Cl = CO + HCl + C_{19}H_{28}\,.$$

Es ist nicht ausgeschlossen, daß die Sapinsäuren, die beim Erhitzen Isopimarsäuren, Abietinsäuren usw. liefern, bei erhöhter Temperatur ein und dasselbe Abietin geben könnten; dies braucht aber nicht immer stattzufinden, daher wäre die Feststellung nötig.

5. Das genannte Abietin bietet auch aus dem Grunde ein besonderes Interesse, weil er nach VIRTANEN[1]) einen wirklichen Benzolkern enthalten soll und folglich gesättigt wäre. Eine nähere Bestätigung hierüber sowie über die Umwandlungen desselben bzw. seiner eventuellen Vertreter, wäre sehr erwünscht.

Im Moment B des 19. Kapitels würden ferner gewisse neue Studieninitiativen auftreten. Wir weisen hier nur auf folgende hin:

6. Es wäre wichtig, eine größere Zahl von Salzen sowohl von den schon bekannten, wie auch von neuen Harzsäuren kennen zulernen, um festzustellen, ob die aus den frisch dargestellten Lösungen der Alkalisalze beim Ausfällen mit anderen Metall-

---

[1]) Ann. 424, 178, 208 (1922).

salzen auftretenden Salze normal oder „übersauer“ (d. h. mehrere Mole der Säure auf 1 Äquivalent der Base enthaltend) bzw. mehr oder weniger hydrolysiert sind. In der letzteren Beziehung, und dies dürfte überhaupt mit den Resinaten der Schwermetalle der Fall sein, wäre es wichtig zu wissen, ob, und dann welche Gesetzmäßigkeiten hierbei auftreten, sowie ob sich die Harzsäuren von verschiedenen Gruppen analog verhalten oder nicht.

7. Eine weitere Erfahrung, die ich nicht eingehender behandelt habe (vgl. S. 260), ist, ob sämtliche Harzsäuren als wasserhaltige Gele auftreten, wenn sie aus den Lösungen der Alkali- oder anderen Salzen mit Mineralsäuren ausfallen und ferner, ob die Gele nach einer gewissen Zeit freiwillig in Berührung von Wasser krystallisieren bzw. ob sie eine bestimmte Wassermenge nach dem Trocknen an der Luft oder im Vakuum enthalten. In vielen Fällen sind sie im amorphen Zustande in den gewöhnlichen Solvenzien leichter als im krystallisierten Zustand löslich. In letzterem Fall liegt ihr Sinterungs- oder Schmelzpunkt manchmal unterhalb 100° oder wenigstens viel niedriger als sonst.

8. Die S. 262 genannten kleinen, höher schmelzenden und schwerer löslichen Anteile der Pinabietinsäure bzw. Abietinsäure, sollten näher untersucht werden.

9. Dasselbe gilt den neuen Harzsäuren (vgl. S. 265, 270 und 271) aus amerikanischem H-Harz und W-W-Harz sowie französischem H-Harz, die ich isoliert habe.

Zum Moment C des 21. Kapitels sei als Ergänzung zugefügt:

10. Durch eine eingehende Untersuchung (S. 284) sollte festgestellt werden, ob die von mir beobachtete Veränderung des Drehungsvermögens des Kolophoniums, bei der Destillation im Vakuum oder mit gespanntem Dampf, allgemein ist, und ob sie nach Wiederholung dieser Behandlung auf einem bestimmten Punkt stehen bleibt, so daß Inaktivität sowohl in Alkohol- wie in Benzollösung[1]) (evtl. auch in anderen Lösungsmitteln, oder nur in gewissen von denselben) eintritt. Dasselbe sollte auch mit geeigneten Harzsäuren ermittelt werden. Hieraus ließen sich vielleicht gewisse Schlüsse in struktureller oder stereomerer Hinsicht ziehen.

Zum Moment D des 21. Kapitels.

11. Bezüglich der Trennung der Harzsäuren von ihren Oxydationsprodukten dürften die von mir angewandten Methoden, nämlich a) die Ausfällung der Harzsäuren mit Kohlensäure sowie b) die sukzessive Ausfällung derselben aus der Lösung in Benzol oder Essigester mit Petroläther (vgl. oben Moment A, 4), auf andere Harzsäuren als die geprüften (S. 271 und 304) vorgenommen werden. Hierin sind auch die Fälle einbezogen, in denen alkalische Lösungen der Harzsäuren durch Einwirkung von Luft oder Wasserstoffperoxyd oxydiert werden.

---

[1]) Aschan und Ekholm, Ann. 424, 133 (1922).

12. Da es sich gezeigt hat, daß die Molgewichtsbestimmungen für gewisse (auch oxydativ erhaltenen) Säuren nicht oder nur mit Schwierigkeit durch Titrieren mit alkoholischem Kali gemäß gewöhnlicher Praxis bestimmt werden konnten, so sollten hierauf gerichtete Untersuchungen ausgeführt werden, um die Bedingungen für die Anwendbarkeit dieser bequemen Methode klarzulegen.

C. Anregungen und Ergänzungen zum Kapitel 22

13. In Anleitung des Moments A in diesem Kapitel bezüglich der relativen Löslichkeit verschiedener Harzsäuretypen, seien hier die Wichtigkeit von systematischen Arbeiten in dieser Hinsicht von neuem hervorgehoben, um bestimmte Zahlenwerte in den Fällen festzustellen, wenn früher bekannte oder neue Harzsäuren untersucht werden; und ferner, daß nur völlig reine Substanzen als Material angewandt werden, da schon kleine Verunreinigungen, sogar Wasser (S. 260), auf die Löslichkeit einwirken können.

14. Die Anwendung des schon oben empfohlenen Petroläthers (Siedepunkt unter 70°) sollte, besonders bei den rohen Harzexsudaten (S. 277) in Frage kommen, nachdem die Terpene, Sesquiterpene und Terpenalkohole durch Destillation mit (evtl. überhitztem) Dampf entfernt worden sind und der Rückstand in wenig Benzol oder Essigester aufgelöst worden ist. Hierbei soll jedoch in Betracht gezogen werden, daß wahrscheinlich viele native Harzsäuren — vielleicht mit Ausnahme von denen des Dextropimarsäuretypus — bei der Anwendung von gespanntem Dampf verändert werden können.

15. Für die mit Petroläther nicht ausfällbaren Harzsäuren wird folgende Methode empfohlen.

Nach Entfernung von Benzol, Essigester bzw. Petroläther im Wasserbade, unter Einleiten von wenig Dampf, werden die nativen Sapinsäuren, die dann bisweilen ziemlich einheitlich sind, in Sodalösung aufgenommen, und die Lösung mehrmals mit reinem Äther extrahiert, während die Luft möglichst ferngehalten werden soll, z. B. in einem geschlossenen Scheidetrichter. Die allerersten Extrakte werden getrennt aufgenommen, weil sie noch indifferente Körper enthalten; dann findet die Extraktion mehrmals statt, bis noch etwas aufgelöst wird. Diese Anteile erstarren nicht selten beim Einengen direkt, besser im Vakuum (vgl. den Fall „Sondarsapinsäure", S. 280), zu großen, blättrigen, harten und glänzenden Krystallen, die aus wenig Essigester gereinigt werden können und gewöhnlich einen weit niedrigeren Schmelzpunkt (es wurden in dem angegebenen Fall etwa 100° erhalten) als die Abietinsäure zeigen. Zu bemerken ist, daß die sodaalkalischen Sapinsäurelösungen sehr leicht an der Luft oxydiert werden, so daß sie sich in offenen Schalen schon in einigen Stunden zum Teil verharzten und dann mit Säuren klebrig ausfielen.

16. Wie erwähnt, wurde aus der silberweißen, stalaktitähnlichen Ausscheidung aus einer Fichte (Sondarö im Kirchspiel Pernå in Finnland), neben der unter 15. genannten Sapinsäure, zwei Oxydationsprodukte mit 3 bzw. 4 Sauerstoffatomen, auf C_{30} berechnet, erhalten; der Wasserstoffgehalt (ob 30 oder 28 Atome vorhanden waren) blieb bei der kleinen Menge unentschieden, was bei einem evtl. neuen Befunde festzustellen wäre. Ob die gewöhnlichen

harten, gelbbraunen Harzausscheidungen bei der nordischen Fichte gleich zusammengesetzte Säuren mit dem gleichen Sauerstoffgehalt enthalten, bleibt noch festzustellen.

Zum Moment B vom Kap. 22 sei folgendes zugefügt:

17. Die in der Tabelle 11 angeführten Bestimmungen der Drehung der im Handel zugänglichen Kolophoniumsorten wären mit weiteren derselben Art zu ergänzen.

Ferner wäre ein derartiges internationales Übereinkommen, bezüglich des Handelskolophoniums, wünschenswert, daß die Drehungswerte immer, wie in dieser Tabelle, in etwa 2—5%igen Lösungen von Benzol bzw. absolutem Alkohol ausgeführt wären. Diese beiden stark abweichenden und evtl. sogar mit negativem Zeichen zu erhaltenden $[\alpha]_D$-Werte in diesen Lösungen würden größere Garantien für die Identifizierung der Handelsharze unbekannter Herkunft gewähren, als wenn eine Lösung lediglich eines Lösungsmittels vorliegt.

Dasselbe gilt noch grundsätzlicher für dieselbe Bestimmung der reinen Harzsäuren. Es gibt wohl keine größere Gruppe nahe verwandter Naturstoffe, die bezüglich des spezifischen Drehungsvermögens von der Natur des Lösungsmittels so empfindlich sind, wie die Harzsäuren.[1])

D. Anregungen und Ergänzungen zum Kapitel 23

Der größere Umfang des Moments A wird selbstverständlich von der darin vorhandenen ausführlichen Zusammenstellung über die für uns leicht zugänglichen Pinabietinsäure bedingt.

18. Weil sich Ruzicka, Schinz und J. Meyer[2]) gegen die von Virtanen für die Pinabietinsäure aufgestellten Strukturformel (S. 253) ausgesprochen haben, die auch mir im großen und ganzen wahrscheinlich erscheint, so wäre die fortgesetzte Untersuchung derselben wünschenswert, namentlich zur Feststellung, ob ein Drei- oder Vierring (vgl. die Formeln S. 309) darin vorhanden ist, sowie ob die Isopropylgruppe, die Doppelbindung sowie die wahrscheinlich vorhandene Diagonalbindung in einem und demselben Ringsystem im Moleküle vorkommen. Dabei scheinen auch die von mir erhaltenen bzw. nachgewiesenen Oxydationsprodukte einen ergänzenden Ausgangspunkt darzustellen, neben den Additionsprodukten von Brom bzw. Bromwasserstoff. Wie erwähnt, ist ein von uns ermittelter Beweis (S. 288) für die Unähnlichkeit des von den genannten Forschern dargestellten Ausgangsmaterials und der Pinabietinsäure entscheidend, der nämlich, daß diese nur 2 Wasserstoffatome, während jenes 2 und 4 derselben sukzessive aufnehmen.

Daß die Dihydropinabietinsäure keinen Bromwasserstoff, sogar auch nicht aus der bei 0° gesättigten Lösung desselben in Eisessig aufnimmt, könnte vorläufig gegen die Wahrscheinlichkeit

---

[1]) Einen charakteristischen Beweis dafür zeigt das Verhalten der Pinabietinsäure in verschiedenen Lösungsmitteln [vgl. Aschan und Ekholm, Ann. 424, 138ff. (1922). — [2]) Helv. chim. Acta 6, 1077 (1923).

eines Dreïringes sprechen. In dem Falle wäre die Bildung des nachgewiesenen Additionsproduktes, $C_{20}H_{32}Br_2O_2$, an die Pinabietinsäure bzw. die Abietinsäure LEVY mittels desselben Reagenses, auf eine vorherige Umlagerung zurückzuführen, was unwahrscheinlich ist.

19. Eine für die Pinabietinsäure eigenartige Beobachtung, die weiter untersucht werden sollte, besteht darin, daß sie sich nach dem Erhitzen mit konzentrierter Salzsäure auf etwa 150° gegen das BAEYERsche Permanganatreagens als gesättigt zeigte. Auch der Umstand, daß dabei nur eine geringe Chlorwasserstoffmenge an die Säure gebunden wird, dürfte wohl auf einer strukturellen Umwandlung beruhen. Dasselbe gilt für die Addition von unterchloriger Säure, sowie die Erfahrung, daß die Pinabietinsäure bei der BERTRAM-VALBAUMschen Reaktion mit Ameisensäure und 50%iger Schwefelsäure gesättigt wird.

20. Bezüglich des zuerst von VIRTANEN geführten Nachweises, daß Pinabietinsäure (s. 18 oben) 2 Mole Bromwasserstoff aufnimmt, ist ferner zu bemerken, daß die Mutterlauge nach dem Umkrystallisieren des Additionsproduktes leicht lösliche Nebenprodukte mit weniger Bromwasserstoff enthält; auch diese sollten eingehender untersucht werden.

21. Dasselbe gilt von der ebenfalls durch unsere Versuche festgestellten Tatsache, daß die Pinabietinsäure in alkoholischer bzw. Eisessiglösung unter Einleitung von Chlorwasserstoff oder Zusatz von Schwefelsäure auf dem Wasserbade optisch inaktiv wird.

Eigentümlich ist, daß das nach dem erstgenannten Verfahren zunächst erhaltene chlorhaltige Produkt $^1/_3$ von einem Mol Chlorwasserstoff enthält (S. 293). Die entchlorte Säure wäre auch näher zu untersuchen; eine Umlagerung findet hier ziemlich wahrscheinlich statt. Außer dieser mit den Harzsäuren isomeren Säure wird zugleich eine etwas niedriger (bei 162—164°) schmelzende Säure mit der gleichen Zusammensetzung (Isosylvinsäure?) gebildet.

Weiterhin sollte festgestellt werden, warum bei den Versuchen zur Esterbildung der Pinabietinsäure durch Einleiten von Chlorwasserstoff in methyl- bzw. äthylalkoholischer Lösung, der Halogenwasserstoff nur in beträchtlich kleiner Menge als 1 Mol aufgenommen wird. Die gebildete chlorhaltige Säure bleibt beim Umkrystallisieren des Produktes in der Mutterlauge. Auch die dabei ausgeschiedenen Krystalle sollten näher (auch polarimetrisch) untersucht werden, um festzustellen, ob sie von unveränderter Pinabietinsäure bestehen und noch ungesättigt sind.

22. Die Hydrolyse der Natriumsalze der Harzsäuren sollten auch mit anderem Material als den Abietinsäuren studiert werden. Ein erhebliches Interesse bietet ebenfalls das Studium der Hydrolyse der wasserunlöslichen Resinate, sowohl sofort nach dem Ausfällen wie auch nachher mit regelmäßig zeitweise abfiltrierten Proben. Da die Harzsäuren sehr schwache Säuren sind, die außerdem kolloidal auftreten können, so bleibt es fraglich, ob wirkliche Salze beim Ausfällen von Natriumresinaten mit den Salzlösungen zwei-, drei- und mehrwertiger Metalle tatsächlich entstehen. Wahrscheinlicher sind die erhaltenen Niederschläge durch Aggregation von entgegengesetzt geladenen Harzsäurepartikelchen und den kolloidalen Metallhydraten entstanden. Die Kenntnis über diese sogenannten Resinate sind, der vielen früheren Untersuchungen ungeachtet, nur gering.

Die Frage hat besonderes Interesse bei „Pseudoresinaten" — und zwar am nächsten bei denen von Aluminium-, Ferri- und Chromitypus. Auch für die Theorie der Papierleimung, worüber verschiedene Auffassungen vorliegen, würden diese Versuche wichtig sein.

23. Die aus den untersuchten Abietinsäureformen dargestellten Nitrosochloride, Nitrosokörper, Nitrososite und Nitrosate (S. 252 und 299) regen zu gleichartigen Versuchen mit den anderen bekannten Harzsäuren an. Hier liegt ein sehr weites Gebiet für die Forschung vor, die neue Gewinnungen für die Chemie der alicyclischen Verbindungen voraussehen läßt, nicht nur wegen dieser Verbindungen selbst und ihrer weiteren Umsetzungen, sondern auch, weil man auf Grund der Erfahrungen bei den Terpenen vielleicht die großen Molekülkomplexe der Harzsäuren in intimerer Weise als durch andere Umwandlungen oder Eingriffe kennenlernen würde. Aus ihnen könnte man, durch Reduktion, Hydrolyse, Verwandlung der Isonitrosogruppen in Ketogruppen usw. etwa nachweisen, ob die eventuelle Hydroxylierung bzw. Oxydation unter Aufspaltung des zugehörigen Ringkernes eingeleitet, sowie ob etwa ein weiterer Abbau des Moleküls bewirkt wird.

24. Im allgemeinen sollten, wie schon hervorgehoben, vor allem die Bestrebungen darauf gerichtet werden, die früher ausgeführten orientierenden Versuche zu ergänzen und auf sämtliche zugängliche Harzsäuren zu erweitern. Die verschiedenen, durch Oxydation gebildeten Säuren, die unter sukzessiver Aufnahme von Sauerstoffatomen des wahrscheinlich um zwei Wasserstoffatome dehydrierten Harzsäuremoleküls, also $C_{20}H_{28}O_3$, $C_{20}H_{28}O_4$ usw. entstehen, bieten schon für die Feststellung ihrer Natur, d. h. der Funktion ihrer Sauerstoffatome, erhebliches Interesse dar, und ergeben wahrscheinlich viele Angriffspunkte für die spätere Strukturbestimmung.

25. Wir wiederholen, daß unsere im Moment B des Kapitels 23 nur kurz erwähnten, recht ausführlichen Arbeiten über die mit der Pinabietinsäure strukturidentischen Abietinsäure (Levy), zu denselben Resultaten, soweit sie nicht auf unbekannten Verschiedenheiten stereochemischer Art beruhen, geführt haben.

26. Die im Moment C desselben Kapitels behandelte Dextropimarsäure war, die Besprechung ihrer Isolierung aus amerikanischem und französischem Kolophonium ausgenommen, nur der Gegenstand für einige Oxydationsversuche. Da das von mir ausgearbeitete Darstellungsverfahren zu einer ziemlich guten Ausbeute reiner Säure führt, so seien auch für sie, welche eine strukturelle Sonderstellung einnimmt, die oben in diesem Kapitel 24 angegebenen weiteren Studienrichtungen allgemeiner Natur empfohlen.

27. Im Moment D erwähnen wir eine interessante, synthetisch dargestellte Säure, eine Isosylvinsäure, die, von Pinabietinsäure ausgehend, ziemlich leicht zugänglich ist. Wir werden sie einer eingehenden Untersuchung unterziehen, auch von Abietinsäure aus, nämlich zur Feststellung, ob sich die sterische Verschiedenheit, die bei der Abietinsäure im Verhältnis zur Pinabietinsäure auftritt, in bestimmter Weise bei jener kundgibt, z. B. wenn sie in das Dihydrobromid übergeführt wird und nachher einer zweimaligen Bromwasserstoffabspaltung unterliegt.

28. Was schließlich die in dem Moment E des Kapitels 23 erwähnten, aus verschiedenen Kolophoniumsorten dargestellten fünf neuen Harzsäuren, inklu-

sive diejenige als i-Pinabietinsäure bezeichneten (S. 293 und 310) betrifft, so fallen auch sie unter die Anregungen, die wir überhaupt im vorliegenden Kapitel bezüglich der anderen Harzsäuren hervorgehoben haben.

Schlußbemerkung zur dritten Abteilung

Zu dem vorangehenden Kapitel sollte am nächsten ein neues Kapitel über die Di- und Polyterpene angeschlossen werden. Wenn wir aber davon absehen, so geschieht dies leicht verständlich aus dem Grunde, daß unsere Untersuchungen diesen Vertreter der alicyclischen Verbindungen nicht berührt haben, wenn wir auch während der Arbeit solchen Körpern begegnet sind.

Der Text soll statt dessen mit gewissen Polyprenverbindungen, am nächsten mit dem Kautschuk sowie dem Rohmaterial für dasselbe, dem hemiterpen Isopren, fortgesetzt werden.

Vierte Abteilung

Arbeiten über Kautschuk und andere hochmolekulare Kondensate von Isopren, sowie über die technischen Produktionsmöglichkeiten im großen

Kapitel 25. Beiträge zur Kenntnis der Kondensation des Isoprens

Seit längerer Zeit ist das eigentümliche Naturprodukt, der Kautschuk, bekannt, der erst nach der Entdeckung Amerikas nach Europa eingeführt wurde. Schon vor 100 Jahren wurde seine wissenschaftliche Untersuchung angefangen und etwa 3 Dezennien später fand WILLIAMS, daß er dieselbe prozentische Zusammensetzung wie die Terpene hatte. Bei trockner Destillation liefert Kautschuk kleine Mengen Dipenten, $C_{10}H_{16}$, und Isopren, C_5H_8, von der Struktur:

$$\begin{matrix} CH_2 \\ CH_3 \end{matrix}\!\!>\!C\text{—}CH{=}CH_2\ .$$

Da ersteres auch beim Erhitzen des Isoprens entsteht, dürfte es sekundär aus diesem entstehen.

Einige weitere Angaben über die Kautschukbildung seien noch angeführt. Die ältesten stammen von BOUCHARDAT[1]), WALLACH[2]) und TILDEN[3]) her. Soweit bekannt, gelang es nicht, die Synthesen nach den Angaben dieser Forscher zu wiederholen, weshalb anzunehmen ist, daß ihre Versuche unter speziellen Bedingungen oder mit besonders geeignetem Material ausgeführt worden waren. Nachher hat HARRIES im Frühjahre 1910 angegeben[4]), daß eine Kondensation beim Erhitzen von Isopren mit Eisessig durchführbar sei. Bei Versuchen, die ich unter Innehaltung der von ihm angewandten Bedingungen ausgeführt habe, wurde indes das angebliche Resultat nicht erzielt, was auch von anderer Seite angegeben worden ist. Vielleicht war das Isopren bei diesen Versuchen nicht genügend rein. Die nächste darauffolgende Literaturangabe stammt von LEBEDEW[5]) her; seinen Versuchen nach geschieht die Polymerisation des Isoprens nur durch mäßiges Erhitzen auf etwa 150°.

---

[1]) Jahresb. **1879**, 577. — [2]) Ann. **239**, 48 (1887). — [3]) Chem. News **46**, 120 (1882); Journ. chem. Soc. **45**, 910 (1884). — [4]) Gummi-Zeitg. **24**, 25. — [5]) Journ. russ. phys.-chem. Ges. **42**, 949 (1910); **43**, 1124 (1911).

A. Die Katalysierung der Kautschuksynthese durch Metallbasen und metallisches Natrium

1. Einleitendes

Das mit den Angaben LEBEDEWS übereinstimmende technische Verfahren seitens Farbenfabriken vorm. Friedr. Bayer & Co.[1]), das später den Gegenstand des bekannten Weltpatentes bildete, wurde fast gleichzeitig mit denen des erstgenannten publiziert und beruhte auf längerem Erhitzen des Isoprens auf einer Temperatur unterhalb 100°. Anfang September 1910, als meine früheren Versuche fortgesetzt wurden und sofort zum Resultat führten, war also noch keine technisch sicher ausführbare Methode für die Polymerisierung von Isopren zum Kautschuk bekannt.

Aus meinen Resultaten ging unmittelbar hervor, daß gewisse unorganische Produkte, besonders Natriumoxyd, aber auch einige andere Oxyde, wie die des Calciums und Zinks, die Polymerisation in der gewünschten Richtung vermitteln. Das angewandte Isopren stellte ich durch trockne Destillation des Kautschuks bzw. durch Überhitzen von Terpentinöldämpfen her; es war folglich nicht ganz einheitlich, weil das aus dem genannten Material dargestellte Rohisopren immer das auch bei etwa 35° übergehende Isoamylen, C_5H_{10}, enthielt. Auf Grund der festgestellten Kautschukbildung wurde ein schwedisches Patent angemeldet.[2]) Ferner fand ich bei einer, am 21. Dez. 1910 angefangenen Reihe neuer Versuche, daß schon eine unbedeutende Menge von metallischem Natrium auf Isopren stark polymerisierend einwirkt, auch wenn es Amylen enthält. Auf diesem Resultat einer Anzahl derartiger Versuche, von denen nur einige unten angeführt sind, wurde ferner ein finnisches Patent angemeldet.[3])

Diese Angaben werden mitgeteilt, weil HARRIES, obwohl etwas später, Angaben[4]) über Natrium als Katalysator für die Kondensation des Isoprens zum Kautschuk mitteilte. Weiterhin gibt er an, daß MATTHEWS am 25. Okt. 1910 eine englische Anmeldung in derselben Richtung eingereicht hätte.

Da die obige erste Mitteilung[4]) seitens HARRIES am 26. Juni eingelaufen und dann im August 1911 publiziert wurde, während meine finnische Anmeldung, wie bereits erwähnt, schon am 6. Mai desselben Jahres eingereicht wurde, so geht daraus hervor, daß meine Feststellung über die kondensierende Einwirkung von metallischem Natrium auf Isopren etwas früher, sowie von der seitens HARRIES bzw. MATTHEW unabhängig gemacht wurde. Da meine Versuche außerdem hauptsächlich mit amylenhaltigem Isopren, das nach deutschen Patentschriften als für diese Kondensation ungeeignet wäre, ausgeführt wurden, so zeigt das positive Resultat derselben, daß sie auf eigenem Boden standen. Auch meine, einem früheren Zeitpunkt entstammende Methode[5]), Natriumoxyd bzw. andere basische Oxyde, wie Calcium-, Magnesium- und Zinkoxyd, anzuwenden, stellt ein selbständiges

---

[1]) Nach der deutschen Anmeldung 28300 (Dezember 1909), die erst später kundgegeben wurde. — [2]) Am 10. September 1910, das später unter Nr. 4547, und zwar mit derselben Berechtigung wie das erwähnte Weltpatent von Bayer & Co. bewilligt wurde. — [3]) Am 6. Mai 1911. — [4]) Ann. 383, 189 (1911). — [5]) Die schwedische Anmeldung 2401.

Resultat, im Vergleich mit den zahlreichen, damals überall in der Welt ausgeführten und angekündigten Versuchen zum Kondensieren des Isopren zum Kautschuk dar. Erst in der allerletzten Zeit hat sie die I. G. Farbenindustrie A.-G. in Deutschland, unter Zugabe von organischen Zusätzen, für die Kautschukbildung angewandt[1]); es handelt sich dabei um die Einwirkung von Alkalimetallen auf emulgiertes Isopren (bzw. ähnlichen Kohlenwasserstoffen) in einer Kohlendioxydatmosphäre[2]) und in Gegenwart einer organischen Hydroxylverbindung von der Art der Stärke, Cellulose und Celluloseäther.

2. Die Kondensation des Rohisoprens zum sogenannten „Semikautschuk"

Bei den obigen Versuchen arbeitete ich sowohl mit technischem (s. oben) wie mit reinem Isopren. Die unten beschriebenen Versuchsresultate, die aus einer großen Anzahl herausgenommen sind, wurden sämtlich aus technischem Isopren erhalten.

Als Katalysatoren wurden metallisches Natrium, Natriumoxyd und Zinkoxyd angewandt.

Versuch 1. Dieser sowie Versuch 2 (s. u.) waren von vorläufiger Natur. Als Rohmaterial wurde ein Isopren angewandt, das durch Leiten von Terpentinöldämpfen durch ein auf etwa 600° erhitztes, mit Eisenstückchen gefülltes Rohr geleitet und nachher beim Fraktionieren bei 34—37° aufgenommen worden war; $D^{15}_{15} = 0{,}6748$ (reines Isopren siedet bei 34—36,5°; d = 0,6848 bei derselben Temperatur). 5 g desselben wurden 8 Stunden mit 2 g Natriumspänen im Einschmelzrohr auf dem Wasserbade, und nachher 12 Stunden zum Schmelzen des Metalls, auf 115—120° erhitzt. Dabei setzten sich braune, klebrige Stoffe ab, und die Flüssigkeit war etwas gefärbt und klebrig. Nachher ließ man das abgesprengte und mit einem Kork geschlossene Rohr 3 Monate lang bei gewöhnlicher Temperatur stehen. Ein Teil des Inhaltes war zwar verdunstet, aber der Rückstand (*A*) war sehr zähe und klebrig, so daß er sich in meterlange Fäden ausziehen ließ; sonst war er in Äther zu einer schwer beweglichen Flüssigkeit leicht löslich, die durch ein seidenes Tuch von den offenbar nicht angegriffenen Natriumstückchen filtriert wurden. Nach Entfernen des Natriums blieb eine geringe Menge (0,35 g) von einer in Äther unlöslichen, nichtklebrigen Masse (*B*) zurück. Heißer Eisessig machte *A* flockig; mit Soda trat wieder Klebrigkeit auf.

Versuch 2 wurde wie der vorherige, mit dem Unterschied ausgeführt, daß das Material von dem Vorlauf (Siedep. 30—34°) bestand. *A* und *B* wurden auch hier gebildet, die Menge von *B* war relativ größer. Die Ausbeute war dabei offenbar schlechter als das beim Versuch 1.

a) Bei der Dampfdestillation gibt das *A*-Produkt eine unbedeutende Menge eines eigentümlich riechenden Öls ab.[3]) Der Rückstand im Kolben stellte eine an Latex erinnernde, sahneähnliche Emulsion dar. Kochende Kochsalz- und Alaunlösung koagulierten sie zu feinen Kugeln, die sich zu klebrigen und fadenziehenden Klumpen vereinigten.

Wegen seiner Unlöslichkeit in Alkohol und der sonst kautschukähnlichen Eigenschaften habe ich das Produkt *A* als „Semikautschuk" bezeichnet.

---

[1]) Englisches Patent von 1928 zur technischen Synthese des künstlichen Kautschuks, nach einer Angabe in Zeitschr. angew. Chem. 41, 386 (1928). — [2]) Dies war übrigens auch von uns benutzt. — [3]) Hierbei trat offenbar, dem Geruch nach, das von mir im anderen Zusammenhang beschriebene neue Terpen Dipren (S. 134ff.), und zwar in unreinem Zustande, zum erstenmal in kleiner Menge auf.

Es löst sich, auch im feuchten Zustand, leicht in Äther und unterscheidet sich dadurch von gewöhnlichem Kautschuk, der nur in vollständig trocknem Zustand, und auch dann nur schwierig, von Äther aufgenommen wird. Der Semikautschuk ist ferner auf Zusatz von Schwefelchlorür, S_2Cl_2, vulkanisierbar. Unter schwachem Erwärmen entsteht anfangs eine opalisierende Lösung, die aber über Nacht zu einem unlöslichen, anfangs elastischen Koagulat erhärtet.

Außer in dem Verhalten zum Äther unterscheidet sich der Semikautschuk von dem gewöhnlichen darin, daß er in Chloroformlösung nur sechs Bromatome aufnimmt, nach der Gleichung:

$$2\,(C_{10}H_{16})_n + n\,3\,Br_2 = n\,(C_{20}H_{32}Br_6)_n\,,$$

während gewöhnlicher Kautschuk 4 Br auf jedem $C_{10}H_{16}$ zu $C_{10}H_{16}Br_4$ (mit 70,14% oder je nach der Verunreinigung etwas weniger) aufnimmt.

Dieses Resultat, das einen Bromgehalt von 63,8% voraussetzt, wurde jedesmal bei allen mit Natrium, Natriumhydroxyd bzw. Calcium und Zinkoxyd aus Rohisopren gewonnenen A-Körpern erhalten. Vier gut übereinstimmende Analysen ergaben im Durchschnitt 63,05% Br.

Eine Menge weiterer Versuche wurden mit Rohisopren ausgeführt. Ich verweise diesbezüglich auf die ausführliche Abhandlung „Über Derivate der Petroleumpentane sowie einige ihrer Homologe".[1])

Wir geben an dieser Stelle, außer einigen Ausnahmen, auch das Resultat der in verschiedenen Richtungen zur Charakterisierung der Kondensation von amylenhaltigem Rohisopren ausgeführten Versuche nur kurz an. Bei diesen wurde das im Einschlußrohr mit Natrium eingeschlossene Rohisopren im kochenden Wasserbade (bei 90—95°) 3 Tage lang erhitzt, das Rohr geöffnet, worauf der unangegriffene Kohlenwasserstoff durch einen Gummischlauch, der an der eingeengten Spitze des Rohres mit einem Kühler verbunden war, auf dem Wasserbade abdestilliert, sowie der Rückstand im Rohr weiterhin auf etwa 120—125° im Ölbade erhitzt wurde.

Nachher extrahierte man den „Semikautschuk" (A) mit Äther; dabei blieb B, das keine kautschukähnliche Eigenschaften zeigt, wieder ungelöst zurück.

b) Der Einfluß der Natriummenge. Eine Einwirkung bei der Variation von dieser konnte nicht beobachtet werden.

c) Die Funktion des Trimethyläthylens (Isoamylens) bei der Kondensation. Natrium wirkt auf reines Trimethyläthylen nicht ein.

d) Die Einwirkung der Luft. Als die Luft vor dem Zuschmelzen der Versuchsrohre entfernt wurde, betrug der kondensierte Anteil des Rohisoprens in allen Versuchen dieser Art nur etwa die Hälfte der sonst auftretenden Menge. Das Produkt war balsamartig und die A-Substanz außerdem klebrig und nicht fest bezw. elastisch. Durch die Luft trat also eine weit reichlichere Kondensation ein. Außerdem wurde beobachtet, daß der abdestillierte, bei 34—37° siedende Kohlenwasserstoff noch Isopren enthielt; als es nämlich nach Zugabe von Äther und einem Tropfen konzentrierter Salzsäure mit Chlorwasserstoff gesättigt wurde, wurde das hauptsächlich bei 145—147° siedende, scharf riechende Isoprenhydrochlorid gebildet.

Ein im größeren Maßstab ausgeführter Kondensationsversuch zeigte, daß die balsamartige Konsistenz des Produktes von der Gegenwart der als Nebenprodukte

[1]) Aschan, F. Vet.-Soc:ns Förh. 58 A, Nr. 1, S. 1—96 (1915—1916).

gebildeten Kohlenwasserstoffe beruhte. Aus 16 g der völlig ätherlöslichen, dunklen, öligen Masse wurden bei 155—200° 2,5 g, bei 200—250° 1,9 g, bei 250—280° 9 g (Sesquiterpen?), über 280° 1 g erhalten. Aus den zwei ersten Fraktionen gingen bei erneutem Fraktionieren 2 g bei 157—161° als angenehm riechende Flüssigkeit über, die gemäß zweier Analysen ein Gemenge eines Terpenkohlenwasserstoffs und eines Dihydroterpens darstellte.

e) Einwirkung von Natrium bei gewöhnlicher Temperatur auf dem ein halbes Jahr aufbewahrten Rohisopren. Der auch in diesem Fall durch Erhitzen vom Terpentinöl auf etwa 500—600° dargestellte Kohlenwasserstoff war währenddessen für Lufteinwirkung und beginnende Kondensation ausgesetzt worden; von $d_{15}^{15} = 0,6764$ war diese Konstante auf 0,6832 gestiegen.

30 g dieses Rohisoprens wurden mit 5 g Natriumdraht 3 Tage lang im Wasserbad und darauf 2 Tage auf etwa 115° erhitzt. Nach dem Öffnen wurde der nicht kondensierte Teil (12,5 g = 42%) abdestilliert. Der Rückstand stellte 13 g (etwa 43%) eines ätherlöslichen, dunkelbraunen und etwas balsamartigen Semikautschuks (*A*) sowie 4 g (13%) eines unlöslichen, zähen aber etwas klebrigen und nicht völlig elastischen Kautschuks dar; kein *B*-Produkt war jetzt entstanden.

Folglich verhält sich ein einige Monate lang an der Luft aufbewahrtes Rohisopren in Gegenwart von Natrium verschiedenartig und gibt viel mehr kautschukähnliche Substanz als das frisch destillierte.

Um die Natur des nicht kondensierten Teils des angewandten Rohmaterials (Siedep. 37—39°) festzustellen, wurden 12 g mit etwas Äther versetzt und mit Chlorwasserstoff gesättigt. Das von Äther befreite Produkt siedete bei 86—87° und enthielt 33,53% Cl, während ein Isoamylchlorid, $C_5H_{11}Cl$, 33,28% entspricht. Es lag bei dem Siedepunkt nach das tertiäre Chlorid mit dieser Zusammensetzung vor. Folglich besteht der unkondensierte Kohlenwasserstoff des aus Terpentinöl erhaltenen Rohisoprens aus Trimethyläthylen, $(CH_3)_2C{=}CH{\cdot}CH_3$, das also zu etwa 40% darin vorhanden ist.

Die Untersuchung zeigt also, entgegen früheren Annahmen, daß es sich nicht lohnt, Terpentinöl als bei etwa 600° bereitetes Ausgangsmaterial für Bereitung von Kautschuk anzuwenden.

f) Die Einwirkung der Zeit des Erhitzens. Unsere Versuche haben dargetan, daß ein 10stündiges Erhitzen genügte, um dieselbe Einwirkung der Polymerisation wie das während 24 Stunden zu bewirken. Doch ist zu bemerken, daß völlig allgemeine Regeln in dieser Hinsicht kaum aufgestellt werden können, und zwar schon wegen der Variation in der Zusammensetzung des Rohisoprens. Außerdem wirkt die Aufbewahrungsweise desselben auf den Gehalt an durch Luftoxydation gebildeten Fremdkörpern, die die Kondensation in geeigneter Weise befördern können, ein.

g) Die Kondensation mit feuchtem Rohisopren. Frisch destilliertes, trocknes Rohisopren ist schwer kondensierbar, weswegen Versuche zur Feststellung, wie jenes dazu mehr geeignet sein wäre, ausgeführt wurden. Weil das Aufbewahren in verkorkten Flaschen, also unter Einwirkung von ungenügenden Luftmengen, die Kondensierbarkeit erhöht (s. o.), wurde dies mit einem mit Luft und Wasser in kurzer Zeit umgeschüttelten Rohmaterial untersucht. Es zeigte sich, daß dabei fast dasselbe Resultat wie mit dem frisch destillierten erhalten wurde, mit dem Unterschied, daß jetzt geringe Mengen ätherunlöslicher, kautschukartiger Produkte immer entstehen. Die Anwendung von reinem Sauerstoff hat dieselbe Wirkung auf feuchtes Isopren.

h) Versuche, Rohisopren ohne Natrium zu kondensieren. Zu dem Zweck war die Kenntnis der Selbstpolymerisation dieses Isoprens nötig.

Die angestellten Versuche ließen keinen Zweifel aufkommen, daß das rohe, mit Trimethyläthylen verunreinigte Isopren, entgegen den Angaben anderer Autoren bzw. Patentschriften, beim längeren (14tägigen) Erhitzen unterhalb 100° (in kochendem Wasserbad) zu kautschukartigen Produkten kondensiert wird. Beim frisch destillierten Rohmaterial war die Polymerisierung unbedeutender, wogegen dieselbe mit einem während längerer Zeit bei gewöhnlicher Temperatur aufbewahrten und somit „spontan aktivierten" Kohlenwasserstoff ziemlich vollständig war.

Unsere Versuche zeigten also, daß die Polymerisierung beim Zusatz von Natrium schneller verläuft, obwohl sie, wenigstens teilweise, unter Bildung anderer Kautschukmodifikationen, wie auch HARRIES[1]) gezeigt hat, geschieht. Auch wenn das Produkt zum Ersatz für andere Kautschukmodifikationen ungeeignet wäre, was noch nicht entschieden zu sein scheint, so kommt der katalytischen Einwirkung des Natriums in chemischer Hinsicht recht erhebliches Interesse zu.

i) Polymerisierungsversuche mit Natriumoxyd. Aus 5 g bei 34—37° siedendem Rohisopren wurde, unter Zusatz von 0,5 g Natriumoxyd und 18stündigem Erhitzen im luftgefüllten Einschlußrohr auf 120—130°, 3 g ätherlöslicher Semikautschuk (neben Spuren unlöslicher Substanz) erhalten. Beim Versuch, ob dieser (2 g) bei weiterem Erhitzen in unlöslichen Kautschuk übergeht, wurde ein negatives Resultat gewonnen.

3. Versuche zur Kondensation von reinem Isopren mit Natrium

Der Kohlenwasserstoff war, unter Anwendung der Isoprenlampe von HARRIES und GOTTLOB, aus Karven (Schimmel & Co.) dargestellt (Siedepunkt 34—36,5° und $d_{15}^{15} = 0{,}6850$).

a) Kondensation mit Natrium. Beim 8tägigen Erhitzen von 10 g dieses Isoprens mit 1 g Natrium im Einschlußrohr im Wasserbade erstarrte die Flüssigkeit zu einem lichtgelben, klaren Gel, das, mit Äther behandelt, 1,5 g einer kautschukähnlichen Masse zurückließ, die abfiltriert wurde. Nach Verdunsten des Äthers blieb ein zäher Semikautschuk (S. 322) zurück. Wenn das Erhitzen außerdem noch 1 Tag bei 110—115° fortgesetzt wurde, so resultierte lediglich ein in Äther schwer löslicher, sehr zäher Semikautschuk.

Bei Anwendung der niedrigeren Temperatur von 60° wurde unter sonst gleicher Behandlung ein in Äther nur schwer löslicher, sehr elastischer und zäher Semikautschuk erhalten, der seiner Natur nach noch vorteilhafter als im vorigen Falle war. Die ganze Isoprenmenge polymerisierte sich dabei.

Zur Feststellung, inwieweit das Natriummetall zu der Kondensation beigetragen hatte, wurden 5 g reines Isopren (ohne Natrium) 13 Tage im luftfreiem Rohr sonst gleich erhitzt. Bei dieser Autopolymerisierung wurden etwa 4 g eines in Äther schwer löslichen, farblosen Produkts gebildet, das wie gewöhnlich von flüchtigen Körpern befreit wurde. Das aus der Ätherlösung ausgefällte Produkt stellte dann einen zähen, weißen, „nervigen" Kautschuk dar.

Um dann noch die Einwirkung von Luft zu prüfen, wurden 2 g reines Isopren und 1 g Natrium im lufterfüllten Rohr eingeschmolzen und sonst wie oben behandelt. Es wurden 0,8 g eines äußerst zähen, äther-

---

[1]) Ann. 383, 189, 217 (1911).

löslichen Semikautschuks und 0,7 g eines unlöslichen, etwas klebrigen Kautschuks gebildet. Die Luft scheint also die Bildung unlöslicher Körper (Harze) zu vermitteln.

Als allgemeines Resultat von diesen Versuchen sei angegeben, daß reines Isopren beim Erhitzen noch nach 13 Tagen weniger vollständig als nach 3 Tagen in Gegenwart von Natrium polymerisiert ist. Dem Metall kommt also eine kräftige katalytische Einwirkung zu.

Auch metallisches Calcium wirkt unseren Versuchen nach katalytisch, wohl aber langsamer als Natrium.

b) Kondensation mit einigen Metalloxyden. 5 g reines Isopren und 1 g Natriumoxyd wurden wie oben erhitzt. Der Rohrinhalt war zu einer festen Masse erstarrt. Es resultierten 2,4 g eines in Äther löslichen, sehr zähen Semikautschuks, der dem Natriumkautschuk ähnlich war, sowie 2,4 g eines ätherunlöslichen, gelb gefärbten, etwas klebrigen Kautschuks, der nach vierstündigem Kochen mit Chloroform nur zum vierten Teil aufgelöst wurde. Nunmehr konnte kein ursprüngliches Isopren nachgewiesen werden.

Mit Kaliumoxyd. 3 Tage lang im Wasserbade und nachher noch 1 Tag bei 110—115° unter Luftausschluß erhitztes Isopren (5 g) lieferte, nach Abdestillieren flüchtiger Kondensationsprodukte und die Auflösung in Äther, ein Kondensat als weißen, zähen Kautschuk, der dem autopolymerisierten (s. o.) ähnlich war. Schon im Wasserbade trat an den Rohrwänden eine unbedeutende Menge einer in allen Solvenzien unlöslichen, farblosen Masse auf, die mit Schwefelkohlenstoff überlagert ihr Volumen stark vermehrte.

Magnesiumoxyd verhält sich ähnlich. Aus 5 g Isopren wurde ein Produkt erhalten, woraus nach Abdestillieren flüssiger Kondensationsprodukte im Vakuum und Auflösen des Rückstandes in Äther ein sehr zäher Kautschuk mit Alkohol ausgefällt wurde.

Mit Zinkoxyd wurde in ähnlicher Weise und in noch besserer Ausbeute (2,5 g aus 5 g Isopren) ein ähnliches Produkt erhalten.

Folglich üben verschiedene basische Oxyde, und besonders Zinkoxyd, eine zu kautschukartigen Stoffen polymerisierende kräftige Einwirkung aus.

Diese von uns bereits im Jahre 1910 gemachte Beobachtung über die katalytische Wirkung von Zinkoxyd hat später beim Vulkanisieren des Kautschuks eine wichtige Rolle gespielt, nämlich in der Tatsache, daß die Acceleratoren für die Vulkanisierung mit Schwefel ohne Ausnahme die Gegenwart von Zinkoxyd erfordern, um zu ihrer vollen Wirkung zu gelangen.[1]) In gewissen Fällen kann dieses durch Bleioxyd, aber auch durch Magnesiumoxyd, Calciumoxyd- bzw. -hydroxyd ersetzt werden, deren Anwendung auch oben bezüglich der Kondensation des Isoprens genannt wurde. Diese Körper sind aber nur in einzelnen Fällen mit Zinkoxyd völlig ebenbürtig — keiner von ihnen eignet sich für alle Acceleratoren wie dieses. Gewöhnlich pflegt man eine Zinkoxydmenge von mindestens 3% des Gummis zuzugeben, während etwa 1% von

---

[1]) Diese Angaben sind einem Vortrag von Dr. S. Hagman vor Sveriges kemiska Industriekontor am 25. April 1928: „Über Kautschuk und seine industrielle Verwendung“ entnommen; vgl. „Teknikern“ 38, 123 (Helsingfors 1928).

den Acceleratoren angewandt wird. Aber ersteres stellt zugleich einen vorzüglichen Füllstoff dar. Vor dem Kriege wurde es geradezu als der vorzüglichste Körper dieser Art gehalten, und es wurden sogar Gemische von 100 Teilen desselben auf ebensoviel Kautschuk in solchen Artikeln wie Bil- und Cykelringen usw., die einem hohen Verschleiß ausgesetzt waren, angewandt.[1])

4. Anhang. Versuche zur Kondensation von reinem Isopren zu Terpenen

In Kapitel 9, Moment C, 3, wurde schon die von mir ausgeführte Totalsynthese des Diprens erwähnt, also des Terpens der Sylvestrengruppe, das durch 10jähriges Stehen aus in zugeschmolzenem Gefäß eingeschlossenem reinem Isopren erhalten wurde. Die folgenden vorläufigen Versuche haben nun nichts mit diesem Körper zu tun, sondern bezwecken nur, wie der Titel angibt, den eventuellen Aufbau mittels Terpene, Kohlenwasserstoffe höherer Ordnung, wie Sesquiterpene usw. zu studieren. Sie wurden vorläufig nur mit Pinen und Dipenten, den beiden gewöhnlichsten Terpenen, und zwar ohne ersichtlichen Erfolg, ausgeführt.

a) 5 g spanisches, fast reines l-Pinen und 2,5 g reines Isopren wurden 12 Stunden auf 180° erhitzt. Bei der Destillation des etwas opalisierenden Produktes ging im Wasserbade nichts über. Im 30-mm-Vakuum destillierten bei 45 bis 55° 2 g, bei 55—60° 2,3 g über. Der dickflüssige Rückstand (1 g) war hochmolekular, löste sich in Äther und stellte einen lichtgelben, angenehm riechenden Balsam dar, der auch im 9-mm-Vakuum zersetzt wurde. Folglich war eine gewisse Einwirkung bemerkbar, die vielleicht durch Anwendung geeigneter Katalyte vollständiger würde.

b) Bei einem in derselben Weise ausgeführten Versuch mit 5 g amerikanischem Pinen wurde ein ähnliches Resultat erhalten. 4,3 g von Terpenen gingen unter einem Druck von 30 mm bei 48—55° über. Der balsamartige Rest wog 0,7 g.

c) Aus 5 g Dipenten und 2,5 g Isopren wurden wieder 4,2 g unverändertes Terpen bei 65—70° und 30 mm zurückerhalten. Der dickliche Rückstand wog 1 g.

B. Kondensation von Isopren in Gegenwart von Isoamylen mittels Aluminiumchlorids. Eine für Isopren charakteristische Reaktion

Schon bevor meine oben behandelten Arbeiten innerhalb der Terpengruppe begannen, fand ich, daß Isopren aus Terpentinöl und Kautschuk, bei Überhitzen derselben, mit wasserfreiem Aluminiumchlorid schon bei gewöhnlicher Temperatur kondensiert wird. Der niedrig siedende Kohlenwasserstoff wird dabei unter spontanem Aufsieden in eine schwach gelbe, feste, amorphe Masse verwandelt, die nur zum kleineren Teil in Äther und einigen anderen Solvenzien löslich ist. Um diese für unreines Isopren besonders charakteristische Reaktion zu veranschaulichen, sei folgender Auszug aus meinen Aufzeichnungen vom 8. September 1910 mitgeteilt, als die betreffende Beobachtung zum erstenmal gemacht wurde:

„Zu 3 g mit Eiswasser gekühltem technischen Isopren wurde auf einmal 0,25 g pulverisiertes Aluminiumchlorid aus älterer Aufbewahrung zugegeben. Nach 3 Minuten war die ganze Menge in einer gelatinösen Masse verwandelt. Nach 10 weiteren Minuten wurde folgendes gefunden: Beim Kochen mit Alkohol löste sich ein Teil auf; aus der Lösung fiel mit Kali Aluminiumhydroxyd aus; der Rückstand (*A*) nach der Alkoholbehandlung enthielt etwas Chlor und wurde auf Zugabe von mehr Alkohol fest und pulverisierbar. Essigsäure verhielt sich wie Alkohol. Benzol löste einen nicht erheblichen Teil; die Lösung war sehr klebrig. — Nach 24 Stunden war das ursprüngliche Produkt fester geworden und gab beim Aus-

[1]) Vgl. die Note der vor. Seite.

laugen mit Wasser Chlor- und Aluminiumreaktion. Das Produkt enthält immer einen in den gewöhnlichen organischen Solvenzien mehr oder weniger löslichen Anteil (*B*), der beim Verdampfen der Lösung zunächst in einer sehr klebrigen, und später in fester Form erhältlich ist.[1])

Spätere Versuche[1]) zeigten, daß die Reaktion von allgemeiner Natur war (s. unten). Aus dem Grunde konnten folgende Schlüsse ausgesprochen werden.

Die Isopren–Aluminiumprobe ist eine **sehr empfindliche Reaktion auf Isopren,** das in der Weise, nach Zugabe sogar von kleinen Mengen Isoamylen nachweisbar ist.

Dagegen stellt die Probe keine Reaktion von Isoamylen allein dar, weil es sich zeigte, daß auch andere Verbindungen mit Äthylenbindung das Isopren zu dieser Umsetzung „stimulieren". Folgende weiteren, allgemeinen Resultate wurden erhalten, nämlich:

1. Amylen allein und Isopren allein zeigen diese eigentümliche, unter beträchtlicher Selbsterhitzung, rapide verlaufende Kondensation nicht. Eine Umsetzung ist dann kaum zu bemerken und beruht wohl, wenn sie sich etwa nach längerer Zeit beobachten läßt, auf kleinen Verunreinigungen. Erst nachdem die beiden Kohlenwasserstoffe gemischt werden, wirkt der Katalysator, und dann stürmisch ein.

2. Bei der Anwendung relativ kleiner Mengen von Amylen und vorsichtig (unter Abkühlen) geleiteter Reaktion wurde das unerwartete und sehr interessante Resultat erhalten, daß nur der Isoprengehalt der Mischung in Anspruch genommen wird.

3. Die erhaltenen Kondensationsprodukte, sowohl die unlösliche *A*-Substanz wie die lösliche *B*-Substanz, sind also — der geringe Gehalt an Asche unbeachtet — als polymerisierte Isoprene zu betrachten. **Sie sind jedoch mit Kautschuk nicht identisch, sondern isomer.**

4. Die Isomerie ist wohl dadurch erklärlich, daß die betreffenden polymerisierten Isoprene durch einen wirklichen (chemischen) Polymerisationsprozeß aufgebaut sind, also durch Vermittelung wirklicher Äthylenbindungen des Isoprens, völlig oder teilweise, was jedoch bei der Polymerisation des Isoprens zum Kautschuk nicht, oder wenigstens nur zum Teil (vgl. unten S. 331 ff.) der Fall ist.

Die beiden Modifikationen A und B wurden vielmals analysiert. Daraus ging folgendes hervor.

Die aus demselben amylenhaltigen Isopren mittels Aluminiumchlorid gleichzeitig entstehenden Produkte *A* (in Äther unlöslich) und *B* (in Äther löslich), zeigen dieselbe Zusammensetzung, davon unabhängig, ob sie nur in einem oder mehreren

[1]) **Neue hochmolekulare Kohlenwasserstoffe aus Isopren; F. Vet.-Soc: ns Öfversigt 58 A, Nr. 2 (Helsingfors 1915).**

Reaktionsgängen entstanden sind[1]), oder die nötige Katalysatormenge auf einmal oder in mehreren Portionen zugegeben worden ist, sowie gleichgültig, ob man sie als *A*- oder *B*-Substanz erhält. Diese sind also isomer.

Dasselbe geht auch daraus hervor, daß die *A*-Substanz beim Erhitzen auf 110° oder höher in die lösliche *B*-Substanz teilweise übergeht. Wahrscheinlich findet dabei eine Depolymerisation statt, etwa in derselben Weise, wie alter harter Kautschuk, sogar in vulkanisierter Form, auf etwa 130° in Gegenwart von Lauge erhitzt, erweicht und regenerierbar ist, wie ich gefunden habe.

Weder die *A*-, noch die *B*-Substanz läßt sich vulkanisieren.

Die beiden Substanzen *A* und *B* sind, auch aus ihrer verschiedenen Löslichkeit zu beurteilen, vom ungleichen Molgewicht. Eine direkte Bestimmung konnte natürlich nur mit der *B*-Substanz, und zwar ebullioskopisch, ausgeführt werden. Daraus ging hervor, daß in den verdünnten Lösungen eine bedeutende Molassoziation (mit dem Äther) auftrat. Zwei in Chloroform ausgeführte Bestimmungen führten zu einem Wert von etwa 2860. Nur zu einigem Vergleich sei mit allem Vorbehalt hervorgehoben, daß diese Zahl am nächsten für eine Zusammensetzung von etwa 40 Molen Isopren bzw. der Formel $C_{200}H_{320}$, die der Zahl 2720 entspricht und natürlich der relativen Zusammensetzung der Terpene bzw. Polyterpene entspricht.

Wenn die Menge des Aluminiumchlorids sukzessive vermehrt wird, so werden für jeden Zusatz relativ größere Mengen von Isopren im Verhältnis zu der Amylenmenge in Anspruch genommen. Da dies der Fall ist, so ist es auffallend, daß Isopren für sich allein keine wesentliche Kondensation erleidet, wie schon hervorgehoben. Folgende Versuche mit reinem Isopren einerseits und andererseits mit Amylen (Trimethyläthylen) für sich, seien angeführt:

a) 30 g reines, mit der Isoprenlampe von Harries und Gottlob aus Karven[2]) hergestelltes und später fraktioniertes Isopren wurden nebst 0,15 g fein gepulvertem Aluminiumchlorid von gewöhnlicher Qualität am 25. Januar 1913 in ein mit Kohlendioxyd gefülltes Rohr eingeschmolzen und zunächst bei gewöhnlicher Temperatur ½ Jahr lang stehen gelassen. Am darauffolgenden 1. Juli enthielt die Flüssigkeit nur winzige Mengen einer lichtbraunen Substanz. Danach blieb das Rohr noch 1 Jahr lang stehen. Nach dem Öffnen, also nach etwa 1½ Jahr, wurde bei der Destillation 28,5 g reines Isopren zurückerhalten. Der Verlust auf 1,5 g war größtenteils durch die Bearbeitung veranlaßt. Der kleine Rest im Rohre bestand aus unverändertem Aluminiumchlorid.

b) Mit reinem Trimethyläthylen. 20 g desselben wurden mit 0,25 g Aluminiumchlorid versetzt, und die gleiche Menge nach 24 Stunden weiterhin zugegeben. Hier mußte das Produkt, wegen der im Moment 1 dieses Kapitels beschriebenen Einwirkung des Katalysators auf Handelsamylen, schneller bearbeitet werden, was nach weiteren 48 Stunden vorgenommen wurde. Bei der Destillation des Trimethyläthylens auf dem Wasserbade blieb ein Rückstand von 4,3 g in dem Kolben zurück, der bei wiederholter Nachbehandlung mit Äther einen flockigen, darin unlöslichen Rückstand ergab.[2]) Dieser war aber, im Gegenteil zu dem aus

[1]) Die zugegebenen Mengen von Aluminiumchlorid zeigen sich bei recht kleinen Beträgen (einigen Milligramm) gradweise wirksam, indem die Reaktion dann wieder in dem Filtrate der früheren Niederschläge neu belebt werden kann. — [2]) Vgl. Aschan, Ann. 324, 1 (1902).

den Mischungen von Isopren und Amylen erhaltenen, in Alkohol löslich und wurde daraus nicht mit Wasser, sondern mit Äther ausgefällt. Er war folglich also ganz andersartig als der frühere.

Eine weitere, aus meinen Versuchen herleitbare Erfahrung schien anzuzeigen, daß, wenn sowohl die Aluminiumchlorid- wie die Amylenmenge vermindert wurde, so wurde auch die Ausbeute an der ätherlöslichen *B*-Substanz kleiner.

Einwirkung von Brom und Bromwasserstoff. Die beiden Substanzen *A* und *B* färben leicht Bromlösungen ab und sind daher ungesättigt. Ein reines *B*-Produkt wurde in Chloroform aufgelöst und mit einer Bromlösung von bekanntem Gehalt unter Abkühlung versetzt.

Eine Gelbfärbung entstand bald und gewisse Mengen von Bromwasserstoff wurden auch entwickelt. Als die der Formel $(C_{10}H_{16}Br_4)_n$ entsprechende Menge zugegeben worden war, wurde 12 Stunden stehen gelassen, worauf man die Lösung in Alkohol fließen ließ, und der Niederschlag mit Alkohol gewaschen und getrocknet wurde. Die Analyse zeigte eine der Formel $C_{10}H_{16}Br_4$ entsprechende Brommenge.

Da die träge Bromaddition einen Zweifel über die ungesättigte Natur von *B* aufkommen ließ, wurde die Substanz im Einschmelzrohr mit Bromwasserstoff-Eisessig bei 100° behandelt. Der Inhalt war dunkel und fest geworden. Das nach Waschen mit Alkohol und nachher aus einer Chloroformlösung mit Alkohol gereinigte Produkt enthielt ungefähr die der Formel $C_{25}H_{42} \cdot HBr$ entsprechende Menge von Brom. Eine abnorme Addition war also eingetreten.

Die Versuche hatten immerhin sicher angegeben, daß das Kondensationsprodukt *B* ungesättigt ist. Da das zweite, Substanz *A*, unlöslich war, konnte sein Additionsvermögen nicht untersucht werden. Ein eventueller Bromgehalt konnte nämlich in diesem Falle durch Substitution entstanden sein.

Außerdem sei hervorgehoben, daß die oben beschriebene Kondensation des Isoprens mittels Aluminiumchlorids in Gegenwart von Amylen stets von einer Nebenreaktion begleitet ist, die ölige Produkte ergab, die sich in dem für die Reinigung angewandten Alkohol lösten. Diese Öle sind bis auf Weiteres nicht untersucht worden. Sie könnten indes deswegen von Interesse sein, daß sie vielleicht synthetische Kohlenwasserstoffe enthalten konnten, die den Reihen der Sesquiterpene bzw. Di- und Polyterpene angehörten. Tatsächlich erinnert ihr Geruch recht viel nach gewissen in der Natur vorhandene Vertretern dieser Körperklassen, z. B. der Substanz in den Mastixlösungen, die den Geruch derselben zuerteilt.

Der oben mehrmals erwähnten Kondensation mittels Aluminiumchlorids dürfte wahrscheinlich eine allgemeine Anwendung zukommen. Um dies festzustellen, wurde eine ähnliche derartige Reaktion mit Isopren in Gegenwart einiger Terpene ausgeführt, und zwar am nächsten der beiden zugänglichsten, nämlich Pinen und Camphen.

In beiden Fällen wurden indes die beiden Modifikationen *A* und *B* erhalten; jene war wieder unlöslich, diese in Äther löslich. Bei der Elementaranalyse erhielt ich wieder dieselbe prozentige Zusammensetzung der Terpene; sie waren also miteinander isomer oder polymer. Dabei wurde allerdings nicht festgestellt, ob die beiden Terpene an der Kondensation beteiligt gewesen waren. Da aber Isopren allein mit $AlCl_3$ nicht (S. 329) reagiert, jetzt aber die Gemenge mit den beiden Terpenen dies zeigten, und da die Gewichte der nach dem Abdestillieren des Isoprens bei niederer Temperatur restierenden Produkte größer waren als das Gesamtgewicht des zugesetzten Aluminiumchlorids inklusive des Pinens bzw. Camphens, so wurde es sehr wahrscheinlich, daß auch die Terpene in den beiden Fällen an der Reaktion beteiligt waren. Dasselbe erhellt ferner aus der Tatsache, daß die Totalmenge der Produkte, bei der in beiden Fällen mit größeren Mengen intensiver fortschreitenden Einwirkung, der Gesamtmenge der Komponenten ziemlich nahe kamen.

Es wäre von erheblichem Interesse, weitere Versuche unter Beteiligung anderer, auch monocyclischer Terpene, auszuführen. Außerdem sollte in den verschiedenen Fällen festgestellt werden, ob die Reaktionsprodukte, auch etwa diejenigen aus Pinen und Camphen, noch die für die einfachen Terpene charakteristischen Atomgruppierungen enthalten. Dadurch könnte vielleicht u. a. ein Einblick in der nicht unwichtigen Frage gewonnen werden, ob volle Realität für meine Auffassung (s. o.) zukommt, diejenigen nämlich, daß bei der Reaktion des Isoprens in Gegenwart von anderen ungesättigten Kohlenwasserstoffen, die Äthylenbindungen dieser Komponenten für eine wirkliche Kondensation vollständig beansprucht werden. Dies könnte vielleicht z. B. bei dem Pinen-Isoprenprodukt in der Weise ermittelt werden, daß dabei die Addition von trocknem Chlorwasserstoff nur im Verhältnis zu einem Mol Pinen, und sogleich sehr leicht sowie unter erheblicher Wärmeentwicklung geschieht, während feuchter Chlorwasserstoff wahrscheinlich in relativ erheblicherer Menge aufgenommen sein würde. Was das Isopren-Camphenprodukt betrifft, könnte vielleicht z. B. die BERTRAMsche Reaktion unter Anlagerung von 1 Mol Essigsäure und Bildung des Acetates eines dem Isoborneol entsprechenden Alkohols, zur Klarlegung der Frage verwendet werden.

Auch wenn das erwartete Resultat nicht erzielt würde, so würde hier jedenfalls eine umfangreiche Reaktion vorliegen, die das Isopren in Gegenwart von ungesättigten Kohlenwasserstoffen, sowohl von aliphatischer als alicyclischer Natur umfaßt. Es wäre ferner möglich, daß auch ungesättigte Halogenverbindungen, Carbonsäuren usw. analog reagierten. Bei der vorliegenden Kenntnis derselben müssen jedoch weitere Spekulationen unterbleiben.

In qualitativer Hinsicht darf wohl hervorgehoben werden, daß statt Isopren andere Kohlenwasserstoffe mit konjugierter Stellung der Doppelbindungen ähnlich reagieren würden, wie Butadien, $\beta\gamma$-Dimethylbutadien, Cyclopentadien, Dihydrobenzol, Terpinen usw., die letztgenannten in den Formeln:

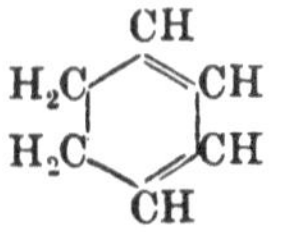

bzw.

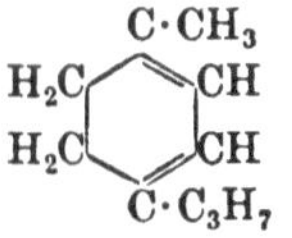

.

Hier liegt also eventuell eine interessante Frage zur Beantwortung vor.

C. Gesichtspunkte für die Kautschukbildung aus Isopren

Die in dem vorangehenden Moment B angegebenen experimentellen Resultate stehen in engem Zusammenhang mit der Theorie über die Natur der Kautschukbildung, die mich zeitweise eingehend beschäftigt hat. Es liegt deshalb ein triftiger Grund vor, dieses Problem an dieser Stelle zu besprechen.

Über den molekularen Bau des Kautschuks gingen die Ansichten zu der Zeit[1]) auseinander, als ich diesem Problem näher trat. HARRIES nahm zunächst an[2]), daß ein 1,5-Dimethylcyclooctadien den „Grundkohlenwasser-

[1]) Vgl. ASCHAN, Neue hochmolekulare Kohlenwasserstoffe aus Isopren, F. Vet.-Soc:ns Öfversigt 58A, Nr. 2, S. 3ff. (Helsingfors 1915). — [2]) Ann. 383, 222 (1911); Ber. 38, 1196 (1905).

stoff" für die natürlichen Kautschukarten darstellte; daraus könnte der Kautschuk durch Polymerisation, unter gegenseitiger Sättigung der Partialvalenzen nach THIELE, nach dem Schema I entstehen:

I. 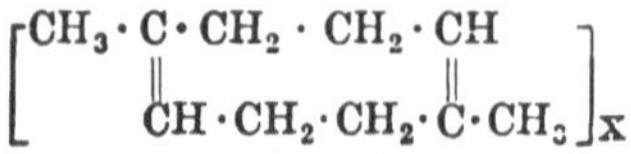 ; II. 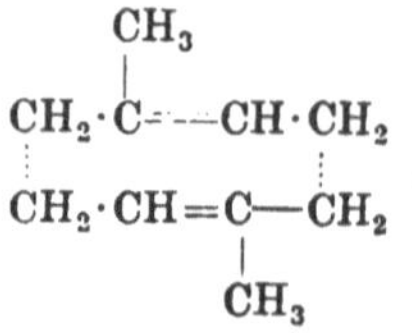 .

Er gab zugleich einen Ausdruck für die Vorstellung, daß das Kautschukmolekül einen Kohlenstoffring enthielt, dessen Zahl von Ringteilen unbekannt sei. Später[1]) kam er wegen der Resultate neuer Versuche zu folgender Ansicht. Er stellte die oben stehende Formel II auf, worin die punktierten Linien angeben sollten, daß zwischen den beiden Isoprenresten weitere gleichartige Reste eingefügt werden könnten. Er äußerte schließlich die Ansicht, daß ein Ring von 24 Kohlenstoffatomen wahrscheinlich vorliege.

PICKLES[2]) nahm wieder an, daß die Polymerisation des Isoprens in der Weise, daß längere Ketten in folgender Art:

$$. . . CH_2 \cdot C(CH_3) : CH \cdot CH_2 \cdot CH_2 \cdot C(CH_3) : CH \ . . . ,$$

stattfinden könnten, wobei die Zahl der teilnehmenden Isoprenmoleküle für die verschiedenen Kautschukarten charakteristisch wäre. Die beiden Enden der Ketten sollten ringförmig verbunden sein, doch wäre nur ein Ring im Kautschukmolekül vorhanden. Nach PICKLES hätte diese Auffassung den Vorteil vor der HARRIES, daß sie von einem Unterschied zwischen „chemischer" und „physikalischer" Polymerisation absehen konnte.

Auf die Wahl zwischen diesen Hypothesen scheinen mir die obigen Versuchsresultate (vgl. Moment B) entscheidend einzuwirken, nämlich in der Richtung, daß die Auffassung von PICKLES nicht aufrecht gehalten werden kann. Die während einigen Augenblicken durch Einwirkung von Aluminiumchlorid auf Isopren auftretende, stark exothermische Reaktion läßt offenbar keine Möglichkeit für eine andere Auffassung zu, als daß hier latente Energie auftritt in derselben Art wie in vielen anderen Fällen organisch chemischer Art, nämlich wenn die Äthylenbindungen in den Isoprenmolekülen unter Vermittelung des Aluminiumchlorids aufgespalten und gesättigt werden. Diese Reaktion, die keine getrennten Stufen aufweist, scheint von Anfang bis Ende einheitlich zu sein. Daß „Nebenvalenzen" in THIELEschem Sinne eine derartige Wärmeentwicklung hervorbringen könnten, scheint mir ausgeschlossen.

Wenn die verschiedenen Isoprenreste nach der Ansicht von PICKLES direkt zu den wirklichen „einfachsten" Kautschukmolekülen zusammengehen, würde man nicht zum Kautschuk gelangen. Die Polymerisierung sollte, unter den dabei auftretenden Erscheinungen, viel wahrscheinlicher zu den hochmolekularen Kautschukisomeren, die ich erhalten habe, oder zu anderen der gleichen Art führen.

---

[1]) Ann. 406, 199 (1914). — [2]) Journ. chem. Soc. 97, 1085 (1910).

Die wirkliche Sachlage würde, wie ich schon 1915 aussprach[1]), besser hervortreten, wenn man als Basis für die Auffassung folgende, aus unseren bisher gewonnenen Erfahrungen über das Verhalten des Kautschuks hergeleiteten Sätze, legt:

1. Aus der Additionsfähigkeit des Kautschuks folgt, daß bei seiner Bildung die eine der beiden Doppelbindungen verbraucht, während die zweite für den Zusammenschluß zu den einfachsten Kautschukmolekülen in Anspruch genommen wird.

2. Diese durch eine rein chemische Reaktion kondensierten einfachsten Moleküle werden vermittelst noch unbekannter, ziemlich schwacher und unter gewöhnlichen Verhältnissen langsam wirkender Kräfte von einer nicht gewöhnlichen Affinitätsqualität zu größeren komplexen Molekülen zusammengeschlossen; am nächsten könnte man dabei an die Partialvalenzen THIELES denken. Diese Komplexmoleküle sind wohl auch für die Additionsprodukte des Kautschuks mit Brom, Chlorwasserstoff und die übrigen Derivate $[C_{10}H_{16}Br_4]_n$, $[C_{10}H_{18}Cl_2]_n$ usw. grundlegend.

Zu diesen Sätzen fügte ich damals folgende Ausführung hinzu:

„Die Kautschukbildung zerfällt also, wie ich sie auffasse, in zwei voneinander zeitlich wie substantiell getrennten Vorgänge: erstens findet die anfängliche, rein chemisch verlaufende Kondensation statt, unter Beteiligung gewisser Äthylenbindungen des Isoprens und Erzeugung neuer Kohlenstoffbindungen, und zweitens die nachherige Zusammenschließung der so gebildeten „einfachsten Kautschukmoleküle" zu größeren Molekülkomplexen, wobei Kohlenstoffbindungen in gewöhnlichem Sinne nicht beteiligt sind. Der Vorgang wird nur allmählich vollzogen, unter stetiger Zusammenhäufung kleinerer Molaggregate zu größeren, und wird wohl praktisch niemals zu Ende geführt. Er ist dies, was man, obwohl weniger genau, Polymerisierung des Kautschuks bezeichnet, und dessen Gegenteil in dem entgegengesetzten, sowohl bei der Bildung von Additionsprodukten des Kautschuks, wie auch beim Auflösen des Kautschuks, besonders in der Hitze, eintretenden Depolymerisierungsvorgang vorliegt.

.... Die Eigenschaften des bei der Bromierung entstehenden Kautschuktetrabromids zeigen nämlich, daß die Grundsubstanz des Kautschuks nicht nach der Formel $C_{10}H_{16}$ des einfachen Dimethyloctadiens zusammengesetzt ist. Käme ihr nämlich diese Formel zu, so müßte das Kautschuktetrabromid die einfache Formel $C_{10}H_{16}Br_4$ besitzen, wogegen es tatsächlich ein so hohes Molekulargewicht hat, daß dasselbe in gewöhnlicher Weise, z. B. ebullioskopisch, nicht bestimmbar ist. Es könnte allerdings der Einwand erhoben werden, daß zunächst einfache Moleküle $C_{10}H_{16}Br_4$ entstehen könnten, die später zu größeren $(C_{10}H_{16}Br_4)_n$ zusammentreten würden, ähnlich wie dies bei der Kautschukbildung aus Isopren der Fall ist. Ebensowenig wie bei den Terpentetrabromiden, kann aber die Bildung solcher komplexer Moleküle hier vorkommen, da das Bromadditionsprodukt gesättigt ist.

Andererseits müßte die Bromierung des Kautschuks, wenn man sich der Anschauung von PICKLES anschließt, nach welcher kein Unterschied bezüglich der Natur der das komplexe Kautschukmoleküls zusammenhaltenden Kräfte obwaltet, zum Isoprenbromid und nicht zu einem Bromid $(C_{10}H_{16}Br_4)_n$ führen. Dagegen gibt die in den Sätzen 1 und 2 innewohnende Auffassung einen zutreffenden Einblick in den Additionsvorgang. Das Brom addiert sich zu den bei der Kondensation des Isoprens gebliebenen bzw. neu entstandenen Doppelbindungen, und je nachdem die Addition

[1]) ASCHAN, Neue hochmolekulare Kohlenwasserstoffe aus Isopren, F. Vet.-Soc:ns Öfversigt 58A, Nr. 2, S. 3 (1915).

an die „einfachsten Kautschukmoleküle" fortschreitet, würden die in dem Kautschuk vorhandenen komplexbildenden Kräfte außer Funktion gesetzt; die Verteilung der Substanz bleibt wahrscheinlich dann auf der Stufe stehen, die den einfachsten Kautschukmolekülen entspricht."

Zur Präzisierung und Ergänzung der beiden obigen Sätze vom Jahre 1915 seien folgende Ausführungen aus dem Jahre 1926[1]) hinzugefügt:

3. Die nach dem Satze 2 gebildeten (man könnte sagen: diese in fortwährender Bildung sich befindenden) „Komplexmoleküle", die keineswegs dieselbe Größe haben müssen, werden fernerhin von physikalischen Kräften (wobei wohl vor allem Adhäsion und Adsorption in Frage kämen) beeinflußt, die sie allmählich während einer fortdauernden „Polymerisierungserscheinung" zu Partikelchen von noch größerer Ordnung äußerlich zusammenfügen. Darauf wäre z. B. zurückzuführen, daß Proben von ursprünglich demselben Kautschuk variierende Eigenschaften aufweisen können. Die Ungleichheit äußert sich vornehmlich in der Härte und Sprödigkeit, sie kann sich aber auch — obwohl dies kaum bei einer und derselben Probe genauer untersucht worden ist — bei ungleichem Alter in der Dichte und Auflösungsgeschwindigkeit, d. h. in der ungleich leichten Bildung kolloidaler Lösungen bzw. der darauf beruhenden verschiedenen Viscosität, kundgeben. Inwieweit derartige und vielleicht noch andere physikalische, auf zeitlicher Einwirkung beruhende Verschiedenheiten auch bei anderen Kautschukderivaten auftreten, sollte, wie auch die sukzessive Variation der obigen physikalischen Eigenschaften beim Kautschuk selbst einer Ermittelung unterzogen werden.

4. Bezüglich des Kautschuks wird diese Art von „Polymerisierung der Komplexmoleküle" durch mechanische Verarbeitung und Temperaturerhöhung vermindert und sogar aufgehoben, worauf die maschinelle Bearbeitung desselben in den Fabriken ein Beispiel liefert; zugleich wird er dadurch für chemische Einflüsse empfindlicher gemacht, z. B. beim Erhitzen während der Vulkanisierung. Dieselbe Erscheinung kommt ferner bei der Abvulkanisierung bzw. Regenerierung von altem Gummi zur Anwendung. Die beiden Einflüsse, nämlich die Wirkung der mechanischen und der Temperatur, vermindern somit die Größe der „physikalischen Moleküle", deren Entstehen im Gegenteil hauptsächlich auf einer Zeiteinwirkung beruht.

Wie aus den obigen vier Sätzen hervorgeht, nehme ich an, daß drei verschiedene Einflüsse die Kautschukbildung aus Isopren sowie die später geschehenden Veränderungen desselben bewirken, nämlich:

a) erstens, daß eine auf die Einwirkung der Valenze des Kohlenstoffs beruhende, rein chemische Kondensation zu dem unbekannten „einfachsten Kautschukmolekül", das schon von einer nicht unbeträchtlichen Größe ist, eintritt;

b) zweitens, daß eine darauffolgende, durch eine andersartige chemische Einwirkung vielleicht von den Partialvalenzen be-

---

[1]) Vgl. meine Monographie in schwedischer Sprache: „Naftener, terpener och kamferarter", S. 445 (Helsingfors 1926).

dingte Polymerisation der einfachsten Kautschukmoleküle zu sogenannten „Komplexmolekülen" stattfindet, die wahrscheinlich von derselben Affinitätsgattung sind, wie diejenigen, die das Kautschuktetrabromid, -dihydrochlorid usw. in ihren stabilisierten Formen zusammenhalten;

c) drittens, daß schließlich eine sehr allmählich wirkende Anlagerungs- bzw. Assoziationserscheinung auftritt, die von physikalischen Einflüssen bedingt und wohl am nächsten mit derjenigen der Adhäsion und Adsorption vergleichbar ist.

Daß die letztgenannte Veränderung praktisch niemals beendigt ist, sondern sogar Jahrzehnte hindurch fortgeht, könnte darauf beruhen, daß die großen Komplexmoleküle erst nach einer theoretisch unendlichen Zeit zu ihrer endgültigen Orientierung gelangen.

Was die Einwirkung von „Lösungsmitteln" (Dispergierungsmitteln) für Kautschuk betrifft, so beruht sie darauf, daß die Assoziation der Komplexmoleküle aufgelockert wird und die Dispergierungsflüssigkeiten unter beträchtlicher Volumenvergrößerung aufgenommen werden. Diese nimmt allmählich zu, so daß die frühere Assoziationsmöglichkeit aufgehoben und ein Sol zunächst entsteht, die dann, und allmählich in immer größerer Menge, isolierte Komplexmoleküle enthält, die also in kolloidaler Lösung vorhanden sind. Nach einigen Tagen geht diese bei genügender Gegenwart von Lösungsmitteln in eine, wie es scheint, wirkliche Lösung über, die zum Äußeren von einer gewöhnlichen und nicht allzu kleine Moleküle enthaltenden Lösungen, wie z. B. einer Zuckerlösung, kaum zu unterscheiden ist. Die Flüssigkeit, die vorher opalisierend war, wird plötzlich, über Nacht, völlig klar und leicht flüssig, wie die Auflösung z. B. in Toluol zeigt.

Unsere Auffassung über den inneren Bau des Kautschuks läßt sich also nicht mit der von Pickles vereinigen. Dagegen stimmt sie teilweise mit der Anschauung von Harries überein, jedoch mit dem Unterschied, daß ich nicht mit seiner hypothetischen Annahme über die Größe des einfachsten Kautschukmoleküls einverstanden bin, sowie auch darin nicht, daß Harries, vom Isopren ausgehend, zwei Polymerisationsstadien, während das gänzliche Verhalten des Kautschuks meiner Ansicht nach drei verschiedene dieser Art voraussetzt, deren Hervortreten auf zwei ungleichen Valenz- bzw. Affinitätsäußerungen, also von chemischer Natur, sowie einer weiteren dritten beruht, die von rein physikalischer Art ist.[1])

Die Darstellung von Kautschuk aus Isopren zeigt, wie z. B. eine von mir 10 Jahre lang aufbewahrte Probe (s. oben unter Dipren, S. 125) offenbar ergeben hat, daß ein vollständiger Übergang des Isoprens in denselben nicht stattfindet. Auch bei der technischen Bereitung des Kautschuks bei etwas erhöhter Temperatur (etwa 50—100°) bleibt seine Bildung nach einiger Zeit, gemäß der Patentliteratur nach einigen Wochen stehen. Daß ein Gleichgewicht zwischen den beiden beteiligten Körpern, Isopren und Kautschuk, dabei eintritt, wäre die nächstliegende Anschauung. Jedoch ist diese Auffassung nicht ohne weiteres anzunehmen. Der Kautschuk stellt, unserer obigen Anschauung nach, keinen einheitlichen Körper, sondern ein veränderliches Gemisch, bzw. eine feste Lösung (s. o.), von drei Arten von Teilchen dar, die auch bei Abwesenheit eines Lösungs- bzw. Dispergierungs-

---

[1]) Vgl. auch hierüber Kurt H. Meyer, Zeitschr. angew. Chem. 41, 941 ff. (1928); 42, 76 (1929). Staudinger, ibid. 42, 37, 39, 67, 77 (1929).

mittels in gegenseitigem Übergang ineinander stehen. Dagegen dürfte man nicht fehl gehen, wenn man annimmt, daß diese Kategorien von Substanzteilchen in Gegenwart von einem Dispersionsmittel nach einem gewissen Zeitraum praktisch im Gleichgewicht zueinander stehen können. Von mir eigens angestellte Versuche zeigten nämlich, daß sowohl der nach 10 Jahren in einer Lösung von überschüssigem Isopren gebildete und daraus isolierte sowie nachher in Toluol aufgelöste, wie auch der aus gewöhnlichem Parakautschuk des Handels in der gleichen prozentigen Menge in Toluol allmählich dispergierte und nach einigen Tagen klar aufgelöste Kautschuk dieselbe Viscosität zeigten und identische Tetrabromide bildeten. Ein Gleichgewichtszustand stellt sich also hierbei ein, nachdem, wie es sich zeigte, das ursprüngliche Gel und die anfangs sehr dickflüssigen Sole leicht flüssig geworden waren. Während der dazu erforderlichen Zeit von einigen Tagen zerteilen sich die „Kautschukpartikelchen" der dritten Ordnung [vgl. unter c) oben, S. 335] erheblich und zerfallen vielleicht gänzlich in den Komplexmolekülen je nach der Natur des Dispersionsmittels, der Konzentration sowie zum Teil auch der Temperatur und Druck, während sich die beiden wirklichen Molekülarten [vgl. a) und b) S. 334 u. 335] wahrscheinlich im Gleichgewicht halten.

Andersartig könnte nun das Verhältnis sein, wenn Isopren als Dispersionsmittel funktioniert. Hierüber läßt sich keine sichere Ansicht bilden, bevor eine darauf gerichtete Untersuchung Bescheid gegeben hat, die ich anregen möchte. Es handelt sich dabei um die Auflösung von gereinigtem Kautschuk in Isopren und eine Bestimmung der Komponenten nach kürzerem und längerem Stehen, sowie um die Feststellung, ob eine Temperatureinwirkung zu beobachten ist.

Die eigentümliche Natur des Kautschuks, wodurch er sich in mehr als einer Beziehung von anderen Stoffen unterscheidet, ist wahrscheinlich von den oben berührten verschiedenen Arten der feineren Verteilung seiner Substanz abhängig, denn einheitlich ist sein Aggregationssystem keineswegs; es ist auch als fest in stetiger Verwandlung seiner kleinen verschiedenen Partikelchen begriffen, die nur teilweise Moleküle in gewöhnlichem Sinne darstellen. Hierauf beruht ohne Zweifel, außer dem kolloidalen Charakter, beispielsweise seine Elastizität und sogenannte „Nervigkeit".

Inwieweit die Natur des Kautschuks mit derjenigen anderer hochmolekularer Naturstoffe übereinstimmt, gehört allerdings nicht hierher; eine gewisse Ähnlichkeit ist indes, z. B. mit dem Zellstoff, zu erkennen, dessen Eigenschaften wahrscheinlich auch auf der Mitwirkung chemischer und physikalischer Kräfte beruhen.

Durch unsere Beobachtungen über den Kautschuk treten wieder einige neue Aufgaben hervor. Zunächst fortgesetzte Viscositätsbestimmungen von Kautschuksolen in anderen Solvenzien und in Isopren. Die Arbeit in beiden Richtungen könnten wahrscheinlich die obigen Fragen beleuchten.

---

[1]) ASCHAN, Naftener, terpener och kamferarter, S. 448 (1926).

Ferner sollte zu dem Zweck experimentell nachgewiesen werden, ob Isopren beim Auflösen des Kautschuks in verschiedenen Flüssigkeiten entgegen unserer Annahme jedoch entstehen könnte, sowie, wenn Isopren als Solvens angewandt wird, ob eine derartige Spaltung des Kautschuks in Isopren teilweise geschieht, d. h. ob die Konzentration des Isoprens in der Lösung vermehrt wird.

D. Anregungen und Ergänzungen zum Kapitel 25

Auch der Inhalt des Kapitels gibt zu einigen weiteren Untersuchungen Anlaß.

1. Moment A. Zu der Kenntnis der Zusammensetzung des Semikautschuks könnten vielleicht Versuche zur Oxydation desselben mit Ozon, in Übereinstimmung mit den früheren Arbeiten von HARRIES[1]), Aufschluß geben.

Ferner sollte, in Anschluß zu den S. 327 u. 330 angeführten Versuchen zur Kondensation von reinem Isopren mit Terpenen die gebildeten Produkte näher untersucht und auf andere Terpene erweitert werden. Die beschleunigende Wirkung des Natriums und anderer unorganischer bzw. organischer Körper dürften durch neue Versuche weiter festgestellt werden.[2])

2. Moment B. Oben (S. 330) wurde bereits angegeben, daß die Isoamylenmenge in dem Isoprengemisch erheblich vermindert werden kann, ohne daß die von Aluminiumchlorid als Kondensationsmittel bewirkte Reaktion ausbleibt. Diese Versuche sollten damit ergänzt werden, ob und wie die Umsetzung verläuft, wenn die Isoprenmenge im Gegenteil sukzessive vermindert wird, sowie bei welcher Menge die Reaktion aufhört.

Die beiden bei dem ursprünglichen Verhältnis der Komponenten entstandenen Hauptprodukte *A* und *B* sollten einer quantitativen eingehenden Untersuchung unterzogen werden. Eine solche könnte auch auf das Verhalten derselben bei der trockenen Destillation eventuell im Vakuum hinausgehen. Von Interesse wäre die Feststellung, ob Isopren und Isoamylen dabei zurückgebildet wird, wie im Falle des Kautschuks. Auch die Anwendung des BERTRAM-VALBAUMschen Reaktion, besonders auf dem löslichen *B*-Produkt, könnte geprüft werden. Wenn möglich, sollte die Löslichkeit in höher siedenden Lösungsmitteln (etwa Terpineol, Nitrobenzol, Chinolin, Campher, Harzsäuren) studiert werden.

Auch die Umlagerung von *A* in *B* und umgekehrt, sowie die weitere Feststellung, ob das Erhitzen derselben mit Isopren bzw. Isoamylen im geschlossenen Gefäß (ohne Zusatz von Aluminiumchlorid) zur Auflösung beider führt. Schließlich sollten Versuche in dieser Hinsicht auf andere Metallverbindungen, wie Aluminiumbromid, Chloriden und Bromiden von dreioder mehrwertigen Metallen, wie Chromtrichlorid, Zinntetrachlorid usw. ausgedehnt werden. Daß wasserfreies Ferrichlorid eine Kondensation be-

[1]) Ann. 383, 191 (1911). — [2]) Bekanntlich sind in der letzten Zeit zahlreiche Patente für die Anwendung derartiger Beschleuniger angemeldet worden (über unsere, schon 1910 beobachtete Verwendung des Zinkoxyds s. oben, S. 326).

wirkt, die jedoch bisher nicht untersucht worden ist, habe ich früher beobachtet.

Was die Entwicklung und allgemeine Anwendbarkeit der Aluminiumchloridreaktion betrifft, so sollte die Kondensation des Isoprens unter Verwendung anderer ungesättigter Derivate von Fett- bzw. alicyclischer Natur als von Amylen und Terpenen unterzogen werden, besonders von ungesättigten Säuren, wobei Carboxylderivate von der *A*- und *B*-Substanz eventuell auftreten könnten. Ganz unmöglich wäre es fernerhin nicht, daß auch Benzolverbindungen, wenigstens von gewisser Art, mit Isopren in Reaktion gebracht werden könnten. Allgemein betrachtet, dürfte hier ein weites Feld für weitere Forschung vorliegen.

3. Moment C. Die darin genannten theoretischen Gesichtspunkte geben ebenfalls neuen Anlaß zur Erforschung der chemischen und physikalischen Natur des Kautschuks. Ein Überblick über einige Aufgaben sei hier, außer den schon oben (s. S. 334ff.) diesbezüglich angegebenen, angeführt.

Zunächst sollte eine eingehende Untersuchung über das Depolymerisierungsproblem vorgenommen werden. Bekanntlich erleidet Kautschuk von jedem Alter mit vielen gewöhnlichen Lösungsmitteln (Toluol, Terpentinöl usw.) eine allmähliche Depolymerisation. Zunächst schwillt es zu einer gelatinösen Masse auf, die mit der umgebenden Flüssigkeit Sole bildet, zunächst solche von großer Viscosität, die nach einigen Tagen immer leichtflüssiger und schließlich fast ebenso liquid werden, wie das Lösungsmittel selbst. Es wäre nicht undenkbar, daß eine Untersuchung über das Brechungsvermögen bzw. Viscositäts- und Dichtebestimmungen bei den sukzessive auftretenden Phasen des Flüssigwerdens der Lösungen, gewisse Haltpunkte für die ungleichen Stadien der Depolymerisation ergeben könnte.

Versuche, den Kautschuk durch Behandlung mit reinem Isopren, eventuell unter Erhitzen sowie Anwendung verschiedener Lösungsmittel, depolymerisiert zu erhalten, wurden schon oben empfohlen und mögen nochmals, wegen ihres erheblichen Interesses, genannt werden. Der Gleichgewichtszustand, wenn er nämlich eintritt, müßte ferner untersucht werden, nachdem von mir gefunden wurde, daß beim längeren Aufbewahren[1]) von Isopren bei gewöhnlicher Temperatur in geschlossenem Gefäß, neben dem Terpen Dipren, eine Lösung von Kautschuk in überschüssigem Isopren auftrat, dessen Viscosität nach etwa 10 Jahren nicht weiter zuzunehmen schien. Unter Variation von Temperatur und Lösungsmitteln könnten wahrscheinlich neue Gesichtspunkte über die problematische Natur des Kautschuks und die Art der Kräfte, die ihn zusammenhalten, gewonnen werden.

Auch der alleinige depolymerisierende Einfluß der Temperatur auf den Kautschuk wäre interessant. Wie hervorgehoben, wirkt z. B. ein „trocknes" Erhitzen während einiger Stunden auf harten Kautschuk erweichend ein, er wird „deplastiziert". Die entgegengesetzte Einwirkung findet bei niederer Temperatur, wenn weicher Kautschuk härter wird, statt. Bei einigen Graden noch höher verläuft die Deplastizierung noch schneller, so daß die Substanz

[1]) Ann. **439**, 221 (1924).

sogar klebrig wird, doch ohne chemische Veränderung, wenn keine Luft zugegen ist. In diesem Zustand ist der Kautschuk leichter löslich, und die Lösung leicht flüssig. Außerdem zeigt er sich aktiver und mit chemischen Mitteln leichter reagierend.

Kapitel 26. Über das Isopentan des Erdöls als Ausgangsmaterial für Isopren- bzw. Kautschukbereitung[1])

Bei dem von Jahr zu Jahr größeren Verbrauch von Kautschuk wird die Frage immer wichtiger, woraus das Rohmaterial für seine Herstellung, das Isopren, in unbegrenzter Menge erhalten werden könnte, nachdem es bekanntlich gelungen ist (vgl. Kapitel 25, S. 321), den Körper auch im technischen Maße in einfacher Weise durch Erhitzen darzustellen. Vorläufig genügt allerdings der Naturkautschuk aus den Plantagen, den Bedarf an Kautschuk zu decken. Andererseits ist die Festigkeit und „Nervigkeit" des synthetischen Kautschuks noch nicht mit dem aus den Plantagen ebenbürtig. Jedoch dürfte es nur eine Frage der Zeit sein, wann diese Nachteile bezüglich des letztgenannten, bei der immer sehr stark vermehrten Nachfrage und der daraus entspringenden Rückwirkung auf die Erfindungsfähigkeit sowie die fabrikatorische Entwicklung, beseitigt werden. Dann wird die genannte Frage über die Möglichkeit, das Isopren einfach und billig zu gewinnen, wieder hochaktuell. Darauf arbeitet man auch vorläufig energisch und großzügig in aller Stille, und schließlich wird man sicher zum Ziel gelangen.

Da ich selbst aus verschiedenen Gründen kaum mehr die Gelegenheit habe, dieser Materialfrage näherzutreten und dabei mitzuwirken, so wäre es angebracht, hier zwei Wege in diesem synthetischen Sinne anzugeben, mit denen ich vor etwa anderthalb Jahrzehnt beschäftigt war, und zwar unter Anwendung der meiner Ansicht nach einzig genügend reichlichen Urquelle dafür, nämlich des Erdöls. Das vorliegende Kapitel behandelt eine Untersuchung zu diesem Zweck, über gewisse niedere Paraffinkohlenwasserstoffe aus dem Erdölbenzin, wobei auch einige Erfahrungen von allgemeinem chemischen Interesse hervorgingen. Das folgende Kapitel 27 betrifft wieder das noch im größeren Maßstab vorliegende „Masut", d. h. die Residuen nach dem Abdestillieren des Brennpetroleums aus dem kaukasischen Erdöl[2]), als Rohmaterial für den gleichen Zweck.

Da Isopren II denselben Kohlenstoffkern wie das Isopentan I enthält:

$$\text{I.}\ \begin{matrix}CH_3\\CH_3\end{matrix}\!>\!CH\cdot CH_2\cdot CH_3\,, \qquad \text{II.}\ \begin{matrix}CH_3\\CH_2\end{matrix}\!\geqslant\!C\cdot CH{=}CH_2\,,$$

entstand bei mir bei dem Zeitpunkt um 1910, als die künstliche Bereitung des Kautschuks auf synthetischem Wege brennend war, der Gedanke, das Isopentan, das ich früher[3]) in reichlicher Menge in dem niedrigsten Teil des russischen Petroläthers gefunden hatte, in dieser Hinsicht zu untersuchen. Aus einem derartigen

[1]) Aschan, F. Vet.-Soc: ns Förh. 58 A, Nr. 1, S. 1—122 (1915). — [2]) Aschan, „Über die pyrogene Zerlegung der russischen Erdölresiduen (Masut): Neue Richtlinien zur rationelleren Verwertung der Erdöle", F. Vet.-Soc: ns Förh. 61 A, Nr. 7 (1919). — [3]) Ibid. 38, 146 (1896); 40 201 (1898).

Produkt, das mir die Firma Bröder Nobel in Baku dankenswerterweise damals zukommen ließ, wurden nach 11—12maliger Fraktionierung folgende Gewichtsteile erhalten:

1. Fraktion	26—30°	35 g	zum überwiegenden Teil Isopentan
2. „	30—32°	185 „	
3. „	32—35°	80 „	Gemenge von Isopentan und n-Pentan
4. „	35—40°	28 „	n-Pentan
5. „	40—45°	17 „	

Neben dem Isopentan wurden auch einige andere Kohlenwasserstoffe in demselben Petroläther, nämlich n-Pentan (35—40°), die Hexanfraktion 58—60° sowie die ersten Vorläufe, die Fraktion 10—12°, untersucht.

A. Arbeiten über Isopentan

1. Die Monochloride

Diese Arbeiten gingen darauf aus, *durch trockne und „feuchte" Chlorierung Mono- und Dichloridderivate des Isopentans darzustellen.* Dabei wurde das interessante Resultat erhalten, *daß sämtliche vier Monohydrochloride desselben gleichzeitig bei der trocknen Chlorierung entstehen.* Diese Isoamylchloride sind die folgenden:

1. $\genfrac{}{}{0pt}{}{CH_3}{CH_3}\!>\!CH \cdot CH_2 \cdot CH_2Cl$; Gewöhnliches primäres Isoamylchlorid

2. $\genfrac{}{}{0pt}{}{CH_2Cl}{CH_3}\!>\!CH \cdot CH_2 \cdot CH_3$; Zweites primäres Isoamylchlorid

3. $\genfrac{}{}{0pt}{}{CH_3}{CH_3}\!>\!CH \cdot CHCl \cdot CH_3$; Sekundäres Isoamylchlorid

4. $\genfrac{}{}{0pt}{}{CH_3}{CH_3}\!>\!CCl \cdot CH_2 \cdot CH_3$. Tertiäres Isoamylchlorid

Findet die Chloreinwirkung in Gegenwart von Wasser statt („feuchte Chlorierung"), so werden *nur zwei Monochloride in reichlicher Menge, nämlich die beiden primären Isoamylchloride 1 und 2 erhalten.* Das sekundäre Chlorid 3 tritt nur in geringer Quantität auf, und das tertiäre 4 gar nicht. Dieses unerwartete Resultat ist wahrscheinlich darauf zurückzuführen, daß dieses Chlorid, wie andere tertiäre, z. B. Trimethylmethylchlorid, $(CH_3)_3CCl$, und Triphenylmethylchlorid, $(C_6H_5)_3CCl$, *in Salzsäure löslich ist,* und folglich in die untere Wasserschicht übergeht.

Um diese Resultate zu beleuchten, teilen wir in den Tabb. 2 und 3 die relativen Mengen der betreffenden Fraktionen mit. Tab. 1 zeigt die relative Ausbeute der bei der vorliegenden Untersuchung schließlich erhaltenen Paraffine, nachdem das Rohmaterial, das diesmal ein gewöhnlicher, im Laboratorium als Lösungsmittel angewandter russischer Petroläther war, viermal durch ein 1,2 m langes Destillationsrohr nach Fagerlind mit einer 80 cm hohen Schicht von gleich großen Glasperlen (Diameter etwa 0,6 cm), fraktioniert worden war.

Der Effekt der Fraktionierung war, besonders in den niederen Fraktionen, ausgezeichnet. In diesem Material sind die beiden Pentane, je mit etwa 20%, demnächst Diisopropyl, $(CH_3)_2CH \cdot CH(CH_3)_2$, mit etwa 14% und n-Hexan (?) mit etwa 7% vorhanden.

Tabelle 1

Siedepunkt in °C	Gewicht in g	Bemerkungen
9—15	200	Meistens Isobutan: Konstanz 10°
15—20	180	
20—25	10	
25—28	35	
28—30	1255	Konstanz 29°: Isopentan
30—33	290	
33—35,5	405	
35,5—40	1275	Konstanz 36,5°: n-Pentan
40—45	17	
45—50	150	
50—55	177	
55—60	901	Konstanz 58°: Diisopropyl
60—65	602	Konstanz 62°: Dimethylpropylmethan[1])
65—68	410	Meistens n-Hexan
Rückstand	525	
	6432	

a) Bei trockner Chlorierung.

Wenn Chlor in den Dampf von gut fraktioniertem, auf dem Wasserbade schwach erwärmtem Isopentan bei diffusem Tageslicht eingeleitet wird, so verschwindet die gelbe Farbe fast momentan und Chlorwasserstoff wird in erheblicher Menge entwickelt. Dies hat den Nachteil, daß bedeutende Mengen Isopentan trotz effektiver Kühlung mit Schnee und Kochsalz verflüchtigt werden. Trotzdem wurde bei dieser Methode jedesmal nur die Hälfte chloriert[2]), worauf der daran nicht beteiligte Kohlenwasserstoff abdestilliert und zu einer neuen Operation angewandt wurde. Die Chloride mehrerer Portionen wurden dann vereinigt und fraktioniert.

Das Chlor wurde in geeigneter Weise dem in einer räumlichen Retorte befindlichen Kohlenwasserstoff zugeleitet, indem das Zuflußrohr für das Chlor, das durch Zutropfen von konzentrierter Salzsäure auf festes Natrium- oder Kaliumpermanganat entwickelt wurde, in der Mitte der Retorte über der Oberfläche des Kohlenwasserstoffes mündete. Aus den abgehenden, mit einem gewöhnlichen Kühler abgekühlten Dämpfen wurden die Chloride mittels eines langen mit Schnee und Kochsalz abgekühlten Spiralkühlers verdichtet. Der Chlorwasserstoff passierte dann zwei damit verbundene Waschflaschen mit Wasser bzw. Natronlauge.

Der bald gelb gefärbte Kohlenwasserstoff in der Retorte absorbiert zunächst alles Chlor und wird bei vorsichtigem Erwärmen abgefärbt; der Zufluß des Chlors wurde danach reguliert. Schneller wird die Abfärbung mittels einer genäherten, größeren Auerlampe bewirkt, die besonders beim trüben Tageslicht gut katalytisch funktionierte. Die Flüssigkeit wird bei ruhigem Chlorieren in schwachem Sieden gehalten. Unter Anwendung von 55—60 Teilen $KMnO_4$ können in 8—10 Stunden etwa 50 Teile Rohchlorid erhalten werden, nachdem die weiteren 50 Teile Isopentan abdestilliert wurden.

Die chlorierte Flüssigkeit wurde mit Sodalösung und Wasser geschüttelt, getrocknet und mit einem kürzeren Fagerlindrohr fraktioniert. Bei einigen Opera-

[1]) Von der Formel $CH_3 \cdot CH_2 \cdot CH_2 \cdot CH(CH_3)_2$; Methyldiäthylmethan, $CH_3 \cdot CH(CH_2 \cdot CH_3)_2$, könnte auch zugegen sein. — [2]) Schorlemmer, Ann. 161, 265 (1872); vgl. Lachowicz, Ann. 220, 188 (1884).

tionen wurden z. B. aus 2816 g Isopentan 1123 g Rohchlorid erhalten, das nach dem 4. Gang folgende Fraktionen ergab:

Tabelle 2

Nr.	Fraktion in °C	Gewicht in g	Nr.	Fraktion in °C	Gewicht in g
1	30—34	50	7	93— 96	162
2	34—75	22	8	96— 99	327
3	75—85,5	3	9	99—102	105
4	85,5—88	60	10	102—110	3
5	88—90	18		über 110	159
6	90—93	113			

Die Hauptfraktionen 4, 6, 7, 8 und 9 wurden analysiert und enthielten den für $C_5H_{11}Cl$ entsprechenden Chlorgehalt. Das spez. Gewicht wurde mit folgendem Resultat (Tab. 3) bestimmt, um die Konstante mit der in der Tab. 4 für die vier Isoamylchloride angegebenen vergleichen zu können [die Formeln wurden oben (S. 340) angeführt]:

Tabelle 3

Nr.	Fraktion in °C	d
4	85,5— 90	d^{15}_{15} = 0,8692 (d^{20}_{4} = 0,8672)
6	90— 93	0,8752 (d^{20}_{4} = 0,8740)
7	93— 96	0,8797
8	96— 99	0,8818
9	99—102	0,8851

Tabelle 4

	Fraktion in °C	d
1. Das primäre Isoamylchlorid	100,9	d_{25} = 0,8627; d_0 = 0,8859
2. Das zweite primäre Isoamylchlorid	97—99	d_{15} = 0,886
3. Sekundäres Isoamylchlorid	91	d_0 = 0,883
4. Tertiäres Isoamylchlorid	86	d_{19} = 0,870

Hieraus geht die früher unbekannte Tatsache hervor, daß **bei gewöhnlichem trocknen Chlorieren des Isopentans sämtliche vier Isoamylchloride gleichzeitig entstehen.**

b) Bei feuchter Chlorierung.

Beim Arbeiten mit trocknem Chlor trat (s. o.) ein auf Grund des niedrigen Siedepunktes des Rohmateriales erheblicher Verlust auf. Ich ging daher zu einer Chlorierung in Gegenwart von Wasser über. Bei dieser Art sollte der entwickelte Chlorwasserstoff in dieser unterlagernde Schicht aufgelöst und dieser Mangel beseitigt werden. Als Beispiel wird folgender Versuch mit dieser geeigneten Methode angegeben:

In 330 g Isopentan, das auf drei miteinander verbundenen kleineren WOULFFschen Flaschen auf die in diesen befindliche gleich große Wasserschicht verteilt war, wurde das aus 220 g Kaliumpermanganat wie oben aus konzentrierter Salzsäure entwickelte Chlor eingeleitet. Das Gas ging zunächst in der einen Richtung der Flaschen 1, 2, 3, und als die halbe Permanganatmenge verbraucht war, in der anderen 3, 2, 1 hindurch. Die letzte Flasche war in beiden Fällen mit einem mit einer Kältemischung abgekühlten Spiralkühler verbunden. Die nachher vereinigten, gewaschenen und getrockneten Schichten ergaben nach dem Übergang des unveränderten Kohlenwasserstoffs beim Fraktionieren folgende Zahlen:

Tabelle 5

Nr.	Fraktion in °C	Gewicht in g	Nr.	Fraktion in °C	Gewicht in g
1	90— 93	8,5	5	105—130	1,2
2	93— 96	57,0	6	130—140	5,5
3	96— 99	37,0	7	140—150	8,0
4	99—105	6,0	8	160—160	8,5
	bis 105°	108,5 g	Rückstand über 160° 11,7 g; in allem 142,4 g		

Wie angegeben, werden bei der feuchten Chlorierung kein tertiäres Isoamylchlorid und in sehr kleiner Menge das sekundäre, während die beiden primären Monochloride reichlich gebildet werden. Die zwischen etwa 130—150° übergehenden Dichloride, $C_5H_{10}Cl_2$, wurden in kleinerer Menge, und auch Trichloride schienen gebildet worden zu sein.

Bei der feuchten Chlorierung wird das Wasser zunächst mit dem Halogen gesättigt. Nach einer Weile, färbt sich die zunächst gelbe Lösung plötzlich ab und bleibt nachher, ebenso wie die Schicht der Kohlenwasserstoffe, auch bei verstärkterem Einleiten des Chlors nicht mehr gelb gefärbt. Offenbar werden dabei die Chlormoleküle leichter dissoziiert bzw. aktiviert als in trocknem Zustand, ein Umstand, der auch bei anderen Reaktionen mit freiem Chlor beobachtet werden konnte.

Schließlich wurde auch versucht, bei feuchter Chlorierung Salzsäure als unterlagerndes Material anzuwenden. Vergleichende Versuche mit den drei verschiedenen Methoden ergaben auch in etwas größerem Maßstab folgendes:

Die beste Ausbeute (46%) an Monochlorisopentanen wurde indes beim trockenen Chlorieren erhalten. Bei der Anwendung von konzentrierter oder verdünnter Salzsäure, sowie von Wasser sinkt die Ausbeute auf 39%, 38,8% und 34%, die also ziemlich gleich sind.

2. Die den Isopentylmonochloriden entsprechenden Alkohole. Die Totalsynthese der beiden primären Amylalkohole des Fuselöls

Versuche, aus den durch Chlorieren der Isopentanfraktionen erhaltenen Chloride die entsprechenden Alkohole darzustellen, sind um etwa 1860 von Schorlemmer[1]) und am Ende des Jahrzehnts 1890 von Mabery und Hudson[2]) angestellt worden. Es zeigte sich aber, daß diese beiden Arbeiten mit normalem Pentan ausgeführt wurden. Bezüglich der Beweise weisen wir hier nur auf unsere ausführliche Abhandlung aus dem Jahre 1915 hin[3]), worin u. a. auch bewiesen wird, daß die Totalsynthese der beiden in dem gewöhnlichen Fuselöl vorhandenen Isoamylalkohole zum erstenmal in Gemeinschaft mit den oben beschriebenen Arbeiten über die Chlorierung von Isopentan ausgeführt wurde.

a) Acetat und Alkohol: $CH_3{\cdot}CH_2{\cdot}CH{<}^{CH_2OH}_{CH_3}$. 20 g der in Tab. 3 an-

[1]) Proc. Roy. Soc. 15, 131 (1864); Journ. prakt. Chem. 48, 242 (1866); Ann. 161, 268 (1870). — [2]) Amer. chem. Journ. 19, 243 (1897); Chem. Zentralbl. 1897, I, 967. — [3]) Aschan, „Über die Derivate der Petroleumpentane", F. Vet.-Soc: ns Förh. 58 A, Nr. 1, S. 10ff. (1915).

gegebenen Chloridfraktion vom Siedep. 96—99° (d_{15}^{15} = 0,8818) wurden 12 Stunden mit 20 g vorher geschmolzenem Kaliumacetat und 20 g Eisessig auf 190—200° erhitzt. Das isolierte und getrocknete Acetat verteilte sich nach der zweiten Fraktionierung in folgender Weise: 1. 37—38° 1,5 g (Isoamylen); 2. 100—120° 0,5 g; 3. 120—130° 1,6 g; 4. 130—135° 0,6 g; 5. 135—137° 0,9 g; 137—140° 2,3 g; 140—142° 5,1 g. Die letzte Fraktion, $C_5H_{11}O \cdot C_2H_3O$, zeigte sich durch die Dichte d_{15}^{15} = 0,8720 und den Siedepunkt als mit dem gesuchten Acetat (Siedep. 141,6°) identisch. Beim Verseifen wurden 4,5 g eines Alkohols mit dem folgenden Resultat der Fraktionierung, erhalten: 1. 80—100° 0,4 g; 2. 128—129° 2,3 g; 3. 129—130,5° 0,6 g (766 mm).

Der Siedepunkt des Alkohols $CH_3 \cdot CH_2 \cdot CH<{}^{CH_2 \cdot OH}_{CH_3}$ ist früher zu 128 bis 128,7° angegeben worden.

Der Beweis für die angegebene Struktur wurde durch Oxydation mit Chromsäure nach dem Verfahren von ERLENMEYER und HELL[1]) mit folgender Modifikation, um zu einer besseren Ausbeute zu gelangen, geführt[2]); diese eignet sich auch für die sonst nur mit kleiner Ausbeute verlaufende Oxydation anderer Amylalkohole zu Valeriansäuren:

18 g von mehreren Darstellungen des betreffenden Alkohols wurden auf 3 bis 4 Portionen allmählich verteilt, bei 65° zusammen mit 750 ccm eines 5%igen Chromsäuregemisches erhitzt (der Liter enthält 78 g $K_2Cr_2O_7$ und 105 g konzentrierte Schwefelsäure). Zuletzt wird das Gemisch, dessen Siedepunkt jedesmal bis auf 100° spontan steigt, 20 Stunden gekocht und, bis ein dickes Salzgemenge rückständig bleibt, destilliert. Das mit Soda neutralisierte Destillat wird fast bis zur Trockne verdunstet, und die mit Schwefelsäure abgeschiedene Valeriansäure, die feucht 11 g wiegt, teils durch Separieren, teils durch Ätherextraktion gewonnen. Nach dem Trocknen mit Phosphorpentoxyd wurde die Säure durch Fraktionieren mittels einer kleinen Perlenkolonne gereinigt. Sie siedete bei 171—175° (Konstanz bei 173°) und zeigte d_4^{20} = 0,9381.

b) Acetat und der zugehörige Alkohol: $(CH_3)_2CH \cdot CH_2 \cdot CH_2OH$; die Totalsynthese des gewöhnlichen Isoamylalkohols des Fuselöls.

20 g des nach der Tab. 3 angegebenen, bei 99—102° siedenden Isopentylchlorids wurden im zugeschmolzenen Rohr 12 Stunden lang mit 20 g Eisessig und 20 g Kaliumacetat auf 190—200° erhitzt. Die Ausbeute war 19 g, die sich bei der Fraktionierung auf folgende Fraktionen verteilte: 1. bis 120° 0,7 g; 2. 120—130° 0,3 g; 3. 130—135° 3,2 g; 4. 135—140° 5,6 g; 5. 140—143° 8 g (d_{15}^{15} = 0,8740).

Die Fraktionen 4 und 5 wurden gemischt und nach a) oben bearbeitet. Aus 13,6 g Ester erhielten wir 7,6 g des Alkohols mit folgendem Resultat der Fraktionierung: 1. 86—100° 2,7 g (noch Äther enthaltend); 2. 100—130° 0,6 g; 3. 130 bis 133° 3,9 g.

18 g des von mehreren Versuchen obiger Art erhaltenen Alkohols wurden nach unserer Methode (s. o.) oxydiert. Die Valeriansäure (11 g) wurde fraktioniert. Es gingen bis 165° 0,8 g, bei 165—171° 1,8 g; bei 171—175° 5,7 g (Konstanz bei 172—174°); Rückstand 0,75 g. Die Bestimmung der Dichte ergab d_{15}^{15} = 0,9356; d_4^{15} = 0,9348; d_{20}^{20} = 0,9318; d_4^{20} = 0,9301. Darauf (wie auch die Analyse) stimmte eine aus gewöhnlichem Isoamylalkohol des Fuselöls in obiger Weise dargestellte Isovaleriansäure — die auch eine kleine Menge der isomeren Säure enthalten dürfte — mit der Dichte d_4^{20} = 0,9297.

Die obigen Versuche beweisen, daß die aus dem Isopentan über die durch gewissenhafte Fraktionierung getrennten Isopentyl-

---

[1]) Ann. 160, 275 (1871). — [2]) ASCHAN, l. c., S. 19ff. (1915).

chloride vom Siedep. 96—98° bzw. 99—102° erhaltenen Alkohole primär sind und die beiden im Fuselöl enthaltenden Isoamylalkohole darstellen. Folglich sind dieselben in der angegebenen Weise totalsynthetisch dargestellt worden.

c) Versuche zur Darstellung der Acetate und die entsprechenden Alkohole aus sekundärem und tertiärem Isopentylchlorid. Beim Erhitzen dieser Chloride (Siedep. 90—93° und 85,5—88°) mit den gleichen Mengen von Kaliumacetat und Eisessig auf 190—200° im Rohr wurde, statt der Acetate, im ersten Fall fast ausschließlich, im zweiten Fall ausschließlich ein bei 37—42° siedender Kohlenwasserstoff erhalten, der sich als Trimethyläthylen, $(CH_3)_2C{=}CH\cdot CH_3$, erwies.

Dies wurde in der Art festgestellt, daß das aus dem bekannten Amylenhydrat, $(CH_3)_2\cdot C(OH)\cdot CH_2\cdot CH_3$, durch Wasserabspaltung erhaltene Trimethyläthylen in Gegenwart von etwas Äther mit Chlorwasserstoff bei — 10° gesättigt wurde. Das in theoretischer Menge erhaltene Hydrochlorid, $(CH_3)_2\cdot CCl\cdot CH_2\cdot CH_3$, zeigte den Siedep. 84,5—85,5° und das spez. Gewicht $d^{15}_{15} = 0{,}8688$. Da wir früher (vgl. die Tabb. 2 und 3) beim Fraktionieren des rohen Isopentylchlorids eine bei 85,5—90° siedende Fraktion (mit Konstanz bei 86—86,5° und $d^{15}_{15} = 0{,}8692$) erhielten, so liegt hierin ein neuer Beweis vor, daß auch tertiäres Isoamylchlorid (Isopentylchlorid) bei direkter Chlorierung des Isopentans entstanden war.

d) Abspaltung von Chlorwasserstoff aus tertiärem „Isoamylchlorid". Beim Kochen des vom Trimethylenäthylen dargestellten Chlorids (15 g) mit den gleichen Teilen Kaliumacetat und Eisessig wurde ein Destillat (9,5 g) erhalten, das wieder bei 37—38° siedete. Dieser Kohlenwasserstoff war also zurückerhaltenes Trimethyläthylen. Daraus folgt weiter, daß nur ein Chlorid, $C_5H_{11}Cl$, nämlich tertiäres Isoamylchlorid bei der Addition von Chlorwasserstoff auf Trimethyläthylen, sowie daß nur ein Kohlenwassertoff durch Chlorwasserstoffabspaltung aus demselben, nämlich das Ausgangsmaterial, entsteht. Wären mehrere gebildet worden, so hätte weder das Hydrochlorid noch das Amylen einen so konstanten Siedepunkt gehabt. Die beiden sonst theoretisch möglichen Amylene, nämlich Isopropyläthylen, $(CH_3)_2CH\cdot CH{=}CH_2$, und Methyläthyläthylen, $\genfrac{}{}{0pt}{}{CH_2}{CH_3}\!\!>\!C\cdot CH_2\cdot CH_3$[1]) sieden nämlich bei 21 bzw. 31°.[1])

3. Trimethyläthylen und seine Bildung

Aus den obigen und anderen, noch unpublizierten Versuchen geht ferner die für die Isoprenbildung sowohl theoretisch wie praktisch wichtige Erfahrung hervor, daß sämtliche vier Isopentyl- (Isoamyl-) Chloride, ein Teil also unter Umlagerung, bei geeigneter und auch im großen ausführbarer Weise Trimethyläthylen gibt.

Wegen der Bedeutung dieses Amylens für die Isoprenbildung, die nach folgenden Gleichungen stattfinden könnte:

$$\text{I.}\quad \underset{\text{Trimethyläthylen}}{\genfrac{}{}{0pt}{}{CH_3}{CH_3}\!\!>\!C{=}CH\cdot CH_3} + Cl_2 = \underset{\text{dessen Dichlorid}}{\genfrac{}{}{0pt}{}{CH_3}{CH_3}\!\!>\!CCl\cdot CHCl\cdot CH_3} \xrightarrow{-2HCl} \underset{\text{Isopren}}{\genfrac{}{}{0pt}{}{CH_2}{CH_3}\!\!>\!C\cdot CH{=}CH_2},$$

wurde das Trimethyläthylen und seine Entstehung näher untersucht.

[1]) V. v. Richter, Organische Chemie, 11. Aufl., S. 99 (1909).

a) Herstellung des Trimethyläthylens aus Amylalkohol auf katalytischem Wege und Versuche, Isopren durch Wasserstoffabspaltung gleichzeitig zu gewinnen. Da zu diesem Zweck sowohl eine Wasser- wie eine Wasserstoffabspaltung bezweckt waren, so wurde ein Katalysator für die beiden Zwecke in folgender Weise bereitet.

Für die Wasserabspaltung, die hier auf trocknem Wege ausgeführt werden müßte, wurde Aluminiumhydroxyd gewählt, das dafür nach SABATIER-MAILHE u. a. bei erhöhter Temperatur als besonders geeignet gefunden wurde. Um gleichzeitig eine Wasserstoffabspaltung zu erzielen, wurde das Hydroxyd außerdem mit fein verteiltem Nickel oder Kobalt imprägniert.

Trockenes Aluminiumhydroxyd in erbsengroßen Stückchen wurden in einer mit etwa 1% Alkali versetzten reinen Nickellösung getränkt. Nach dem Trocknen im Wasserbade fand die Erhitzung im Nickeltiegel statt, bis rote Dämpfe nicht mehr entwickelt wurden. Das Produkt wurde nachher mehrere Stunden auf 300 bis 400° erhitzt, wobei Wasserstoff, der durch Kaliumpermanganatlösung sowie über Kalistückchen getrocknet worden war, darüber geleitet wurde, bis sich kein Wasser beim Abkühlen mehr kondensierte, ein Zeichen für die völlige Reduktion des Nickeloxyds. Nach Einstellen der Gasentwicklung ließ man Dämpfe von reinem Amylalkohol (Siedep. 128—132°) durch das Rohr langsam streichen, die austretenden Dämpfe wurden durch einen mit Eiswasser gekühlten Spiralkühler verdichtet. Das nach etwa 4½ Stunden gesammelte Produkt bestand aus zwei Schichten, von denen die untere (Wasser) zum Gefrieren abgekühlt wurde. Der dann abgegossene, getrocknete und über Natrium destillierte Kohlenwasserstoff (⅔ Volumen des Amylalkohols), ging bei 33—38° (hauptsächlich bei 34—37°) über und zeigte $d_{15}^{15} = 0,6597$, was mit der Dichte des Trimethyläthylens übereinstimmt, wogegen die des reinen Isoprens, nach meiner Bestimmung $d_{15}^{15} = 0,6767$ beträgt. Die Masse im Rohr war grün gefärbt und enthielt wahrscheinlich kein metallisches Nickel.

Dasselbe Resultat, unter ausschließlicher Bildung von Trimethyläthylen, wurde auch bei 400° und unter Verwendung von metallischem Kupfer aus Kupfernitrat statt des Nickels, und bei 450° sowie sogar bei 600° im Verbrennungsrohr erhalten. Auch mit Silberschwamm entstand bei 400° kein Isopren. In den Produkten der vier Versuche hatte die Konstante d_{15}^{15} die Werte: 0,6607, 0,6605, 0,6612 und 0,6597. Die Ausbeute fiel mit Kupfer am besten aus.

Hieraus ergibt sich, daß Amylen (Trimethyläthylen) auf metallkatalytischem Wege aus gewöhnlichem Amylalkohol, und zwar unter Verlegen der erwarteten Stellung der Doppelbindung von primär-sekundärer in die sekundär-tertiäre Stellung, leicht erhalten wird, wobei seine Totalsynthese realisiert wurde:

$$CH_2{=}CH{-}CH{<}^{CH_3}_{CH_3} \longrightarrow CH_3{\cdot}CH{=}C{<}^{CH_3}_{CH_3} \longleftarrow CH_3{\cdot}CH_2{\cdot}C{\lessdot}^{CH_2}_{CH_3} ,$$

wogegen eine Dehydrierung bis zum Isopren unter den gegebenen Bedingungen nicht stattfindet.

b) Bei vorsichtiger Einwirkung von Chlor auf Trimethyläthylen wäre das normale Additionsprodukt, $(CH_3)_2CCl{\cdot}CHCl{\cdot}CH_3$, zu erwarten. Frühere Arbeiten vor längerer Zeit[1]) hatten indes gezeigt, daß eigentümlicherweise neben diesem das Chloramylen, $^{CH_2}_{CH_3}{\gg}C{-}CHCl{\cdot}CH_3$, entsteht.

Eine längere Versuchsreihe, wobei die Reaktionsbedingungen in verschiedener Richtung variiert wurden[2]), führte allerdings auch zur Bildung kleiner Mengen des

---

[1]) BAUER, Zeitschr. f. Chem. 1866, 380, 667; HELL und WILDERMANN, Ber. 24, 216 (1891); KONDAKOW, Journ. russ. phys. Chem. 18 (1885). — [2]) ASCHAN, l. c., S. 54—58 (1915).

gesuchten Dichlorids, $C_5H_{10}Cl_2$; indes entstand, auch als die Chloreinleitung unter Zusatz von wasserfreier, pulverisierter Soda und fleißigem Umrühren stattfand, das obengenannte Chloramylen (Siedep. 87—90; $d_{15}^{15} = 0,8861$) fast immer in überwiegender Menge, und nebenbei ein anderes Chloramylen, vielleicht von der Formel $(CH_3)_2C{=}CCl \cdot CH_3$, sowie andere Chlorprodukte, die wegen der kleinen Menge nicht untersucht werden konnten.

In dem Hauptprodukt, $\begin{matrix}CH_2\\CH_3\end{matrix}\!\!>\!C{-}CHCl \cdot CH_3$, wäre, wie ersichtlich, ein für die Isoprendarstellung geeignetes Rohmaterial vorhanden gewesen, und seine leichte Zugänglichkeit würde eigentlich einen kürzeren Weg dafür darbieten. Versuche wurden auch mit den gewöhnlichen chlorwasserstoffabspaltenden Agenzien ausgeführt. Die ungewöhnliche Beständigkeit dieses Chloramylens machten sie doch illusorisch. Und da kein geeigneter Katalysator für die Abspaltung von Chlorwasserstoff bei höherer Temperatur damals nicht bekannt war, scheiterte leider die Isoprendarstellung nach der dafür grundlegenden Reaktionsfolge:

$$\underset{\text{Isopentan}}{C_5H_{12}} \longrightarrow \underset{\text{Isopentylchloride}}{C_5H_{11}Cl} \longrightarrow \underset{\text{Trimethyläthylen}}{C_5H_{10}} \longrightarrow \underset{\text{Chloramylen}}{C_5H_9Cl} \longrightarrow \underset{\text{Isopren}}{C_5H_8}\,.$$

Dabei wäre es aber nicht ausgeschlossen, daß durch Überleiten der Dämpfe der Isopentylchloride über hoch erhitzte Metallchloride, z. B. Bariumchlorid, die gewünschte Chlorabspaltung gelingen wird.

c) Versuche mit Trimethyläthylenbromid. Um die obige Untersuchung über die Bildung des Trimethyläthylenchlorids vorzubereiten, wurden zunächst einige Versuche mit dem leichter zugänglichen Trimethyläthylenbromid, $(CH_3)_2CBr \cdot CHBr \cdot CH_3$, ausgeführt, die auch mitgeteilt werden mögen.

Das angewandte Rohmaterial war von einer bekannten Firma bezogen worden und angeblich aus reinem Trimethyläthylen durch Bromieren dargestellt. Bei der Destillation im Vakuum (12 mm) wurden folgende Fraktionen erhalten: 1. 50 bis 53° 48 g; 2. 53—56° 52 g; 3. 56—59° 353 g (Konstanz bei 56°); 4. Rückstand 8 g. Folglich enthielt das Präparat etwa 15% eines niedriger siedenden Isomeren.

Die Bromwasserstoffabspaltung ergab folgendes: Beim 6stündigen Kochen mit Pyridin wurde wenig von einem Kohlenwasserstoff erhalten, der, über Natrium destilliert, bei 38,5—39° unter Luftdruck siedete und folglich einen mit dem des Dimethylallens, $(CH_3)_2C{=}C{=}CH_2$, übereinstimmenden Siedepunkt zeigte. Das Hauptprodukt stellte eine bei 118—120° übergehende schwere Flüssigkeit dar, deren Eigenschaften am besten mit denen des 2-Methyl-3-brom-2,3-butylen, $(CH_3)_2C{=}CBr \cdot CH_3$, übereinstimmten, dessen analoges Chlorderivat oben genannt wurde.

Bei allmählichem Zusatz von 40 g des rein destillierten Dibromids zu 70 g einer aus 90%igem Alkohol und 60 g Kali bereiteten Lösung wurde nach längerem Kochen kein Kohlenwasserstoff gewonnen; als Hauptprodukt entstand auch hier das obige, bei 118—120° siedende Bromisoamylen, und zwar in einer sehr guten Ausbeute, so daß hier ein für diesen anwendbares Darstellungsverfahren vorliegt.

Als das gereinigte Dibromid (50 g) mit 200 g Dimethylanilin erhitzt wurde, gingen bei 150—193° 16 g eines Destillates über, das zum kleineren Teil aus einem bei 21—30° siedenden Kohlenwasserstoff, wahrscheinlich Isopropylacetylen, $(CH_3)_2C \cdot C{\equiv}CH$, bestand; mit ammoniakalischer Silberlösung entstand nämlich ein weißer Niederschlag, der bald gelbgrün wurde. Zugleich wurde wieder das obige 2-Methyl-3-brom-2,3-butylen (Siedep. 118—120°) erhalten.

Weitere Versuche ergaben auch beim Erhitzen des Dibromids mit o-Toluidin bzw. Xylidin des Handels kein Isopren.

Das Trimethyläthylenchlorid käme selbstverständlich unter allen Umständen nicht als Rohmaterial für Isopren in Betracht

B. Arbeiten über n-Pentan und einige Hexane aus kaukasischem Petroläther, sowie die Untersuchung der bei 10—12° siedenden Fraktion desselben

Diese Versuche wurden im Anschluß zu den im Moment A beschriebenen Arbeiten über Isopentan ausgeführt. Das Resultat soll, soweit es nicht die Kautschukbildung berührt, kurz gefaßt werden.

1. Derivate des n-Pentans

Die Chlorierung wurde trocken ausgeführt, so daß das aus 90 g Kaliumpermanganat mit konzentrierter Salzsäure entwickelte Chlor in den Dampf des siedenden Kohlenwasserstoffs eingeleitet wurde. Nach Abdestillieren des nicht chlorierten Anteils (bis 70°) wurde ein Rohchlorid (etwa 400 g) erhalten, das hauptsächlich aus zwei Monochloriden mit den Siedepunkten von 96—98° (182 g) und aus der demnächst größten Fraktion von etwa 106° (68 g) bestand. Der letztgenannte Siedepunkt entspricht dem von LIEBEN und ROSSI[1]) synthetisch dargestellten primären Chlorid, $CH_3 \cdot CH_2 \cdot CH_2 \cdot CH_2 \cdot CH_2Cl$; die Analyse entsprach dieser Zusammensetzung ($d_{15}^{15} = 0,8594$).

Beim Kochen desselben mit Kaliumacetat und Eisessig auf 190—200° wurde nach Fraktionieren ein bei 36—36,5° siedendes Amylen ($d_{15}^{15} = 0,6525$) vom Gewicht 8,5 g und ein bei 132—135° siedendes Pentylacetat (19,2 g) erhalten. Das Amylen ergab ein unter 11—12 mm bei 66—68° siedendes Amylendibromid, $C_5H_{10}Br_2$. Das Amylen stellt offenbar das Normalmethyläthyläthylen, $CH_3 \cdot CH_2 \cdot CH : CH \cdot CH_3$[2]) und das Acetat den Essigester eines bei 118—121° siedenden Alkohols dar, der entweder den Diäthylcarbinol, $CH_3 \cdot CH_2 \cdot CH(OH) \cdot CH_2 \cdot CH_3$ (Siedepunkt 116°) oder den Methylnormalpropylcarbinol, $CH_3 \cdot CH(OH) \cdot CH_2 \cdot CH_2 \cdot CH_3$ (Siedep. 118°), darstellt.

Das aus unserem Normalpentan (Siedep. 35,5—40°) erhaltene Pentylchlorid (Siedep. 96—98°) wie auch das Amylen enthalten folglich die normale Kohlenstoffkette. Hieraus folgt indirekt, daß die oben im Moment A beschriebenen Resultate über die Totalsynthesen der vier Isoamylalkohole aus der Isopentanfraktion des russischen Petroläthers die ersten diesbezüglichen Arbeiten sind. Die Richtigkeit meiner früher[3]) mitgeteilten Ansicht, daß sich die von MABERY und HUDSON[4]) seiner Zeit aus amerikanischem Petroläther dargestellten Pentylalkohole aus Normalpentan und keineswegs vom Isopentan sich herleiten, wie diese Autoren annehmen, kann daher als erwiesen betrachtet werden.

2. Derivate der Fraktion 58—60° des Petroleumhexans

Die Versuche wurden mit Diisopropyl, C_6H_{14}, ausgeführt, das aus einer Menge von 901 g und $d_{15}^{15} = 0,6620$ durch Fraktionieren von 10,5 kg

---

[1]) Ann. 159, 70 (1871). — [2]) WERNER und SAYTZEFF, Ann. 175, 373 (1875); 179, 302 (1875). — [3]) F. Vet.-Soc: ns Förh. 58A, S. 10, 23,104 (1915). — [4]) Chem. Zentralbl. 1897, I, 967.

russischem Petroläther gewonnen worden war. Aus diesem Kohlenwasserstoff sind lediglich zwei Monochloride:

$$\begin{matrix}CH_3\\CH_3\end{matrix}\!>CH\cdot CH<\!\begin{matrix}CH_2Cl\\CH_3\end{matrix} \quad \text{und} \quad \begin{matrix}CH_3\\CH_3\end{matrix}\!>C(Cl)\cdot CH<\!\begin{matrix}CH_3\\CH_3\end{matrix},$$

Siedep. 124° Siedep. 118°

herleitbar, die zunächst von SILVA[1]), und später von mir[2]) aus kaukasischem Petroläther erhalten wurden.

Beim Fraktionieren eines Rohchlorids aus der 901 g betragenden Fraktion 58—60° wurden bei 100—110° 8 g, bei 110—120° 45 g und 120—130° 27 g erhalten, die nach zwei weiteren Gängen folgende endgültige Anteile ergaben:

a) 110—116° (26,5 g), d^{15}_{15} = 0,8818;
b) 116—120° (26,5 g), ,, = 0,8827 (Tertiäres Chlorid);
c) 120—123° (15,0 g) ,, = 0,8820 (Primäres Chlorid).

Daraus geht hervor, daß das Rohchlorid außer den beiden Monochloriden des Diisopropyls noch ein in a) enthaltenes drittes Monochlorid enthält. Daß dies ein Hexylchlorid ist, ist aus dem weiteren Fraktionieren von a) zu schließen, wobei nach einem kleinen Vorlauf 21 g bei 112—117° (d^{20}_{20} = 0,8831 und d^{20}_{4} = 0,8815) übergingen, von welcher Fraktion zwei Analysen Cl = 29,48% und 29,38%, statt berechnet 29,41%, ergaben.

Um wieder einigen Einblick durch Versuche im kleineren Maßstab zu gewinnen, wurden 100 g[3]) mit 140 g Natriumacetat, 135 ccm 96% Alkohol und 20 ccm Wasser auf 170—180° erhitzt, also nach einer neuen Methode, die neben ungesättigtem Kohlenwasserstoff ein Gemisch von Hexylacetat und Hexylalkohol lieferte. Dabei wurden durch Fraktionieren bei gewöhnlichem Druck zwei Hauptfraktionen, nämlich 77 g (Siedep. 65—75°) und 41,5 g (140—160°), erhalten. Nach weiterer Reinigung traten aus den genannten 100 g folgende Produkte auf:

20,6 g	Hexylen, entsprechend	29,5 g	Hexylchlorid;
19,4 ,,	Essigester[4]);		
3,5 ,,	unverändertes Chlorid, entsprechend	3,5 g	Hexylchlorid;
22,0 ,,	Hexylalkohol, ,,	26,0 ,,	,, ;
19,5 ,,	Hexylacetat, ,,	16,3 ,,	,, .

Die angewandte Wassermenge zeigte sich jedoch zu groß, weil eine vollständige Entchlorung dadurch erschwert wurde und ein Gemenge von Fettalkoholen bzw. ihren Acetaten entstanden, was in technischer Hinsicht unvorteilhaft wäre.

Wie die im Moment A ausgeführten, mehr eingehenden Versuche ergeben haben, zeigen auch diese, die allerdings außerhalb des entworfenen Programms stehen, das Isopren bzw. andere für die Bereitung von Kautschuk bzw. seiner Homologe zu erhalten, daß durch geeignete Chlorierung Monochloride aus den niederen Petroleumparaffinen dargestellt werden können, aus denen nachher andere Derivate, vor allem Äthylenkohlenwasserstoffe und Alkohole darstellbar sind.

3. Die niederen Kohlenwasserstoffe in Petroläther, die in unzähligen Motoren verbrannt werden, stellen schon in präpara-

---

[1]) Ber. 5, 984 (1872). — [2]) Ber. 31, 1801 (1898). — [3]) Über diese Methode und die Aufarbeitung der Produkte, was hier zu weit führen würde, siehe ASCHAN, l. c. 58A, Nr. 1, S. 106, 121 (1915). — [4]) Essigäthylester tritt bei diesem Verfahren als wertvolles Nebenprodukt auf.

tiver Hinsicht, aber auch ein technisch wichtiges Rohmaterial dar, woraus u. a. auch die für ihr hervorragendes Lösungsvermögen bekannten Acetate der homologen Alkohole, z. B. der Amylalkohole, verwertet werden könnten.

Anhang: Untersuchung der Fraktion 10—12° des Petroläthers

Frühere Untersuchungen[1]) haben gezeigt, daß die unterhalb etwa 10° siedenden Anteile von dem Petroläther amerikanischen und kaukasischen Ursprungs Butankohlenwasserstoffe, C_4H_{10}, enthalten, weil sie Chlorierungsprodukte der Formel C_4H_9Cl geben; aber auch das Vorkommen des bei etwa 9° siedenden Tetramethylmethans ist vermutet worden.[2])

Bei einer von mir vorgenommenen Fraktionierung größerer Mengen niedrig siedenden Petroläthers, das als „Rohpentan", „Hexan" (z. B. zur Erzeugung des vor etwa 15 Jahren angewandten „Benoidgases") sowie als „Rhigolen" in den Handel geht (76% wurden von mir bei 21—41° siedend erhalten, die hauptsächlich aus Pentanen bestanden), konnten bei niedriger Temperatur anscheinend bei 10 bis 14° übergehenden Anteilen isoliert werden. Aus etwa 12 kg von dem obengenannten „Handelshexan" wurden somit, bei wiederholter Fraktionierung mit einer etwa 80 cm hohen Fagerlindschen Kolonne, ungefähr 500 g dieser Fraktion erhalten. Allerdings könnte der Siedepunkt etwas niedriger gelegen haben, weil ein Überhitzen der abgehenden Gase nicht völlig vermieden werden konnte.

Zur Feststellung, ob das Tetramethylmethan Markownikows, $C(CH_3)_4$, vorliegt, und auch unter Beachtung, daß das bei 11—12° siedende Cyclobutan, C_4H_8, von Willstätter vorhanden sein könnte, wurde die Dichte d_0^0, und zwar zu 0,6038 bestimmt. Da letzteres dagegen die Konstante $d_4^0 = 0{,}7038$ besitzt, ist sein Vorkommen ausgeschlossen. Da unser Material wahrscheinlich einen anderen Kohlenwasserstoff als das von Mabery und Hudson angezeigte, zwischen $-10°$ und $+2°$ siedende Destillat ($d_0 = 0{,}6029$) enthielt, führten wir eine, und zwar wegen des niedrigen Siedepunktes, feuchte Chlorierung (S. 342), unter einem sehr gut auf $-20°$ gekühlten Spiralkühler aus.

Das Dreiflaschensystem, worauf die Substanz verteilt war, und die sonstige frühere Anordnung wurde angewandt. Um die Chloreinwirkung auf ein Monochlorprodukt zu beschränken, waren in den Flaschen kleine Aräometer für eine Dichte von etwa 0,8 eingesenkt; erst nach längerem Chlorieren stiegen diese auf die Oberfläche. Es ging jedoch viel von dem Material wegen des niedrigen Siedepunktes verloren. Je 4 Operationen wurden ausgeführt. Nach beendigter Einwirkung variierte die Dichte in drei der Portionen zwischen 0,813 und 0,835. Die wie gewöhnlich mit Soda gewaschenen und getrockneten Produkte zeigten, als Rückstände nach Abdestillieren der unveränderten Substanzen bis 60°, mit der Mohrschen Waage bei 15° die Dichte 0,9254, 0,9233, 0,9274 und 0,9632. Sie wurden gemischt und 4mal destilliert; dabei wurden erhalten:

Fraktion 1:	68— 73°,	50 g;	$d_{15} = 0{,}8753$
„ 2:	73— 75	11	
„ 3:	75— 80	20	
„ 4:	80— 90	24	; $d_4^{20} = 0{,}8831$
„ 5:	90—105	27	

Bei 100° trat geringe Zersetzung ein, und der Rest wurde bei vermindertem Druck destilliert, wobei sich dieser allerdings veränderlich und folglich unsicher zeigte:

---

[1]) Pelouze und Cahours, Ann. 127, 194 (1863); 129, 90 (1864); Mabery und Hudson, Chem. Zentralbl. 1897, I, 967. — [2]) Markownikow, Ber. 32, 1449 (1899).

Fraktion 6:	38—45°,	Druck 50—40 mm,	18 g
„ 7:	45—50°,	„ 40—35 „	15 „
„ 8:	50—55°,	„ 35—30 „	5 „
„ 9:	55—65°,	„ 30—27 „	14 „
„ 10:	65—75°,	„ 27 „	7 „

Die Bestimmung des Chlorgehalts in der Fraktion 1 führte zu fast reinem Isobutylchlorid, C_4H_9Cl, das bei 68,5° siedet (Siedepunkt des normalen Chlorids 77,5°). Cahours und Pelouze[1]) geben für das aus ihrem Rohmaterial erhaltene Chlorid 64—68° an. Für die Gegenwart von Isobutan entschied die Bromierung unseres Kohlenwasserstoffs im Sonnenlicht mit der dem Tribromid $C_4H_7Br_3$ entsprechende Brommenge, mit Eisenpulver als Katalysator. Nach der Reinigung und Destillation unter 40—50 mm, wobei der Siedep. 110—115° resultierte, zeigten zwei Analysen im Mittel den Bromgehalt von 81,17% (berechnet 81,35%). Ein Tribromid $C_5H_9Br_3$ des Tetramethylmethans hätte 77,70% Br geben müssen. Unsere C- und H-Bestimmung fiel für die Formel $C_4H_7Br_3$ der Theorie noch mehr entscheidend aus. Dagegen würde allerdings der Umstand sprechen, daß dem Isobutan selbst der Siedep. —17° zugeschrieben worden ist. Nach Mabery und Hudson[2]) soll jedoch die Konstante bei etwa 0° liegen.

Eine weitere Entscheidung brachte ferner unsere Beobachtung, daß die von uns erhaltene Fraktion 69—70° (8 g) bei der Einwirkung von Silberacetat einen Ester gab, der sich auf zwei Fraktionen, 109—114° und 114—119°, verteilte, während Isobutylacetat bei 116,5° siedet. Als die letztere Fraktion (4 g) verseift und das Rohprodukt mit der Chromsäuremischung oxydiert wurde, ging bei der Dampfdestillation eine Säure über, deren Silbersalz 55,92% Ag, statt der theoretischen Menge von 55,38% für das Salz der Isobuttersäure.

Daß die bei 10—12° siedende, von uns untersuchte Petrolätherfraktion Isobutan enthält, ist also endgültig festgestellt. Normales Butan scheint, wie auch ältere Angaben ergeben haben, darin nicht oder nur spärlich zugegen zu sein.

Damit würde die von mir auch früher beobachtete Tatsache[3]) übereinstimmen, daß die Paraffinkohlenwasserstoffe, wenigstens in den niedrig siedenden Teilen des Petroleums, überwiegend eine geteilte Kohlenstoffkette enthalten, und folglich Isoverbindungen sind; dagegen treten die Fettsäuren der allgemeinen Erfahrung nach, im Gegenteil mit normaler Kette in der Natur auf.

C. Anregungen und Ergänzungen zum Kapitel 26

Wie aus dem Obigen hervorgeht, haben die darin beschriebenen langwierigen Versuche, auch wenn sie nicht unwichtige Beobachtungen über die Natur bzw. die Identifizierung besonders der niedrig siedenden Paraffinkohlenwasserstoffe im Petroläther, bisher nicht zu dem gewünschten positiven Resultat geführt, daß man darin ein niemals versiegendes, leicht zugängliches und bearbeitbares Rohmaterial für die Gewinnung des Kautschuks hätte. Hier sei nur kurz angedeutet, in welcher Hinsicht die Untersuchung weiterhin fortgesetzt werden könnte, um wissenschaftlich und technisch wichtigere Resultate zu erzielen.

---

[1]) Ann. 127, 194 (1863); 129, 90 (1864). — [2]) Chem. Zentralbl. 1897, I, 967. — [3]) Ber. 31, 1881 (1898).

Ein theoretisch bemerkenswertes Ergebnis liegt in der Erkenntnis, daß man durch direktes Chlorieren der wichtigeren Pentan- und Hexanfraktionen leicht zu Monochloriden, die durch Verwandlung in Ester der Alkyle von mittlerem Kohlenstoffgehalt bzw. zu den entsprechenden Alkoholen führen, gelangen konnte. Daß wir zugleich die totale Synthese der technisch wichtigsten, nämlich der beiden primären Isoamylalkohole des Fuselöls, ausgeführt haben, wurde schon hervorgehoben. Zugleich wird die recht allgemeine Auffassung, daß wenig in chemisch präparativer, technischer oder theoretischer Hinsicht mit den niedrig siedenden Peraffinen des Petroläthers anzufangen wäre, verworfen.

Eine in dieser Hinsicht interessante Aufgabe würde in einem umfassenden Nachweis liegen, ob die extrem ungleichen Typen des Petroläthers, des kaukasischen und des amerikanischen, qualitativ und auch quantitativ genommen, in struktureller Hinsicht ungleichartige niedere Paraffine, am nächsten Pentane und Hexane, enthalten. Vielleicht wären die genannten Kohlenwasserstoffe vom Isotypus oder die sonst eine nicht normale Kohlenstoffkette enthalten, in der einen Art des Vorkommens überwiegend vorhanden; wahrscheinlich dürfte diese Isostruktur reichlicher in dem Vorlauf der kaukasichen als in dem des amerikanischen Erdöls vorhanden sein.

Als weitere Aufgabe dieser Art wäre der Nachweis des allgemeinen Vorkommens sowie die Natur der Naphtene, z. B. in dem bis 120° siedenden Vorlauf anderer Erdöle als den kaukasichen, willkommen. Da man für die Naphtene in der Oxydation mit verdünnter Salpetersäure, Schütteln mit konzentrierter Salpetersäure bzw. Salpetersäure usw. über Methoden[1]), um die Cyclopentane und Cyclohexane zu trennen verfügt, so dürfte es keine Unmöglichkeit darbieten, diese neben den Paraffinen und nebeneinander nachzuweisen.

Oben (S. 349) wurde für die monochlorierten Kohlenwasserstoffe eine Methode zur Chlorwasserstoffabspaltung bzw. Acetat- und Alkoholbildung, unter Anwendung von Natriumacetat in mit etwas Wasser versetzter Essigsäure, angegeben, die für die Laboratoriumspraxis empfohlen werden könnte, und wohl auch bei alicyclischen Halogenverbindungen anwendbar sein dürfte.

Da bei der obigen Bearbeitung der Bestandteile der Petroläther eine größere Auswahl von Monohalogenderivaten vorliegen wird, könnten Versuche, das Chlor vermittelst Magnesiumbromid und -jodid in wasserfreiem Äther durch Brom und Jod zu ersetzen, von Interesse sein. In der alicyclischen Reihe gelang es mir z. B. gelegentlich[2]), mit Magnesiumjodid das schweryerhältliche sogenannte Pinenhydrojodid zu erhalten. Daß sich die Alkyl- bzw. Cycloalkylbromide und -jodide leichter umsetzen, ist schon längst bekannt.

Die Hexane des Petroläthers (in den bei etwa 50—75° siedenden Fraktionen) wurden von uns nicht eingehend untersucht. Ihre Monohalogenderivate sollten daher in größerer Menge dargestellt, und die Struktur wohl am leichtesten auch über die Acetate bzw. Alkohole bestimmt werden. Dabei werden auch Hexylene auftreten, deren innerer Bau von Interesse sein

[1]) Diese von Markownikow und teilweise von Aschan u. a. herrührenden Methoden sind hauptsächlich in der Chemie der alicyclischen Verbindungen, S. 392ff. und 604, angeführt. — [2]) Aschan, Ber. **33**, 1006 (1900); Ann. **316**, 196, 234 (1901).

kann und wohl am besten durch Oxydation derselben ermittelt werden könnte.

Eine speziellere Aufgabe wäre, die Abspaltung von Halogenwasserstoff aus den sehr beständigen Isoamylverbindungen (S. 346 und 347)

$$\begin{matrix}CH_2\\CH_3\end{matrix}\!\!>\!C\!-\!CHBr\cdot CH_3 \quad \text{bzw.} \quad \begin{matrix}CH_3\\CH_3\end{matrix}\!\!>\!C\!=\!CBr\cdot CH_3\,,$$

wobei im letzten Falle Dimethylallen, $(CH_3)_2C{=}C{=}CH_2$, entstehen könnte, wenn nicht vielleicht eine Umlagerung in Isopren dabei stattfindet. Diese Abspaltungen von Halogenwasserstoff würden wahrscheinlich, wie hervorgehoben, erst durch Leiten des Dampfes über stark erhitztes Bariumchlorid bzw. -bromid gelingen.

Kapitel 27. Die kaukasischen Erdölresiduen (das „Masut") als Unterlage für die Herstellung von Kautschuk

Nach dem Scheitern der im vorigen Kapitel beschriebenen Versuche sah ich mich nach einem anderen Ausgangsmaterial für die Herstellung des Isoprens und Kautschuks in billigem und unbegrenztem Maßstab um. Daß dabei der pyrogene Weg allein zu betreten war, erschien mir klar, nachdem ich zu der Überzeugung gelangte, daß die Butadiene, zu denen auch das Isopren, $\begin{matrix}CH_2\\CH_3\end{matrix}\!\!>\!C\cdot CH{=}CH_2$, als 2-Methylderivat gehört, wegen der Konjugation der Doppelbindungen zu den gegen starke Temperatursteigerung mehr resistenten Kohlenwasserstoffen zu rechnen sind. Sie sind sogar in gewisser Hinsicht mit den Benzolkohlenwasserstoffen vergleichbar. Daher schien es wahrscheinlich, daß Budadien, Isopren usw. stetig oder wenigstens recht oft auftretende Bruchstücke der pyrogenen Zersetzung organischer, zu den aliphatischen und alicyclischen Klassen gehörige Körper sind.

Nach einem eingehenden Studium über verschiedene Arten der trockenen Destillation, sowohl der konservativen wie der destruktiven[1]), lag die Annahme an der Hand, daß derartige Butadienkohlenwasserstoffe auch bei der Bereitung des allgemein angewandten sogenannten „Ölgases" entstehen, dessen Rohmaterial das „Gasöl" bildet. Dieses besteht aus einem hauptsächlichen Gemisch von Kohlenwasserstoffen, die bei etwa 250—360° sieden. Der Gehalt an Kohlenstoff in den mitteleuropäischen Gasölen variiert nach HEMPEL[2]), der eine Anzahl derselben untersucht hat, zwischen 84,5% und 87,0%, der Wasserstoff beträgt 11,4% bis 13,0%. Sie entsprechen im allgemeinen unter den Destillationsprodukten der kaukasischen Erdöle dem sogenannten „Solaröl", das bei etwa 280—300° siedet und einer Menge von 10—15% der rohen Naphta entspricht.

Technisches, bei möglichst niedriger Temperatur aus mitteleuropäischem Gasöl dargestelltes Ölgas enthält in Vol.-Prozenten, außer etwa 46% Methan,

---

1) Vgl. eine Darstellung hierüber: ASCHAN, F. Vet.-Soc. ns Förh. 61 A, Nr. 7, die Kapitel 1 bis 3, S. 1—20 (1919). — 2) Über „Gasöle" und „Ölgas", Journ. f. Gasbeleuchtung 1910, 53.

etwa 15% Wasserstoff sowie etwas CO_2, CO und Stickstoff, etwa 33% Kohlenwasserstoffe, die in der Technik des Ölgases mit der Formel C_mH_n, bezeichnet werden, um anzugeben, daß sie aus ungesättigten, schweren, unkondensierten Kohlenwasserstoffen bestehen. Sie sind wegen der niedrigen Bildungstemperatur von Benzolkohlenwasserstoffen praktisch frei und bestehen, wie ich gefunden habe, zum großen Teil aus Butadienkohlenwasserstoffen und enthalten beträchtliche Mengen Isopren. Durch Abkühlen unter Druck werden sie zu einem leicht flüssigen Produkt (s. u.) kondensiert. Die Ausbeute an denselben ist von der bei der Vergasung herrschenden Temperatur abhängig.

Um die Ausbeute in exakten Zahlen anzugeben, möge folgendes aus der Literatur über ein von einer europäischen Naphta aus Pechelbronn mitgeteilt sein.

Das Öl selbst hat die Bruttozusammensetzung C = 86,87%, H = 13,13%. Bei etwa 780° wurden per 100 g Naphta 60 Liter, d. h. 43 Gewichtsteile der Gasmischung vom d = 0,7182 erhalten. Von dieser Gasmenge bestehen 26,4% oder 11,4 Gewichtsteile von den schweren Gasen. Wenn diese zum Teil kondensiert werden, können sie für andere Zwecke als Beleuchtung und Wärmeerzeugung angewandt werden. Der übrige Teil des Gases läßt sich fortwährend für den letzten Zweck verbrauchen.

Das Kondensat der Gase C_mH_n ist also für unsere chemischen Zwecke von erheblichem Interesse. Von ihrer Menge hängt nämlich die Möglichkeit, den ökonomischen Wert der zugehörigen Naturprodukte völlig ausnutzen zu können, ab. Soweit bekannt, liegt vor unserer Arbeit keine diesbezügliche Untersuchung vor. Es handelt sich wieder um das am leichtesten zugängliche kaukasische Rohmaterial.

Bezüglich des russischen Solaröls, das also den Gasölen von Zentraleuropa entspricht, seien folgende Angaben nach STRACHE[1]) über die Gasausbeute bei der Zerlegung dieses Öles bei verschiedener Temperatur angeführt:

1.	740°:	Gas	43,3 Vol.-%
2.	785°:	,,	28,4 ,,
3.	921°:	,,	8,3 ,,

Die Dichte des Gases aus russischen (kaukasischen) Gasölen variiert zwischen 0,6 und 0,9. Auch hier ist das spez. Gewicht des bei niederer Temperatur dargestellten, wegen des höheren Gehaltes an schweren Kohlenwasserstoffen, größer.

A. Untersuchung von Kondensaten aus russischem Ölgas.

Um meine Arbeitshypothese bezüglich der bei mittlerer Temperatur hergestellten gasförmigen Produkte, C_mH_n, der trocknen Destillation zu prüfen, die also Isopren enthalten sollten, war es nötig, die flüssigen Anteile, die sich z. B. bei Winterkälte und gleichzeitigem stärkeren Druck absetzen, zu untersuchen. Nach Beseitigung gewisser Schwierigkeiten gelang es mir, derartige Kondensate sowohl 1. aus einem russischen Ölgaswerke, wie 2. aus dem Gaswerk der finnischen Staatseisenbahnen, das für Bereitung von Gas zur Beleuchtung der Wagen arbeitete, zu erhalten. Beide arbeiteten mit den

[1]) Gasbeleuchtung und Gasindustrie, S. 586 (1913).

russischen Naphtaresiduen, die nach dem Abdestillieren des Leuchtpetroleums, Kerosins, unter dem Namen „Masut" bis auf 280—300° zurückbleiben. Diese Untersuchung hatte um so größeres Interesse, als das Masut äußerst billig und leicht, sowie in weit größerer Menge zugänglich, als das obengenannte Solaröl ist. In den staatlichen Fabriken in Finnland zur Bereitung von Gas für die Eisenbahnen wird dieses in transportablen Eisenzylindern einem Druck von 10 bis 18 Atmosphären ausgesetzt; dabei wird dann ein aus niedrig siedenden Kohlenwasserstoffen bestehendes Kondensat (a) erhalten, das bei gewöhnlicher Temperatur aus teils gasförmigen, teils flüssigen Substanzen besteht. Die letzten enthalten die für unsere Arbeit wichtigen Kohlenwasserstoffe C_mH_n.

1. Das niedrig siedende Produkt

Von diesem wurden etwa 20 kg Flüssigkeit erhalten, von welcher etwa 14 kg mittels einer 1 m hohen Perlenkolonne vom System FAGERLIND destilliert wurden. Die Destillate nahm ich in folgenden drei Hauptfraktionen auf:

I: Unterhalb 75° . .	2762 g,	19,3%.
II: Bei 75—90° . . .	7442 „	52,2 „
III: Bei 90—113° . . .	2519 „	17,8 „ .
Rückstand	938 „	6,5 „
Verluste	664 „	4,6 „

Die Fraktion I, die bei 13° zu sieden beginnt, wurde durch Fraktionieren in drei Teile, nämlich 1. 740 g, 2. 980 g und 3. 1042 g geteilt. Das Resultat geht aus folgendem hervor:

Tabelle 1

Fraktion in °C	Teil 1			Teil 2			Teil 3		
	g	%	d_4^0	g	%	d_4^0	g	%	d_4^0
13—20	181	24,5	0,6431	204	20,8	0,6431	212	20,3	0,6432
20—35	75	10,1	—	104	10,6	—	109	10,5	—
35—40	195	26,4	—	274	28,0	—	311	28,9	—
40—50	95	12,8	—	97	9,9	—	103	9,9	—
50—60	24	3,2	—	31	3,2	—	30	2,9	—
60—70	46	6,2	—	55	5,6	—	58	5,5	—
70—76	14	1,9	—	19	2,0	—	21	2,0	—
Rückstand	65	8,8	—	96	10,6	—	89	8,5	—
Verlust	45	6,1	—	100	9,3	—	109	11,5	—
Summe	740	100	—	980	100	—	1042	100	—

Nach Zusammenmischen der gleich siedenden Fraktionen wurde erhalten:

Tabelle 2

Nr.	Fraktion in °C	g			%		d_4^0
1	13—20		608	1473 g oder 53,3% von 2762 g (1—4)	22,0		0,6452
2	20—30		48		1,7		0,6618
3	30—35	817 g = 5,7% der ursprünglichen Menge (3—4)	375		13,6	29,6% von 2762 g (3—4)	0,6755
4	35—40		442		16,0		0,6857
5	40—50		270		9,8		0,7041
6	50—60		32		1,2		0,7044
7	60—70		130		5,0		0,7048
8	70—76		56		2,0		0,7527
	Rückstand		108		3,2		—
	Verlust		48		1,6		—

Die prozentigen Zahlen sind auf die ursprünglich destillierte Menge berechnet. Es ist, aus den spezifischen Gewichten zu urteilen, kein Zweifel, daß die erhaltenen Fraktionen den schweren Kohlenwasserstoffen C_mH_n angehören.

Die Fraktionen 30—35° und 35—40° bestanden zum allergrößten Teil aus Isopren. Der charakteristische Geruch war vorhanden; das spez. Gewicht 0,6755 und 0,6857 zeigte dasselbe an; reines Isopren siedet meiner Ansicht nach bei 34—36,5°; $d^{19,5}/_4 = 0,6803$, woraus für $d^{18,5}/_4 = 0,6811$ berechnet wird; HARRIES[1]) gibt für reines Isopren $d^{18,5}/_4 = 0,6815$ an.

a) Nachweis des Isoprens auf chemischem Wege. Daß Isopren vorliegt, geht zunächst daraus hervor, daß die genannten Fraktionen auch die von mir entdeckte, charakteristische Reaktion (S. 327) mit kleinen Mengen vom wasserfreien Aluminiumchlorid zeigten. Dazu ist allerdings eine sehr kleine Amylenmenge nötig, die wohl vorhanden ist, obwohl sie nicht nachgewiesen werden konnte.

Bei angestellten Versuchen wurde beobachtet, daß auch die jetzt erhaltenen Fraktionen 13—20° und 20—30° sowie die höheren Fraktionen 50—60° und 60—70° jene Reaktion unter denselben Bedingungen zeigten; die zwei ersten schon mit minimalen Mengen des gepulverten Reagenses sehr lebhaft unter Bildung fester, gelber Produkte, die beiden letzten Fraktionen dagegen erheblich wenig energisch, in dem die Produkte flüssig verblieben.

Zur weiteren Charakterisierung der S. 328ff. beschriebenen Produkte *A* und *B* dieser Reaktion sei folgendes erwähnt. Läßt man die Reaktion entweder unter Abkühlen oder durch allmählichen Zusatz von Aluminiumchlorid verlaufen, so wird der ätherlösliche Körper *B*, dessen Lösung klebrig ist, vermehrt; von Äther befreit und mit Alkohol behandelt, wird er fest, aber weich. Der *A*-Körper ist in Äther unlöslich, als feucht gelartig und weich, aber getrocknet pulverisierbar.

b) Der Nachweis des Isoprens mittels des Dichlorhydrins geschieht, nächst der Reaktion mit Aluminiumchlorid, am leichtesten durch das Dichlorhydrin, $C_5H_8Cl_2(OH)_2$, worüber ich auf das folgende 28. Kapitel (S. 364) hinweise. Von dem rohen Dichlorhydrin wurde eine Menge von etwa 13 g unter 10 mm destilliert. Die erste Fraktion (6,28 g) wurde bei 40 bis 80° aufgenommen (Rückstand über 80° 3 g). Bei erneuter Fraktionierung gingen vor 46° einige Tropfen, bei 46—56° die hauptsächlich bei 52—55° siedende Hauptfraktion (4,7 g), die das spez. Gewicht 1,1060 und $n = 1,45437$ zeigte. Daraus ergibt sich MR = 31,68; berechnet für $C_5H_8Cl(OH)$ mit Doppelbindung MR = 31,21. Die Fraktion 48—56° zeigte, zweimal destilliert, den für dieses Chlorhydrin entsprechenden Chlorgehalt.

Aus der oberhalb 80° siedenden Fraktion wurde das Dichlorhydrin in fester Form durch Entziehen des dickflüssigen Produktes mit Wasser, worin es ziemlich löslich war, erhalten. Beim Eindunsten der Wasserlösung traten prachtvolle, glänzende Nadeln auf, die nach Umkrystallisieren aus Benzol bei 81° schmolzen und den Chlorgehalt 40,99%, gegen den für $C_5H_8Cl_2(OH)_2$ berechneten 41,01%, ergaben.

c) Der Nachweis des Isoprens durch Kautschukbildung. Dies gelang ohne Schwierigkeit aus dem von den beiden Fraktionen

---

[1]) Ann. 383, 189, 217 (1911).

30—35° und 35—40° weiter herausfraktionierten 32—37° siedenden Hauptanteil, sowohl durch 10tägiges Erhitzen für sich unter 100° im zugeschmolzenen Rohr, wie in Gegenwart von Natrium während 12 Stunden (vgl. S. 321, 322).

Im vorigen Falle war die Kondensation wie gewöhnlich auf Grund der eintretenden Gleichgewichtslage, unvollständig. Nach Auskochen des festen zähen Rückstandes mit Alkohol trat der eigentümliche Geruch (Diprenbildung?) hervor (vgl. S. 322, Fußnote 3), der für die Kautschukbildung aus Isopren eigen ist. Beim längeren Kochen mit Benzol löste er sich in Benzol und wurde daraus mit Äther als zähe, helle Masse ausgefällt. Das nach Zusatz von Brom zu der Chloroformlösung derselben in gewöhnlicher Weise dargestellte Bromid zeigte wie gewöhnlich (s. u.) den ungefähren Bromgehalt des Tetrabromids des Kautschuks.

Das mit Natrium erhaltene Kondensationsprodukt (Semikautschuk, vgl. S. 322ff.) trat wie gewöhnlich[1]) in der in Äther unlöslichen A-Modifikation und der gleichfalls festen aber ätherlöslichen B-Modifikation auf. Der in kochendem Benzol aufgelöste Teil zeigte wieder den für das Tetrabromid ungefähr entsprechenden Bromgehalt.

Die bedeutende Isoprenbildung bei Zerlegung des Masuts beim vorsichtigen Erhitzen ist damit unzweideutig nachgewiesen.

Der bei 13—20° siedende erste, und die bei 60—70° siedende höhere Fraktion aus der Ölgaskondensation wurden, außer durch die obengenannte Aluminiumchloridreaktion, auch mit Natrium bei 100—115° während einigen Tagen erhitzt. Das dabei aus der Fraktion 60—70° erhaltene Kondensationsprodukt war weniger elastisch als Kautschuk, welche Eigenschaft dagegen dem aus der Fraktion 13—20° ausgeprägt zukam. Der letztgenannte wurde durch Auflösen in Benzol, Äther und Chloroform gereinigt, und ergab, in gewöhnlicher Weise bromiert, ein Tetrabromid den Bromgehalt 71,93%, während dieselbe Verbindung $(C_{10}H_{16}Br_4)_n$ aus Kautschuk 70,18% und die aus Butadienkautschuk $(C_8H_{12}Br_4)_n$ 74,7% entspricht. Da auch das Kautschuktetrabromid immer unter dem theoretischen Wert liegt — nach Harries[2]) variiert derselbe zwischen 60,75% und 66,42%, so führen unsere Analysen zu der Annahme, daß die entsprechenden, jetzt untersuchten Fraktionen sowohl Butadien- wie Dimethylbutadienkautschuk in wechselnden Mischungen mit gewöhnlichem Kautschuk enthalten könnten.

Im übrigen führt dies zu den folgenden wahrscheinlichen Annahmen: Es scheint möglich, daß beim Erhitzen von Mischungen von Butadienkohlenwasserstoffen **gemischte Kautschukarten**, wie $(C_5H_8)_n \cdot (C_4H_6)_m$, $(C_5H_8)_n \cdot (C_6H_{10})_m$ bzw. $(C_4H_6)_n \cdot (C_5H_8)_m \cdot (C_6H_{10})_o$ usw. entstehen würden, die also nicht etwa **Mischungen** der fertigen Kautschukarten, wie etwa $(C_4H_6)_n + (C_5H_8)_m + (C_6H_{10})_o$, in verschiedenen Proportionen wären, sondern, daß sie so aufgebaut sind, daß ihre „einfachsten Mole-

[1]) Aschan, F. Vet.-Soc. ns Förh. 58A, Nr. 1, S. 79ff. (1915—1916). — [2]) Ann. 383, 197 (1913). — [3]) Ich glaube, daß Versuche zur Darstellung derartiger Kautschuke, entweder die **Mischungen** oder die **gemischten Kautschuke**, in obigem Sinne, bisher nicht angestellt worden sind. Solche Versuche hätten jedoch viel Interesse, weil es möglich wäre, daß diese künstlichen Kautschukarten vielleicht vorteilhaftere Eigenschaften als die einfachen aufweisen könnten.

küle (vgl. S. 333), wenigstens teilweise, von zwei oder drei verschiedenen Kohlenwasserstoffen der Butadiene entstanden wären, so daß man zu **gemischten Kautschuken** gelangt wäre, etwa von der Zusammensetzung z. B.:

$$[C_4H_6 \cdot C_5H_8]_m + [C_4H_6 \cdot C_5H_8 \cdot C_6H_{10}]_n + [C_5H_8 \cdot C_6H_{10}]_0 \quad \text{usw.}$$

Eine weitere Frage ist diejenige, ob nicht vielleicht die technische Qualität der besten, in den Handel teuersten und am meisten gesuchten Kautschukarten, wie para-Kautschuk usw., darauf beruhen könnte, daß sie entweder solche Mischungen oder Gemische von den verschiedenen Einheitsmolekülen darstellen, die also auch in der Natur erzeugt würden. Eine Erklärung des sehr variierenden Bromgehalts der Tetrabromkautschuke (s. o.), auch aus gereinigter Ware, könnte vielleicht, wie eine größere Elastizität, darauf beruhen.

2. Die höher siedenden Fraktionen

a) Nachweis des Benzols. Dies wurde so ausgeführt, daß die in der großen Hauptfraktion II (S. 355) vorhandenen ungesättigten Kohlenwasserstoffe mit konzentrierter Schwefelsäure verharzt wurden; dabei wurden bis auf 40% entfernt. Bei der darauf folgenden Destillation wurde eine bedeutende Benzolfraktion erhalten, die $d_4^{20} = 0{,}8680$ (die Dichte des Benzols beträgt $d_{20} = 0{,}8799$) zeigte. Die ursprüngliche Fraktion bestand also zum größeren Teil aus Benzol, das durch Überführung in Nitrobenzol und Anilin identifiziert wurde.

b) Der Nachweis des Toluols fand analog in der großen Fraktion III (S. 355) statt, die bei der erneuten Destillation zu etwa 60% bei 108—113° siedete und bei der Analyse mit der Zusammensetzung des Toluols nahe übereinstimmende Zahlen ergab. Bei der Nitrierung und Reduktion des Produktes zum o- und p-Toluidin erhielt man die Acettoluide vom Schmelzp. 106—107° bzw. 145—146°.

Auch höhere, in weit kleineren Mengen vorhandene Benzole wurden, jedoch nicht von höherem Siedepunkt als dem der Xylole, erhalten.

B. Kondensate von dem aus russischem Masut bereiteten Ölgas

Von der finnischen Eisenbahnverwaltung wurde auf mein Verlangen 1 kg der kondensierten, niedrig siedenden Kohlenwasserstoffe geliefert, die bei niedriger Temperatur und hohem Druck (von 12 Atmosphären) aus den Gaszisternen kondensiert worden waren und zur Wagenbeleuchtung dienten. Die betreffenden Ölgase waren aus russischem Masut hergestellt. Folgende Daten wurden mir vom Maschinendirektor P. Simberg über die Ausbeute bei der Bereitung der Gase mitgeteilt:

Die Vergasung in den Retorten fand bei 800—1000°, also bei verhältnismäßig hoher Temperatur statt. Während eines Arbeitsjahres waren folgende Ausbeuten erhalten worden: an kondensierten Kohlenwasserstoffen aus dem Gase 6,3%, etwa 3,7% an Teer sowie 5,9—6,0% an Wasser. Aus 200000 kg angewandten Gasöls (Masuts) wurde eine Ausbeute von 92,550 cbm an Gas — ob dieses feucht war, sowie über die Temperatur beim Messen der Gasen, fehlten Angaben —, 7500 kg an Teer und 12750 kg an flüssigen Kohlenwasserstoffen. Der Druck in den Aufbewahrungszisternen, wohin die Kondensate gelangten, war, wie erwähnt, 10 bis 12 Atm., in den Zisternenwagen, worin die Gase eingepumpt wurden und mit den Zügen folgten, 12 Atm.

Aus dem für die Untersuchung erhaltenen Kondensat (1 kg), das leicht flüchtig war und eigentümlich roch, erhielt ich nach zwei Fraktionierungen durch die 1 m lange Perlenkolonne nach FAGERLIND folgende Zahlen (das Sieden begann das erstemal bei 28°, ein zweites Mal bei 20°):

Tabelle 3

Fraktion in °C	Erste Fraktionierung			Zweite Fraktionierung		
	g	%	d	g	%[1])	d
20— 29	—	—	—	41	4,1	$d^0/_4$ = 0,6743
29— 35	24,2	2,4	$d^0/_4$ = 0,6979	24	2,4	0,6898
35— 40	105,2	10,4	0,6996	35	3,5	0,7095
40— 50	13,0	1,3	$d^{20}/_4$ = 0,7008	38	3,8	$d^{20}/_4$ = 0,7077
50— 60	25,0	2,5	0,7382	26	2,6	0,7202
60— 70	89,0	8,8	0,7713	26	2,6	0,7432
70— 80	246,0	24,4	0,8226	225	22,3	0,8291
80— 85	159,0	15,8	0,8486	249	24,7	0,8503
85— 95	51,0	5,1	0,8384	14	1,4	0,8316
95—105	20,0	2,0	0,8309	20	2,0	0,8260
105—110	88,0	8,7	0,8354	75	7,5	0,8470
110—113	21,0	2,1	0,8361	48	4,8	0,8497
Rückstand	70,8	7,0	—	20	2,0	—
Verlust	96,0	9,5	—	9	0,9	—
Summe	1008,0	100,0		850		

Wegen der hier angewandten hohen Temperatur für die Vergasung (800—1000°) waren (vgl. S. 358) wenig Teer und relativ wenig von schweren Kohlenwasserstoffen (C_mH_n; vgl. oben) erhalten worden. Dabei war auch das Optimum für die Bildung des Isoprens überschritten, und es war davon relativ wenig gebildet worden. Die Ausbeute an Benzol und Toluol war dagegen relativ hoch.

Als man, wie bei der ersten Fraktionierung im vorigen Falle (S. 355), das erstemal die Produkte auf drei Hauptfraktionen verteilte, wurden folgende Zahlen erhalten:

Hauptfraktion	I.	Bis 70°	256,2 g,	25,4%
,,	II.	70—95°	456,0 ,,	45,2 ,,
,,	III.	95—113°	129,0 ,,	12,8 ,,
Rückstand			70,8 ,,	7,0 ,,
Verlust.			78,2 ,,	9,6 ,,

Von erheblichem Interesse war die Bestätigung, daß auch in diesem in großem Maßstab bearbeiteten Masut dieselben technisch wichtigen Produkte, nämlich Isopren, Benzol und Toluol, wie in dem Kondensat in der russischen Gasanstalt, vorhanden waren. Der Nachweis dieser Körper wurde wie im vorigen Falle geführt. Sonst sei nur erwähnt, daß die bei 20 bis 28°, 28—35° und 35—40° siedenden zweiten Fraktionen, mit einigen Centigramm wasserfreien Aluminiumchlorids versetzt, die beiden Kondensationsprodukte A und B (S. 327 ff.) unter spontaner Erwärmung bzw. Aufsieden bildeten. Auch semikautschukartige Körper traten mit Natrium auf.

[1]) Auf 1008 g berechnet.

C. Ökonomische Berechnung über die technische Anwendbarkeit der kaukasischen Naphtaresiduen

In der 1919 veröffentlichten ausführlichen Arbeit über die in diesem Kapitel angeführten Untersuchungen[1]) wurde zum Schluß ein Abschnitt über den berechneten relativen Handelswert des russischen Erdöls und die daraus durch schonende Trockendestillation darstellbaren technischen Produkte angefügt. Den Berechnungen kommt, der großen Umwälzungen und Preisverschiebungen während des Weltkrieges ungeachtet, fortwährend ein gewisser Wert, nämlich auf Grund des relativen, miteinander vergleichbaren Ziffermaterals hinzu. Eine umständlichere Aufnahme dieser ökonomischen Untersuchung ist aus Mangel an Platz nicht möglich. Nur das Hauptsächliche, das sich auf die kaukasischen Naphta bezieht[2]), soll hier erwähnt werden.

Geht man von der von berufener Seite vertretenen Ansicht aus, daß 100 Teile Erdöl 62 Teile Masut liefert, und daß nur etwa 10% von dieser in der Petroleumindustrie abfallenden Masutmenge (wie vor dem Kriege) einer weiteren Reinigung unterliegt, sowie ferner, daß die Hälfte von den rückständigen 90% zur Heizung von Dampfern, Lokomotiven, Lokomobilen und sonstigen Motoren usw. verbraucht würde, bei denen eine intermediäre Gasproduktion unmöglich wäre, so könnten die weiteren 45% für Dampferzeugung in Fabriken, für metallurgische Zwecke usw. theoretisch dienen.

Nimmt man weiter an, daß die kaukasische Erdölproduktion, die bei der regelmäßigen Bearbeitung während der 6 letzten Jahren vor dem Kriege im Mittel 9¼ Millionen Tonnen betrug, wieder zu dieser Höhe gelangen wird, so würde diese Menge 5735000 Tonnen Masut liefern können. Letztere Zahl, mit 10% vermindert, beträgt 5161500, und die Hälfte davon 2580750 Tonnen. *Etwa 2,6 Millionen Tonnen Masut* würden also für Dampferzeugung in Fabriken, metallurgische Zwecke usw. verfügbar sein.

Eine weitere, und zwar auf unseren in dem vorliegenden Kapitel beschriebenen Versuchsresultaten begründete Berechnung ergibt, daß 200 Tonnen Masut beim Erhitzen auf die dafür geeignete Temperatur etwa 92,500 cbm Ölgas, 7500 kg Teer und 12750 kg flüssige, schwere Kohlenwasserstoffe liefern können. Bei der Berechnung unter Benutzung der obigen, von unserer Untersuchung hervorgehenden Zahlen, kommt man zu dem Schluß, daß die 2,6 Millionen Tonnen Masut, außer etwa 1,3 Milliarden Kubikmeter Ölgas, rund folgende Mengen der unten angegebenen Produkte liefern könnten:

Isopren	etwa	4200000 kg	
Benzol	,,	39000000 ,,	
Toluol	,,	14500000 ,,	
Ölgasbenzine	,,	13500000 ,,	(?)

Dies ist selbstverständlich so zu verstehen, daß diese Ziffern gewissermaßen *Grenzzahlen* für eine berechnete Produktion dieser Materialen darstellen, indem keiner die Ansicht hegen kann, daß diese 2,6 Millionen Masut tatsächlich in der Zukunft vollständig zur Produktion von Ölgas angewandt sein wird. Dagegen wird dadurch klargelegt, daß die *Verwendung dieser*

---

[1]) ASCHAN, F. Vet.-Soc. ns Förh. 61, Nr. 7, S. 1—70 (1919). — [2]) Vgl. ibid., S. 52ff.

ungeheueren Menge von Masut zu Verbrennungszwecken eine enorme Verschwendung von wertvollem Material ist.

Eine weitere von uns ausgeführte Kalkulation über die relative Erzeugung von Wärme aus der Steinkohle und dem Masut hat ergeben, daß, wenn man, wie vor dem Kriege, den Wert von einer Tonne guter Steinkohle zu 250 für einen gewissen Einheitspreis berechnet, so verhält sich der Preis für eine und dieselbe Energiemenge, die aus einer Tonne Steinkohle und einer Tonne Masut bei der Verbrennung erzeugt wird, wie die Zahlen 250 zu 630. Bei der Anwendung von Masut würde also ein Verlust von 281 Wärmeäquivalenten, in demselben Einheitspreis berechnet, entstehen.

Theoretisch wäre also **das Heizen** mit Masut sehr unvorteilhaft.

Wird aber noch der daraus entspringende Verlust zugerechnet, der entsteht, wenn Ölgas inklusive der zugehörigen wertvollen Nebenprodukte aus dem Masut bereitet würde, wodurch der Wert des Masuts pro Tonne auf 1550 derselben Preiseinheiten wie oben hinaufgeht, so hätte man bei der Verbrennung derselben Menge des Rohmaterials einen Verlust von rund 920 Preiseinheiten zu verzeichnen.

Die oben kalkulierte Isoprenmenge von etwa 4200000 kg könnte in Anbetracht unumgänglicher Verluste bei der Fabrikation zur Herstellung von etwa $3^1/_2$ Millionen Kilogramm Kautschuk ausreichen. Dabei ist die bedeutende Steigerung in der Ausbeute an Isopren nicht beachtet worden, die wahrscheinlich bei einer zweckmäßigeren Verarbeitung des Rohmaterials als wir es konnten, gewinnen könnte. Ferner wäre es möglich, daß auch andere Bestandteile in der Naphta bei geeigneter Destillation Isopren liefern könnten. Ähnliches wäre wohl auch bezüglich der Ausbeuten an Benzol und Toluol vorauszusehen.

Auch die Möglichkeit, die Rohöle anderer Naphtavorkommnisse zu demselben Zweck anzuwenden, ist nicht ausgeschlossen. Das kaukasische Erdöl betrug bekanntlich vor dem Kriege nur etwa 20% der Weltproduktion, so daß hierin, theoretisch gesehen, weitere Möglichkeiten vorliegen könnten.

D. Anregungen und Ergänzungen zum Kapitel 27

Im Moment A wurden die aus den russischen Naphtaresiduen (Masut) durch eine schonende Zerlegung bei mäßig hohem Erhitzen (etwas oberhalb 700°) entstehenden, ungesättigten Kohlenwasserstoffe mit niedrigerem Siedepunkt behandelt, die unter den Bedingungen für die im großen allgemein angewandte Ölgasbereitung erhalten werden. Da wir sicher nachweisen konnten, daß nicht unbedeutende Mengen von Isopren, Benzol und Toluol dabei entstehen und in den Kondensaten vorhanden waren, wäre es von erheblichem Interesse, nachzuweisen, wie sich das kaukasische rohe Erdöl bei einer ähnlichen Verarbeitung verhalten würde.

Ferner wäre festzustellen, wie sich andere Naphtaarten, wie die rumänischen, polnischen, deutschen und amerikanischen Erdöle in dieser Hinsicht verhalten. Auch sollten die Residuen bzw. Solaröle der pennsylvanischen und gleichartigen Naphtaarten, wie erwähnt, der analogen trocknen Destillation unterzogen werden.

Als der Gegenstand einer mehr eingehenden Erforschung als die obige sollten die bei niedrigerer bzw. höherer Temperatur (bei 13—20° und 60—70°) als Isopren übergehenden größeren Fraktionen, die von uns als mit diesem verwandt gefunden wurden, und dies auch bezüglich ihrer Kondensation bzw. Polymerisation untersucht werden.

Eine Arbeit, allerdings mehr von ökonomischer Art, wäre die über die Verwendung des kondensierten Ölgases zur Heizung von Motoren. Ich vermute, daß kein Zweifel über die Anwendbarkeit bestehen kann, da seine Verbrennungswärme, die bis auf 11000 kal. zu schätzen ist und die unter allen kohlehaltigen Gasen nur von der des Acetylens (etwa 13800 kal.) übertroffen wird, sehr hoch ist. Wenn sich diese Anwendbarkeit durch Versuche im größeren Maßstab faktisch beweisen ließe, so würde meine (oben im Moment C) begründete Behauptung gestützt werden, daß das Masutprodukt nicht direkt zu verbrennen wäre.

Kapitel 28. Neue Derivate des Isoprens und einige weitere Gesichtspunkte bezüglich desselben als biologischer Faktor

A. Neue Isoprenderivate

Bei der Untersuchung über die Kondensierbarkeit des Isoprens wurden auch einige, meistens neue Derivate desselben dargestellt, und zwar wurde sowohl technisches (amylenhaltiges) wie reines Isopren angewandt.

1. Isoprendihydrochlorid, $C_5H_{10}Cl_2$, aus dem technischen Rohmaterial

25 g des Isoprens (Siedep. 34—37° [1]) wurden mit etwas absolutem Äther verdünnt und Chlorwasserstoff unter Kühlung eingeleitet. Nach der Aufnahme von etwa 16 g HCl wurde die dunkel gefärbte Flüssigkeit mit verdünnter Soda und Wasser gewaschen, 1 ccm konzentrierte Salzsäure zugegeben und mehr von dem Gase eingeleitet (Gewichtszunahme 6,5 g). Sie wurde dann mit geglühter Pottasche umgeschüttelt und das Produkt (46,5 g) unter 725 mm fraktioniert:

1.	Fraktion	35— 40°:	8 g (Äther)	5.	Fraktion	100—120°:	0,6 g
2.	,,	40— 82°:	0,9 ,,	6.	,,	100—130°:	2,4 ,,
3.	,,	82— 87°:	11,7 ,,	7.	,,	130—140°:	3,9 ,,
4.	,,	87—100°:	2,0 ,,	8.	,,	140—150°:	10,4 ,,

Rückstand (dunkel gefärbt): 1,0 g

Die Fraktionen 6, 7 und 8 wurden nochmals fraktioniert:

100—120°:	0,9 g	140—148°:	9,4 g (eigentlicher Siedep. 145—147°)
120—130°:	2,1 ,,	148—155°:	1,5 ,,
130—140°:	2,0 ,,		

Die Fraktion 145—147° zeigte die Dichte $d^{15}_{15} = 1{,}0625$. Für Isoprendihydrochlorid (Siedep. 143—145°) hat BOUCHARDAT früher $d_{16} = 1{,}065$ erhalten.

Bei der Analyse zeigte die Fraktion 82—87° den Chlorgehalt 32,99% (berechnet für $C_5H_{11}Cl$ 33,28% und für C_5H_9Cl 33,92%); für die obige Fraktion 145 bis 147° wurde erhalten: Cl = 49,22% (berechnet für $C_5H_{10}Cl_2$ 50,32%).

Folglich waren ungefähr gleiche Teile von den erwarteten Verbindungen, nämlich von dem Monohydrochlorid des in Rohisopren vorhandenen Trimethyläthylens [$(CH_3)_2C{=}CH \cdot CH_3$] sowie dem Isoprendihydrochlorid, $C_5H_{10}Cl_2$, vorhanden.

2. Mono- und Dihydrochlorid aus reinem Isopren

Als Rohmaterial für diese Untersuchung[2]) wurde ein mit der Isoprenlampe von HARRIES und GOTTLOB[3]) dargestelltes Isopren angewandt, das während 4 Jahren bei 4—8° im Eisschrank aufbewahrt worden war. Obwohl

---

[1]) ASCHAN, F. Vet.-Soc. ns Verhandl. 58 A, Nr. 1, S. 70 (1915). — [2]) ASCHAN, Ber. 51, 1303 (1918). — [3]) Ann. 383, 228 (1911).

es bei dieser niedrigen Temperatur aufbewahrt wurde, enthielt es nicht unbedeutende Kautschukmengen. 654 g der Flüssigkeit ließen, bei der Destillation auf dem Wasserbade und nachher mit Dampf, 36 g eines weißen schwammigen Kautschuks zurück, der in Alkohol unlöslich, aber in Äther, Benzol und sogar Petroläther leicht löslich war. Die mit der Perlenkolonne von FAGERLIND destillierte Hauptmenge (163 g) siedete bei 34—36° zu einer Menge von 142,5 g oder 87,3% über; $d_4^{20} = 0{,}6769$ (nach HARRIES für reines Isopren: $d_4^{18} = 0{,}6815$).

a) Isoprenmonohydrochlorid. 5 g von diesem, mit 3 g absolutem Äther versetzten Kohlenwasserstoff wurden bei etwa — 10° mit trocknem Chlorwasserstoff gesättigt, von welchem 29 g aufgenommen wurden.

Bei einer vorläufigen Destillation des gereinigten Produktes gingen größere Mengen bei 85—100° (13,5 g) und 107—110° (19,2) über. Bei weiterer Fraktionierung der mit Chlorwasserstoff erneut gesättigten ersten Fraktion ging wieder eine geringere Menge bei 87—90° und bei 107—110° in die Hauptfraktion über. Die von den beiden Destillationen vereinigten entsprechenden Fraktionen 90—100° und 100—107° verteilten sich in folgender Art:

1.	Bis 87°:	2,9 g,	$d_4^{20} = 0{,}8697$
2.	87— 90°:	2,5 „	0,8702
3.	90—100°:	2,3 „	0,8965
4.	100—107°:	1,2 „	0,9103
5.	107—110°:	3,4 „	0,9330

Die Analysen der Fraktionen 87—90° und 107—110° ergaben Cl 33,33% und 33,99%. Entgegen der früheren Angabe von BOUCHARDAT[1]), daß Isopren bei der Behandlung mit konzentrierter Salzsäure ein Isoprenmonohydrochlorid, C_5H_9Cl, vom Siedep. 85—91° (d = 0,868) und ein Dihydrochlorid, $C_5H_{10}Cl_2$, vom Siedep. 143—145° liefert, liegt also in der Fraktion 87—90° ein tertiäres Isoamylchlorid, $(CH_3)_2CCl \cdot CH_2 \cdot CH_3$ (Siedep. 85—88°, WISCHNEGRADSKY gibt 86° an.[2]) Um jedem Zweifel zu entgehen, wurde das Produkt aus reinem Trimethyläthylen, $(CH_3)_2C{=}CH \cdot CH_3$, dargestellt; der Siedepunkt lag bei 85—88°, und das spezifische Gewicht 0,8709 wurde erhalten. Das von uns aus Carven nach HARRIES und GOTTLOB erhaltene Isopren enthält also, wie auch das von uns sonst dargestellte (vgl. S. 327 oben) das genannte Isoamylen. Dies wurde auch mit unserer $AlCl_3$-Reaktion bestätigt.

Dagegen besteht die andere, bei 107—110° siedende, obengenannte Fraktion, deren Analyse 33,99% statt ber. 33,97% ergab, aus Isoprenmonohydrochlorid, C_5H_9Cl, das also zum erstenmal dargestellt wurde (Siedep. 109°; $d_4^{20} = 0{,}9335$). Sein Geruch erinnert viel an das des niedrigeren Homologen, des Allylchlorids und es ist gegen sodaalkalisches Kaliumpermanganat ungesättigt.

Da der Körper etwas Chlorwasserstoff bei der Destillation bei gewöhnlichem Druck abspaltet, könnte dies auf die tertiäre Stellung des Chloratoms hindeuten:

$$\begin{matrix}CH_2\\CH_3\end{matrix}{\gg}C{-}CH{=}CH_2 + HCl = \begin{matrix}CH_3\\CH_3\end{matrix}{>}CCl \cdot CH{=}CH_2 .$$

Der auffallend hohe Siedepunkt ließe sich allerdings mit einer primären Stellung vereinigen: $CH_2Cl \cdot CH(CH_3) \cdot CH{=}CH_2$ oder $CH_2 : C(CH_3) \cdot CH_2 \cdot CH_2Cl$, wenn man nicht eine abnorme Addition mittels Nebenvalenzen, also zu dem Mole-

---

[1]) Jahresb. 1879, 577. — [2]) Vgl. auch ASCHAN über das Terpen Dipren (S. 125 u. 134 oben).

kül $(CH_3)_2C:CH\cdot CH_2Cl$, annimmt; diese Möglichkeiten wurden jedoch nicht untersucht.

Beim Kochen mit Kaliumcarbonatlösung tritt Chlor heraus, wahrscheinlich unter Bildung eines Alkohols. Kaliumacetat und Eisessig regenerieren im Rohr das Isopren.

b) Isoprendihydrochlorid, $C_5H_{10}Cl_2$. Bei Chlorwasserstoffbehandlung des mit etwas konzentrierter Salzsäure versetzten, obigen Diprenmonohydrochlorids bis zur Sättigung geht das ölige Produkt (im 12-mm-Vakuum) bei 52—53° über. Es siedet bei gewöhnlichem Druck bei 145—146° ohne Zersetzung ($d_4^{20} = 1{,}0654$) und repräsentiert also wahrscheinlich das von Bouchardat erhaltene und von mir oben (S. 362) beschriebene Dichlorisopentan oder Isoprendihydrochlorid, mit dem angegebenen Siedepunkt von 143—145° sowie $d_{16} = 1{,}065$.

c) Chlordibromisopentan, $C_5H_9ClBr_2$, wird als dickflüssiges, auch im Vakuum wegen ihrer Zersetzlichkeit undestillierbares Öl erhalten, wenn man das Isoprenmonohydrochlorid mit 2 Atomen Brom versetzt.

Bei den obigen Versuchen mit Chlorwasserstoff habe ich niemals die „kautschukähnliche Substanz" beobachtet, deren Entstehung Bouchardat bei der Einwirkung von Salzsäure auf Isopren angibt. Diese falsche Angabe, die in den Jahren 1910—1912 so oft gegen die Patentierbarkeit der neuen Darstellungsmethoden des Kautschuks angeführt wurde, beruht wahrscheinlich darauf, daß der genannte Verfasser mit einem älteren, schon teilweise zum Kautschuk kondensierten Isopren[1]) gearbeitet hat, welcher Kautschuk nach der Abscheidung bzw. Verdampfung des Isoprens zum Vorschein kam.

3. Mono- und Dichlorhydrin, $C_5H_8Cl(OH)$ und $C_5H_8Cl_2(OH)_2$, aus technischem Isopren

Das Rohmaterial siedete bei 34—37° ($d_{15}^{15} = 0{,}6748$). Die unterchlorige Säure wurde durch Einleiten von Chlor in eine Suspension von 1 Teil Calciumcarbonat in 40 Teilen Wasser, bis eine klare Lösung entstand, dargestellt. Von der danach destillierten Lösung (etwa 1 Liter) wurden 125 ccm in eine mit Eis und Kochsalz abgekühlte Flasche gebracht und 1,55 g des Isoprens zugegeben, sowie bis zum Verschwinden des Geruches desselben und der unterchlorigen Säure umgeschüttelt (etwa ½ Stunde). Nach etwa 12 Stunden wurde das Produkt durch dreimaliges Umschütteln mit Äther aufgenommen; diese Lösung wurde mit Calciumchlorid getrocknet und verdunstet, zuletzt im Vakuum. Der ölige Rückstand (2,3 g) zeigte den Chlorgehalt des Dichlorhydrins und setzte nach Evakuieren Krystalle ab, die durch Umkrystallisieren aus einem Gemenge von gleichen Teilen Benzol und bei 40—50° siedendem Petroläther den Schmelzpunkt 82—82,5° zeigten; Mokiewsky[2]) gibt 82,5° an.

Durch folgende Modifikation der Lauchschen Methode für die Darstellung von unterchloriger Säure, nämlich den Kalk aus einer Chlorkalk-

[1]) Aschan, s. oben, S. 320 u. 324. — [2]) Chem. Zentralbl. 1899, I, 190.

lösung bekannter Konzentration mit Borsäure zu fällen, wurde eine gute Ausbeute von dem Dichlorhydrin erhalten:

500 g Chlorkalk wird mit Wasser zum dünnen Brei gerieben und konzentrierte Sodalösung zugegeben, bis kein Niederschlag mehr entsteht. Nach Filtrieren und Verdünnen des Filtrats mit etwa $^1/_2$ Liter Wasser und Umschütteln an der Maschine (2 Stunden), wird der Kalk mit Borsäure in geringem Überschuß ausgefällt. Beim Titrieren enthielt z. B. eine Probe 33,2 mg pro Kubikzentimeter. Bei der Addition wurde in folgender Weise verfahren: zu 1,5 g des Isoprens wurden, unter Abkühlen auf etwa — 10°, 106 ccm der Natriumhypochloritlösung, entsprechend 3,5 g oder 3 Molen HClO sowie 15 g krystallisierte Borsäure zugegeben. Die erhaltene Lösung blieb beim Umschütteln mit Äther klar. Es wurde im vorliegenden Falle 1,46 g gelbliches, bald krystallisierendes Öl erhalten.

Es läßt sich auch mit größeren Mengen arbeiten. Bei einem Versuch mit 10 g Rohisopren aus dem Kondensat vom russischen Ölgas (S. 354) wurden 800 ccm einer wie oben bereiteten Natriumhypochloritlösung (mit 23,3 g HOCl) zugegeben. Nach dem Abkühlen auf — 5° wurde die Lösung mit der nötigen Menge Borsäure und darauf mit dem angegebenen Kohlenwasserstoff versetzt. Nach Umschütteln (1 Stunde) und 12stündigem Stehen wurde die Lösung mit Kochsalz gesättigt und 3mal mit Äther umgeschüttelt, die Ätherlösung mit Natriumsulfat getrocknet und der Äther verjagt: Gewicht des Produktes 13,4 g. Beim Destillieren im Vakuum (10 mm) gingen 6,26 g bei 40—80° über; der Rückstand wog 3 g. Die erste Fraktion siedete bei erneuter Destillation ziemlich konstant bei 52—55° (4,66 g); [d_4^{20} = 1,1060, n=1,45437; Cl = 29,86%]. Die ganze über 80° siedende Menge war der Analyse nach (Cl = 41,98%) fast reines Dichlorhydrin, $C_5H_8Cl_2(OH)_2$ (Cl = 41,01%). Sie zeigte sich nämlich in Wasser löslich und krystallisierte daraus in großen, glänzenden Nadeln (Schmelzp. 81°). Die erste Fraktion (Siedep. 52—55°) stellte das früher unbekannte Monochlorhydrin des Isoprens C_5H_8ClOH dar, mit dem obigen Chlorgehalt 29,86% (Theorie 29,47%), während für das Monochlorhydrin eines Amylens der Chlorgehalt 28,96% erforderlich ist.

4. Einige Versuche über Isoprenalkohol

Dieser Körper, dessen Strukturformel und Wasserabspaltung aus der folgenden Gleichung erhellt:

$$\begin{matrix}CH_3\\CH_3\end{matrix}\!\!>C(OH)\cdot CH{=}CH_2 \;=\; \begin{matrix}CH_2\\CH_3\end{matrix}\!\!>C\cdot CH{=}CH_2 + H_2O\ ,$$

ist zuerst von Mokiewsky[1]) dargestellt worden. Nachher wurde sie auf einer für mich unbekannten Weise in der Technik bereitet. Eine größere Probe von Farbenfabriken vorm. Friedr. Bayer & Co. wurde mir gefälligst zur Verfügung gestellt.

Wegen der engen Relation zum Isopren, als dessen Wasseradditionsprodukt es aufgefaßt werden kann, seien einige Beobachtungen darüber, in Gemeinschaft mit den obigen Chlorhydrinen, mitgeteilt; folglich ist Isoprenalkohol auch mit dem Kautschuk nahe verwandt.

a) Die Hydratbildung des Isoprenalkohols. Bei der Destillation von 500 g des ursprünglichen Fabrikproduktes wurden folgende Fraktionen erhalten:

---

[1]) Chem. Zentralbl. 1900, II, 331.

1. Vorlauf	30—80°:	4,0 g
2. Fraktion	80—86°:	16,3 ,,
3. ,,	86—88°:	54,0 ,,
4. ,,	88—91°:	21,2 ,,
5. ,,	91—95°:	50,0 ,,
6. ,,	95—97°:	65,0 ,,
7. ,,	97—98°:	267,7 ,,
Rückstand		10,5 ,,
Verlust.		11,3 ,,
		500,0 g

Das Produkt enthielt demnach eine bei 86—88° siedende andere Verbindung als der bei 97—98° übergehende Isoprenalkohol. Als jene nach der Kaliumpermanganatreaktion BAEYERS ungesättigt war und roch nach diesem, lag die Annahme am nächsten, daß hier ein unbekanntes Homologe zu dem Isoprenalkohol vorlag. Indes hatte die Fraktion 86—88° ein viel höheres spez. Gewicht (d_4^{20}=0,8736) als dieser. Das Problem wurde dadurch komplizierter, daß die Analysenresultate bei den in verschiedenen Destillationen — es wurden in allem 11 Verbrennungen ausgeführt — sehr abweichende Zahlen ergaben (C 55,1—64,4%; H 11,1—11,7%). Nach vielen Versuchen wurde gefunden, daß wasserfreies Natriumsulfat bei mehrmaliger Einwirkung den Siedepunkt der niedriger siedenden Fraktionen auf 97 bis 98°, den Siedepunkt des Isoprenalkohols, erhöhte.

Es lag also ein „Hydrat“ des Isoprenalkohols vor, das niedriger als dieser siedet. Trockner Isoprenalkohol wurde daher mit 1 Mol Wasser versetzt; eine homogene Flüssigkeit entstand jedoch erst nach längerem Umschütteln, und diese (73,7%) siedete auch jetzt bei 86—88°, der Rest bei 88—99°. Als niederes Homologe zum Allylalkohol (Siedepunkt im ganz trocknen Zustand 96—97°) verhält er sich diesem ähnlich; er bildet nach TORNÖE[1]) ein niedrig, bei etwa 87,5° siedendes Hydrat. Dies wurde von uns bestätigt. Als 1 Mol Allylalkohol mit 1 Mol Wasser versetzt wurde, ging etwa 4/5 der Mischung ziemlich konstant bei 88—90° über. Die Gleichheit zwischen Isoprenalkohol und Allylalkohol, sowohl im Siedepunkt der wasserfreien Alkohole (96—97° bzw. 97—98°), wie ihrer Hydratformen (87,5° bzw. 86—88°) ist auffallend, obwohl dieser 2 Kohlenstoffatome und 4 Wasserstoffatome weniger enthält.

Die hier beobachtete Siedepunktserniedrigung bei Zusatz von gewissen kleinen Wassermengen kommen ebenfalls bei gesättigten Alkoholen vor. YOUNG und FORTEY[2]) haben solche auch bei Äthyl-, Isopropyl-, Tertiärbutyl-, n-Propyl-, Isobutyl- und Isoamylalkoholen beobachtet. Beim näheren Studium der vorliegenden Erscheinung können meiner Ansicht nach folgende allgemeinen Sätze ausgesprochen werden:

1. Die „Hydratbildung“ bei einwertigen, einfacheren Alkoholen der Fettreihe kommt nicht allein bei den ungesättigten Alkoholen vor.

2. Der Betrag der Erniedrigung des Siedepunktes bei dem „konstant siedenden Gemenge“ (dem „Hydrat“) scheint in einem konstanten Verhältnis sowohl zum Molgewicht und Siedepunkt des wasserfreien Alkohols sowie zu dem prozentigen Gehalt der Wassermenge in dem Gemenge zu stehen.

b) Die Versuche zur glatten Wasserabspaltung aus dem Isoprenalkohol, unter Anwendung von Kaliumbisulfat, 95,5%iger Ameisensäure[3]) und

[1]) Ber. **24**, 2670 (1891). — [2]) Journ. chem. Soc. **81**, 729 (1902). — [3]) Nach WALLACH, Ann. **291**, 361 (1896).

krystallisierte Oxalsäure[1]) hatten keinen Erfolg. Wasserfreie Oxalsäure wirkte dagegen teilweise wasserabspaltend ein.

c) Esterifizierungsversuche. Mittels der Reaktion von BERTRAM-VALBAUM traten nur Kondensationserscheinungen ein. Mit Essigsäureanhydrid in Gegenwart von geschmolzenem Kaliumacetat erhielt man ein Gemisch von Acetaten, von denen nach zwei Fraktionierungen die größte Menge bei 122—125°, eine kleinere Fraktion bei 125—128° (etwa 14%) siedete. Vielleicht traten zwei isomere Ester auf. Die größere Fraktion wurde bezüglich ihrer Konstanten etwas näher untersucht: $d_4^{20} = 0{,}8918$, $\alpha = 51^0\,40'$, woraus $n = 1{,}41140$ und MR = 35,69 (die Theorie mit einer Doppelbindung 35,71). Der Geruch war angenehm esterartig.

Die Untersuchung in dieser Richtung sowie bezüglich der Oxydation wird fortgesetzt.

d) Bromierungsversuche. Bei der Einwirkung einer konzentrierten (37%igen) Bromwasserstofflösung in Eisessig (1 : 10) war teils eine Bromwasserstoffaddition unter Bildung der Verbindung I, teils ein gleichzeitiger Ersatz des Hydroxyls gegen Brom zu erwarten II.; allerdings könnte das Brom auch unter primärer Addition wie in III und IV eintreten:

I. $(CH_3)(CH_3)>C(OH)\cdot CHBr\cdot CH_3$; II. $(CH_3)(CH_3)>C(Br)\cdot CHBr\cdot CH_3$;

III. $(CH_3)(CH_3)>C(OH)\cdot CH_2\cdot CH_2Br$; IV. $(CH_3)(CH_3)>CBr\cdot CH_2\cdot CH_2Br$.

Die Reaktion wurde im Einschlußrohr während 4 Stunden im siedenden Wasserbad ausgeführt. Nach Reinigung resultierte ein Öl vom $Siedep._{16}$ 60—75°. Zwei Analysen des nach BAEYER fast gesättigten Produktes ergaben im Mittel 66,81% (Theorie 69,52%), so daß ein noch etwas verunreinigtes Dibromid (II oder IV) entstanden war.

Isoprenalkoholdibromid, $(CH_3)_2C(OH)\cdot CHBr\cdot CH_2Br$. Die Darstellung dieses Körpers wurde am besten im Einschmelzrohr ausgeführt, das die berechnete Brommenge in einem dünnwandigen Glaskügelchen enthielt; der Isoprenalkohol war mit der 3—4fachen Menge von Chloroform verdünnt. Nach dem Zuschmelzen des Rohrs wurde in einer Kältemischung die Kugel durch eine heftige Bewegung zersplittert. Man ließ unter Kühlung stehen, bis keine Bromfarbe mehr bemerkt wurde. Nach dem Öffnen wurde das Chloroform im trocknen Luftstrom verjagt und der Rückstand bei 15 mm Druck destilliert. Die Hauptmenge, ein lichtbrechendes Öl, ging bei 98—100° über und enthielt 65,00% Brom, während das Dibromid $C_5H_{10}(OH)Br_2$ 64,73% erfordert; das Dibromid war folglich rein.

e) Nitrosochlorid, $HO\cdot C_5H_8<^{NOH}_{Cl}$. Nachdem die gewöhnliche Darstellungsweise (gleiche Teile der Substanz, des rohen Äthylnitrits, Eisessigs sowie konzentrierter Salzsäure nur eine geringe Ausbeute (1,4 g aus 10 g des Alkohols) gegeben hatte, wurde die Addition des Nitrosylchlorids nach folgendem, von mir hauptsächlich für Terpene ausgearbeiteten Verfahren ausgeführt, das gewöhnlich eine für die leicht zersetzlichen Nitrosochloride sehr gute Ausbeute liefert:

In das Gemisch von Isoprenalkohol (10 g), Äthylnitrit (8,7 ccm) und Eisessig (10 ccm) wird Chlorwasserstoff unter Abkühlung mit Eis und Kochsalz eingeleitet, bis das Gemenge etwa 4 g an Gewicht zugenommen hatte; dabei steigt die Temperatur, der Abkühlung ungeachtet, auf + 8°, und ein weißer kristallinischer Niederschlag fällt aus der lichtgrünen Flüssigkeit aus. Nach Filtrieren und Waschen mit Alkohol und Absaugen auf Ton wiegt das Produkt 3,7 g (Schmelz-

---

[1]) WALLACH, Ann. 275, 106 (1893).

punkt 121°). Aus Äther umkrystallisiert und mit Methylalkohol gewaschen, wurden von dem Körper schöne rhomboedische Krystalle erhalten, die bei 132° schmolzen.

Der Körper zeigt den berechneten Chlorgehalt und hat also die Zusammensetzung:

$$(CH_3)_2C(Cl)\cdot C(NOH)\cdot CH_2Cl \quad \text{oder} \quad (CH_3)_2C(Cl)\cdot CH:NOH\ ,$$

wonach er entweder ein chloriertes Ketoxim oder -aldoxim darstellt. Was man aber hier, und wohl zum erstenmal beobachtet, ist die interessante Tatsache, daß der Chlorwasserstoff, neben der Nitrosochloridbildung, auch das Hydroxyl in einem ungesättigten Alkohol ersetzt.

f) Die Nitrosit- und Nitrosatbildung des Isoprenalkohols führten wegen Harzbildung zu keinem Resultat.

B. Zur Frage über die biologische Synthese der Terpenverbindungen

An anderer Stelle (Kapitel 9, Moment C, S. 128) wurden schon einige theoretische Gesichtspunkte über die Entstehung der Terpene im Pflanzenkörper hervorgehoben. Hier sei hingewiesen auf die Tatsache, daß nicht nur andere in der Natur hervortretende Formen von Terpenverbindungen, den Harzsäuren und dem Kautschuk, sondern auch das einfache Gebilde Isopentan, im Verhältnis zum normalen Pentan[1]) in den Petroläthern, besonders dem kaukasischen, sehr reichlich vertreten ist. In diesen sämtlichen Körpergruppen ist der Kohlenstoffkern

$$\begin{matrix}C\\C\end{matrix}{>}C{-}C{-}C$$

als konstituierender Bestandteil, einzeln oder kondensiert, vorhanden.

Indem ich auf die oben angegebene Stelle des vorliegenden Buches über meine dort formulierte Hypothese darüber hinweise, daß Isopren, das wohl kaum in freiem Zustande auftritt bzw. seines niedrigen Siedepunktes wegen schwer nachweisbar ist, aus Aceton und Acetaldehyd durch enzymatische Einwirkung gebildet wird:

I. 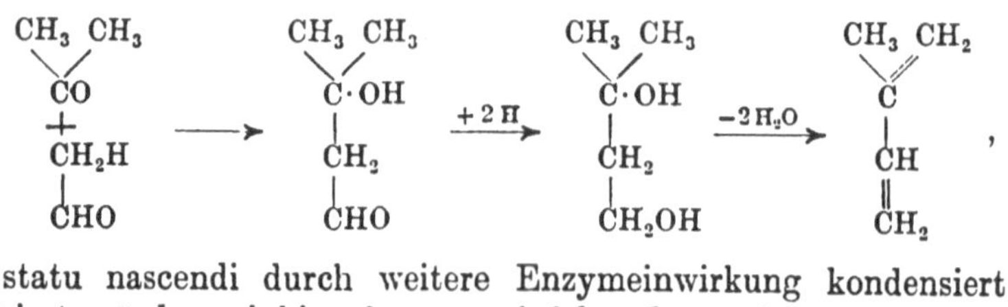

und in statu nascendi durch weitere Enzymeinwirkung kondensiert bzw. polymerisiert würde, sei hier ferner auf folgende merkwürdige, schwer erklärliche Tatsache aufmerksam gemacht. Die Bildung des in enormen Quantitäten auftretenden Kautschuks findet hauptsächlich in der heißen Zone statt, während die der Harzsäuren, die auch in wahrhaft unermeßlichen Mengen auftreten, hauptsächlich für die nordische temperierte Hemisphäre eigen ist. Wahrscheinlich werden diese beiden Pflanzenerzeugnisse inklusive

[1]) Aschan, F. Vet.-Soc. ns Förh. 38, 146, 152 (1896); 40, 198 (1898).

der Terpene, Sesqui-, Di- und Polyterpene, hauptsächlich zum Schutz für äußere Beschädigung durch Lufteinwirkung, Insekten und andere niedere Organismen erzeugt. Da die genannten Substanzen sämtlich aus Isopren herleitbar sind, so ist die Klarlegung der Bildung des letztgenannten biochemisch besonders wichtig. Obwohl man dabei auf hypothetischem Grunde stehen muß, dürfte doch die folgende Darlegung von Interesse sein.

Euler hat schon früher in seiner Pflanzenchemie (1909) mehrfach auf die Bedeutung des Dioxyacetons für die Umsetzung in der Pflanzenwelt hingewiesen. Er ist der Ansicht, daß der Abbau des Zuckermoleküls der „Fettsynthese" voranginge, sowie daß dabei Acetaldehyd und das Dioxyaceton unter den Spaltungsprodukten zu finden wären[1]), von denen letzteres, eventuell erst nach der Verkettung, zum Aceton reduziert würde.[2]) Wir finden also, daß dieselben Substanzen auch bei Euler in der gegebenen Hinsicht eine wichtige Rolle als synthetisches Material wie sie auch für unsere Auffassung spielt.

Die Aldolkondensation zwischen Dioxyaceton könnte nach folgendem Schema II verlaufen und nach Reduktion sowie Wasserabspaltung zu Isopren führen. Wenn das Aceton in dem vorangehenden Schema I durch das Keton durch Brenztraubensäure ersetzt wird, die bekanntlich ein wichtiges Zwischenglied bei der Alkoholgärung ist und wahrscheinlich oft durch Enzymeinwirkung innerhalb des Organismus vieler Pflanzen gebildet wird, so kämen wir zum Schema III:

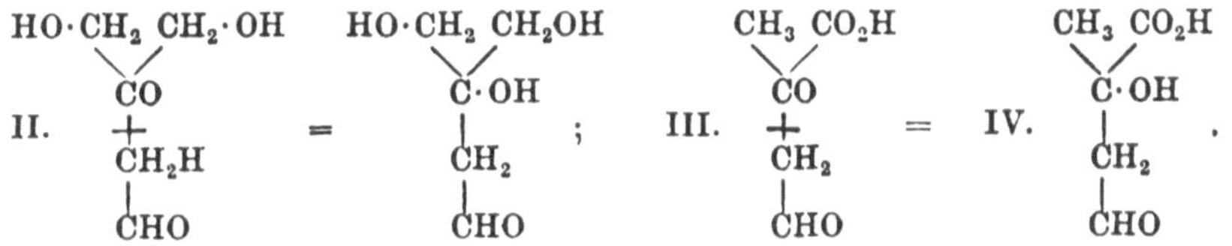

Im ersten Falle würde bei der Reduktion eine Tetrose mit fünf Kohlenstoffatomen entstehen. Das letztere Schema führt zu einer Aldoxycarbonsäure (IV), die zu einer α-Methyldioxybuttersäure (V) reduziert werden könnte, welche bei zweimaliger Wasserabspaltung eine mit Isopren nahe verwandte α-Vinylacrylsäure (VI) geben könnte:

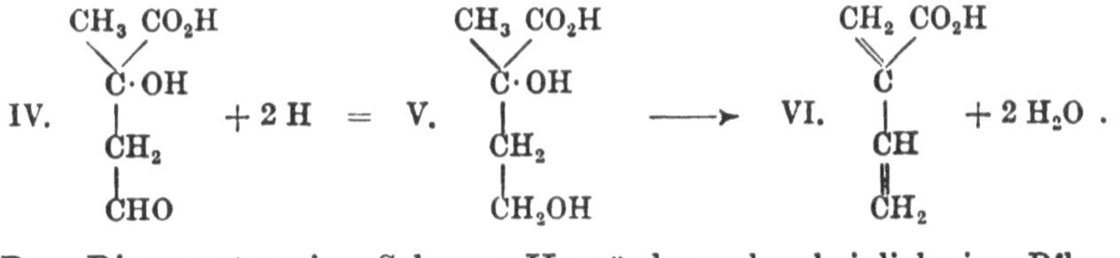

Das Dioxyaceton im Schema II würde wahrscheinlich im Pflanzenorganismus bei einer retroaktiven enzymatischen Zweiteilung des Fruchtzuckers (bzw. α-Acrose), mit Glycerinaldehyd als zweites Produkt entstehen. Folglich wären die nötigen, durch enzymatische Einwirkung gebildeten vier Ausgangsmaterialien, in Form von Aceton, Acetaldehyd, Dioxyaceton sowie Brenztraubensäure, vorhanden. Auch die im vorigen vorausgesetzten Reak-

[1]) Pflanzenchemie, S. 212 (1909). — [2]) Ibid., S. 219.

tionen, nämlich die Reduktion und Wasserabspaltung, die schließlich zu dem Isopren und der Vinylacrylsäure führten, gehören bekanntlich zu den in den Pflanzen gewöhnlichsten Umsetzungen.

Isopren (bzw. α-Vinylacrylsäure) könnten dann „in statu nascendi", vermittelst katalytischer oder gleichartiger enzymatischer Einwirkung die verschiedenen Terpentypen, einfachen und zusammengesetzten, bilden. Folgende Beispiele sollen dies veranschaulichen:

2 Mole Isopren: Dipenten:

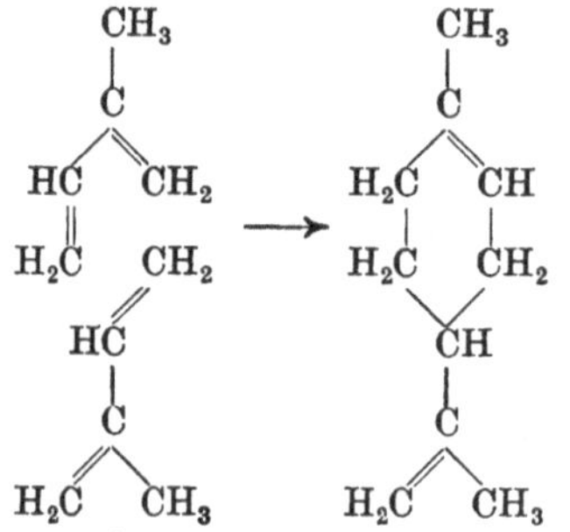

1 A 1 B

2 Mole Isopren: Sylvestren(?), Dipren (?):

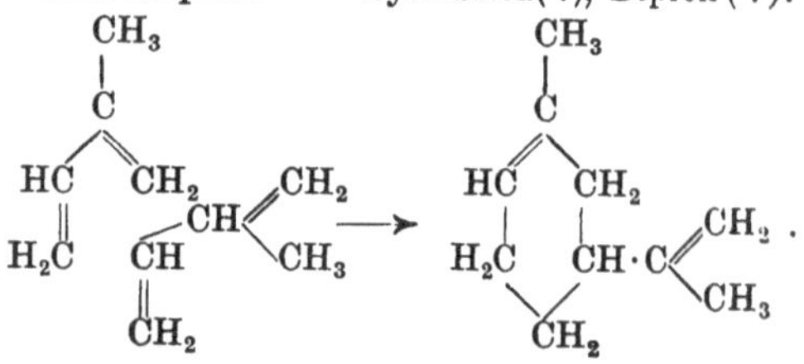

1 C 1 D

3 Mole Isopren: Cadinen (Sesquiterpen):

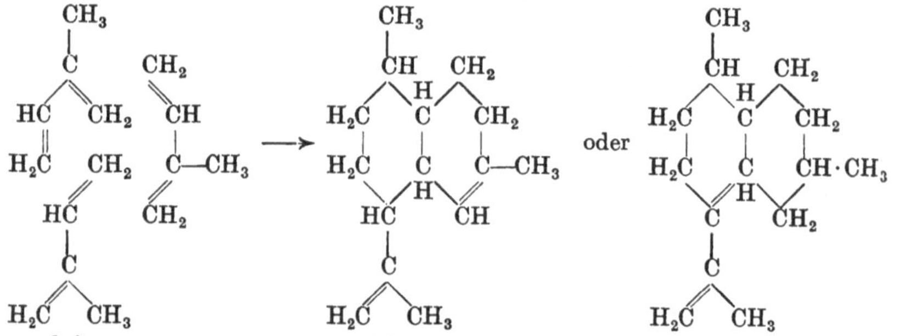

2 A 2 B 2 C

In den Fällen 1 A und 1 B einerseits, 1 C und 1 D andererseits wird gezeigt, wie 2 Mole Isopren bei ungleicher Orientierung, bei höherer oder gewöhnlicher Temperatur verschiedene Terpene, nämlich Dipenten (WALLACH) und Sylvestren bzw. Dipren? (ASCHAN) geben können. Der Fall 2 A leitet zu zwei verschiedenen Formeln 2 B und 2 C für das Cadinen.

Die Bildung der Harzsäuren durch Kondensation von 3 Molen Isopren und 1 Mol α-Vinylacrylsäure werden hier ferner unter den Formen 4 A und 4 B angeführt; 4 C würde die Formel für Pinabietinsäure (Abietinsäure) nach VIRTANEN[1]) zum Vergleich darstellen (s. u.).

Es ist zu bemerken, daß nur eine gewisse Anordnung der vier konstituierenden Molekülen in 4 A zu einem Gebilde führt, das mit der Abietinsäureformel nach VIRTANEN fast vollständig übereinstimmt und worin also die Doppelbindung, der Dreiring, die Carboxyl- und Isopropylgruppe in einem Sechsring verteilt sind.

[1]) Ann. 424, 150 (1920); Inaug.-Diss. (Helsingfors 1919).

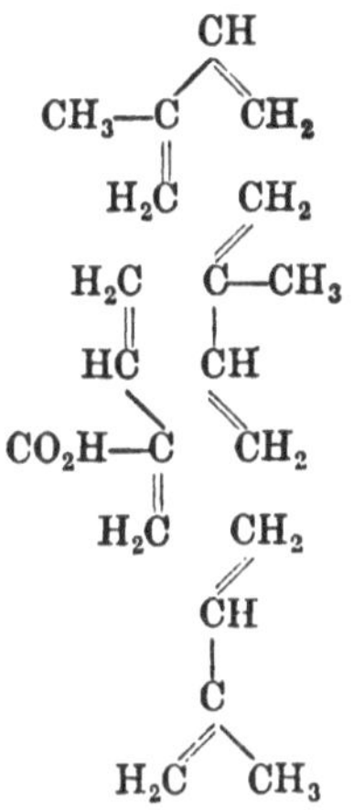

4 A

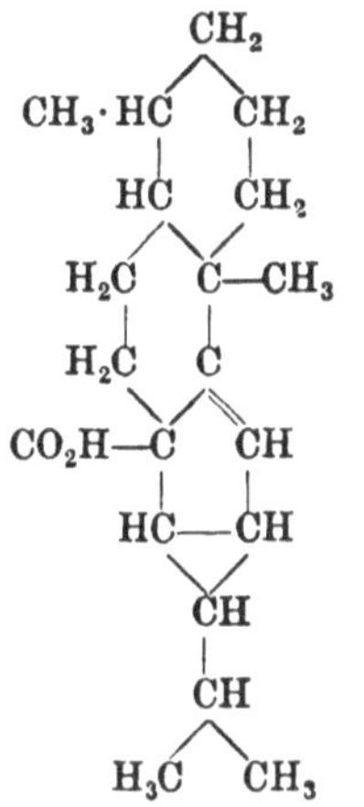

4 B

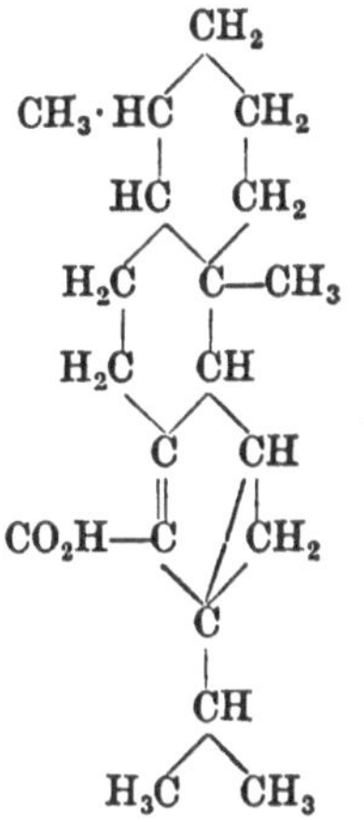

4 C

C. Anregungen und Ergänzungen zum Kapitel 28

Im Moment A des Kapitels, das die Untersuchung gewisser, zum Teil neuer Derivate des Isoprens behandelt, liegen mehrere Anregungen für neue Arbeiten mit diesen Verbindungen als Ausgangsmaterial vor. Das vorher unbekannte Monohydrochlorid gibt u. a. zu seiner Strukturbestimmung Anlaß. Wenn die Verbindung, nämlich beim Kochen mit Kaliumcarbonat oder beim kräftigen Umrühren mit Kalkmilch, die unserer Erfahrung nach leichter das Chlor gegen Hydroxyl austauscht, Isoprenalkohol ergibt, so käme demselben selbstverständlich die Struktur $(CH_3)_2C(Cl) \cdot CH : CH_2$ zu. Sonst kommen die oben (S. 363) angegebenen Formeln mit primärer Bindung in Betracht. Eine Oxydation dürfte dann für die Struktur entscheiden. Außerdem kämen noch andere Methoden, wie die Esterbildung mit Silber- bzw. Kaliumacetat in Eisessig in Betracht.

Wenn ein primäres oder sekundäres Chlorid vorliegt, könnten aus dem Monohydrochlorid Amine, Mercaptane, Nitroverbindungen sowie eine Sulfonsäure in gewöhnlicher Weise herleitbar sein, deren Entstehung im vorigen Falle, bei einem tertiären Chlorid, weniger aussichtsvoll ist.

Auch das Isoprendihydrochlorid scheint mir ein geeignetes Material für weitere Arbeiten zu sein; auch seine Struktur ist, soweit es sich um meine experimentellen Erfahrungen handelt, nicht sichergestellt. Hier dürfte ebenfalls der Austausch der Chloratome gegen Hydroxyle usw. ein nicht zu unterschätzendes Moment in der zweiwertigen Derivatreihe des Isopentans sein. Auch die Einwirkung von Natrium auf die Ätherlösung bzw. Zink auf die Alkohollösung der Substanz könnte vielleicht von Interesse sein, weil man im ersten Falle bestimmen könnte, ob die Halogenatome nebeneinander stehen und eine Äthylenverbindung entstehen würde. Wenn dies nicht stattfinden würde, könnte man im zweiten Falle bei der Einwirkung derselben Agenzien zu Cyclopropan- bzw. Cyclobutankohlenwasserstoffen gelangen. Bei der Einwirkung der Dihydrochloride (bzw. -bromide) auf Natriummalon- oder -acetessigester usw. würden vielleicht wieder alicyclische Carbonsäuren entstehen.

Wie das Mono- und Dihydrochlorid könnten auch die entsprechenden Hydrobromide des Isoprens darstellbar sein, die wahrscheinlich bei vielen Umwandlungen reaktionskräftiger einwirken könnten.

Was dann das Mono- und Dichlorhydrin des Isoprens betrifft, so kommt auch ihre Anwendung als Rohmaterial in Betracht. Aus dem Dichlorhydrin könnte man mittels Kali zu den relativ wenig bekannten Dioxyden der Isopentanreihe gelangen, deren weitere Untersuchung vielleicht zur Kenntnis vieler neuer Derivate führen würde, die unter Einwirkung von oxydaufspaltenden Agenzien, wie Wasser, Ammoniak, Cyanwasserstoff usw. entstehen könnten. Speziell würde man aus dem Dichlor- bzw. Dibromhydrin zu dem entsprechenden Erythrit mit geteilter Kette kommen, das man aus dem Grunde gern kennen möchte, weil das große Krystallisationsvermögen des Dichlorhydrins (S. 364) vielleicht auch in diesem Derivat zum Vorschein käme.

Der unter dem Moment A, 4. behandelte Isoprenalkohol stellt ein geeignetes Rohmaterial für weitere Arbeiten dar. Eigentümlicherweise ist das darin vorhandene Hydroxyl ziemlich fest gebunden, indem Isopren nur schwierig daraus entsteht, wogegen der entsprechende gesättigte Alkohol, das Amylenhydrat, bekanntlich sehr leicht Wasser abspaltet. Dies könnte im ersten Falle darauf beruhen, daß das nötige Wasserstoffatom von einem primären Kohlenstoffatom abgespalten werden müßte.

Diese Beständigkeit beim Isoprenalkohol erfordert einerseits die Anwendung mehr effektiver wasserabspaltender Mittel, wie Aluminium- oder Thoroxyd bei höherer Temperatur. Diese Eigenschaft erleichtert aber andererseits vorteilhaft die Esterifizierbarkeit des Alkohols mit Säureanhydriden. Besonders sollte die Geschwindigkeit seiner Esterifikation eingehender studiert werden, wie dies von Menschutkin u. a. vor längerer Zeit bei anderen Alkoholen ausgeführt worden ist. Isoprenalkohol nimmt voraussichtlich trotz seiner tertiären Natur wegen der Nachbarschaft zu der Doppelbindung eine Sonderstellung ein.

Die Esterifikation des Isoprenalkohols dürfte auch mit den Anhydriden anderer einbasischer Säuren ausgeführt werden, wogegen die Esterbildung mit Säurechloriden oder direkt mit Fettsäuren kaum gangbar wäre. Nach den wenigen Versuchen von uns scheint die andersartige Wasserabspaltung als die bei der Esterbildung schneller zu verlaufen. Allenfalls sollte hierbei festgestellt werden, ob zwei Ester auch mit anderen Säuren, wie es wir bei der Einwirkung von Essigsäure vermuteten, auftreten.

Das Dibromid des Isoprenalkohols könnte vielleicht auch zu weiteren Versuchen anregen; am nächsten wäre die Verwandlung in das entsprechende Glycerin von Interesse, dessen Reindarstellung uns nicht gelang, obwohl ein partieller Erfolg bei der Oxydation mit Kaliumpermanganat zu verzeichnen war. Diesem homologen Glycerin mit seinem geteilten Kohlenstoffkern käme nämlich ein gewisses Interesse als Rohmaterial für homologe synthetische Fette zu.

Das Verhalten des Isoprenalkohols zu den stickstoffhaltigen Terpenreagenzien sollte auch in der bei dem Nitrosochlorid (S. 367 u. 368) angegebenen Richtung fortgesetzt werden. Dasselbe gilt auch der Strukturbestimmung für diese wohlcharakterisierte Verbindung. Die Umwandlungen derselben sollten studiert werden, besonders, da die Addition des Reagenses (NOCl), soweit ersichtlich, in anderer Weise als bei den analog gebauten Kohlenwasserstoffen stattzufinden scheint. Ferner ist auch das Verhalten des Alkohols bei der Bertramschen Reaktion eigentümlich.

Sachregister

(Die Ziffern bedeuten die Seitenzahlen)

D

J

K

L

M

N

T

V

W

BIBLIOGRAPHIE

Herbst 1929

Lehrbuch der Chemie. Zu eigenem Studium und zum Gebrauch bei Vorlesungen. Von Max Trautz, o. Professor und Direktor des Physikalisch-Chemischen Instituts an der Universität Heidelberg. Drei Bände. Groß-Oktav.

I. Band: Stoffe. Mit zahlreichen Abbildungen im Text und mit Tafeln und Tabellen. XXVIII, 534 Seiten. 1922 . . . . RM. 16.—, geb. RM. 17.50

II. Band: Zustände. Mit zahlreichen Abbildungen im Text und auf Tafeln und mit Tabellen. XXXIV, 634 Seiten. 1922 . . . . RM. 20.—, geb. RM. 22.—

III. (Schluß-) Band: Umwandlungen. Mit zahlreichen Abbildungen im Text und auf Tafeln und mit Tabellen. XLVI, 1054 Seiten. 1924. RM. 40.—, geb. RM. 42.50

I—III. Band in Ganzleinen (nur kompl.) . . . . RM. 84.—

Für den Studenten gegen Ausweis . . . . RM. 60.—

Das Werk umfaßt nicht nur die Haupttatsachen der theoretischen und angewandten Chemie, es berücksichtigt auch die Nachbargebiete, wie Physik, Mathematik, Heilkunde und Technik.

Praktische Einführung in die allgemeine Chemie. Anleitung zu physikalisch-chemischem Praktikum und selbständiger Arbeit. Von Max Trautz, o. Professor und Direktor des Physikalisch-Chemischen Instituts an der Universität Heidelberg. Mit 187 Abbildungen. Groß-Oktav. XII, 375 Seiten. 1917. RM. 10.—, geb. RM. 11.—

„Das Buch bietet gerade durch seine Eigenart viel Anregung. Wenn der Verfasser es mit Vorteil zur Grundlage der Übungen seiner Schüler machen konnte, so ist er zu beneiden um die Voraussetzungen, die er hat machen dürfen. Dem Lehrer aber der allgemeinen Chemie und den fortgeschrittenen Studierenden wird es manches Bekannte im neuen Lichte erscheinen lassen." Die Naturwissenschaften.

Allgemeine und physikalische Chemie. Von Dr. Hugo Kauffmann, Professor an der Technischen Hochschule in Stuttgart.

I. Teil. Mit 12 Figuren. Vierte, verbesserte Auflage. 153 Seiten. 1927. (Sammlung Göschen Bd. 71) . . . . Geb. RM. 1.50

II. Teil. Mit 2 Figuren. Dritte, verbesserte Auflage. 144 Seiten. 1924. (Sammlung Göschen Bd. 698) . . . . Geb. RM. 1.50

Die Einstellung auf den gegenwärtigen Stand der Wissenschaft erforderte eine gründliche Umarbeitung der neuen Auflage.

Das chemische Element, seine Wandlung und sein Bau als Ergebnis der wissenschaftlichen Forschung. Von Dr. Willy Bein, Regierungsrat in Berlin. Mit 39 Figuren im Text. Groß-Oktav. VIII, 360 Seiten. 1920. RM. 6.—, geb. RM. 7.20

„Der Verfasser hat es verstanden, über den wesentlichen Inhalt all der zahlreichen, hier in Betracht kommenden Arbeiten mit einer Knappheit zu berichten, die ihresgleichen sucht." Zeitschrift f. angew. Chemie.

Stereochemie. Von Dr. E. Wedekind, o. Professor der Chemie an der Forstlichen Hochschule in Hann.-Münden. Dritte, umgearbeitete und vermehrte Auflage. Mit 44 Figuren im Text. 134 Seiten. 1923. (Sammlung Göschen Bd. 201). Geb. RM. 1.50

In gedrängter Kürze eine Übersicht über die Stereochemie. Zur Einführung und zum Studium als Grenzgebiet. Eine vollständige Behandlung der Erscheinungen und Gesetzmäßigkeiten der gesamten Stereochemie einschließlich der anorganischen Komplexverbindungen und der Beeinflussung chemischer Reaktionen durch räumliche Faktoren.

Kolloidchemie. Von Dr. E. Wedekind, o. Professor der Chemie an der Forstlichen Hochschule in Hann.-Münden. Mit 9 Figuren. 122 Seiten. 1925. (Sammlung Göschen Bd. 897) . . . . Geb. RM. 1.50

Ein wertvolles Auskunftsbuch für den Chemiker, Apotheker, Physiker, Biologen, Physiologen und Mediziner.

Farbenchemisches Praktikum. Zugleich Einführung in die Farbenchemie und Färbereitechnik. Von Dr. Richard Möhlau und Dr. Hans Th. Bucherer, vorm. o. Professoren an der Technischen Hochschule in Dresden. Dritte, neubearbeitete Auflage. Mit sieben Tafeln mit Ausfärbungsmustern. Groß-Oktav. X, 389 Seiten. 1926 . . . . Geb. RM. 22.—

In der Neuauflage des für die Laboratoriumstätigkeit des Studierenden wichtigen Buches sind alle wissenschaftlichen und technischen Fortschritte berücksichtigt worden.

Lehrbuch der allgemeinen Photochemie. Von Dr. J. Plotnikow, Professor an der Universität Agram. Mit 68 Figuren im Text und einer farbigen Tafel. Groß-Oktav. XIV, 729 Seiten. 1920 . . . . RM. 18.—, geb. RM. 20.—

Inhalt: Die photochemischen Grundgesetze. Theorie und Praxis der photochemischen Kinetik, Katalyse und Gleichgewichtszustände. Die Lichtreaktionen. Angewandte Photochemie.

Grundriß der Photochemie in elementarer Darstellung als Einführung in das Studium. Von Dr. J. Plotnikow, Professor an der Universität Agram. Mit 34 Figuren im Text. Oktav. VI, 196 Seiten. 1923.
RM. 4.—, geb. RM. 5.—

Das erste photochemische Lehrbuch, in dem die Ergebnisse der theoretischen Forschungen, die sich auf die Quantentheorie und das Bohrsche Atommodell gründen, sowie die zahlreichen Ergebnisse der neueren experimentellen Untersuchungen verarbeitet sind.

Über die photochemische Valenz und die Lichtempfindlichkeit des Körpers. Mit 1 Figur im Text. Groß-Oktav. 36 Seiten. 1920 . . . . RM. 1.20

Die Schrift ist nicht nur für den Fachmann, sondern für alle mit der Lichtbildkunst in Verbindung stehenden Kreise bestimmt.

Elektrochemie und ihre physikalisch-chemischen Grundlagen. Von Dr. Heinrich Danneel, Privatdozent an der Universität Münster.
I. Allgemeine Elektrochemie. Vierte Auflage. Mit 16 Figuren. 186 Seiten. 1924. (Sammlung Göschen Bd. 252) . . . . Geb. RM. 1.50
II. Experimentelle Elektrochemie, Meßmethoden, Leitfähigkeit, Lösungen. Mit 26 Figuren und mehreren Tabellen. Dritte Auflage. 131 Seiten. 1925. (Sammlung Göschen Bd. 253) . . . . Geb. RM. 1.50
III. Energie. Mit 26 Figuren und mehreren Tabellen. 149 Seiten. 1926. (Sammlung Göschen Bd. 941) . . . . Geb. RM. 1.50
IV. Elektrolyse. Mit 41 Figuren und mehreren Tabellen. 144 Seiten. 1928. (Sammlung Göschen Bd. 980) . . . . Geb. RM. 1.50

In den Neuauflagen ist den Neuerungen auf allen Gebieten der Elektrochemie Rechnung getragen.

Sammlung elektrochemischer Rechenaufgaben mit einer kurzen Übersicht über die wichtigsten Lehrsätze und Konstanten. Von Dr.-Ing. Gustav F. Hüttig, Professor an der Deutschen Technischen Hochschule Prag, 162 Seiten. 1925. (Sammlung Göschen Bd. 892) . . . . Geb. RM. 1.50

Der Band enthält eine Übersicht über die wichtigsten Begriffe, Einheiten und Gleichungen, Rechenbeispiele, Auflösungen und ein Verzeichnis elektrochemischer Literatur.

Die Metalle und ihre Verbindungen. Von Professor Dr. J. Koppel in Berlin.
I. Alkalimetalle — Erdalkalimetalle, Magnesiumgruppe. Mit 8 Figuren. 144 Seiten. 1920. (Sammlung Göschen Bd. 812) . . . . Geb. RM. 1.50
II. Kupfergruppe — Aluminiumgruppe — Titangruppe — Bleigruppe. Mit 1 Figur. 133 Seiten. 1920. (Sammlung Göschen Bd. 813) . . . Geb. RM. 1.50
III. Vanadiumgruppe — Chromgruppe — Mangan-Eisengruppe — Platingruppe. Mit 5 Figuren. 143 Seiten. 1920. Sammlung Göschen Bd. 814.)
Geb. RM. 1.50

Eine bewährte Einführung für Studium und Laboratorium — ein Nachschlage- und Taschenbuch für Theorie und Praxis.

Die Nichtmetalle und ihre Verbindungen. Von Dr. A. Benrath, Professor der Chemie an der Universität Bonn.
I. Bor — Kohlenstoff — Silicium — Stickstoff. Mit 9 Figuren. 146 Seiten. 1922. (Sammlung Göschen Bd. 211) . . . . Geb. RM. 1.50
II. Wasserstoff — Sauerstoff — Halogene — Edelgase. Mit 24 Figuren. 125 Seiten. 1922. (Sammlung Göschen Bd. 212) . . . . Geb. RM. 1.50

Großes Tatsachenmaterial! Für den Studierenden und den in der Praxis stehenden Chemiker.

Physiologische Chemie. Von Dr. med. F. A. Legahn in Berlin.
I. Teil: Assimilation. Mit 2 Tafeln. Dritte, neubearbeitete Auflage. 131 Seiten. 1923. (Sammlung Göschen Bd. 240) . . . . Geb. RM. 1.50
II. Teil: Dissimilation. Mit 1 Tafel. Dritte, verbesserte Auflage. 129 Seiten. 1920. (Sammlung Göschen Bd. 241) . . . . Geb. RM. 1.50

Im ersten Teil werden Nahrung, Verdauung, Blut, Lymphe, Schutzstoffe des Blutes, im zweiten Teil Körperorgane, Eiweißabbau, Exkrete, Stoffwechselanomalien, postmortale Zersetzung behandelt.

Kleines Wörterbuch der Biochemie und Pharmakologie. Von Professor Carl Oppenheimer, Dr. phil. et med., München. Oktav, 228 Seiten. 1920 Geb. RM. 3.—

„Dieses kleine, außerordentlich praktische Buch zeichnet sich durch große Vollständigkeit aus."
Naturwissenschaftliche Wochenschrift.

Pharmazeutische Chemie. Von Professor Dr. E. Mannheim, Privatdozent für pharmazeutische Chemie an der Universität Bonn.
I. Anorganische Chemie. Zweite Auflage. (Sammlung Göschen Bd. 543.) In Neubearbeitung.
II. Organische Chemie. Zweite Auflage. 140 Seiten. 1921. (Sammlung Göschen Bd. 544) . . . . Geb. RM. 1.50
II. Die Methoden der Arzneimittelprüfungen. Mit 10 Abbildungen. Neudruck. 115 Seiten. 1923. (Sammlung Göschen Bd. 588) . . . . Geb. RM. 1.50
IV. Übungspräparate. Mit 5 Abbildungen. Zweite Auflage. 110 Seiten. 1921. Sammlung Göschen Bd. 682) . . . . Geb. RM. 1.50

Ein umfassendes Kompendium für Studierende der Pharmazie und Apothekerpraktikanten zur Vorbereitung auf die Vorprüfung.

Toxikologische Chemie. Von Professor Dr. E. Mannheim, Privatdozent für pharmazeutische Chemie an der Universität Bonn. Mit 5 Figuren. Dritte Auflage, ergänzt von Dr. F. X. Bernhard. 135 Seiten. 1926. (Sammlung Göschen Bd. 465). Geb. RM. 1.50.

Das kleine Buch entspricht dem, was in so engem Rahmen füglich erwartet werden darf, durchaus. Es wird hauptsächlich den Studierenden der Pharmazie als Repetitorium von Nutzen sein."
Ztsch. für angewandte Chemie.

Neuere Arzneimittel, ihre Zusammensetzung, Wirkung und Anwendung. Von Professor Dr. med. C. Bachem, a. o. Professor an der Universität Bonn. Zweite, verbesserte Auflage. 141 Seiten. 1925. (Sammlung Göschen Bd. 669). Geb. RM. 1.50

Ein Arzneikodex, der eine große Anzahl neuer Arzneimittel enthält, mit Angabe der Zusammensetzung, der Wirkungsweise und der Dosierung, meist auch der Nebenwirkungen.

Agrikulturchemische Untersuchungsmethoden. Von Prof. Dr. Emil Haselhoff. Zweite Auflage. 128 Seiten. 1921. (Sammlung Göschen Bd. 470) RM. 1.50

Der Band gibt ein geschlossenes Bild der einzelnen Untersuchungsverfahren, des Bodens, der Düngemittel, der Futtermittel, der Sämereien, der Pflanzenasche, sowie der Milch- und Molkereiprodukte.

Chemisch-technische Rechnungen. Von H. Deegener, Chemiker. Mit 2 Figuren. Zweite Auflage. 144 Seiten. 1912. (Sammlung Göschen Bd. 701) Geb. RM. 1.50

Die Stöchiometrie, thermische Beziehungen, Wärmenutzung in der Fabrik, spezifische Gewichte von Lösungen, technische Wasseranalyse u. a. m. liefern das Material zu dem Band.

Die Darstellung der seltenen Erden. Von Dr. C. Rich. Böhm, Chemiker in Berlin. Zwei Bände. Lexikon-Oktav. XXXII, 492 und VII, 484 Seiten. 1905 R.M 42.—

Farbenchemisches Praktikum. Zugleich Einführung in die Farbenchemie und Färbereitechnik. Von Dr. Richard Möhlau, Professor an der Technischen Hochschule zu Dresden, und Professor Dr. Hans Bucherer in Berlin. Dritte, neubearbeitete Auflage. Groß-Oktav. X, 389 Seiten. 1926. . . Geb. MR. 22.—

Von der Teerfarbenindustrie ausgehend, behandelt das Werk die Einzelheiten der Farbstoffsynthese und des Färbens. Es folgt die Gewinnung der Vor- und Zwischenerzeugnisse des Steinkohlenteers, die eigentliche Farbenchemie; am Schluß Untersuchungen über Echtheitsproben und Wiedergabe von 54 auf Wolle, Baumwolle und Seide ausgeführte Ausfärbungen mit Erklärungen.

Die Mineral-, Pflanzen- und Teerfarben. Ihre Darstellung, Verwendung und Echtheitsprüfung. Von Prof. Dr. Hans Th. Bucherer. Groß-Oktav. VIII, 142 Seiten und 4 Tafeln. 1911 . . . . RM. 3.60, geb. RM. 4.60

Die Anstrichstoffe. Ein Auskunftsbuch über ihre Rohstoffe, Herstellung, Eigenheiten, Verwendung, Bezugsquellen usw. Herausgegeben von Dr. Gustav Plessow. IV, 228 Seiten. Mit 5 Farbentafeln. Lexikon-Oktav. 1928. . Geb. RM. 15.—

In dem Auskunftsbuch wurden insgesamt 2300 Schlagwörter in lexikographischer und steckbriefartiger Form verarbeitet. Da in dem Werk weitgehend praktischen Gesichtspunkten Rechnung getragen wird, wendet es sich nicht nur an die Farbenindustrie, sondern auch an Händler und werktätige Meister.

Allgemeine chemische Technologie. Von Dr. H. Bausch. 155 Seiten. 1928. (Sammlung Göschen Bd. 113) . . . . Geb. RM. 1.50

Nach Besprechung der anorganischen Großindustrie und der Düngemittel sowie der Fabrikation von Bindemitteln, Ton- und Glaserzeugnissen, leiten die Kapitel Erdöl und Kohle zur Technologie organischer Verbindungen über.

Die Fette und Öle. Von Dr. K. Braun. Dritte, neubearbeitete Auflage. 128 Seiten. 1926. (Sammlung Göschen Bd. 335) . . . . Geb. RM. 1.50

Über Entstehung, Gewinnung, Aufbewahrung, Bleichen und Entfärben von Fetten und Ölen und ihr Verhalten gegenüber Luft, Hitze, Licht und Chemikalien. Analytische Untersuchungsmethoden und Übersichtstabellen schließen sich an.

Die Seifenfabrikation. Von Dr. K. Braun. Zweite, neubearbeitete Auflage. Mit 23 Abbildungen. 127 Seiten. 1921. (Sammlung Göschen Bd. 336) Geb. RM. 1.50

Aus dem Inhalt: Chemie der Seifenbildung und der Seife, Herstellungsverfahren, fettlose Waschmittel, Analyse der Seifen.

Harze, Kunstharze, Firnisse und Lacke. Von Dr. H. Wolff. 115 Seiten. 1921. (Sammlung Göschen Bd. 337) . . . . Geb. RM. 1.50

Der Band unterrichtet über Chemie und Systematik der Harze und ihre Prüfung. Einige Tabellen über Säuregehalt, Löslichkeit, Kennzahlen und Lösungsmittel sind beigefügt.

Die Fabrikation der Margarine, des Glyzerins und Stearins. Von Dr. W. Fahrion. 135 Seiten. 1920. (Sammlung Göschen Bd. 829) . . . . . . Geb. RM. 1.50

Einer geschichtlichen Einleitung folgt eine ausführliche Schilderung der Gewinnung und Natur der Rohstoffe, der fabrikmäßigen Herstellung, weiteren Verwertung und wirtschaftlichen Bedeutung der Fabrikate.

Die Mineralöle. Ihre Gewinnung und Verwertung. Von Dr. Rich. Kißling. 147 Seiten. 1925. (Sammlung Göschen Bd. 889) . . . . . . Geb. RM. 1.50

Der Verfasser bespricht u. a. Destillationsapparatur und -verfahren, die neueren Verarbeitungsmethoden, Verwendung des Erdöls und der Erdöldestillate.

Milch, Butter und Käse. Theorie und Praxis ihrer Gewinnung, Aufbewahrung und Untersuchung. Von Prof. Dr. H. Lüers. Mit 13 Figuren. 131 Seiten. 1923. (Sammlung Göschen Bd. 808) . . . . Geb. RM. 1.50

Der Band behandelt Entstehung (Physiologie), Zusammensetzung (Chemie) und Veränderlichkeit der Molkereiprodukte durch äußere und innere Faktoren (Bakteriologie) und trägt den Bedürfnissen des wissenschaftlich, praktisch und wirtschaftlich interessierten Lesers Rechnung.

Heil-, Genuß-, Gewürz- und Farbstoffe aus den Tropen und ihre Veredelung. Von Dr. Th. Sabalitschka. Mit 16 Abbildungen. 133 Seiten. 1923. (Sammlung Göschen Bd. 871) . . . . .Geb. RM. 1.50

Über 80 Heil-, Genuß-, Farb- und Gewürzstoffe werden nach Abstammung und Vorkommen, Morphologie, Ernte, Appretur, Bestandteilen und Verwendungsarten beschrieben. Der Band ist für Apotheker, Drogisten, Mediziner, Chemiker, Techniker und Kaufleute bestimmt.

Die chemischen Pflanzenschutzmittel, ihre Anwendung und Wirkung. Mit einer Einleitung von O. Appel. Mit 12 Abbildungen. 134 Seiten. 1926. (Sammlung Göschen Bd. 923) . . . . Geb. RM. 1.50

Saatbeizmittel. Spritz- und Stäubemittel. Bodendesinfektion. Begasungs- und Räuchermittel. Mittel zur Bekämpfung von Nagern. Sonstige Pflanzenschutzmittel.

Wasser und Abwässer, ihre Zusammensetzung, Beurteilung und Untersuchung. Von Prof. Dr. E. Haselhoff. Zweite Auflage. 143 Seiten. 1919. (Sammlung Göschen Bd. 473) . . . . Geb. RM. 1.50

Die vorliegende Auflage ist nach dem Stand der heutigen Erfahrung wesentlich umgearbeitet und ergänzt worden.

Chemische Technologie des Wassers. Von W. Olszewski. Mit 42 Figuren. 138 Seiten. 1925. (Sammlung Göschen Bd. 909) . . . . Geb. RM. 1.50

Eine gedrängte Darstellung der allgemeinen Eigenschaften des Wassers, der Abwasserbeseitigung, Wasserversorgung, Vorfilter, Schwimmbeckenwasser, Trink- und Brauchwasser.

Zündwaren. Von Direktor Dr. Alfons Bujard. 132 Seiten. 1910. (Sammlung Göschen Bd. 109) . . . . Geb. RM. 1.50

Einer historischen Einleitung folgt die Darstellung der in der Zündholzfabrikation gebrauchten Materialien, der Zündmassen, ihrer chemischen Untersuchung und eine physikalische Prüfung. Im Anhang Gesetze, Polizeivorschriften, Register und Literaturnachweise.

Die Feuerwerkerei. Von Direktor Dr. Alfons Bujard. Mit 6 Figuren. 87 Seiten. 1912. (Sammlung Göschen Bd. 634) . . . . Geb. RM. 1.50

Aus dem Inhalt: Allgemeine Übersicht über die Feuerwerkerei. Chemikalien und ihre Rohstoffe. Herstellung der wichtigsten Feuerwerkskörper. Literaturverzeichnis.

Die Explosivstoffe. Einführung in die Chemie der explosiven Vorgänge. Von Dr. H. Brunswig. Mit 8 Abbildungen und 12 Tabellen. 152 Seiten. 1918. (Sammlung Göschen Bd. 333) . . . . Geb. RM. 1.50

Ausführliche Behandlung der mit explosiven Vorgängen verknüpften Bedingungen, wie Geschwindigkeit der Zersetzung, Explosionswerte, Druck und Temperatur.

Mälzerei. Von Prof. Dr. Heinrich Lüers. Zweite, neubearbeitete Auflage. Mit 16 Abbildungen und 3 Tabellen. 104 Seiten. 1923. (Sammlung Göschen Bd. 303) . . . . Geb. RM. 1.50

Der erste Teil befaßt sich mit den allgemeinen theoretischen Grundlagen des Keim- und Darrprozesses, es folgen Technologie der Mälzerei, Analyse und Beurteilung der Roh- und Endprodukte.

Brauerei. Von Direktor Dr. Paul Dreverhoff. Mit 35 Figuren. 136 Seiten. 1914. (Sammlung Göschen Bd. 724) . . . . Geb. RM. 1.50

An Hand zahlreicher Abbildungen schildert der Verfasser das Wesen der Brauerei und geht ausführlich auf die gesamten Anlagen, die benötigten Apparate und Instrumente ein.

Ätherische Öle und Riechstoffe. Von Dr. F. Rochussen. Zweite, umgearbeitete Auflage. Mit 9 Figuren. 139 Seiten. 1920. (Sammlung Göschen Bd. 446) Geb. RM. 1.50

Aus dem Inhalt: Geschichtliches. Gewinnung und Eigenschaften der ätherischen Öle, ihre Entstehung, Umwandlung und Bestimmung im Pflanzenorganismus, Prüfung, die häufiger angewandten Verfälschungsmittel, die wichtigsten ätherischen Öle, destillierten Wässer und Riechstoffe usw.

Metallurgie. Von Dr. Aug. Geitz. Zweite, neubearbeitete Auflage. Mit 24 Figuren. 121 und 131 Seiten. 1925. 2 Bände. (Sammlung Göschen Bd. 313, 314) Geb. je Rm. 1.50

Der erste Teil umfaßt die wichtigsten Hüttenvorgänge und physikalischen Eigenschaften der Metalle, der zweite die Metalle (Kupfer, Blei, Silber, Gold, Quecksilber, Wismut, Zinn).

Elektrometallurgie. Von Prof. Dr. K. Arndt. Mit 25 Figuren. 124 Seiten. 1926. (Sammlung Göschen Bd. 110) . . . . Geb. RM. 1.50

Nach einer allgemeinen Besprechung elektrochemischer Grundsätze wird die Gewinnung von reinem Kupfer und Edelmetallen aus wäßriger Lösung, die Erzeugung von Aluminium, Magnesium, Natrium und die Gewinnung von Ferro-Legierungen, Zink, Elektroeisen und Elektrostahl beschrieben.

Metallographie. Von Prof. E. Heyn und Prof. O. Bauer. Dritte, neubearbeitete Auflage.
I. Die Technik der Metallographie und die Metallographie der einheitlichen Stoffe. Mit 76 Abbildungen und 8 Lichtbildern auf 4 Tafeln. 128 Seiten. 1926. (Sammlung Göschen Bd. 432) . . . . Geb. RM. 1.50
II. Die Metallographie der zusammengesetzten Stoffe, insbesondere Eisen und Kohlenstoff. Mit 42 Abbildungen und 32 Lichtbildern auf 16 Tafeln. 126 Seiten. 1926. (Sammlung Göschen Bd. 433) . . . . Geb. RM. 1.50

Leuchtgasindustrie. Von Dr. Arthur Fürth. Mit 50 Figuren. 132 Seiten. 1925. (Sammlung Göschen Bd. 907) . . . . Geb. RM. 1.50

Im Hinblick auf die Spezialisierung der Leuchtgasindustrie auf das Gebiet der Heizung werden u. a. Behandlung und Reinigung des Leuchtgases, Eigenschaften der geeigneten Kohle, Gaserzeugungsöfen besprochen.

WALTER DE GRUYTER & CO., BERLIN W 10, GENTHINERSTRASSE 38

Kolibri 360 GmbH
Ferdinand-Jühlke-Straße 7
99095 Erfurt, Deutschland
produktsicherheit@kolibri360.de